Vincent Cronin

SÄULEN DES HIMMELS

Vincent Cronin

SÄULEN DES HIMMELS

Die Weltbilder des Abendlandes

Deutsch von
Margitta Hervás und Rudolf Schultz

claassen

Die Originalausgabe erschien im Verlag William Collins Sons & Co. Ltd., Glasgow,
unter dem Titel THE VIEW FROM PLANET EARTH –
MAN LOOKS AT THE COSMOS

1. Auflage 1981

Gesetzt aus der Garamond der Fa. Hell
Satz: Bauer + Bökeler, Denkendorf
Papier: Papierfabrik Schleipen GmbH, Bad Dürkheim
Druck und Bindearbeiten: Richterdruck, Würzburg
Printed in Germany
ISBN 3 546 41974 X

FÜR CHANTAL

Inhalt

Vorwort

Im Vollgefühl seines neuen Wissens über den Mond, die Planeten und die Sterne blickt der moderne Mensch in den Nachthimmel. Sein Einblick in die Abläufe und Gesetzmäßigkeiten der Himmelskörper über ihm ist reicher und vielfältiger als je zuvor in der menschlichen Geschichte. Dennoch erfüllt ihn die Unermeßlichkeit vor seinen Augen mit Ehrfurcht. Selbst die wissenschaftlichen Entdeckungen, die er kennt, deuten unmißverständlich auf all das, was er nicht weiß, auf quälende Fragen, die unlösbar erscheinen. Welche Ordnung – wenn es denn überhaupt eine gibt – liegt den Sternen, die er sieht, und jenen unsichtbaren, deren Strahlung in unseren Instrumenten rauscht, zugrunde, und ist es eine Ordnung, die auf die Existenz Gottes verweist? Was ist der Mensch in diesem ungeheuren Raum, Bewohner eines unbedeutenden Planeten, des dritten in der Entfernung von der Sonne? Ein Wesen, das bevorzugt ist, da es das Ganze, das es umgibt, erforschen und zum Teil verstehen kann? Vielleicht ein einzigartig privilegiertes Wesen, da das Leben, das es besitzt, nirgendwo sonst zu entdecken ist?

Der moderne Mensch wird Antworten auf solche Fragen wahrscheinlich beim Wissenschaftler suchen. Der aber, beschäftigt mit hochspezialisierten Problemen im Rahmen einer scharf definierten Disziplin – der Astronom zum Beispiel mit dem Spektrum eines neuentdeckten Sterns, der Physiker mit der Spur einer wandernden Gaswolke –, mag über solche Fragen die Stirn runzeln, sich vielleicht dazu herbeilassen zu erklären, daß eine einzige gewaltige Explosion alles ausgelöst hat, was der Fragende sieht, auch die zufällige Kombination von Atomen, die Leben bedeutete. Und er wird vielleicht hinzufügen, daß er keine Notwendigkeit sehe, in diesem Zusammenhang von göttlicher Fügung oder einem göttlichen Entwurf zu sprechen.

Mit dieser Antwort wird sich unser Beobachter des Nachthimmels kaum zufriedengeben. Seine Erfahrung angesichts der Sterne, seine Gefühle sind weit vielschichtiger und auf ihn selbst bezogen. So wie die Dunkelheit die immer vorhandenen, aber während des Tages unsichtbaren Sterne aufleuchten läßt, so scheint der Anblick des Nachthimmels den Menschen von jeher auf sich selbst geworfen zu haben. Die sonst kaum hörbaren Stimmen der Selbstbesinnung werden laut: die Erinnerungen an die Vergangenheit, an Vorsätze, Siege und Fehlschläge; an die Sehnsucht nach einer Ordnung in seinem Leben und nach einer Ordnung in der Gesellschaft. Und in dem unglaublich komplizierten Zusammenhang der Zufälle, in dem feingeknüpften Netz alltäglicher Details, in irgendeiner tiefen Trauer oder Freude mag ihn eine Ahnung berührt haben, nicht allein zu sein. Und diese existentielle Erfahrung wird ihm von seiner Sicht des Himmels untrennbar erscheinen, denn wie wäre das persönliche Gefühl eines sinnvollen Lebens zu vereinbaren mit einem sinnleeren Kosmos?

Solche Evidenz aber ist nicht nachweisbar, nicht meßbar, und der Wissenschaftler weist sie als unzulässig zurück. Unser Beobachter des Nachthimmels würde sich gerne von der wissenschaftlichen Diskussion in die philosophische Überlegung begeben, in eine Philosophie, die menschliche Erfahrung und spirituelles Erleben aufzunehmen vermag, denn beides, so glaubt er, ist der Wissenschaft existentiell und erkenntnistheoretisch vorgelagert. Aber der Wissenschaftler und mit ihm all jene Akademiker, die sich an vorgeblich objektiven wissenschaftlichen Modellen orientieren, werden ihm nicht folgen wollen. Sie bestehen darauf, daß Fragen den Kriterien der Wissenschaft entsprechend formuliert sein müssen.

So findet sich unser Mann unter dem Nachthimmel in einem Niemandsland zwischen zwei Kulturen wieder. Er möchte das wenige, was er über den Weltraum weiß, versöhnen mit dem, was er in seinem Inneren empfindet, und doch schreckt er davor zurück, da die Sterne zum Besitz der Spezialisten und seine Fragen zu bedeutungslosen Randbemerkungen geworden zu sein scheinen. In seiner Zerrissenheit mag er sich noch eine Ahnung davon bewahrt haben, daß der Kosmos ja in irgendeinem Sinne seine Heimat ist, aber er ist nicht in der Lage zu sagen, in welchem Sinne.

Das Dilemma, das ich skizziert habe, bewegt, so glaube ich, viele

Menschen und hat auf schwer erkennbare Weise großen Einfluß auf unsere Gesellschaft. Ein Weg, sich diesem Dilemma auf der Suche nach Andeutungen einer Lösung zu nähern, ist der historische. Ich schlage vor, in die Vergangenheit zurückzugehen und – immer den Blick auf die zwei Kulturen gerichtet – darzustellen, wie der Mensch von Beginn der Geschichte an über den Himmel und die Erde gedacht hat. Ich möchte also Kosmologien untersuchen.

Das Wort Kosmologie hat zwei Bedeutungen: 1. die Wissenschaft, die sich mit den Gesetzen des Universums beschäftigt, und 2. eine Sicht des Universums, die nicht notwendigerweise wissenschaftlich ist, obwohl sie sich meist auf wissenschaftliche Erkenntnisse stützt, und die dem Menschen seinen Platz zuweist. Um die zweite Bedeutung geht es uns in diesem Buch. Als ein alexandrinischer Grieche jeden der Planeten als die Heimstatt eines mächtigen Gottes darstellte, der die Geschicke der Menschen in seiner Hand hielt, zog er mit poetischer Selbstverständlichkeit aus der Wissenschaft seiner Zeit, was er verwenden konnte. Die Art aber, in der er diese Elemente der Erkenntnis anordnete, wurde bewußt oder unbewußt diktiert von den entscheidenden Fragen und vitalen Bedürfnissen seines Lebens und seiner Gesellschaft. Mit ihren starken visuellen Komponenten ist jede Kosmologie fast buchstäblich ein Weltbild, und dieses Bild berührt und beeinflußt den Glauben, die Werte und das Verhalten des Menschen.

Ich bin kein Wissenschaftler, aber die Wissenschaft ist ja auch nur ein Teil des Weltbildes der verschiedenen Epochen. Dieses Buch ist also ein Versuch eines Nichtwissenschaftlers, die einflußreichsten der verschiedenen geschichtlichen Weltbilder zu schildern und damit auch ein Bild des Menschen dieser Epochen zu entwerfen. Es ist ein großes Thema, das wissenschaftliche und religiöse Aspekte vereinigt, und ich bin mir während der Arbeit an diesem Buch meiner Grenzen tief bewußt gewesen.

Vor allem mußte ich selektiv arbeiten. Ich habe mich ganz auf den Westen beschränkt. Da die babylonische Astronomie außerhalb meiner selbstgesetzten Begrenzungen lag, habe ich mit den Griechen begonnen, denn sie waren das erste Volk, das – anfangs gestützt auf die babylonischen Sternbeobachtungen – eine rationale, vereinigende Sicht des Kosmos entwarf. Die folgenden Kapitel spiegeln unvermeidlich das wider, was ich für wichtig halte und was mich persönlich interessiert hat. Selektivität gebot schon der Gedanke an den Umfang dieses Werkes. Es bedürfte vieler Bände, um all jenen verlockenden Weltbildern gerecht zu werden, die hier keinen Platz gefunden haben – zum Beispiel jenes der Erbauer von Stonehenge oder jenes von einem gewissen Robert Fludd, der mit tiefer Überzeugung behauptete, die Sonne sei der Heilige Geist, der den Menschen auf der Erde Gnade in Form von Salpeterdämpfen zuteil werden ließe.

Ich habe technische Erläuterungen und mathematische Formeln vermieden. Deshalb und unter dem Zwang der Kürze sind wissenschaftliche Feinheiten häufig vereinfacht worden. Bei einem Thema wie diesem besteht überdies ständig die Gefahr, sich in Abstraktionen zu verlieren. Ich habe deshalb versucht, mich jedem der Weltbilder über die Schilderung bekannter Männer und Frauen der Geschichte zu nähern, und wann immer ein Weltbild zur Voraussetzung von Kunstwerken wurde, in sie einging oder ihren Hintergrund bildete, habe ich mir erlaubt, die Werke von Architekten, Malern und Schriftstellern zur Illustration heranzuziehen.

Ich glaube, der Leser wird feststellen, daß frühere Zeitalter in vieler Hinsicht mit den gleichen Problemen kämpften wie wir – und uns deshalb auch Einsichten zu bieten haben. Vielleicht geht es nicht zu weit, zu hoffen, daß der Leser erkennen wird, daß das Dilemma, in dem wir uns befinden, seine Ursachen in einer vergleichsweise jungen Spaltung des westlichen Denkens hat – und daß diese Polarisierung keineswegs ein unvermeidliches Schicksal ist.

Der Verfasser eines interdisziplinären Buches ist in besonders hohem Maße Freunden und Spezialisten verpflichtet. Es ist mir eine Freude, Basil Rooke-Ley zu danken, der mich auf dem neuesten Stand wissenschaftlicher Erkenntnis gehalten hat, den Astronomen des Royal Greenwich Observatory, die einem Außenseiter erlaubten, ihnen bei der Arbeit zuzusehen, und die mit ihm über einige ihrer Forschungsprojekte sprachen. Ich danke Heather Couper vom Greenwich Planetarium für ihre Hilfe auf dem Gebiet der Astronomie, Nigel Henbest für seine Hilfe auf dem Gebiet der Astrophysik, Professor A. J. Meadows für seine Unterstützung bei der Planung des Buches.

Charles Cuddon diskutierte mit mir einzelne Probleme, während das Buch geschrieben wurde, Fr. Joseph Crehan beriet mich in Fragen des frühchristlichen Weltbildes, Cecil Clough von der Universität von Liverpool in Fragen des Weltbildes der Renaissance. Winifred Gérin vermittelte mir Details über die Brontës, Bernard Hamilton wies mich auf Parallelen zwischen dem Buch der Offenbarung und einigen Texten der modernen Science-fiction hin, Eileen Agar versuchte, mir das Verhältnis eines Malers zum Mond zu erklären, und Professor W. R. Bennett Jr. von der Yale-Universität vermittelte mir Informationen zur statistischen Methode in der Erforschung des Aufbaus unseres Universums.

1. Kapitel
Die Griechen

Naturverbundene Seefahrer, die nach den Sternen navigieren – Ihre unsterblichen, aber nach dem Bild des Menschen geschaffenen Götter – Sternbildergeschichten – Kometen, Sonnen- und Mondfinsternisse – Anaxagoras entwirft ein Weltbild, das ihm eine Anklage wegen »Gottlosigkeit« einträgt – Pythagoras: die Zahl als Grundprinzip des Kosmos – Die Ordnung des Himmels inspiriert Platon zu seinem idealen Staat – Aristoteles betont den Unterschied zwischen der Erde und den aus Äther bestehenden Himmelskörpern, die durch die Einwirkung eines unbewegten Bewegers ihre Kreise ziehen.

Im Frühling des Jahres 440 v. Chr., als die weißen Marmorsäulen des Parthenons noch in neuem Glanz erstrahlten, errang Sophokles mit seiner Tragödie *Antigone* beim Theaterfestival der Großen Dionysien in Athen den ersten Preis. Das Stück berichtet, wie die Tochter des Ödipus ein Verbot des tyrannischen Königs von Theben mißachtet und ihren Bruder Polyneikes würdig bestattet. Obwohl die Tragödie mit drei Selbstmorden endet, wird in ihr der Mensch gefeiert, und der Chor der vornehmen thebanischen Greise rezitiert schon im ersten Teil des Stükkes die folgenden Verse:

Ungeheuer ist viel, doch nichts
ungeheurer als der Mensch.
Durch die graue Meeresflut,
umtost von den Wogen
des tobenden Südsturms,
steuert er seinen Weg.

Der Chor erwähnt zwar noch andere Fertigkeiten wie den Ackerbau und die Jagd, aber an erster Stelle steht doch die Seefahrt. Das ist auch ganz natürlich, denn Griechenland besteht aus zahlreichen Inseln und Halbinseln, und von alters her hingen der Handel und der Kontakt der Menschen untereinander von den stabilen Schiffen ab, mit denen erfahrene Seeleute das Mittelmeer befuhren.

Da sie den Kompaß nicht kannten, navigierten die Griechen nach der Sonne und nachts, wenn die See ruhiger war, nach den Sternen; bei bedecktem Himmel steuerten sie stets den Hafen an. Ihr Weltbild kennen wir, weil Homer es in der *Ilias* als wirkliches Bild wiedergibt – besser gesagt als Basrelief, das der hinkende Gott Hephaistos aus Bronze, Zinn, Silber und Gold für den Schild des Achilleus angefertigt hatte. Es zeigte

. . . die Erde, das wogende Meer und den Himmel,
auch den vollen Mond und die rastlos laufende Sonne;
außerdem alle Gestirne, die rings den Himmel umleuchten,
Plejaden, Hyaden, den großen Jäger Orion,
die Bärin, die auch der Himmelswagen genannt wird,
das einzige Sternbild, das nie im Okeanos badet,
sich immer nur dreht an der gleichen Stelle
und vorsichtig den Orion beäugt . . .

Hephaistos hatte auf dem Schild noch weitere Szenen dargestellt, die das Leben in der Stadt und auf dem Lande zeigten, zum Schluß aber

bildet er ringsum die Macht des Stromes Okeanos
am äußersten Rand des schönvollendeten Schildes.

Das ist ein Weltbild von Seefahrern, in dem das Meer und der Himmel an erster Stelle stehen. Mit ihren Schiffen, die ein Fassungsvermögen von höchstens fünfzehn Kubikmetern hatten, holten die Griechen Zinn, Blei und Bernstein aus dem Westen und Gold, Silber, Hölzer, Pech und Wachs aus dem Schwarzmeergebiet. Wie stellten sich solche Männer den Himmel vor? Sie hielten ihn für fest, aus Bronze oder Eisen gewölbt, und nahmen an, er werde von Säulen getragen. Zwischen Himmel und Erde befand sich eine dunstige Luftschicht, an die sich nach oben eine weitere Schicht aus reinerer Luft anschloß, die man Äther nannte. Die Griechen wußten, daß die Punkte weiterrücken, an denen die Sonne auf- und untergeht, und daß sich damit auch die Sonnenbahn im Laufe des Jahres verschiebt. Die Sonne bewegte sich auf einer schrägen Bahn und konnte nach den Erfahrungen, die sie gemacht hatten, nie senkrecht über dem Beobachter stehen. Zweimal im Jahr waren Tag und Nacht von gleicher Länge, und die fünfzig Tage nach der zweiten Tagundnachtgleiche waren die beste Zeit, eine Seereise anzutreten.

Nach ihrer Meinung schien der Mond mit eigenem Licht, und da das Mittelmeer praktisch keine Gezeiten kennt, hatten sie auch keinen Grund, den Mond mit Ebbe und Flut in Verbindung zu bringen. Die Monatslänge bestimmten sie als die Zeit zwischen zwei gleichen Mondphasen; zwölf solcher Mondmonate ergaben ein Jahr mit 354 Tagen. Um dieses Mondjahr mit dem Sonnenjahr von 365 ¼ Tagen in Einklang zu bringen, schob jeder Stadtstaat nach Bedarf einen zusätzlichen Schaltmonat ein.

Im Mittelmeerraum sind mit bloßem Auge ungefähr viertausend Sterne zu erkennen. Von diesen stellten die Griechen rund eintausend zu achtundvierzig Sternbildern zusammen. Diese Tätigkeit des Zusammenstellens nannten sie Astronomie, denn das griechische Wort *Astronomos* bedeutet ursprünglich jemanden, »der die Sterne in Sternbilder einteilt«. Sie wußten auch, daß der Sterntag etwa vier Minuten kürzer ist als der Sonnentag und daß daher die Sternbilder im Laufe des Jahres ihre Position verändern, Jahr für Jahr jedoch regelmäßig wieder erscheinen und somit einen sichtbaren Kalender darstellen. Im achten vorchristlichen Jahrhundert leitete der Dichter Hesiod daraus Ratschläge für die Bauern ab:

> Wenn das Gestirn der Plejaden, der Atlastöchter, emporsteigt,
> dann beginne die Ernte, doch pflüge, wenn sie hinabgehn.

Gemeint sind damit Anfang Mai und Anfang November.

In einem Land, dessen Sommernächte warm genug sind, um zum Schlafen im Freien einzuladen, war die Bewegung der Plejaden und anderer Sterngruppen am nächtlichen Himmel den Menschen so vertraut, daß sie daran die Zeit ablesen konnten. So heißt es zum Beispiel in einer Strophe der 612 v. Chr. geborenen Dichterin Sappho:

> Hinabgetaucht ist der Mond und
> mit ihm die Plejaden; Mitte
> der Nächte, vergeht die Stunde;
> doch ich lieg allein danieder.

Bei Homer ist auch bereits zu lesen, daß manche Sterne während des ganzen Jahres sichtbar bleiben, so vor allem die Bärin, die einen Teil unseres Großen Wagens darstellt, und der Polarstern, dessen Entfernung vom Nordpol im Jahre 440 v. Chr. vierzehn Grad betrug (der heutige Abstand vom Pol beträgt nur noch ein Grad; im Laufe der Jahre hat eine langsame, aber ständige Richtungsverlagerung der Erdachse zu einer Westverschiebung der Sterne geführt). Die Griechen maßen dem Nordstern jedoch keine große Bedeutung bei, da sie sich vorwiegend nach

Osten und Westen orientierten und nicht wie wir in Begriffen von Nord und Süd dachten. Dafür gab es mehrere Gründe: die geographische Lage des Mittelmeeres, die Richtung der wichtigsten Handelsrouten und nicht zuletzt die navigatorische Abhängigkeit von den auf- und untergehenden Himmelskörpern.

Erst im fünften vorchristlichen Jahrhundert erwachte bei den Griechen das Interesse für bestimmte Sterne, die sich unregelmäßig bewegen. Sie nannten sie Wanderer oder Wandelsterne – was unserem Wort »Planeten« entspricht – und entdeckten jene fünf von ihnen, die wir heute Merkur, Venus, Mars, Jupiter und Saturn nennen.

Die Griechen wagten sich nie weit in den Norden und wußten daher nicht aus eigener Erfahrung, daß die Sommertage mit zunehmender Entfernung vom Äquator länger werden. So hielten sie noch sehr lange daran fest, ihre Sinneseindrücke in ein Weltbild zu übersetzen, und glaubten, die Erde wäre eine flache Scheibe und auf allen Seiten vom Meer umgeben.

Der Körper des Menschen war nach Meinung der Griechen aus dem gleichen Stoff wie die Erde gemacht, so wie auch der Atem aus Luft bestand. Von den Tieren unterschied sich der Mensch durch seinen Verstand und einen Sinn für Ehre und Gerechtigkeit: Nach Hesiod hatte Zeus bestimmt, Tiere und Fische sollten sich gegenseitig auffressen, die Menschen jedoch ihre Beziehungen untereinander durch das Gesetz regeln. Ob diese Fähigkeiten des Menschen nun, was gelegentlich geschah, als »Seele« bezeichnet wurden oder nicht, sie wurden von den Griechen jedenfalls stets als etwas aufgefaßt, das mit dem Körper auf harmonische Weise verbunden war.

Über das Leben nach dem Tode zerbrachen sich die Griechen kaum den Kopf. Eine Minderheit glaubte, die Verstorbenen würden als Schatten in den Hades, die Unterwelt, gelangen. Perikles erwähnt in seiner großen Begräbnisrede auf die Gefallenen Athens ein Leben nach dem Tode nicht, und die Grabinschrift für einige im Jahre 432 v. Chr. gefallene athenische Soldaten sagt lediglich: »Ihre Seelen wurden von der Luft des Himmels aufgenommen, ihre Körper von der Erde. Sie starben vor den Toren Poteidaias.« Ein ehrenvolles Begräbnis, wie Antigone es ihrem Bruder Polyneikes zuteil werden läßt, stand einem Menschen aufgrund seiner natürlichen Würde zu, es war jedoch kein Ritual, mit dem sein Weiterleben nach dem Tode gesichert werden sollte.

Seeleute sind praktische und einfallsreiche Menschen und sich ihres Wertes und ihrer Tüchtigkeit wohl bewußt. Abergläubisch mögen sie sein, aber sie neigen nicht dazu, die Kräfte der Natur als etwas Grausames und Bedrückendes aufzufassen, vor allem nicht im gemäßigten Klima des Mittelmeerraumes. Deshalb sind ihre Götter auch nach dem Bilde des Menschen geschaffen und besitzen trotz ihrer Unsterblichkeit menschliche Leidenschaften und Schwächen, und ihr Aufenthaltsort, der Olymp, ist ein wirklich vorhandener Berg mit schneebedecktem Gipfel.

Herr des Himmels war Zeus, der Donnerer, der die Blitze schleuderte und einst den Hephaistos aus dem Himmel warf und ihn dadurch zum Krüppel machte. Als Zeus sich die sterbliche Kallisto zur Geliebten erkor, schlug seine Gemahlin Hera sie mit Blindheit, verwandelte sie in eine plumpe Bärin und trieb sie in die Wälder. Zeus suchte sie vergebens. Erst sehr viel später fand er die Bärin und ihren Sohn Arkas wieder. Zeus hatte Mitleid, weil die beiden so viel erlitten hatten, und versetzte sie als Großen und Kleinen Bären an den Sternenhimmel.

Die Sonne war für die Griechen eine Gottheit, allerdings von viel geringerer Bedeutung als Zeus. Sie nannten sie Helios und später Apollo und stellten sich diesen vor als kraftvollen Jüngling mit einer Krone aus Sonnenstrahlen, der einen von geflügelten Rossen gezogenen Wagen über den Himmel lenkt. Seine Schwester Eos, die rosenfingrige und safrangewandete Morgenröte, öffnet die Perlentore des Ostens und läßt den Himmel erstrahlen, um das Kommen des Sonnengottes anzukündigen, während die andere Schwester des Helios, die keusche Mondgöttin Selene, ihren Wagen gerade in die Tiefe lenkt. Wenn Helios dann über den morgendlichen Himmel fährt, springen Jungen schnell beiseite; sie sind die Sterne, die am Himmel funkeln und schließlich verschwinden.

Die Griechen waren großartige Geschichtenerzähler, und ihre Erzählungen von den Sternen, die sie zu Sternbildern gruppierten, sind zum festen Bestandteil unseres abendländischen mythischen Erbes geworden. Typisch ist die Sage vom riesigen Jäger Orion, der mit umgegürtetem Löwenfell und seinen Waffen Keule und Schwert die Wälder durchstreifte, dicht gefolgt von seinem treuen Hunde Sirius. Eines Tages stieß er auf eine Gruppe Nymphen, die sieben Plejaden. Sie waren die Töchter des Atlas, der im Westen das Himmelsgewölbe auf seinen Schultern trug. Orion suchte sich ihnen zu nähern, die scheuen Nymphen ergriffen jedoch die Flucht. Orion verfolgte sie, bis ihre Kräfte schwanden, und sie riefen Artemis – ein späterer Name der Mondgöttin – zu Hilfe, die sie in schneeweiße Tauben verwandelte. Als sie zum Himmel emporflogen, wurden sie ein zweites Mal verwandelt, diesmal in einen Schwarm heller Sterne, und lange Zeit schienen sie in voller Leuchtkraft. Als Troja jedoch in die Hand des Feindes fiel, verblaßten sie vor Kummer, und eine von ihnen, die scheuer und für Eindrücke empfänglicher war als die übrigen, entzog sich ganz der Sicht, um ihren Schmerz vor den neugierigen Blicken der Menschen zu verbergen.

Orion war ein so gewaltiger Jäger, daß er alle Tierarten auszurotten drohte. Eines Tages, als er sich auf Kreta an seine Beute heranpirschte, brachte die Erde einen Skorpion hervor, der den Orion stach und ihn an der weiteren Jagd auf die Geschöpfe der Erde hinderte. Artemis verliebte sich in Orion. Ihr Bruder Apollo war damit nicht einverstanden und rief Artemis zu sich. Um sie in Sicherheit zu wiegen, begann er mit ihr ein Gespräch über die Kunst des Bogenschießens und ließ sie zum Beweis ihrer Treffsicherheit auf einen dunklen Fleck schießen, der sich draußen auf dem Meer auf und ab bewegte. Artemis ergriff ihren Bogen, fiederte einen Pfeil und schoß ihn mit solcher Kraft und Genauigkeit ab, daß sie das Ziel traf und sah, wie es im Meer versank. Erst dann erfuhr sie, daß das Ziel der Kopf des Orion gewesen war, der im Meer gebadet hatte. Sie brach über seinen Tod in Tränen aus, schwor feierlich, ihn nie zu vergessen, und versetzte ihn als Sternbild an den Himmel, wo wir heute noch seinen Gürtel und sein Löwenfell, seine Keule und sein Schwert sehen können. Seinen treuen Hund Sirius rückte sie neben ihn, und auch der Skorpion wurde, in sicherer Entfernung von beiden, zum Sternbild am Himmel.

Geschichten wie diese oder auch die Sage, wie Perseus die Andromeda rettet, sind zugleich anschaulich, differenziert und menschlich. Da sie uns vertraut sind, vergessen wir sehr leicht, daß sie in jenem Zeitalter außergewöhnliche erzählerische Kunstwerke waren. Sie stehen in auffallendem Gegensatz zu den rohen und düsteren Mythen, die bei den Nachbarn der Griechen anzutreffen waren. In den Tempeln Ägyptens zum Beispiel zerstückelten Priester feierlich die Gestalt der Drachenschlange Apep, die durch ihren Versuch, das Boot der Sonne im Morgengrauen oder bei Sonnenuntergang zu verschlingen, die kosmische Ordnung gefährdete.

Die Sternensagen der Griechen zeigen uns, daß es für Götter und

Menschen, Himmel und Erde ein leichtes war, miteinander in Verbindung zu treten. Eine solche Verbindung konnte jedoch nur mit der Zustimmung eines Gottes zustande kommen. Wenn sich der Mensch aus eigenem Entschluß emporschwingen wollte, dann machte er sich der Hybris schuldig. Ikaros gelang mit Hilfe der Flügel, die ihm sein Vater Daidalos angefertigt hatte, die Flucht aus dem kretischen Labyrinth, aber er kam im Fluge der Sonne zu nahe, so daß das Wachs zu schmelzen begann, mit dem die Federn seiner Flügel befestigt waren – er stürzte ins Meer und ertrank. Bellerophon versuchte, mit dem weißen Flügelroß Pegasos den Olymp zu erreichen. Zeus entsandte eine Pferdebremse, die das Pferd stach und es dazu brachte, seinen Reiter abzuwerfen. Bellerophon stürzte in die Tiefe und wurde blind, Pegasos aber stieg weiter empor und wurde zum Sternbild.

Die Griechen fühlten sich wohl unter ihrem Himmel, und sie lebten im leichten und vertrauten Umgang mit der Erde und dem Meer. Zwar nahmen sie an, bei so herrlichen Gebilden wie Sonne und Mond müsse es sich um Götter handeln, aber sie warfen sich vor ihnen nicht in den Staub. Im Gegenteil, wer der Sonne, dem Mond oder den Sternen Opfer darbrachte, war für sie ein Barbar.

Und doch gab es Dinge, vor denen sich die Griechen fürchteten. Da waren zunächst die Kometen. Im vierten Gesang der *Ilias* beschreibt Homer, wie Pallas Athene sich in schnellem Fluge vom Olymp hinunter nach Troja begibt wie ein Komet, der »den Seefahrern oder dem Heere gewappneter Völker zum Zeichen ... im Flug unzählige Funken umhersprüht«. Und sie fürchteten sich vor Finsternissen. Pindar beschreibt eine Sonnenfinsternis und fragt dann: »Ist das ein Zeichen des Krieges oder die Ankündigung einer Hungersnot, bedeutet es schweren Schneefall, oder wird das Meer unser Land überfluten oder Eis die Felder bedecken, der Südwind Regen bringen oder eine große Überschwemmung die Welt verschlingen und alle Menschen ertränken?«

Für viele stand jedenfalls fest, daß eine Finsternis den Zorn der Götter anzeigte. Im Jahre 413 v. Chr. machte ein griechisches Heer unter dem Oberbefehl des Nikias den Versuch, sich nach einer fehlgeschlagenen Eroberung aus Sizilien zurückzuziehen. Nikias stand im Begriff, aus Syrakus abzusegeln, als plötzlich eine Mondfinsternis einsetzte. »Die meisten Athener waren von diesem Ereignis tief beeindruckt und forderten die Generale auf, noch zu warten. Nikias selbst, der sich allzusehr der

Wahrsagerei und ähnlichen Praktiken verschrieben hatte, weigerte sich vom gleichen Moment an, den Gedanken einer Abreise auch nur in Betracht zu ziehen, bevor nicht die dreimal neun Tage vergangen waren, die von den Wahrsagern vorgeschrieben wurden.« Dieser Aufschub schenkte den Einwohnern von Syrakus Zeit und Gelegenheit für einen Gegenangriff, und es gelang ihnen, den größten Teil der athenischen Schiffe zum Ufer zu treiben und den Griechen eine schwere Niederlage beizubringen. Wie so oft wurde erst die Furcht vor einer Katastrophe zum Auslöser des Unheils.

Welche Rolle spielte die Kosmologie der Griechen bei der Gestaltung ihres täglichen Lebens? Zunächst muß betont werden, daß sie im Vergleich zu den Kosmologien anderer Kulturen der damaligen Zeit nicht schwer auf den Griechen lastete. Weder waren sie von Geburt an durch die Stellung der Sterne festgelegt wie die Babylonier, noch fürchteten ihre Stadtstaaten wie die Chinesen ungünstige Planetenkonstellationen. Sie beugten sich weder einem alles überwältigenden Sonnengott wie die Ägypter, noch verloren sie wie die Inder ihr Selbst im Sog des Pantheismus. Ein Grieche fühlte sich frei in einer Welt, in der seine Geschicklichkeit das Beste aus Wind und Sternen machen konnte. Da er mit dem Schiff fahren konnte, wohin er wollte, entwickelte er einen beträchtlichen Sinn für körperliche und schließlich auch moralische Freiheit. Daraus entstand ein starkes Individualbewußtsein, das sich gelegentlich in der Selbstüberschätzung eines Mächtigen zur Tyrannei verhärtete, aber auch die höchste Errungenschaft der Griechen ermöglichte, die Demokratie.

Dem Griechen gelang es, seinen stets wachen Schönheitssinn auch auf den nächtlichen Himmel zu übertragen. Er staunte über dessen Schönheit und Regelmäßigkeit und faßte beides als Zeichen der Vollkommenheit auf. Es mag sein, das sein häufiges Aufblicken zu Höherem und – wie er glaubte – Überlegenem seinen Ehrgeiz verstärkte, daß es ihn veranlaßte, in heroischer Tat solchen Gestalten wie Perseus und Herakles nachzueifern, die er als Sternbilder über sich sah. In den Ställen der Griechen scharrte immer ein geflügeltes Roß mit den Hufen und brannte wiehernd darauf, sich in die Lüfte zu schwingen.

Dieses emporstrebende Element finden wir in der lyrischen Dichtung der Griechen ebenso wie in der idealisierenden Behandlung des menschlichen Körpers bei ihren Bildhauern. Die schönsten Teile des Parthenon,

Giebelfeld und Fries, waren oben am Tempel angebracht, für Leute, die es gewohnt waren, den Blick in die Höhe zu richten. Und der Diskuswerfer, jene Figur eines typisch griechischen Athleten, ist sichtlich bemüht, die Schwerkraft zu überwinden. Der Tatsache, daß eine solche Einstellung in der Kunst eng mit ihrem Weltbild in Verbindung stand, trugen die Griechen auch dadurch Rechnung, daß sie die Astronomie als Urania unter die neun Musen einreihten.

Nach Aristoteles hat die menschliche Vorstellung vom Göttlichen ihren doppelten Ursprung in den Erscheinungen des Himmels und denen der eigenen Seele. Daß die Griechen den Nachthimmel so genau kannten, hat sicherlich zu ihrer klugen Spekulation über die Ordnung und ihre Ursache beigetragen und später dann auch zu ihrer Überzeugung, über den von Menschen gemachten Gesetzen walte ein anderes, höheres Gesetz. Antigone begräbt ihren Bruder zum Teil um seinetwillen, zum Teil aber auch, weil sie erkennt, daß sie durch Gottes Gesetz dazu verpflichtet ist; die bindende Kraft der göttlichen Gesetze wurde gleichsam durch die Regelmäßigkeit der Himmelserscheinungen symbolisiert und bewiesen.

Die Griechen näherten sich den Erscheinungen in der Natur jedoch auch noch auf einer anderen Ebene. Cecil M. Bowra hat das gut zum Ausdruck gebracht, wenn er schreibt: »Gerade weil die Griechen davon überzeugt waren, die Welt der Götter und die der Menschen seien ein und dieselbe, fiel ihnen die Vorstellung nicht schwer, daß alles in ihrer Umgebung sowohl eine göttliche als auch eine irdische Seite habe und daß die beiden Seiten sich letztlich gar nicht voneinander unterschieden.« Eine Lärche war ein Baum, aus dem man die Planken für ein schnelles Schiff herstellen konnte, aber sie war zugleich auch der Aufenthaltsort einer schlanken Dryade. Die Sonne bestand aus Feuer, aber sie war auch der Sonnengott Helios; der Orion war eine Gruppe von Sternen, aber auch ein Jäger. Die Griechen waren klar denkende und zugleich verträumte Menschen, und so verlangten sie von jeder Erklärung kosmischer Ereignisse, daß sie nicht nur ihrer Intelligenz, sondern ihrem ganzen Wesen entsprach – einschließlich ihrer Fähigkeit, in den vertrauten Gegenständen der Natur das Göttliche zu erblicken. Diese Einstellung ist vielleicht das typischste Kennzeichen der Griechen und findet sich auch im gesamten Werk von vier großen Denkern der griechischen Antike.

In Ionien, dem Teil Griechenlands, der heute die türkische Westküste bildet, begannen im sechsten vorchristlichen Jahrhundert einige Männer, über die Beständigkeit und periodische Wiederkehr der Himmelskörper nachzudenken. Homer hatte das Wort *Kosmos* in zweierlei Bedeutung verwendet, es bezeichnete auf der einen Seite jede Art von Ordnung, zum anderen aber auch Schmuck, vor allem den Schmuck der Frauen. Einer der ionischen Philosophen, Heraklit, verschmolz beide Bedeutungen zu einer Einheit und bezeichnete damit die schöne Weltordnung der Himmelskörper. Er und andere unternahmen dann den Versuch, diesen Kosmos durch Zugrundelegung einer *Arche* zu erklären, eines Anfangs oder Grundprinzips. Für Heraklit war dieses Grundprinzip das Feuer, für Thales das Wasser, und für Anaximander war es die Luft.

Der einflußreichste unter den ionischen Naturphilosophen, Anaxagoras, wurde um 500 v. Chr. in der Stadt Klazomenä geboren und kam mit zwanzig Jahren nach Athen, wo er als erster Unterricht in der Philosophie erteilte. Das war vierzig Jahre, bevor die *Antigone* aufgeführt wurde, und Athens Größe lag noch in der Zukunft. Über den Menschen Anaxagoras ist wenig bekannt außer der Tatsache, daß er seinen Besitz fortgab, um studieren zu können. Und als er sich in seinem späteren Leben in eine kleine Stadt zurückzog und die Regierenden ihn fragten, welches Privileg sie ihm gewähren sollten, da antwortete er nur, an seinem Todestag sollten die Kinder jeweils schulfrei bekommen – eine Bitte, die ihm gewährt wurde.

Als Anaxagoras ungefähr fünfunddreißig Jahre alt war, ging in der Nähe der kleinen Stadt Aigospotamoi am hellichten Tag ein Meteorit nieder. Von brauner Farbe und groß genug, um einen ganzen Wagen zu füllen, stellte er ein sensationelles Ereignis dar und war fünf Jahrhunderte später noch immer eine antike Touristenattraktion. Eine fast ebenso große Sensation war es jedoch, als Anaxagoras erklärte, der Meteorit sei von der Sonne auf die Erde heruntergefallen. Die Sonne, so erläuterte er weiter, bestehe nicht aus Feuer, sondern sei ein weißglühender Stein, »größer als der Peloponnes«, und auch die Sterne seien heiße Steine, nur sei ihre Hitze wegen der großen Entfernung nicht wahrzunehmen. Durch die Drehung des Sternenhimmels wanderten die Sterne nach Anaxagoras unter der flachen Erde hindurch; die Erde selbst ruhte auf Luft, und der Mond war ein Himmelskörper wie die Erde und reflektierte das Licht der Sonne.

Vor langer Zeit trennte eine rotierende Bewegung, ein »Wirbel«, die seit Urzeiten vorhandenen »Samen« und ließ daraus die verschiedenen Materiepartikel entstehen, die der Mensch wahrnahm; dieser Wirbel hielt auch weiterhin Sonne, Mond und Sterne auf ihren kreisförmigen Umlaufbahnen. Die Regelmäßigkeit des Wirbels beeindruckte Anaxagoras sehr, und er konnte sich nicht vorstellen, daß er aus einer Zufallsverteilung irgendeines Elements entstanden sei. Daher erklärte er, das Grundprinzip aller Dinge sei nicht Wasser, Feuer oder Luft, sondern müsse der Geist sein, der ewige, selbständige, allwissende und vollkommene Geist.

Diese Sicht war neu und führte dazu, daß die Athener Anaxagoras mit dem Spitznamen *Nus,* Geist, bedachten – wahrscheinlich in der Absicht, ihn zu verspotten. Andererseits zog die neue Theorie prominente Bürger wie den Staatsmann Perikles und den Tragiker Euripides an, die beide Schüler des Anaxagoras wurden, sowie den jungen Sokrates. Für den Komödiendichter Aristophanes hatte diese Auffassung jedoch allzusehr den Beigeschmack der Überheblichkeit, und so beschloß er, sich in der Person des Sokrates über sie lustig zu machen. In den *Wolken* zeigt er uns einen Sokrates, der in einem aufgehängten Korb hockt, an den Himmel starrt und seinen tiefen Glauben nicht etwa an Zeus, wie die Zuschauer erwarten mochten, sondern »an den weiten Raum und an die Wolken« bekundet, während sein Schüler erklärt: »Es gibt keinen Zeus mehr . . . Der Wirbel, der ihn abgesetzt, ist König!«

Später verwarf Sokrates die Kosmologie des Anaxagoras, da sie ihm nicht weit genug ging. Während der »Geist« des Anaxagoras den Wirbel nur in rotierende Bewegung versetzte, wollte Sokrates aus dem Begriff eines solchen göttlichen Geistes auch Angaben darüber ableiten können, ob die Erde flach oder rund sei und warum sie im Mittelpunkt des Universums stehe. Außerdem war er enttäuscht darüber, daß Anaxagoras auf mechanische Ursachen wie »Luft und Äther und Wasser und viele andere absurde Dinge« zurückgriff, um die astronomischen Phänomene zu erklären. Derartige Dinge, wandte Sokrates ein, könne man nicht als wirkliche Ursache ansehen, und wer so denke, verwende den Ausdruck »Ursache« falsch. Sind mechanische Gründe eine unzureichende Erklärung, und ist die Annahme eines Zwecks eine durch nichts gerechtfertigte Projektion? Spielarten dieser frühen Auseinandersetzung werden uns bei unserer Untersuchung immer wieder begegnen.

Im Gegensatz zu Sokrates waren die meisten Athener der Ansicht, Anaxagoras sei zu weit gegangen. Seine steinerne Sonne war für sie der Gotteslästerung gefährlich nahe. Wie konnte ein einziger Geist mit dem griechischen Pantheon in Einklang gebracht werden? Dieses Unbehagen spitzte sich in den bangen Tagen des zweiten Perserkrieges weiter zu, und schließlich wurde Anaxagoras von den Athenern wegen Gottlosigkeit angeklagt. Nur die Beredsamkeit des Perikles verhinderte, daß der Philosoph zum Tode verurteilt wurde. Er mußte jedoch eine Geldstrafe zahlen und Athen für immer verlassen. Anaxagoras zog sich nach Lampsakos an den Dardanellen zurück und starb dort im Alter von über siebzig Jahren.

Obwohl es das schöne Bild der athenischen Redefreiheit stört, darf uns dieses Urteil nicht über den Einfluß des Anaxagoras hinwegtäuschen. Als erster Grieche, der in logisch zusammenhängender Weise aus der regelmäßigen Bewegung der Himmelskörper auf die Existenz eines höchsten geistigen Wesens schloß, bereitete er den Monotheismus vor. Bevor dieser jedoch in Griechenland heranreifen konnte, sollte noch viel Gewissenserforschung betrieben werden, um die Beziehungen zwischen den Kräften der Natur und den Göttern, zwischen Zeus und dem Geist zu klären und herauszufinden, ob dieser höchste Geist nicht doch nur eine Projektion des menschlichen Geistes darstellte. Etwas davon wird in der Tragödie *Die Troerinnen* von Euripides sichtbar, wenn die von den Griechen versklavte Witwe des Königs von Troja, Hekuba, in ihrem Schmerz Zeus in absolut widersprüchlichen Begriffen anspricht und trotzdem ihr tiefes Vertrauen in sein Wirken ausdrückt:

> Du hältst die Erde und du thronst auf ihr!
> Wer du auch bist, du rätselhafter Zeus,
> Gesetz des Stoffes, höchster Menschengeist,
> dich bet ich an! Mit deiner stillen Hand
> führst du der Menschen Los zum rechten Ziel.

Es gab viele derartige Zweifel und Unsicherheiten, aber im großen und ganzen ist das Weltbild der Griechen in seinen Hauptzügen klar zu erkennen: Die Erde ist der Mittelpunkt eines geordneten Kosmos, und nach den Göttern ist der Mensch auf ihr das höchste Geschöpf; sein Geist sollte im Einklang mit seinem Körper stehen, und das Ziel eines jeden Menschen sollte es sein, den Blick nach oben zu richten und den Preis der Ehre und der menschlichen Würde zu erringen.

Diese Auffassung blieb nicht unwidersprochen. Ihr Herausforderer Pythagoras gehört zwar einer älteren Zeit an als Anaxagoras, der Einfluß seiner Lehren machte sich in Griechenland jedoch erst nach dem Tode des letzteren bemerkbar. Pythagoras wurde um 570 v. Chr. auf der ionischen Insel Samos als Sohn eines Edelsteinschneiders geboren. Als junger Mann reiste er viel, und in seinen mittleren Jahren verließ er Samos, weil es von einem Tyrannen regiert wurde, und wanderte nach Kroton aus, einer griechischen Kolonie in Unteritalien. Hier wurde er bald der angesehenste Bürger und gab der Stadt eine eigene Verfassung. Vielleicht war er es auch, der die einzigartigen geprägten Münzen entwarf und einführte, die als ältestes Zahlungsmittel von Kroton anzusehen sind. Er heiratete, hatte zwei Kinder und gründete schließlich eine esoterische Philosophenschule; ihr gehörte auch der Ringkämpfer Milon an, der sechsmal Sieger bei den Olympischen Spielen wurde. Rund zwanzig Jahre lang blieb Pythagoras der führende Bürger von Kroton, dann wurde er durch politische Unruhen vertrieben und begab sich schließlich nach Metapont, einer anderen Stadt Unteritaliens. Dort war er gezwungen, Zuflucht in einem Tempel der Musen zu suchen, und schied durch freiwilligen Hungertod aus dem Leben.

Will man die Auffassungen des Pythagoras beschreiben, so ist es sinnvoll, zunächst mit dem Handwerk zu beginnen, das in seiner Familie ausgeübt wurde. Von klein auf dürfte sich Pythagoras mit Edelsteinen befaßt und dabei auch ihre regelmäßige Kristallstruktur bemerkt haben: ein Beryll war sechseckig, der Granat bildete zwölfseitige Kristalle und so weiter. Nun stellten die Griechen Zahlen auch durch geometrische Punktemuster dar, wie man sie etwa auf Dominosteinen oder Würfeln findet, und deshalb dürfte es für Pythagoras ganz natürlich gewesen sein, sich die von ihm bearbeiteten Steine als Symbole bestimmter Zahlen zu denken. Er begann daraufhin, nach weiteren Beispielen dafür Ausschau zu halten, daß der Wirklichkeit Zahlen zugrunde lagen. Bei Experimenten mit der siebensaitigen Lyra entdeckte er, daß die Höhe eines Tons von der Länge der schwingenden Saite abhängt und daß harmonische Intervalle der Tonleiter durch einfache Zahlenverhältnisse der Saitenlängen erzeugt werden, die Oktave zum Beispiel durch das Verhältnis 2 : 1 und die Quinte durch das Verhältnis 3 : 2. Nach dieser Entdekkung, daß nicht nur Kristalle, sondern auch Töne durch Zahlen erklärt werden konnten, gelangte Pythagoras zu dem Schluß, das Grundprinzip aller Dinge sei die Zahl.

Das war eine großartige Erkenntnis. Erst viel später sollte sie durch die moderne Entdeckung bestätigt werden, daß ein Stück Materie in seinen Eigenschaften durch die Anzahl der Protonen und Elektronen in seinen Atomen bestimmt wird. Die neue Entdeckung löste in Griechenland tiefgreifende Veränderungen aus: Mit ihr begann die quantitative Naturwissenschaft; sie veranlaßte die Bildhauer zu proportionsgerechten Abbildungen des menschlichen Körpers – siebeneinhalb Kopfhöhen ergaben die Gesamthöhe eines Menschen; und sie führte dazu, daß die Architekten Tempel zu bauen begannen, bei denen die Stärke und Höhe der Säulen ebenso wie der Raum zwischen ihnen strengen mathematischen Zahlenverhältnissen entsprachen.

Aber seltsamerweise ging Pythagoras, nachdem er erklärt hatte, die *Arche* aller Dinge sei die Zahl, dieser Einsicht nicht weiter in wissenschaftlicher Richtung nach. Ganz im Gegenteil. Er unternahm Reisen nach Babylonien und nach Ägypten, wo er Ägyptisch lernte, um den religiösen Geheimlehren der Priester dort näherzukommen. Hier machte er sich wahrscheinlich auch die Zahlenmystik zu eigen und übernahm kosmische Vorstellungen, die der sinnlichen Erfahrung nicht zugänglich waren.

Die Kosmologie des Pythagoras stellt sich folgendermaßen dar: Der Mittelpunkt der Welt ist nicht die Erde, sondern ein Zentralfeuer, auch Wachtturm des Zeus genannt. Der Mensch kann es nicht sehen, aber es verleiht der Sonne Licht und Wärme. Um dieses Zentralfeuer herum bewegen sich die Sonne, der Mond, die Erde und die fünf damals bekannten Planeten. Das ergibt zusammen neun. Da zehn die vollkommene Zahl ist – als Summe der Grundzahlen 1 + 2 + 3 + 4 –, muß der Kosmos, da er allem Anschein nach vollkommen ist, zehn Himmelskörper aufweisen. Also fügte Pythagoras noch einen zehnten hinzu, die sogenannte Gegenerde, die ebenfalls dem menschlichen Auge verborgen war.

Sterne und Himmelskörper erzeugen bei ihrem schnellen Rundlauf jeweils einen Ton, dessen Höhe durch ihre Entfernung vom Mittelpunkt bestimmt wird. Alle diese Töne ergeben zusammen die Sphärenmusik. Und warum kann der Mensch diese himmlische Symphonie nicht hören?

Weil er, erklärt Pythagoras, von Geburt an diese Musik im Hintergrund vernehme und an sie gewöhnt sei, denn da es nie eine absolute Stille gebe, die sich von den Sphärenklängen abhebe, nähmen die menschlichen Sinne sie nicht wahr.

Man sollte annehmen, Pythagoras hätte nach der Errichtung eines so kolossalen Lehrgebäudes innegehalten. Das tat er nicht. Er erklärte weiter, die menschliche Seele bestehe aus der sehr feinen Luft, die Äther genannt wurde, und sei göttlich und unsterblich. Dies stand im Gegensatz zur griechischen Überlieferung, die nur die Götter für unsterblich erklärte und die Seele des Menschen allenfalls als eine Widerspiegelung der göttlichen auffaßte, so daß Homer sie mit einem Schatten oder auch mit einer Fledermaus vergleichen konnte.

Der Körper ist der Seele unwürdig. In seiner Kosmologie hatte Pythagoras babylonische Überlieferungen herangezogen; in seiner Lehre der Seelenwanderung stützte er sich auf Gedankengut aus Indien. Die Seele wandert von einem Körper in den anderen – Pythagoras selbst behauptete, er könne sich an vier frühere Inkarnationen erinnern, unter anderem als Krieger Euphorbos während des Trojanischen Krieges. Die Seele kann sich sogar in einem Tier wiederverkörpern. Diese Lehre verärgerte viele Griechen, und der Dichter Xenophanes führt gegen Pythagoras die folgende Anekdote an: Der Philosoph sieht im Vorbeigehen, wie ein Hündchen geprügelt wird, schreitet ein und sagt:

> Weg mit der Peitsche! Mein Freund ist es, dessen Seele du quälst;
> an ihrem Winseln hab' ich sie deutlich wiedererkannt.

Eine solche Kosmologie, die die Erde erniedrigte, die Sterne vergöttlichte und von der menschlichen Seele behauptete, sie bestehe aus sternenähnlicher Substanz, führte natürlich auch zu einer Ethik, die sich ganz wesentlich von der herkömmlichen Ethik der Griechen unterschied. Das Leben, meinte Pythagoras, sei kein Kampf, kein Ringen um Ehre, vielmehr ein Zuschauersport. Der Mensch muß das im Universum sich enthüllende Ordnungsprinzip studieren, das vor allem in den Bewegungen der Himmelskörper zum Ausdruck kommt. Er muß seine Seele auf diese Ordnung einstimmen, sie von irdischen Dingen lösen, dann wird sie schließlich dem Kreis der Wiedergeburten entrinnen und Unsterblichkeit erlangen.

Das war in der Tat eine revolutionäre Lehre. Sie öffnete den Weg für Geheimkulte, Magie, extreme Askese und vor allem für eine puritanische Sittenstrenge. Pythagoras selbst scheint ein Puritaner gewesen zu sein. Sein Gewand, so erfahren wir, war stets weiß und fleckenlos, und seine Bettdecken waren aus weißer Wolle. Auf die Frage, ob ein Mann Umgang mit einer Frau haben solle, antwortete er: »Nur, wenn du die Kraft, über die du verfügst, verlieren willst.«

Er scheint sich auch mit Vorliebe in ein geheimnisvolles Dunkel gehüllt zu haben. Seine Vorlesungen fanden nachts statt, und während der ersten fünf Jahre war es seinen Schülern nicht gestattet, einen Blick auf den Meister zu werfen. Er erlegte ihnen scheinbar irrationale Tabus auf wie beispielsweise: »Schaut nicht in den Spiegel neben einer Lampe«, »Eßt keine Bohnen« und: »Steht ihr am Morgen auf, dann rollt euer Bettzeug zusammen und glättet die Stelle, an der ihr gelegen habt.«

Pythagoras wird immer geachtet bleiben, weil er die Bedeutung der Zahl für die Naturwissenschaft erkannte und als einer der ersten griechischen Denker die Unsterblichkeit der Seele behauptete. Seine Kosmologie hat immer wieder Menschen angesprochen, die der gleichen Meinung sind wie Shakespeares Lorenzo:

> Auch noch der kleinste Himmelskörper, den du siehst,
> singt wie ein Engel, wenn er sich bewegt,
> und Cherubim mit hellen Augen lauschen ihrem Chore.
> Die unsterblichen Seelen sind von dieser Harmonie erfüllt,
> solang jedoch die schmutz'ge Hülle des Verfalls
> sie gröblich einschließt, hören wir sie nicht.

Trotzdem markierten die Lehren des Pythagoras im Zusammenhang des griechischen Denkens eher einen Rückschritt. Er war antirational, da er das Zentralfeuer einführte, die Gegenerde und die Sphärenmusik – dies entgegen der sonst von ihm geschätzten »wissenschaftlichen« Methode ohne Beweis. Durch die Vergöttlichung der Sterne und die damit verbundene Bevölkerungsexplosion im Bereich der Götter stufte er den Menschen herab, und schließlich begründete er die attentistische Tradition, nach der die Seele des Menschen nur ein vorübergehender Insasse seines Körpers ist und die rechte Lebensführung darin besteht, daß man sich von allen irdischen Aktivitäten und Bedürfnissen befreit.

Einige Gedanken des Pythagoras wurden von dem nächsten bedeutenden kosmologischen Denker, Platon, weiterentwickelt und sind auf diese Weise in modifizierter Form zum Bestandteil eines Weltbildes von seltener Kraft und Schönheit geworden. Platon wurde im Jahre 428 v. Chr. in Athen geboren. Er entstammte einer hochangesehenen Familie, die väterlicherseits ihre Abstammung auf den Meeresgott Poseidon zurückführte; die Verbindung zwischen Göttlichem und Menschlichem, die in Platons Philosophie eine so bedeutende Rolle spielt, war somit schon in seiner eigenen vorgeblichen Abstammung vorgebildet. Als junger Mann kannte er wahrscheinlich Perikles, der damals auf der Höhe seiner Macht stand, und er wurde ein vertrauter Schüler des Sokrates, der, wie wir oben sahen, Anaxagoras' Denken bereichert und erweitert hatte. Von Sokrates übernahm Platon die pädagogische Überzeugung, ein guter Herrscher müsse vor allem eine solide Erziehung erhalten. Diese Halbwahrheit klang plausibel, weil das griechische Wort *Episteme* sowohl Wissen als auch Erkennen bedeutet. Platon begab sich nach Sizilien, wo er versuchte, durch sorgfältigen Unterricht Dionysios, den Tyrannen von Syrakus, in einen Philosophenkönig zu verwandeln. Das Ergebnis war enttäuschend, aber Platon hielt an seiner Überzeugung fest, eine gute Erziehung werde gute Herrscher hervorbringen, und machte daraus einen der zentralen Grundsätze der Akademie, der großen Schule der Wissenschaften, die er in Athen gründete.

Platon wuchs bereits in einem Zeitalter auf, das die Vorstellung einer scheibenflachen Erde aufgegeben hatte. Daß bei einem sich der Küste nähernden Schiff zunächst der Mast und dann erst der Schiffskörper zu sehen ist und daß die Erde bei einer Mondfinsternis einen runden Schatten auf die Mondoberfläche wirft, hatte die Menschen von der Kugelgestalt der Erde überzeugt. Platon übernahm diese Auffassung nicht nur, er sah darüber hinaus die Kugel überhaupt als Grundform des Kosmos an. Für ihn war der Himmel kein von Säulen gestütztes Dach, wie noch Homer geglaubt hatte, sondern eine Hohlkugel, und auch Sonne, Mond, Planeten und Sterne hatten Kugelform, und sie umkreisten die Erde mit unterschiedlicher Geschwindigkeit.

Platon war sich der Tatsache bewußt, daß drei von den damals bekannten Planeten – wir nennen sie heute Merkur, Venus und Mars – gelegentlich in ihrer Bewegung innezuhalten und sich dann rückläufig zu bewegen scheinen. Tatsächlich beschreiben sie am Himmel in bezug auf die Fixsterne längliche Schleifen, und dies ist der Fall, weil sie sich ebenso wie die Erde auf elliptischen Bahnen bewegen, in deren einem Brennpunkt sich die Sonne befindet. Im Altertum war diese Erklärung natürlich unzugänglich, und zur Zeit Platons gab es zwei allgemein verbreitete Deutungsversuche. Die eine Auffassung besagte, daß es sich bei den Planeten wirklich um Wandelsterne handelte, deren Bewegungen ebenso zufällig verlaufen wie der Flug des Glühwürmchens. Nach der anderen Theorie waren die abweichenden Bahnen der Planeten grundsätzlich durch die Annahme eines komplexen Systems kreisförmiger Bewegungen erklärbar, und dieser Meinung schloß Platon sich an. Er setzte sich mit großem Nachdruck für die Kreisbewegung aller Himmelskörper ein und erklärte sogar, diese Bewegung sei der höchste Ausdruck der geometrischen Grundsätze, die das Universum beherrschten. Während Pythagoras die Arithmetik als grundlegend betrachtet hatte, würde Platon auf eine entsprechende Frage wohl die Geometrie angeführt haben. Wie Karl Popper in überzeugender Weise vermutet hat, verloren die Pythagoreer das Vertrauen in die Kraft der Zahl, als sie entdeckten, daß gewisse Zahlen wie zum Beispiel die Quadratwurzel aus zwei oder die Quadratwurzel aus drei irrational sind, sich also nicht durch einen Bruch ausdrücken lassen, dessen Zähler und Nenner aus ganzen Zahlen bestehen. Platon suchte den Schaden dadurch zu beheben, daß er eine Kosmologie entwarf, deren Grundlage die Geometrie war. Jedenfalls ließ er über dem Portal der von ihm gegründeten Akademie die Inschrift anbringen: »Es trete kein der Geometrie Unkundiger ein.«

Platon vertrat die Ansicht, die Bewegungen der Himmelskörper seien zu regelmäßig, um zufällig zu sein, und seien daher von göttlichen Wesen gelenkt. Wie er sich das genau vorstellte, beschrieb er in Form einer Vision am Schluß seines Werkes *Politeia (Der Staat):* Im Schoße der Notwendigkeit dreht sich eine diamantene Spindel. Der mittlere Teil dieser Spindel besteht aus acht ineinander geschachtelten Spulenringen, die den Umlaufbahnen des Mondes, der Sonne, der fünf Planeten und der Fixsterne entsprechen. Die sieben inneren Ringe rotieren mit unterschiedlicher Geschwindigkeit, und ihr Drehsinn ist der Bewegung des Ganzen entgegengesetzt. Auf jedem der Spulenringe ist eine Sirene angebracht, die – hier macht sich pythagoreischer Einfluß bemerkbar – einen bestimmten Ton erzeugt. Alle acht zusammen ergeben eine einzige Harmonie. Die drei Töchter der Notwendigkeit, die Schicksalsgöttinnen oder Moiren, sitzen ringsum und halten die Spindel und die acht Spulenringe mit den Händen in ständiger Bewegung.

Im *Politikos,* einem anderen Dialog, läßt Platon durchblicken, daß die Schicksalsgöttinnen oder auch Gott gelegentlich die Kontrolle verlieren, woraufhin sich das Universum in entgegengesetzter Richtung bewegt. Die Zeit beginnt, rückwärts zu laufen. Die Toten stehen aus ihren Gräbern auf, beginnen, wieder zu leben, und werden mit jedem Tag jünger. Die weißen Haare der Alten werden grau und schließlich wieder schwarz; erwachsene Männer verlieren ihre Bärte und erhalten den Flaum ihrer Jugend zurück, und aus Jugendlichen werden Kinder, die schließlich als Säuglinge wieder verschwinden! Diese Darstellung scheint heute zumindest indirekt aktuell geworden zu sein, da einige Wissenschaftler es für möglich halten, daß der Mensch sich doch einmal schneller als das Licht bewegen, die Zeit umkehren und dadurch immer jünger werden könnte.

Platon sah die Bewegung der Himmelskörper vor allem als ein ästhetisches Phänomen und empfand sie daher auch als befriedigend für die Seele. Die Seele, sagt er im *Phaidros,* ist wie ein geflügelter Wagenlenker, der ein Gespann von geflügelten Rossen steuert. Die Pferde, die zu den Seelen der Götter gehören, sind alle gut, eine menschliche Seele hat jedoch ein gutes und ein schlechtes Pferd. Deshalb ist es für sie schwierig, dem von Zeus angeführten Zug der Seelen zu folgen, der sich bis zum Rande des Himmels bewegt. Die Seelen der Götter ziehen dann weiter über den Rand hinaus und stehen schließlich auf dem Rücken des Himmels, wo sie sich in die vollkommene Schönheit, das Wahre und die rationalen Grundlagen des Kosmos versenken.

Die anderen Seelen haben in dem Maße Anteil an diesem Blick auf das Wahre, wie weit es ihrem Wagenlenker gelingt, die Pferde zu zügeln; vielen zerbrechen die Flügel, und sie fallen auf die Erde zurück und werden wieder einem menschlichen Körper eingepflanzt. Solchen Seelen können jedoch erneut Flügel wachsen, wenn sie körperliche Schönheit wahrnehmen und sich dann an die vollkommene Schönheit erinnern, von der sie einst jenseits des Himmels einen Blick erhaschen konnten.

Platon war der Meinung, ein Mensch, der ein rechtschaffenes Leben geführt habe, existiere nach seinem Tode als Stern weiter. Diesen Glauben brachte er in Versen zum Ausdruck, die von Shelley unter dem Titel »An Stella« übersetzt wurden:

Der Morgenstern warst du unter den Lebenden,
bevor dein helles Licht entschwand;
jetzt bist du entschlafen und schenkst
wie Hesperus den Toten neuen Glanz.

Eine solche Kosmologie, die vor allem in Mythen und schönen Bildern ihren Ausdruck fand, zog eine Ethik nach sich, die derjenigen des Pythagoras nicht unähnlich war. Auf dem Wege zur Erkenntnis stellt der Körper nur ein Hindernis dar, und der Weise muß sich über ihn erheben. »Platonische Liebe« ist besser als körperliche Leidenschaft, und die Philosophie steht über dem aktiven Leben. Platon zog jedoch aus seiner Kosmologie weitreichendere Konsequenzen als Pythagoras, da er sie auch auf die Politik anwandte.

Es ist die erste Pflicht eines guten Herrschers, den Kosmos als vernünftig zu begreifen, und zu diesem Zweck muß er die Astronomie studieren, vor allem die mathematischen Grundlagen der Sternbewegungen. Nur so wird er in der Lage sein, die kosmische Ordnung auch in der Politik zu verwirklichen. Der beste Staat ist in drei Klassen eingeteilt: die Herrscher, die Soldaten – beide werden zusammen auch als Wächter des Staates bezeichnet – und das einfache Volk, das aus Bauern und Handwerkern besteht. Ehe und Privateigentum sind in den beiden oberen Klassen abgeschafft, da sie nur das Entstehen privater Besitzgefühle begünstigen. Aufgabe der Wächter ist es, dafür zu sorgen, daß der Staat auf dem Wege der Vernunft weiter fortschreitet und daß sich keine Abweichungen einschleichen. Wie Platon andeutet, sollen die Sterne in all ihrer Schönheit, Ordnung und Unveränderlichkeit das Modell für ein präzise ineinandergreifendes politisches System darstellen, das der höchsten Klasse die erforderliche Muße einräumt, sozusagen ihre geflügelten Rosse bis an den Rand des Himmels zu lenken, die kosmische Ordnung zu schauen und dafür zu sorgen, daß der Staat nicht vom rechten Kurs abweicht. Daß es Platon ernst war mit der wichtigen Rolle der Astronomie, erhellt aus der Tatsache, daß er sie als festes Unterrichtsfach in den Lehrplan seiner Akademie aufnahm. Das war eine Neuerung im griechischen Bildungswesen, da sich zum Beispiel die schulische Ausbildung des Sophokles auf Sport und Musik beschränkt hatte.

Unsere jüngsten Erfahrungen mit totalitären Systemen haben Platons politische Auffassungen vollkommen in Mißkredit gebracht. Heute sehen wir – im Gegensatz zu unseren Vorfahren im neunzehnten Jahrhundert –, daß die athenische Demokratie in nahezu jeder Hinsicht der Utopie vorzuziehen war, die Platon aus seiner Kosmologie ableitete. Aber trotz dieses Einwandes hat sich Platons Weltbild, vielleicht weil es mit solch visionärer Kraft beschrieben wurde, als eines der einflußreichsten erwiesen, die je entworfen wurden.

Platons hervorragendster Schüler Aristoteles wurde in Stageira geboren, wo sein Vater Leibarzt des makedonischen Königs war. Zwanzig Jahre lang studierte er an der Akademie, und Platon nannte ihn geradezu »den Intellekt seiner Schule«. Und doch stand Aristoteles fester auf dem Boden der Wirklichkeit als sein Lehrer: Er liebte es, auffällige Ringe zu tragen, und beobachtete viele Einzelheiten, so zum Beispiel, daß Theaterbesucher bei schlechten Aufführungen mehr Süßigkeiten essen als bei guten. Von einer Ehefrau Platons hören wir nichts, Aristoteles jedoch war verheiratet und lebte nach dem Tode seiner Frau mit einer Mätresse zusammen, die ihm einen Sohn schenkte. Sieben Jahre lang war er der Lehrer Alexanders des Großen und erlebte noch, daß sein Schüler Nordwestindien eroberte und damit wesentlich dazu beitrug, das Bild des Menschen von der Erde zu erweitern.

Dieser Sohn eines Arztes war zunächst einmal Meeresbiologe und ein sehr guter dazu. Er sezierte mindestens fünfzig Tierarten, unter anderem Seeigel und Seesterne, und seine detaillierte Beschreibung von den Fortpflanzungsorganen des Tintenfisches blieb bis ins neunzehnte Jahrhundert unübertroffen. Er war vor allem an der Frage interessiert, wie sich ein Tier entwickelt, wie es altert und dann stirbt; aber auch an seiner Fähigkeit, sich fortzubewegen und sich artgetreu fortzupflanzen. Beides führte er auf Eigenschaften der Seele zurück.

Wenn der Biologe Aristoteles nun zum Himmel emporblickte, dann fiel ihm vor allem auf, daß sich die Bewegung der Himmelskörper von der Bewegung der Tiere erheblich unterscheidet: Sie ist regelmäßig, offenbar kreisförmig, und sie wiederholt sich. Aristoteles schloß daraus, daß die Himmelskörper nicht wie die Tiere aus Erde, Feuer, Luft und Wasser zusammengesetzt sind, sondern aus Äther bestehen, der überaus reinen oberen Luft, die auf der Erde nicht anzutreffen ist, und diesem Äther schrieb er die charakteristische Eigenschaft zu, sich kreisförmig zu bewegen.

Seit den Tagen Platons hatte ein Astronom namens Eudoxos von Knidos eine neue Erklärung für die anomalen Bewegungen der Planeten gefunden. Statt der ebenen Kreise der früheren Astronomie führte Eudoxos konzentrische Sphären oder sphärische Hüllen ein, von denen jede um eine andere Achse rotiert; die Bewegungen dieser verschiedenen sphärischen Hüllen bilden die Komponenten, aus denen die Bahnen des Mondes, der Sonne und der Planeten resultieren, so wie wir sie von der Erde aus wahrnehmen. Aristoteles übernahm eine erweiterte Version dieser Theorie und vertrat die Auffassung, Mond, Sonne, Planeten und Fixsterne seien an insgesamt fünfundfünfzig Sphären befestigt; die Sphären bestanden wie die Himmelskörper aus Äther und berührten einander. Die Drehung dieser Sphären um verschiedene Achsen rief dann die periodisch sich verändernden Bewegungen der Himmelskörper hervor. Aber warum drehten sich die Sphären überhaupt um ihre Achsen? Weil, antwortete Aristoteles, jede von der Vollkommenheit eines göttlichen unbewegten Bewegers in Gang gehalten wurde, der sich jenseits des Raumes, der Zeit und der Sichtbarkeit befindet.

Zunächst nahm Aristoteles fünfundfünfzig unbewegte Beweger an, später erklärte er jedoch, es sei besser, an einen ersten und einzigen Beweger zu denken als an viele. Das war ein gewaltiger Schritt vom Polytheismus zum Monotheismus, aber Aristoteles kommentiert ihn nur mit dem Hinweis, Hypothesen müßten stets auf ein Minimum beschränkt werden. Einen Grund dafür gibt er nicht an; vermutlich hielt er diese Annahme für axiomatisch. Tatsächlich ist die bevorzugte Annahme einer einzigen Ursache für das griechische Denken charakteristisch und nirgendwo sonst in gleichem Maße zu finden. Die Perser zogen beispielsweise einen Dualismus vor, der durch den Gegensatz zwischen einem guten und einem bösen Prinzip gekennzeichnet ist und später als Manichäismus auch das Abendland beeinflußte, und das Denken der Chinesen zeigt eine Vorliebe für die Komplementarität von Yin und Yang.

In der griechischen Bevorzugung einer einzigen Ursache treten wohl zwei Komponenten zusammen. Einmal die Sparsamkeit, die haushälterische Tugend von Leuten, die ein sonniges, aber armes Land bewohnen und instinktiv das Letzte aus jeder einzelnen Olive und jeder einzelnen Weintraube herausholen; und zweitens die seltene Vereinigung von Körper und Geist, die die Griechen in ihrer Lebensführung verwirklichten – jene Qualität, die wir meinen, wenn wir sagen, die Griechen hätten als erste die individuelle menschliche Persönlichkeit entdeckt – und die es ihnen ganz natürlich erscheinen ließ, hinter der Vielfalt nach dem einen zu suchen.

Doch zurück zu dem einen »unbewegten Beweger« des Aristoteles. Er ist reiner Geist, das Grundprinzip aller Dinge. Er hat die Welt nicht erschaffen, da sie schon immer existierte, und steht ihr sogar gleichgültig gegenüber, aber seine Vollkommenheit hat zur Folge, daß die Sphären sich weiterdrehen, etwa so, wie der Anblick einer schönen Frau dazu führt, daß sich die Männer nach ihr umdrehen. So sind nach Aristoteles Sonne, Mond und Sterne nicht selber Götter, was noch Platon behauptet hatte, sondern im wörtlichen Sinne gleichsam Mitläufer Gottes.

Weil die feststehende Erde, ihre Atmosphäre und ihre Menschen aus anderem Stoff bestehen als der Weltraum und seine Körper, besteht zwischen diesen beiden Bereichen eine Kluft, die sich auch nicht überbrükken läßt, wie Platon es noch für möglich gehalten hatte. Jede sich verändernde geradlinige Bewegung am Himmel muß daher zur Atmosphäre der Erde gehören und nicht zum Äther; aus dieser Annahme folgt auch die Entschiedenheit, mit der Aristoteles daran festhält, daß es sich bei Meteoren um heiße, trockene und brennbare Ausdünstungen der Erde handelt, die sich unter gewissen Bedingungen entzünden. Übrigens nahm er auch an, die Milchstraße sei von der gleichen Natur wie die Meteore.

Die unüberbrückbare Kluft zwischen der sich wandelnden sublunaren Welt und dem unveränderlichen äußeren Raum, in dem Gott sich aufhält, beschränkt das Handeln des Menschen. Platon hatte die Ansicht vertreten, durch die Betrachtung der Sterne könne die geflügelte Seele des Menschen die Erde umkreisen und somit Anteil an der Vollkommenheit der Sterne haben. Aristoteles verneinte das. Nach seiner Meinung unterscheiden wir uns in unserer Zusammensetzung und unserer Bewegung zu sehr von den Sternen. Die persönliche Seele ist vom Körper abhängig; es wäre töricht, wollte man annehmen, sie könne den Körper verlassen und sich emporschwingen oder gar den Körper überleben. Der Mensch ist also vom Weltraum abgeschnitten und muß seine Erfüllung hier auf der Erde finden.

Dies kann er durch ein tugendhaftes Leben tun und durch die Übung seines Verstandes, der am höchsten entwickelten menschlichen Fähigkeit, im Rahmen dessen, was Aristoteles *Theoria* nennt. Dieses Wort, das bei ihm die höchste Stufe menschlichen Erkennens bezeichnet, wird oft mit »Schau« übersetzt, ich glaube jedoch, eine genauere Wiedergabe wäre »das Philosophieren über die Natur« oder mit anderen Worten das Entwerfen eines Weltbildes, aber eines Weltbildes, das die Seesterne ebenso berücksichtigt wie die Sterne.

Nach den hochfliegenden, quasi-mystischen Lehren eines Pythagoras und eines Platon brachte Aristoteles die griechische Kosmologie wieder auf die Erde zurück. Als er jedoch seine eigene Schule, das Lykeion, gründete, machte auch er die Astronomie zum festen Lehrfach, nicht, um damit wie Platon eine Einführung in die Politik zu geben, sondern als Beitrag zum Weltbild eines intelligenten Mannes. Der Impuls, den die Astronomie diesen beiden Männern verdankt, sollte noch zu wichtigen Entdeckungen führen, wie wir im nächsten Kapitel sehen werden.

Der Reichtum des griechischen spekulativen Denkens dürfte bereits anhand der bisher dargestellten Denker deutlich geworden sein. Es gab andere, weniger einflußreiche, aber gleichfalls eigenständige, originäre Philosophen wie Demokrit, der lehrte, der Kosmos bestehe aus unendlich vielen harten und unteilbaren Atomen in ewiger, aber zielloser Bewegung, oder Epikur, der daraus ein Wertesystem und eine ganze Lebenshaltung ableitete.

Die Auffassungen des Aristoteles gleichen ebenso wie die des Anaxagoras und Pythagoras, Platon und Demokrit den Modellkleidern der Pariser *grands couturiers.* Wenige Frauen tragen sie, viele kopieren sie, aber die Mehrzahl ändert lediglich Taillenhöhe und Rocklänge und kleidet sich im übrigen auch weiterhin traditionell. Bevor wir uns also der Spätantike zuwenden, mag es angebracht sein, uns die klassische Tradition noch einmal ins Gedächtnis zu rufen. Die Griechen hielten die Erde für den Mittelpunkt des Kosmos, und dieser stellte für sie einen im großen und ganzen freundlichen Ort dar, bei dem sogar noch der Nachthimmel mit vertrauten Gestalten bevölkert war, die einst selbst über griechische Hügel gewandelt waren und das griechische Meer befahren hatten. Der Mensch war nach den Göttern das wichtigste Lebewesen im Kosmos, und er versuchte, diesen Kosmos im Licht seiner poetischen und religiösen, biologischen und astronomischen Einsichten zu verstehen. Dieses Weltbild lebte aus seiner Totalität. Der Mensch empfand seine Welt als Heimat, die Quellen des Wissens waren – trotz des Wirkens des Sokrates – gleichrangig. Der Mythos führte ebenso zur Wahrheit wie die Mathematik, und es gab keinerlei Zweifel daran, daß der Kosmos dem Verständnis zugänglich war. Und doch wurde diese Welt auch von etwas Göttlichem berührt, so daß der Mensch, wenn er mehr über sie herausfand, auch hoffen konnte, mehr über die Götter oder Gott in Erfahrung zu bringen.

2. Kapitel
Von Alexandria nach Bethlehem

Der Aufstieg Alexandrias – Das Planetarium des Archimedes – Nach Zenon von Kition durchdringt der Geist als Pneuma den gesamten Kosmos – Verbesserte astronomische Messungen – Poseidonios führt die Gezeiten auf die Einwirkung des Mondes zurück – Physik und Ethik der römischen Stoiker – Leben und Werke Senecas – Die steigende Beliebtheit der Astrologie – Kultische Verehrung von Sonne, Mond und Sternen – Das Weltbild des Judentums – Weltbild und Kalender in frühchristlicher Zeit.

An einem Tage zwischen den Jahren 247 und 222 v. Chr., dessen genaues Datum sich nicht mehr ermitteln läßt, lief das größte Schiff der Welt von Sizilien zu seiner Jungfernfahrt aus. Die *Alexandria,* ein Dreimaster mit einer Tragfähigkeit von rund 3500 Tonnen, verfügte über dreißig Kabinen, mosaikbedeckte Fußböden mit Szenen aus der *Ilias,* einen Sportraum, Blumenbeete und Weinranken auf dem Hauptdeck, ein Badezimmer mit drei bronzenen Badewannen und eine holzgetäfelte Bibliothek mit einer konkaven Decke, auf der das Himmelsgewölbe abgebildet war. Ihre Ladung bestand aus Getreide, gesalzenem Fisch aus Sizilien und 600 Tonnen Wolle – Geschenken des Königs Hieron von Syrakus für den ägyptischen König Ptolemäus III.

Planmäßig lief die *Alexandria* in den Hafen der modernsten Stadt der Welt ein. Alexandria hatte die Nachfolge Athens angetreten, das sich mittlerweile im Niedergang befand, und hatte vor allem die astronomische und philosophische Tradition von den Griechen übernommen. Das im Nildelta gelegene Alexandria war eine geschäftige Stadt mit Lagerhäusern und Kornspeichern, königlichen Palästen, einem Museum und einer Bibliothek, zwei großen Obelisken, die später als Nadeln der Kleopatra bezeichnet wurden und sich heute in New York und London befinden, und schließlich dem Mausoleum Alexanders des Großen, der die Stadt gegründet hatte. Bemerkenswert war vor allem der Leuchtturm Alexandrias: Er galt als eines der sieben Weltwunder, war achtzigmal so groß wie ein Mensch, erbaut aus Marmor und trug an seiner Spitze ein offenes Feuer. Der »Pharos« war ein Beweis für das zunehmende technische Geschick des Menschen und für seine Fähigkeit, sich voller Selbstvertrauen in einer expandierenden Welt zu bewegen; nachts war der Leuchtturm schon von weitem zu erkennen und glich einem von Menschenhand erzeugten Stern – ein Symbol dafür, daß der Mensch die zweite Phase seines Wissens über den ihn umgebenden Kosmos erreicht hatte.

Der Mann, der die Himmelsdecke in der Schiffsbibliothek entworfen und auch den Stapellauf des riesigen Schiffes, der anderen mißlungen war, bewerkstelligt hatte, war Archimedes von Syrakus, ein Verwandter des Königs Hieron II. Durch die Betätigung einer einzigen, sinnreich konstruierten Winde hatte er das Schiff die Helling hinuntergezogen und bei dieser Gelegenheit auch den stolzen Ausspruch getan: »Gebt mir einen Punkt, auf dem ich stehen kann, und ich werde die Erde bewegen.«

Archimedes wurde um 287 v. Chr. geboren und war der Sohn eines Astronomen. Er studierte in Alexandria, wo er eine Schraubenpumpe erfand, mit der man Wasser an die Erdoberfläche bringen konnte und die noch bis ins neunzehnte Jahrhundert in Ägypten in Gebrauch war. Nach seiner Rückkehr ins heimatliche Syrakus begann er, sich mit Astronomie, Mathematik und Technik zu beschäftigen. Von seiner außerordentlichen Konzentrationsfähigkeit werden viele Geschichten erzählt. So zeichnete er beim Kochen mathematische Figuren in die Asche seines Feuers und malte sie sich beim Baden auf die eingeölte Haut.

Einem Bericht zufolge, der sich in den Aufzeichnungen Leonardo da Vincis findet, reiste Archimedes nach Spanien, wo er einen gewissen Ecliderides, der als König über die Cilodastri herrschte, in einem Seekrieg gegen Britannien dadurch unterstützte, daß er eine Vorrichtung erfand, mit der man brennendes Pech auf die feindlichen Schiffe spritzen konnte. Ecliderides und die Cilodastri tauchen in der Geschichtsschreibung sonst nirgendwo auf, Leonardos Bericht kann jedoch durchaus der Wahrheit entsprechen, denn wir wissen, daß im Alterum die archimedische Schraubenpumpe in den spanischen Silberminen in Gebrauch war; vielleicht hat Archimedes sie dort sogar selbst installiert und bei dieser Gelegenheit auch bei der Kriegführung geholfen. Als die Römer Syrakus belagerten, erfand er jedenfalls Katapulte und andere Kriegsmaschinen, mit denen die Verteidiger in der Lage waren, die Angriffe der römischen Legionen zwei Jahre lang erfolgreich abzuwehren. Schließlich wurde Archimedes bei der Erstürmung der Stadt im Jahre 212 v. Chr. von einem römischen Soldaten erschlagen.

Als Mathematiker gelang es ihm, den Kreis und die Kugel zu entmystifizieren. Er zeigte, daß diese Gebilde, die Platon wegen ihrer Anfangs- und Endlosigkeit für Symbole Gottes gehalten hatte, gemessen und berechnet werden konnten. Den Kreisumfang bestimmte er mit $\pi \cdot d$, wobei d den Durchmesser des Kreises bezeichnet, und für π errechnete er eine Eingrenzung zwischen $3\frac{1}{7}$ und $3\frac{10}{71}$. Unter anderem wies er nach, daß sich das Volumen einer Kugel zu dem des umschriebenen Zylinders wie zwei zu drei verhält – eine Entdeckung, die auf seinen Wunsch hin auf seinen Grabstein gemeißelt wurde.

Archimedes baute ferner das erste uns bekannte Planetarium. Es war aus Bronze gefertigt und wurde durch Wasser angetrieben; es gab die Bewegungen der Himmelskörper um die Erde wieder und zeigte auch die verschiedenen Mondphasen und Mondfinsternisse. Der römische General Marcellus, der Syrakus eroberte, brachte es mit dem Schiff nach Rom, wo Cicero es zwei Jahrhunderte später bewunderte. Das Planetarium markiert einen entscheidenden Wendepunkt in der Einstellung des Menschen zum nächtlichen Himmel. Jetzt hatte er ein Modell des Kosmos vor Augen, anhand dessen er sich vorstellen konnte, daß sich die Bewegungen der Sonne, des Mondes und der Planeten letztlich auf eine einzige materielle Ursache zurückführen ließen.

Man kennt Archimedes vor allem als Entdecker des Prinzips, daß ein Körper in einer Flüssigkeit genauso viel an Gewicht verliert, wie die verdrängte Flüssigkeitsmenge wiegt. Er experimentierte außerdem mit Hebeln und führte Gleichgewichts- und Schwerpunktuntersuchungen durch, mit denen er zeigte, daß Gewicht auch an einem entfernten Punkt Wirkungen hervorrufen kann.

Die ehrgeizigsten Versuche des Archimedes dienten jedoch dem Ziel, zu einigermaßen genauen Schätzungen über die Dimensionen des Kosmos zu gelangen und dann die riesige Anzahl von Sandkörnern zu berechnen, die man benötigen würde, wollte man den Weltraum mit Sand ausfüllen. Nach seinen Schätzungen wären dafür 10^{63} Sandkörner erforderlich. Der Nutzeffekt seiner Arbeiten bestand in der Hauptsache darin, dem Kosmos seinen geheimnisvollen Charakter zu nehmen und ihn den rechnerischen Fähigkeiten des Menschen zugänglich zu machen.

Nun erregte noch zu Lebzeiten des Archimedes eine neue philosophische Richtung allgemeine Aufmerksamkeit. Die stoische Philosophie erhielt ihren Namen, weil ihr Begründer Zenon der Jüngere aus Kition auf Zypern sie zuerst in der mit Wandmalereien ausgestatteten Säulenhalle Athens, der Stoa, gelehrt hatte. Im Gegensatz zur Meinung Epikurs, das Universum sei ein Produkt des Zufalls, erklärte Zenon, es werde vom Geist zusammengehalten. Geist und Materie seien jedoch nicht voneinander getrennt, und der Geist manifestiere sich in sichtbarer Form als ein materielles Gemisch aus Luft und Feuer. Dieses warme Luftgemisch heißt bei Zenon Pneuma und gilt in der stoischen Philosophie als lebenspendende und zugleich vernünftige und alles durchdringende Kraftsubstanz, als eine im gesamten Kosmos wirkende Form des Göttlichen. Während Epikur lehrte, in einem vom Zufall bestimmten Universum bleibe dem Menschen keine andere Wahl, als nach dem Glück zu streben, forderte Zenon seine Anhäger auf, ihr Handeln an den Zielen des Geistes zu orientieren. Zenon war der erste Denker, der den Begriff der Pflichterfüllung herausarbeitete und dafür ein Wort benutzte, das ursprünglich »auf etwas zusteuern« hieß und nun die Bedeutung moralischer Pflicht erhielt. Wie das Pneuma bewirkt, daß in den Dingen immer ein gewisses Maß der erforderlichen Spannung aufrechterhalten wird, so muß sich auch der Mensch in der rechten Verfassung halten und sich den an ihn gestellten Anforderungen gewachsen zeigen, um seine Pflicht tun zu können.

Zenons Physik beruhte weitgehend auf bloßen Mutmaßungen und blieb im großen und ganzen recht skizzenhaft. Entdeckungen wie die des Archimedes und, wie wir noch sehen werden, seiner Nachfolger schienen jedoch solide Beweise dafür zu liefern, daß alle Dinge auf vernünftige Weise miteinander verknüpft waren. Der Tragweite dieser Entdeckungen ist es auch zuzuschreiben, daß die stoische Philosophie sich im dritten und zweiten vorchristlichen Jahrhundert immer stärker ausbreiten und allmählich zur anerkanntesten Denkrichtung der Spätantike werden konnte.

Ein weiterer wichtiger Kosmologe, Eratosthenes (ca. 290 bis 200 v. Chr.), war ein Freund des Archimedes und als Vorsteher der großen Bibliothek von Alexandria tätig. Seine Vielseitigkeit trug ihm den Spitznamen *Pentathlos* ein, womit man sonst einen vielfach begabten Athleten bezeichnete. Im klassischen Griechenland wäre ein solcher Beiname überflüssig gewesen, mittlerweile jedoch machte sich überall die Spezialisierung breit, und Vielseitigkeit war bereits so selten geworden, daß sie Aufmerksamkeit erregte.

Eratosthenes war der erste Mensch, der den Erdumfang berechnete. Er entdeckte, daß die Sonne zur Zeit der Sommersonnenwende in Syene (dem heutigen Assuan) mittags direkt im Zenit stand, so daß ihre Strahlen ohne die geringste Schattenbildung in einen tiefen Brunnen fielen.

Zur gleichen Zeit warf in Alexandria, das ungefähr auf dem gleichen Meridian 5000 Stadien weiter nördlich lag, ein senkrecht in die Erde gesteckter Stab einen Schatten, aus dem sich ergab, daß die Sonnenstrahlen dort mit der Senkrechten einen Winkel bildeten, der dem fünfzigsten Teil eines Kreisumfangs entsprach. Eratosthenes folgerte daraus, daß der Erdumfang auf dem durch beide Städte führenden Meridian fünfzigmal so groß sein mußte wie der Abstand Syene–Alexandria, also 50 mal 5000 = 250000 Stadien. Die genaue Länge eines Stadions ist nicht bekannt, man setzt dafür jedoch üblicherweise 157,7 Meter, womit sich für den Erdumfang der erstaunlich präzise Wert von 39425 Kilometern ergibt. Nach der modernsten Berechnung beläuft er sich am Äquator auf 40076 Kilometer.

Nachdem er auf diese Weise dem Menschen eine zutreffende Vorstellung von der Größe seines Lebensraumes gegeben hatte, entwarf Eratosthenes auch eine verbesserte Geographie. An die Stelle der alten kreisförmigen Landmasse, die rings vom Ozean umgeben war und in deren Mittelpunkt Delphi lag, setzte er jetzt eine neue, die mehr als doppelt so lang wie breit war und Europa, Afrika und Asien umfaßte. Da er glaubte, in der Nähe und jenseits des Äquators mache die extreme Hitze jedes Leben unmöglich, verlegte er die Landmasse auf die nördliche Halbkugel und erklärte darüber hinaus, sie bedecke nur ein Sechstel der gesamten Erdkugel.

Da sie den Mond von verschiedenen Punkten aus beobachteten, kamen die Astronomen Alexandrias bei der Berechnung seiner Entfernung von der Erde dem richtigen Wert von 384000 Kilometern recht nahe. Sie unternahmen außerdem den Versuch, die Entfernung der Sonne zu bestimmen, und warteten zu diesem Zweck auf den Moment, an dem der Mond exakt zur Hälfte beleuchtet ist, um dann den Winkel zu messen, der für den Beobachter von Sonne und Mond gebildet wird. Ein Meßfehler von weniger als drei Grad ergab dabei jedoch eine außerordentlich große Abweichung, und so gelangten sie zu der Ansicht, die Sonne sei von der Erde achtzehnmal so weit entfernt wie der Mond, während der Abstand in Wirklichkeit das Dreihundertneunzigfache der Mondentfernung beträgt.

Hipparchos von Nikaia (190 bis 120 v. Chr.), der bedeutendste Astronom der Antike, erhöhte das wissenschaftliche Selbstvertrauen des Menschen in der Erkenntnis des Kosmos, als er einen Sternkatalog zusammenstellte, der die genaue Lage von tausend Sternen angab. Er beobachtete auch, daß sich die Umlaufgeschwindigkeit des Mondes je nach seiner Stellung auf der Mondbahn verändert und daß seine Bahn gegenüber der Ekliptik (der scheinbaren Umlaufbahn der Sonne) um ungefähr 5 Grad geneigt ist, so daß sie manchmal nördlich der Ekliptik und manchmal südlich von ihr verläuft. Die richtige Erklärung für die wechselnde Mondgeschwindigkeit – der elliptische Verlauf der Mondbahn – war im Altertum unbekannt, Hipparchos gelang es jedoch, dieses Phänomen durch die Annahme mehrerer, voneinander abhängiger Kreisbewegungen so zufriedenstellend zu erklären, daß seine Nachfolger in der Lage waren, die Zeit einer Mondfinsternis mit einer Genauigkeit von ein bis zwei Stunden vorherzusagen.

Von der Vorhersage der Mondbewegungen war es dann nur noch ein kleiner Schritt zu der Ansicht, der Mond sei auch nur ein Himmelskörper wie jeder andere. Poseidonios, der zu diesem Schritt den größten Beitrag leistete, wurde um 135 v. Chr. in Syrien geboren. Er war in Rhodos Schüler des stoischen Philosophen Panaitios und gründete dort, nachdem sein Lehrer nach Athen übergesiedelt war, eine eigene Schule. Er unternahm ausgedehnte Reisen durch das westliche Mittelmeergebiet und vertrat Rhodos, in dessen Dienst er ein hohes politisches Amt bekleidete, als Botschafter auf mehreren Reisen nach Rom. Zu seinen zahlreichen Schülern gehörte auch Cicero. Daß er ebenso ein Mann der Tat wie des Verstandes war, erhellt aus seinem kraftvollen Stil, seinem Interesse an den Merkwürdigkeiten des menschlichen Verhaltens und seiner Ablehnung der stoischen Auffassung, die Tugend allein sei ausreichend, einen Menschen glücklich zu machen; Poseidonios erklärte, Gesundheit, Geld und persönliche Stärke seien dazu ebenso erforderlich. Er selbst hielt sich vermutlich für glücklich, denn er konnte sich dieser drei Dinge bis ins hohe Alter erfreuen, dann allerdings hatte er unter der Gicht zu leiden.

In der spanischen Stadt Cádiz schlagen die Brecher des Atlantik an einen weißen Sandstrand, und der Unterschied zwischen Ebbe und Flut beträgt dort ungefähr einen Meter, was Poseidonios veranlaßte, sich nach Cádiz zu begeben und dort den Gezeitenunterschied zu untersuchen. Dabei beobachtete er, daß in der Nähe von Cádiz auch der gleichfalls von Ebbe und Flut abhängige Fluß Guadalquivir regelmäßig bei Neumond über die Ufer trat. Er schloß daraus, daß die Gezeiten durch den Umlauf des Mondes verursacht wurden. »Wenn der Mond im Abstand eines Tierkreiszeichens [30 Grad] über dem Horizont steht, beginnt das Meer zu steigen und dringt deutlich auf das trockene Land vor, bis der Mond die Mitte des Himmels erreicht hat. Umgekehrt zieht sich das Meer langsam zurück, wenn der Mond untergeht ... Dieser monatliche Zyklus führt dazu, daß die Flut bei Neumond am höchsten steht.«

Poseidonios deutete das Ganze dahingehend, daß durch die Bewegung des Mondes die Spannung des Pneumas zwischen Mond und Ozean erhöht beziehungsweise abgeschwächt und somit das Wasser zum Steigen oder Fallen veranlaßt werde. Zwar wird in dieser Theorie die Rolle der Sonne außer acht gelassen, aber das Ganze war doch eine recht gute Erklärung für eine Zeit, der die Gravitation unbekannt war.

Als abschließendes Beispiel für die zunehmend rationale Einstellung der Spätantike zum Mond sei noch auf Plutarch verwiesen, der ein Jahrhundert nach Poseidonios die Ansicht vertrat, der Mond sei in seiner Zusammensetzung der Erde ähnlich und trotz seiner dünnen Lufthülle vielleicht bewohnt; er halte sich auf seiner Umlaufbahn und falle nicht herunter, weil er einem Stein gleiche, der in einer Schleuder herumgewirbelt werde.

Poseidonios erklärte, der Durchmesser der Sonne entspreche 39¼ Erddurchmessern. Dieser Wert ist zu klein, da der Sonnendurchmesser in Wirklichkeit 109mal so groß ist wie der Durchmesser der Erde, und kam offensichtlich dadurch zustande, daß Poseidonios die Entfernung der Sonne zu gering einschätzte. Aber, und das ist der springende Punkt, dies war der größte Wert, den man bis dahin angegeben hatte, und er trug mit dazu bei, daß die Menschen allmählich ihre Erde als einen relativ kleinen Himmelskörper sahen, der unter dem direkten Einfluß seines großen Nachbarn, der Sonne, stand.

Auf seinen Reisen bemerkte Poseidonios, wie sehr sich die verschiedenen Völker in Charakter und Verhaltensweise voneinander unterschieden. Die Bewohner Italiens führten ein kärgliches Leben und waren es zufrieden, sich von Birnen, Nüssen und Wasser zu ernähren, während er in Gallien sah, daß Leute an Fleischstücken nagten »wie Löwen« und sich menschliche Köpfe als Trophäen an ihre Häuser nagelten. Poseidonios, der auch hier den Grundsatz der stoischen Philosophie vertrat, alle Dinge seien durch einen materiellen Zusammenhang miteinander verbunden, schrieb diese Unterschiede der Sonne zu. Je nach dem Winkel, in dem ihre Strahlen auftreffen, überträgt die Sonne »Lebenswärme« in unterschiedlicher Stärke, und diese wiederum ruft verschiedene Wertsysteme und unterschiedliches Verhalten hervor. Außerdem interessierte sich Poseidonios für Vulkane, die er auf tief in der Erde eingeschlossenes Pneuma zurückführte, und er beschrieb, wie sich in der Ägäis durch vulkanische Tätigkeit eine neue Insel bildete.

Poseidonios bezeichnete sich selbst als Stoiker, er übernahm jedoch auch einige nichtstoische Gedanken, so vor allem die von Platon im *Timaios* vertretene Auffassung, der Kosmos sei ein großer lebender Organismus. Das war im Grunde eine rückschrittliche Konzeption und als solche der wissenschaftlichen Leistung dieses Mannes unwürdig. Da sie jedoch auch später wieder auftaucht – bei Plutarch zum Beispiel und während des Mittelalters, als man die Entstehung der »Körpersäfte« daraus ableitete –, verdient sie es doch, hier erwähnt zu werden. Das Herz des kosmischen Organismus ist die Sonne, die Wärme und Licht spendet. Die Erde ist der Magen, und das Meer fungiert als Blase. Beide senden Ausdünstungen aus, die der glühendheißen Sonne und den Sternen als Energiezufuhr dienen. Der Mond stellt die Leber dar und leitet die Ausdünstungen, nachdem sie ihren Zweck erfüllt haben, in gereinigter Form wieder auf die Erde zurück. Der gesamte Organismus ist von einer Weltseele durchdrungen und wird von ihr beherrscht und in einem einheitlichen Ganzen zusammengehalten.

Wie haben sich die wissenschaftlichen Entdeckungen der Spätantike nun auf das Bild ausgewirkt, das sich der Mensch vom Kosmos machte? Da er begann, den Weltraum mit irdischen Entfernungen zu messen, den Mond als einen ebensolchen Himmelskörper wie die Erde aufzufassen, dessen Bewegung sich vorhersagen ließ, und da er die Kreisbahnen der Sterne zumindest im Prinzip mit menschlichen Meßmethoden erfassen konnte, hielt er den Kosmos für etwas, das der menschlichen Heimat auf der Erde nicht unähnlich war. Platons Auffassung, die Himmelskörper seien Götter, lehnte er ebenso ab wie die Ansicht des Aristoteles, sie seien von unserer Welt grundsätzlich verschieden; Sonne, Mond, die Sterne und die Erde waren für ihn auf irgendeine Weise gleichartig. Vielleicht waren sie Teile eines Ganzen – eine Ansicht, die dem Planetarium des Archimedes zugrunde lag –, und vielleicht waren sie, wenn sich die Gezeitentheorie des Poseidonios als zutreffend erwies, auch dazu fähig, aus großer Entfernung aufeinander einzuwirken.

Die späteren Stoiker verarbeiteten diese Ansichten zu einem einheitlichen System. Der Kosmos, so erklärten sie, ist eine kontinuierliche Ansammlung von Pneuma, und seine verschiedenen Bestandteile wirken ständig dynamisch aufeinander ein. Alles befindet sich in gegenseitiger physischer Abhängigkeit, von den entferntesten Sternen bis zum nahegelegensten Sandkorn. Alles ist Glied einer langen Kausalkette, und diese Kausalität ist vernünftig und nicht zufällig, da sie vom Geist durchdrungen ist, der sich wiederum als Schicksal äußert. Letztendlich wird unser Kosmos vom Feuer verzehrt und durch einen neuen Kosmos ersetzt werden. Auch dieser neue Kosmos wird schließlich wieder in Flammen aufgehen, und so wird sich dieser Kreislauf ewig wiederholen.

Und wie fügt sich nun der Mensch in diesen Zusammenhang ein? Nach Auffassung der Physiologen von Alexandria gelangt beim Atmen ein kleiner Teil des kosmischen Pneumas in seine Lungen, von dort aus weiter zum Herzen und schließlich ins Blut, wo es sich in eine besondere Art von Pneuma verwandelt, in den »Lebensodem«, der seinen Körper am Leben erhält. Wenn diese Art von Pneuma schließlich ins Gehirn gelangt, erfolgt eine erneute Verwandlung, und es bildet sich der »animalische Odem«, der sich über die Nerven, die man für hohl hielt, im ganzen Körper verteilt und dessen Handlungen koordiniert. Auf diese Weise ist jeder von uns physiologisch mit dem kosmischen Pneuma verbunden, das seinerseits wiederum dem allgemeinen Schicksal unterworfen ist.

Ein derartiges Weltbild lastet überaus schwer auf dem einzelnen. Er mag zwar ein frei handelndes Wesen sein, wie die Stoiker lehrten, aber die Freiheit, seine Pflicht zu tun, ist offensichtlich durch die ihn umgebenden weitreichenden Abhängigkeiten ebenso beschränkt wie durch die Tatsache, daß er von der Kausalkette nicht völlig getrennt ist. Die römischen Stoiker gelangten schließlich zu einer Lösung des Problems und stellten die folgende Maxime auf: Erkenne, daß alle Ereignisse einschließlich derjenigen in deinem eigenen Leben miteinander verbunden sind; es werden in der Regel widrige Umstände sein, und oft besteht das einzige, was du tun kannst, nur darin, eine Haltung mutiger Standhaftigkeit einzunehmen. Darauf bereite dich vor, indem du lernst, dich selbst zu beherrschen.

Ein gutes Beispiel für diese Verbindung von Weltbild und praktischer

Lebensführung liefert uns die Biographie des Lucius Annaeus Seneca. Der zweite Sohn reicher Eltern spanischer Abstammung wurde in Corduba im Jahre 4 v. Chr. geboren. Er studierte in Rom Rhetorik und Philosophie, letzteres bei einem stoischen Lehrer strenger pythagoreischer Richtung. Seneca wurde Vegetarier. Nun wurde damals in Rom, wenn sich jemand des Fleischessens enthielt, dies als Ablehnung des Schweinefleisches mißverstanden, und man vermutete in solchen Fällen einen Übertritt zum verbotenen Judentum. Nach zwölf Monaten nahm Seneca daher das Fleischessen wieder auf, blieb allerdings dabei, keine Austern zu essen, und benutzte zum Schlafen auch keine weiche Matratze.

Mit Senecas Gesundheit war es nicht zum besten bestellt. Eine Jugendtuberkulose kurierte er durch eine Reise nach Ägypten, aber er hatte ständig unter Asthma zu leiden, was Rückschlüsse auf eine nervöse Konstitution zuläßt. Er betätigte sich politisch als Quästor und Senator und machte sich als Redner einen Namen durch seinen äußerst knappen Stil, der vom Kaiser Caligula mit Recht als »Steine ohne Mörtel« getadelt wurde. Er war glücklich mit einer jüngeren Frau namens Paulina verheiratet und hatte einen Sohn, der jedoch bereits als Junge starb. Dann begann er eine leichtsinnige Affäre mit der Schwester Caligulas und wurde deswegen von Claudius nach Korsika verbannt. Während der acht Jahre, die er auf dieser Insel verbrachte, beschäftigte er sich mit dem Studium natürlicher Erscheinungen, vor allem Wind, Blitz und Donner. Nach seiner Rückkehr wurde er der Lehrer und später der wichtigste Berater Neros. Zunächst versuchte er, Neros Grausamkeit zu zügeln, und sagte ihm beispielsweise: »Wie viele du auch immer umbringen läßt, deinen Nachfolger wirst du nie töten.« Später schmeichelte er Nero in der Hoffnung, an dessen bessere Regungen appellieren zu können. Als es darauf ankam, scheint er die moralische Tapferkeit und Gleichgültigkeit gegenüber dem Reichtum jedenfalls nicht bewiesen zu haben, die er anderen predigte. Als Nero die eigene Mutter ermordete, unternahm er nichts, und seinen Einfluß am kaiserlichen Hof benutzte er dazu, in vier Jahren das unglaubliche Vermögen von 300 Millionen Sesterzien anzuhäufen, von dem unter anderem seine fünfhundert Eßtische zeugten, die für Bankette bereitstanden, aus Zitrusholz gefertigt waren und Beine aus Elfenbein besaßen. Angeblich soll er auch 40 Millionen Sesterzien plötzlich aus Britannien eingefordert und daraufhin den Aufstand der Fürstin Boudicca im Jahre 61 n. Chr. ausgelöst haben.

Die Stoiker glaubten, Erdbeben würden durch Pneuma verursacht, das in der Erde eingeschlossen war und sich gewaltsam einen Weg ins Freie bahnte. Sie waren an ihnen besonders interessiert, da sie in den Erdbeben dramatische Beispiele für die Verbundenheit aller Dinge in der Natur erblickten. Seneca schrieb sein erstes Buch über Erdbeben und kam als Zweiundsechzigjähriger noch einmal auf dieses Thema zurück. In seinen *Untersuchungen zur Natur* beschreibt er das Erdbeben vom 5. Februar 63, das die Stadt Herculaneum zur Hälfte zerstörte. Ein Freund Senecas, der gerade ein Bad nahm, als die Erdstöße begannen, »versicherte, er habe gesehen, wie die Fliesen, mit denen der Fußboden des Bades ausgelegt war, auseinanderklafften und sich dann wieder schlossen. In dem Augenblick, als die Platten sich öffneten, wurde das Wasser durch die Fugen aufgesogen; im nächsten Moment jedoch, als sie sich erneut schlossen, wurde das Wasser in einem einzigen Schwall herausgepreßt.« Erdbeben werden, meinte Seneca, nicht von erzürnten Göttern hervorgerufen, sondern sind die Folge materieller Unvollkommenheiten, die überall auftreten können. Aus diesem Grunde waren, wie er meinte, auch alle diejenigen schlecht beraten, die seinerzeit aus Kampanien geflohen waren, um sich in anderen Gegenden in Sicherheit zu bringen. Wissenschaft muß für den Stoiker eine Moral ergeben, und so schließt Seneca diesen Abschnitt mit dem Hinweis, wir sollten uns auf den Tod vorbereiten, da er uns jederzeit ereilen könne.

Während die Griechen der klassischen Zeit die Schönheit des Himmels und der Welt bewundert hatten, sah Seneca als typischer Vertreter der Spätantike vor allem die Kleinheit der Welt, wie Poseidonios sie aufgezeigt hatte – »eine Dreschtenne, auf der sich Ameisen versammeln« –, und ihre Unvollkommenheiten, von denen die römischen Reisenden berichteten, die sich weiter hinauswagten als die Griechen: »Die Erde wird zum größten Teil vom Meer bedeckt und ist auch dort, wo sie sich über das Meer erhebt, eine häßliche Einöde, teils ausgedörrt und teils vereist.« Das war keine Umgebung, in der sich der Mensch wohl fühlen konnte; was ihn erwartete, waren Unsicherheit, Not und Leiden.

Diese drei Dinge stellte Seneca in acht Tragödien dar, für die er die schrecklichsten unter den griechischen Tragödien zum Vorbild nahm und noch weitere Schrecken hinzufügte. Was ihn interessierte, waren die Kämpfe menschlicher Wesen in verzweifelter Lage, ihr Aushalten bis zu dem Punkt, an dem sie die Dinge nicht mehr ertragen können. *»Fati-*

mus agimur; cedite fatis«, lautet ein Vers in seiner Tragödie *Oedipus:* »Vom Schicksal werden wir getrieben, darum fügt euch dem Schicksal.«

In einer Schrift *Über die Vorsehung* befaßt sich Seneca mit dem Problem des Bösen. »Vieles im Leben ist traurig, schrecklich und schwer zu ertragen«, beklagt sich jemand. »Ja«, könnte Gott dann antworten (und mit Gott meint Seneca die Vernunft, die den gesamten Kosmos durchdringt), »und da ich euch von diesen Dingen nicht ausnehmen konnte, habe ich euren Geist gegen sie alle gewappnet. Ertragt sie tapfer. So könnt ihr Gott noch übertreffen: Er ist davon befreit, das Böse erdulden zu müssen, ihr aber könnt beweisen, daß ihr dem Bösen überlegen seid ... Außerdem habe ich Vorsorge getroffen, daß euch nichts gegen euren Willen hier festhalten kann. Der Ausweg steht immer offen. Wollt ihr nicht kämpfen, so könnt ihr die Flucht ergreifen. Ich habe euch nichts leichter gemacht als das Sterben.« Und nach dem Tode? Seneca schwankte, was die Unsterblichkeit der Seele anbetraf, zwischen Glauben und Zweifel.

Ein wichtiger sozialer Aspekt der stoischen Philosophie ergab sich aus der Auffassung, daß der Mensch Teil eines kosmischen Ganzen und insbesondere der ganzen Menschheit sei. Seneca spricht sich daher für eine menschliche Behandlung der Sklaven aus, und in einem Essay mit dem Titel *Über die Milde,* den er für Nero schrieb und ihm widmete, preist er die Milde als »Selbstbeherrschung im wahrsten Sinne und allumfassende Liebe, des Menschengeschlechts ebenso wie der eigenen Person«.

Nachdem Nero seine Mutter ermordet hatte, wurde er gegen solche Mahnungen taub, und so hielt es Seneca im Alter von einundsechzig Jahren für klüger, sich zurückzuziehen. Seine Ablehnung der Tyrannei war jedoch allzu bekannt und machte ihn verdächtig, und drei Jahre später, als eine Verschwörung gegen den Kaiser aufgedeckt wurde, sandte Nero einen Boten, der das Todesurteil überbrachte.

Senecas philosophisches Denken war in gewissem Sinne eine Vorbereitung auf diesen Augenblick gewesen, und die Szene, die sich nun abspielte, hätte aus einer seiner eigenen Tragödien stammen können. Gelassen nahm er das Urteil entgegen und war tief bewegt, als seine Frau Paulina sich entschied, sein Los zu teilen. Beide schnitten sich die Pulsadern auf. Als seine Frau das Bewußtsein verlor, befahl Seneca, ihr die Handgelenke zu verbinden, und sie überlebte. Seneca verblutete langsam. Seine Frau behielt ihr Leben lang erschreckend weiße Wangen.

Senecas Leben illustriert ein allgemeines Muster der Zeit. Der durchschnittliche Römer war ein Landmann, der sich dem Kosmos durch irdische Erscheinungen näherte. War er ein Stoiker, so glaubte er an den alles durchwaltenden Geist, der die Unterschiede zwischen Seele und Körper, dem Individuum und dem Kosmos verschwimmen ließ. Es war eine dem Pantheismus verwandte Haltung, und sie beschnitt sein Freiheitsgefühl und seinen Wissensdurst. Der Kaiser Mark Aurel sollte seine Zufriedenheit darüber äußern, daß er sofort Philosophie studierte und seine Zeit nicht mit Geschichte oder Astronomie verschwendet hatte. Er war ein Stoiker. Seneca seinerseits hatte erklärt, daß solche neueren Erfindungen wie durchsichtige Fenster, Zentralheizung eines Hauses oder Kurzschrift ihn nicht interessierten, da sie nicht geeignet waren, die Seele zu stärken und zu beruhigen.

Anfänglich eine kühne umfassende Sicht der Welt, endete der Stoizismus in einer engen Haltung, in deren Mittelpunkt der einzelne steht, der allein gegen das Schicksal kämpft, ohne Hilfe von Gott, der nicht mehr ist als ein Teil der kosmischen Bewegung. Wie Cicero sagte, war der Stoizismus ein kalter Glaube: Er konnte vielleicht den Intellekt überzeugen, nicht jedoch den ganzen Menschen zufriedenstellen, da er weder seiner Lebensfreude noch seinem Sinn für Kameradschaft oder seinem Wunsch nach politischer Freiheit entspreche. Cicero hätte noch hinzufügen können, daß er dem einzelnen eine zu große Last aufbürdete und ihn wie Atlas das ganze Universum auf seinen Schultern tragen ließ.

Die Stoa war eine griechisch-römische Philosophie. Während sie noch in Blüte stand, brachten die Eroberungszüge Alexanders und später der römischen Legionen asiatisches Gedankengut und damit auch ein völlig anderes Weltbild nach Europa. Hauptsächliches Herkunftsland der neuen Ideen war Babylonien. Die Babylonier waren ein außergewöhnliches Volk, weil sie die Sonne, den Mond und die Planeten kultisch verehrten. Sie waren es, die den Planeten jene Namen von Göttern und Göttinnen gaben, die wir heute noch in ihrer lateinischen Form verwenden. Während Griechen und Römer jedoch die Gottheit meist nur lose mit dem Himmelskörper in Verbindung brachten, identifizierten die Babylonier beide miteinander. Sie glaubten, jeder wichtige Himmelskörper und jede bedeutende Sterngruppierung besitze nicht nur bestimmte quantitative oder geometrische Merkmale – dieser Meinung waren auch die Griechen –, sondern darüber hinaus gewisse *qualitative* Eigenschaften. In einigen Fällen leiteten sie diese aus Beobachtungen ab: Saturn als der langsamste Planet war teilnahmslos und unentschlossen. Bei anderen Planeten ergaben sich ihre Eigenschaften aus der Theologie. Ischtar (die biblische Astarte), die wir heute als Venus bezeichnen, war die Göttin der Liebe und verkörperte die sexuelle Leidenschaft.

Die Babylonier bemerkten, daß Sonne, Mond und Planeten sich am Himmel innerhalb eines kreisförmigen Streifens – des Tierkreises – bewegen, der sich auf beiden Seiten der Ekliptik in einer Breite von jeweils rund acht Grad erstreckt. Sie unterteilten den Tierkreis in zwölf gleich große Teile oder Tierkreiszeichen und benannten jeden Abschnitt nach einem der zwölf Sternbilder, durch die die Sonne im Laufe von zwölf Monaten wandert. Sie begannen dabei mit dem Sternbild des Widders, in das die Sonne um 500 v. Chr. zur Zeit der Frühlingstagundnachtgleiche trat, und schlossen den Tierkreis mit dem Sternbild der Fische ab. Da die Erde bei ihrer Umdrehung um die eigene Achse bestimmten Schwankungen unterworfen ist, hat sich allmählich eine gewisse Verschiebung ergeben, so daß die Sonne heute am 21. März nicht mehr in das Sternbild des Widders, sondern in das der Fische tritt.

In Babylonien glaubte man, das Schicksal eines Menschen werde durch das Tierkreiszeichen bestimmt, das zum Zeitpunkt seiner Geburt gerade am Horizont auftauchte, sowie durch die Planeten, die sich direkt in diesem Zeichen oder in seiner Nähe befanden und von den Babyloniern für Götter und Göttinnen von unterschiedlicher Macht gehalten wurden.

Es ist eines der Paradoxa in der antiken Geschichte, daß die Vertreter der Schule von Alexandria das babylonische Weltbild genau in dem Augenblick übernahmen, an dem sie begonnen hatten, eine rationale Betrachtungsweise des Kosmos zu entwickeln. Wörter des Spätgriechischen wie Astrologie und Horoskop bezeugen die Popularität eines Sternkultes, der einen Griechen der klassischen Zeit mit Abscheu erfüllt hätte. Stolz und aufrecht war der Mensch damals Herr seines eigenen Lebens gewesen; jetzt war er nur noch ein kleines Steinchen im Brettspiel der Sternengötter und -göttinnen, die den Augenblick seiner Geburt beherrscht hatten, und war abhängig von ihrer Gnade. Damals hatte Sophokles' Chor mit eindrucksvollen Worten die Allmacht des Menschen besungen; jetzt verfaßten die Griechen der Spätzeit schwache

Verse über Schwalben, Heuschrecken und Stechmücken. Damals entstand die selbstsichere Statue des *Wagenlenkers von Delphi,* jetzt krümmten sich *Laokoon und seine Söhne* als klägliche Opfer von Kräften, die mächtiger waren als sie.

Überall herrschte der Fatalismus. Niemand nahm mehr ein Bad, ließ sich die Haare schneiden, wechselte die Kleidung oder pflegte seine Fingernägel, ohne auf den dafür günstigsten Augenblick zu warten. Grabinschriften gaben die Lebensdauer auf die Stunde genau an, denn der Zeitpunkt der Geburt, so nahm man an, bestimmte auch den Augenblick des Todes.

Viele nahmen es hin, bloße Gefangene des Tierkreises zu sein; einige jedoch versuchten, sich dem Schicksal zu entziehen. Zu diesem Zweck mußten sie durch die Mittel der Magie Einfluß auf die Sternengötter ausüben. Alle möglichen Dinge, von denen man annahm, sie »entsprächen« diesem oder jenem Stern, wurden dazu benutzt: die Zwiebel, der Pavian und der heilige Ibis ebenso wie manchmal esoterische und manchmal auch rührend naive Zauberformeln. Eine dieser Formeln, mit der man sich den Mond dienstbar machen wollte, lautete: »Du mußt es tun, ob du willst oder nicht.«

Die Schule von Alexandria griff auch eine von Platon geäußerte Vermutung wieder auf, nach der gute Seelen in den Himmel gelangen. Während also ein steter Strom astraler Einflüsse auf die Erde einwirkte, flogen in entgegengesetzter Richtung tugendhafte Seelen zum Himmel empor. Wie Platon war auch Poseidonios der Auffassung, diese Seelen würden sich schließlich einen Stern zum Aufenthaltsort wählen, um von dort aus die Menschen hier unten auf der Erde im guten Sinne beeinflussen zu können. Eine Gemme aus dem ersten nachchristlichen Jahrhundert, die aus Chalcedon in Kleinasien stammt, zeigt andererseits Seelen, die sich im Innern des Mondes aufhalten.

Viele der besten spätantiken Astronomen waren überzeugte Anhänger der Astrologie, so zum Beispiel Hipparchos und Claudius Ptolemäus (etwa 85 bis 170 n. Chr.), die in Rhodos und Alexandria genaue Messungen der Planetenbewegungen durchführten. Beide sorgten dafür, daß die Astrologie für ihre gebildeten Zeitgenossen Bestandteil des Weltbildes wurde und damit einen weiteren Beweis für den Zusammenhang lieferte, der nach der Lehre der stoischen Physiker zwischen allen Dingen bestand.

Von Alexandria aus verbreitete sich der babylonische Sternenkult nach Rom. Schon in der alten Zeit hatten abergläubische Römer die Zeichen des Himmels gedeutet, zunächst den Donner, dann den Flug der Vögel. Flog ein Vogel von links über den Himmel, so galt das als unglückliches Vorzeichen – das lateinische Wort für »links« bedeutet auch »unglücklich« und »widerwärtig«. Gegen Ende der Republik begannen die römischen Wahrsager, ihren Blick stärker auf die Himmelskörper zu richten, und der zur Zeit des Augustus lebende Dichter Manilius verfaßte ein langes Lehrgedicht mit dem Titel *Astronomica*, das jedoch zu vier Fünfteln der Astrologie gewidmet ist. Manilius machte sich einen Spaß daraus, Trigone, Quadranten, Dodekatemorien (die zwölf Orte oder Häuser der Ekliptik) und Paranatellonten (die mit den Tierkreiszeichen zugleich aufsteigenden Gestirne) in seine Hexameter einzubauen, und bewies dabei jene Vorliebe für einen pseudowissenschaftlichen Jargon, die für die Astrologie bis auf den heutigen Tag charakteristisch geblieben ist.

Die direkte Verbindung der Himmelskörper mit der Erde und der astrologische Einfluß, den sie auf das irdische Geschehen ausüben, wurden unter dem Prinzipat des Augustus schließlich auch öffentlich anerkannt, als die Römer ihre Achttagewoche aufgaben und sie durch die von den Babyloniern stammende Siebentagewoche ersetzten, in der jeder Tag nach dem Planeten benannt wurde, der seine erste Stunde regierte. Die Woche begann mit dem Tag des Saturn, auf den die Tage der Sonne, des Mondes, des Mars und so weiter folgten. Die Namen Sonntag und Montag benutzen wir immer noch, und im Englischen heißt der Samstag Saturday. Drei weitere Wochentage benennen wir nach den altnordisch-germanischen Entsprechungen: den Dienstag nach Tyr oder Ziu/Mars (französisch: Mardi), den Donnerstag nach Donar/Jupiter und den Freitag nach der Göttin Freia, die der Venus (vgl. französisch: Vendredi) gleichgesetzt wurde.

Die römischen Götter, wie sie zum Beispiel Ovid beschreibt, waren eher schön als mächtig. Ihnen fehlte die Standfestigkeit, mit der sie den kosmischen Göttern hätten Widerstand leisten können, die zusammen mit dem östlichen Weltbild immer weiter vordrangen. Die ägyptische Göttin Isis wurde bei den Römern besonders beliebt. Ursprünglich war sie eine Mondgöttin, nach und nach erweiterte sich jedoch ihr Herrschaftsbereich. Im letzten Kapitel der von Apulejus verfaßten *Metamor-*

phosen (dieser erste vollständig erhaltene Roman der Antike ist auch unter dem Titel *Der Goldene Esel* bekannt) badet Lucius, der Held des Romans, der in einen Esel verwandelt wurde, siebenmal bei Mondschein im Meer, und als Isis, »die Königin der Sterne und größte unter den Gottheiten«, aus dem Wasser emporsteigt, fleht er sie um Hilfe an. Während eines ihr zu Ehren veranstalteten Festes, bei dem ihre in weiße Leinengewänder gekleideten Anhänger Fackeln tragen und Klappern aus Bronze, Silber und Gold schwingen, gibt Isis dann dem Lucius seine menschliche Gestalt zurück. Sie verkündet ihm, sie habe die Macht, sein Leben über die vom Schicksal angeordnete Dauer hinaus zu verlängern, wenn er sich ihrem Dienst weihe und keusch bleibe; der Roman endet damit, daß Lucius diese Bedingungen akzeptiert und daraufhin in die ägyptischen Mysterien der Göttin eingeweiht wird, die Himmel, Erde und Unterwelt regiert.

Auch der Sonnengott hatte viele Anhänger. Im Jahre 218 n. Chr. wurde ein vierzehnjähriger Priester des syrisch-phönizischen Sonnengottes von Emesa römischer Kaiser. Als er in Rom eintraf, wurde das Abbild seines Gottes, ein mit kostbaren Edelsteinen besetzter schwarzer Meteorit, aus Emesa herbeigeschafft, auf einen Wagen gesetzt und von sechs schneeweißen Pferden durch die mit Goldstaub bestreuten Straßen gezogen, und Kaiser Heliogabal setzte seinen Sonnengott als höchste Gottheit des Staates ein und gab ihm dem Namen *Sol Invictus.* Ein halbes Jahrhundert später ließ Kaiser Aurelian auf dem Marsfeld einen neuen prächtigen Tempel für die »Unbesiegbare Sonne« errichten und überführte dorthin auch die Standbilder des Baal und des Helios, die man in Palmyra erbeutet hatte.

Von allen asiatischen Religionen wurde der Mithraskult am populärsten. Mithras, ursprünglich ein altiranischer Gott, wurde mit der Sonne in Verbindung gebracht, und man glaubte, er fahre in einem von weißen Pferden gezogenen Wagen über den Himmel. Seine stehende Bezeichnung als »Gott der ausgedehnten Weideflächen« läßt darauf schließen, daß er ursprünglich in weiträumigen Landschaften als Schutzgottheit und Herr der Weiderechte verehrt wurde. Sein Kult fand in höhlenähnlichen und meist unterirdisch angelegten Räumen statt, die dem Himmelsgewölbe nachgebildet waren. Viele Reliefs und Statuen zeigen Mithras bei der Tötung des Urstiers und bezeugen, wie weit verbreitet dieser Kult vor allem bei den Legionären war; sie deuten auch darauf hin, daß wahrscheinlich bei bestimmten Anlässen, vielleicht im Rahmen einer rituellen Erneuerung des Jahres, ein Stier geopfert wurde. Obwohl Mithras der wichtigste Gott dieses Kultes war, wurde ihm noch eine den gesamten Kosmos beherrschende Gottheit übergeordnet, von der wir jedoch wenig wissen.

Ein Novize des Mithraskultes legte einen Eid – *sacramentum* – ab, der einem Rekrutengelöbnis ähnelte, und seinem Körper wurde ein Zeichen eingebrannt. Die sieben Grade der Einweihung waren jeweils einem Planeten zugeordnet und trugen die heiligen Titel Rabe, Bräutigam, Soldat, Löwe, Perser, Heliodromos (eine Personifizierung des täglichen Sonnenumlaufs) und Vater; letzterer fungierte als das Oberhaupt einer Gemeinde. Der Geburtstag des Mithras wurde am 25. Dezember gefeiert, kurz nach der Wintersonnenwende, wenn die Sonne am schwächsten scheint und ihren tiefsten Stand erreicht hat.

Im Mithraskult wurden offenkundig kosmische Kräfte und Himmelskörper verehrt. Seine Anhänger waren von der ständigen Einwirkung der Sterne auf den Menschen überzeugt, und einer seiner Würdenträger bezeichnet sich auf seiner Grabinschrift selbst als *studiosus astrologiae.* Den Planeten wurde eine kathartische Wirkung zugeschrieben. Man glaubte, nach dem Tode durchquere die Seele die sieben Planetensphären und entledige sich dabei aller Sinnlichkeit und Lust, bis sie so rein sei wie die Götter, in deren Gemeinschaft sie schließlich aufgenommen wurde.

Von den bisher betrachteten Religionen war das Judentum grundsätzlich verschieden. Es breitete sich immer mehr nach Westen aus, vor allem seit der Eroberung Jerusalems durch Pompejus im Jahre 63 n. Chr. Im Mittelpunkt des jüdischen Glaubens stand ein Schöpfergott, der alle Dinge gemacht und auch den Menschen erschaffen hatte. »Vom Wort Jahwes sind die Himmel geschaffen, vom Hauch seines Mundes ihr ganzes Heer«, singt der Psalmist, und mit den Heerscharen des Himmels waren auch die Sterne gemeint. Gott steht deutlich über den Himmelskörpern, und die Juden verabscheuten daher jede Verehrung der Sonne, des Mondes und der Sterne und betrachteten solche Kulte als Abgötterei.

Die Juden glaubten, die Erde sei eine flache Scheibe und ruhe auf Säulen. Über ihr dehnte sich der Himmel aus, fest und gleichfalls von

Säulen abgestützt. Dies entsprach ungefähr der frühen griechischen Auffassung. Im Himmel oder direkt unter ihm bewegen sich die Himmelskörper: Josua befiehlt der Sonne, stillzustehen. Über dem Himmel ist Wasser, und unter der Erde befinden sich das Totenreich der Scheol und »die Wasser unter der Erde«. Die Juden waren weit weniger an den physikalischen Erscheinungen interessiert, als das bei den Griechen der Fall war, die sie als Ausdruck Gottes oder als Hinweise auf sein Wesen verstanden. Vielleicht geht die jüdische Einstellung ursprünglich auf die Haltung von Wüstenbewohnern gegenüber einer Landschaft zurück, in der es nur wenig Leben gab. Später entstand durch das von den Propheten verkündete Wort Gottes eine direkte Verbindung zwischen Gott und seinem Volk, so daß Beweise für die Schöpfung überflüssig wurden. Anders gesagt, die Juden besaßen »den einzigen Gott« und brauchten daher nicht wie die Griechen auf die Vorstellung von einem einheitlichen Kosmos zurückzugreifen.

Dieser Gott stand über seiner Schöpfung. Die Juden gerieten daher nie in die Gefahr, dem Pantheismus zu verfallen oder wie die Stoiker den Menschen lediglich als Teil eines zusammenhängenden natürlichen Ganzen zu betrachten. Gott schuf den Menschen nach seinem eigenen Bilde – das genaue Gegenteil der griechischen Auffassung – und kümmert sich um sein Wohlergehen. Hier hatte der Glaube an eine göttliche Sorge für den Menschen seine vorläufig höchste Form erreicht und übertraf sogar den Schutz, den Pallas Athene dem Achilleus gewährte, und ebenso das Mitleid des Zeus, als er Kallisto an den Sternenhimmel versetzte.

Auch für die Juden gab es allerdings vermittelnde Geschöpfe. Sie glaubten an eine große Schar übermenschlicher Wesen, an die Engel, die Gott preisen und an Gottes Ratschluß beteiligt sind. Normalerweise sind sie unsichtbar, unnahbar und bleiben von den Bedürfnissen der Menschen unberührt. Oft werden sie von Gott ausgesandt, um in das Leben der Menschen einzugreifen, und sie nehmen dann menschliche Gestalt an.

Der Glaube an die Existenz der Engel findet sich in den ältesten ebenso wie in den jüngsten Teilen des Alten Testaments, und es ist sehr unwahrscheinlich, daß es sich dabei um eine Mythologisierung der Naturkräfte handelt. Die Engel haben vielmehr durchaus persönliche Besonderheiten, und ihr Auftrag betrifft häufig einzelne Männer oder Frauen.

Von gefallenen Engeln oder himmlischen Kämpfen ist übrigens im Alten Testament nirgendwo die Rede.

Engel sollten im abendländischen Weltbild immer wieder auftauchen und spielten darin eine bedeutende Rolle. Für alle, die an sie glaubten, konnte folglich der Raum, den wir als Weltraum bezeichnen, nie ganz leer sein, da in ihm stets diese übermenschlichen und unsichtbaren Wesen vorhanden waren. Und der Mensch war deshalb auch niemals ganz allein, denn wenn er Gott pries, dann tat er das zusammen mit den Engeln.

Etwas anderes fällt noch schwerer ins Gewicht: Wenn man die Existenz von Engeln als gegeben annahm, dann folgte daraus, daß es jenseits von all den Dingen, die wir mit unseren Sinnesorganen wahrnehmen können, eine Wirklichkeit von ganz anderer Art gibt und daß die wissenschaftliche Erkenntnis nur Teil eines größeren Ganzen ist.

Die jüdischen Propheten kündigten einen Erlöser an, und dieser Erlöser wurde nach christlicher Überzeugung während der Regierungszeit des Augustus in Bethlehem geboren. Zur Zeit seiner Geburt zog ein Stern über den Himmel und blieb schließlich über Bethlehem stehen. Es könnte sich dabei um die Nova gehandelt haben, den »neuen« Stern, den chinesische Astronomen zehn Wochen lang im zweiten Regierungsjahr des Han-Kaisers Ai-Ti beobachteten. Falls dies zutrifft, würde die Geburt des Heilands in das Jahr 5 v. Chr. fallen. In einer Zeit, in der Sternenkult und Astrologie grassierten, dürfte dieser Stern oder Komet großes Interesse bei den drei Weisen – vielleicht zoroastrischen Magiern aus Persien – gefunden haben, die ihm dem Bericht des Matthäus zufolge bis nach Bethlehem folgten. Die Hirten auf den benachbarten Hügeln benötigten einen Engel, der sie aufsuchte und über die Geburt informierte, und als dieser Engel seine Botschaft überbracht hatte, schlossen sich ihm noch viele weitere an und priesen Gott.

Die Evangelien beinhalten einen historischen Bericht über einen Nazarener von Fleisch und Blut, der den Beweis dafür antrat, daß er der Sohn Gottes war. Sie berichten von den Taten eines Mannes und sind nicht den Abläufen in der Natur gewidmet. Und doch werden entscheidende Augenblicke im Leben dieses Mannes auf kosmischer Ebene gleichsam kontrapunktiert, und bei einigen seiner Wunder, etwa bei der Besänftigung des Sturms auf dem See Genezareth, schwingen kosmische

Obertöne mit. Die Wunder zeigen, daß Christus über der Natur steht, sie garantieren gleichzeitig die Wahrheit seiner Worte und bereiten die Apostel auf Ereignisse einer völlig neuen Dimension vor, die den Naturphilosophen völlig fernlagen, auf die Kreuzigung und den Tod Christi, durch den der gefallene Mensch versöhnt wird, und auf seine Auferstehung. Die Kreuzigung war von einer dreistündigen Finsternis und einem Erdbeben begleitet, und diese kosmischen Ereignisse waren es auch, die den römischen Zenturio und seine Wache sagen ließen: »Dieser war in Wahrheit Gottes Sohn.«

Für das Neue Testament ist der Kosmos jedoch kaum von besonderem Belang. Die Christen übernahmen daher den Schöpfungsbericht des Alten Testaments, modifizierten ihn im Licht der Evangelien, vor allem nach dem ersten Kapitel des Johannesevangeliums, und trugen das Ganze in Worten vor, die ihren Zeitgenossen verständlich waren.

Auch wenn wir über kein so intimes Porträt wie im Falle Senecas verfügen, können wir doch Stück für Stück ein Bild von den Überzeugungen eines Christen zusammensetzen, der im zweiten Jahrhundert in Alexandria lebte. Er stand in der Tradition des klassischen Athen und war bemüht, eine *Arche,* ein Grundprinzip oder einen Anfang, ausfindig zu machen. Er fand diesen Anfang in dem Akt der Liebe, durch welchen Gott den Kosmos aus dem Nichts entstehen ließ. Ein solcher Akt der Liebe war in keiner Weise abhängig von seinem – höchst unbedeutenden – Objekt, aber da der Kosmos und die in ihm lebenden Geschöpfe ihre Existenz Gott verdanken, haben sie auch an seiner Güte teil und sind daher, wie die *Genesis* es ausdrückt, als »sehr gut« zu betrachten.

Während seine Mitchristen in Antiochia die *Genesis* wörtlich verstanden, legte unser Christ in Alexandria sie allegorisch aus. Die sechs Tage der Schöpfung zum Beispiel waren für ihn keine Zeitangabe, sondern sie brachten den unterschiedlich hohen Rang des Geschaffenen zum Ausdruck. Den aristotelischen Gedanken eines ewig existierenden Kosmos lehnte er ebenso ab wie die zyklischen Welten der stoischen Philosophie.

Von den Griechen der klassischen Zeit unterschied er sich durch seine Überzeugung, daß das wissenschaftliche Weltbild nicht das ganze Bild vermittelt. Der Mensch kann den Kosmos nicht dadurch verstehen, daß er seine Bestandteile oder die unmittelbaren Ursachen seines Soseins zusammenfaßt. Der Kosmos ist das Werk eines Schöpfers, also muß der

Mensch nach der Absicht forschen, die der Schöpfer mit seinem Werk verfolgte. Selbst mit den Worten der *Offenbarung* vor Augen kann der »natürliche Mensch« den Kosmos nicht richtig deuten. Um dazu fähig zu sein, muß er von der übernatürlichen Gnade berührt werden. Die Gnade jedoch wird gewährt und nicht erworben. »Der Ballspieler«, sagt Klemens von Alexandria, »kann den Ball nur fangen, wenn er ihm zugeworfen wird.« Hat ihn die Gnade einmal erreicht, dann kommt es zu einer Angleichung des Menschen an den Geist Christi. Erst dann versteht er, daß sich der Kosmos auf Gott zubewegt und in ihm seine Erfüllung finden wird.

Da er in einer Zeit lebte, die Sonne, Mond und Sterne als Götter verehrte, mußte unser alexandrinischer Christ gegenüber kosmischer Spekulation Vorsicht walten lassen, eine Vorsicht, die auch Klemens von Alexandria erkennen läßt, wenn er schreibt: »Was nützt es, wenn man die Gründe für die Bewegungen der Sonne kennt?« Die Juden waren ebenso vorsichtig. Rabbi Akiba (um 50 bis 135) lehrte: »Es wäre besser nicht auf die Welt gekommen, wer über vier Dinge nachdenkt: was über uns ist, was unter uns ist, was [räumlich und zeitlich] vor uns ist und was nach uns ist.«

Bei Diskussionen mit den Heiden suchte unser Christ die Jenseitsbezogenheit seiner Weltanschauung zu bewahren, die noch in ihren Kinderschuhen steckte, und mußte zu diesem Zweck die Bedeutung dieser Welt und dieses Lebens herunterspielen. So erklärte Origenes (185 bis 253), wir sollten unsere Geburtstage verfluchen, anstatt sie zu feiern. Lange hat man aus solchen Äußerungen den Schluß gezogen, die frühen Christen hätten – wenn auch aus anderen Motiven – die Ansicht Mark Aurels geteilt, der Mensch sei nur »ein Fremder, weit von seiner wirklichen Heimat entfernt«. Ein sorgfältigeres Studium der Quellen hat inzwischen jedoch gezeigt, daß es sich dabei nur um einen Teilaspekt handelt.

Im Gegenteil, mitunter brachten die Christen eine freudige Bejahung dieser Welt zum Ausdruck, so zum Beispiel in einer erst vor kurzem veröffentlichten und wenig bekannten Predigt »Über die Neugetauften, zum Osterfest«. Sie stammt von Amphilochios, der im vierten Jahrhundert Bischof von Ikonion in Galatien war, und enthält die folgenden Ausführungen:

Wenn der Frühling den grollenden Winter ablöst, fliegen Vögel in allen Farben durch die Luft und verkünden mit ihren süßen Stimmen die Freuden der Jahreszeit. Schwalben durcheilen die Luft mit lieblichem Gezwitscher, sie umkreisen die Köpfe der Menschen wie Blumen und erfüllen die Ohren mit ihrem Geschrei. Der Himmel beginnt zu strahlen, es ist windstill, und passend zum klaren Wetter hellen sich auch die Gesichter der Menschen auf. Der Gesang der Vögel erfreut das Ohr, und der wolkenlose Himmel läßt das Auge leuchten. Es ist eine Freude, die Pracht der vielfarbigen Blumen zu betrachten, und der vermischte Duft der Pflanzen erweckt unseren Geruchssinn erneut zum Leben. Ja, meine Lieben, all diese Freude bringt uns ein zeitiger und vergänglicher Frühling; Christus aber, unser göttlicher und unvergänglicher Frühling, bedeckt die Wiesen der Kirche mit Veilchen, Rosen und Lilien des Geistes. Er bringt unsere Augen durch den Glauben zum Leuchten und erfüllt unsere Herzen mit Düften, die göttlich sind.

Es dürfte kaum gelingen, in der zeitgenössischen heidnischen Literatur etwas Vergleichbares zu finden; dieser Ton der Freude erwuchs aus der Überzeugung, die Welt sei gut, wenn auch nicht so gut wie Christus, auf dessen Wiederkunft ein Christ sich vorbereiten mußte.

Wie eine Epoche die natürlicher Welt sieht, läßt sich am besten anhand ihrer Einstellung zum menschlichen Körper prüfen. Während die Heiden den Körper verunglimpften wie nie zuvor und ihn als bloße Hülle, ein Gefängnis und eine Jauchegrube bezeichneten, verteidigten viele Christen mit großer Entschiedenheit das Wunder und die Heiligkeit des Fleisches, das für sie nach dem Ebenbild Christi gestaltet war. Gegenüber den Gnostikern, nach deren Auffassung der Mensch nur aus Seele und Geist bestand, äußert sich Klemens von Alexandria mit allem Nachdruck: Gott ist der Schöpfer des menschlichen Körpers und hat ihm »Fleisch, Mark, Knochen, Nerven, Adern, Blut, Haut, Augen, Pneuma, Rechtschaffenheit und Unsterblichkeit« verliehen.

Seine Errettung war zwar durch einen Akt der Vergangenheit erfolgt, aber unser Christ vollzog sie im Abendmahl immer wieder nach und rief sie sich Jahr für Jahr ins Gedächtnis zurück. Nach und nach wurde den verschiedenen Jahressystemen, die sich aus den Bewegungen der Sonne, des Mondes oder der Sterne ergaben, noch ein liturgisches Jahr hinzugefügt, mit dem die Kirche die Tatsache anerkannte, daß der Mensch ein kosmisches Wesen ist und in seiner Stimmung und in seinem Denken von den Jahreszeiten beeinflußt wird. Zu Beginn des vierten Jahrhunderts beschloß die Kirche, Weihnachten unmittelbar nach der Wintersonnenwende am 25. Dezember zu feiern, einem Datum, das bereits von den Anhängern des Mithraskultes als Geburtstag ihres Gottes festlich begangen wurde. Ostern wurde auf diejenige Nacht von Samstag auf Sonntag verlegt, die mit der Frühlingstagundnachtgleiche am 21. März zusammenfällt oder ihr unmittelbar folgt. Zwar blieb das Osterdatum noch eine Weile umstritten, aber Geburt und Tod Christi waren doch mit passenden kosmischen Ereignissen der nördlichen Hemisphäre in Verbindung gebracht worden.

Die Kirche hatte bereits die Siebentagewoche des bürgerlichen Kalenders übernommen, da sie mit dem Bericht der *Genesis* von den sechs Tagen der Schöpfung und dem anschließenden Tag der Ruhe im Einklang stand; die mit ihr verbundene astrologische Bedeutung lehnte sie jedoch ab. Schließlich verlegte Kaiser Konstantin, der von 306 bis 337 regierte, den Ruhetag vom Samstag auf den Sonntag, vermutlich, um dadurch den christlichen Legionären einen Besuch der Gottesdienste zu ermöglichen. Die Jahre datierte er jedoch auch weiterhin nach der legendären Gründung Roms und behielt damit ein Kalendersystem bei, das man in Alexandria entwickelt hatte, bevor Julius Cäsar es übernahm. Viel Zeit sollte noch verstreichen, bis man im Jahre 532 dazu überging, das Jahr jeweils im Januar nach Weihnachten, dem Fest der Geburt Christi, beginnen zu lassen. Erst damit war der Zeitpunkt erreicht, an dem der Stern von Bethlehem auch offiziell und in der Praxis des Alltags heller zu strahlen begann als der Leuchtturm und die Sternengötter Alexandrias.

3. Kapitel
Die Nähe des Himmels

Die *Naturgeschichte* des Plinius: Wunderdinge inmitten der Unordnung – Sterne, die hüpfen und zwitschern – Einfluß auf Gregor von Tours und auf das Mittelalter allgemein – Wunder als Waffe im Kampf gegen die Unordnung – Isidors dunkle Sterne – Bedas Weltbild: der Raum ist bevölkert von bösen Geistern – Ludwig der Fromme und der Komet des Jahres 838 – Der Halleysche Komet und die Normanneninvasion – Isidors Weltkarte – Romanische Kirchenarchitektur – Guibert von Nogent und die Heiligen und Teufel, von denen wir ständig umgeben sind – Abt Suger, Macrobius und der Beginn der gotischen Architektur – Der heilige Franziskus: Schwester Sonne und Bruder Mond.

Man schrieb das Jahr 585. Auf der Heimreise von einer diplomatischen Mission in Koblenz stieg ein Bischof in einem Hügelkloster in der Nähe von Yvois ab, dort, wo heute die Grenze zwischen Frankreich und Belgien verläuft. Er hieß Gregor, und seine Diözese war Tours, die bedeutendste Galliens; er war siebenundvierzig Jahre alt und nach den damaligen Begriffen recht gebildet. Er konnte nicht nur lesen und schreiben, sondern sollte später auch eine kluge und wertvolle *Geschichte der Franken* verfassen. Gregor war körperlich nicht sehr kräftig und neigte zur Hypochondrie, er verfügte jedoch über viel Mut und riskierte während der zwölf Jahre seines Bischofsamtes oft genug sein Leben, wenn es darum ging, die Rechte der Kirche gegen den Zugriff der räuberischen Könige und Königinnen Galliens zu verteidigen.

Gregor blieb mehrere Tage in Yvois als Gast eines heiligen lombardischen Mönchs mit dem Namen Walfroy. In seiner Jugend hatte Walfroy auf einer Säule gelebt wie Simon der Säulenheilige. Auf Verlangen seiner Oberen war er schließlich von der Säule herabgestiegen und hatte, um Raum für den Bau einer Kirche zu schaffen, einen berühmten Schrein der Göttin Diana niederreißen lassen. Er erzählte Gregor, sein ganzer Körper sei damals plötzlich mit Pusteln bedeckt gewesen, er habe ihn jedoch mit Öl aus der Kirche des heiligen Martin gesalbt, und über Nacht seien die Pusteln wieder verschwunden. Gregor vernahm das voller Freude, denn diese Kirche befand sich in Tours, und auch er verehrte den heiligen Martin.

Eines Abends nach Sonnenuntergang, als sie sich zufällig außerhalb des Klosters befanden, sahen Gregor und Walfroy, wie aus allen vier Himmelsrichtungen Strahlen erschienen, die schließlich den ganzen Himmel erleuchteten. »In der Mitte befand sich eine leuchtende Wolke«, erinnerte sich Gregor später, »zu der sich diese Strahlen gleichsam wie zu einem großen Zelt zusammenschlossen, einem Zelt aus Lichtstreifen, die unten breit begannen, nach oben hin allmählich schmaler wurden und endlich an der Spitze zusammentrafen und dort gleichsam eine Haube bildeten. Inmitten der Strahlen befanden sich weitere Wolken, die so intensiv leuchteten wie Blitze.«

Obwohl er zuvor bereits Berichte darüber gehört hatte, war dies anscheinend das erste Mal, daß Gregor ein Nordlicht, die Aurora borealis, erblickte. Nun sollte man vermuten, er hätte Spekulationen über den Ursprung dieser Erscheinung angestellt und sich gefragt, warum so etwas weiter südlich in Tours nicht zu beobachten war, aber nichts dergleichen. »Es war ein bedeutsames Zeichen«, schreibt er, »und erfüllte uns mit Furcht, da wir erwarteten, der Himmel werde ein Unglück über uns kommen lassen.«

Das ist ein überaus aufschlußreicher Kommentar. In Gregors Welt waren Mord, Plünderung, Folter – das Herausreißen von Augen und dergleichen – alltägliche Vorkommnisse, und der Bischof war durchaus nicht leicht zu erschrecken. Und doch, hier steht er nun und bekennt, daß ihn der schöne rosafarbene Himmel mit Furcht erfüllt. Warum?

Erst drei Jahrhunderte sind seit der Blütezeit Alexandrias vergangen, aber sie markieren eine Zeit gewaltigen Rückschrittes. Die Hunnen haben Rom geplündert und den letzten der weströmischen Kaiser abgesetzt; Slawen sind in Griechenland eingefallen; das verarmte Westeuropa ist vom reicheren, Griechisch sprechenden Osten abgeschnitten, der jedoch inzwischen im Niedergang begriffen ist. In den politischen Wirren, die dem Hunneneinfall auf dem Fuße folgten, ist die direkte Kenntnis griechischen Wissens aus dem westlichen Europa so vollständig verschwunden, als sei eine Lobotomie durchgeführt worden. Nur jener Zeit ganz unentbehrlich scheinende Bücher kopierte man auf Pergament, das ein seltener Luxusartikel war: die Bibel, die lateinischen Kirchenväter und vereinzelt auch ein paar vorchristliche lateinische Autoren.

Einer dieser vorchristlichen Autoren – der einflußreichste des Mittelalters und zugleich derjenige, den Gregor am besten kannte – war Plinius, ein Soldat und Jurist, der zwar den Sammeltrieb einer Elster, aber nur wenig von dem gesunden Menschenverstand besaß, der den Römern gemeinhin zugeschrieben wird. Er starb im Jahre 79 n. Chr., während er gerade einen Ausbruch des Vesuvs untersuchte. In seiner *Naturgeschichte* behandelt er hauptsächlich Pflanzen und Tiere, im zweiten der insgesamt zehn Bücher streift er jedoch auch die Kosmologie.

Plinius beginnt mit einigen Gemeinplätzen: Die Erde ist rund und feststehend, und der Himmel wölbt sich sphärisch über sie. Doch dann gerät er auf Irrwege. Die Planeten scheinen mitunter in ihrem Lauf innezuhalten: Die Ursache meinte er darin zu sehen, daß sie von den Strahlen der Sonne abgelenkt und direkt nach oben gezogen werden. Auch die Sterne nehmen sich bei Plinius recht sonderbar aus: »Ich habe während einer Seereise leuchtende Sterne gesehen, die sich auf den Rahen und auf anderen Teilen des Schiffes niederließen und Töne erzeugten, die einer Stimme ähnelten. Dabei hüpften sie von Stange zu Stange wie Vögel ... Treten sie zu zweit auf, so bedeuten sie Sicherheit und kündigen eine erfolgreiche Reise an.«

Informationen darüber, aus welchem Stoff die Himmelskörper bestehen oder wie sie sich im Raum halten können, liefert Plinius nicht. Er zitiert Pythagoras dahingehend, daß der Abstand des Mondes von der Erde fünfzehntausend Meilen betrage, er selbst jedoch nimmt im Hinblick auf Entfernungen eine eher defätistische Haltung ein: »Die Welt ist unermeßlich.« Plinius' Himmel ist ein Bereich ohne Ordnung, sowohl in mathematischer als auch in physikalischer Hinsicht, ein Forum der Wunder von der Art des Kometen, der nach dem Tode Julius Cäsars erschien, ein Ort, wo nahezu alles geschehen kann, denn Gott, falls es ihn geben sollte, »hat an unserer Welt kein Interesse«.

Und diese allgemeine Planlosigkeit und wilde Zufälligkeit, die am Himmel zu beobachten ist, sucht und findet Plinius auch auf der Erde. Er bemerkt und notiert Dinge wie zum Beispiel eine Pflanze, die dreiundfünfzig Krankheiten heilt, Schach spielende Affen, Elefanten, die die Sprache ihres Herrn verstehen, und einen Mann, der knapp drei Meter groß ist. Als er Kunde von einer verheirateten Frau in Argos namens Arescusa erhält, die das Geschlecht gewechselt, einen Bart bekommen und sich schließlich mit einer anderen Frau verheiratet hat, nimmt Plinius sie (oder ihn) umgehend in sein Buch auf.

Auf der Grundlage dieses von Plinius zusammengestellten, weitgehend fehlerhaften Kompendiums einer wundervollen Unordnung entwarf Gregor von Tours nun ein Weltbild, das mit der Bibel und vor allem mit seinen eigenen Bedürfnissen als Prälat im Einklang stand. Was dabei zuerst ins Auge fällt, ist die Tatsache, daß Sonne und Mond, Planeten und Sterne als solche nicht von Interesse sind. Das morgendliche Erscheinen bestimmter Konstellationen war eine praktische »Uhr«, an der man ablesen konnte, wann es Zeit war, aufzustehen und die nächtlichen Vigilien zu singen, aber davon abgesehen wurden die Sterne ignoriert. Gregor war sich nicht klar über den ungeheuren Raum, der sich zwischen ihnen und der Erde erstreckt. Eigentlich nahm er den Weltraum überhaupt nicht wahr, es sei denn als Schauplatz für Erscheinungen wie Kometen, Blitze, »die sich wie Schlangen winden«, und das Nordlicht – allesamt unerklärlich und daher von schlimmer Vorbedeutung. Gregor stellte sich Gott nicht als ein Wesen vor, das sich oberhalb oder jenseits des Raumes befindet. Bei Gott und seinen Heiligen dachte er an etwas sehr Nahes, an etwas, das sich in unserer Reichweite, in unmittelbarer Nähe der Erde aufhält. Darstellungen der Himmelfahrt aus dieser Zeit zeigen Christus auf einem Hügel, und die Hand Gottes kommt in gleicher Höhe aus einer tiefhängenden Wolke hervor – im Begriff, ihn emporzuheben.

Hiervon ausgehend, teilte Gregor die irdische Erfahrung in zwei Kategorien ein: Ereignisse, die sich aus der Natur und dem Wesen des Menschen ableiten lassen und hauptsächlich anstoßerregend und unangenehm sind, wie etwa Stürme, Überschwemmungen, Feuersbrünste, ansteckende Krankheiten, Mord und Krieg; und zweitens übernatürliche Phänomene, die jedoch immer sichtbar und berührbar sind, Orte oder Gegenstände wie Kirchen, Schreine, Heiligengräber und Reliquien, von denen jene erste Kategorie in Schach gehalten oder korrigiert wird, und zwar durch Ereignisse, die Plinius als wunderlich bezeichnet hatte und die Gregor jetzt fromme Wunder nennt.

Für Gregor war das Leben eine Schlacht zwischen der Natur und dem Wunder. Das Wunder, nicht die Natur, ist das Ordnungsprinzip seiner Welt, und das erklärt auch, warum die Schriften Gregors zu drei Vierteln aus Berichten über Wunder bestehen. Hier sind einige von ihnen.

Als Gregor noch ein Junge war, brach auf dem Landsitz seiner Familie in der Auvergne ein Feuer aus. Es war die Zeit der Ernte, die Garben und Strohschober gingen in Flammen auf, und die Erntearbeiter gerieten in Panik. Gregors verwitwete Mutter Armentaria saß gerade bei Tisch und lief, als ihr die Nachricht von dem Brand überbracht wurde, hinaus auf die Felder. Sie hatte die Angewohnheit, um den Hals ein goldenes Reliquiar zu tragen, das die Form einer Erbsenschote hatte und die Asche von Märtyrern enthielt. Dieses Reliquiar hielt sie nun den Flammen entgegen. »Sofort erlosch das Feuer«, schreibt Gregor, »und zwar so vollständig, daß man kaum noch einen Funken in alldem verbrannten Stroh entdecken konnte.«

Gregor erbte das Reliquiar seiner Mutter. Eines Tages ritt er von Burgund aus in die Auvergne und wurde von einem schweren Unwetter überrascht. Aus einer dunklen Wolke grollte der Donner, und Blitze zuckten über den Himmel. »Ich löste das Reliquiar von meinem Hals«, berichtet Gregor, »und hob es der Wolke entgegen, die sich daraufhin sofort in zwei kleinere Wolken teilte, von denen die eine zur Rechten und die andere zur Linken vorbeizog, ohne uns irgendwelchen Schaden zu tun.«

Gregor fügt noch eine selbstkritische Anmerkung hinzu. Er sei damals ein junger Mann gewesen und habe sich stolzgeschwellt seinen Reisegefährten gegenüber gerühmt, diese Gnade sei ihm aufgrund seiner Tugend gewährt worden. Im gleichen Augenblick scheute sein Pferd, und er wurde aus dem Sattel geworfen und stürzte schwer. »Ich faßte dies als Folge meiner Eitelkeit auf, und das genügte, um mich fortan davor zu hüten, prahlerischem Hochmut nachzugeben.«

Das Wunder *par excellence* bestand jedoch in einer Heilung. Gregor erzählt, wie er als junger Mann in den Zwanzigern auf dem Wege nach Tours, wo er Erzdiakon werden sollte, an einer fiebrigen Entzündung schwer erkrankte. Er konnte keinerlei Nahrung zu sich nehmen und wurde immer schwächer, aber er bestand darauf, sich zum Grab des heiligen Martin tragen zu lassen, wo er drei Nächte im Gebet verbrachte. Danach schlief er ein paar Stunden und wachte vollkommen geheilt wieder auf. Zum erstenmal in seinem Leben konnte er Wein trinken und Gefallen daran finden. Als sich später einmal auf seiner Zunge eine Geschwulst bildete, brauchte er nur an dem Geländer zu lecken, von dem das Grab des heiligen Martin umgeben war, und die Schwellung ging zurück. Als ihm einmal eine Fischgräte im Halse steckenblieb, betete er in der kleinen Kirche dieses Heiligen, die sich direkt außerhalb der Stadtmauern befand, woraufhin die Gräte plötzlich verschwunden war.

Diese und viele ähnliche naive Berichte von derartigen Wunderheilungen ergaben sich logisch aus Gregors Weltbild, das auf dem »unordentlichen« Kosmos des Plinius, modifiziert nur durch die Lektüre des Neuen Testaments, basierte. Diese häufig widersprüchliche Mischung ist charakteristisch für die Weltsicht des frühen Mittelalters, die ganz auf die regulative Kraft des irrationalen Wunders, des direkten Eingriffs Gottes in die Geschicke des Menschengeschlechtes vertraute. Dieser Aspekt findet sich konzentriert in einem berühmten Wunder, das Gregor so faszinierte, daß er eine Illustration in Auftrag gab, die eine Wand seiner Kathedrale schmücken sollte. Der heilige Martin sieht bei seiner Ankunft in Gallien eine große Zahl von heidnischen Götzenbildern; er kniet im Gebet nieder und fleht Gott um die Zerstörung der Statuen an, woraufhin eine unsichtbare Hand eine gewaltige Säule vom Himmel auf die Erde herabschleudert, die die Götzenbilder zertrümmert.

Auf der anderen Seite der Pyrenäen, in Sevilla, stoßen wir auf einen Mann, der als der größte Gelehrte seiner Zeit galt: Isidor (um 560 bis 636). Er war fast vierzig Jahre lang Bischof von Sevilla und schrieb zwei Bücher, die als wissenschaftliche Standardwerke berühmt waren, die *Etymologien* und *Ein Tractatus über die Natur.*

Isidor bezog sein Material weitgehend von Plinius, dem Unordentlichen, daneben auch aus Kompendien und Sammelbänden, in denen Bruchstücke anderer lateinischer Autoren wahllos zusammengefaßt waren. Die Bücher des Bischofs Isidor ähneln seinen Vorlagen, sie sind selbst ein buntes Durcheinander unverbundener, häufig widersprüchlicher Fragmente, denen er überdies die gleiche allegorische Interpretationsweise angedeihen läßt, mit der er sich den Texten der Heiligen Schrift nähert. Er liebt Zahlenmystik und -symbolik und äußerst gewagte etymologische Ableitungen. In den *Etymologien* findet sich die folgende Beobachtung:

> Wenn die Nacht anbricht, so geschieht das entweder, weil die Sonne von ihrer langen Reise erschöpft ist und ihr Feuer erlischt, sobald sie den Rand des Himmels erreicht, oder weil sie von der gleichen Kraft, die auch ihr Licht über die Erde hebt, nun unter die Erde getrieben wird, wodurch der entstehende Schatten der Erde die Nacht verursacht.

In seinem *Tractatus über die Natur* fügt Isidor hinzu:

> Die Nacht, so glauben wir, ist zur Ruhe da und nicht zu irgendeiner Art von Arbeit. In der Schrift hat die Nacht zwei Bedeutungen: erstens als Heimsuchung und Verfolgung, zweitens als die Dunkelheit

eines blinden Herzens. Die Nacht erhält ihren Namen, *nox*, von *nocere*, schaden, da sie den Augen schaden kann.

Der Mond tröstet den Menschen bei Nacht, fährt Isidor fort, und er benötigt acht Jahre zur einmaligen Umrundung der Erde. Seine sieben Phasen entsprechen den sieben Todsünden der Kirche. Über die Plejaden schreibt Isidor:

> Diese Sterne, sieben an der Zahl und von hellem Schein, sind ein Symbol für die Heiligen, die mit der siebenfachen Gabe des Heiligen Geistes leuchten; weil sie nahe beieinander stehen und sich doch nicht berühren, sind sie ein Symbol für diejenigen, die Gott verkünden, verbunden in der Nächstenliebe, aber zeitlich voneinander getrennt.

In einer zentralen Frage ist Isidor allerdings anderer Meinung als Plinius und Gregor von Tours. In der Diskussion eines Fragments des augusteischen Schriftstellers Hyginus erklärt Isidor: »Die Sterne haben kein eigenes Licht; man sagt, daß sie die Sonne widerspiegeln, wie das auch der Mond tut.« Dunkle Sterne – die Aussage wirkt wie ein Symbol des dunklen Zeitalters, dessen Himmel sich verfinstert hat. Die Himmelskörper, die in früheren wie in späteren Zeitaltern leuchtend den Weg wiesen, sind für Isidor und seine Zeitgenossen blaß geworden, unbedeutende Embleme einer aus der Heiligen Schrift symbolisch erklärten Welt.

Den Schlüssel zu seinem Weltbild versteckt Isidor am Ende eines Kapitels »Über den Lauf der Sonne«. Dort erklärt er: »Der Kosmos ist nach dem Bilde der Kirche geschaffen.« Hier wird deutlich, daß Isidors Versuch, den Weltraum und die Bahnen der Himmelskörper zu begreifen, auf dem einen Text fußt, in dem sich sein Verstand freiwillig die Grenzen sucht: die Heilige Schrift in allegorischer Auslegung, das heißt in Übereinstimmung mit Aussprüchen der Kirchenväter, wie widersprüchlich diese auch immer sein mögen. So stellt Isidor zum Beispiel in ein und demselben Absatz fest, die Venus sei ein Emblem Christi, weil der Herr in der *Apokalypse* erklärt: »Ich bin der Morgenstern«; sie sei aber andererseits auch, weil ihr lateinischer Name Luzifer lautet, ein Emblem des Satans. In einer Welt der Wunder existiert der logische Widerspruch nicht.

Mit dem Weltbild Isidors – das fast sechs Jahrhunderte hindurch vorherrschend bleiben sollte – verlieren der Weltraum und die Himmelskörper auch den letzten Rest von Eigenständigkeit und werden nur mehr zu bloßen Emblemen. Ein Astronom ist somit in Isidors Sicht nicht mehr jemand, der die Sterne beobachtet, sondern ein Kleriker, der die kirchlichen Feiertage anhand von Mondtabellen berechnet. Als der heilige Columbanus der Jüngere (gest. 615), ein Ire, der in Gallien Klöster gründete, an den Papst schrieb: »Die Iren sind bessere Astronomen als Ihr«, bezog er sich auf einen Streit zwischen der keltischen und der römischen Kirche, der das Osterdatum betraf.

Ein weiterer Autor dieser Zeit, der in seinen Schriften ein Weltbild erkennen läßt, ist Beda, genannt Venerabilis. Er wurde im Jahre 672 oder 673 in Northumberland geboren und im Alter von sieben Jahren bei Benedict Biscop in Pflege gegeben, einem ehemaligen Soldaten, der Mönch geworden war und in Wearmouth ein neues Kloster gegründet hatte. Beda wurde bald danach in das Nachbarkloster in Jarrow versetzt, unter dem wir uns kein Steingebäude, sondern mit Lehm beworfenes Flechtwerk und Lehmhütten vorzustellen haben. Mit neunzehn Jahren, also bereits sechs Jahre vor Erreichen des kanonischen Alters, erhielt Beda die Diakonatsweihe, und mit dreißig wurde er zum Priester ordiniert. Sein ganzes Leben lang unterrichtete er und schrieb Werke vor allem über Geschichte, Arithmetik und Chronologie. In seinem 64. Lebensjahr zog er sich eine Erkrankung der Atemwege zu. Am Vorabend des Himmelfahrtstages 735 rief er die Mönche in seiner Zelle zusammen und verteilte seine wenigen Besitztümer – ein bißchen Weihrauch, etwas Pfeffer und ein paar leinene Tücher. Die Mönche weinten, Beda jedoch frohlockte und erklärte, er werde binnen kurzem »den König in all seiner Schönheit« sehen. Auf eigenen Wunsch wurde er von den Mönchen auf den Fußboden seiner Zelle gesetzt und dort gestützt, dann sang er, das Gesicht dem Allerheiligsten zugewendet, das *Gloria Patri* und tat seinen letzten Atemzug.

Beda stützte sich weitgehend auf Plinius und Isidor, und sein Weltbild ähnelte dem Isidors. Da er in der Nähe der Nordsee lebte, konnte Beda aus erster Hand eine bessere Theorie der Gezeiten ausarbeiten als Isidor. Andererseits glaubte der Engländer jedoch auch, der Donner sei ein schlimmes Vorzeichen, und man könne aus seiner Richtung und dem Wochentag bestimmte Vorhersagen ableiten. So wies etwa Donner im Osten auf viel Blutvergießen im kommenden Jahr.

Von den Sternen nahm Beda keine Notiz. Das gleiche gilt vom Verfasser des *Beowulf*, denn obwohl in diesem Epos ein großer Teil des Geschehens nachts stattfindet, kommt das Wort »Stern« darin nicht vor. Die Wikinger waren Seeleute wie die Griechen, aber sie navigierten während der Sommermonate, und dann sind in den nördlichen Breiten die Sterne nicht klar auszumachen.

Beda und seine Zeitgenossen, sofern sie Christen waren, neigten dazu, Phänomene von theologischer Bedeutung auf etwas zu projizieren, was man als die leere Bühne des Weltraums bezeichnen könnte. In seiner *Geschichte der Kirche in England* berichtet Beda zum Beispiel, daß der heilige Bischof Fursa eine Vision hatte, bei der ihn Engel in große Höhe trugen und ihm sagten, er solle zur Erde zurückblicken. »Er sah unter sich so etwas wie ein dunkles Tal und in der Luft vier Feuer, die nicht sehr weit voneinander entfernt waren. Als er die Engel fragte, um was es sich bei diesen Feuern handle, sagten sie ihm, das seien die Feuer, die die Welt dereinst entflammen und verzehren würden.« Ihre Namen waren Lüge, Gier, Zwietracht und Ungerechtigkeit. Beda erfuhr von dieser Vision durch einen betagten Mönch in Jarrow, der sie in Ostanglien von Fursa selbst gehört hatte. Der alte Mönch fügte hinzu: »Obwohl es hartes Winterwetter war und tiefer Frost herrschte und Fursa nur mit einem dünnen Gewand bekleidet war, als er seine Geschichte erzählte, schwitzte er, als sei es Hochsommer, entweder vor Angst oder aber aufgrund der Freude, die seine Erinnerungen in ihm hervorriefen.«

In dem bekanntesten Abschnitt von Bedas *Geschichte* vergleicht einer der Thane, der adligen Gefolgsleute des schottischen Königs Edwin, das Leben des Menschen mit einem Sperling, der rasch durch eine Halle fliegt, in deren Mitte ein Feuer brennt, während draußen Winterstürme mit Schnee und Regen wüten. Der Than hat sicher vor allem an die Vergänglichkeit des Lebens gedacht, aber das Bild, das er entwirft, zeigt auch, wie er die Welt sah. Die Kenntnis, die der Mensch von ihr hat, ist so begrenzt wie die Halle mit ihren Wänden und Dachbalken, und sie wird von der Seele wie von einem Sperling im Laufe eines kurzen Lebens durchquert. »Er kommt zur einen Tür herein und fliegt durch die andere wieder hinaus.« Das Ungewisse auf beiden Seiten ist endlos.

Daß dies die Vorstellung des Thans korrekt wiedergibt, wird durch eine Aussage gestützt, die Beda an anderer Stelle macht: Die Luft wird von bösen Geistern und verdammten Seelen bewohnt, die dort auf die schlimmsten Qualen am Tage des Jüngsten Gerichts warten. Der dunkle Raum außerhalb der Türen ist, kurz gesagt, etwas Erschreckendes, über das man besser nicht nachdenkt.

Ein weiteres Jahrhundert vergeht. In England hat sich das Zentrum der Gelehrsamkeit von Northumberland nach York verlagert, und von York aus begibt sich der Mönch Alkuin nach Aachen, um Karl dem Großen das Lesen beizubringen und seinem Enkel Pippin das rechte Verständnis der Welt zu vermitteln. Daß sich seit den Tagen Isidors nicht sonderlich viel auf diesem Gebiet getan hat, geht aus dem Frage-und-Antwort-Spiel einer Schrift Alkuins hervor:

Pippin: Was ist die Sonne?
Alkuin: Die Herrlichkeit des Universums, die Schönheit des Himmels, die Zierde des Tages, der Teiler der Stunden.

Noch immer herrscht die Allegorie, wird nicht nach Ursachen gefragt.

Einige Zeit später, im Jahre 838, verbrachte König Ludwig der Fromme, der Sohn Karls des Großen, das Osterfest in Aachen. Ludwig hatte den Fehler König Lears gemacht, das Reich unter seine Kinder aufzuteilen, die dann prompt Krieg gegen ihren Vater führten. Während der Ostertage erschien ein Komet im Tierkreiszeichen der Jungfrau und wanderte dann am Himmel bis zum Sternbild des Stiers, wo er verschwand, nachdem er fünfundzwanzig Tage lang sichtbar gewesen war.

Mehr noch als ein Nordlicht war ein Komet eine Erscheinung, die allgemeine Furcht und Panik auslöste. Der unbekannte Chronist, der den Kometen des Jahres 838 beschreibt, ist unter dem Namen Astronomus bekannt und war ein Kenner himmlischer Vorzeichen. Er schildert, wie König Ludwig der Fromme ihn aufgefordert habe, den seltsamen Stern zu studieren und ihm dann einen Bericht vorzulegen. Astronomus gehorchte, wurde vom König erneut vorgeladen, stammelte ein paar Worte und schwieg dann. »Euer Schweigen kann nur eins bedeuten«, sagte Ludwig. »Ihr seid der Meinung, daß der Komet eine Veränderung im Königreich und den Tod des Herrschers ankündigt.« Das war die Auffassung des Plinius, die auch Beda wiederholt hatte und die weithin für richtig gehalten wurde. Astronomus antwortete mit einem Zitat aus dem Buch Jeremia: »Ihr sollt euch nicht fürchten vor den Zeichen des Himmels, wie die Heiden sich fürchten.«

Der König dachte darüber nach. Er hatte allen Grund, Aufstände zu fürchten, überdies neigte er zur Unentschlossenheit. Man nannte ihn jedoch nicht umsonst »den Frommen«. »Wir können uns nie genug über Gottes Barmherzigkeit wundern oder sie rühmen«, verkündete er schließlich, »denn er läßt sich dazu herab, uns faule, verstockte Sünder durch Zeichen wie dieses zu warnen.« Ludwig befahl, Wein aufzutragen, und danach verbrachten er und sein Hofstaat die Nacht im Gebet. Am Morgen verteilte er Almosen an die Armen und den Klerus. Nachdem er auf diese Weise der himmlischen Warnung Genüge getan hatte, ritt der König nach Süden, um in den Ardennen zu jagen. Astronomus schließt seinen Bericht über den Kometen mit den Worten: »Es soll mehr Wild als sonst erlegt worden sein, und alle Pläne, die der König zu jener Zeit verfolgte, waren erfolgreich.« Ludwig sollte noch zwei weitere Jahre leben und dann eines natürlichen Todes sterben.

Trotz dieses harmlosen Ausgangs rief der Anblick eines Kometen auch weiterhin Angst und Schrecken hervor, und zwei Jahrhunderte später sollte das erneute Erscheinen des Kometen, den König Ludwig gesehen hatte, bei einem entscheidenden historischen Ereignis eine Rolle spielen und sogar von den Damen abgebildet werden, die den Teppich von Bayeux bestickten. In Bonneville-sur-Touques oder nach der Darstellung des Wandteppichs auch in Bayeux rief der inthronisierte Herzog Wilhelm von der Normandie seine Barone zusammen, damit sie Zeugen würden, wie Harald, Earl von Wessex, bei zwei Reliquienschreinen, die Gebeine von Heiligen enthielten, sich durch einen Eid verpflichtete, Wilhelm bei seinem Anspruch auf den Thron von England zu unterstützen. Harald kehrte danach in seine Heimat zurück und nahm nach dem Tode König Eduards des Bekenners selbst die Krone von England entgegen.

»Damals war über ganz England«, heißt es in der *Angelsächsischen Chronik,* »ein Zeichen am Himmel zu sehen, wie man es noch nie zuvor erblickt hatte. Einige sagten, es sei der Stern ›Komet‹, welchen andere auch den Stern mit Haaren nannten.« Es war tatsächlich ein Komet und ein außergewöhnlich heller dazu – er wurde später von Edmond Halley identifiziert und ist seitdem als Halleyscher Komet bekannt. Auf dem Wandteppich ist er wie ein modernes Raumschiff dargestellt, und sechs Männer deuten voller Angst auf ihn. Man sieht auch einen Höfling davoneilen, um Harald die Nachricht von dem Omen zu überbringen; am

Rand des Teppichs kündigen unheimliche, geisterhafte Schiffe bereits kommendes Unheil an.

Darüber, ob die Moral Haralds und seiner Truppen durch den Kometen schwer beeinträchtigt wurde, können wir nur Vermutungen anstellen. Der Wandteppich jedoch, der anerkanntermaßen die normannische Sicht der Dinge wiedergibt, läßt darauf schließen, daß dies tatsächlich der Fall war, und deutet ganz gewiß die verborgene Moral der Geschichte an. Herzog Wilhelm landete in England, und in der Schlacht von Hastings wurde Harald durch einen mächtigen Hieb mit dem Breitschwert niedergehauen. Der Komet hatte tatsächlich einen Regierungswechsel und den Tod eines Königs angekündigt – eines Königs, der sich eines Frevels schuldig gemacht hatte: Er hatte sich der Ordnung widersetzt, hinter der die Macht heiliger Gebeine stand.

Außer Kometen und Finsternissen – Vorzeichen der Pest – haben uns die Chronisten des Mittelalters praktisch nichts über Himmelserscheinungen zu berichten. Sie versäumten es sogar, die außerordentlich helle *Supernova* zu bemerken, jenen neuen, explodierenden Stern, der im Jahre 1054 im Sternbild des Stiers erschien (seine Überreste sind dort heute noch als sogenannter Krebsnebel zu sehen) und die Hofastrologen in Peking beeindruckte. Ihr Stillschweigen ist nicht – wie das gelegentlich versucht wird – damit zu erklären, daß sie die Auffassung des Aristoteles vertreten hätten, der Himmel sei ein unveränderlicher Bereich, in dem nichts Neues entstehen könne (zu einer Neubelebung der aristotelischen Sicht sollte es erst später kommen, wie wir im nächsten Kapitel sehen werden), sie schwiegen vielmehr, weil ihnen jedes Verständnis für die Position der Sterne im Raum, ihre Anordnung und ihre Bahnen fehlte und weil sie sie ebensowenig einer Berichterstattung würdig erachteten wie etwa das Leuchten von Glühwürmchen.

Wir wollen die Vorzeichen für einen Augenblick verlassen und uns der Erde selbst zuwenden. Wie sah der Mensch des Mittelalters die Welt als Ganzes? Das Modell dafür lieferte Isidor, der sich, wie wir wissen, auf Plinius stützte, in zwei wichtigen Punkten jedoch von der Auffassung des Römers abwich: Er verlegte den Mittelpunkt der bewohnbaren Welt nach Jerusalem, und er räumte dem Osten einen Ehrenplatz im oberen Teil seiner Karte ein, da man annahm, das Paradies liege im Osten. Nach Isidor ist die bewohnbare Welt von einem kreisförmigen

Ozean umgeben, der so unermeßlich groß ist, daß er jede Erforschung abschreckt. Die bewohnbare Welt wird ihrerseits von einer T-förmigen Wasserfläche, zu der das Mittelmeer, das Rote Meer und das Schwarze Meer gehören, in drei Kontinente geteilt. Von der runden Form rührt die Bezeichnung Radkarte, die für frühmittelalterliche Darstellungen der Erdoberfläche verwendet wird. Selbst nachdem die Seeleute begonnen hatten, den Kompaß zu benutzen und ihre Landmarken nach dem magnetischen Nordpol auszurichten, blieb die Orientierung nach Osten vorherrschend. Auf der um 1280 entstandenen Radkarte der Kathedrale von Hereford liegt Osten nach wie vor am oberen Rand. Die Karte ist bereits so fortschrittlich, in Norwegen Männer auf Skiern abzubilden; im oberen Teil jedoch, unter einem Bild Christi im Paradiese, befindet sich eine kreisrunde Insel, auf der der Garten Eden zu sehen ist.

Diese Orientierung der Welt nach Osten war in der Vorstellung der Menschen fest verankert, und Hugo von St. Viktor (gest. 1141) verlieh einer ganzen Tradition Ausdruck, als er in seinem *Traktat über die Arche Noah* schrieb, die Zivilisation fließe von Osten nach Westen, dem Weg der Sonne folgend, und wenn sie die äußerste Westgrenze – den Atlantik – erreicht habe, dann werde der Tag des Jüngsten Gerichts anbrechen. Oswald Spenglers *Untergang des Abendlandes* hat bei weitem kein so originelles Thema, wie sein Verfasser annahm.

Dieses »Fließen von Osten nach Westen« fand seinen Ausdruck im romanischen Kirchenbau um 1100. Die Kirche blickte nach Osten – eine alte Tradition –, und der Osten wurde mit dem Paradies und den Anfängen der Menschheit gleichgesetzt, während man begann, das der sinkenden Sonne zugewandte Westportal mit Darstellungen des Jüngsten Gerichts auszuschmücken. Am Westportal der Kirche von Conques in Südfrankreich (begonnen 1113) findet sich die erste große Skulpturdarstellung der Auserwählten und Verdammten. Christus sitzt vor seinem Kreuz und tritt damit zugleich als Erlöser und Weltenrichter in Erscheinung. Zu seiner Rechten nähern sich die Auserwählten, die von der Heiligen Jungfrau, dem heiligen Petrus und dem heiligen Jakobus dem Pilger angeführt werden. Engel, die über ihren Häuptern schweben, halten Schriftbänder in den Händen, auf denen die verschiedenen Tugenden verzeichnet sind. Auf der anderen Seite sieht man Engel, die Buch, Weihrauchfaß, Schwert und Lanze tragen, und unterhalb von ihnen sind die Qualen der Verdammten in den Stein gemeißelt.

Da laut Isidor die Welt nach dem Bild der Kirche erschaffen wurde und es wünschenswert erschien, einem Kirchengebäude die Gestalt eines Mikrokosmos zu geben, meißelten romanische Bildhauer biblische Szenen in die Kapitelle, während die Baumeister die Querschiffe verlängerten, um ihnen auf diese Weise die Form von Kreuzesarmen zu geben, eines Kreuzes, dessen Stamm von Hauptschiff und Chor gebildet wurde. Die großartige Kathedrale von Santiago de Compostela, begonnen 1070, war eine der ersten Kirchen, die einen solchen kreuzförmigen Grundriß aufwiesen, und ihre Kreuzform diente den zahlreichen neuen Kirchen, die im frühen zwölften Jahrhundert entlang den Pilgerstraßen von Frankreich nach Santiago de Compostela gebaut wurden, als Modell.

Wenden wir uns nun wieder dem Bild zu, das sich die Menschen im elften Jahrhundert von der Welt machten. Sonne, Mond und Sterne sahen sie als Embleme an, deren physischen Aspekten sie gleichgültig gegenüberstanden. Jener dritten Dimension, die wir als den astronomischen Raum bezeichnen, waren sie sich nicht bewußt. Die Luft war etwas Leeres, und phantasievolle spirituelle Vorstellungen und Erscheinungen entfalteten sich, um diese Leere auszufüllen. Wir sprechen heute von einem Raum-Zeit-Kontinuum, der untrennbaren Verbindung räumlicher Veränderung mit dem zeitlichen Ablauf. Zumindest einige Menschen des Mittelalters, vor allem in den nördlichen Breiten, lebten in einem Kontinuum, das man als Geist-Raum bezeichnen könnte. Ich meine damit, daß sie die Heiligen und Teufel, die ihre Phantasie bevölkerten, in den Raum projizierten und als real begriffen.

Ein solcher Mann war Guibert von Nogent, der am 10. April 1053 in einem französischen Schloß in der Gegend von Beauvais geboren wurde. Guibert war ein kränkliches Kind, von dem man annahm, es werde nicht am Leben bleiben, und seine Mutter versprach, ihren Sohn Gott zu weihen, falls er überleben sollte. Als der Junge acht Monate alt war, starb sein Vater Evrard, ein Soldat, was sehr wahrscheinlich zu einer intensiven Beziehung zwischen der verwitweten Mutter und ihrem Sohn führte. In Erfüllung des bei seiner Geburt abgelegten Gelübdes trat Guibert in das nahe gelegene Kloster Saint Germer ein und wurde später zum Abt von Nogent-sous-Coucy ernannt, eines Marienklosters inmitten einer schönen und wasserreichen Landschaft, in der damals Wein angebaut wurde.

Für seine Zeit war Guibert ein vernünftiger Mann. Er vertrat die Auffassung, man solle die Bibel nicht allegorisch lesen, sondern ihr statt dessen praktische Ratschläge entnehmen, und an den Mönchen von Saint Médard in Soissons übte er Kritik, weil sie eine Reliquie als »einen der Zähne Christi« bezeichnet hatten – Guibert war der Meinung, das sei unmöglich, da Christus mit seinen Zähnen auferstanden sei und auch gegenwärtig noch leibhaftig lebe. Später schrieb Guibert eine Geschichte des ersten Kreuzzuges, sein wertvollstes Buch ist jedoch seine Autobiographie, *De vita sua*, weil sie etwas von den persönlichen Auffassungen und geistigen Grundlagen dieses Mannes enthüllt.

Nach dem Tode seines Vaters Evrard, erzählt uns Guibert, lebte seine Mutter keusch zu Hause, äußerte jedoch nach einiger Zeit den Wunsch, Nonne zu werden. Ihr Sohn und Freunde versuchten, sie davon abzubringen, und zitierten die bissige Redensart »Kein Prälat sollte Witwen unter den Schleier bringen«. Daraufhin begegnete Guiberts Mutter in einer Vision einer schönen und überaus ehrfurchtgebietenden Frau, die ihr ein kostbares Kleid reichte, als wolle sie es ihr zur sicheren Aufbewahrung übergeben, wie eine Summe, die man hinterlegt, um sie sich zu gegebener Zeit wieder auszahlen zu lassen. Guibert sah die schöne Frau nicht, aber als er hörte, seine Mutter habe sie gesehen, gab er sofort seinen Widerstand auf und erlaubte ihr, in ein Nonnenkloster einzutreten.

Ein weiterer Vorfall, von dem Guibert berichtet, dreht sich um einen Mönch, den man beauftragt hatte, für die Ausbesserung einer Straße zu sorgen. Er behielt einen Teil des Geldes für sich und vertraute das Gestohlene auf seinem Totenbett einem Diener eines Krankenhauses an. Dieser Bedienstete versteckte das unrechtmäßig erworbene Silber in der Wiege seines Kindes. »Aber in der Nacht, als das Kind zu Bett gebracht wurde, siehe, da sprangen Teufel wie kleine Hunde von der Seite und von hinten auf das Kind, schlugen von allen Seiten auf es ein und zwickten es, so daß das Kind zu schreien und zu weinen begann. Als beide Eltern es fragten, warum es weine, sagte das Kind, es werde von kleinen Hunden aufgefressen.« Guiberts Mutter hörte davon. Sie befragte den Vater des Kindes eingehend und nötigte ihn, das Geld wieder herauszugeben, woraufhin er ihr erleichterten Gewissens freimütig von vielen verschiedenen Teufeln in Hundsgestalt berichtete.

Ein anderer Mönch hielt Almosen für den eigenen Gebrauch zurück. Daraufhin erkrankte er an der Ruhr, weigerte sich jedoch, die von ihm begangene Sünde zu beichten, streckte sich auf seinem Bett aus und wurde dort, wie Guibert schreibt, »vom Teufel erwürgt, als er auf dem Rücken lag. Man konnte sehen, daß sein Kinn und seine Kehle auf schreckliche Weise flachgedrückt waren, so als hätte irgend etwas sie mit aller Gewalt zusammengepreßt.«

Wir müssen uns daran erinnern, daß Guibert alles andere als ein Wirrkopf und außerdem weit weniger leichtgläubig war als die meisten seiner Zeitgenossen, wenn wir uns nun seinem Bericht über einen gewissen Burgunder zuwenden. Dieser Mann hatte eine Mätresse. Nach etlichen Jahren ergriff ihn jedoch die Reue, so daß er beschloß, eine Pilgerfahrt zum heiligen Jakobus nach Santiago de Compostela zu unternehmen, wo der neue Bau der großen romanischen Kathedrale gerade emporwuchs. Aber der Mann hegte noch immer zärtliche Erinnerungen an seine Mätresse und nahm ihren Strumpfgürtel mit auf die Reise.

Unterwegs traf der Burgunder einen Fremden. »Wohin gehst du?« fragte dieser. »Nach Santiago.« Worauf der andere entgegnete: »Es ist nicht gut, daß du dorthin gehst. Ich bin der heilige Jakobus, zu dem du dich so eilig begeben willst, aber du hast etwas an dir, das mich beleidigt... Du wagst es, vor mich hinzutreten, als wolltest du mir die Frucht eines guten Beginnens darbringen, während du in Wirklichkeit noch immer den Strumpfgürtel jenes üblen Weibes bei dir trägst, mit dem du dich eingelassen hast.«

Der Pilger bekannte seine Sünde, und der Fremde, der sich selbst als der heilige Jakobus bezeichnet hatte, sagte: »Schneide das Glied ab, mit dem du gesündigt hast, und danach schneide dir die Kehle durch«, und verschwand.

Der Mann aus Burgund zweifelte nicht daran, daß es sich bei dem Fremden, der ihm erschienen war, wirklich um den heiligen Jakobus handelte. Die Gründe dafür können wir nur vermuten. Nach fünf Jahrhunderten unbedeutender Leistungen wurden in der französischen Skulptur wieder Figuren geschaffen, die erkennbare Züge aufwiesen, und vermutlich hatte der Burgunder irgendwann einmal eine Statue des heiligen Jakobus wie diejenige über dem Westportal der Kirche von Conques mit ihren typischen Attributen Muschelschale, Pilgerhut und Stab gesehen. Da er wußte, daß die Luft ringsum von Heiligen und Teufeln bevölkert war, schien es ihm durchaus logisch, seine Vorstellung vom heiligen Jakobus in einer Weise auf seine Umgebung zu projizieren, daß er überzeugt war, den Apostel wirklich getroffen und eine göttliche Stimme gehört zu haben, die ihn zu absolutem Gehorsam verpflichtete.

Der Pilger aus Burgund setzte in seiner Unterkunft das Wort des Heiligen in die Tat um. »Als sie den gellenden Aufschrei des Sterbenden und das Spritzen des Blutes hörten, wachten seine Freunde auf, brachten Licht herbei und sahen, was geschehen war. Sie ließen eine Messe für seine Seele lesen. Danach gefiel es Gott, die Wunde in der Kehle des Mannes zu heilen und den Toten wieder zum Leben zu erwecken.«

»In Gegenwart der Muttergottes«, erklärte der neue Lazarus, »wurde ich vor Gottes Thron gebracht, und auch der heilige Jakobus der Apostel war dort. Als nun vor Gott darüber beraten wurde, was mit mir geschehen sollte, da gedachte der heilige Apostel der guten Absichten, die ich armer Sünder trotz all meiner bisherigen Verderbtheit gehegt hatte, und sprach für mich vor der Heiligen Jungfrau. Sie entschied, mir armem Kerl solle vergeben werden, zumal der Teufel meinen Untergang dadurch bewerkstelligt hatte, daß er sich mir in der Maske eines Heiligen zeigte. Um meine Sünden tätig zu bereuen und um anderen als Warnung zu dienen, wurde ich auf Gottes Befehl wieder zum Leben erweckt.« Sein narbiger und verstümmelter Körper bürgte für die Wahrheit seines Berichts und war allen, die ihn zu Gesicht bekamen, eine grausige Mahnung. Beda hatte recht: Für die Menschen des Mittelalters war die Luft des »Weltraums« voller böser Geister.

Sonntag, der 14. Juli 1140, war in der Umgebung von Paris ein Tag der Freude: König Ludwig VII. legte in der Kirche der Benediktinerabtei von Saint-Denis selbst den Grundstein für den Neubau eines Chores mit Umgang und Kapellenkranz. Der Mann, der für die Pläne verantwortlich zeichnete, war der sechzigjährige Abt Suger, den ein Freund mit folgenden Worten beschrieb: »Unbedeutend an Gestalt und Herkunft und solchermaßen durch zweifache Kleinheit behindert, weigerte er sich bei all seiner Kleinheit dennoch, ein kleiner Mensch zu sein.« Als oberster Berater Ludwigs VI. und Ludwigs VII. und Regent Frankreichs während des zweiten Kreuzzuges war Suger ein hart arbeitender Selfmadeprälat mit einem Sinn für Geschäfte, einem Blick für die Schönheit, einer Leidenschaft für Edelsteine und einer Schwäche dafür, seinen Namen in den Versen verewigt zu sehen, die alle von ihm in Auftrag gegebenen architektonischen und malerischen Arbeiten begleiteten.

Suger hatte sich zum Bau des Chores entschlossen, weil seine romanische Kirche zu klein geworden war. An hohen Feiertagen waren im Gedränge, das dann immer in der Nähe der Ausgänge entstand, bereits einige Frauen verletzt worden. Sugers Motiv entsprang, kurz gesagt, reinen Nützlichkeitserwägungen, und da der Abt, wenn nicht gerade Edelsteine im Spiel waren, mit Geld sorgfältig umging, nahm seine Gemeinde an, die Kosten würden sich auf ein Minimum beschränken.

Als jedoch vier Jahre später der letzte Stein des Chores in das Gemäuer eingefügt und das Gerüst abgebaut wurde, sahen die Leute von Saint-Denis, daß das neue Bauwerk im Gegensatz zu seinen romanischen Vorgängern hohe Stützpfeiler, Spitzbögen und Rippengewölbe hatte, wodurch die Höhe des Daches und damit auch der Raum innerhalb der einzelnen Kapellen beträchtlich vergrößert wurde. Diese zusätzliche Höhe und der durch sie geschaffene luftige Raum erforderten eine Unmenge an kostspielig behauenem Steinmaterial und waren doch ganz ohne Nutzen; warum ließ dann aber ein so realistischer und hart kalkulierender Geschäftsmann wie Suger dergleichen Dinge zu? Und warum breitete sich dieser neue Baustil, der später Gotik genannt wurde, mit solcher Schnelligkeit aus? Bereits zwanzig Jahre später wurde die Kathedrale Notre-Dame in Paris ganz im gotischen Stil begonnen mit sehr hohen Stützpfeilern und einer Verlagerung des Schwerpunkts vom Chorgestühl hinauf zu den Strahlen des Sonnenlichts, die sich unterhalb des spitzen Daches vereinigten. Bald darauf wurden in England und Deutschland, Italien und Spanien Kathedralen gebaut, die nicht mehr einfach einer Gemeinde Zuflucht gewährten, sondern hochragende Raumgebilde darstellten, scheinbar ins Endlose aufstrebende Bögen.

Man hat versucht, die Gotik in den Begriffen von Geld, Technologie, Numerologie oder aus dem scholastischen Denken zu erklären, aber keiner dieser Versuche beantwortet in zufriedenstellender Weise jene grundlegende Frage, warum plötzlich das Dach des Kirchenschiffs in enorme Höhen gehoben wurde, ohne daß dafür eine praktische Notwendigkeit zu erkennen war, und warum man den vertikalen Raum verdoppelte, verdreifachte und schließlich sogar vervierfachte.

Ich glaube, die Antwort ist in einem spannenden Buch mit einem langweiligen Titel zu finden, das in den Tagen Sugers wachsenden Einfluß gewann: *Ein Kommentar zu Scipios Traum*, verfaßt von einem gewissen Macrobius Theodosius, einem Sammler und Herausgeber lateinischer

Schriften, vielleicht afrikanischer Abstammung, dessen Wirken in die Zeit der Jahre nach 400 n. Chr. fällt und der in lateinischer Sprache schrieb. »Scipios Traum« ist der Schlußabschnitt eines von Cicero verfaßten Werkes über politische Theorie und stellt eine Nachahmung der im ersten Kapitel dieses Buches beschriebenen Vision dar, die sich auf den letzten Seiten von Platos *Staat* findet. Der berühmte Staatsmann und General Scipio Africanus erscheint seinem Enkel Scipio im Traum, nimmt ihn mit empor zu den Sternen und erläutert ihm, dies sei der Ort, an dem er und alle anderen tugendhaften Helden nach ihrem Tode verweilten.

Macrobius gibt den Text Ciceros noch einmal wieder und fügt einen höchst interessanten Kommentar hinzu. Auf griechische Quellen gestützt, stellt Macrobius Theodosius zunächst fest, daß die Sterne aus eigener Kraft leuchten und daß jeder von ihnen größer ist als die Sonne; dann unternimmt er den Versuch, die riesigen Entfernungen im Weltraum abzuschätzen, beispielsweise sei der Kreisumfang der Sonnenbahn auf 3,5 Millionen Meilen zu schätzen, was rund 5,6 Millionen Kilometern entspricht.

Randnotizen auf den Manuskripten zeigen uns, daß vom Kommentar des Macrobius Theodosius gerade dieser Teil die Denker des zwölften Jahrhunderts am stärksten interessierte. Einer von ihnen war Hugo, ein Augustinerchorherr, der an der einflußreichen Klosterschule von St. Viktor vor den Toren von Paris lehrte. In einem vor 1125 entstandenen Werk mit dem Titel *Practica Geometriae* definiert und diskutiert Hugo von St. Viktor eine neue Disziplin, die er zwischen Geometrie und Astronomie ansiedelt. Diese Disziplin nennt er *Cosmimetria.* Sie befaßt sich laut Hugo mit der Vermessung der Größenverhältnisse, die im Bereich der Erde und des Himmels anzutreffen sind. Für beide Sphären führt er Zahlen an, die auf den neuen Angaben bei Macrobius Theodosius basieren.

Das war die eine Richtung, in der sich das Werk des Macrobius als einflußreich erwies. Auch wenn seine Zahlen natürlich absurd niedrig waren, sein Versuch führte zu der Auffassung, daß der kosmische Raum überhaupt vermessen werden konnte. In anderer Hinsicht wurde er relevant durch seine neuplatonische Interpretation von *Scipios Traum.* Die entscheidende Stelle findet sich in Buch 1, Abschnitt 9:

Seelen haben ihren Ursprung im Himmel; mehr noch, die vollkommene Weisheit der Seele während ihres Aufenthalts in einem Körper hängt davon ab, wieviel sie von der Quelle erkennt, aus der sie stammt . . . Diejenigen, die über Reiche herrschen, und andere weise Menschen leben in Wirklichkeit im Himmel, weil sie sich ihrer Herkunft bewußt sind, obwohl sie noch sterblichen Körpern verhaftet sind, und sie haben deshalb auch keine Schwierigkeiten, nach dem Verlassen ihrer Körper ihre himmlischen Sitze wieder zu beanspruchen, von denen man sagen könnte, daß sie sie nie verlassen haben.

Wir wissen, daß die geistig führenden Zeitgenossen Sugers, etwa der Dichter Bernhard Silvestris und der Philosoph Wilhelm von Conches, ebenso wie Hugo von St. Viktor unter dem Einfluß des Neuplatonismus standen, wie er von Macrobius vertreten wurde. Wir wissen auch, daß sich Suger selbst ständig über die neuesten philosophischen Strömungen auf dem laufenden hielt, da die zeitgenössischen Quellen ihn ausdrücklich als einen Gelehrten rühmen, der auf allen Gebieten des Wissens zu Hause war. Und schließlich wissen wir, daß eine große Kirche als ein steingewordenes Abbild der von Gott erschaffenen Welt angesehen wurde, als ein »kosmisches Haus«, das deshalb auch die richtige Auffassung des Kosmos widerspiegeln sollte.

Diese Überlegungen mögen es gewesen sein, die Suger dazu führten, einen in die Höhe strebenden Chor mit hoch angesetztem Dach entwerfen zu lassen, der in seine Kirche ganz bewußt ein großzügig bemessenes Stück lichtdurchfluteten Raums hereinholen sollte, ein Symbol des höheren und größeren, aber doch meßbaren kosmischen Raums, in den eines Tages zurückzukehren die Sehnsucht jeder frommen und tugendhaften Seele war. Obwohl es von Suger keine Äußerung über seine baulichen Absichten gibt, liefert der folgende Text, in dem er seine Gefühle beim Betrachten zweier mit Edelsteinen besetzter Ornamente in Saint-Denis schildert, einen Hinweis auf die Art und Weise, wie der Abt den Raum auffaßte:

Mir ist, als sähe ich mich gleichsam in einem unbekannten Bereich des Universums weilen, der sich weder völlig im Schmutz der Erde noch völlig in der Reinheit des Himmels befindet.

Dieser Abschnitt ähnelt in Stimmung und Ausstrahlung der Aufforderung des Macrobius Theodosius, weise Menschen sollten »im Himmel leben«, wobei ja auch bei Macrobius der christliche Himmel nicht gemeint sein kann, da Scipio Africanus ein »Heide« war. Bei beiden handelt es sich um eine Art Zwischenstation bis zum Jüngsten Tag.

Was die weitere Frage betrifft, warum Suger und seine Zeitgenossen sich gerade zu diesem Zeitpunkt Macrobius Theodosius zuwandten, von dessen Buch doch schon seit langem Abschriften zugänglich waren, so kann die Antwort nur spekulativ ausfallen. Einen Grund muß man sicherlich darin sehen, daß die bischöfliche Schule von Chartres den Platonismus wieder in Mode brachte; ein weiterer mag darin liegen, daß die lange vorherrschende Auffassung, der Raum sei von Teufeln und bösen Geistern bevölkert, allmählich schwer auf den Menschen zu lasten begann, so daß sich – vielleicht unbewußt – das Verlangen herausbildete, sich dieser Angst und Schrecken auslösenden Auffassung zu entledigen.

Fast wie eine Illustration der neuen Einstellung zum Raum wirken die Skulpturen am Nordportal der Kathedrale von Chartres, das wahrscheinlich im Jahre 1194 begonnen wurde: An die Stelle der vierschrötigen, plumpen und wie durch ihr eigenes Gewicht niedergedrückten Gestalten sind hohe, schlanke Figuren getreten; sogar die Form der Köpfe hat sich verändert, ist nicht mehr rund, sondern lang, und einige von ihnen blicken nach oben, genau wie die Gläubigen, die jetzt im Innern der Kathedrale emporsahen zu dem luftigen Raum unter dem Kreuzrippengewölbe des Hauptschiffes.

Franziskus von Assisi (1182 bis 1226) war der Sohn des reichen Tuchhändlers Pietro Bernardone und seiner französischen Frau Pica. Die Wurzeln seines Weltbildes, des wohl liebenswürdigsten des Mittelalters, reichen weit zurück bis zu dem römischen Stoiker Claudius Aelianus (um 170 bis 235), der ein Werk mit dem Titel *Über die Natur der Tiere* verfaßte, in dem Hingabe, Mut, Selbstaufopferung und Dankbarkeit der Tiere gepriesen werden. Eine seiner typischen Geschichten handelt von einem Elefanten in Indien. Eines Tages überraschte dieses Tier die Frau seines Wärters beim Ehebruch; der Elefant durchbohrte mit seinen Stoßzähnen die Frau und ihren Liebhaber und ließ beide tot inmitten der entehrten Laken auf dem geschändeten Ehebett liegen, »damit der Wärter bei seiner Rückkehr ihre Sünde sehen und seinen Rächer erkennen könne«.

Die klugen und hilfsbereiten Tiere des Aelianus fanden schließlich ihren Weg in die Heiligenlegenden. Beda berichtet, der heilige Cuthbert habe einst eine Nacht im Gebet verbracht und dabei bei Coldingham bis zum Hals im Meer gekniet. Danach seien Seehunde gekommen, die ihn mit ihrem Pelz trockneten und ihm die Füße mit ihrem Atem wärmten. Cuthbert segnete sie, und sie kehrten ins Meer zurück.

Aus solchen Heiligenlegenden und aus den Bestiarien, die gleichfalls viel dem Aelianus verdanken, dürfte sich Franz von Assisi seine Meinung gebildet haben, daß Tiere intelligent und in gewissem Sinne Brüder des Menschen seien.

Wir hören von ihm, wie er den Vögeln predigte und mit dem Wolf von Gubbio einen Vertrag schloß, wobei er die Pfote des Wolfes ergriff und ihn schwören ließ, die Einwohner der Stadt nicht mehr zu behelligen, wenn sie ihn mit Nahrung versorgen würden.

In den Tagen des heiligen Franziskus befand sich unter den Gebeten des Breviers der sogenannte *Lobgesang der drei Jünglinge,* dessen Entstehungszeit in das erste vorchristliche Jahrhundert fällt. Die drei Jünglinge, von Nebukadnezar zur Verbrennung in einem Feuerofen verurteilt, rufen darin die verschiedenen Werke der Schöpfung auf, den Herrn zu preisen: die Wasser über den Himmeln, Sonne und Mond, die Sterne, die Blitze und so weiter bis hin zu den Tieren. Dieses Gebet, das während der Fastenzeit bei der Frühmesse rezitiert wurde, dürfte Franziskus vertraut gewesen sein, so daß er in einer Zeit großer körperlicher Schmerzen, als er an einem Augenleiden erkrankt war, die diesem Gebet zugrunde liegenden Gedanken mit seiner eigenen Überzeugung verschmelzen konnte, alle Geschöpfe Gottes seien seine Brüder. Das Ergebnis war der *Sonnengesang,* dessen erster Hälfte die folgenden Strophen entnommen sind:

Gelobt seist Du, Herr,
mit allen Wesen, die Du geschaffen,
der edlen Herrin vor allem, Schwester Sonne,
die uns den Tag heraufführt und Licht
mit ihren Strahlen, die Schöne, spendet;
gar prächtig in mächtigem Glanze:
Dein Gleichnis ist sie, Erhabener.

Gelobt seist Du, Herr,
durch Bruder Mond und die Sterne.
Durch Dich sie funkeln am Himmelsbogen
und leuchten köstlich und schön.

Gelobt seist Du, Herr,
durch Bruder Wind
und Luft und Wolke und Wetter,
die sanft oder streng, nach Deinem Willen,
die Wesen leiten, die durch Dich sind ...

Im Gegensatz zu Suger war Franziskus kein Gelehrter. Er vertrat keine neuen wissenschaftlichen oder philosophischen Einsichten über den Raum. Und doch fand er über sein Mitgefühl für die Tiere den Weg zu einer neuen Sicht alles Geschaffenen. Die Sonne war noch immer zum Teil ein Emblem für Christus, aber sie war auch eine Schwester; der Mond zum Teil noch immer ein Emblem der Kirche, aber auch ein Bruder. Sie traten auf neue Weise in seinen Gesichtskreis, und sie hatten Anteil an seiner Zuneigung. Mit den frühen Franziskanern nimmt die Angst vor der Luft und vor den Dingen im Raum deutlich ab, die einst mit Gregor von Tours begonnen hatte. Man verspürt ein neues Grundgefühl freundlicher Zuwendung gegenüber der belebten und unbelebten Natur, und diese Stimmung ist uns bewahrt geblieben in den schönen Fresken der Basilika von Assisi, auf denen der Florentiner Giotto di Bondone das Leben des heiligen Franziskus dargestellt hat, siebzig Jahre nach dem Tode des Heiligen.

4. Kapitel
Die Kreise des Himmels und der Hölle

Gerhard von Cremona findet den *Almagest* des Ptolemäus und übersetzt ihn aus dem Arabischen – Der mathematische Kosmos des Ptolemäus verändert das Weltbild des Mittelalters – Dantes Sternbesessenheit – *Die Göttliche Komödie* – Die Hölle als Mittelpunkt des Kosmos – Ptolemäus als Astrologe – Der Einfluß des ptolemäischen *Tetrabiblos* – Chaucer, der Beamte, Astronom und Astrologe – Astrologie in den *Canterbury-Geschichten* – Der kosmologische Gottesbeweis des Thomas von Aquin.

Im zehnten Jahrhundert fegte ein Feuersturm über Italien. Von Sizilien aus fielen die Araber ein, aus Ungarn kamen die Magyaren, und eine Stadt nach der anderen sank in Schutt und Asche. Genua im Westen und Venedig im Osten bauten Flotten, um Seeräubern Einhalt zu gebieten, doch erst die Ankunft des sächsischen Kaisers Otto I., der die Krone Karls des Großen trug, und die Anwesenheit von Ottos Sohn und Enkel in Italien bewirkten eine endgültige Befriedung der Lombardei, und der Handel blühte wieder auf.

Eine der Städte, die vom Wiederaufstieg profitierten, war Cremona. Durch ihre Lage inmitten von Reis- und Flachsfeldern an den Ufern des Po begünstigt, war die Stadt zum Handelszentrum der Region geworden. Cremona wurde so reich, daß die Stadt sich im Jahre 1098 zur freien und unabhängigen Reichsstadt erklären konnte und dem Kaiser nur noch nominell untertan war. In der Folgezeit mußte sie sich gegen eifersüchtige und mächtigere Nachbarn wie Mailand verteidigen, ging jedoch aus den Kämpfen siegreich und mit gewachsenem Selbstvertrauen hervor.

In Cremona wurde 1114 ein bemerkenswerter Mann geboren, auf den am ehesten die Bezeichnung Entdecker paßt, obwohl seine Entdeckungen im Auffinden vergessener Bücher und einer vergessenen Kosmologie bestanden. Sein Name war Gerhard – vielleicht erhielt er ihn sogar über dem Taufstein des neuen Doms Cremonas, mit dessen Bau man sieben Jahre vor seiner Geburt begonnen hatte. Schon bevor er zwanzig Jahre alt war, interessierte sich Gerhard für Bücher, wenn auch nicht in dem Sinne, in dem die meisten Einwohner der Stadt dieses Wort verstanden – sie dachten dabei an die Bände des zivilen und kanonischen Rechts, aus denen sich der Anspruch einer Stadt auf Selbstregierung begründen ließ; Gerhard dagegen interessierte sich für Bücher wissenschaftlichen Inhalts. Den wenigen Exemplaren, die ihm in Cremona zur Verfügung standen, konnte er entnehmen, daß die Römer in der Naturwissenschaft und vor allem in der Astronomie von den Griechen übertroffen wurden, daß als angesehenster griechischer Autor der Ägypter Ptolemäus galt, der im zweiten nachchristlichen Jahrhundert in Alexandria gelebt hatte, und daß wiederum das am meisten geschätzte Werk des Ptolemäus seine *Mathematische Syntaxis* war, die man voller Ehrfurcht auch »Das Große Astronomische System« nannte. Sie war um 520 n. Chr. von dem römischen Staatsmann und Schriftsteller Boethius ins Lateinische übersetzt worden; kurz nach der Hinrichtung des Boethius unter dem Ostgotenkönig Theoderich dem Großen ging diese Übersetzung jedoch verloren. Wäre sie erhalten geblieben, dann hätte sich im Mittelalter zweifellos ein ganz anderes Weltbild entwickelt.

Sicherlich hatten sich bereits vor Gerhard viele Italiener vorgestellt, welch großartiger Fund eine Abschrift dieses von Ptolemäus verfaßten Werkes wäre, aber erst jetzt im aufsteigenden Cremona lag eine neue Stimmung in der Luft, Abenteuerlust und selbstbewußter Tatendrang, auch auf wissenschaftlichem und kulturellem Gebiet, und Gerhard war ein nicht leicht zu entmutigender Mann, fest entschlossen, systematisch an die große Suche nach dem großen Buch heranzugehen.

Wo suchte man im zwölften Jahrhundert nach einem griechischen Text? Alexandria war von den Arabern besetzt, Athen war nur noch eine verlassene Ruine, und von Byzanz war der Westen durch das Schisma zwischen der Ostkirche und Rom abgeschnitten. Gerhard entschloß sich, nach Paris zu reisen, da diese Stadt und ihre Universität im Rufe großer Gelehrsamkeit stand. Dort angekommen, stellte er jedoch fest, daß man sich in Paris ebenso wie in Cremona vor allem mit der Rechtswissenschaft befaßte. Von seinem Ptolemäus fand er keine Spur.

In dieser Situation hatte Gerhard einen brillanten Einfall. Wie nach ihm Kolumbus faßte er den Entschluß, den Osten zu entdecken, indem er eine Reise nach Südwesten antrat. Denn in Spanien hatte das langsame Verebben der arabischen Eroberung zahlreiche Texte in arabischer Sprache wie Strandgut hinterlassen, und Gerhard hoffte, unter ihnen auch Übersetzungen griechischer Autoren, vielleicht sogar den berühmten Ptolemäus aufzufinden.

Um das Jahr 1144 und mittlerweile im Alter von dreißig Jahren traf Gerhard in Toledo ein, der Stadt der Schwert- und Seidenmanufakturen. 1085 war die Stadt von den Christen zurückerobert worden, noch immer aber war die vorherrschende Sprache Arabisch. Als er seine Detektivarbeit in Toledo begann, wird Gerhard auf Rivalitätsgefühle und Mißtrauen der arabisch sprechenden Gelehrten und Bibliothekare gestoßen sein. Wir wissen, daß sechzig Jahre zuvor im noch arabisch besetzten Andalusien der Aufsichtsbeamte für das Marktwesen ersucht wurde, »den Verkauf arabischer wissenschaftlicher Bücher an die Christen« zu verbieten, weil christliche Übersetzer angeblich behaupteten, »ihre Bischöfe« seien die Verfasser dieser Werke. Nicht zu Unrecht waren die Araber stolz auf ihre Wissenschaft.

Da ihre Gelehrten über die Schätze des griechischen Wissens verfügten, waren sie auf vielen Gebieten dem Abendland weit voraus, vor allem in der Mathematik, der Trigonometrie und der Medizin einschließlich der Kräuterheilkunde. Die islamische Kosmologie setzte den Schöpfergott des Koran über ein vorwiegend aristotelisches Universum, und die islamische Astronomie stand ganz in der Tradition der Schule von Alexandria. Noch heute sind viele Sternnamen arabischen Ursprungs im Umlauf, wie etwa Beteigeuze oder Fomalhaut, die zum größten Teil griechische Namen in orientalischer Version darstellen. Der letzte bedeutende islamische Astronom war der Perser Omar Chajjam gewesen, den der Schah im Jahre 1074 mit einer Verbesserung des Kalenders beauftragt hatte. Omar Chajjam war ein Mathematiker, der Pionierarbeit auf dem Gebiet der kubischen Gleichungen leistete, außerdem ein Freidenker und Dichter. Sein Werk *Rubaijat,* in dem er mit leidenschaftlichem Pessimismus verkündet, ein mißgünstiges und unerbittliches Schicksal bestimme durch die Sterne das Leben der Menschen, wurde im neunzehnten Jahrhundert ins Englische und Französische übertragen und viel gelesen.

Gerhard gelang es, gegen alle Widerstände eine Reihe von arabischen Texten an sich zu bringen, und er sah sich nun dem schwierigsten Teil seiner Aufgabe gegenüber. Ohne eine Grammatik oder ein Wörterbuch zu besitzen, mußte er Sätze ins Lateinische übertragen, die einer völlig anders strukturierten Sprache angehörten und Wörter verwendeten, für die es damals keine exakten Entsprechungen gab. Mit Hilfe eines christlichen Arabers namens Galippus übersetzte Gerhard in zäher Arbeit über siebzig Bücher aus dem Arabischen ins Lateinische, und sein Latein war, wenn auch weder sehr elegant noch sehr präzise, so doch in jedem Fall verständlich. Unter den von ihm übersetzten Büchern befanden sich so wichtige mathematische und naturwissenschaftliche Werke wie Euklids *Elemente,* Aristoteles' *Über den Himmel* und die ersten drei Bücher seiner *Meteorologica,* Alfarabis *Kommentar zur Physik des Aristoteles* und ein Kompendium zur Kosmologie des Ptolemäus von Al Farghani, der unter seinem latinisierten Namen Alfraganus bekannt wurde.

Vor allem aber gelang es Gerhard von Cremona tatsächlich, seinen ehrgeizigen Plan zu verwirklichen. Er spürte eine Abschrift jenes Werkes des Ptolemäus auf, das die Araber *Almagest* nannten, ein Wort, das von dem griechischen *Magister Syntaxis* (Größte Syntaxis) abgeleitet ist. Das war ein Fund, der alles andere in den Schatten stellte. Es ist ein mathematisches Buch und enthält zahlreiche Winkelmessungen in Grad, Minuten und Sekunden. Die Übersetzung muß besonders schwierig gewesen sein, da man im Abendland noch nicht die arabischen Ziffern übernommen hatte. Es gelang Gerhard jedoch mit seiner gewohnten unbeirrbaren Entschlossenheit, den Text – wahrscheinlich im Jahre 1175 – ins Lateinische zu übertragen. Seinen Namen setzte er übrigens wie bei all seinen Übersetzungen nicht unter das Werk.

Dreiundvierzig Jahre lang – bis zu seinem Tod 1187 – blieb Gerhard in Toledo, tief verstrickt in die selbstauferlegte Arbeit, das griechische Denken dem Abendland wieder zu erschließen. Er starb in Toledo im Alter von dreiundsiebzig Jahren und wurde dort, im Tode ebenso bescheiden wie im Leben, in einem anonymen Grab beigesetzt.

Über den griechischen Mathematiker und Astronomen, dessen Werk Gerhard wieder zum Leben erweckt hatte, wissen wir nur recht wenig. Nach der arabischen Überlieferung lebte Ptolemäus enthaltsam, ritt häufig zu Pferde, litt an Mundgeruch und war stets darauf bedacht, sich modisch zu kleiden – letzteres glaubt man gern, da auch sein Buch ein Musterbeispiel eleganter Beweisführung darstellt. Gegenüber früheren Astronomen war er dadurch im Vorteil, daß er eine Armillarsphäre besaß, ein Instrument, mit dem man die Stellung des Mondes und der Planeten genau bestimmen konnte. Ptolemäus nahm viele derartige Messungen vor, die er in Längen- und Breitengraden notierte, und entnahm den überlieferten Aufzeichnungen zahlreiche weitere Angaben.

Ptolemäus übernahm die von Aristoteles vertretene Auffassung: Die Himmelskörper bestehen aus Äther, und der Äther besitzt die natürliche Eigenschaft, sich mit ständig gleichbleibender Geschwindigkeit kreisförmig um die Erde zu bewegen. Das Dilemma des Ptolemäus begann, als seine Messungen zu ergeben schienen, daß sich Sonne, Mond und Planeten mit unterschiedlichen Geschwindigkeiten bewegten, je nachdem, an welcher Stelle ihrer Umlaufbahn sie sich gerade befanden.

Ptolemäus schrieb den *Almagest* in der Absicht, seine Meßwerte mit dem Weltbild des Aristoteles in Einklang zu bringen. Zu diesem Zweck ersann er ein System von geschickt angeordneten Rädern, die sich wiederum auf anderen Rädern bewegten, wodurch es möglich wurde, daß sich ein Sekundärrad zusätzlich zur eigenen Geschwindigkeit auch noch mit der Geschwindigkeit des Primärrades bewegte, auf dem es angebracht war, so daß auf diese Weise eine scheinbare Erhöhung seiner Geschwindigkeit zustande kam. So bewegt sich zum Beispiel der Mond nach Ptolemäus auf einem Nebenkreis (Epizykel), dessen Mittelpunkt sich auf der Peripherie eines Hauptkreises befindet; der Mittelpunkt dieses Hauptkreises jedoch fällt nicht mit der Position der Erde zusammen. Der Mittelpunkt des Nebenkreises beschreibt nun eine Umlaufbahn auf der Peripherie des Hauptkreises mit gleichbleibender Geschwindigkeit, wobei sich die Gleichförmigkeit seiner Bewegung allerdings nicht auf den Mittelpunkt des Hauptkreises, sondern auf einen dritten Punkt bezieht, den sogenannten Ausgleichspunkt.

Durch die Einführung von vierzig Haupt- und Nebenkreisen war Ptolemäus in der Lage, sämtliche bekannten astronomischen Meßergebnisse auf gleichförmige Kreisbewegungen zurückzuführen und die Bahnen und Positionen der Sonne, des Mondes und der Planeten genau vorherzusagen. Es gelang ihm tatsächlich, alles harmonisch ineinandergreifen zu lassen – eine mathematische *tour de force.*

Ptolemäus befaßte sich hauptsächlich mit der Position der Himmelskörper und den Winkeln, in denen sie zur Erde standen. Für Sonne und Mond machte er jedoch auch Entfernungsangaben. Wenn der Mond sich mit der Sonne und der Erde in einer geraden Linie befindet »und man den Radius der Erde als 1 nimmt, dann besagen unsere Schlußfolgerungen, daß die Entfernung des Mondes von der Erde 59 und die der Sonne 1210 beträgt«. Da man damals annahm, der Erdradius betrage 5200 Kilometer, gelangt Ptolemäus also zu dem Ergebnis, die Erde sei etwas mehr als 6 Millionen Kilometer von der Sonne entfernt. Zwar ist dieser Wert nur etwa ein Zwanzigstel der wirklichen Entfernung, er kommt der Wahrheit jedoch wesentlich näher als die von Plinius angegebene Zahl von 24000 Kilometern.

Man hat versucht, das ptolemäische Modell des Kosmos mit einer Art Riesenrad zu vergleichen. Das Bild ist zwar hilfreich, wenn wir uns die verschiedenen Bewegungen veranschaulichen wollen, aber ein mechanistischer Vergleich ist hier nicht wirklich angemessen, erstens, weil Ptolemäus sich auf die Mathematik beschränkte und physikalischen Methoden bewußt aus dem Wege ging, und zweitens, weil er sich einmal in einer Nebenbemerkung durchaus zu einem nichtmechanistischen Bild des Himmels bekannt hat: »Jeder Planet besitzt eigene Lebenskraft und bewegt sich selbst.«

Allgemeiner gesagt, vertrat Ptolemäus – getreu der griechischen Tradition – die Auffassung, allein die Mathematik liefere absolut unerschütterliches Wissen, da sie ganz frei sei von den Unzuverlässigkeiten der Materie. Mehr noch, die mathematische Astronomie helfe dem Menschen nicht nur dabei, dieses Wissen zu erlangen, sondern hebe auch seinen Charakter: »Wo Identität, Ordnung, Ebenmaß und die Freiheit von Anmaßung gegenüber den Dingen des Himmels Gegenstand der Betrachtung sind, da macht eine solche Beschäftigung diejenigen, die sich ihr hingeben, zu Liebhabern dieser göttlichen Schönheit und flößt ihrer Seele eben diesen Zustand ein, läßt ihn gleichsam zu ihrer Natur werden.«

Es ist schwer, sich die einschneidende Wirkung eines solchen Buches vorzustellen, als es in der zweiten Hälfte des zwölften Jahrhunderts dem Abendland in der Übersetzung Gerhard von Cremonas bekannt wurde. Ein ganzer Kosmos war plötzlich neu entstanden, eine neue Dimension geboren. Der Raum war nicht mehr nur eine flache Bühne, auf der allerlei Vorzeichen wie Schauspieler auftraten, die nur für das Publikum – die Menschen auf der Erde – Bedeutung hatten. Der Blick in den ungeheuren Weltraum tat sich auf. Die Himmelskörper, die so viele Jahrhunderte hindurch im Dunkel der Gleichgültigkeit versunken oder vom Nebel der Unwissenheit verhüllt waren, erschienen nun als die regelmäßigsten und harmonischsten Objekte der Natur. Die Positionen, in denen sich der Mars im April und die Venus im Mai des kommenden Jahres befinden würden, ließen sich mit den Tabellen des Ptolemäus bis auf wenige Minuten genau berechnen. Und wenn man diese mathematischen Wunder voller Staunen betrachtete, dann war das nicht nur interessant und nützlich, sondern erhebend und einer religiösen Erfahrung sehr nahe.

Hören wir zum Beispiel Ristoro von Arezzo, einen unbedeutenden Kosmographen, der eine Vorliebe für antike etruskische Vasen hatte. Er war mit dem Weltbild des Ptolemäus aufgewachsen und schrieb im Jahre 1282: »Es wäre eine Schande, in einem Haus zu leben und nicht zu wissen, wie es gebaut ist ... und sich nicht über den Sinn der hölzernen Stützbalken im klaren zu sein, die bei seinem Bau verwendet wurden. Der Mensch mit seiner aufrechten Körperhaltung und seinem hocherhobenen Kopf wurde von seinem Schöpfer zu Sehen und Hören erschaffen, zum Verstehen und Begreifen dieses wunderbaren Universums und vor allem seines erhabensten Teils, der sich über ihm befindet: des Himmels und seiner wundervollen Bewegungsabläufe.«

Der Ton der Erregung und Neugier ist unmißverständlich, aber erst in Dante begegnen wir einem Menschen, mit dem wir diese neuen Gefühle identifizieren, vielleicht auch, weil er der erste ist, der sie vollkommen ausdrückt. Dante Alighieri wurde 1265 in Florenz geboren, einer mittelalterlichen Stadt mit engen Gassen und einer sie umschließenden hohen Ziegelsteinmauer. Die Geschlossenheit und Enge des Stadtbildes war zugleich Modell und Widerspiegelung des vorptolemäischen Weltbildes. Die Menschen schliefen damals in Betten mit Vorhängen auf allen Seiten, und die Künstler malten zweidimensional; die Perspektive wurde nicht beachtet, weil man sie nicht benötigte. Das Basrelief herrschte – die Form einer Welt, der die Dimension des Raumes noch fremd war.

Dante stammte aus einer Familie von Geldverleihern. An einem der örtlich begrenzten Kriege, durch die Florenz ähnlich wie Cremona seine Unabhängigkeit behauptete, dem Kampf gegen Arezzo, nahm er als Kavallerist teil. Er erlernte die Kunst, Gedichte in den komplizierten Stilformen zu verfassen, die damals in Mode waren, studierte Philosophie und las, vielleicht in Gerhards Übersetzung, das für den nicht vorgebildeten Leser gedachte Kompendium des Alfraganus zum Weltgebäude des Ptolemäus.

Der Text scheint einen sofortigen und tiefen Eindruck auf Dante gemacht zu haben. Von seinen frühen Kurzgedichten enthält fast jedes vierte Stellen, die sich auf die Sonne, den Mond, Sterne, Planeten oder Sphären beziehen, und bereits in den ersten Sätzen seiner *Vita Nuova* (Das neue Leben), der Geschichte seiner Liebe zu Beatrice, werden die kreisenden Sphären der Sonne und der Sterne erwähnt.

Dante nahm aktiven Anteil an der Politik seiner Stadt und gehörte einer Partei an, die eine enge Bindung an den Kaiser befürwortete. Im Jahre 1302, als er Florenz in diplomatischer Mission verlassen hatte, gelangte die Gegenpartei, die sich für enge Beziehungen zum Papst Bonifatius VIII. einsetzte, an die Macht. Gegen Dante wurde Anklage erhoben aufgrund einer, wie es scheint, frei erfundenen Anschuldigung, öffentliche Gelder veruntreut zu haben. Er wurde verurteilt, bei lebendigem Leibe verbrannt zu werden, falls er jemals nach Florenz zurückkehren sollte.

Die restlichen neunzehn Jahre seines Lebens verbrachte Dante fern der Stadt, die er liebte, getrennt von seinen Freunden, seiner Frau und seinem Haus. Das Exil zwang ihn weit stärker, als die Straßen von Florenz es getan hatten, Klarheit über sich selbst zu erlangen, und in dieser Zeit orientierte er sich in seinem Denken stark an dem ptolemäischen Weltbild. Die Harmonie und mathematische Präzision, mit denen, wie er wußte, die Himmelskörper unwandelbar ihre Bahn zogen, begann er jetzt auch auf der Erde zu suchen. Er war in seinem Denken ein Grieche geworden. Nicht das Ungewöhnliche und Erschreckende interessierte ihn, sondern die Ordnung, und im Elend des Exils bestand seine erste Reaktion – wie später auch bei Einstein – darin, nach einer umfassenderen Ordnung Ausschau zu halten, um so die Unordnung zu kompensieren, deren Opfer er geworden war, um schließlich dieser Ordnung durch das Gleichmaß der Rhythmen seiner Verse in der Heimatsprache Ausdruck zu verleihen.

Frucht solcher Überlegungen war Dantes Entschluß, die Gerechtigkeit in kosmischem Maßstab darzustellen in Form einer Reise durch den Weltraum, die zugleich auch eine Reise in das Leben nach dem Tode sein sollte. Bei dieser Reise sollten die Sterne die kosmische Ordnung symbolisieren, und so läßt Dante denn auch jedes der drei Bücher dieses Werks mit dem Wort *stelle* enden. Die seltsamen Dinge, die unbegreiflichen Erscheinungen und erschreckenden Omen, die eine frühere Epoche noch fasziniert hatten, spielen bei Dante nur noch am Rande eine Rolle: Kometen erwähnt er nur zweimal, Finsternisse siebenmal; dagegen finden sich unzählige Hinweise und Anspielungen auf den regelmäßigen Lauf der Sonne und der Sterne, des Mondes und der Planeten – sie waren die sichtbaren Zeichen und Garanten einer alles umfassenden Ordnung.

Gleichzeitig mit seiner Ptolemäus-Lektüre hatte Dante sich intensiv mit Aristoteles beschäftigt, den man gerade direkt aus dem Griechischen ins Lateinische übersetzt hatte, und er übernahm dessen Auffassung von der grundlegenden Unterschiedlichkeit der Sphären – den Sternen und Planeten einerseits und der Erde andererseits: Die Himmelskörper bestehen aus Äther, während die Erde – klein, dunkel und träge – aus dem niedrigsten Stoff gemacht ist und sich wie Hefe auf dem Boden des Universums abgesetzt hat. Die Erde war zwar ein Teil des Sonnensystems, aber im Vergleich zu ihren überlegenen Nachbarn blieb sie doch eine recht schäbige Angelegenheit.

Nach Aristoteles war hoch gleichbedeutend mit edel, und je weiter nach unten man gelangte, desto größer wurde die Unvollkommenheit. Sogar auf der Erde konnte ein Gegenstand noch tiefer fallen, was sich leicht beweisen ließ – man brauchte nur einen Stein in einen Brunnen zu werfen. Für die Menschen des Mittelalters war es nur logisch, daraus zu schließen, daß der Ort, auf den sich alles Fallende zubewegte, die Hölle war. Am Schluß des Werks *Image du Monde*, einer populären Kosmologie in französischen Versen aus dem Jahre 1246, zeigt ein Diagramm eine Folge konzentrischer Sphären, die zur Erde hin konvergieren, und genau in der Mitte des Diagramms, im Mittelpunkt der Erde, befindet sich die Hölle. Man nennt das Mittelalter gewöhnlich geozentrisch, es wäre jedoch genauer, es als »hadozentrisch« zu bezeichnen.

Dante pflichtet dieser Auffassung nicht nur bei, sondern macht die kosmologische Unterscheidung zwischen Himmel, Erde und Hölle auch zur strukturellen Grundlage seiner *Göttlichen Komödie.* In der Nähe eines dunklen Waldes trifft Dante am Karfreitag des Jahres 1300 Vergil und wird von ihm in die Unterwelt geführt. Die Hölle ist eine kegelförmige Vertiefung, die bis hinunter zum Mittelpunkt der Erde reicht und an deren schräg abfallenden Seiten die Stätten der Bestrafung kreisförmig angeordnet sind, so daß die schlimmsten Sünder sich ganz unten befinden, der Spitze des umgekehrten Kegels am nächsten. An dieser Spitze, in einer eisigen Einöde, haust Satan, ein Riese mit fledermausartigen Flügeln und drei Köpfen – ein scheußliches Zerrbild der Dreieinigkeit.

Die beiden Wanderer steigen auf der gegenüberliegenden Seite wieder nach oben. Dante wendet sich noch einmal um und wirft einen letzten Blick auf Satan, der jetzt verkehrt herum steht und die Glieder nach oben streckt, während Vergil sich unter Keuchen abmüht, die Schwerkraft zu überwinden, von der man glaubte, sie sei im Mittelpunkt der Erde wesentlich größer als an der Erdoberfläche.

Sie erreichen das Fegefeuer, den Läuterungsberg, einen großen kegelförmigen Hügel, der aus dem Ozean emporsteigt und sich an einem Punkt der Erde befindet, der Jerusalem, dem Zentrum der bewohnbaren Welt, genau entgegengesetzt ist. Die Seelen leben dort auf sieben Terrassen, je nachdem, wie schwer die Sünden waren, für die sie büßen müssen. Auf dem Gipfel des Hügels, unzugänglich für die gefallenen Menschen, liegt das irdische Paradies, und überrascht stellt Dante fest, daß eine leichte Brise aus östlicher Richtung ihm über die Stirn streicht. Er erfährt, daß es sich dabei nicht um Wind handelt, sondern um die Drehung der Atmosphäre, die unablässig der Bewegung der himmlischen Sphären folgt.

Beatrice war im Jahre 1290 gestorben, und Dante war überzeugt, sie sei in die Gefilde der Seligen entrückt worden. Sie erscheint Dante, und im ersten Gesang des *Paradiso* beginnt sie, ihn durch die himmlischen Sphären zu führen. Alle Erlösten weilen bei Gott im zehnten Himmel, dem Empyreum, aber sie genießen verschiedene Stufen der Seligkeit und treten Dante im weiteren Verlauf der Dichtung in der jeweils ihrer Stufe entsprechenden Sphäre gegenüber.

Weil es in der Natur eines Geisteswesens liegt, in die Höhe zu steigen, gerade so wie auch Flammen emporsteigen, setzt Dante seine Reise als körperloser Geist in den Weltraum fort mit der Geschwindigkeit eines Pfeils, der sein Ziel bereits trifft, wenn die Bogensehne noch zittert. Zunächst besucht er die Sphäre des Mondes, danach die Sphären von Merkur, Venus, Sonne, Mars, Jupiter und zuletzt die des Saturn. Hier steigt er eine geheimnisvolle goldene Leiter hinauf und sieht sich plötzlich in den Fixsternhimmel versetzt, in das Sternbild der Zwillinge, sein eigenes Tierkreiszeichen. Er blickt hinunter auf die Planetensphären und entdeckt in der Ferne die armselige kleine Scheibe der Erde, die er in Senecas Worten mit »einer Dreschtenne« vergleicht.

Schließlich steigt Dante zum *Primum mobile* empor, einer neunten Sphäre, die die Araber den acht Sphären des Aristoteles hinzugefügt hatten, um die tägliche Bewegung aller unteren Sphären zu erklären. Er erblickt die neun Rangordnungen der Engel, deren Aufgabe es ist, die neun Sphären zu bewegen, und schwebt endlich zum Empyreum hinauf, dem zehnten Himmel, den die katholischen Theologen ein Jahrhundert zuvor den neun herkömmlichen hinzugefügt hatten. Hier kehrt Beatrice auf ihren Platz unter den seligen Geistern zurück, die die Himmelsrose bilden, und im letzten Vers der Dichtung wird Dante vom heiligen Bernhard aufgefordert, die Augen zu erheben und einen Blick auf die Liebe zu werfen, die die Sonne und die übrigen Sterne bewegt – *»l'amor che move il sole e l'altre stelle«.*

Wenn wir den literarischen Genius des Werks einmal beiseite lassen, dann haben wir in Dantes Dichtung ein Fresko vor uns, das abbildet, wie ein gelehrter Mann des frühen vierzehnten Jahrhunderts die Welt und die Gesellschaft sah. Ausschlaggebend ist dabei die Tatsache, daß Naturwissenschaft und Religion sich die Hand reichen, wie das in jenem letzten Vers zum Ausdruck kommt, der deutlich den Geist des Aristoteles atmet. Die Kosmologie der Wissenschaftler bildet den geeigneten Rahmen für die Wahrheiten der Offenbarung. Noch ergibt sich keine Dissonanz; dieses System braucht Fragen und Erkenntnisse nicht zu fürchten, es ist harmonisch, ohne auf Verdrängung und Unterdrückung angewiesen zu sein. Auf alle Fragen gibt es eine angemessene Antwort; alles fügt sich in befriedigender Weise zu einem harmonischen Ganzen zusammen, und diese Einheit ist umfassender als jemals zuvor.

Und doch ist Dantes mittelalterliches Weltbild alles andere als selbstzufrieden, abgeschlossen und gefühllos. Es hat ein naives Pathos, das in der Literatur seit Euripides nicht mehr anzutreffen war. Der Leser empfindet tiefes Mitleid gegenüber diesen Menschen, die sich zu spät wünschen, mehr aus ihrem Leben gemacht zu haben, und er steht schmerzbewegt vor der Danteschen Ironie (eine Umkehrung der Ironie bei Homer, aber nicht weniger eindrucksvoll), die aus dem Gegensatz lebt zwischen Gottes hohen Erwartungen an den Menschen und dem Versagen dieses Menschen, das schlichte Bild aus dem *Purgatorio* zu verwirklichen: »Würmer sind wir und geboren, um engelgleiche Falter einst zu werden.«

Ein Weltbild mit einer solchen Stufenfolge von Sphären wirkte zwangsläufig bestätigend auf den hierarchischen Aufbau der mittelalterlichen Gesellschaft. Im Kosmos sah man eine von Gott gesetzte Bürgschaft für die feudalistische Ordnung. Mehr als einmal vergleicht Dante den Mond mit dem Kaiser und die Sonne mit dem Papst. Er will damit sagen, daß beide von Gott eingesetzt sind, jedoch unabhängig voneinander sind und daß sie in der Parallelität ihrer zivilen und kanonischen

Rechtsprechung beide nur irdische Versionen jener einen Ordnung aufrechterhalten, die im Kosmos sichtbare Form angenommen hat. Wiederum ist die Vollständigkeit dieses Schemas bemerkenswert, auch wenn wir rückblickend ebenso die astronomischen Fehler sehen, auf denen das Gleichnis beruht, wie die gesellschaftlichen Grenzen des Schemas selbst und die Möglichkeiten seines Mißbrauchs.

Vielleicht hat Dantes Erbitterung über das erlittene Unrecht dazu beigetragen, daß dieses Weltbild die einseitige Tendenz hat, aus dem Kosmos einen Gerichtshof und aus dem Leben eine Frage von Schuld und Sühne zu machen. Die gesamte Menschheit wird sozusagen zusammengetrieben, jeder Seele wird das passende Brandzeichen aufgedrückt, das sie dem ihr bestimmten Pferche in Himmel oder Hölle zuteilt. Denn der Mensch des Mittelalters hat zwar den Weltraum und die Himmelskörper wiederentdeckt, aber er hat sie in die Form stufenweise übereinander angeordneter Sphären gebracht – ein Relikt babylonischer Vorstellungen –, und diese Sphären warfen einen unwillkommenen Schatten sogar auf das Paradies.

Als Bewohner der untersten Sphäre entwickelte der mittelalterliche Mensch ein Bewußtsein der Unterlegenheit, der Demut und der Minderwertigkeit nicht nur im räumlichen, sondern auch im psychologischen und moralischen Sinne. Er war dem Erdkern am nächsten und schien sein Leben unter einer Last zu verbringen, als zöge ihn etwas nach unten – die Schwerkraft der Hölle. Das mag bei Dante – und sicher auch bei einer großen Zahl seiner Leser – zu der strengen Moral, aber auch der tiefen Depressivität geführt haben, die aus den dunklen Farben des großen Werkes spricht.

Ptolemäus' Schriften wirkten noch in anderer Weise auf das Weltbild des Mittelalters. So weit er in seiner Astronomie das Denken seiner Zeit überragte, steckte er andererseits tief im Aberglauben einer vorwissenschaftlichen Magie. Seine astrologischen Auffassungen und Deutungen hinterließ er in einem Werk mit dem Titel *Tetrabiblos* (das »Vierbücherwerk«), das im Jahre 1138 in das Lateinische übersetzt wurde.

Ptolemäus ordnete in seinem Text jedem der Planeten eine oder auch mehrere der elementaren Eigenschaften heiß, kalt, trocken oder feucht zu. Hitze und Feuchtigkeit gelten ihm als lebenspendend, Kälte und Trockenheit als zerstörerisch. Da ihre große Oberfläche Dämpfe von der benachbarten Erde anziehe, hielt er zum Beispiel die Venus für feucht. Außerdem bringt Ptolemäus jeden Planeten mit einem oder mehreren der Tierkreiszeichen in Verbindung und eigenartigerweise auch mit Teilen des menschlichen Körpers: die Venus zum Beispiel sowohl mit Waage und Stier als auch mit dem Unterleib.

Jedes Zeichen des Tierkreises charakterisiert er ferner als männlich oder weiblich, beweglich oder fest, beherrschend oder dienend und so weiter. Außerdem erklärt er, das im Augenblick der Geburt im Osten aufgehende Zeichen und der gerade in ihm stehende Planet seien für die Anlagen des Neugeborenen bestimmend.

Aber mehr noch. Ptolemäus war ein hervorragender Geograph – als erster überzog er die Erdoberfläche mit einem »Netz« von Längen- und Breitengraden – und brachte die Astrologie mit ganzen Regionen der Erde in Verbindung. Die Erde unterteilte er in Quadranten, von denen jeder durch ein Drittel des Tierkreises beeinflußt wird. England, Frankreich und Deutschland stehen unter dem Einfluß von Widder, Löwe und Schütze, und daher sind die Bewohner dieser Länder

> unabhängig, freiheitsliebend, waffenfreudig, fleißig, sehr kriegerisch, verfügen über Führungsqualitäten und sind reinlich und großzügig. Aber wegen des westlichen Aspektes von Jupiter und Mars und weil ferner die Vorderteile der genannten Zeichen männlich und ihre hinteren Teile weiblich sind, fehlt ihnen die Leidenschaft für Frauen, und sie schätzen die Freuden der Liebe gering; befriedigender und wünschenswerter ist für sie der Verkehr mit Männern. Und sie betrachten den Akt auch nicht als Schande für den Geliebten und werden durch ihn tatsächlich in keiner Weise weibisch und weich, weil ihre Anlage dadurch nicht verdorben wird und ihrer Seele Männlichkeit, Hilfsbereitschaft, Vertrauen, Liebe zu den Blutsverwandten und Wohlwollen erhalten bleiben.

Daß er Westeuropa für zum großen Teil homosexuell hielt, war zu seiner Zeit keine so sensationelle Feststellung, denn hellenistische und römische Reisende hatten schon seit langem die Kelten als Homosexuelle dargestellt. Der Mann aus Alexandria weitete also im Grunde nur eine bekannte Ansicht aus und versuchte, ihr dadurch mehr Substanz zu verleihen, daß er sie mit dem Einfluß der Sterne in Verbindung brachte.

Ptolemäus schließt die *Tetrabiblos* mit praktischen Anweisungen, wie man aus den Sternen Auskünfte über Werdegang, Ehe, Nachkommenschaft, Freunde und Feinde eines Menschen gewinnen kann, ja sogar über die Art und Weise seines eigenen Todes.

Diese ausführliche Darstellung der Astrologie durch einen so hervorragenden mathematischen Astronomen übte auf die Menschen des dreizehnten und vierzehnten Jahrhunderts eine außerordentlich starke Wirkung aus. Einige akzeptierten das ganze System, selbst solche, von denen man das am wenigstens annehmen sollte, so unter anderem der Franziskaner Roger Bacon, der Begründer der experimentellen Naturwissenschaft. Andere waren vorsichtiger, insbesondere die Theologen der katholischen Kirche, die ebenso wie ihre islamischen Kollegen sahen, daß durch die Astrologie der freie Wille zumindest erheblich eingeschränkt wurde. Eine Auffassung, die man als orthodox katholisch bezeichnen kann, vertrat Thomas von Aquin.

> Die meisten Menschen werden von ihren Leidenschaften beherrscht, die von den Begierden des Körpers abhängen; hier ist der Einfluß der Sterne deutlich zu spüren. Wenige Weise gibt es nur, die fähig sind, ihren tierischen Instinkten zu widerstehen. Astrologen sind daher in der Lage, in der Mehrzahl der Fälle die Wahrheit vorherzusagen, vor allem, wenn sie allgemeine Prophezeiungen aussprechen. Bei besonderen Vorhersagen erreichen sie keine Gewißheit, denn nichts hindert einen Menschen daran, dem Diktat seiner niederen Anlagen Widerstand zu leisten. Weshalb auch die Astrologen selbst sagen, daß »der Weise die Sterne beherrscht«, und zwar in dem Maße, wie er seine eigenen Leidenschaften beherrscht.

Das entsprach etwa der Auffassung Dantes. Auch er glaubte daran, daß die Sterne einen, wenn auch sehr allgemeinen, Einfluß auf die Menschen ausüben. Er verglich die Sterne mit Hämmern und die Erde mit Metall oder auch die Sterne mit einem Petschaft und die Erde mit dem Siegelwachs. Die Venus war »der Stern der Liebe«, »der helle Stern, der zur Liebe reizt« und der wirkliche Macht über sein eigenes Herz besaß. Aber Dante verschwendete keine Zeit an die technische Seite der Astrologie, nicht weil er Zweifel hegte, sondern weil er es für gottlos hielt, zu weit in die Zukunft zu blicken, und so wies er denn im vierten Kreis der

Hölle auch dem Astrologen Aruns einen Platz an, der aus seiner einsamen Zelle die Sterne beobachtet und Cäsars Siege über Pompejus vorausgesagt hatte.

Im Laufe des vierzehnten Jahrhunderts setzte sich, wenn man sich an der Literatur orientiert, allgemein eine weniger vorsichtige Auffassung durch, als Dante sie vertreten hatte. Astrologische Techniken waren weithin bekannt und wurden häufig praktiziert, wobei wahrscheinlich die meisten ihrer Anhänger der Meinung waren, jeder Wendepunkt in ihrem Leben sei ganz oder teilweise auf den Einfluß der Sterne zurückzuführen. Hieraus ergab sich eine überaus wichtige Veränderung des allgemeinen Weltbildes. Der flache bühnenartige Raum des Mittelalters war durch die aristotelisch-ptolemäische Kosmologie weit nach oben ausgedehnt worden; um ihn nun auch auszufüllen, verfiel man auf die Strahlen von fernen Planeten und Sternen, die weitgehend an die Stelle der bösen Geister und Teufel, der Heiligen und Engel traten.

Wenn ein gebildeter Mann des vierzehnten Jahrhunderts zum nächtlichen Himmel hinaufblickte, wird er die Himmelskörper wahrgenommen haben, die, wie er glaubte, in vierzig großen und kleinen Sphären die Erde umkreisten; aber in mindestens gleicher Klarheit dürfte er sich auch der Position jedes sichtbaren Planeten innerhalb des Tierkreises bewußt gewesen sein, der auf ihn und seine Familie günstige oder ungünstige Einflüsse ausübte. Selbst am Tage werden ihm derartige Gedanken durch den Kopf gegangen sein, denn die Astrologie war allgegenwärtig: Zeitgenössische Buchillustrationen zeigten ebenso Tierkreiszeichen und Planeten wie die Deckengemälde vornehmer Häuser, ja sogar die rund um das Taufbecken von Florenz eingesetzten Steine. Viele der unabhängigeren Geister des Mittelalters müssen sich selbst als Teilnehmer in einem immerwährenden kosmischen Turnier gesehen haben, hoch zu Roß mit eingelegter Lanze gegen die Sterne anrennend, um im Kampf die Macht über das eigene Leben zu erringen. Der Einfluß der Astrologie war ungeheuer.

Natürlich führte die Raumauffassung des ptolemäischen Weltbildes auch zu einem neuen Zeitbegriff. Die Menschen des Mittelalters hatten die Sterne und ihren Einfluß ignoriert. Wenn es eine Zukunft gab, dann war es das Jenseits, die feste Grenze am Horizont des Lebens. Jetzt begannen die Menschen, sich ihrer persönlichen Zukunft bewußter zu werden – mit allen Folgen an Angst und Hoffnung.

Geoffrey Chaucer wurde um 1340 in London als Sohn eines wohlhabenden Weinhändlers geboren. Nach einer juristischen Ausbildung trat Chaucer in den Dienst des Königs und wurde Zollbeamter und Aufseher der königlichen Bauten. Er heiratete Philippa, die Tochter eines flämischen Edelmannes, und sie schenkte ihm drei Kinder. Als junger Ehemann lebte er im zweiten Stock von Aldgate, einem der vier Stadttore Londons, und seine Bibliothek umfaßte sechzig Bücher, was vor der Erfindung der Buchdruckerkunst als außerordentlich galt. Auf dem Porträt, das sein Freund Hoccleve von ihm anfertigte, tritt uns Chaucer als stattlicher Mann mit ausgeprägter Nase und dunklen, verhangenen Augen, Schnurrbart und einem kleinen, zweispitzigen Kinnbart entgegen. Bekleidet ist er mit einer schwarzen Kapuze und einer Robe, beides von konservativem Schnitt.

Wie Dante begeisterte sich auch Chaucer für den »neuen Raum«, und in dem 1381 geschriebenen Fragment *The House of Fame (Das Haus der Fama)* stellt er sich vor, wie er von den Krallen eines goldenen Adlers ergriffen und dann durch den Weltraum bis in das Reich der Sterne getragen wird. Von dort aus blickt er auf eine winzige Erde zurück und sieht auch die Milchstraße, die mittlerweile den Engländern so vertraut war, daß sie sie nach ihrer am dichtesten befahrenen Landstraße Watling Street nannten.

Als sein Sohn Lewis zehn Jahre alt wurde, schrieb Chaucer für ihn einen *Traktat über das Astrolabium.* Ein solches Astrolabium ist eine kreisförmige Sternkarte, die sich um ihren Nordpol drehen läßt und auf der eine Darstellung des Himmels angebracht ist, wie ihn ein Beobachter auf der Höhe eines bestimmten Breitengrades sieht. Das Instrument konnte zur Beoachtung verwendet werden, wurde jedoch hauptsächlich benutzt, um den Stand der hellsten Sterne zu berechnen. Chaucers kleines Buch, das auf der lateinischen Version eines arabischen Traktats basiert, ist eine klare Erläuterung dieses Geräts und gilt als frühestes Beispiel einer echt wissenschaftlichen Arbeit in englischer Sprache.

Chaucer ist wahrscheinlich auch der Verfasser einer Abhandlung mit dem Titel *Das Äquatorium der Planeten,* in der Konstruktion und Gebrauch eines weiteren mittelalterlichen Instruments, des Äquatoriums, beschrieben werden. Es war größer und komplizierter als das Astrolabium – das von Chaucer beschriebene Gerät erfordert eine Scheibe aus Metall oder Holz von knapp zwei Metern Durchmesser – und wurde benutzt, um den Stand der Planeten für jeden beliebigen Zeitpunkt zu berechnen. Von dem einzigartigen Manuskript, das sich jetzt in Peterhouse, Cambridge, befindet, nimmt man an, daß es von Chaucers Hand stammt.

Sollte dieses zweite Büchlein tatsächlich von Chaucer verfaßt sein, so belegen beide Werke zusammen, daß er über eine solide Kenntnis der ptolemäischen Kosmologie sowie der beiden Instrumente verfügte, die damals von Astronomen und Astrologen am häufigsten benutzt wurden. Daß er auch die ptolemäische Astrologie beherrschte, wird in den *Canterbury-Geschichten* deutlich. Chaucer erklärt zwar an einer Stelle, er glaube nicht an eine »richtende Astrologie«, also daran, daß die Staatsgeschäfte von den Himmelskörpern gelenkt werden, ob er jedoch an andere Zweige der Astrologie glaubte, ist zumindest umstritten; mit Sicherheit setzte er jedoch einen derartigen Glauben bei den Lesern der *Canterbury-Geschichten* voraus.

Eine bemerkenswerte Gestalt unter den Canterbury-Pilgern Chaucers ist die »Dame Alice«, die Frau aus Bath, mit ihrem breitkrempigen Hut, ihren knallroten Strümpfen und dem Reitrock, der ihr um die ausladenden Hüften fällt. Sie ist robust und lebenslustig, betrügerisch und zänkisch und hält die Ehe für eine großartige Einrichtung – vorausgesetzt, die Frau hat die Hosen an. Fünf Ehemänner hat sie überlebt, von »anderer Gesellschaft« in ihrer Jugend ganz zu schweigen, und noch immer hat sie einen Blick für ein wohlgeformtes Männerbein.

Die Frau aus Bath führt diese Eigenschaften darauf zurück, daß sie im Zeichen des Stiers geboren wurde mit Venus als Aszendenten in Konjunktion zu Mars: »Denn Venus sandte von den Sternen mir Gefühl, und meines Herzens Kühnheit gab mir Mars.«

Rote Flecke und Male auf der Haut galten als »Zeichen« des Aszendenten und des beherrschenden Sterns. Wie Chaucer berichtet, trug »Dame Alice« Zeichen sowohl der Venus als auch des Mars, letztere in ihrem Gesicht »und auch an anderer, geheimer Stelle«.

Wenn die Planeten bereits bei der Geburt des Menschen die charakterlichen Anlagen bestimmen, dann kontrollieren sie auch das ganze Leben hindurch den Gang der Ereignisse. In einem anderen Werk Chaucers, *Troilus and Criseyde,* erblickt die Heldin den Troilus zum erstenmal, als die Venus gerade in ihrem »Haus« steht, einem bestimmten Teil des Himmels, ohne daß sich ein anderer Planet unter einem schlechten

Aspekt befindet; folglich bestimmt Criseydes Liebe zu Troilus den größten Teil ihres Lebens. Wenn sie gegen Ende des Epos überraschenderweise Troilus die Treue bricht, dann stand auch das laut Chaucer in den Sternen geschrieben.

Der Einfluß der Planeten erstreckt sich sogar auf die einzelnen Wochentage; ein Beispiel dafür liefert Chaucer in der »Erzählung des Ritters«, in der berichtet wird, wie zwei thebanische Ritter, Palamon und Arcite, von ihrem Bezwinger, dem Herzog Theseus, in einem Turm gefangengehalten werden. Als sie hinausschauen, erblicken sie Theseus' Schwester Emily, sind von ihrer Schönheit überwältigt und verlieben sich beide in sie, das heißt also, sie geraten unter den Einfluß der Venus. Im Auf und Ab ihrer Hoffnungen ruft sich Arcite noch einmal die Eigenschaften der Venus ins Gedächtnis:

Hinauf, hinunter, so wie Brunneneimer schweben,
ganz wie ein Freitagmorgen, der geschwind
den Sonnenschein ersetzt durch Regen,
so launenhaft weiß Venus zu bewölken
die Herzen derer, die in ihrem Zeichen stehn;
und wie ihr Tag, der Freitag, ist sie selbst
veränderlich. Und ihre Menschen sind es auch.
Selten genug ist Freitag wie die andren Wochentage ...

Arcites Horoskop besagt, daß er unter der Feindschaft des Saturn zu leiden hat, des schrecklichsten unter den Planeten, und Saturn selbst beschreibt seine Macht über die Menschen mit folgenden Worten:

Mein ist im finstren Kerker der Gefangne,
mein ist der Hals und auch der Strick, der ihn erdrosselt,
mein ist die Rebellion der unterdrückten Sklaven,
doch auch ihr leises Murren und geheimes Gift.
Ich übe Rache, und ich sende die Vergeltung,
wann immer ich ins Zeichen Löwe trete.
Und ich zerstöre stolze Hallen
und lasse Turm und Mauer niederfallen
auf Zimmermann und Maurer, die ich töte.
Ich brachte Samson um, als er die Säulen knickte ...

Palamon und Arcite kämpfen schließlich in einem Turnier um Emilys Hand – bei Sonnenuntergang und an einem Dienstag, und das ist zu Arcites Unglück die Stunde des Saturn. Ein feuriger Blitz fährt aus der Erde, Arcites Pferd scheut und wirft seinen Reiter ab, der sich dabei eine Verletzung der Lunge zuzieht. Die besondere Macht, die Saturn über den Körper ausübt, besteht im Aufstauen der Körpersäfte, die normalerweise durch Atmen und Schwitzen nach außen gelangen, und nun verursacht er eine übermäßige Ansammlung der heißen und trockenen Säfte im Körper des Arcite. Der unglückliche Ritter stirbt, und Palamon gewinnt am Ende Emily.

Wenn die Strahlen eines Himmelskörpers den Tod eines Menschen hervorrufen konnten, dann folgte daraus auch, daß die Möglichkeit bestand, diese Strahlen unwirksam zu machen, so wie sich etwa die Wirkung eines Gifts durch das geeignete Gegenmittel aufheben läßt. Im Jahre 1388 wurde Sir Robert Tresilian, der oberste Richter Englands, wegen Hochverrats verurteilt. Er entfloh und hielt sich verborgen, wurde aber entdeckt und zum Galgen geschleppt. Tresilian blieb jedoch gelassen. »›Solange ich gewisse Dinge bei mir trage‹, erklärte er, ›kann ich nicht sterben.‹ Es wurden ihm hierauf die Kleider vom Leib gerissen, und man fand bestimmte Zaubermittel – *experimenta* – mit gewissen Zeichen, gemalt in der Art der Tierkreiszeichen, und das Bild eines Dämonenkopfes und viele ausgeschriebene Namen von Dämonen. All das wurde ihm fortgenommen, und nackt wurde er gehängt ...«

Chaucers Zeitgenossen glaubten auch daran, daß der Einfluß der Planeten sich auf die Pflanzen erstrecke, und sie konsultierten zu diesem Thema das *Buch der Geheimnisse*, das auf ein um 1300 in Deutschland verfaßtes Werk zurückging. Die Pflanze der Venus war Peristerion, auch Eisenkraut (Verbena) genannt. Die Wurzel dieser Pflanze heilte Wasserpocken, Schnittwunden und Hämorrhoiden. Sie bewirkte süßen Atem, und »sie beweist auch bei venerischer Kurzweil, das ist beim Akt der Zeugung, ihre große Stärke ... Wenn Kinder sie tragen, so wird ihnen das Lernen leichtfallen, und sie werden gerne lernen und heiter und fröhlich sein. Nützlich ist sie auch, wenn man sie in purgierende Mittel gibt, und sie vertreibt die Teufel.« Sie mußte jedoch vom dreiundzwanzigsten bis zum dreißigsten Tage des Monats gesammelt werden, »und beim Sammeln erwähne das Verlangen oder den Kummer und den Namen der Sache, um derentwillen du sie sammelst«.

Anhand dieser wenigen Beispiele wird bereits deutlich, wie kompliziert das Leben im Zeichen der Astrologie gewesen sein muß. Bei allen Geschehnissen, Anlässen und Plänen war die Konstellation der Planeten zu beachten. War ein Mann, der an die Macht der Sterne glaubte, Familienvater, mußte sich seine Sorge auch noch auf die Einwirkungen des Himmels erstrecken, denen seine Frau und seine Kinder ausgesetzt waren.

Selbst vor der Materie machte der Einfluß der Astrologie nicht halt. Metalle wurden damals für belebte Dinge gehalten, und man glaubte, auch sie seien unter dem Einfluß der Himmelskörper entstanden. Jedes Metall wurde durch das entsprechende Planetensymbol bezeichnet: Silber zum Beispiel durch einen abnehmenden Mond, Kupfer durch einen Kreis mit unten angesetztem Kreuz, dem Zeichen der Venus. Bei Chaucer findet sich eine Liste der Metalle:

Gold steht für Sonne, Silber für den Mond,
Eisen für Mars, Quecksilber für Merkur,
im Blei gestaltet sich Saturn,
Zinn steht für Jupiter, und Kupfer
ist der Venus nachgebildet, wenn's beliebt!

Nun hatten in Alexandria seinerzeit die Gnostiker viel Aufhebens um die Bemerkung des Aristoteles gemacht, den vier Elementen liege eine Urmaterie zugrunde, und die arabischen Denker deuteten dies später als Hinweis auf die Existenz einer reinen Materie (des »Steins der Weisen«), von der die unedlen Metalle nur verunreinigte, degenerierte Formen darstellten. Wenn dieser Stein der Weisen nun in einem Laboratorium hergestellt werden könnte, dann würde er die Kraft besitzen, verunreinigte Metalle in Gold oder Silber zu verwandeln; je nachdem, ob sie rot oder weiß waren. Der Mythos von der Herstellung dieses Steins wurde als »al-kimia«, Wissen aus Ägypten, bezeichnet, woraus unsere Wörter Alchimie und Chemie entstanden sind.

In der »Erzählung des Kanonikusgehilfen« schildert Chaucer, wie ein guter Priester von einem verruchten Kanonikus dazu verleitet wird, vierzig Pfund Sterling für eine wertlose alchimistische Formel auszugeben. Im Laufe der Erzählung macht sich Chaucer über den völlig überarbeiteten und um alle Hoffnungen betrogenen Gehilfen lustig, der mit einer

Zipfelmütze auf dem Kopf sieben Jahre lang im Laboratorium des ihm verhaßten Kanonikus geschuftet und Experimente durchgeführt hat, bei denen mitunter die Metalle aus der Retorte flogen »und bis unters Dach sprangen«.

Soll ich von Proportionen weiter schwatzen,
von den Substanzen, die wir da benutzten,
so sechs bis sieben Unzen allemal
von Silber oder andrem Material?
Soll ich die Dinge mühsam nennen, die wir häuften,
wie Rauschgelb, Knochenasche, Eisenspäne,
die alle wir zu feinstem Pulver rieben,
um sie in irdne Töpfe dann zu schieben?

Wenn Chaucer sich auch über die Alchimie lustig machte, im Prinzip hielten die Menschen des Mittelalters die Möglichkeit einer Umwandlung der Metalle – mit oder ohne Bezugnahme auf deren planetarische Beherrscher – für durchaus real, da sie in dem allgemein bekannten Schmelzofenverfahren etwas Analoges erblickten. Chaucer beschreibt es in seiner Übersetzung des französischen *Rosenromans:*

. . . sehen wir nicht,
welch neue Form der Farn bekommt,
wenn er im Feuer zu Asche vergeht
und daraus stracks klares Glas entsteht
durch Läuterung, wie wir erfahren?
Und doch, wir wissen ja, Glas ist nicht Farn,
und niemand würde sagen, Farn sei Glas.

Die Alchimie überlebte jedenfalls den Spott der *Canterbury-Geschichten;* alchimistische Praktiken nahmen im England des fünfzehnten Jahrhunderts dermaßen überhand, daß sie gesetzlich verboten werden mußten. Insgeheim aber wurde in vielen verborgenen Laboratorien weitergemischt und -gekocht, und zweifellos steckte hinter dieser Manie mehr als nur der Wunsch, durch die Verwandlung von Blei in Gold reich zu werden. Die Prozesse, die der mittelalterliche Mensch in seinem Schmelzofen herbeiführen konnte, gehörten zu den wenigen materiellen

Veränderungen, zu denen er überhaupt fähig war, und sie vermittelten ihm ohne Zweifel ein Gefühl der Macht, das seinem Leben sonst fremd war. Die Umwandlung unedler Metalle in Gold und Silber war sogar eine Herausforderung der Planeten, jener mächtigen Brüder und Schwestern, die man überlisten mußte, wollte man den »Stein der Weisen« finden. Auf andere Art und Weise mag man diesen seltsamen Aufstand gegen das vorbestimmte Schicksal letztlich doch als erfolgreich bezeichnen, denn aus dem Alchimisten mit seinen irdenen Töpfen und gläsernen Phiolen, seinem sophischen Salz und Quecksilber wurde später der Chemiker, aus dem Kanonikus Chaucers ein Robert Boyle. Was allerdings die symbolische Kennzeichnung von Metallen durch Planetennamen und -bilder angeht, so war sie noch bis 1803 üblich, dem Jahr also, in dem John Dalton Metalle und andere Elemente nach ihrem Atomgewicht tabellarisch ordnete.

Noch eine andere Denkrichtung – der Astrologie in vieler Hinsicht entgegengesetzt und anscheinend für das Mittelalter doch mit ihr vereinbar – löste die Beschäftigung mit den Sternen aus. Die Theologen begannen, darüber nachzudenken, was die Sterne nicht über den Menschen, sondern über Gott auszusagen hatten. Vielleicht griffen sie dabei auf eine Parallele in der Antike zurück – auf jenes bronzene Planetarium, das Cicero in Rom sah und in seinem *De re publica* (Über den Staat) beschrieben hat. Wenn man ein solches Planetarium, fragt Cicero dann in *De natura deorum* (Vom Wesen der Götter), in barbarische Gegenden wie etwa Skythien (Nordasien) oder Britannien brächte, wer würde dann daran zweifeln, daß es von einem intelligenten Wesen angefertigt wurde? Um so näher liege also die Annahme, daß der Himmel, von dem das Planetarium ja nur ein Modell sei, von einem intelligenten Baumeister erschaffen worden sein müsse.

Die Wiederentdeckung von Ptolemäus' mathematischem Modell des Kosmos, das noch ehrfurchtsgebietender war als das Planetarium des Archimedes, sowie die Notwendigkeit, dem Glauben vernünftige Argumente für die Existenz Gottes zu liefern, führten die Theologen des dreizehnten Jahrhunderts dazu, den sogenannten kosmologischen Gottesbeweis zu vervollkommnen. Thomas von Aquin führt ihn sowohl in seiner *Summa theologica* als auch in der *Summa contra gentiles* (Summe gegen die Heiden) an, und wir lassen hier eine Zusammenfassung folgen, die ein moderner Thomist von ihm gegeben hat:

Wir beobachten, daß materielle Dinge sehr unterschiedlichen Typs sämtlich in einer Weise zusammenwirken, daß eine relativ stabile Weltordnung oder ein relativ stabiles Weltsystem entsteht und aufrechterhalten wird. Diese Dinge erfüllen einen »Zweck«, nämlich den des Herbeiführens und Aufrechterhaltens einer kosmischen Ordnung. Materielle Dinge, die ja keine eigene Intelligenz besitzen, wirken gewiß nicht bewußt auf ein Ziel hin. Wenn man sagt, daß sie zusammenwirken, um ein Ziel oder einen Zweck zu verwirklichen, dann bedeutet das nicht, daß sie die Absicht hätten, diese Ordnung etwa auf eine dem Menschen analoge Weise herbeizuführen, der zu bewußtem Handeln im Hinblick auf einen Endzweck in der Lage ist. Thomas denkt, wenn er in diesem Zusammenhang davon spricht, daß etwas »einem Zweck dient«, auch nicht daran, daß gewisse Dinge dem Menschen nützlich sind. Er sagt zum Beispiel nicht, daß das Gras wächst, um den Schafen als Futter zu dienen, und daß Schafe existieren, um die Menschen mit Nahrung und Kleidung zu versorgen. Er denkt vielmehr an das unbewußte Zusammenwirken materieller Dinge bei der Schaffung und Bewahrung eines relativ stabilen kosmischen Systems und nicht an die Wohltaten, die uns aufgrund unserer Verwendung gewisser Gegenstände zufallen. Und sein Argument besagt nun, daß sich vom Zusammenwirken verschiedenartiger materieller Dinge in klarer Weise auf die Existenz eines von außen her einwirkenden Urhebers eben dieses Zusammenwirkens schließen läßt, eines Schöpfers, dessen Handeln auf ein Endziel gerichtet ist.

Der kosmologische Gottesbeweis ist so etwas wie einer der Strebebogen an der gotischen Kathedrale des Glaubens im dreizehnten und vierzehnten Jahrhundert. Er sollte auch späterhin noch einflußreich und umstritten bleiben bis hinein in unsere Zeit, in der die ökologische Argumentation Elemente ähnlichen Denkens aufweist.

Natürlich gibt es bei Thomas von Aquin, Dante und Chaucer gewisse Unterschiede in den Schwerpunkten, aber sie und ihre Zeitgenossen hatten ein gemeinsames Weltbild, das von einer in sich geschlosseneren Ordnung ausging als jedes andere vor und nach ihm. Es befriedigte die tiefe Sehnsucht des politisch und gesellschaftlich chaotischen späten Mittelalters nach einer umfassenden Ordnung. Es stand im Einklang mit den wissenschaftlichen Erkenntnissen des Menschen, seinen religiösen

Anschauungen, seinem Sinn für Ästhetik, seinem Verwandtschaftsgefühl mit anderen Lebewesen und seinem Bedürfnis, sich in der Natur heimisch zu fühlen. Auf der anderen Seite wurde diese Ordnung bezahlt mit einer lähmenden Abhängigkeit von den Sternen, mit dem Schatten, den die immer drohende Hölle über das Leben jener Zeit warf. Aber das ptolemäische Weltbild überzeugte durch seine umfassende Erklärung der Welt. Nur wenige Versuche der Veränderung durch neue Denkansätze sind bekannt – zum Beispiel der des Nikolaus von Kues, der erklärte, es gebe noch andere bewohnte Planeten. Es lag vermutlich an dem befriedigenden Charakter dieses Weltbildes, daß auf lange Zeit niemand sich entschließen konnte, an seinem Fundament zu rütteln, an einer Annahme, die über jeden Zweifel erhaben schien – daß die Sonne um die Erde kreise.

5. Kapitel
Die eigensinnigen Entdecker

In Florenz beginnt man, sich erneut für den Kosmos zu interessieren – Charakter, Begabung und Ehrgeiz des Leonardo da Vinci – Die ersten Flugmaschinen – Kolumbus glaubt an einen religiösen Auftrag – Sonne und Sterne als Grundlagen der Navigation – Die Entdecker als Söhne des Himmels – Eine Mondfinsternis als Druckmittel – Umsegelung der Erde durch Magellan und Elcano – Die Gestalt der Erde steht im wesentlichen fest – Cortez entdeckt in Mexiko eine völlig andere Kosmologie – Cardano, ein typischer Universalgelehrter der Renaissance – Sein Bild vom Kosmos – Cardanos Erweiterung des astrologischen Standpunkts – Reise zum Mond – Ein Gespräch über Kometen – Der Charakter des Kopernikus wirkt sich auf seine Theorie aus – Sein Hauptwerk über die Planetenbewegungen – Die kopernikanische Wende.

Im nördlichen Querschiff des Doms von Florenz befindet sich in der Mitte des Marmorfußbodens eine Sonnenuhr, die größte und genaueste ihrer Zeit. Sie wurde von dem in Florenz lebenden Arzt, Astronomen und Geographen Paolo dal Pozzo Toscanelli wahrscheinlich um 1468 konstruiert, und alljährlich am 21. Juni erzeugen die Strahlen der Mittagssonne auf dem Bronzezifferblatt einen genau berechneten Schatten. Sie fallen durch eine kegelförmige Öffnung, die sich oben in der Laterne, dem durchbrochenen Aufsatz der gewaltigen Kuppel, befindet. Die Kuppel wurde von Brunelleschi unter Anwendung wiederentdeckter Techniken der Römer in den Jahren 1418 bis 1436 errichtet. Das riesige astronomische Instrument inmitten einer Stätte der Frömmigkeit ist bezeichnend für das im Florenz des 15. Jahrhunderts neuerwachte Interesse am Kosmos.

Warum gerade Florenz und warum im 15. Jahrhundert? Die Frage ist überaus schwierig, und bei ihrer Beantwortung sind drei Faktoren zu berücksichtigen. Das Bankwesen und die Herstellung feinster scharlachfarbener Stoffe hatten erhebliche Geldmittel in die Taschen bürgerlicher Kaufleute fließen lassen, und deren geistige Interessen bewegten sich naturgemäß in anderer Richtung als die des Klerus. Eine republikanische Regierung förderte einen bürgerlichen Humanismus und spornte damit den einzelnen zu besonderen Leistungen an. Und schließlich war durch die Wiederentdeckung antiker Autoren eine ungeahnte Fülle an Erkenntnissen und wissenschaftlichen Theorien zugänglich geworden. Man begann, die Wirklichkeit mit wissenschaftlichem Blick zu sehen, der sich an Masse und Gewicht der Dinge orientierte und die alte qualitative Auffassung des Aristoteles (»Ein Körper fällt zu Boden, weil ihm das Verlangen nach Ruhe innewohnt«) verdrängte.

Als Toscanelli seine Sonnenuhr einrichtete, war der wohl begabteste unter diesen jungen, unternehmungslustigen Florentinern noch als sechzehnjähriger Lehrling in der Werkstatt des Malers Verrocchio beschäftigt. Sein Name war Leonardo da Vinci. Er erlernte dort die Technik der Perspektive, ein erst kurz zuvor in Florenz entwickeltes Verfahren, durch das die bei wachsender räumlicher Entfernung abnehmende Größe der dargestellten Objekte geometrisch ermittelt werden konnte. Leonardo war von überaus kräftiger Konstitution und interessierte sich vielleicht aus diesem Grunde mehr dafür, Dinge selber zu machen, als für ihre bildliche Darstellung. Er bekam die Entwürfe für die Hebemaschinen in die Hand, die Brunelleschi beim Bau seiner Kuppel benutzt hatte, und machte sie zur Grundlage seiner eigenen jugendlichen Maschinenentwürfe. Mit dreißig Jahren trat er als Militäringenieur in die Dienste des Herzogs von Mailand und begann gleichzeitig mit der Ausarbeitung einer eigenen Kosmologie.

Sein kosmologisches Denken wurde stark von einigen Besonderheiten seiner Veranlagung beeinflußt. Eine davon bestand in einem wohl unbewußten Abscheu vor den natürlichen Vorgängen der Zeugung und Fortpflanzung. In einer aufschlußreichen Fabel erzählt er, wie eine Nuß in den Mauerspalt eines großen Glockenturmes fällt und dort zu keimen beginnt; die Wurzeln werden immer dicker und sprengen die Mauern, so daß schließlich ein großer Teil des Turmes einstürzt. Eine andere Tagebucheintragung deutet auf seine Angst vor der körperlichen Liebe: »Die Spinne, die glaubt, sie könne im Schlüsselloch Ruhe finden, findet dort den Tod.« Leonardo glaubte nicht an eine Beeinflussung des Menschen durch die Sterne, drückte das allerdings in sehr merkwürdiger Form aus: »Alle Astrologen wird man kastrieren.«

Seine Ängste vor normaler Sexualität waren mit einer außerordentlichen Faszination durch das Wasser verbunden. Leonardo wurde nie müde, Zeichnungen von schäumenden Wellen und wirbelnden Strudeln anzufertigen – eine Vorliebe, die auch bei dem englischen Kunstkritiker John Ruskin (1819 bis 1900) und dem Dichter Gerard Manley Hopkins (1844 bis 1889) anzutreffen ist, die beide gleichfalls homosexuell veranlagt waren. Leonardo hielt an der altmodischen Ansicht fest, die gesamte Oberfläche des Mondes sei von einem Meer bedeckt. An der Spiegelung der Sonne und des Mondes im Wasser war er besonders interessiert und an Spiegelbildern ganz allgemein. Seine Notizen und Tagebucheintragungen machte er in Spiegelschrift.

Mit ähnlichem Interesse untersuchte Leonardo die Frage, wie das

Licht im Raum von entfernten Gegenständen auf die Netzhaut des Auges gelangt. In einer für ihn ungewöhnlich poetischen Passage notierte er, »daß das Bild des Mondes im Osten und das Bild der Sonne im Westen im natürlichen Punkt unseres Auges sich vereinen und mit unserer Hemisphäre verschmelzen ... Wer möchte es glauben, daß ein so kleiner Raum die Bilder des Weltalls zu fassen vermag? O erhabener Vorgang, welcher Geist wird fähig sein, solche Natur zu durchdringen? Welche Zunge wird es sein, die ein derartiges Wunder entfalten kann? Keine gewiß.« Mittelalterliche Denker hatten manchmal Gottes Sterne ähnlich bewunderungsvoll angeschaut, aber für Leonardo war das Auge, das sie erfassen konnte, noch bewundernswerter.

Neben dem Weltraum wandte sich Leonardo der Luft und dem Wind zu und richtete seine besondere Aufmerksamkeit auf alles, was sich der Elemente zur Bewegung bedient. Immer wieder taucht bei Leonardo das Wort »Neigung« im physikalischen Sinn auf, und er war fasziniert von der Tatsache, daß Vögel nicht *mit* dem Wind, sondern *gegen* ihn fliegen. »Wenn die Hand des Schwimmers auftrifft und gegen das Wasser drückt, läßt sie seinen Körper in entgegengesetzter Richtung davongleiten; so verhält es sich auch mit dem Flügel des Vogels in der Luft.« Leonardo zog daraus den Schluß: »Ein Vogel ist ein Instrument, das nach mathematischen Gesetzen funktioniert.« Diese Gesetze studierte er und stellte sich dann in um die Ideologien seiner Zeit unbekümmerter Genialität die Aufgabe, dieses Instrument nachzubauen.

Der Mensch ist ein erdgebundenes Geschöpf – das war die Lehre der frühchristlichen und mittelalterlichen Kirche. Mit besonderem Nachdruck wird diese Lehre in den apokryphen *Petrusakten* vertreten, einem Text, der spätestens zu Beginn des dritten Jahrhunderts verfaßt wurde. Dort wird erzählt, der schon in der *Apostelgeschichte* erwähnte Simon Magus habe einmal erklärt, er sei Christus und könne zum Vater emporfliegen. Mit Hilfe magischer Kräfte, die Satan ihm verliehen hatte, erhob er sich plötzlich in die Luft und begann zu fliegen. Petrus aber betete und »holte ihn hoch aus der Luft herunter wie einen Gefangenen, so daß Simon jählings auf einen Felsen stürzte und sich die Beine brach«. In vielen Kirchen fanden sich bildliche Darstellungen dieses Sturzes, und ihre Botschaft war eindeutig: Der Mensch ist der Erde verhaftet und kann nur mit Satans Hilfe fliegen, und jeder Flug wird seine Strafe finden.

Es dürfte gerade dieser »unnatürliche« Charakter des Fliegens gewesen sein, der für Leonardo ebenso zur Herausforderung wurde wie das damit verbundene metaphysische Paradoxon. An zwei Stellen seiner Tagebücher beschreibt er Federbetten mit den Worten: »Fliegende Geschöpfe werden mit ihren Federn den Menschen tragen.«

»Seziere die Fledermaus, studiere sie sorgfältig und baue die Maschine nach diesem Modell«, schreibt er an anderer Stelle. Tatsächlich entwarf Leonardo zwei Flugmaschinen, von denen die eine mit einer Art Vogelflügeln aus Stoff ausgerüstet und die andere eine Art Hubschrauber war, der von einem aufrecht sitzenden Mann mit Pedalen angetrieben wurde. »Ich bin zu dem Schluß gelangt, daß die aufrechte Körperhaltung geeigneter ist als eine Stellung mit nach unten gerichtetem Gesicht, weil auf diese Weise das Instrument sich nicht überschlagen kann ...« Die Luftschraube sollte schneckenförmig sein: »Bei schneller Umdrehung wird die besagte Schraube sich spiralig in die Luft bohren und hoch emporsteigen.«

Der oben erwähnte originäre und unbekümmerte Zug im Denken Leonardos und sein Hang zum Paradoxen konnten bei ihm außer brillanten Einfällen auch recht einfältige Ergebnisse bewirken. So glaubte er zum Beispiel, die Tatsache, daß Sonne und Mond direkt über dem Horizont manchmal größer erscheinen als oben am Himmel, sei damit zu begründen, daß sie bei niedrigem Stand 3500 Meilen *weiter entfernt* seien, denn »jeder leuchtende Körper wird größer, je weiter er sich entfernt«. Und bei seiner vogelähnlichen Flugmaschine unterschätzte er die Auswirkung des Gewichtes des Menschen, das jeder Nachahmung des Vogelflugs enge Grenzen setzt.

Leonardo war nicht nur Denker und Erfinder, er besaß offenbar auch den Mut eines Experimentators. Auf einem Blatt mit Skizzen von Flugmaschinen machte er sich Notizen über Orte in der nahen Umgebung, offensichtlich eine Art Flugkarte in Worten. An anderer Stelle schrieb er: »Die Maschine sollte über einem See erprobt werden ... und man sollte einen langen Weinschlauch tragen ... auf diese Weise ... wirst du nicht ertrinken.«

Hat Leonardo eine seiner Flugmaschinen erprobt? Es gibt einen Hinweis darauf, daß er es wirklich getan hat. In einem Buch, das etwa vierzig Jahre nach Leonardos Tod verfaßt wurde, schreibt der aus Pavia stammende Geronimo Cardano, Leonardo habe zu fliegen versucht, sein Experiment sei jedoch gescheitert. Wenn Cardanos Bericht zutrifft, dann unternahm Leonardo seinen Flugversuch wahrscheinlich im Jahre 1505 auf einem Berg in der Nähe der Stadt Fiesole.

Wenn die Erfindungen Leonardos auch keine unmittelbar praktischen Auswirkungen zeitigten, so markierten sie doch einen Wendepunkt im kosmologischen Denken, da in ihnen die Überzeugung zum Ausdruck kam, der Mensch könne seinen der Erde verhafteten Zustand überwinden und sich in den Raum erheben. Damit sind die glänzenden kosmologischen Einfälle Leonardos jedoch keineswegs erschöpft. Als erster stellte er die Behauptung auf, die Oberflächengestalt der Erde sei hauptsächlich durch fluviale Prozesse entstanden, die sich über ungeheuer lange Zeiträume erstreckten, und die höchsten Gipfel der Alpen und der Apenninen seien einst vor langer Zeit Inseln in einem Meer gewesen. Zum Beweis für diese Behauptung verwies er auf die Meeresfossilien, die man dort gefunden hatte. Was die Beziehung zwischen Erde und Sonne anbetrifft, so vertrat er im allgemeinen die herkömmlichen Anschauungen, daneben stellte er jedoch – wenn auch ohne Beweis – zwei spekulative Behauptungen auf, die recht interessant sind. Die erste lautet: »Die Erde ist ein Stern, fast wie der Mond«, und die zweite: »Die Sonne bewegt sich nicht.« Der Frage, woher diese Auffassungen möglicherweise stammen, werden wir weiter unten nachgehen.

Die zweite große Herausforderung der mittelalterlichen Kosmologie ging ebenfalls von einem Italiener aus, der seine Heimatstadt verlassen hatte. Christoph Kolumbus (1451 bis 1506) wurde als ältester Sohn eines Wollwebers in Genua geboren, ein Jahr vor der Geburt Leonardos. Er fuhr schon früh zur See, und als er vierundzwanzig Jahre alt war, wurde sein Schiff vor der Küste Portugals von einem französischen Kampfgeschwader versenkt. Verwundet klammerte sich Kolumbus an ein Ruder, schwamm zehn Kilometer und erreichte in der Nähe von Lagos das Ufer. Von dort aus begab er sich nach Lissabon und schloß sich seinem Bruder an, der dort den Beruf des Kartenzeichners ausübte.

Durch die Fahrten der Portugiesen entlang der Westküste Afrikas war die Kartographie in schnellem Wandel begriffen. Auf den mittelalterlichen Karten lag Osten stets in Richtung des oberen Kartenrandes, Jerusalem befand sich in der Mitte, und die drei Kontinente hatten die Form einer einzigen großen Insel, die vom Ozean umgeben war. Die Karten dagegen, die jetzt von Kolumbus und seinem Bruder gezeichnet wurden, zeigten Norden oben, die Kontinente waren weiter auseinandergerückt, und gelegentlich waren auf ihnen auch schon Längen- und Breitengrade eingezeichnet. Den Nullmeridian legten die Kartenzeichner wie schon Ptolemäus vor ihnen durch die »Glücklichen Inseln«, womit die Kanarischen Inseln gemeint waren.

Kolumbus zeichnete nicht nur Karten, er fuhr auch weiterhin zur See – eins der von ihm befehligten Schiffe segelte sogar bis zur Goldküste – und erwarb sich den Ruf eines umsichtigen und tüchtigen Kapitäns. Er war von hoher Gestalt, rothaarig, hatte blaue Augen und ein gerötetes Gesicht mit vielen Sommersprossen. Kolumbus war ein guter Vorgesetzter und sehr umgänglich, solange man ihm nicht widersprach. Versuchte man, sich ihm zu widersetzen, neigte er zu jähen Wutausbrüchen. Er heiratete eine vornehme Portugiesin, die ihm einen Sohn schenkte, und unterhielt nach ihrem Tode Beziehungen zu einer anderen Frau, die seinen zweiten Sohn zur Welt brachte.

Neben allen Unterschieden hatte Kolumbus mit Leonardo zwei wichtige Eigenschaften gemein. In seinen Tagebüchern ist immer wieder die Rede von Licht, Luft und der Weiträumigkeit der Welt, und auch er war besessen von der fixen Idee, etwas vollbringen zu müssen, das nach den damaligen Erkenntnissen unmöglich war.

Kolumbus war ein tiefreligiöser Mensch, und seine fixe Idee bestand in der Überzeugung, daß er – Christoph, der Träger Christi – dazu ausersehen sei, bei der Befreiung des Heiligen Grabes aus den Händen der Ungläubigen eine wichtige Rolle zu spielen. Er glaubte an die mittelalterliche Legende, irgendwo im Osten lebe ein mächtiger christlicher Priesterkönig namens Johannes, und wenn das christliche Europa diesen König als Verbündeten gewinnen könne, dann werde es auch in der Lage sein, Jerusalem wiederzuerobern, den heiligen Mittelpunkt aller mittelalterlichen Karten. Diese Überzeugung lag letztlich seinem ehrgeizigen Versuch zugrunde, über den westlichen Ozean den Seeweg nach Indien zu finden.

Dieses Unternehmen wurde indessen von Seefahrern und Geographen gleichermaßen für unmöglich gehalten. Nach Ptolemäus machten Europa und Asien der Länge nach zusammen 180 Grad aus, so daß der westliche Ozean gleichfalls 180 Längengrade breit sein mußte. Da Ptolemäus einen Längengrad mit 50 Seemeilen gleichgesetzt hatte, mußte also eine Entfernung von 9000 Seemeilen zurückgelegt werden, und Kolumbus wußte, das war viel zu weit, um für ein derartiges Projekt Unterstützung zu finden. Der Florentiner Paolo Toscanelli, der sich mit Russen unterhalten hatte, hielt Eurasien jedoch für wesentlich ausgedehnter als bei Ptolemäus angegeben und den westlichen Ozean dementsprechend für kleiner. Toscanelli schätzte seine Breite auf rund 7000 Seemeilen. Kolumbus, der an Toscanelli geschrieben hatte, übertrug dessen Antwort in sein Exemplar des von Kardinal Pierre d'Ailly 1410 veröffentlichten Buches *Imago Mundi* (Bild der Welt), das stets neben seinem Bett lag. Toscanellis Auffassung fügte sich für ihn zu den Aussagen anderer, wenig bekannter Werke – unter anderem zu dem apokryphen *Zweiten Buch Esra,* in dem es heißt, sechs Siebtel der Erde seien mit Land bedeckt. Er gelangte so zu der Überzeugung, die Erde sei erheblich kleiner, als die zeitgenössischen Geographen und Gelehrten behaupteten. Die Entfernung zwischen den Kanarischen Inseln und Japan schätzte er auf nur 2400 Seemeilen – es sind in Wirklichkeit 10600 Seemeilen Luftlinie –, und nur aufgrund dieser absurden Untertreibung gelang es ihm, für seine erste Seereise in westlicher Richtung überhaupt finanzielle Unterstützung zu finden.

Am 3. August 1492 setzte Kolumbus im Hafen des südspanischen Palos die Segel. 90 Mann dienten als Besatzung seiner drei Schiffe, von denen das größte eine Karavelle von knapp 240 Tonnen Wasserverdrängung war. Navigiert wurde mit Hilfe eines Kompasses, der sich auf dem erhöhten Achterdeck befand und dessen Nadel auf einen Punkt leicht östlich vom Polarstern ausgerichtet war. Die Höhe des Polarsterns über dem Horizont und sein Stand in bezug auf zwei äußere Sterne des Kleinen Bären lieferten, wenn man die entsprechenden Messungen mit einem primitiven Quadranten oder einem Astrolabium vornahm, die ungefähre geographische Breite. Auch die Höhe der Mittagssonne konnte anhand von Deklinationstabellen zur Feststellung der geographischen Breite herangezogen werden. Die geographische Länge ermittelte Kolumbus durch Ablesen des Kompasses, Benutzung einer halbstündigen Sanduhr und unter Berücksichtigung der Schiffsgeschwindigkeit, die im Durchschnitt 8 Knoten betrug.

Zumindest in zwei Punkten, die die Himmelskörper betrafen, irrte sich Kolumbus. So glaubte er, durch die Stellung der Planeten werde das Wetter beeinflußt: Wenn die Sonne mit Jupiter oder Saturn in Opposition stand, waren seiner Meinung nach heftige Stürme zu befürchten.

Und er war der Ansicht, die Kompaßnadel werde durch eine geheimnisvolle Kraft des Polarsterns angezogen – das Magnetfeld der Erde war ihm nicht bekannt. Als Kolumbus die Kanarischen Inseln verließ, wies seine Magnetnadel auf einen etwas östlich vom Polarstern gelegenen Punkt, als er jedoch den Atlantik überquerte, schwang sie herum und wich jetzt in westlicher Richtung ab. (Weil das Magnetfeld der Erde seine Lage verändert hat, geschieht heute genau das Gegenteil: In Europa weist die Kompaßnadel auf einen Punkt 12 Grad *westlich* des Polarsterns, und bei einer Atlantiküberquerung schwingt sie nach Osten, bis sie schließlich in der Karibik auf einen Punkt etwa 5 Grad östlich vom Polarstern weist.)

Am 13. September schwenkten, wie Kolumbus in seinem Schiffstagebuch notierte, »die Nadeln um beinahe eine Vierteldrehung nach Nordwesten, und die Mannschaft war erschrocken und niedergeschlagen, wollte dafür jedoch keinen Grund angeben«. Beim damaligen Stand des Wissens konnte Kolumbus sich nicht erklären, was eigentlich vor sich ging, er hielt es jedoch für vordringlich, das Vertrauen seiner Männer in die Kompasse wiederherzustellen, und gab die – falsche – Erklärung aus, der Polarstern verändere wie auch die meisten anderen Sterne am Himmel seinen Standort in westlicher Richtung.

Dreißig Tage lang segelten die drei kleinen Schiffe nach Westen – länger außer Sichtweite der Küste als jemals Reisende vor ihnen. Sie ließen die von Kolumbus geschätzten 2400 Seemeilen hinter sich, und noch immer war kein Land in Sicht. Die Mannschaften wurden unruhig und drohten mit Meuterei. In einem Bericht heißt es, Kolumbus habe auch seine Offiziere nur dadurch überreden können, weiterhin auf Kurs zu bleiben, daß er zurückzusegeln versprach, wenn man nach drei Tagen noch kein Land gefunden habe.

Um zwei Uhr am Morgen des zweiunddreißigsten Tages, als die Schiffe 2800 Seemeilen – rund ein Achtel des Erdumfangs – zurückgelegt hatten, sichtete der Ausguck im Mastkorb Land – die Bahamainsel Guanahani. Kolumbus ergriff von ihr im Namen der spanischen Krone Besitz und nannte sie San Salvador.

Danach segelte er weiter nach Hispaniola – dem heutigen Haiti – und fand dort den Fremden freundlich entgegenkommende Eingeborene vor, die daran glaubten, die Quelle für alle Macht und Güte befinde sich im Himmel. Da Kolumbus und seine Männer Kleider trugen, mächtige

Schiffe besaßen und die Eingeborenen freundlich behandelten, meinten diese, die Neuankömmlinge seien vom Himmel herabgestiegen. Aber auch Kolumbus irrte sich in den Eingeborenen, wenn auch nicht so radikal wie sie sich in ihm. Er hielt sie für Asiaten, für die Bewohner von Inseln in der Nähe Japans. Noch nach drei weiteren Reisen hielt Kolumbus an seiner Überzeugung fest, Asien erreicht zu haben. Etwas anderes konnte er auch nicht glauben, da er ganz im Banne seiner viel zu geringen geographischen Entfernungseinschätzungen stand, Zahlen, die es ihm ermöglicht hatten, die Unterstützung des spanischen Hofes für sein Unternehmen zu gewinnen; er hielt Eurasien für so groß, daß gar kein Raum für einen weiteren Kontinent vorhanden war.

Auf seiner dritten Reise raste eines Tages im August 1498 eine riesige Flutwelle zwischen Trinidad und Paria hindurch, riß das Flaggschiff des Kolumbus, wie es schien, in ungeheure Höhe, um es dann plötzlich wieder fallen zu lassen. Diese beängstigende Erfahrung und einige noch ungenauer als sonst vorgenommene Anpeilungen des Polarsterns veranlaßten Kolumbus dazu, seine Kosmologie zu revidieren. Bisher hatte er geglaubt, die Erde sei von vollkommener Kugelgestalt, nun aber neigte er eher dem mittelalterlichen Weltbild zu, wie es Dante beschrieben hatte. »Ich fand, daß sie nicht rund war ... sondern birnenförmig, rund mit einer warzenförmigen Erhebung und daher an dieser Stelle höher; oder so, als hätte man einen runden Ball, und dieser wäre auf der einen Seite wie die Brust einer Frau geformt, und diese Warze bildet die größte Erhebung und ist dem Himmel am nächsten.« Die heftige Flutwelle, meinte Kolumbus, war von den traditionellen vier Flüssen des Paradieses verursacht worden, die an der Warze seitlich herabströmten, und oben auf der Warze selbst mußte sich das irdische Paradies befinden. So können selbst die vorausschauendsten Denker Opfer ihrer Phantasie werden; genau auf dieselbe Weise glaubte auch Leonardo, die Gewässer der Erde würden zu den Gipfeln der Berge hinaufsteigen wie das Blut zum Kopf, und beides werde durch tieferliegende innere Hitze verursacht.

Auf seiner vierten Reise wurde Kolumbus auf Jamaika von ungünstigen Winden festgehalten. Nach einiger Zeit weigerten sich die Indianer, im Tauschhandel Nahrungsmittel zu liefern, und die Expedition geriet in eine schwierige Lage. Kolumbus hatte ein Exemplar der *Ephemeriden* bei sich, die der deutsche Astronom Regiomontanus (1436 bis 1476) veröffentlicht hatte. Dieses Tafelwerk, das erste seiner Art, gab die Position der Himmelskörper für jeden Tag von 1475 bis 1506 an und sagte für den 29. Februar 1504 eine totale Mondfinsternis voraus. An diesem Tage ließ Kolumbus die Häuptlinge an Bord kommen und teilte ihnen mit, Gott verlange von den Indianern die Belieferung der Weißen mit Lebensmitteln und werde in Kürze seinen Unwillen über ihre Weigerung durch ein Zeichen zu erkennen geben. Bei Mondaufgang setzte die Finsternis ein. Als die Indianer sahen, wie der Schatten der Erde sich vor die Mondscheibe schob, flehten sie Kolumbus an, das Ganze rückgängig zu machen. Er verließ seine Kabine jedoch erst wieder, als er aufgrund seines Buches sicher sein konnte, daß das Ende der Mondfinsternis unmittelbar bevorstand, und erklärte dann, Gott werde den Schatten wieder fortnehmen, wenn sie die gewünschten Lebensmittel liefern würden. Der Trick funktionierte, und den Spaniern fehlte es danach an nichts. Seit der unglücklichen Reaktion des Nikias auf die Finsternis des Jahres 413 v. Chr. hatten die Abendländer also durchaus Fortschritte in ihrem Wissen gemacht, in Sachen Ehrlichkeit allerdings kaum.

Selbst in Jamaika hielt Kolumbus noch an seiner Traumvorstellung von der Befreiung Jerusalems fest. Bevor er jedoch die zu einer neuen Expedition erforderliche Unterstützung erwirken konnte, starb er im Jahre 1506 – noch immer in Unkenntnis über das wahre Wesen der neuen Welt, die er entdeckt hatte.

Die wirkliche Gestalt der Erde, über die Kolumbus sich so große Illusionen gemacht hatte, wurde bald darauf von der Magellan-Elcano-Expedition enthüllt. Fernão Magellan verließ am 20. September 1519 die spanische Hafenstadt Sanlúcar de Barrameda mit fünf Schiffen, umrundete Südamerika durch die jetzt nach ihm benannte Straße und erreichte einen neuen großen Ozean, dem er den Namen Pazifik gab. Südlich des Äquators war der Polarstern natürlich nicht mehr zu sehen, und so verfügte Magellan zur Orientierung praktisch nur noch über seinen gesunden Menschenverstand. Er stellte fest, daß die vom Südpol verursachte Mißweisung des Kompasses größer war als ihre Entsprechung auf der nördlichen Halbkugel. Weiter entdeckte er »viele kleine, dicht beieinander stehende Sterne«, die zwei deutlich sichtbare leuchtende Wolken bildeten; man hält sie heute für eigenständige Galaxien und bezeichnet sie als große und kleine Magellansche Wolke.

Von Durst und Skorbut gequält, auf den von Ratten angenagten

Schiffszwieback und zuletzt auf das Leder der Rahnocken als Nahrung angewiesen, überquerten er und seine Männer den Pazifik. Auf Matan, einer Insel der Philippinen, wurde Magellan 1521 in einem Kampf mit den Eingeborenen erschlagen; sein Stellvertreter Juan Sebastian Elcano setzte die Fahrt jedoch fort. Dafür, daß er die leckgeschlagene, aber mit Gewürzen vollbeladene *Victoria* als einziges noch verbliebenes Schiff am 6. September 1522 in den Ausgangshafen zurücksteuerte – außer ihm waren nur noch siebzehn überlebende Europäer und vier Indianer an Bord, »schwächer, als man Menschen je gesehen hatte« –, verlieh der Kaiser ihm das Recht, seinem Wappen ein neues Zeichen hinzuzufügen, eine Erdkugel mit der Inschrift *Primus circumdedisti me:* »Als erster hast du mich umrundet.«

Die Weltumsegelung hatte auf der Erdkugel schlagartig mehr Raum geschaffen. Jetzt war bewiesen, daß die Erde ungefähr um ein Viertel größer war, als man bisher angenommen hatte, und daß die beiden Hälften Amerikas bisher unbekannte, gewaltige Kontinente waren. Abgesehen von Australien und Ozeanien war die Erde nun in ihren Hauptumrissen bekannt. In seinem Gemälde *Alexanderschlacht* gab Altdorfer diese neue Welt der endlosen Horizonte in großartiger Weise wieder, und sieben Jahre später zeichnete Battista Agnese 1536 seine schöne Weltkarte, in die auch die Fahrtroute der *Victoria* eingezeichnet war.

Es wurde bereits erwähnt, daß die Eingeborenen Hispaniolas glaubten, Kolumbus sei vom Himmel herabgestiegen, und in dem gleichen Maße, wie neue Länder erschlossen wurden, entdeckte man auch die Kosmologien anderer Völker. Die aufregendste Entdeckung stand Hernando Cortez (1485 bis 1547) bevor, der im gleichen Jahre 1519, in dem Magellan die Segel setzte, Cempoalan an der mexikanischen Küste erreichte. Cortez war groß, hatte breite Schultern und einen kräftigen Oberkörper, er war von bleicher Gesichtsfarbe, seine Augen blickten ernst, und er trug einen dunklen Bart, der teilweise die aus einer Messerstecherei um eine schöne Frau herrührende Narbe an seiner Unterlippe verdeckte. Gott und Gold waren ihm ungefähr gleich lieb, außerdem »schätzte er Karten und Würfelspiel und ganz besonders die Frauen«. Mit nur fünfhundert Soldaten, sechzehn Pferden und vierzehn Geschützen plante er, ganz Mexiko zu erobern.

Cortez blieb noch einige Wochen in Cempoalan. Dort erhob sich inmitten der weißgetünchten Häuser ein steinerner Tempel, der die Form einer Stufenpyramide hatte. Tag für Tag holten die Priester der Eingeborenen einen jungen Mann aus dem Gefängnis, manchmal auch zwei oder drei. Der Betreffende wurde dann zur Spitze der Pyramide hinaufgeführt, dort legten die Priester ihn auf einen Stein, banden ihm Arme und Beine fest, und der Oberpriester stieß ihm ein Obsidianmesser in die Brust und riß das noch zuckende Herz heraus, um es vor einem Standbild des Gottes in eine Kalebasse zu legen. Die Priester beschmierten die Wände mit dem Blut des Opfers und verteilten seine Gliedmaßen an die Einwohner, die sie anschließend kochten und aßen.

Cortez war über dieses Ritual entsetzt, und der stechende Blutgeruch widerte ihn an. Er suchte nach einer Erklärung für dieses Töten von Menschen und für die Kreuze, die zu seiner Verblüffung im Tempel abgebildet waren. Bald gelang es ihm, diese Erklärung zu finden.

Für die Mexikaner besaß der Kosmos die Form eines griechischen Kreuzes, bei dem die Arme die vier Himmelsrichtungen darstellten und die Erde sich in der Mitte befand. Sie stellten sich fünf verschiedene Räume vor, die den Himmelsrichtungen und der Mitte entsprachen und von denen jeder sein eigenes Kraftfeld und bestimmte charakteristische Eigenschaften besaß, sowie fünf unterschiedliche »Zeiten«, die jeweils einem der Räume zugeordnet waren. An der nördlichen Hälfte des Himmels gab es für sie vierhundet Sterne und noch einmal vierhundert an der südlichen Hälfte. Die Sonne war ihr wichtigster Gott, während sie die Mondgöttin mit reichen Ernten in Verbindung brachten. Von den Planeten kam der Venus die größte Bedeutung zu; in ihr sahen sie einen göttlichen Bogenschützen, dessen Pfeile Krankheiten verursachten.

Der Kosmos war unbeständig und bewegte sich stets am Rande einer Katastrophe. Vier frühere Zeitalter – sie wurden als »Sonnen« bezeichnet – hatten zu Katastrophen geführt, und auch das gegenwärtige würde wieder in einer Katastrophe enden, wenn nicht geeignete Schritte dagegen unternommen wurden. Diese Gegenmaßnahmen bestanden darin, die Götter – vor allem den Sonnengott – zu ernähren, da sie ständig in der Gefahr schwebten, an Entkräftung zu sterben. Und ernährt werden konnten sie nicht mit Trankopfern, Mais oder sonstigen Erzeugnissen der Erde; die einzige Nahrung, die ihnen Kraft verlieh, waren zuckende Menschenherzen.

Die aztekische Zivilisation – um eine Zivilisation handelte es sich durchaus, denn in mancher Hinsicht war das Gesellschaftssystem recht fortschrittlich – drehte sich um dieses grausige kosmische Ritual. Die Azteken lagen mit ihren Nachbarvölkern fast immer im Krieg und töteten ihre Feinde nicht, sondern nahmen sie gefangen, während die Astronomen bereits die passenden Kalenderdaten ermittelten und Tag und Stunde festlegten, an denen die Götter die Herzen der Gefangenen erhalten sollten. Einige Jahre zuvor waren bei der Thronbesteigung des vorherigen Herrschers zwanzigtausend Herzen blutend aus den Körpern lebender Kriegsgefangener herausgerissen und Huitzilopochtli geopfert worden, dem triumphierenden Gott der Mittagssonne und des Krieges. Zwanzig Tage lang hatten die Obsidianmesser ihr grausiges Werk verrichtet. Cortez sah in Cempoalan den Menschenopfern zu, bis er sie nicht mehr ertragen konnte. Obwohl sie sich einer gewaltigen Übermacht gegenübersahen, »erkletterten fünfzig von uns Soldaten«, schrieb später einer der Spanier, »die Pyramide und stürzten die Götzenbilder um, die alsbald die Stufen hinabrollten und in Stücke sprangen. Einige sahen aus wie furchterregende Drachen von der Größe eines Kalbes, andere wiederum waren zur Hälfte Menschen und zur Hälfte Hunde und häßlich anzuschauen. Die Herren und die Priester weinten, bedeckten ihre Augen, baten um Gnade und sagten, es sei nicht ihre Schuld.« Cortez ließ den Tempel vom Blut reinigen und übertünchen, richtete ein Kreuz auf und ließ an Ort und Stelle eine Messe zelebrieren.

Einer der Götter, Quetzalcoatl oder die »Gefiederte Schlange«, wurde mit der untergehenden Sonne, dem Wind und dem Planeten Venus in Verbindung gebracht. Er hatte einst die Gestalt eines weißhäutigen Mannes mit schwarzem Bart angenommen, hatte gegen die Menschenopfer gepredigt und war schließlich von Tezcatlipoca, dem »rauchenden Spiegel«, vertrieben worden, einem mächtigen Gott, der mit dem in Europa als Großer Bär bekannten Sternbild identifiziert wurde. Quetzalcoatl war daraufhin mit einem Floß nach Osten gesegelt und hatte angekündigt, er werde in einem Ein-Schilfrohr-Jahr wiederkommen und den »rauchenden Spiegel« vernichten. Nun war 1519 zufällig ein solches Jahr, das im Zeichen eines einzelnen Schilfrohres stand, und Montezuma II., der Herrscher der Azteken, glaubte daher, Cortez sei in Wirklichkeit Quetzalcoatl. Deshalb unternahm Montezuma auch nichts gegen den Marsch des Spaniers ins Landesinnere und behandelte ihn bei seiner Ankunft mit aller Verehrung, die einem Gotte zukam.

Cortez wurde von seiner Mätresse Marina begleitet, einer hübschen und intelligenten Aztekin. Seine Unvoreingenommenheit erstreckte sich jedoch nicht auf die aztekische Kosmologie und ihre Rituale. Er war davon überzeugt, daß sie direkt vom Teufel inspiriert seien. Als er das Land der Azteken unterwarf, vernichteten die Mönche, die ihn begleiteten, auch die einheimischen Aufzeichnungen zur Astronomie und Kosmologie. Kunstschätze wurden in die Heimat verschifft – Dürer bewunderte bei seinem Besuch in Antwerpen die großartigen Goldarbeiten; von den in Bilderschrift abgefaßten Büchern wurden jedoch nur sehr wenige gerettet. Die ganz anders geartete Kosmologie Mexikos wurde wenig erforscht; erst in jüngster Zeit hat man sich intensiver mit ihr beschäftigt. Das geistige Zentrum dieses Weltbildes, das in seiner Orientierung an den Gestirnen durchaus Parallelen zu abendländischen Kosmologien hat, scheint das Gefühl einer kosmischen Bedrohung und einer tiefen Unsicherheit gewesen zu sein. Dieses Gefühl wurde zur Ursache – und auch hier ließen sich moderne europäische Analogien ziehen – einer gesellschaftlich organisierten Grausamkeit, die in jenen Zeiten beispiellos war.

Wenn wir uns einen Eindruck davon verschaffen wollen, wie ein Gebildeter der Renaissance die Welt sah, dann müssen wir die großen Entdekker verlassen und uns einem vielseitigen Italiener zuwenden, der uns glücklicherweise eine aufschlußreiche Autobiographie hinterlassen hat. Geronimo Cardano wurde 1501 in Pavia als unehelicher Sohn eines Juristen geboren. Er schlug die ärztliche Laufbahn ein und lehrte als Professor der Medizin in Mailand, Pavia und Bologna. Nach seiner eigenen Beschreibung war er von heller Hautfarbe, hatte gelbliches Haar, kleine aufmerksame Augen, eine vorspringende Unterlippe und einen Gabelbart. Er sprach mit schriller Stimme, und an seinen dünnen Armen befanden sich zwei ungleiche Hände, die linke elegant mit schöngeformten Fingernägeln, die rechte jedoch plump und mißgestaltet. Cardano war nervös, verträumt, einsam, häufig krank und ein ausgesprochener Pechvogel; er liebte es, alte Kleider zu tragen und gelegentlich einen Tag nur mit Angeln zu verbringen. Er heiratete ein Mädchen, das genauso arm war wie er selbst, früh starb und ihm die Aufgabe hinterließ, drei Kinder aufzuziehen. Hinzu kamen noch zahlreiche Katzen, Hunde, Vögel, Ziegen, Lämmer, Kaninchen und Störche, die er in sein kleines Haus aufgenommen hatte. Und doch schaffte es Cardano, über hundert Bücher zu schreiben, darunter ein überaus wichtiges Werk, in dem zum erstenmal algebraische Methoden zur Lösung geometrischer Probleme verwendet wurden.

»Von den außergewöhnlichen und doch ganz natürlichen Umständen meines Lebens«, schrieb Cardano als Zweiundsiebzigjähriger, »ist der wichtigste und ungewöhnlichste die Tatsache, daß ich in dem Jahrhundert zur Welt kam, in dem die Welt zur Gänze bekannt wurde, wohingegen die Alten mit kaum mehr als ihrem dritten Teil vertraut waren.« Und er fügte hinzu: »Die Überzeugung wächst, daß man im Ergebnis dieser Entdeckungen die schönen Künste vernachlässigen und nur noch wenig schätzen wird und daß sichere Erkenntnisse durch Unsicherheit abgelöst werden. Dazu mag es kommen, aber vorerst wollen wir uns freuen, als ständen wir auf einer mit Blumen bedeckten Wiese.«

Zu den Blumen dieser Wiese gehörten unter anderem die von der südlichen Halbkugel aus entdeckten neuen Sterne, von denen Cardano viele, wie etwa Kanopus und das Kreuz des Südens, in seine auf den neuesten Stand gebrachte Kosmologie einbezog. Alle wissenschaftliche Genauigkeit aber hinderte ihn nicht, fest an die Astrologie zu glauben. Er stellte Horoskope auf, unter anderem auch eines für Christus, wofür er im Alter unter Hausarrest gestellt und mit einem Lehrverbot belegt wurde. Wie niemand vor ihm erweiterte er das Gebiet der Astrologie und erfand zu diesem Zweck eine neue Wissenschaft, die er Metoposkopie nannte. Diese Disziplin sollte es ermöglichen, planetarische Einflüsse von der menschlichen Stirn abzulesen. Cardano unterteilte die Stirn durch parallele Linien, die direkt über den Augen begannen und die Regionen des Mondes, des Merkur, der Venus und so weiter bezeichneten. Dementsprechend wurden diese Linien gedeutet. Wenn zum Beispiel auf der Stirn einer Frau direkt über der Mitte – dem Gebiet des Mars – eine gerade Linie verlief, dann war sie vom Glück begünstigt und ihrem Manne überlegen; war die gleiche Linie jedoch gebogen, dann würde sie eines gewaltsamen Todes sterben.

Heutzutage halten wir unser Leben für übermäßig kompliziert, aber wieviel einfacher ist es doch als das Leben Cardanos! Er mußte damals nicht nur aufmerksam die Falten auf der Stirn seines Gegenübers betrachten, sondern auch die – charakterlich ebenso aufschlußreichen – Handlinien der Leute und ihr jeweiliges Horoskop. Er mußte achtgeben auf ein seltsames Klingeln in den Ohren, denn anhand des Klanges konnte er feststellen, was andere in großer Entfernung über ihn redeteten. Litt er wieder einmal, was häufig der Fall war, unter Schlaflosigkeit, so mußte er seinen Körper mit Bärenfett oder einer aus Pappeln hergestellten Salbe bestreichen, und zwar nicht irgendwo, sondern an siebzehn besonderen Stellen, die den Einflüssen der Planeten entsprachen. Und wenn ihm dann endlich die Augen zufielen, wurde das Leben nur noch komlizierter, denn Cardano träumte zwanghaft und glaubte, die Träume enthüllten ihm die Zukunft. Einst träumte er von einem Hahn, der sich mit ihm in menschlicher Sprache unterhielt; ein anderes Mal von einer Stadt voller Paläste, deren Namen ihm niemand sagen konnte, bis ihm schließlich eine alte Frau erklärte, der Name dieser Stadt sei »Bacchetta« – so hieß der Rohrstock, mit dem man ungezogene Schuljungen züchtigte. In seinem seltsamsten Traum gelangte die Seele Cardanos auf den Mond, wo die Stimme seines Vaters ihm mitteilte, er werde sieben Jahrtausende leben »und die gleiche Zahl noch einmal auf einem Stern nach dem anderen, bis du den achten erreichst; nach dem achten Stern wirst du das Königreich Gottes betreten«. Cardano, damals ein dreiunddreißigjähriger Arzt, der um seine Existenz kämpfte, erblickte in diesem Traum einen Hinweis auf das Spektrum seiner künftigen Studien und auf seine Berühmtheit: Der Mond bedeutete die Grammatik, Merkur Geometrie und Arithmetik, die Venus Musik, Wahrsagekunst und Dichtung – und so weiter. »Der achte Himmelskörper stand für die abschließende Ernte aller Erkenntnisse, für die Naturwissenschaft und verschiedene andere Studien. Und nach all diesen Studien werde ich friedlich zum Herrn gelangen, meinem Fürsten.«

Cardanos Traum erinnert an die berühmte Schilderung aus Ariostos *Orlando furioso (Der rasende Roland)*, wie Astolfo mit dem Wagen des Elias zum Mond fliegt. Ariosto (1474 bis 1533) läßt den Astolfo dann berichten, der Mond sei fast so groß wie die Erde, bestehe aus blankpoliertem Stahl und verfüge über ausgedehnte Wälder mit Nymphen als jagdbarem Wild. Am sonderbarsten war jedoch, daß der Mond als Aufbewahrungsort für all die Dinge diente, die die Menschen auf der Erde verloren hatten – die Tränen und Seufzer der Liebenden, die beim Glücksspiel nutzlos vertane Zeit, die chronische Faulheit der Unwissenden, die leeren Projekte, die nicht zur Ruhe kommen, ja sogar für den Verstand, der den Menschen in Augenblicken der Dummheit oder Verrücktheit abhanden gekommen ist. Astolfo fand auf dem Mond den Verstand des rasenden Roland und brachte ihn seinem Eigentümer zurück. Ariostos Dichtung ist ebenso wie Cardanos Traum ein typisches Beispiel für den Wunsch des Renaissancemenschen, aus dem engen Raum auszubrechen, den seine mittelalterliche Vergangenheit ihm hinterlassen hatte.

Doch zurück zu Cardano. Im Jahre 1552 finden wir ihn, der inzwischen ein berühmter Universalgelehrter ist, in London, wo ihm der fünfzehnjährige König Eduard VI. eine Audienz gewährte. Der König war gerade von Masern und Pocken genesen und wird von Cardano als »bleich, mit grauen Augen und von ernstem Aussehen« beschrieben. Cardano hatte die Erlaubnis erhalten, sein jüngstes Buch Eduard zu widmen, und da der erste Teil eine neue Erklärung der Kometen enthielt, richtete der König in lateinischer Sprache einige Fragen an Cardano, die dessen Theorie betrafen. Ein Komet, erklärte Cardano, ist nicht etwa eine Ansammlung glühender Teilchen; er ist Licht, das von den Planeten reflektiert wird. Eduard fragte ihn, wieso sich dann ein Komet nicht mit der langsamen Geschwindigkeit der Planeten bewege, und erhielt zur Antwort, dies sei auf den Winkel zurückzuführen, unter dem das Licht der Planeten aufgefangen werde; das Ganze lasse sich mit der wechselnden Stellung der Spektralfarben auf einer Wand vergleichen, wenn die Sonne durch einen Kristall scheine. Eduard wandte ein, im Weltall gäbe es so etwas wie eine Wand nicht, woraufhin sich Cardano nur wiederholen konnte: »Wie bei der Milchstraße handelt es sich bei einem Kometen um eine Lichtspiegelung. Wenn viele Kerzen nahe beieinander angezündet werden, erzeugen sie zwischen sich ein bestimmtes leuchtendweißes Medium.«

Cardanos Erklärung war, obwohl sie uns heute an den Haaren herbeigezogen zu sein scheint, für die damalige Zeit ziemlich fortschrittlich. Aber der Italiener hielt auch weiterhin an seiner Meinung fest, Kometen seien Vorzeichen schlimmer Ereignisse, vor allem großer Fischknappheit und einer Änderung der bestehenden Gesetze. Und als Sir John Cheke, der Erzieher des Königs, ihn bat, er möge Eduard das Horoskop stellen, folgte Cardano diesem Wunsch und erklärte, der König werde immer unter geringer Vitalität zu leiden haben, ihm stehe jedoch ein langes Leben bevor. Eduards Tod im darauffolgenden Jahr konnte Cardanos Glauben an die Astrologie nicht erschüttern. Sich selbst hatte er ebenfalls das Horoskop gestellt und dabei erfahren, er werde vor seinem fünfundvierzigsten Lebensjahr sterben. Er wurde trotzdem fünfundsiebzig Jahre alt und blieb ein Sonderling und Träumer, der bis zuletzt von dem Glauben erfüllt war, die Sterne würden jeden Aspekt des menschlichen Körpers beeinflussen und auch seine Lebensdauer bestimmen.

Der Mann, der den wichtigsten Beitrag zur Kosmologie der Renaissance leistete, war gleichfalls ein Universalgelehrter, sein Charakter jedoch war von dem des Cardano grundverschieden. Nikolaus Kopernikus wurde im Jahre 1473 in der freien Stadt Thorn im Norden Polens als jüngstes Kind eines wohlhabenden Kaufmanns geboren. Als er zehn Jahre alt war, starb sein Vater, und er wurde vom Bruder seiner Mutter adoptiert, einem Priester und späteren Bischof. Dieser Onkel Lukas Watzelrode war ein intelligenter, aber schwermütiger Mann, den man niemals lachen sah; er half dem jungen Nikolaus nach Kräften und verschaffte ihm ein gutbezahltes Amt als Verwalter des Kirchenbesitzes. Um sich auf diese Tätigkeit vorzubereiten, studierte Kopernikus zehn Jahre lang an italienischen Universitäten und erwarb gründliche Kenntnisse in kanonischem Recht, Medizin, Mathematik und Astronomie. Er lernte auch, in jenem neuen Stil zu malen, der die »gotischen« Verzierungen und Unregelmäßigkeiten zugunsten »griechischer« Einfachheit und sparsamer Linienführung verdrängt hatte.

Im Alter von dreiunddreißig Jahren kehrte Kopernikus nach Ermland zurück. Sein Selbstporträt zeigt ein kräftiges Gesicht mit breiter Stirn, das in ein selbstbewußtes Kinn ausläuft, ungekämmtes, dunkles Haar, große Augen, eine ziemlich dicke, gerade Nase und einen kleinen Mund, dessen zusammengepreßte Lippen Verschlossenheit andeuten. Er war inzwischen zum Laienmitglied des Frauenburger Domkapitels und damit zum Domherrn ernannt worden. Obwohl diese Pfründe ihm eine Heirat erlaubt hätte, blieb Kopernikus zeitlebens Junggeselle. Über den Grund seiner Enthaltsamkeit ist nur bekannt, daß er in einem seiner Bücher einen Abschnitt angestrichen hatte, in dem die Vorteile der Ehelosigkeit gepriesen wurden. Wenn er auch weltliche Einladungen aus Gewohnheit ablehnte, war er doch nicht ungesellig und hatte stets mindestens einen Freund um sich. Zur Zeit der Reformation verhielt er sich gegenüber Protestanten bemerkenswert tolerant.

Kopernikus' Aufgabe war es, den kirchlichen Besitz im Auftrage seines Domkapitels zu verwalten. Zu Pferde legte er weite Entfernungen zurück, inspizierte Bauernhöfe und Wälder, führte die Bücher und hielt alle geschäftlichen Transaktionen schriftlich fest. Es war eine anstrengende Tätigkeit, und er widmete sich ihr voller Energie und Redlichkeit. Gelegentlich wurde er auch als Arzt zur Behandlung örtlicher Würdenträger herangezogen. Einst fragte man ihn um Rat, als es zu einer Nachkriegsinflation gekommen war, und seine daraufhin geäußerte Empfehlung war für sein in Italien erworbenes Wissen charakteristisch und zeichnete sich durch Einfachheit und Wirtschaftlichkeit aus: Er riet dazu, eine einzige polnische Münzanstalt anstelle der verschiedenen städtischen Münzämter einzuführen und aus einem Pfund Feinsilber nie mehr als zwanzig Markstücke zu prägen.

Die Renaissance war auch eine Zeit der Vielfachbegabungen. Wenn Machiavelli zum Beispiel von seiner bescheidenen Schreibtischarbeit in Florenz heimkehrte, pflegte er eine scharlachfarbene Toga anzulegen, schlug seinen Livius auf und ging daran, die politischen Lehren der römischen Geschichte zu entwirren. Auch Kopernikus war ein Mann mit zwei Arbeitsgebieten. Wenn er nach einem anstrengenden Tag und nach der Abendmesse im Dom in seine Turmwohnung zurückgekehrt war, pflegte er zum Turm hinaufzusteigen, um dort von einem balkonartigen Vorbau aus mit einer Armillarsphäre, jenem einfachen Instrument, das bereits 1500 Jahre zuvor Ptolemäus benutzt hatte, den Stand der Sterne zu bestimmen, oder er zog sich in sein Arbeitszimmer zurück und berechnete die Umlaufbahnen der Planeten. Sein Geld mochte Kopernikus als Geschäftsmann der Kirche verdienen, seine wahre Berufung aber war die Astronomie.

Unter Benutzung der trigonometrischen Regeln, wie sie von deutschen Mathematikern auf der Grundlage des Ptolemäus und arabischer Autoren entwickelt wurden, gelangte Kopernikus zu genaueren Vorhersagen über die Bewegungen der Sonne und der Planeten, als sie vor ihm bekannt gewesen waren. Er ermittelte auch einen besseren Wert für den Abstand des Mondes von der Erde, den er mit 60,30 Erdradien angab, was dem heutigen Wert von 60,27 recht nahe kommt. Wichtiger noch war, daß Kopernikus den oft nebligen baltischen Himmel mit den Augen eines Mannes betrachtete, der seine Ausbildung in Italien erhalten hatte. Nach der herrschenden ptolemäischen Theorie bewegten sich die Himmelskörper nicht um den Mittelpunkt der Erde, sondern um den sogenannten Ausgleichspunkt, einen der Erde benachbarten imaginären

Punkt im Weltraum, und vollführten dabei eine komplizierte Folge von Kreisbewegungen, wie sie etwa an den pendelnden Kabinen eines sich immerfort drehenden Riesenrades zu beobachten sind. Insgesamt gab es vierzig solcher Kreisbahnen. Kopernikus hielt dieses System für »unvernünftig« und meinte damit, daß ihm jene klare Einfachheit und Sparsamkeit der Mittel fehlte, die er in Italien so geschätzt hatte. Also, schreibt er selbst, »dachte ich oft darüber nach, ob sich vielleicht eine vernünftigere Anordnung von Kreisen finden ließe . . ., bei der sich alle in sich gleichförmig bewegen würden, wie es die vollkommene Bewegung an sich verlangt«. Diese Äußerung ist typisch für Kopernikus. Der Mann, der eine einzige Münzanstalt für ganz Polen befürwortete, wollte – wie die Griechen –, daß ein einziges Gesetz von der gleichförmigen Bewegung um einen Mittelpunkt im gesamten Kosmos Gültigkeit erhielt.

Gab es hierfür nun eine andere Theorie als die des Ptolemäus? Es gab sie in der Tat, und dem Leonardo zum Beispiel dürfte sie bekannt gewesen sein. Den wiederentdeckten Werken griechischer Autoren war zu entnehmen, gewisse frühe Astronomen, vor allem Aristarchos von Samos (drittes Jahrhundert v. Chr.), hätten »die Sonne zu den Fixsternen gerechnet und gemeint, die Erde drehe sich um die eigene Achse und bewege sich dabei um die Sonne«. Aristarchos' Theorie war in der Antike jedoch nie mehr als eine Randerscheinung gewesen, da sie jeder Erfahrung des Alltags widersprach. Und wenn die Erde sich mit großer Geschwindigkeit um ihre Achse drehte, wie kam es dann, daß Menschen und Dinge nicht in den Weltraum hinausgeschleudert wurden?

Kopernikus schob solche Schwierigkeiten zunächst beiseite, übernahm vorläufig diese Theorie und versuchte herauszufinden, ob die bisher bekannten Beobachtungen der Himmelskörper mit ihr in Einklang zu bringen waren. Er stellte bald fest, daß dies möglich war. Und diese Theorie besaß gegenüber dem ptolemäischen System den großen Vorteil, eine einfache Erklärung für die irritierenden, ab und zu scheinbar rückläufigen Planetenbewegungen zu liefern: Wenn die Erde einen der langsameren äußeren Planeten überholt, scheint dieser sich eine Zeitlang rückwärts zu bewegen; wird die Erde ihrerseits von einem der schnelleren inneren Planeten überrundet, so kommt es ebenfalls zu einer scheinbaren Richtungsänderung.

Zunächst hoffte Kopernikus, zeigen zu können, daß sich Merkur, Venus, Erde, Mars, Jupiter und Saturn in dieser Reihenfolge um das Zentrum der Sonne bewegen. Damit würde der in seinen Augen unklare Ausgleichspunkt entfallen, und die Anzahl der Kreisbahnen im Sonnensystem würde sich, so nahm er an, auf vierunddreißig verringern. Da sich die Planeten jedoch auf elliptischen Bahnen bewegen und Kopernikus wie alle Astronomen vor ihm an der vollkommeneren Figur des Kreises festhielt, war er gezwungen, den verhaßten Ausgleichspunkt wieder einzuführen. Er erklärte nun, die Erde und die Planeten bewegten sich nicht um die Sonne, sondern um einen gedachten Punkt in der *Nähe* der Sonne, und kam im Endergebnis auf achtundvierzig Kreisbahnen – acht mehr als Ptolemäus.

Warum hielt Kopernikus an seiner Theorie auch weiterhin fest, obwohl er sah, daß sie nicht zu der erhofften »vernünftigen Anordnung von Kreisen« führte? Wir wissen es nicht mit Sicherheit, aber vermutlich spielten drei Gründe dabei eine Rolle. Erstens lebte Kopernikus in einem Zeitalter aufsehenerregender Entdeckungen. Ptolemäus hatte beispielsweise in seiner Geographie erklärt, die nördliche gemäßigte Zone sei von einer ähnlichen gemäßigten Zone des Südens durch ein unpassierbares Gebiet tödlicher Hitze getrennt – die Umsegelungen des Kaps der Guten Hoffnung durch Bartholomeus Diaz (1488) und Vasco da Gama (1497) hatten jedoch bewiesen, daß diese Behauptung falsch war. Zweitens lebte er in einer Zeit ebenso aufsehenerregender Theorien. In Süddeutschland vertrat Paracelsus (1493 bis 1541) die Auffassung, die Dunkelheit werde durch *schwarze Sterne* hervorgerufen und der Mensch lebe mit *zwei* Körpern, von denen der eine aus Fleisch und Blut bestehe, der andere jedoch als »Astralleib« bei seinem Tode zu den Sternen emporschwebe. Und drittens lebte Kopernikus am Rande Europas, weit entfernt von den modischen Akademikern, die seine Theorie doch nur ins Lächerliche gezogen hätten, und er lebte allein, ohne Frau, ohne Kinder, ohne familiäre Bindungen, in monomanischer Arbeit an seiner Theorie. Und an dieser Theorie hielt er fest, über dreißig Jahre lang. Er schrieb sie in Buchform nieder, veröffentlichte sie jedoch nicht, offensichtlich, weil er hoffte, doch noch eine Möglichkeit zu finden, durch die sich die Anzahl der Kreisbahnen verringern ließ. Von Zeit zu Zeit fügte er neues Material hinzu, das auf genaueren Beobachtungen basierte. Er scheint ein Perfektionist gewesen zu sein wie Leonardo, und sein Buch wäre vermutlich genau wie die Aufzeichnungen Leonardos lange unbekannt geblieben, wenn nicht ein aufdringlicher Bewunderer aus Deutschland namens Georg Joachim Rheticus von der Theorie des Kopernikus gehört hätte. Er kam nach Frauenburg, las die 212 kleinen Blätter des vorliegenden Manuskripts, drängte Kopernikus zur Veröffentlichung und bot ihm an, die Drucklegung zu überwachen.

Das endgültige Werk *De revolutionibus orbium coelestium libri VI (Sechs Bücher über die Umdrehungen der Himmelssphären* – der Titel stammt nicht von Kopernikus) erschien im Jahre 1543. Bereits im ersten Teil stehen die beiden folgenschweren Behauptungen des Kopernikus: Die scheinbare tägliche Bewegung der Himmelskörper ist auf die Umdrehung der Erde um ihre eigene Achse zurückzuführen, und die scheinbare jährliche Bewegung der Sonne ergibt sich aus der Tatsache, daß die Erde sich wie die anderen Planeten um die Sonne bewegt oder, genauer gesagt, um einen Punkt in der Nähe der Sonne. Dann verteidigt Kopernikus seine Behauptungen. Gegen den Einwand, eine sich bewegende Erde müßte Gegenstände fortschleudern und fallende Objekte hinter sich lassen, führt Kopernikus an, daß diese Gegenstände zur Erde gehören und daher an ihrer Bewegung teilnehmen und daß diese Bewegung, da sie »natürlich« sei, keine heftigen oder zentrifugalen Wirkungen auslösen könne. Ein zweiter Einwand besagte, wenn die Erde sich bewege, dann könne sie nicht mehr Mittelpunkt des Universums sein, und schwere Gegenstände könnten dann nicht auf sie fallen. Kopernikus antwortete darauf, jeder Himmelskörper habe seine eigene Schwerkraft.

Danach zeigte Kopernikus, daß Hunderte von bekannten Beobachtungen ebenso wie siebenundzwanzig eigene Ergebnisse mit der von ihm vorgelegten Theorie in Einklang standen. Für die Planetenbahnen gab er Entfernungen an und berechnete außerdem eine sehr genaue Jahresdauer. Die Hoffnungen, die Kopernikus an diese neue Jahresbestimmung knüpfte, sollten später in Erfüllung gehen, als sie der Revision des Gregorianischen Kalenders zugrunde gelegt wurde. Weiter stellte er Tafeln zusammen, aus denen sich der jeweilige Stand sämtlicher Himmelskörper ablesen ließ. Kurz, die Behauptung von der doppelten Bewegung der Erde um die eigene Achse und um die Sonne wurde durch eine Fülle hervorragender mathematischer Berechnungen untermauert.

Das Buch des Kopernikus ist eines der wichtigsten kosmologischen Werke, die jemals veröffentlicht wurden, und doch beruht es zum Teil auf bloßer Spekulation. Heute wissen wir, daß die heliozentrische Theorie zutrifft, daß das System kreisförmiger Bewegungen um einen Punkt in der Nähe der Sonne jedoch falsch ist. Man hat Kopernikus kritisiert, weil er die Kreisbewegungen nicht aufgegeben habe. Hätte er doch nur, schreibt Arthur Koestler, »die Autorität der aristotelischen Physik abgeschüttelt, deren Sklave er sein Leben lang blieb!«. Eine solche Kritik geht aber am Kern der Sache vorbei. Kopernikus schätzte den Kreis nicht als engstirniger Aristoteliker, sondern weil er annahm, Gott handle stets auf die einfachste Weise, direkt und mit dem geringsten Aufwand. Natürlich war es ihm zweifellos lieb, die Autorität des griechischen Philosophen auf seiner Seite zu wissen – die gleiche Einstellung hatten Leonardo zu Euklid und Archimedes und Kolumbus zum *Zweiten Buch Esra*. Die Menschen der Renaissance waren sich dennoch deutlich ihrer Unterlegenheit gegenüber den goldenen Zeitaltern der Geschichte bewußt, und hier lag eine der Triebfedern ihres Handelns; ohne jeden Rückhalt in der Vergangenheit wären sie psychologisch auch wohl kaum in der Lage gewesen, ihr experimentierfreudiges und schöpferisches Denken zu entwickeln.

Während sein Buch noch gedruckt wurde, erlitt Kopernikus einen Schlaganfall und konnte, teilweise gelähmt und von Gedächtnisstörungen betroffen, sein Bett nicht mehr verlassen. Am 24. Mai 1543 legte man ihm ein Exemplar des Buches in die Hand, er starb noch am gleichen Tage. Dieses Zusammentreffen hat durchaus Symbolcharakter, denn das Buch selbst und die in ihm aufgestellte Theorie schienen mit ihm unterzugehen, sie sollten noch viele Jahre ohne Wirkung und Resonanz bleiben.

Einer der Gründe besteht sicher darin, daß beim damaligen Stand des Wissens kein konkreter Beweis für die Überlegenheit des kopernikanischen Systems gegenüber dem ptolemäischen Modell geführt werden konnte. Jede der beiden Theorien erklärte in zufriedenstellender Weise die Bewegungen der Himmelskörper und ermöglichte recht genaue Vorhersagen. Der einzige sichere Weg zum Beweis der kopernikanischen Theorie hätte in der Entdeckung einer scheinbaren Verschiebung eines oder mehrerer nahe gelegener Sterne bestanden, die durch die Bewegung der Erde um die Sonne entsteht. Eine solche Verschiebung, die sogenannte Sternparallaxe, ist jedoch nur mit überaus verfeinerten Meßinstrumenten festzustellen und wurde daher zum erstenmal im Jahre 1838 nachgewiesen.

Ein weiterer Grund für die kühle Aufnahme der kopernikanischen Theorie wurde von Martin Luther formuliert. Wenn Kopernikus beweisen wolle, die Erde bewege sich und nicht der Himmel, dann sei das, erklärte Luther,

> gleich als wenn einer auf einem Wagen oder in einem Schiffe sitzt und bewegt wird, meinete, er säße still und ruhete, das Erdreich aber und die Bäume gingen umb und bewegten sich ... Der Narr will die ganze Kunst Astronomiae umbkehren. Aber wie die Heilige Schrift anzeiget, so hieß Josua die *Sonne* stillstehen und nicht das Erdreich.

Die kopernikanische Wende hat eigentlich zwei Aspekte. Zum einen bestand sie in der Behauptung, die Erde bewege sich um die Sonne; zweitens jedoch bedeutete sie, daß wir uns täuschen, wenn wir sehen, wie die Sonne und die Sterne sich bewegen, und dieser zweite Aspekt war, was Luther mit Recht bemerkte, noch umwälzender als der erste. Nach Kopernikus sah der Mensch zwar immer noch, daß die Sonne aufging und die Sterne hinter dem Horizont verschwanden, und er beschrieb dieses Geschehen auch weiterhin mit den gleichen Worten, aber jetzt mußte er sich innerlich korrigieren: »Meine Sinne täuschen mich. Die Erde bewegt sich; Sonne und Sterne stehen in Wirklichkeit still.« Hier begannen Sinneseindrücke und Vernunft, miteinander zu kollidieren, eine Tatsache, die in ihren gedanklichen Ausläufern – etwa in der Philosophie eines Descartes – zur Trennung von Körper und Geist führte.

Die Renaissance hatte mit dem Bemühen des Menschen begonnen, sich aus dem erstickend engen Kerker der mittelalterlichen Kosmologie einen Weg ins Freie zu bahnen. Leonardo hatte versucht, sich in die Luft zu schwingen, und die großen Entdecker hatten den bekannten Erdkreis überschritten, die wirklichen Dimensionen einer Erde abgesteckt, die größer war, als man vermutet hatte, und sie hatten Berichte von einer völlig anderen Kosmologie mitgebracht. Während mancher wie Cardano an der alten Wunschvorstellung festhielt, die Geschicke des Menschen seien mit den Sternen verknüpft, unterzog Kopernikus die Annahme, die Erde sei passiv und feststehend, einer erneuten Prüfung. Was Leonardo hatte für den Menschen erreichen wollen, das gelang Kopernikus mit der ganzen Erde: Er stieß sie in den Weltraum hinaus.

6. Kapitel
Die befleckte Sonne

Das Weltbild der Spätrenaissance in den Dramen Shakespeares – Die Beobachtungen des Tycho Brahe – Johannes Kepler bricht mit dem Kreis – Galileis Entdeckungen mit dem Fernrohr – Die Inquisition erhebt Anklage – Die Zweifel John Donnes und anderer englischer Schriftsteller – Giordano Brunos visionäre Schau unendlicher Welten – Pascals Angst angesichts der Unendlichkeit des Universums.

Das Weltbild der Renaissance gelangte im elisabethanischen England zu höchster Entfaltung. Klassische Texte standen neu zur Verfügung, vor allem Plato, Aristoteles und Cicero, und in England entnahm man ihnen neue Details, um das bereits Leonardo und Cardano bekannte Weltbild zu erweitern und zu untermauern. Nationaler Aufstieg und wirtschaftlicher Wohlstand stärkten die Selbstsicherheit der Engländer und erhöhten ihr Vertrauen in das eigene Weltbild. Die Theorie, die Kopernikus im fernen Polen aufgestellt hatte, war eine unbewiesene Hypothese und tauchte am Horizont des Durchschnittsengländers noch nicht auf. Er beharrte auf einer Erde, die den Mittelpunkt des Kosmos behauptete. Sein Weltbild gewann zusätzliche Standfestigkeit und das bleibende Interesse nachfolgender Generationen, da es durch William Shakespeare in Worten von unübertroffener Schönheit phantasiereich vertieft wurde.

Im Mittelpunkt von Shakespeares Welt steht der Mensch. Er besteht aus Erde, Luft, Feuer und Wasser und ist also aus dem gleichen Stoff zusammengesetzt wie die anderen Lebewesen und irdischen Dinge auch. Die Ausgewogenheit seiner vier Körpersäfte gewährte ihm Gesundheit, und er lebte in einer Welt, die ihm vertraut war, da ihm die Natur nicht als ein Fremdes entgegentrat. Geriet der Mensch in eine Krise, so fand seine Qual ihren Widerhall in der Natur. Des unglücklichen Königs Lear Ansprache an die Elemente auf der Heide ist ein Beispiel dafür:

Blast, Winde, sprengt die Backen! Wütet! Blast!
Ihr Katarakt' und Wolkenbrüche, speit,
bis ihr die Türm' ersäuft und Wetterhähn' ertränkt!
Ihr schweflichten, gedankenschnellen Blitze,
Vortrab dem Donnerkeil, der Eichen spaltet,
versengt mein weißes Haupt! Du Donner, schmetternd,
schlag flach das mächt'ge Rund der Welt! ...

Engländer schätzten sich glücklich, auf einer Insel zu leben, die einem Garten glich, einer Insel, wie der Mensch sie vor dem Sündenfall bewohnte und von der Kolumbus annahm, er habe sie in Trinidad wiedergefunden. So beschreibt Johann, der Sohn Eduards III., England denn auch als »dieses neue Eden, fast schon ein Paradies«.

Über der Erde befand sich die Sphäre der Luft, auf die eine Sphäre des Feuers folgte und schließlich der Mond, die Planeten, die Sonne und die Fixsterne.

Der Himmel prangt mit Funken ohne Zahl,
und Feuer sind sie all', und jeder leuchtet.

Ohne Zahl waren sie, aber doch auch alle am Schöpfungstage erschaffen; weder ihre Zahl noch ihre Helligkeit hatten sich jemals verändert. Das war auch nicht möglich, denn oberhalb des Mondes war alles unveränderlich, vollkommen, ein Emblem des Göttlichen.

Die Sterne zogen, wie schon Pythagoras gelehrt hatte, unter lieblichen Sphärenklängen ihre Bahnen:

Auch noch der kleinste Himmelskörper, den du siehst,
singt wie ein Engel, wenn er sich bewegt,
und Cherubim mit hellen Augen lauschen ihrem Chore ...

Der Mensch liebte den Himmel um seiner Schönheit willen, da er sich jederzeit am Firmament vergewissern konnte, nicht allein in der Welt zu sein, und dieser Himmel war zugleich ein sichtbarer Beweis für die Unwandelbarkeit und Vollkommenheit, die der Mensch auch für sich selbst anstrebte. Er fürchtete den Himmel nicht mehr. Mit seinen präzisen Instrumenten der Beobachtung hatte er die Ketten der Astrologie gesprengt:

Nicht durch die Schuld der Sterne, lieber Brutus,
durch eigne Schuld nur sind wir Schwächlinge.

Zwar ließ Gott in den unteren Sphären gelegentlich merkwürdige Erscheinungen auftreten, um den Menschen zu warnen:

Kometen, ihr Boten des Wechsels in Zeit und Macht,
schwingt eure kristallenen Locken über den Himmel . . .,

aber solche Ereignisse waren selten und unterstrichen nur noch die Unveränderlichkeit der oberen Himmelssphären.

Das Blut im Körper des Menschen stieg und fiel wie der Saft der Bäume oder die Quellen und Ströme der Erde. Der Mensch sah sich als Mikrokosmos, als ein verkleinertes Abbild der Welt, in der er lebte, und ein solcher Mikrokosmos war auf der harmonischen Stufenleiter von Groß zu Klein auch das Königreich, in dem er lebte. Für die Zeitgenossen Elisabeths I. bestand der Makrokosmos aus acht Kreisen mit der Erde als Mittelpunkt, und außerhalb des achten Kreises thronte Gott. Entsprechend bestand für sie auch der politische Mikrokosmos aus acht Kreisen, von denen jeder eine der königlichen Tugenden repräsentierte – mit der unwandelbaren Gerechtigkeit als Zentrum aller Kreise; jenseits der Tugenden thronte Königin Elisabeth an Gottes Stelle.

Da man glaubte, daß Planeten und Sterne sich auf Kreisbahnen bewegten, galt der Kreis als die vollkommene Form schlechthin. Und in einem »hölzernen Kreis« – dem Theater – sahen die Elisabethaner zu, wie der Mikrokosmos Mensch seine Dramen in einem Makrokosmos ausspielte, den Thomas Heywood wiederum in das Bild eines gewaltigen Theaters faßte:

Stellt sich die Welt wie ein Theater dar,
so ist sie ihrer Rundheit wegen gut geeignet;
die Sternengalerien steigen hoch empor,
in denen Gott Jehova sitzt und schaut . . .

In diesem kosmischen Kreis hatte die Erde eine Vorrangstellung, aber auch die Sonne besaß »höchste Herrlichkeit«, da sie sich in der Mitte zwischen den drei »äußeren Planeten« und den drei »inneren« Venus, Merkur und Mond bewegte. Alle diese Himmelskörper zogen wohlgeordnet ihre Bahn, für den Menschen ein sichtbarer Trost in Zeiten der Bedrängnis. Auf ihre unerschütterliche Harmonie beruft sich Ulysses in Shakespeares *Troilus und Cressida,* als er das Überhandnehmen von Gier, Wollust und Anarchie auf Erden beklagt:

Die Himmel selbst, Planeten und dies Zentrum
reihn sich nach Abstand, Rang und Würdigkeit,
Beziehung, Jahreszeit, Verhältnis, Form und Raum,
Amt und Gewohnheit in der Ordnung Folge.
Und deshalb thront der majestät'sche Sol
als Hauptplanet in höchster Herrlichkeit vor allen andern ...

In diesem Kosmos, in dem sich alles an der ihm zukommenden Stelle befand, fühlte sich der Mensch zu Hause und sah im wundervollen Aufbau der Welt eine kosmische Bürgschaft für die Ordnung in seinem eigenen Leben. Gleichwohl fühlte er sich durch die wohlgeordneten Kreise der Himmelskörper nicht gebunden oder eingeengt, weder in seinen Stimmungen und Gelüsten noch in seinem gesellschaftlichen Leben. Weder das Individuum noch die Politik das Staates waren der Macht der Gestirne unterworfen.

Der Mensch war frei, freier noch als sein bewunderter Vorläufer im alten Athen, denn keine Götter des Olymp konnten seinen Willen durchkreuzen. Und dieser Wille konnte sich in diesem kreisförmigen Kosmos wie auf einer Bühne im Rahmen der göttlichen Gesetze entfalten. Der Mensch war sein eigener Herr bis hin zu dem Punkt, an dem Prinz Hamlet es wagt, selbst das göttliche Privileg der Rechtsprechung in die eigenen Hände zu nehmen.

Ob Shakespeare etwas von Kopernikus wußte und was er von ihm hielt, wenn das der Fall gewesen sein sollte, können wir nur vermuten. Vielleicht wandte er sich achselzuckend ab wie sein fast gleichzeitig lebender französischer Kollege Montaigne und meinte wie dieser, wir sollten uns nicht den Kopf darüber zerbrechen, ob Ptolemäus oder Kopernikus im Recht sei, denn »der Himmel und die Sterne bewegen sich schließlich schon seit dreitausend Jahren«. Vielleicht erschien es ihm auch wichtig, und er behielt nur seine Meinung für sich. In seinen Dramen jedenfalls ist nichts zu finden, was die Gewißheit seines Weltbildes erschüttern könnte; in ihnen ist das Handeln des Menschen der Mittelpunkt der Welt – das lebensentscheidende Prinzip.

Aber noch während Shakespeare dieses reiche und befriedigende und allem Anschein nach stabile Weltbild besang, empfanden einige Astronomen seine Grundlagen bereits in steigendem Maße als unzureichend.

Der erste unter diesen unruhigen Männern war Tycho Brahe; er kam aus dem Lande Hamlets. Er wurde 1546, achtzehn Jahre vor Shakespeare, als ältester Sohn Otto Brahes geboren, eines vornehmen dänischen Edelmannes, der später zum Kommandanten der Festung Helsingborg gegenüber von Helsingør (dem Elsinore in Shakespeares *Hamlet*) ernannt wurde. Im Alter von vierzehn Jahren erlebte Tycho eine partielle Sonnenfinsternis und faßte unverzüglich an Ort und Stelle den Entschluß, Astronom zu werden – damals eine Laufbahn, die noch nie ein Adliger eingeschlagen hatte. Gleich stark an Körper und Willen, schob Brahe jeden Widerstand seiner Familie beiseite und studierte sein einmal gewähltes Fach an nicht weniger als sechs Universitäten. Dabei stellte er fest, daß die Astronomie die ständige Beobachtung bestimmter Himmelskörper erforderte, und zwar mit verbesserten Instrumenten und jeweils für einen längeren Zeitraum. Aus diesem Grunde beschloß er, sein Leben der Herstellung solcher Instrumente zu widmen. Zunächst jedoch focht er auf einer Hochzeitsfeier ein Duell aus, in dessen Verlauf er ein Stück seiner Nase einbüßte. Später trug er deshalb ständig einen metallenen Nasenschutz, von dem die Zeitgenossen meinten, er bestehe aus einer Legierung von Gold und Silber. Wahrscheinlich bestand er jedoch aus Kupfer, denn als sein Grab im Jahre 1901 geöffnet wurde, fand man grünliche Krümel in der Umgebung seiner Nasenwurzel. Wie der geschwätzige Reiseschriftsteller Thomas Coryate berichtet, betrachtete Tycho Brahe diese Entstellung als Schranke, die ihm eine standesgemäße Heirat unmöglich machte; er nahm also ein Bauernmädchen namens Kirstine zu sich und lebte mit ihr in einem eheähnlichen Verhältnis zusammen.

Im Alter von fünfundzwanzig Jahren hielt sich Brahe bei seinem Onkel Steen Bille in der Nähe von Helsingborg auf. Am Abend des 11. November 1572 ging er zum Abendessen ins Wohnhaus zurück, nachdem er und sein Onkel in dem in einem Nebengebäude untergebrachten Laboratorium alchimistische Versuche angestellt hatten, und erblickte plötzlich direkt über sich in der Nähe des Sternbildes Kassiopeia einen Stern, den er noch nie zuvor gesehen hatte. Dieser Stern war von einer Helligkeit, wie sie gelegentlich von der Venus erreicht wurde. Überrascht wandte er sich an seine Diener und fragte sie, ob auch sie den Stern sähen. Als sie das bejahten, ließ sich Brahe den Stern auch noch von ein paar zufällig vorbeifahrenden Bauern bestätigen.

Voller Aufregung holte Brahe einen Sextanten herbei, den er selbst aus Walnußholz angefertigt hatte, mit bronzenen Gelenken, einem Radius von über anderthalb Metern Länge und der größten Ablesegenauigkeit, die damals zu erzielen war. Mit diesem hervorragenden Instrument maß er die Entfernung des hellen Sterns zu den neun Hauptsternen, die zusammen das W der Kassiopeia bilden.

Nacht für Nacht beobachtete Brahe seinen Stern, der einer Umlaufbahn um den Pol folgte. Seine Position in bezug auf die Kassiopeia blieb unverändert, aber im Laufe von achtzehn Monaten nahm seine Helligkeit allmählich ab, und seine Farbe wechselte von Weiß über Gelb zu Rötlich, dann zu Bleigrau, und Ende März 1574 konnte Brahe ihn nicht mehr entdecken.

Das Phänomen wurde auch von anderen Beobachtern verfolgt. Einige von ihnen gelangten aufgrund der minderen Qualität ihrer Instrumente zu der Auffassung, der Stern habe sich langsam bewegt und sei daher als Komet oder Planet anzusprechen. Da seine eigenen, mit außerordentlicher Sorgfalt ausgeführten Beobachtungen jedoch ergeben hatten, daß der Stern seine Position in bezug auf die Kassiopeia konstant beibehielt und außerdem stark flimmerte, stellte Brahe die Behauptung auf, es handele sich um einen neuen Stern, eine *Nova* – durch ihn wurde dieses Wort allgemein gebräuchlich.

Brahes Behauptung war höchst erstaunlich, denn die meisten Wissenschaftler hielten die achte Sphäre, die Sphäre der Fixsterne, für unveränderlich. In jüngerer Zeit war nie ein neuer Stern gesichtet worden, und von der Neuentdeckung des Hipparchos im Jahre 125 v. Chr., über die Plinius berichtet hatte, nahm man an, es habe sich dabei um einen Kometen gehandelt, der sich direkt auf die Erde zubewegt und daher seinen eigenen Schweif verdeckt habe.

Tycho Brahes *Nova,* deren Größe er auf mehr als das Hundertfache der Erde schätzte, verursachte tiefe Bestürzung. Sie zeigte, daß die Sphäre der Fixsterne letztlich doch nicht von jeder Veränderung ausgenommen war. Und was hatte dieses Vorzeichen zu bedeuten? Brahe vermutete, der Stern sei zur Zeit des Vollmondes am 5. November entstanden, als Mars der beherrschende Planet war, und in seiner Eigenschaft als offizieller dänischer Hofastrologe sagte er eine Periode mit Kriegen, Aufruhr, Pestilenz und giftigen Schlangen voraus. Merkwürdigerweise war 1572 das Jahr der Bartholomäusnacht, und dieses Massaker löste in

Frankreich einen religiösen Bürgerkrieg aus, der sechsundzwanzig Jahre andauern sollte. Andere wiederum wie zum Beispiel der Astronom Landgrave in Hessen gelangten zu der Ansicht, daß wie der von den Weisen aus dem Morgenlande gesehene Stern die Geburt Christi angezeigt habe, so kündige der neue seine Wiederkunft und damit das Ende der Welt an.

Fünf Jahre später war die Welt noch immer nicht untergegangen, und Tycho Brahe angelte an einem seiner Fischteiche im Park des wundervollen Observatoriums, dessen Bau ihm der König von Dänemark ermöglicht hatte, als er kurz vor Sonnenuntergang einen sehr hellen Stern am westlichen Himmel entdeckte. Bald nach Einbruch der Dämmerung entfaltete dieser Stern einen prächtigen Schweif von 22 Grad Länge, und Brahe wurde klar, daß ein neuer Komet am Himmel erschienen war. Er begann sofort mit einer ganzen Reihe von überaus methodischen Messungen mit dem Sextanten und Quadranten. Aus den Beobachtungsdaten ergab sich, daß bei dem Kometen keine erkennbare Parallaxe auftrat, daß es also zu keiner Verschiebung seiner Position vor dem Hintergrund des Sternhimmels kam, wenn er von zwei verschiedenen, viele Meilen voneinander entfernten Beobachtungspunkten aus anvisiert wurde; er mußte sich daher weit außerhalb der sublunaren Sphäre befinden. Brahe vermutete, der Komet bewege sich auf einer Bahn außerhalb der Venus und in einer den Planeten entgegengesetzten Richtung.

Nun war es der Autorität des Aristoteles zuzuschreiben, wenn die Astronomen seit langem der Auffassung waren, die Planeten seien an festen Kristallsphären oder -kreisen angebracht, die man sich ineinandergebettet vorstellte. Tycho Brahe erkannte, daß unter dieser Voraussetzung die Bahn des Kometen unmöglich gewesen wäre. Folglich gab es keine solchen festen Sphären. So weit war selbst Kopernikus nicht gegangen; Brahe war der erste, der die Geschlossenheit des Universums leugnete. »Es gibt«, erklärte er, »am Himmel keine festen Sphären.« Es gab nur den Raum. Tycho Brahe war der erste Mensch, der die unheimliche Entdeckung machte, daß sich über uns bis hin zu den entferntesten Sternen nur der freie und offene Raum erstreckt.

Die Entdeckung des Dänen war von großer Tragweite. Im Gegensatz zur Theorie des Kopernikus basierte sie auf regelmäßig durchgeführten Beobachtungen und war nachvollziehbar und beweisbar, aber auch das führte noch nicht dazu, daß sie über Nacht allgemein akzeptiert wurde.

Erst ganz allmählich wie der Komet, der sie inspiriert hatte, entfaltete die Aussage Brahes den leuchtenden Schweif ihrer metaphysischen Weiterungen.

Im Jahre 1600 stellte Brahe als Assistenten einen jungen deutschen Astronomen namens Johannes Kepler (1571 bis 1630) ein, und das Zusammentreffen dieser beiden Männer war so etwas wie eine Konjunktion von Jupiter und Merkur. Brahe spiegelte in seinem äußeren Erscheinungsbild ganz und gar seine Berühmtheit: eine stämmige Gestalt mit pausbäckigem Gesicht und einem fünfzehn Zentimeter langen Schnurrbart, einer hübschen Halskrause aus Spitze, Spitzenmanschetten und edelsteinbesetzten Ringen an den weißen Händen; sein Auftreten war schroff, sachlich und selbstsicher. Kepler dagegen, Sohn eines armen Schankwirtes und ehemaliger Theologiestudent, war schäbig gekleidet, mager, nervös, ängstlich, poetisch veranlagt und ein ewiger Pechvogel, der unter ständigen Unfällen litt wie Cardano.

Zwischen den beiden Astronomen gab es eine grundsätzliche Meinungsverschiedenheit. Da Brahe keine Sternparallaxe entdecken konnte, verwarf er die heliozentrische Theorie des Kopernikus. Statt dessen veröffentlichte er als Alternative seine eigene Theorie, nach der sich die Planeten um die Sonne, die Sonne mit ihren Planeten sich jedoch ebenso wie der Mond um die weiterhin als fest gedachte Erde bewegten. Kepler dagegen war von der Richtigkeit der kopernikanischen Theorie tief überzeugt. Trotz dieser Meinungsverschiedenheit und mancher Streitereien war die Zusammenarbeit der beiden Männer außerordentlich fruchtbar. Brahe, der geduldige Beobachter, ließ den einfallsreichen Theoretiker Kepler die Umlaufbahn des Mars untersuchen, da von den äußeren Planeten der Mars am stärksten von einer Kreisbahn abzuweichen schien. Bevor er 1601 starb, vermachte Brahe Kepler seine in achtunddreißig Jahren mit äußerster Sorgfalt zusammengestellten Beobachtungsergebnisse.

Kepler hatte – so abwegig das zunächst klingen mag – viel mit Kolumbus gemeinsam. Er war tiefreligiös und fühlte sich beauftragt, Gottes Geheimnisse den Menschen zur Kenntnis zu bringen. An einem Wintertag in Prag beobachtete Kepler ein paar Schneeflocken, die auf seinem Mantel gelandet waren, und wunderte sich über die regelmäßige sechseckige Form der Schneekristalle. Warum hatten sie immer sechs Seiten, fragte er sich, und niemals fünf oder sieben? Heute wissen wir, daß aufgrund ihres atomaren Aufbaues die sechseckige Form den Kristallen die größtmögliche Stabilität verleiht und daher vorherrschend ist. Obwohl Kepler nicht über die Möglichkeiten verfügte, mit denen wir heutzutage den Nachweis für diesen Sachverhalt führen können, betrachtete er die Schneeflocken als Beispiel für eine allgemeine Tendenz in der Formbildung der Natur. Er war davon überzeugt, daß Gott den Kosmos in Übereinstimmung mit geometrischen Figuren und mathematischen Proportionen geschaffen hatte, denn wie sonst sollte der Mensch in der Lage sein, in der ihn umgebenden Vielfalt einen Sinn zu erkennen? So hielt Kepler denn am Himmel nach regelmäßigen geometrischen Figuren Ausschau, wie Kolumbus auf dem Ozean nach Indien Ausschau gehalten hatte. Als Brahes Beobachtungen und seine eigenen Untersuchungen des Mars ihn dann schließlich davon überzeugten, daß sich die Planeten auf Ellipsenbahnen um die Sonne bewegen und daß die Sonne in einem der beiden Brennpunkte dieser Ellipsen steht – die große astronomische Entdeckung, die als erstes Keplersches Gesetz bekannt ist –, da war niemand enttäuschter als er selbst, denn in seinen Augen besaßen Ellipsen keinerlei Eigenschaften, die sie vor Gott oder den Menschen besonders erhaben erscheinen ließen. Er schrieb dazu, zwar habe er bis zu einem gewissen Grade die Ställe der Astronomie ausgemistet, aber er sei auch schuld daran, daß nun wieder eine neue »Fuhre Mist« hineingelangt sei – womit er die Ellipsen meinte.

Unverzagt machte sich Kepler daran, die Planeten einer erneuten Untersuchung zu unterziehen, um die Lehre des Pythagoras zu prüfen, der behauptet hatte, sie erzeugten harmonische Klänge. Kepler ging so weit, eine Schrift mit dem Titel *Harmonice Mundi libri V (Weltharmonik)* zu verfassen, in der er den Nachweis zu führen versuchte, daß jeder Planet über eine bestimmte Stimmlage verfüge – Baß, Tenor, Kontraalt und so weiter – und daß die von ihm erzeugte Musik durch die Entfernung des betreffenden Planeten vom gemeinsamen Umlaufzentrum, der Sonne, bestimmt werde – so wie etwa bei einem Musikinstument die jeweilige Länge einer Saite die Höhe des von ihr erzeugten Tons reguliert. Das Hauptthema des Buches ist reine Phantasie, aber beim Schreiben stieß Kepler auf eine weitere wichtige Tatsache: Die Zeit, die ein Planet für seinen Umlauf um die Sonne benötigt, hängt mathematisch mit seiner Entfernung von der Sonne zusammen. Kepler drückte das folgendermaßen aus: Die Quadrate der Umlaufzeiten, die die verschiedenen Planeten zum Durchlaufen ihrer Bahnen benötigen, sind den Kuben ihrer mittleren Entfernungen von der Sonne proportional. Obwohl es Kepler nie gelang, in zufriedenstellender Weise zu erklären, wie sich die Planeten durch den Weltraum bewegen – er vermutete, die Sonne fegte sie vor sich her, fast wie mit einem unsichtbaren Besen –, trugen seine Theorien doch dazu bei, daß noch im gleichen siebzehnten Jahrhundert eine solche Erklärung gefunden wurde.

Kepler gelangte noch zu einer weiteren wichtigen Aussage über den Weltraum. Er führte ein einfaches optisches Experiment durch, um zu beweisen, daß es, wenn sich wirklich zwischen Erde und Mond die von Aristoteles angenommmene Feuerschicht befände, bei den von den Sternen ausgehenden Lichtstrahlen zu einer beträchtlichen und leicht feststellbaren Brechung kommen müßte. Da eine solche Brechung nicht auftrat, konnte es keine solche Feuerschicht geben. Diese Tatsache und die Behauptung, die Bewegung der Planeten erfolge auf elliptischen Umlaufbahnen, waren die beiden wichtigsten Beiträge Keplers zur Kosmologie.

Der dritte Überwinder des alten Weltbildes, Galileo Galilei, wurde 1564 in Pisa geboren und war dort als Professor für Mathematik tätig, bis er einen besser bezahlten Lehrstuhl in Padua übernahm. Kurz bevor er sich als Hofmathematiker und -philosoph in Florenz niederließ, konstruierte er im Winter 1609/1610 ein Fernrohr mit dreiunddreißigfacher Vergrößerung, dessen Linsen er nach eigenen Angaben schleifen ließ. Mit diesem vorzüglichen Instrument erforschte er nun von Padua aus den nächtlichen Himmel. Er entdeckte eine verwirrende Fülle von Sternen, »mehr als zehnmal soviel«, wie mit bloßem Auge zu erkennen waren. So stellte er beispielsweise fest, daß die Plejaden aus sechsunddreißig Sternen bestanden und nicht nur aus sieben, wie die Dichter behaupteten, die das Siebengestirn schon so lange besungen hatten. Er fand die Monde oder Trabanten, die um den Jupiter kreisten, und erkannte, daß der Mond keineswegs eine glatte Kugelgestalt besaß, sondern »uneben, rauh war und ganz mit Höhlungen und Schwellungen bedeckt, nicht anders als das Anlitz der Erde selbst«.

Galilei veröffentlichte diese Ergebnisse im März 1610 in einem kleinen Buch mit dem Titel *Nuncius Sidereus (Nachricht von neuen Sternen).* Man kann sich die Aufregung vorstellen, die es auslöste. Aus Wales schrieb der Astronom William Lower an seinen Freund Thomas Hariot: »Mich dünkt, mein eifriger Galileus hat mit seiner dreifachen Entdekkung mehr erreicht als Magellan mit seiner Erschließung der südlichen Schiffahrtswege oder die Holländer, die auf Nowaja Semlja von den Bären aufgefressen wurden.«

Das Instrument, das Galilei diese Entdeckungen ermöglicht hatte, wurde von Kepler mit den Worten begrüßt, es sei »wertvoller als jedes Zepter, denn wird nicht jeder, der dich in den Händen hält, zum König und Herrn der Werke Gottes?«. Andere wiederum hatten Vorbehalte, weil sie nicht gerne akzeptierten, daß das menschliche Auge als unzureichend überführt war, als ein Organ, das ohne das Hilfsmittel des Fernrohrs unzuverlässig blieb. Für den bibellesenden Philosophen Thomas Browne in Norwich warf das Fernrohr eine Frage auf, die er der Verschwiegenheit seines Notizbuches anvertraute: »Einige Leute könnten sich jetzt zu dem Glauben veranlaßt sehen, daß Gott, als er dem Abraham befahl, die Augen zu erheben, zum Himmel emporzublicken und dessen Sterne zu zählen, zugleich auch sein Sehvermögen so vergrößerte, daß er die Gestirne und die ungeheure Menge der Sterne erblikken konnte, wie sie die Teleskope uns jetzt zeigen.«

Galilei entdeckte, daß die Venus Phasen hatte wie der Mond. Sie konnten nur dann zufriedenstellend erklärt werden, wenn sich die Venus um die Sonne bewegte – was wiederum die Frage nach der Gültigkeit des Weltbildes des Kopernikus oder jenes des Tycho Brahe aufwarf. Galilei entschied sich für das kopernikanische Modell, allerdings ohne die Keplerschen Ellipsenbahnen anzuerkennen. Andere Kosmologen wandten sich gegen die Auffassung des Kopernikus, weil auch sie keine Sternparallaxe entdecken konnten, und die Mehrheit unter ihnen teilte nach wie vor Tycho Brahes Auffassung, die Planeten drehten sich um die Sonne und Sonne, Planeten und Mond ihrerseits um die Erde. Für einen normalen Gebildeten der damaligen Zeit blieb ein irritierender Zweifel. Wenn es den großen Astronomen nicht möglich war, in einer so zentralen Frage eine Einigung zu erzielen, war sein Weltbild erschüttert. Galileis Entdeckungen wurden zu einer Quelle der Unruhe. Zum erstenmal schien die Harmonie eines umfassenden Weltbildes ernsthaft gefährdet. Schon Galileis Beobachtung, daß der Mond ein der Erde nicht unähnlicher Körper war, hatte alle möglichen Skeptiker auf den Plan gerufen. Galilei erklärte seinerseits, er sei froh über die Entdeckung, daß zumindest einer der Himmelskörper veränderlich sei. Unveränderlich zu sein bedeutete Leblosigkeit, und ihm war ein Himmelskörper lieber, der sich verändern und vielleicht gar etwas produzieren könne. Er sah bereits Mandarinenpflanzungen auf dem Mond entstehen, während Kepler glaubte – phantasiereich wie immer –, die Mondkrater wären von Ringmauern umgebene Städte und ihre Bewohner Mondwesen, deren Körpergröße die des Menschen um das Neunzehnfache überträfe. Aber es waren nur wenige, die das Ganze so kühl, aber auch so phantasievoll betrachten konnten, die meisten, die Galileis Beobachtungen zur Kenntnis nahmen, stürzte der neue Status des Mondes in tiefe Verwirrung.

Im Frühjahr 1611 machte Galilei mit seinem Fernrohr eine weitere Entdeckung: Auf der Sonne waren dunkle Gebilde zu sehen. Zunächst dachte er, es handle sich um bisher unbekannte Sterne auf einer Umlaufbahn um die Sonne, im Laufe seiner weiteren Beobachtungen sah er jedoch, daß sie sehr unregelmäßig waren, manche sehr dunkel, andere wiederum etwas heller. Gelegentlich wurden aus einem Fleck zwei oder drei, dann wieder schlossen sich zwei oder drei zu einem einzigen zusammen. Außerdem folgten sie der Eigenbewegung der Sonne, die sich in knapp einem Mondmonat einmal um ihre Achse drehte. Galilei schloß daraus, daß diese Gebilde sich fest auf der Oberfläche der Sonne befanden, und nannte sie *macchie solari,* Sonnenflecken.

Anfänglich wurde diese neue Entdeckung erbittert bekämpft. Die »vollkommene« Sonne, das Emblem der Göttlichkeit, erschien plötzlich befleckt, und dies war ein weit größerer Schock als die Erdähnlichkeit des Mondes. Es war, als wäre die Wahrheit selbst angegriffen, und Galileis Sonnenflecken wurden zum Inbegriff all der Unsicherheit, die der um ein Vielfaches geschärfte Blick durch ein Fernrohr im Denken der Menschen hervorgerufen hatte.

Auch die gewaltig angewachsene Zahl der Sterne führte für Menschen, die sich an die Vereinbarkeit des Christentums mit dem geozentrischen Weltbild gewöhnt hatten, zu neuen Gewissenskonflikten. Kepler erkannte, daß »das gesamte Planetensystem praktisch verschwindet, wenn man es mit dem System der Fixsterne vergleicht«, wodurch der Mensch wiederum plötzlich und radikal an Bedeutung zu verlieren schien. Kepler suchte Trost in dem Gedanken, Größe allein sei schließlich nicht alles, da Gott sonst das Krokodil oder den Elefanten dem Menschen mit Sicherheit vorgezogen hätte.

Wir sind in der Lage, die Reaktion eines typischen Engländers auf die Zerstörung der alten Kosmologie ziemlich detailliert verfolgen zu können. John Donne wurde 1573 in London geboren und war somit neun Jahre jünger als Shakespeare. Die Familie der Heywoods, der seine Mutter entstammte, stand in enger Verbindung mit der Familie von Sir Thomas More, und Donnes Mutter zog ihren Sohn im katholischen Glauben auf. Nach seiner Ausbildung in Oxford, Cambridge und an der Londoner Rechtsschule Lincoln's Inn nahm Donne als Soldat am Krieg gegen Spanien teil und ging dann an den englischen Hof. Er verfaßte geistreiche Gedichte und heiratete eine Frau, nachdem er mit ihr durchgebrannt war, was ihm eine kurze Gefängnisstrafe eintrug. Donne sah mit seinem hageren Gesicht, seinen sinnlichen Lippen und seinem durchdringenden und beunruhigenden Blick gut aus, und er erinnert in seinem Wesen ein wenig an Shakespeares Hamlet. Er war brillant, kompliziert, melancholisch, von bezauberndem Wesen und zeitweise von labiler Gemütsverfassung.

Der frühe Donne liebte es, seine »conceits«, seine Einfälle und Vergleiche, dem Himmel zu entlehnen. Als auf Brahes *Nova* im Jahre 1604 noch die Entdeckung einer zweiten folgte, schrieb er (wobei er mit Virginia die neue Kolonie in Amerika meinte):

> Wir haben der Welt Virginia gegeben und jüngst erst
> zwei neue Sterne zum Firmament gesandt.

In einem anderen Gedicht beschrieb er sich selbst als

> meteorgleich, an Stoff und Form problematisch,
> sein *Was* und *Wohin* noch immer umstritten.

Im Jahre 1610 lebte Donne mit seiner Frau und seinen sechs Kindern in Mitcham, Surrey, in einer ziemlich feuchten Kate mit einem Giebeldach. Inzwischen war er siebenunddreißig Jahre alt. Aus Gründen, von denen wir nichts wissen, hatte er seinen katholischen Glauben aufgegeben, versuchte erfolglos, eine Anstellung im Staatsdienst zu erhalten, und war sich unschlüssig, welchen Weg er einschlagen sollte. Genau zu diesem Zeitpunkt veröffentlichte Galilei seine Entdeckungen. Sie lösten bei Donne einen tiefen Schock aus, weil sie den beruhigend vertrauten Kosmos, den er in seinen Vergleichen so oft bemüht hatte, plötzlich hinwegfegten. Und sie fielen mit dem Tode Elisabeths zusammen, der Tochter von Donnes Freund und Gönner Drury. Donne griff zur Feder und schrieb eines der großen Gedichte des Zweifels, *Eine Anatomie der Welt,* in dem er den Verlust Elisabeths mit dem Verlust der geozentrischen Sicherheit in Verbindung brachte und andeutete, vielleicht gehe auch die Erde selbst ihrem Ende entgegen.

> Die Sonne ist verloren und die Erde, keines Menschen Geist
> führt ihn dorthin, wo sie zu suchen sind.
> Die Welt ist verbraucht; die Menschen bekennen es offen,
> wenn sie unter Planeten und am Firmament
> so viele neue suchen und dann sehen, daß auch dies
> schon wieder in seine Atome zerfällt.

Schließlich gelangt Donne zu einer Schlußfolgerung, über die Shakespeares Ulysses entsetzt gewesen wäre:

> Entzwei ist alles, aller Halt verloren,
> alles ist nur Material noch, bloße Beziehung;
> Fürst, Untertan, Vater und Sohn – vergessene Dinge,
> denn jeder denkt ganz allein,
> er müsse zum Phönix werden und sei dann endlich
> er selbst, nicht mehr nur Mensch, der er doch ist.

Und seine eigenen Gefühle faßte Donne in einem Satz zusammen: »Die neue Philosophie läßt uns an allem zweifeln.«

Vom Zeitpunkt der Entdeckungen Galileis bis zum Jahre 1615 erlebte Donne eine Zeit geistiger Qualen, die damit endete, daß er zur anglikanischen Kirche übertrat. Wir wissen nicht, welche Rolle die neue Kosmologie dabei spielte, aber ein Abschnitt aus einer seiner Predigten ist in diesem Zusammenhang recht aufschlußreich:

> Bewunderung, Staunen steht in der Mitte zwischen Wissen und Glauben und blickt zu beiden hinüber. Wenn ich etwas weiß oder an etwas glaube, dann wundere ich mich bereits nicht mehr. Wenn ich aber finde, daß ich Grund habe, bei der Betrachtung einer Sache innezuhal-

ten, bis ich genug gesehen habe, das mir Bewunderung einflößt und mich zum Staunen veranlaßt, dann erreiche ich diesen Zustand, und Gott nimmt mich bei der Hand und führt mich zum Wissen, wenn es sich um etwas Natürliches oder Politisches, und zum Glauben, wenn es sich um etwas Übernatürliches oder Geistiges handelt.

Im Laufe der Jahre, vor allem nach seiner Ernennung zum Dekan der St.-Pauls-Kathedrale, fand Donne etwas von dem Frieden, den er suchte; die neue Kosmologie brachte er jedoch auch weiterhin mit Zweifeln und Unbeständigkeit in Verbindung. Als er von einer Krankheit genesen war, sich aber noch immer schwindlig fühlte, spottete er: »Ich bin wieder aufgestanden und scheine zu stehen und gehe herum und bin ein neuer Beweis für die neue Philosophie, daß die Erde sich dreht.« An einen Freund schrieb er: »Der Kopernikanismus in der Mathematik hat die Erde aus ihrem langweiligen Mittelpunkt weiter nach oben gerückt, ihr dadurch jedoch keine besondere Ehre erwiesen oder ihr Vorteile verschafft, denn um den Schein zu wahren, hat er den Himmel um so weiter von ihr entfernt.«

Am ergreifendsten ist es vielleicht, daß Donne beim Tode seiner Frau Anne, die ihm zwölf Kinder geboren hatte und im frühen Alter von vierunddreißig Jahren starb, fühlte, wie sein Schmerz die Grenzen des alten Kosmos überschritt:

Ihr, die ihr hinter den einst so hohen Himmeln
neue Sphären gefunden habt und von neuen Ländern
berichten könnt, gießt mir neue Meere in die Augen,
damit ich meine Welt mit meinen Tränen ertränken kann.

Donne verschmolz in einzigartiger Weise Leidenschaft und Denken angesichts der sich verändernden Kosmologie miteinander. Aber auch weniger wortmächtige englische Dichter reagierten heftig auf die neue Sicht der Welt. Francis Quarles, ein unbedeutenderer Autor als Donne, schreckte vor den neuentdeckten ungeheuren Entfernungen zurück. In seinem Gedicht »Ein kleiner Kupido sucht vergeblich, eine Erdkugel in die Arme zu schließen« stellt er das Interesse des Wissenschaftlers am Weltraum als eine Form der Gier dar:

Wir starren, raffen, greifen und häufen Vorrat auf Vorrat;
erst genug, dann zuviel, aus zuviel wird noch mehr ...
Auf unserer armen, kleinen Welt versuchen wir mit Blut und Schweiß
vergeblich nur, das Große zu verstehen.

Auch Georg Herbert, wie Donne ein Geistlicher, wandte sich ab von den »rund vierzig Himmeln oder noch mehr«, wie er sich ausdrückte:

Oh, quäl mich nicht in solchem Ausmaß,
denn diese Weite gehört Dir allein;
als Dein Zelt ist die Welt zu klein,
als Grab für mich zu groß.

Die platonische Tradition war noch immer stark vertreten, und einer ihrer Anhänger, Robert Burton, gab in seiner *Anatomie des Melancholischen* seiner Bestürzung Ausdruck, daß die Sterne nicht harmonischer angeordnet seien: »Warum sind einige groß, andere klein, warum stehen sie so durcheinander und ungleich angeordnet am Himmel und sind so unordentlich verteilt? In allen anderen Dingen ist die Natur ausgewogen, von angemessenen Proportionen und beständig ... Warum ist der Himmel so unregelmäßig? ... und woher rührt dieser Unterschied?«

Das allgemeine Unbehagen wurde von dem Schotten William Drummond im Jahre 1623 kurz zusammengefaßt. Sein erster Satz, der einen Vers Donnes nachahmt, macht eine Erläuterung erforderlich. Geronimo Cardano hatte den Begriff »Element« neu definiert als etwas Lebenspendendes und daraus geschlossen, Feuer sei kein Element. Diese Auffassung wurde weiter erhärtet, als Kepler bewies, daß es zwischen Erde und Mond keine Feuersphäre geben könne.

»Das Element Feuer ist ganz erloschen ...«, schrieb Drummond. »Luft ist nur noch verdünntes Wasser, und man hat herausgefunden, daß sich die Erde bewegt und nicht länger Mittelpunkt des Universums ist ...; die Sterne stehen nicht mehr fest, sondern schwimmen in ätherischen Räumen, Kometen werden über die Planeten gesetzt ... Die Wissenschaften sind durch die Bewegungen in der Kugel des menschlichen Gehirns zu bloßen Meinungen oder vielmehr Irrtümern geworden und lassen die Vorstellungskraft in tausend Labyrinthen im Stich. Was ist all unser Wissen, verglichen mit dem, was wir nicht wissen?«

Eine sehr modern klingende Klage. Aber die Entdeckungen, auf die sie sich bezog, waren keineswegs der letzte Stoß, unter dem das Weltgebäude der späten Renaissance erzitterte. Im Jahre 1633 kam noch ein ganzes Bündel weiterer Zweifel hinzu, die zwar anderer Natur, aber deshalb nicht weniger beunruhigend waren. Sie waren die Folge eines Disputs im weit entfernten Rom, und die Ursache des Streits lag im Charakter Galileis begründet. Der Italiener besaß ein aufbrausendes, ungezügeltes Temperament, wozu nicht zuletzt die Tatsache beigetragen haben mag, daß er als Junge von drei in ihn vernarrten Schwestern hemmungslos verwöhnt worden war. Mit vierzig Jahren weltberühmt, war er streitsüchtig, anmaßend und unbedenklich, wenn es darum ging, seine Gegner lächerlich zu machen. Die Schmeicheleien seiner Umgebung stiegen ihm zu Kopf, und allmählich gelangte Galilei zu der Überzeugung, nur er allein sei dazu berufen, sich über die Probleme des Himmels zu äußern. Als der Jesuitenpriester Horatio Grassi, der am Collegium Romanum lehrte, eine Vorlesung über Kometen veröffentlichte und es versäumte, darin Galileis Ansichten zu erwähnen, ließ dieser sich zu einer Attacke hinreißen, die in seinem Werk *Il Saggiatore (Der Prüfer mit der Goldwaage)* gipfelte und den Jesuiten der Lächerlichkeit preisgab. Dies und unprovozierte Angriffe gegen zwei weitere Jesuiten trug ihm die Feindschaft des Orden ein, so daß die Jesuiten, als Galilei in seinem *Dialog über die beiden hauptsächlichsten Weltsysteme, das ptolemäische und das kopernikanische,* öffentlich für die kopernikanische Theorie eintrat, ihren Einfluß gegen ihn geltend machten. Im Jahre 1633 wurde der fast siebzigjährige Galilei nach Rom zitiert, wo vor der Inquisition Anklage gegen ihn erhoben wurde. Ihm wurde vorgeworfen, öffentlich zwei Aussagen als wahrscheinlich hingestellt zu haben, die nach Meinung der Inquisition »absurd und philosophisch falsch« waren, daß nämlich die Sonne der Mittelpunkt der Welt sei und die Erde sich bewege.

Das Verfahren dauerte zwei Monate. Zum Schluß sprachen die Richter Galilei schuldig. Sein *Dialog* wurde verboten, ihm selbst wurde untersagt, weiter in dieser Sache zu lehren und zu schreiben, und es wurde ihm auferlegt, vor einem Plenum der Inquisition der kopernikanischen Lehre feierlich abzuschwören.

Mit überraschender Fügsamkeit unterwarf sich Galilei. »Ich widerrufe, verfluche und verabscheue die genannten Irrtümer und Ketzereien«, erklärte er, »und ich schwöre, daß ich in Zukunft niemals wieder, weder mündlich noch in geschriebener Form, irgend etwas sagen oder behaupten werde, das Anlaß geben könnte, einem ähnlichen Verdacht betreffs meiner Person Vorschub zu leisten.« Es verblieben ihm noch neun Jahre, die er still und zurückgezogen in seinem Landhaus verbrachte. Zur Kosmologie schrieb er nichts mehr, und allmählich erblindete er völlig.

Die Verurteilung Galileis rief drei schwerwiegende Zweifel wach, einen davon sofort, die anderen erst später, aber dafür um so nachhaltiger. Der erste Zweifel gipfelte in der Frage, ob ein Katholik sich mit der Veröffentlichung einer neuen und umstrittenen Theorie nicht der Gefahr aussetzte, wegen Ketzerei angeklagt zu werden. Derartige Befürchtungen veranlaßten zum Beispiel Descartes, seine Überzeugung von der Richtigkeit des kopernikanischen Weltbildes zu verheimlichen, und sie spielten wahrscheinlich auch eine Rolle, als er den Entschluß faßte, Frankreich zu verlassen und sich nach Holland zu begeben, wo er dem Zugriff der Kirche weniger ausgesetzt war.

Es verging einige Zeit, bis sich der zweite Zweifel herausbildete. Als es Newton gelang, die Richtigkeit der kopernikanischen Theorie endgültig zu beweisen, erschien die Verurteilung Galileis in einem neuen, der Kirche äußerst abträglichen Licht. Wenn sich die Kirche damit auf ein veraltetes Weltbild festgelegt hatte, waren dann nicht auch die von ihr gelehrten Glaubenssätze erschüttert, vielleicht gar überholt? Viele Menschen begannen, am Anspruch der Kirche zu zweifeln, im alleinigen Besitz der göttlichen Wahrheit zu sein und sie allein richtig deuten und verbreiten zu können.

Der dritte Zweifel erwies sich als der weittragendste. Die Kirche hatte zwei wissenschaftliche Aussagen als häretisch verurteilt und dies damit begründet, daß sie im Widerspruch zur wortwörtlichen, fundamentalistischen Auslegung bestimmter Stellen in der Heiligen Schrift ständen. Dadurch öffnete die Kirche ganz unnötig eine Kluft zwischen Kosmologie und Bibel und vergaß ihren eigenen Anspruch, daß beide nur zwei Aspekte einer einzigen Wahrheit darstellten. Dieser Gegensatz sollte weit bis in das zwanzigste Jahrhundert hinein wirksam bleiben, er löste bei ganzen Generationen katholischer Wissenschaftler Gewissenskonflikte aus und führte in der Kosmologie zu einem geistigen Klima, das von der Verdrängung wissenschaftlicher Erkenntnis und der schizophrenieähnlichen Aufspaltung von Wissen und Glauben geprägt war. Das einheitliche Weltbild hatte einen scheinbar unheilbaren Riß bekommen.

Auf Tycho Brahes Beobachtungen, die die Kristallsphären der Planeten beseitigt und sie durch die neue Idee des offenen Raumes ersetzt hatten, reagierte ein italienischer Wissenschaftler mit ganz außergewöhnlicher Begeisterung. Giordano Bruno wurde 1548 in der Nähe der süditalienischen Stadt Nola als Sohn eines Soldaten geboren. Süditalien war damals von den Spaniern besetzt, und ihre harte Herrschaft mag viel zur Abneigung Brunos gegenüber jeder Art von Autorität beigetragen haben. Wie viele Süditaliener Erbe einer langen Tradition des Animismus, glaubte Bruno als Kind daran, daß auf den mit Buchen und Lorbeer bewachsenen Hügeln seiner Heimat Geister wohnten.

Eines Tages nahm man ihn zum nahe gelegenen Vesuv mit. Aus der heimatlichen Ferne hatte der Berg stets kahl und bedrohlich ausgesehen; jetzt bemerkte Bruno, daß dort Bäume und eine üppige Vegetation gediehen. Seine entfernte Heimat inmitten ihrer Weinberge wirkte dagegen nun dunkel und verschwommen. »Zum ersten Male wurde mir klar, daß das Auge sich täuschen konnte«, erinnerte er sich später und hätte gut noch hinzufügen können, daß er schon damals jenen vor seinem inneren Auge auftauchenden Visionen mehr Vertrauen schenkte als den äußerlich sichtbaren Dingen.

Mit fünfzehn Jahren trat Bruno in den Orden der Dominikaner ein und erhielt an Stelle seines Taufnamens Filippo den Klosternamen Giordano; sieben Jahre später wurde er zum Priester geweiht. Er war ein freimütiger, leicht erregbarer, gestikulierender und unbesonnener junger Mann, unordentlich – ständig fehlten ihm Knöpfe an der Kleidung – und voller Lebenslust, Begeisterungsfähigkeit und Neugier. Er konnte es nicht ertragen, eingeengt zu werden, weder körperlich noch geistig. Er liebte das schrankenlose Schweifen der Intuition und mißtraute seiner begrenzten Welt. Es war demnach nur logisch, daß er der arianischen Ketzerei zuneigte, die behauptete, Jesus sei nur von menschlicher und nicht von göttlicher Natur gewesen – denn wie konnte Gott sich in einen menschlichen Körper einengen lassen? Nach einer Verwarnung durch seine Oberen wegen seiner arianischen Tendenzen verließ Bruno sein Kloster und begann, ein unstetes Wanderleben zu führen.

Fünf Jahre später kam er nach Paris und hielt dort Vorlesungen über ein Thema, das man mit »Wie verbessere ich mein Gedächtnis und beginne zu leben?« umschreiben könnte. Er lehrte den französischen König Heinrich III. eine Methode, die biblische Schöpfungsgeschichte auswendig zu lernen, und wurde dafür mit der königlichen Patronage belohnt. Damals veröffentlichte er auch ein Buch mit dem Titel *Die Schatten der Ideen,* worin er die Auffassung vertrat, der Mensch und die sichtbaren Erscheinungen seien nur sehr unvollkommene Schatten des unnennbaren Einen, und dieser Eine sei nicht auf dem Wege der Vernunft, sondern nur durch die unio mystico, die mystische Einswerdung, zu erfahren.

Im Jahre 1583 kam Giordano Bruno nach England und stieß hier wahrscheinlich auf die kopernikanische Theorie in der Darstellung eines führenden englischen Kosmographen: Thomas Digges hatte 1576 als Beitrag zur Neuauflage eines Buches mit dem Titel *Prognostication* (Vorhersage) eine Darstellung der kopernikanischen Kosmologie veröffentlicht und dazu ein Bild als Illustration beigesteuert, auf dem die Umlaufbahnen der Planeten um eine in der Mitte stehende Sonne und dahinter zahlreiche verstreute Sterne zu sehen waren. Die Bildunterschrift lautete: »Dieser Bereich der Sterne, unendlich hoch und feststehend, dehnt sich nach oben sphärisch aus und ist daher unbeweglich. Der Palast der Glückseligkeit, geschmückt mit den ewig scheinenden herrlichen Lichtern, die nicht zu zählen sind ...«

Entscheidend sind dabei die Worte *unendlich hoch,* denn Digges ging mit der Behauptung, der Weltraum sei unendlich, noch über Tycho Brahe hinaus. Vor ihm hatte sich zwar schon der römische Dichter Lukrez ähnlich weitreichende Vorstellungen gemacht, und im fünfzehnten Jahrhundert hatte der Platoniker Nikolaus von Kues sich aus metaphysischen Gründen für eine derartige Auffassung ausgesprochen, Digges jedoch war einer der ersten, die dafür auch eine wissenschaftliche Begründung anführen konnten.

Bruno machte sich die von Digges aufgestellte Behauptung zu eigen, denn er sah in der Unendlichkeit des Weltraums einen Beweis für die Grenzenlosigkeit Gottes. Über das kopernikanische Weltbild hielt er Vorlesungen in Oxford, wo die Universitätslehrer nach seinen Worten »mehr von Bier als vom Griechischen verstanden«, schloß sich dem Kreis um Philip Sidney an und schrieb zwei wichtige Bücher, *Das Aschermittwochsmahl* und *Vom unendlichen All und den Welten,* in denen er die von Digges übernommenen Ansichten bis an die Grenzen der Vorstellungskraft weiterführte. Das Universum sei nicht nur unbegrenzt, erklärte Bruno jetzt, sondern umfasse eine unendliche Zahl von Welten. »Es gibt unzählige Sonnen und eine unendliche Menge von Planeten, die ebenso um ihre Sonnen kreisen wie unsere sieben Planeten um unsere Sonne.« Ferner nahm er an, daß diese Welten von Lebewesen bewohnt waren, die teils »besser« und teils »schlechter« waren als der Mensch. Bruno war der Auffassung, das Universum als Ganzes habe ewigen Bestand – eine Meinung, die er später revidieren sollte, denn er kam zu der Überzeugung, daß diese Welten auch wieder zugrunde gehen und zerfallen könnten, wenn ihre Bestandteile neue Verbindungen eingehen. Trunken von seinem neuentdeckten Begriff der Unendlichkeit, weitete Giordano Bruno diesen auch ins Kleinste hinein aus: »Eine unzählige Menge von Geschöpfen bewohnt den Körper des Menschen und alle zusammengesetzten Dinge.«

In diesem unendlichen Universum konnte es kein Oben und Unten geben, denn alle Dinge veränderten ständig Lage und Form. Gut und Böse waren nicht eine Frage der persönlichen Verantwortung, sondern vielmehr Schwingungen der Seele in einem ständigen Wechsel zwischen Licht und Finsternis. Bruno war nie weit vom Pantheismus entfernt und von der ihm innewohnenden Tendenz, die Grenzen zwischen Gut und Böse zugunsten einer umfassenden Akzeptanz aufzuheben.

Nach zweieinhalbjährigem Aufenthalt in England kehrte Bruno auf den Kontinent zurück. Da er wie viele Träumer ein ausgesprochener Pechvogel war (auch Cardano fällt in diese Kategorie), wurden ihm während der Reise Geld und Gepäck gestohlen. Er nahm sein Wanderleben wieder auf und veröffentlichte weitere Bücher. In einem von ihnen behauptete er, es gebe noch unentdeckte Planeten, die sich um unsere Sonne bewegen. In all seinen Werken verlieh er seiner freudigen und zuversichtlichen Vision von einem lebensvollen und unendlichen Universum Ausdruck.

1591 kam Bruno nach Venedig, der damals liberalsten Stadt Italiens, in der Hoffnung, sich mit der Kirche wieder auszusöhnen und erneut als Priester zu leben, wenn auch nicht als Angehöriger des Dominikanerordens. Er erklärte, er habe wichtige Arbeit geleistet: »Der Mann aus Nola hat den menschlichen Geist befreit und auch sein Wissen. Er erstickte in der dumpfen Luft eines engen Gefängnisses, aus dem er, wenn auch nur durch Mauerritzen, zu den weit entfernten Sternen hinaufstarrte. Seine Flügel waren gestutzt, so daß er nicht in der Lage war, sich einen Weg durch die Wolken zu bahnen und die dahinter liegende Wirklichkeit zu erreichen.« In tragischer Ironie fand sich Giordano Bruno kurz darauf – von einem venezianischen Bekannten wegen Ketzerei denunziert – tatsächlich in einem Kerker wieder.

Beim Verhör durch die Inquisition Venedigs erklärte Bruno: »Ich halte das Weltall für unendlich als Schöpfung einer unendlichen göttlichen Allmacht, weil ich es der göttlichen Güte und Allmacht für unwürdig halte, daß sie eine endliche Welt erschaffen hätte, da sie neben dieser Welt eine andere und unzählige weitere erschaffen konnte.« Er gab zu, er habe ernsthafte Zweifel, ob es sich bei Vater, Sohn und Heiligem Geist um getrennte Personen handle, diese Zweifel habe er jedoch nie veröffentlicht. Nach wochenlangem Verhör wurde Bruno aufgefordert, seine Ansichten zu widerrufen. Er tat das und bat auf den Knien um Gnade. Inzwischen hatte jedoch die Inquisition in Rom bereits seine Auslieferung gefordert.

Die römische Inquisition war weit strenger als die venezianische Behörde. 1567 und 1570 hatte sie bereits zwei Italiener wegen Ketzerei zum Tode verurteilt. Sieben Jahre verbrachte Bruno in den Kerkerzellen der Inquisition, dann erst wurde der Prozeß gegen ihn eröffnet. Obwohl die eigentlichen Protokolle dieses römischen Verfahrens verlorengegangen sind oder vernichtet wurden, gibt es noch genügend Dokumente, aus denen hervorgeht, daß in acht Punkten Anklage gegen ihn erhoben wurde, unter anderem, weil er die Transsubstantiation, das Wunder der Wandlung während des Meßopfers, geleugnet habe. Diesmal weigerte sich Bruno, zu widerrufen. Am Ende seines Lebens konnte er ebensowenig wie zu dessen Beginn daran glauben, daß das Unendliche sich einengen lasse, sei es nun im Fleische Christi oder in einer Oblate ungesäuerten Brotes. Von acht Kardinälen wurde er schuldig gesprochen, exkommuniziert und mit der üblichen nichtssagenden Bitte um Milde der weltlichen Gerechtigkeit überantwortet. Am 17. Februar des Jubiläumsjahres 1600 wurde Giordano Bruno im Alter von zweiundfünfzig Jahren barfuß auf den Campo di Fiori geführt. Er trug ein weißes Leinentuch, das an den Säumen mit Andreaskreuzen verziert und ganz mit Teufeln und roten Flammen übersät war. Bruno wurde bei lebendigem Leibe auf dem Scheiterhaufen verbrannt. In einem Bericht heißt es, er sei geknebelt gewesen, einem anderen zufolge soll er ausgerufen haben, seine Seele werde aus den Flammen zum Paradies emporschweben.

Gegenüber seinen Richtern hatte Bruno erklärt: »Vielleicht ist die

Furcht, mit der ihr das Urteil gegen mich verkündet, größer als die, mit der ich es entgegennehme!« – eine zugleich tapfere und weitblickende Bemerkung. Die Geschichte hat Giordano Bruno recht gegeben, und spätere Generationen haben für seine Überzeugung gekämpft, daß keine Autorität den Geist des Menschen einengen dürfe. Die Folgen seines Todes verurteilten jene, die ihn wegen der theologischen Auswirkungen seiner Weltsicht auf den Scheiterhaufen brachten.

Giordano Bruno schwelgte förmlich in der Unendlichkeit, und seine in diesem Stil abgefaßten kosmologischen Schriften sollten sich noch als einflußreich erweisen. Aber nicht alle Menschen seines Zeitalters wurden durch die Idee der Unendlichkeit in der gleichen Weise berührt. Einer vor allem reagierte ganz anders als Giordano Bruno.

Blaise Pascal wurde 1623 in Clermont-Ferrand als Sohn eines Juristen geboren. Nach einigen Jahren in Paris siedelte Pascals Vater mit seinen drei Kindern nach Rouen über, da er 1639 zum königlichen Steuerkommissar für diese Stadt ernannt wurde. Pascals Mutter war gestorben, als er drei Jahre alt war, und dieses Erlebnis führte wahrscheinlich dazu, daß Blaise in einem bleibenden Gefühl der Unsicherheit lebte, das nur bis zu einem gewissen Grade durch die liebevolle Sorgfalt gemildert wurde, mit der sich seine beiden Schwestern um ihn kümmerten. Pascals Gesundheit war nie robust, und im Alter von vier Jahren zog er sich eine Augeninfektion zu. Es wirft ein bezeichnendes Licht auf die Medizin seiner Zeit, daß als Teil der Behandlung zwei Katzen getötet werden mußten.

Pascals Vater war ein frommer Mann, dem jede Heuchelei fremd war. Zu seinem kultivierten Freundeskreis gehörte auch Le Pailleur, der Verfasser eines Essays über *Galileis Ansicht über die Bewegung der Erde*, in dem er voller Ironie die Unwissenheit als sichersten Schutz vor der Ketzerei preist. Etienne Pascal kümmerte sich sorgfältig um die Erziehung und Ausbildung seines Sohnes und stellte bald die Anzeichen einer außerordentlichen Begabung fest. Mit sechzehn Jahren schrieb der Junge eine Abhandlung über die Kegelschnitte, und als Neunzehnjähriger baute er eine der ersten Rechenmaschinen. Nach Abschluß seiner Schulausbildung begann Pascal, sich mit wissenschaftlichen Forschungsarbeiten zu beschäftigen, die vor allem den Eigenschaften des leeren Raums und verschiedenen mathematischen Problemen gewidmet waren. Zur Finanzierung seines Lebensunterhalts beteiligte er sich an Projekten wie der Trockenlegung der Sümpfe im Poitou und der Einrichtung eines regulären Postkutschendienstes.

Dieser energische junge Mann, den man allgemein für ein mathematisches Genie hielt, litt jedoch an einer schweren Krankheit. Normalerweise verhärten sich die weichen Knorpelstellen, an denen die Nähte des kindlichen Schädels zusammenstoßen, im Laufe der ersten achtzehn Monate; in Pascals Fall jedoch schlossen sich fünf von ihnen nicht. Als Folge davon hatte er häufig unter Migräneanfällen zu leiden, deren Heftigkeit jede denkerische Anstrengung unmöglich machte und seine Arbeiten unterbrach. Während solcher Perioden der Entkräftung pflegte Pascal über die Religion nachzusinnen, insbesondere über gewisse in gebildeten Kreisen weitdiskutierte Zweifel, die das Wesen des menschlichen Verstandes betrafen.

Ursprünglich waren sie entstanden, als man in den neuentdeckten fernen Winkeln der Welt den Kannibalismus entdeckt hatte. Daß der Mensch seine Mitmenschen auffraß, war zweifellos bedauerlich, aber daß er dies zu seinem guten Recht erklärte und es zur Rechtfertigung dieser Sitte als vernünftig hinstellte, war für viele Europäer zutiefst beunruhigend, denn es schien zugleich beides, das absolut Gute und den Verstand, in Frage zu stellen. Montaigne vor allem dachte über die Schlußfolgerungen nach, die sich daraus ergaben. Auf einer Suche quer durch Gegenwart und Vergangenheit stieß er auf nicht weniger als 280 Tugenden, für deren Existenzbeweis von ihren Anhängern der Verstand bemüht wurde, oft mit denselben Argumenten, mit denen auch der Kannibalismus gerechtfertigt werden konnte. Da er sah, daß der Anspruch solcher »Tugenden« mit Verstandesgründen allein nicht zu leugnen war, verlor Montaigne den Glauben an die Kraft des Verstandes und zog sich auf eine Position des äußersten Skeptizismus zurück.

Blaise Pascal war von Montaignes Argumenten äußerst beunruhigt und ging in seinen *Pensées,* den *Gedanken über die Religion,* in denen sich das folgende Fragment findet, sogar noch einen Schritt weiter: »Die Historiker Mexikos; die fünf Sonnen, von denen die letzte erst achthundert Jahre alt ist. Unterschied zwischen einem Buch, das von einem Volk akzeptiert wird, und einem, das ein Volk formt.« Wie diese rätselhafte Bemerkung vermuten läßt, war sich Pascal darüber im klaren, daß die mythenstiftende Kraft einer Religion der Verstandeskraft des Menschen weit überlegen ist, und vielleicht auch darüber, daß selbst eine Religion Massenmord und Kannibalismus fordern kann.

Der Mensch, so argumentierte Pascal, ist in der Tat ein elendes Geschöpf und weit erbärmlicher, als selbst Montaigne angenommen hatte. Ein bloßes Nichts reicht schon aus, seine Urteilskraft zu trüben, das Drehen des Wetterhahns, zuwenig oder zuviel Wein. Ein bloßes Nichts veranlaßt ihn, sich in die verrücktesten Abenteuer zu stürzen. »Gewohnheit« beeinträchtigt unser Verständnis und macht aus zufälligen Verbindungen notwendige Zusammenhänge. Unsere Wahnvorstellungen setzen, ohne daß wir es bemerken, Phantasiegebilde an die Stelle der dinglichen Realität. Was nützen alle Reichtümer dieser Welt einem Mann, der sich selbst für arm hält? Wenn der Prediger nicht ordentlich rasiert ist, kann der würdigste Ratsherr dann seinen höchst erbaulichen Predigten zuhören, ohne insgeheim lachen zu müssen? Der Wahn beherrscht diese Welt, und seine Gesetze verdrängen die Gesetze des Verstandes.

Das alles war außerordentlich erschreckend. Aber es gab Schlimmeres, das nur dem Mathematiker Pascal bekannt war. Er hatte sich intensiv mit den Problemen der Infinitesimalrechnung beschäftigt und keinen logischen Widerspruch in der Konzeption der unendlich großen Zahl finden können. Wir wissen, schrieb er, daß es eine unendlich große Zahl gibt, aber »wir wissen nicht, was sie ist: weder ist sie gerade, noch ist sie ungerade, denn durch Addition der Eins verändert man sie nicht«.

Der menschliche Verstand ist außerstande, die Unendlichkeit zu begreifen, und doch existiert die Unendlichkeit direkt über uns am nächtlichen Himmel. Giordano Bruno hatte den unendlichen Weltraum noch mit naiver Freude aufgenommen. Pascal, der als Mathematiker genau wußte, welche Probleme die Unendlichkeit nach sich zieht und wie hilflos der Verstand ihr gegenübersteht, blickte zum Himmel hinauf und zitterte vor Angst. Von dieser Angst spricht er in den *Gedanken* immer wieder: »Ich schaue diese grauenvollen Räume des Universums, die mich einschließen, und ich finde mich an eine Ecke dieses weiten Weltenraumes gefesselt, ohne daß ich wüßte, weshalb ich nun hier und nicht etwa dort bin, noch weshalb ich die wenige Zeit, die mir zum Leben gegeben ist, jetzt erhielt und an keinem anderen Zeitpunkt der Ewigkeit, die vor mir war oder die nach mir sein wird. Ringsum sehe ich nichts als Unendlichkeiten, die mich wie ein Atom, wie einen Schatten umschließen, der nur einen Augenblick dauert ohne Wiederkehr.« Dort findet sich auch der lapidare Satz: »Das ewige Schweigen dieser unendlichen Räume macht mich schaudern.« Woher rührte diese Angst? Der Verstand hatte dem Menschen die Unendlichkeit *bewußt* gemacht, konnte es ihm der Verstand nicht schließlich auch ermöglichen, sie zu begreifen? Pascal glaubte nicht daran. Für ihn stand fest: Der endliche Verstand, auf eine endliche Lebensdauer beschränkt, kann das Unendliche nie begreifen. Damit war auf der allerhöchsten Ebene, der kosmischen, erneut das Elend des Menschen bewiesen.

Pascal fragte: Wie kann ich einen Ausweg aus diesen schrecklichen Zweifeln finden? Nach langem Suchen klammerte er sich schließlich an eben dieses Elend des Menschen, das ihn so erschreckt hatte. In der Tatsache, daß der Mensch sich seines Elends bewußt ist, liegt seine Hoffnung, denn dieses Bewußtsein setzt voraus, daß er zu Besserem erschaffen wurde. Der Mensch fühlt in sich Möglichkeiten der Unabhängigkeit, ja sogar der Größe. Er ist ein Schilfrohr, aber ein Schilfrohr, das denkt. Er trägt beides in sich, die Zeichen extremer Schwäche und die Zeichen des Erhabenen. Das ist die paradoxe Verfassung des Menschen. Womit ist sie zu erklären? Pascal antwortet, nur durch den Sündenfall und die Erlösung, durch Adam und Jesus Christus.

Die Philosophen hatten in Pascals Augen einen falschen Gottesbegriff. Gott ist kein Beweger oder Geometer, dem wir uns auf den Wegen des Verstandes mit klaren Begriffen nähern können. Er ist ein verborgener Gott, und wir erleben immer nur einen schwachen Abglanz von ihm. Und das ist auch verständlich, denn dieser Abglanz wird nicht durch den Verstand, sondern mit dem Herzen erfahren. Mit dieser Aussage zieht sich Pascal nicht vom verstandesmäßigen Denken zurück, er wendet sich nur gegen die zu seiner Zeit verbreitete sehr enge Auffassung des Verstandes als einer selbständigen und unabhängigen Instanz, die allein in der Lage sei, klare Ideen und Auffassungen über den Menschen und sein Bild von der Welt hervorzubringen. Denn der Begriff des Herzens, wie Pascal ihn verwendet, ist weit davon entfernt, sich nur auf das bloße Gefühl zu beschränken, sondern er ist vielmehr ein wesentlicher Bestandteil des erkennenden Ich. In einem wichtigen kleineren Werk, *Vom Geist der Mathematik und der Kunst der Überzeugung,* vertrat Pascal sogar die Auffassung, das Herz sei ein wesentlicher Bestandteil der Mathematik, der angeblich vollkommenen Wissenschaft, denn wir erkennen grundlegende Prinzipien wie Raum, Zeit, Begriff und Zahl durch die Intuition des

Herzens, und durch den Verstand können sie nicht in Frage gestellt werden. Was Pascal hier in Wirklichkeit unternahm, war nichts Geringeres als die Wiederherstellung der Einheit des erkennenden Ich, denn er stellte die These auf, daß alle unsere philosophischen Ideen, selbst die abstraktesten, eine existentielle Qualität besitzen; Gültigkeit können wir für sie nur insoweit in Anspruch nehmen, als sie für eine zutiefst persönliche Instanz wahr klingen.

Pascals Plädoyer für diese Einheit des erkennenden Ich sollte für den Rest seines Jahrhunderts unbeachtet bleiben, ja sogar noch länger. Eigentlich ist man erst in den letzten Jahren wieder darauf aufmerksam geworden, da hier vielleicht eine befriedigende Erklärung für die Werturteile zu finden ist, die anscheinend sogar unsere erklärtermaßen unpersönlichen Denkvorgänge durchziehen und vorstrukturieren.

In seinem eigenen Leben führten die Schlußfolgerungen, zu denen Pascal gelangte, unverzüglich zu entscheidenden Veränderungen. Durch die Vermittlung seiner Schwester Jaqueline, die als Nonne in Port-Royal lebte, näherte er sich der strengen Frömmigkeit des Jansenismus. 1646, als er dreiundzwanzig Jahre alt war, erlebte er eine erste »Bekehrung«, die ihn dazu brachte, ein weniger weltliches Leben zu führen und fromme jansenistische Praktiken zu übernehmen. Im Jahre 1654, am 23. November zwischen halb elf Uhr abends und einer halben Stunde nach Mitternacht, machte er eine zweite tiefe religiöse Erfahrung, die er mit den folgenden Worten beschrieb:

> FEUER.
> »Gott Abrahams, Gott Isaaks, Gott Jakobs«, nicht der Philosophen und Gelehrten.
> Gewißheit. Gewißheit. Empfinden. Freude. Friede . . .

Pascal zog sich nach Port-Royal zurück, wo er ein Leben in Askese führte und in einem einfachen Zimmer wohnte, aus dem er sogar die Tapeten entfernen ließ. Ein Jahr lang arbeitete er an einer Apologie des Christentums, in der er alle Zweifel seiner Zeitgenossen beantworten wollte, nicht zuletzt diejenigen, die sich aus den immer populärer werdenden neuen Auffassungen vom Kosmos ergaben. Die Krankheit unterbrach diese Arbeit, und wir besitzen deshalb von diesem vielleicht glänzendsten Werk christlicher Philosophie, das je entworfen wurde, nur die

Fragmente der *Gedanken.* Seine Schmerzen nahmen zu, und Pascal fühlte sein Ende nahen. Schauderte er immer noch vor dem Schweigen der ewigen Räume? Vielleicht, denn seine letzten Worte waren: »Möge Gott mich nie verlassen.« Kurz darauf – erst neununddreißig Jahre alt – starb Pascal.

7. Kapitel
Der Apfel und der Komet

Mondspekulationen – John Wilkins schreibt über Reisen zum Mond – In England gewöhnt man sich an das neue Weltbild – John Miltons *Verlorenes Paradies* – Die Londoner St.-Pauls-Kathedrale als Ausdruck der neuen Raumauffassung – In Descartes' flüssigem Himmel verwandeln sich Sterne in Planeten – Die Gärten von Versailles – Kosmologische Entdeckungen des französischen Hofastronomen – Isaac Newton, die *Principia mathematica* und das Gesetz der allgemeinen Gravitation – Newtons Kommentar zum Thema Gott – Die Reaktion in England und auf dem Kontinent – Der Halleysche Komet kehrt zurück.

Entdeckern wird gelegentlich Unrecht getan. So wurde der von Kolumbus gefundene Kontinent nach dem späteren Seefahrer Amerigo Vespucci benannt, und auch Galilei erging es nicht besser: Die von ihm entdeckten Krater und Meere erhielten die Namen seiner späteren Gegner, der Jesuiten Grimaldi und Riccioli. Diese beiden frühen Selenographen gaben den Kratern und Gebirgen des Mondes die Namen bedeutender Philosophen und Astronomen wie Platon, Aristoteles, Ptolemäus, Grimaldi (ein großer Krater) und Riccioli (ein Krater mittlerer Größe) – Galilei mochten sie nur einen kleinen Krater zugestehen. Die dunklen Flächen bezeichneten sie als Meer des Regens, Meer der Heiterkeit, Meer der Ruhe, Bucht der Regenbogen und so weiter. Natürlich waren die köstlichen Namen das Ergebnis intensiver Spekulationen über die Natur des Mondes und regten gleichzeitig neue Überlegungen in dieser Richtung an.

John Wilkins, dessen Spekulationen den nachhaltigsten Einfluß ausüben sollten, wurde im Jahre 1614 in Northamptonshire als ältester Sohn eines Goldschmieds geboren, der sich experimentell an einem Perpetuum mobile versuchte. Wilkins ging nach Oxford und trat in den geistlichen Stand. Eine zufällige Unterhaltung bei der Hasenjagd brachte ihm die Stelle eines Kaplans bei Lord Say and Sele ein, und 1648 wurde er Rektor des Wadham College in Oxford. Wie John Aubrey berichtet, war Wilkins, »ein fröhlicher, kräftig gewachsener, handfester, breitschultriger Mensch, munter und gastfreundlich; kein übermäßig belesener Mann, aber jemand, der viel und tief nachdachte und dessen Kopf immer beschäftigt war, ein ebenso besonnener wie geistreicher Mann«.

Als die puritanische Revolution ausbrach, hatte es den Anschein, als würde Wilkins sein Amt verlieren, er heiratete jedoch – mehr aus Klugheit als aus Liebe, heißt es – Cromwells jüngste Schwester, eine Witwe.

Unter der Restauration bewies Wilkins erneut seine Umsicht, arrangierte sich mit der neuen Ordnung, erhielt einen wichtigen Londoner Pfarrbezirk und wurde später sogar Bischof.

Wilkins interessierte sich für alle Zweige der Wissenschaft. Er erfand eine Universalsprache mit dreitausend Wörtern, eine Vorläuferin des Esperanto, die in Kurzschrift aufgezeichnet wurde und von der er behauptete, man könne sie innerhalb eines Monats erlernen. Außerdem war er Mitbegründer der Londoner Royal Society, der Königlich Britischen Akademie der Naturwissenschaften, und wurde ihr erster Sekretär.

Wilkins war vierundzwanzig Jahre alt, als er die *Entdeckung einer Welt im Mond* veröffentlichte, deren dritter Auflage er 1640 noch eine *Abhandlung über die Möglichkeit, dorthin zu gelangen,* hinzufügte. Im Gegensatz zu den phantastischen Geschichten über Reisen zum Mond – Cyrano de Bergeracs um 1655 erschienene *Komische Geschichte der Mondstaaten* gehört in diese Kategorie – hielt sich der Engländer an die Naturwissenschaft.

Für Wilkins bestanden die dunklen Flecken auf dem Mond aus Wasser, die helleren Stellen hielt er für Land. Er glaubte, das Fehlen dunkler Stellen in der Nähe des Randes sei auf dazwischentretende leuchtende Nebel zurückzuführen, und folgerte daraus, der Mond müsse eine Atmosphäre haben. »Da die Sonne jeden Monat im Zenit des Mondes steht und dort lange bleibt, bevor sie ihn wieder verläßt« – müßte da die Hitze nicht unerträglich werden? Wilkins antwortete darauf, daß »die Gleichmäßigkeit der Mondnächte die sengende Hitze des Tages bedeutend mildert; und die extreme Kälte des einen Zustandes benötigt einen gewissen Abstand, bevor sie durch den anderen vertrieben werden kann, so daß die Hitze eine gewisse Zeit braucht, ehe sie die Oberhand gewinnt und ihr danach nicht mehr viel Zeit zum Wüten übrigbleibt«.

Wenn der Mond also eine Atmosphäre, Hügel und Täler besaß, dann war er nach Wilkins' Meinung wahrscheinlich auch bewohnt. Über die Mondbewohner Spekulationen anzustellen lehnte Wilkins jedoch ab und meinte lediglich, sie würden etwa auf der Mitte zwischen Menschen und Engeln stehen.

Was nun die Möglichkeit anbetraf, zum Beispiel mit künstlichen Flügeln zum Mond zu fliegen, so sah Wilkins eine Reihe von Schwierigkeiten voraus. Vögel, die schnell laufen können wie Fasan und Rebhuhn, fliegen weniger gut als Schwalben und Mauersegler. Und der Mensch ähnelte eher der ersten Gruppe; er würde nur langsam fliegen können und schnell ermüden. Und die Temperatur im Weltall? Wilkins räumte zwar ein, auf den Berggipfeln werde es sehr kalt sein, meinte jedoch, vielleicht sei diese kalte Schicht nur zu dem Zweck geschaffen worden, durch Kondensation Wolken zu erzeugen, und die Luft darüber sei wärmer. Ferner mochte zwar die Luft im Weltall dünn und das Atmen daher beschwerlich sein, hier wußte Wilkins jedoch Rat und machte den sinnreichen Vorschlag, feuchte Schwämme mitzunehmen, da durch sie die Luft wieder dicker werde.

Weiter nahm er an, die Atmosphäre der Erde sei bis zu einer Höhe von ungefähr dreißig Kilometern vorhanden, nach dem Überschreiten dieser Grenze könne sich der Mensch »mit weit größerer Geschwindikeit bewegen als die hier unten lebenden Geschöpfe, da er dann vollkommen schwerelos ist«. Da der Mensch nach Wilkins' Schätzung an einem Tage rund 1600 Kilometer zurücklegen konnte, würde er für die auf etwa 290 000 Kilometer veranschlagte Strecke bis zum Mond ein halbes Jahr benötigen. In schwerelosem Zustand würde er sich jedoch weniger anzustrengen haben und daher auch weniger Nahrung benötigen. Er könnte in eine Art Halbschlaf eintreten, die dem Winterschlaf der Tiere verwandt wäre, aber selbst dann würde er nicht ohne irgendeine Form der Nahrung auskommen.

In diesem Zusammenhang zog Wilkins einen Gedanken in Erwägung, den der jüdisch-hellenistische Philosoph Philon von Alexandria im ersten nachchristlichen Jahrhundert geäußert hatte: Wenn wir die Musik der himmlischen Sphären hören könnten, wären wir in der Lage, »uns mit den Ohren zu ernähren«, und hätten andere Nahrung nicht mehr nötig. Aus diesem Grunde sei es Moses auch möglich gewesen, »vierzig Tage und vierzig Nächte auf dem Berge zu verweilen, ohne etwas zu essen, weil er die Melodie des Himmels vernahm«. Wilkins gab dann aber einer anderen Idee den Vorzug, die allerdings auch nicht einleuchtender ist: In der reinen Luft des Weltalls befinde sich irgendeine nahrhafte Substanz, die ausreichend sei, den Reisenden am Leben zu erhalten.

»Kepler meint«, schreibt Wilkins weiter, »wenn man erst einmal die Kunst des Fliegens beherrscht, werden einige Deutsche die ersten Kolonien gründen, die in jene andere Welt verpflanzt werden«, und bemerkt dazu trocken: »Ich nehme an, er erkennt diese Vorrangstellung wohl deshalb seinen eigenen Landsleuten zu, weil er ihnen in so voreingenommener Weise zugetan ist.«

Wilkins zerbrach sich nicht den Kopf darüber, wer wohl als erster den Mond erreichen werde, aber er hatte doch eine recht klare Vorstellung davon, wie man dort hingelangen könne. Entweder werde der Mensch vogelähnliche Flügel entwerfen oder, was wahrscheinlicher sei, einen »fliegenden Wagen« bauen, »in dem ein Mensch sitzen und ihm eine solche Fortbewegung geben kann, daß der Wagen ihn durch die Luft transportiert. Und vielleicht kann er auch groß genug gebaut werden, um mehrere Menschen zur gleichen Zeit zu tragen, dazu noch Nahrung als Wegzehrung und Waren für den Handel. Ist die Frage erst einmal gelöst, so ist es nicht die Größe, die bei einem Ding dieser Art die Fortbewegung beeinträchtigen kann. Wie wir sehen, schwimmt ein großes Schiff ebenso gut wie ein kleiner Korken, und ein Adler fliegt in der Luft genauso gut wie eine kleine Mücke.«

Aus dem Ganzen zog Wilkins folgende Schlußfolgerung: »Trotz all dieser scheinbaren Unmöglichkeiten ist es doch durchaus wahrscheinlich, daß eines Tages Mittel und Wege gefunden werden, um zum Mond zu reisen, und wie glücklich werden diejenigen sein, denen dabei der erste Erfolg beschieden ist.«

Als Wilkins' Buch erschienen war, wollte die Herzogin von Newcastle, die selbst phantastische Romane verfaßte, von ihm mehr über seine Weltraumreisenden wissen: »Wo werden sie übernachten, Sir, da Sie ja selbst zugeben, daß sich entlang der Reiseroute keine Gasthäuser befinden?«

Wilkins antwortete ironisch: »Gewiß werden Sie, Madame, die Sie so viele phantastische Geschichten geschrieben haben, meinen Schiffern Ruhe und Erfrischung nicht versagen – in einem Ihrer vielen Luftschlösser natürlich.«

Selbstverständlich wurde der frühe Science-fiction-Autor von einigen verlacht. In einer Rede, die er in Oxford gegen die Royal Society hielt, machte sich Robert South über Wilkins lustig: »Und wenn er jemals einen Pfarrbezirk in der Welt des Mondes erhalten sollte, dann könnte er gut einen Erzbischof für Verrückte abgeben.« Allerdings wurde dagegen eingewandt, der Stuhl auf dem Mond sei nicht mehr frei, da es dort bereits einen Bischof gebe, den Mann im Mond ... – und Wilkins war gerade Bischof von Chester geworden.

Während seiner Zeit als Rektor des Wadham College beschäftigte sich Wilkins mit Flugexperimenten, bei denen ihm sein vielseitig gebildeter, aber recht galliger Freund Robert Hooke zur Hand ging. Hooke baute sogar das Modell eines Flugwagens, das sich mit Hilfe von Gewichten und Sprungfedern »in die Luft erhob und sich dort halten konnte«. Leider sind uns darüber keine Einzelheiten überliefert.

Durch das ständige Reden über Flüge zum Mond waren die Engländer mittlerweile geradezu mondsüchtig geworden. Der Regierungsbeamte und berühmte Tagebuchschreiber Samuel Pepys notierte am 8. August 1666: »Die Nacht herrlich klar und hell, also trotz großer Müdigkeit auf den Beinen bis ein Uhr morgens und Mond und Jupiter betrachtet mit diesem zwölf Fuß langen Fernrohr und einem anderen von sechs Fuß, die er [Reeves, ein Glasschleifer] am Abend mitgebracht hatte. Eines der Gläser werde ich kaufen, da es sehr nützlich ist. Ins Bett dann sehr müde, aber es war ein großes Vergnügen.« Pepys befriedigte lediglich seine Neugier und versuchte gar nicht erst, dem Mond und den Gestirnen einen Platz in einem umfassenden Ganzen zuzuweisen. Das wäre wohl auch kaum gelungen, da in seiner Zeit kein geschlossenes Weltbild zur Verfügung stand.

Einige Zeitgenossen waren der Meinung, diese Mondbesessenheit gehe nun doch zu weit. In Samuel Butlers komisch-heroischem Epos *Hudibras* zum Beispiel entdecken die gelehrten Mitglieder der Royal Society auf dem Mond einen Elefanten – sie müssen dann jedoch zu ihrem Verdruß feststellen, daß sich im Rohr ihres Teleskops eine Fliege eingenistet hat.

Wie reagierten Wilkins und seine Zeitgenossen nun auf das im vorigen Kapitel beschriebene mehrfache Dilemma? Das heliozentrische Weltbild beunruhigte sie nicht mehr, da sie sich daran gewöhnt hatten, so daß der Arzt und Naturforscher Henry Power im Jahre 1664 schreiben konnte: »Die Auffassung, die Erde sei der Mittelpunkt der Welt, ist mittlerweile dermaßen überholt, daß wir uns nicht mehr länger mit ihr abzugeben brauchen.« Und was die anläßlich des Prozesses gegen Galilei aufgeworfenen Fragen anbetraf, so konnte man jetzt von Theologen hören, der Heilige Geist habe »seine Äußerungen unserem irrenden Begriffsvermögen angepaßt« und von Sonne und Mond nicht so gesprochen, wie sie sind, sondern wie sie uns erscheinen.

Die unordentliche Verteilung der Sterne am Himmel, über die sich Burton einst beklagt hatte, wurde jetzt von dem in Cambridge lehrenden Platoniker Henry More (1614 bis 1687) geradezu gerechtfertigt:

Ein schwächerer Verstand nimmt alles ganz genau,
so wie die Spinne sauber ihre unwicht'gen Netze spinnt;
kühnere Geister aber sind mutiger und frei
und ohne Angst vor kleinen Fehlern.
So hat der lichtbenetzte Pinsel der Natur ganz ungescheut
mit kühnem Schwung der Sterne Pracht über den Nachthimmel verstreut.

Während Pascal angesichts der unendlichen Räume vor Angst gezittert hatte, zögerten die Engländer, einer Denkrichtung bis in ihr Extrem zu folgen, und gaben sich lieber mit der tröstlichen Überlegung zufrieden, daß der Kosmos, sei er nun endlich oder unendlich, zeitlich begrenzt oder ewig, jedenfalls ein Ausdruck Gottes war. Der Dichter und Philosoph Henry Vaughan (1622 bis 1695) bietet mit seinem Gedicht »Die Welt« dafür ein gutes Beispiel:

Und eines Nachts sah ich die Ewigkeit
wie einen großen Ring aus reinem Licht und endlos weit,
voll Ruhe ebenso wie voller Helligkeit,
und unter ihr bewegte sich im Kreis die Zeit in Stunden, Tagen, Jahren,
von Sphären angetrieben
wie ein ungeheurer Schatten ...

Allgemein wurde jetzt eingeräumt, wie Henry Power es formuliert hat, daß »die Welt weder in erster Linie für den menschlichen Gebrauch geschaffen wurde noch dazu, ihm und seinen Fähigkeiten förderlich zu sein«.

Aber in England verbrachte man deswegen keine schlaflosen Nächte, und als John Wilkins im Jahre 1672 starb, standen seine letzten Worte in markantem Gegensatz zu denen des sterbenden Pascal. »Ich bin bereit«, sagte der Bischof, »zum großen Experiment.«

Wenn Wilkins und seine Zeitgenossen gegenüber der Natur eine so beneidenswert gelassene Haltung einnehmen konnten, dann hatten sie das wohl auch der Tatsache zu verdanken, daß ein großer Dichter ein Weltbild geschaffen hatte, in dem die neuen, mit dem Fernrohr gemachten Entdeckungen und die altüberlieferten Wahrheiten der Bibel in einen gemeinsamen Zusammenhang gestellt wurden.

John Milton wurde 1608 in London geboren und war der einzige Sohn eines wohlhabenden Gerichtsschreibers und Komponisten. Auf der Londoner St.-Pauls-Schule und während seines Studiums in Cambridge erwarb sich Milton gründliche Kenntnisse des Griechischen, Lateinischen und Italienischen und machte sich später, als ihm sein Vater einen Landaufenthalt in Buckinghamshire ermöglichte, mit den englischen Dichtungen *L'Allegro* und *Il Penseroso,* die dem Frohsinn und dem Ernst gewidmet waren, einen Namen. Im Alter von 29 Jahren reiste er nach Italien. Mehrere Akademien bereiteten ihm dort einen herzlichen Empfang, vor allem die in Florenz, in der er ein lateinisches Gedicht vortrug. »Dort geschah es auch«, erinnerte er sich später, »daß ich den alt gewordenen Galilei fand und besuchte, einen Gefangenen der Inquisition, weil er in der Astronomie anders dachte als seine franziskanischen und dominikanischen Zensoren.«

Galilei war damals vierundsiebzig Jahre alt. Er war in den vergangenen Monaten erst auf dem rechten, dann auch auf dem linken Auge erblindet und hatte an seinen Freund Diodati geschrieben: »Dieser Himmel, diese Erde, dieses Universum, die ich durch meine wunderbaren Entdeckungen und klaren Beweise um das Hunderttausendfache dessen erweitert habe, was die weisen Männer vergangener Jahrhunderte für möglich hielten, schrumpfen nunmehr zu dem kleinen Raum zusammen, der meinen körperlichen Wahrnehmungen zugänglich ist.«

Der junge Dichter und der hochbetagte Wissenschaftler hatten einige Dinge gemeinsam: grenzenlose Neugier, ein Gefühl für die eigene Bedeutung, die Liebe zur Musik und zum Leben auf dem Lande. Milton hatte jedoch bisher wenig Interesse für die Kosmologie gezeigt und in seinen Versen den Himmel stets in konventioneller Manier behandelt.

Galileis Name war für seine Zeitgenossen so eng mit dem Fernrohr verknüpft, daß es für Milton bei seinem Besuch im Landhaus Galileis ganz natürlich gewesen sein dürfte, dieses Instrument zu benutzen und die Sterne zu betrachten, die sein Gastgeber nicht mehr sehen konnte;

jedenfalls hat er später, als er *Das verlorene Paradies* schrieb, darin auch das »Glas des Galileo« erwähnt. Auch wenn er bei seinem Besuch das Fernrohr Galileis nicht benutzt haben sollte, die Begegnung mit dem blinden Astronomen dürfte nicht verfehlt haben, den jungen Engländer aufzurütteln und ihn zu veranlassen, seine schöpferischen Fähigkeiten der neuen Kosmologie zuzuwenden.

In Florenz oder in Mailand sah Milton eine Aufführung der Komödie *Adam oder die Erbsünde* von Andreini. In dem Stück traten Gottvater, die Teufel, die Engel, Adam, Eva, die Schlange, der Tod und die sieben Todsünden auf, und eröffnet wurde es mit einer Ansprache des Erzengels Michael vor dem Chor der Engel: »Laßt den Regenbogen den Bogen der himmlischen Geige sein, laßt die sieben Planeten die sieben Töne unserer Musik sein, laßt die Zeit den genauen Takt angeben . . .«

Wir verdanken diese Information Voltaire, in dessen Essay über die epische Dichtung es dann weiter heißt: »Milton entdeckte hinter der Absurdität des Stückes die versteckte Erhabenheit des Themas . . . Er faßte den Plan, aus Andreinis Farce eine Tragödie zu machen, und schrieb sogar anderthalb Akte nieder. Dies wurde mir von verschiedenen Literaten versichert; sie hatten die Nachricht von seiner Tochter erhalten, die während meines Aufenthalts in London verstorben ist.«

Im Jahre 1639 kehrte Milton nach England zurück und wurde von den Wirren des Bürgerkrieges erfaßt. Er heiratete, aber schon sechs Wochen später verließ ihn seine Frau wieder, man weiß jedoch nicht, ob sein frostiger, abweisender und herrischer Charakter der Grund dafür war. Milton verfaßte vier Traktate, in denen er forderte, die Unverträglichkeit der Ehepartner als legalen Scheidungsgrund anzuerkennen; später kehrte seine Frau jedoch zu ihm zurück, und die beiden beschlossen, wieder zusammenzuleben. Im Jahre 1641 stellte er eine Liste mit achtundneunzig möglichen Stoffen für eine Tragödie zusammen; sechzig davon waren biblischer Natur, aber es sollten noch viele Jahre vergehen, bis ihm seine Pflichten als »Lateinischer Sekretär« des neuen republikanischen Staatsrates Zeit ließen, das große Werk zu schreiben, zu dem er sich berufen fühlte. 1652, im Alter von dreiundvierzig Jahren, erblindete er völlig. Drei Jahre später begann er, intensiv über das Werk nachzudenken, mit dessen Diktat er schließlich ab 1658 beschäftigt war: *Das verlorene Paradies.*

Miltons erklärtes Thema war wie in Andreinis Stück der Sündenfall, und er beabsichtigte, »die Wege Gottes vor den Menschen zu rechtfertigen«. In Wirklichkeit handelt *Das verlorene Paradies* jedoch von Gott, dem allmächtigen Herrn über die tausend und aber tausend neuentdeckten Sterne, über die Sonne, den Mond, die Sterne und den interstellaren Raum. Milton entdeckt und beschreibt einen neuen Gott in einem neuen Universum, einen Gott, dessen Allmacht unermeßlich ist, und in einer Szene nach der anderen führt er dem Leser riesige Entfernungen, weite Ausblicke, schwindelerregende Höhen und tiefste Abgründe vor Augen. Seine Sprache ist dabei dem Thema angemessen: Er schreibt in sehr langen Sätzen, verwendet zahlreiche abstrakte Begriffe, wie man sie bei einem Latein schreibenden Gelehrten erwarten würde, verwendet nur wenige Farben und arbeitet statt dessen mit starken Kontrasten in Schwarz und Weiß – letzteres vielleicht eine Folge seiner Blindheit.

Aus der Fülle der Beispiele sei hier nur eins herausgegriffen. Satan fliegt durch den Weltraum und nähert sich unserer Welt:

Rund um sie schaut er (wie er wohl vermochte,
Von wo er stand, so hoch dem Zelt der Nacht,
Das rings die Schatten breitet, überlegen)
Von Libras östlich fernem Punkte bis
Zum flaumig-schimmernden Gestirne, das
Andromeda weit außerhalb der Wogen
Des Ozeans dem Augenkreis entführt;
Dann blickt er in der Breite auf und ab
Von Pol zu Pol – und ohne langes Säumen
Hernieder in den ersten Raum der Welt
Lenkt er hinunterstürzend seinen Flug
Und dreht bequem sich eine schiefe Bahn
Durch reine Marmorluft inmitten von
Unzählbaren Gestirnen, die von fern
Als Sterne glitzerten, doch nah daran
Wie andre Welten schienen ...

Im Garten Eden teilt der Engel Gottes Adam mit, die Kenntnis der richtigen astronomischen Hypothese sei für den Menschen nicht wesentlich. Für die Zwecke seines Epos versetzt Milton denn auch die Erde in den Mittelpunkt des Kosmos, vermutlich, weil das besser zu den Aussagen der Heiligen Schrift paßte. Aber er nahm viele von Galileis Entdeckungen in seine Dichtung auf und erwähnte zum Beispiel die Sonnenflecken und die wahre Natur der Milchstraße, aber auch die erdähnliche Oberfläche des Mondes: »... neue Länder, Schluchten oder Berge auf der gefleckten Kugel ...«

Und vielleicht gab es auch Wesen, die den Mond bewohnten:

Du siehst dort Flecken wie Gewölk, und Wolken
Vermöchten Regen und der Regen Frucht
Auf seinem weichen Erdreich zu erzeugen
Zur Nahrung solchen, die dort wohnen mögen.

Auf seinem Flug durch den Weltraum vermutet Satan sogar, es könne noch andere bewohnte Planeten geben, »doch, wer diese beglückt bewohnte, stand er nicht zu fragen«.

Obwohl er sich des Weltraums bewußt war wie kein anderer Dichter vor oder nach ihm, glaubte Milton doch nicht an die Unendlichkeit des Alls. Gott hat dem Universum eine Grenze gezogen:

... So weit erstrecke dich, so weit
Sind die Gemarken dir gesetzt, es sei
Dein rechter Umfang so geeicht, o Welt!

Deshalb hat der Weltraum auch für Milton nichts Schreckenerregendes wie für Pascal. Es mag in ihm noch andere bewohnte Planeten geben, und er mag sogar, wie Satan auf dem Höllensee vermutet, neue Welten hervorbringen, unendlich jedoch ist er nicht. Er wird stets von Gott begrenzt und eingeschlossen, und Gott allein kann sagen: »Ich bin, der das Unbegrenzte füllt.«

Miltons Epos rechtfertigte in der Tat »die Wege Gottes vor den Menschen«. Für die nächsten zweihundert Jahre entnahmen ihm seine Leser weit über die Grenzen Englands hinaus ein unvergeßliches, packendes Bild von der Unermeßlichkeit des Raumes und der Zeit, in denen der Mensch dennoch nicht verloren war, sondern letztlich erlöst wurde. Für viele wurde *Das verlorene Paradies* ein Begleitbuch zur Bibel, auf das sie nicht mehr verzichten mochten; die in ihm enthaltene Kosmologie wetteiferte durch die Schönheit ihrer Sprache mit der Schönheit der Sterne.

Die von Milton in Verse gesetzte Kosmologie wirkte sich auch in anderen Bereichen des kulturellen Lebens aus. Dies wird besonders deutlich am Werk eines Engländers, der bereits der nächsten Generation angehörte. Christopher Wren wurde 1632 als Sohn eines Pfarrers geboren, der während des Bürgerkrieges als Feldgeistlicher bei den Truppen Karls I. tätig war. Christopher war ein zartes Kind und erhielt daher zunächst von seinem Schwager William Holder, einem tüchtigen Mathematiker, privaten Unterricht. Später besuchte er die Westminster School und erfand dort eine »Wetteruhr«, auf deren drehbarem Zylinder sich »Messungen auch nachts aufzeichnen« ließen. Sein Studium nahm er am Wadham College in Oxford auf, wo er gemeinsam mit dem Rektor John Wilkins Experimente durchführte und Erfindungen austüftelte. Nach einem glänzenden Studienverlauf – der für seine Tagebücher berühmte Autor John Evelyn nannte ihn »dieses Wunder von einem jungen Mann« – wurde er mit vierundzwanzig Jahren zum Professor für Astronomie am Londoner Gresham College ernannt.

Wren war äußerlich wenig anziehend, denn er war klein, von schmächtigem Wuchs und hatte ein rundes Gesicht. Aber er war bescheiden, von fröhlichem Wesen und kam mit nahezu allen gut aus. In Oxford nahm er an Amateuraufführungen von Theaterstücken teil, in London versuchte er sich auf dem Bartholomäusjahrmarkt im Stelzenlaufen, und er liebte es, seine Pfeife zu rauchen und mit seinen Freunden Kaffee zu trinken. Sich selbst brachte er genügend medizinische Kenntnisse bei, um für seinen schwachen Gesundheitszustand sorgen zu können, und der englische Naturwissenschaftler Robert Hooke (1635 bis 1703) berichtet, Wren habe »seine Dame einmal dadurch von der Mundfäule kuriert, daß er ihr einen Beutel mit lebenden Läusen um den Hals hängte«.

Wrens Interessen galten so vielen Gebieten, daß man ihn durchaus mit Leonardo vergleichen kann. Während der nächsten zehn Jahre war er mit astronomischen Arbeiten über Kometen und den Saturn beschäftigt. Trotzdem erfand er gleichzeitig noch ein künstliches Auge, mehrere Verfahren beim Gravieren und bei der Herstellung von Radierungen, eine Webtechnik, bei der viele Stoffbänder zur gleichen Zeit angefertigt werden konnten, »eine Methode, Betten billig und hübsch mit Stickereien zu versehen«, pneumatische Maschinen, eine sprechende Orgel, Methoden zur Erleichterung des Walfangs und eine Möglichkeit, »die Höhe eines Berges festzustellen, während man ihn wandernd überquert«.

Wren hatte einen starken Hang zum Künstlerischen. Er fertigte wunderbar exakte Zeichnungen von sezierten Gehirnen an sowie mit einem Vergrößerungsglas Zeichnungen von einer Laus, einem Floh und einer Nisse, die sich Karl II. in seinen Privatgemächern an die Wand hängte. Nach und nach gewann seine künstlerische Neigung die Oberhand, und Wren wandte sich mit neunundzwanzig Jahren der Architektur zu, obwohl er für einige Jahre noch als Astronomieprofessor tätig blieb. Schließlich übernahm er das Amt des stellvertretenden Aufsehers über die königlichen Bauten mit der Maßgabe, sich bald um die alte St.-Pauls-Kathedrale in der Londoner Innenstadt zu kümmern, die sich in baufälligem Zustand befand.

Wrens Auffassung von der Architektur ergab sich aus seinem astronomischen Denken, das er in seiner Antrittsvorlesung am Gresham College dargelegt hatte. Gott war »der beste und größte unter den Geometern«, und »mathematische Beweise, die auf den unangreifbaren Grundlagen der Geometrie und Arithmetik beruhen, sind die einzige Wahrheit, die sich der menschliche Geist ohne jede Ungewißheit einprägen kann«. Daraus folgte, daß ein zur Ehre Gottes errichtetes Bauwerk auf geometrischen Formen basieren sollte, und von diesen wiederum gab Wren dem Quadrat und dem Kreis den Vorzug.

Schon in jungen Jahren dürfte Wren in der Familienbibliothek – sein Vater war ein ausgezeichneter Amateurarchitekt – die Architektur der italienischen Renaissance kennengelernt haben. Sie hatte sich aus der in Florenz vorherrschenden platonischen Kosmologie entwickelt, in der Gott nicht mehr als ein Wesen außerhalb des Kosmos, sondern als eine in der Welt gegenwärtige, immanente Kraft aufgefaßt wurde. Die Kirchenarchitekten versuchten, dies auszudrücken, und führten den Kuppelbau wieder ein, der schon bei den Römern, vor allem im Pantheon, ein Symbol des Himmels gewesen war. Ihrer Auffassung entsprach ein gutausgeleuchtetes Gebäude mit regelmäßigen Proportionen und harmonischer Raumverteilung.

Im Jahre 1665, dem Jahr der Pest, ging Wren für acht Monate nach Frankreich und sah dort zum erstenmal Beispiele für diese neue Art des Kirchenbaus, etwa die Sorbonne oder die Kirche Val-de-Grâce. Während die niedrigen und dunklen Rundungen der Romanik an die Nähe des Himmels erinnerten, der eher zu fürchten als zu verstehen war, und die Architektur der Gotik hoch hinaufragte zu einem Gott außerhalb dieser Welt und mit ihren Türmen gleichsam durch die Kristallsphären des Himmels stieß, fand in den Kirchen der Renaissance und ihren Kuppeln die Allgegenwart Gottes ihren Ausdruck.

Wren gefielen diese Kuppeln in Paris ebenso wie der von Louis le Vau kuppelförmig überdachte Salon in Le Raincy. Einer seiner Oxforder Freunde, der Theologe und Mathematiker John Wallis (1616 bis 1703), hatte als mathematisches Symbol des Unendlichen zwei miteinander verbundene Kreise eingeführt, und auch Wren erblickte zweifellos in der kreisförmigen Linienführung einer Kuppel ein Symbol der Unendlichkeit. Bei seinem Besuch in Versailles notierte er: »Bauen sollte ganz gewiß die Merkmale des Ewigen tragen.«

Im Februar 1666 kehrte er nach England zurück. Im September zerstörte der große Brand von London einen beträchtlichen Teil der Stadt und fügte der bereits baufälligen St.-Pauls-Kathedrale weiteren schweren Schaden zu. Die alte Kathedrale war um 1088 begonnen und unter Eduard I. geweiht worden. Sie war ein langes kreuzförmiges Bauwerk, das einst die höchste Turmspitze der Christenheit getragen hatte, bis ein Blitz sie im Jahre 1561 zerstörte. Während des Bürgerkrieges hatte man die Kirche als Pferdestall benutzt, und als die Flammen des Brandes von 1666 gelöscht waren, konnte das Gebäude nicht mehr gefahrlos betreten werden.

Wren entwarf eine neue Kathedrale in der Form eines griechischen Kreuzes, dessen vier gleich lange Arme den sich in alle Himmelsrichtungen gleichmäßig erstreckenden Raum andeuten sollten. Darüber war eine riesige, von acht Pfeilern getragene Kuppel vorgesehen, um die wiederum ein Wandelgang mit acht kleineren Kuppeln herumführen sollte. Er fertigte ein Modell dieses Entwurfes an, das noch erhalten ist. König Karl II. fand Gefallen daran, da er sich während seines Exils an die französische Architektur gewöhnt hatte, aber den konservativen Kirchenbehörden war ein solcher Bau zu modern, und zu Wrens großem Leidwesen lehnten sie den Entwurf ab. 1675 legte Wren einen neuen Entwurf vor, diesmal für ein kreuzförmiges gotisches Bauwerk mit romanischen Verzierungen und einem Kuppeldach, das als krönenden Abschluß einen hohen Turm tragen sollte. Dieses Stilgemenge wurde genehmigt, aber Wren sorgte dafür, daß ihm vom König völlig freie Hand garantiert wurde, während der Bauarbeiten noch »Abänderungen« durchführen zu können, »wenn er das von Zeit zu Zeit für angebracht halten sollte«.

Der Grundstein wurde im Jahre 1675 gelegt. 47000 Wagenladungen Steinschutt mußten abgetragen werden, während auf der südenglischen Insel Portland siebenhundert Arbeiter mühselig die harten perlmuttglänzenden Kalksteine brachen, die Wren für die Außenmauern vorgesehen hatte. Während der sechsunddreißigjährigen Bauarbeiten machte Wren von dem Recht, das ihm der König zugestanden hatte, vollen Gebrauch und verfügte radikale »Abänderungen«. Schon bald gab er die Kreuzform des Baues zugunsten eines Hauptschiffs auf, das von gleicher Länge war wie der Chor, und gestaltete die Vierung wesentlich geräumiger. Den Vierungsturm gab er ganz auf und ersetzte ihn durch eine Kuppel über einem zylindrischen, von sechzehn ovalen Fenstern durchbrochenen Rundbau.

Im Oktober 1710 wurde der letzte Stein durch Wrens ältesten Sohn, der ein Jahr nach dem Beginn der Bauarbeiten geboren wurde, oben an der Laterne feierlich eingefügt. Wren war inzwischen achtundsiebzig Jahre alt, und man sagt, er habe der Zeremonie von einem Korb aus zugesehen, der an einem riesigen Kran aufgehängt war. Er lebte noch vierzehn Jahre und wurde, obwohl er in seinem Testament um ein Begräbnis »ohne Pomp« gebeten hatte, mit allen ihm zustehenden Ehren in der Krypta seiner Kathedrale bestattet. Über seinem Grab befindet sich eine Tafel mit der Inschrift: »Leser, wenn du ein Denkmal suchst, sieh dich um!«

Die St.-Pauls-Kathedrale ist nicht nur eine überaus schöne Kirche, sie ist in gewisser Hinsicht auch so etwas wie ein Planetarium des 17. Jahrhunderts. Sie verkörpert den Kosmos, den Wren durch sein Teleskop beobachtet und dessen ungeheure Weite er in seiner Antrittsvorlesung am Gresham College beschrieben hatte: »Jeder Nebelstern erweckt den Anschein, als sei er das Firmament einer anderen Welt – begraben im gähnenden Abgrund der Leere zwischen den Welten.« Licht und Raum erfüllen die neue St.-Pauls-Kathedrale überall, rundbogige Nischen verschwinden schrittweise im Hintergrund, und in den Querschiffen sind die flachgewölbten Kuppeldecken mit ihren goldfarbig abgesetzten sparsamen Ornamenten wie jene »anderen Welten« um die große Kuppel gruppiert, die den Himmel über dieser unserer Welt repräsentiert. Seine kosmologische Einzigartigkeit hatte dieser Himmel zwar verloren, aber er blieb von zentraler Bedeutung, weil unter ihm die Menschwerdung Gottes geschah.

In Frankreich hatte sich ein anderes Weltbild durchgesetzt. Begründet wurde es durch René Descartes, der 1596 in La Haye, einer kleinen Stadt in der Touraine, als Sohn wohlhabender Eltern geboren wurde. Während seines Studiums hatte sich Descartes gründliche Kenntnisse in verschiedenen Wissenschaftszweigen angeeignet, unter anderem in der Mechanik, der Medizin, der Geometrie und der Optik. Er wurde in Friedenszeiten Soldat, gab jedoch seine militärische Laufbahn auf und ließ sich nach ausgedehnten Reisen durch Europa schließlich in den Niederlanden nieder, wo er sich in seinen Veröffentlichungen ungehinderter zu umstrittenen Themen äußern konnte, als das im katholischen Frankreich möglich war. Dann forderte die schwedische Königin, die als Intellektuelle auf dem Thron galt, Descartes auf, ihr Unterricht in Philosophie zu erteilen, aber dieser Versuch, eine weise Herrscherpersönlichkeit zu formen, endete noch unglücklicher als im Falle Platons. Königin Christine mußte bald darauf abdanken und sollte in eine dunkle Mordaffäre verwickelt werden. Zuvor jedoch war Descartes, von dem sie verlangt hatte, sich auch im Winter morgens um fünf Uhr zum Philosophieunterricht in ihrer Bibliothek einzufinden, an einer Lungenentzündung gestorben.

Descartes' Einstellung zur Natur war mechanistisch. Er erklärte zum Beispiel, der Prozeß, der bei der Entwicklung eines Samenkorns stattfinde, sei rein mechanisch zu erklären. Wenn er Tiere sezierte, verglich er die Tätigkeit ihrer Muskeln mit Gewichten an Rollen und fand ganz allgemein mechanische Erklärungen für sämtliche belebten Körper, den des Menschen eingeschlossen. In dieser Hinsicht war er Materialist. Andererseits war er jedoch insofern Idealist, als er aus seiner Fähigkeit, klare Gedanken zu fassen, die Gewißheit seiner eigenen Existenz ableitete und aus ihr wiederum den Schluß zog, daß auch die anderen und Gott existierten. Daraus aber ergab sich eine radikale Trennung von Körper und Geist.

In ähnlicher Weise trennte Descartes auch Materie und Geist im Kosmos, wobei es sich hier um den Geist Gottes handelte. Unter Ablehnung des platonischen Immanenzgedankens, der den Engländern so teuer war, wies er Gott einen Platz außerhalb des Kosmos zu und führte den letzteren auf rein mechanische Begriffe zurück. »Das gesamte Universum«, erklärte er, »ist eine Maschine.« Das Weltall ist voller Materie; eine Leere gibt es nicht. Die Eigenschaften der Materie sind Ausdehnung (im Sinne von Größe) und Bewegung. Während die Materie, aus der sich die Erde zusammensetzt, in der Hauptsache hart ist und dahin tendiert, ihre Bewegung geradlinig beizubehalten, ist die Materie des Weltalls *flüssig*. Gott hat sie mit Bewegung ausgestattet, und so läßt sie sich mit einem dahineilenden Fluß vergleichen, in dem sich kreisende Wirbel bilden. (Bei Anaxagoras hatte der Wirbel aus Äther bestanden; bei Descartes handelte es sich um Wirbel in wirklichen Flüssigkeiten.) Aus diesen Wirbeln des Weltalls sind mit der Zeit Sterne entstanden, die nichts anderes sind als Flüssigkeiten, in denen Lichtpartikel enthalten sind. Lichtpartikel bewegen sich geradlinig im Raum und erreichen den Beobachter unverzüglich.

Sterne, zu denen auch die Sonne zählt, sind Veränderungen unterworfen. Auf ihnen können sich Flecken bilden »wie Schaum, der auf einer kochenden Flüssigkeit schwimmt«, und diese Flecken können die Sterne verdunkeln und sie sogar zum Erlöschen bringen. Manchmal wird auch ein Wirbel von einem anderen absorbiert, dann verwandelt sich der Stern des kleineren Wirbels in einen Kometen oder, wenn er nicht fest genug ist, um einen Kometen zu bilden, in einen Planeten. Die Erde ist ein solcher Planet, und ihre Bewegung um die Sonne wird von dem Wirbel verursacht, in dessen Mittelpunkt sich die Sonne befindet.

Vieles an diesem Weltbild machte es für Franzosen besonders anziehend: Der Geist wird vom Körper nicht beeinträchtigt, er bringt Gedanken hervor, die klar sind wie der lichte Tag, und tut alles Verschwommene als unwirklich ab; Himmel und Erde können durch die gleichen Gesetze erklärt werden, und die Sterne sind nicht geheimnisvoller als ein Feuerwerk. Pascal, der die Entstehung dieser Kosmologie miterlebt hatte, verabscheute sie. Anders jedoch Ludwig XIV. und seine Höflinge. Sie übernahmen sie bereitwillig, da sie in einer Zeit bruchstückhaften Wissens ein zusammenhängendes System lieferte. Diese Kosmologie sollte denn auch ganz wesentlich zu jener außergewöhnlichen Selbstsicherheit beitragen, die wir während der gesamten Regierungszeit Ludwigs XIV. antreffen, im Hofzeremoniell ebenso wie in den Predigten des Kanzelredners Jacques Bénigne Bossuet. Und dieses System war zugleich die Voraussetzung, die in Frankreich dem Denken und der Kunst weitgehend zugrunde lag.

Ein Beispiel dafür sind die Gartenanlagen. Noch im sechzehnten Jahrhundert war der französische Garten vom vorkopernikanischen Weltbild geprägt. Er bestand aus einzelnen Teilen, die untereinander in keinem Zusammenhang standen, durch Eibenhecken getrennt und überdies von einer hohen Mauer umgeben waren. Im Jahre 1661 legte dann ein überaus schöpferischer Mann namens André Le Nôtre, der sich zum Architekten hatte ausbilden lassen, für den hochintellegenten Finanzminister Nicolas Foucquet einen Garten an, in dem zum erstenmal das von Descartes entworfene Weltbild seinen Ausdruck fand. Da sich Licht und Materie, sofern sie sich selbst überlassen sind, im Raum geradlinig fortbewegen, herrschten in diesem Garten die geraden Linien vor, aber es gab auch die Wirbel, die durch kreisförmige Teiche und Brunnen dargestellt wurden. Da im Raum alles miteinander in Verbindung steht, gab es in diesem Garten keine freistehenden Bäume und Büsche mehr. Die Materie, wie sie vom Verstand wahrgenommen wird, hat zwar Ausdehnung, aber keine Farbe und keinen Geruch, daher traten in diesem Garten räumliche Kompositionen aus Licht und Schatten an die Stelle der Blumen. Die Unermeßlichkeit des Weltalls kam in den perspektivisch sich verjüngenden Linien zum Ausdruck, vor allem in einem breiten Weg, der in der Mitte zwischen spiralig angeordneten und mit Buchsbaumhecken umpflanzten Beeten verlief, von einem Kanal halbiert wurde und zu einer Grotte und einigen teilweise von Gehölzen verdeckten Brunnen führte. Er lief dann in einen von Bäumen umgebenen Rasenabhang aus, an dessen Ende sich eine vergoldete Herkulesstatue befand. Die Entfernung zwischen Haus und Statue belief sich auf drei Kilometer, so daß der Garten den Himmel nicht nur symbolisierte, sondern auch mit ihm zu verschmelzen schien.

Als man Le Nôtre beauftragte, Gärten für König Ludwig XIV. anzulegen, mußte er noch ein zweites Thema einarbeiten. Ludwigs persönliches Emblem war die Sonne. Während und nach der Fronde, dem letzten Aufstand des französischen Adels, machte er von der einigenden Kraft dieses Symbols vollen Gebrauch. So tanzte der König zum Beispiel im Jahre 1655 in dem Ballett *Die Hochzeit von Thetis und Peleus* den Part des Apollo, dem die neun Musen aufwarten. Später wurde das Motiv der goldenen Sonne in die königlichen Gobelins, in die Möbel und sogar in die schmiedeeisernen Balkons eingearbeitet und mußte daher auch in den Garten des Königs Eingang finden.

Und in Versailles standen Le Nôtre sogar noch mehr Raum und größere Mittel zur Verfügung als in Vaux-le-Vicomte. Er dehnte die Gärten nach Norden, Süden und Westen aus, legte in jeder dieser Richtungen lange Alleen an und machte mit Teichen, Brunnen und einem kilometerlangen Kanal verschwenderischen Gebrauch vom Wasser. In diesen *pièces d'eau* spiegelte sich der Himmel, und wenn das Wasser in den Brunnen spielte, ähnelten sie den Descartesschen Wirbeln des Weltalls. Fontänen, die durch Lichtbrechung ihr Wasser in allen Farben des Regenbogens versprühten, schossen hinter den Einfassungen der Teiche in die Höhe, und während des nächtlichen Feuerwerks spiegelte der Kanal die Raketen wider, die kometengleich durch die Dunkelheit glitten.

Das Bild des Himmels, das die Gärten vermittelten, wurde durch die reiche Verwendung von Skulpturen unterstrichen. In der Mitte des Apollobeckens, das sich eine halbe Meile westlich des Schlosses befindet, erhebt sich der Wagen des Sonnengottes aus dem Meer, umgeben von Tritonen und Ungeheuern der Tiefe. Auch dem Bade des Apollo und dem Brunnen der Latona, der Mutter des Gottes, sind Skulpturen beigegeben, die darauf hindeuten, daß der Garten die himmlische Vorrangstellung des Sonnengottes in der gleichen Weise sichtbar machen sollte wie die Vorrangstellung des Sonnenkönigs auf der Erde. Dichter erklärten damals, die westliche Allee führe direkt in den Himmel, so daß der Sonnengott, der Vater allen Lebens, auf ihr heruntersteigen könne, um sich nach Versailles zu begeben, dem Sitz seiner Herrschaft.

Ludwig XIV. nahm die Verpflichtungen sehr ernst, die sich aus seinem kosmischen Titel ergaben. In Paris ließ er ein königliches Observatorium errichten, dessen Direktor, Giovanni Domenico Cassini, vier Saturnmonde entdeckte und sie erwartungsgemäß nach dem König benannte. Ludwig XIV. erteilte Cassini auch die Erlaubnis, seinen Mitarbeiter Jean Richer nach Cayenne in Französisch-Guayana zu entsenden, wo dieser feststellte, daß dort bei 5 Grad nördlicher Breite ein Pendel langsamer schwingt als in Paris, das auf dem 49. Breitengrad liegt. Damit war der Nachweis erbracht, daß die Schwerkraft in der Nähe des Äquators schwächer ist als in nördlicheren Breiten, und da man wußte, daß die Schwerkraft auf einen Körper desto stärker einwirkt, je näher er sich am Erdmittelpunkt befindet, folgte daraus, daß die Erde keine vollkommene Kugel war, sondern ein abgeplattetes Sphäroid.

Im Jahre 1675 untersuchte Olaf Römer, ein dänischer Astronom, der am Pariser Observatorium arbeitete, die Verfinsterung der Jupitermonde. Dabei entdeckte er, daß eine Finsternis jeweils früher als erwartet stattfand, wenn die Erde dem Jupiter am nächsten stand, und daß sie sich bei der größten Entfernung zwischen den beiden Planeten entsprechend später ereignete. Er zog daraus den Schluß, daß das Licht sich mit einer bestimmten Geschwindigkeit fortpflanzte, und ermittelte für den Weg der Sonnenstrahlen zur Erde eine Zeit von elf Minuten (der moderne Wert liegt bei acht Minuten und neunzehn Sekunden).

Römers Entdeckung stand im Widerspruch zur kartesianischen Kosmologie, denn Descartes hatte ja behauptet, das Licht erreiche den Beobachter ohne jede Verzögerung. Der Kartesianismus hatte den Kontinent jedoch so fest im Griff, daß er nicht leicht zu erschüttern war. Er bildete auch weiterhin das grundlegende Bezugssystem für Schriftsteller und Künstler in Frankreich, Italien und Deutschland, und sogar in England gab es Denker wie Thomas Burnet, den Verfasser einer *Kirchlichen Theorie der Erde,* die ganz in den Bann seines einheitlichen Weltbildes geraten waren. Einige englische Astronomen mochten zwar skeptisch fragen, wie denn aus einem kreisförmigen Wirbel elliptische Bahnen entstehen konnten, aber erst in den achtziger Jahren des siebzehnten Jahrhunderts sollte ein Mann auftreten, der genügend Weitsicht und mathematische Fähigkeiten besaß, um eine eigene Theorie dem Kartesianismus entgegenstellen zu können.

Isaac Newton wurde am 4. Januar 1643 in Woolsthorpe geboren, einem kleinen Flecken in der Nähe von Grantham in der Grafschaft Lincolnshire. Er kam als Frühgeburt zur Welt, und seine Mutter erzählte ihm oft, er sei als Kind so winzig gewesen, daß man ihn hätte in einen Literkrug stecken können. Sein Vater, ein Bauer, starb vor Newtons Geburt, und seine Mutter verheiratete sich wieder, als Newton zwei Jahre alt war. Sie gab ihn zu seiner Großmutter in Pflege – eine Trennung, die in dem Kind ein tiefes Gefühl der Unsicherheit hinterlassen sollte.

Isaac Newton war ein stilles Kind, kurzsichtig, verschlossen, aber handwerklich geschickt. Er fertigte hölzerne Modelle an, unter anderem eine Mühle, die von einer Maus angetrieben wurde, und Papierdrachen, die er nachts steigen ließ, nachdem er an ihren Schwänzen Laternen angebracht hatte, um damit die Bauern zu erschrecken, die sie für Kometen hielten. Er liebte es, die Bewegung der Sonne zu beobachten, und markierte ihren Schatten mit Holzpflöcken auf der Erde, um daran die halben und vollen Stunden abzulesen.

Als er vierzehn Jahre alt war, versuchte seine Mutter, aus ihm einen Landwirt zu machen, nach einigen Monaten folgte sie jedoch dem Rat seines früheren Lehrers und erlaubte ihm, sich auf das Universitätsstudium vorzubereiten. Mit siebzehn Jahren trat er in Cambridge in das Trinity College ein, wo er nach Abschluß seiner Studien auch Dozent und schließlich Professor der Mathematik wurde.

Newton war von kleiner Gestalt, sein Hinterkopf war deutlich erweitert, und in seinem knorrigen Gesicht fielen vor allem das markante Kinn und die zierliche Nase auf. Seine Augen waren leicht zusammengekniffen und geistesabwesend wie oft bei Kurzsichtigen, und mit dreißig Jahren war sein Haar bereits ergraut. Um Kleidung und Essen kümmerte er sich wenig; in London »aß er seinen Haferbrei oder auch Eier mit Milch, die man ihm als Abendessen gebracht hatte, oft kalt am nächsten Morgen als Frühstück«. Als Mensch lebte er völlig in sich zurückgezogen, behandelte seine Umgebung freundlich, aber distanziert und blieb Junggeselle. Gegenüber Kritik, auch in kleinen Dingen, war er extrem empfindlich. Der Astronom John Flamsteed, der ihn gut kannte, sagte von Newton: »Er besaß den ängstlichsten, vorsichtigsten und mißtrauischsten Charakter, der mir je begegnet ist.«

Jene frühe Trennung eines vaterlosen Kindes von seiner Mutter führte dazu, daß Newton sich sein ganzes Leben lang nach der verbindenden Harmonie sehnte, nach Einheit, die ihm im Kindesalter versagt geblieben war und die für ihn durch den Tod der Mutter zerstört wurde. Es ist sicher kein Zufall, daß weite Bereiche des Newtonschen Denkens eine solche Suche nach der Einheit erkennen lassen. In seiner religiösen Überzeugung wurde er zum Unitarier; in der Optik wies er nach, daß das Spektrum des Regenbogens aus dem einen weißen Licht entstand, und in der Kosmologie faßte er, wie wir noch sehen werden, Kräfte zu einem einheitlichen Ganzen zusammen, die man vor ihm für unabhängig voneinander gehalten hatte.

Während seiner ersten Jahre in Cambridge beschäftigte sich Newton eingehend mit dem Problem der Planetenbewegung im Raum. Um zu einer Beantwortung dieser Frage zu gelangen, nahm er die kopernikanische These als gegeben an, nach der die Sonne der Mittelpunkt unseres Planetensystems ist, und setzte auch die Richtigkeit der Keplerschen Gesetze voraus. Außerdem war ihm Galileis Entdeckung bekannt, daß eine abgefeuerte Kanonenkugel eine Parabel beschreibt, die sich aus zwei geradlinig gerichteten Kräften zusammensetzt – der Kraft, die das Projektil vorwärts treibt, und der Schwerkraft, die es nach unten zieht. Newton wandte sich zunächst dem dritten Keplerschen Gesetz zu, nach dem sich bei den Planeten die Quadrate der Umlaufzeiten zueinander verhalten wie die Kuben der mittleren Entfernungen von der Sonne. Um die Berechnungen zu erleichtern, nahm er an, daß sich die Planeten jeweils mit konstanter Geschwindigkeit auf kreisförmigen Bahnen bewegen. Nun fragte er sich, welche Kraft erforderlich ist, um die Planeten daran zu hindern, geradeaus weiterzufliegen, und sie gerade genügend festzuhalten, damit ihre Umlaufbahn kreisförmig wird. Wie er herausfand, ergibt sich diese Kraft, wenn man das Produkt aus den Massezahlen beider Himmelskörper dividiert durch das Quadrat ihrer Entfernung voneinander – ein Zusammenhang, der als das Gesetz der inversen Quadrate bezeichnet wird.

Die Pest, vor der Wren nach Paris geflohen war, vertrieb den zweiundzwanzigjährigen Newton nach Lincolnshire. Und dort drängte sich ihm, wie er selbst berichtet, der »Begriff der Gravitation« auf, und zwar »ausgelöst durch den Fall eines Apfels«, als er sich »in kontemplativer Stimmung« niedergesetzt hatte. Der Mond bewegt sich in der Nähe der Erde durch den Weltraum, ohne jedoch auf die Erde zu fallen; ein Apfel aber fällt deutlich hörbar zu Boden, und zwischen den Kräften, die in beiden Fällen wirksam sind, scheint zunächst keinerlei Zusammenhang möglich zu sein. Erst Newtons Genie ging von der Annahme aus, daß ein solcher Zusammenhang doch bestehen könne. Angenommen, fragte er sich, beide Kräfte sind in Wirklichkeit zwei Formen ein und derselben Kraft – was dann? Dann müßte die von der Erde ebenso auf den Apfel wie auf den Mond ausgeübte Anziehungskraft dem gleichen Gesetz der inversen Quadrate unterliegen wie die Anziehungskraft, mit der die Sonne auf die Planeten einwirkt.

Der Mond ist vom Mittelpunkt der Erde rund sechzigmal so weit entfernt wie der Apfel, also müßte die Erde auf den Mond mit $1/3600$ der Anziehungskraft einwirken, mit der sie den Apfel an sich zieht. Es war Newton bekannt, daß ein Körper an der Erdoberfläche dergestalt nach unten fällt, daß seine Geschwindigkeit in jeder Sekunde um 32 Fuß pro Sekunde zunimmt: in der ersten Sekunde beträgt seine Fallhöhe 16 Fuß, in der zweiten 48 Fuß und so weiter. Um die Geschwindigkeit berechnen zu können, mit der der Mond auf die Erde fallen würde, benötigte

Newton nun die genaue Länge der Entfernung zwischen Erdoberfläche und Erdmittelpunkt, und diese wiederum hing von der Entfernung zwischen zwei Breitengraden ab. Fern von Cambridge und ohne seine Bücher benutzte Newton den allgemein gebräuchlichen Schätzwert von 60 Meilen und lag damit etwa um ein Sechstel unter dem wirklichen Wert eines Breitengrades. Damit führten Newtons Berechnungen zu dem Ergebnis, daß der Mond nach der ersten Stunde eine Fallhöhe von 12 Fuß zurückgelegt hätte. Nach dem Gesetz der inversen Quadrate hätten es dagegen nach der ersten Stunde 16 Fuß sein müssen. Newton konnte eine solche Diskrepanz nicht akzeptieren und folgerte daraus, ein anderer Faktor – möglicherweise die Wirbel des Descartes – müsse hier eine Rolle spielen, und legte das Problem für fast zwanzig Jahre beiseite.

Als im Jahre 1680 ein Komet am Himmel erschien und 1682 ein zweiter, der sich in einer den Planeten entgegengesetzten Richtung bewegte, setzte erneut ein allgemeines Interesse an den Bahnen dieser auffälligen, aber kurzlebigen Phänomene ein, und Newton wandte sich wieder der Astronomie zu. Anläßlich einer Tagung der Royal Society im Juni 1682 erfuhr er von den Arbeiten Jean Picards, der gerade damit beschäftigt war, Frankreich unter Verwendung sehr genauer Instrumente kartographisch zu erfassen. Picard hatte für einen Breitengrad den Wert von 69,1 Meilen ermittelt. Newton wiederholte seine früheren Berechnungen jetzt mit diesem Wert und kam zu dem Ergebnis, daß die Fallgeschwindigkeit exakt dem Gesetz der inversen Quadrate entsprach.

Danach setzte er sich mit den elliptischen Planetenbahnen auseinander und benutzte dabei seine eigene brillante Methode der Infinitesimalrechnung, die er als »Fluxionsrechnung« bezeichnete. Dabei faßte er eine Kurve nicht als etwas ein für allemal Festgelegtes auf, sondern als etwas, das sich ständig verändert wie fließendes Wasser. Newton untersuchte die Bewegung entlang einer Ellipse, indem er diese Bewegung in unendlich kleine Zeitabschnitte unterteilte und für jedes dieser Intervalle die Abweichung von der Tangente ermittelte. Dabei nahm er an, die Abweichung sei dem inversen Quadrat der Entfernung von einem Brennpunkt proportional. Auf diese Weise gelangte er mathematisch zu der Kurve, die ein Himmelskörper beschreibt, wenn die Anziehungskraft der Sonne auf ihn einwirkt.

Man sollte meinen, Newton habe diese Ergebnisse sofort drucken lassen, aber das war nicht seine Art. Er war nicht besonders daran interessiert, jemanden an seiner Entdeckung teilhaben zu lassen, und fühlte sich erst recht nicht bemüßigt, sie zu veröffentlichen und sich so einer möglichen Kritik auszusetzen. Anstatt seine Berechnungen bekanntzumachen, legte er sie zu einer Unmenge anderer Papiere. Und dabei wäre es auch geblieben, hätte nicht ein dynamischer junger Mann Newton in seiner ruhigen Wohnung in Cambridge aufgesucht.

Edmond Halley war dreizehn Jahre jünger als Newton und in allen Dingen sein genaues Gegenteil. Er war von überschwenglichem Temperament, hatte Sinn für Humor und genoß das Leben in vollen Zügen. Schon frühzeitig hatte er sich als astronomisch außerordentlich begabt erwiesen. Als er bestimmte Beobachtungsergebnisse für Jupiter und Saturn benötigte, die nur von der südlichen Halbkugel aus zu erhalten waren, unterbrach er kurz entschlossen sein Studium in Oxford und begab sich an Bord eines Segelschiffes nach St. Helena, wo er nicht nur die erforderlichen Beobachtungen selbst machen konnte, sondern auch noch für 341 Sterne erstmalig die genaue Position bestimmte. Im Jahre 1684 studierte er die Kometenbahnen und befaßte sich ganz allgemein mit der Bewegung der Planeten. Da erfuhr er von Christopher Wren, daß Newton sich einige Jahre zuvor mit dem berühmten Architekten über Planetenbewegungen unterhalten hatte, und fuhr daraufhin nach Cambridge, um Newton aufzusuchen. Halley war damals achtundzwanzig, Newton einundvierzig Jahre alt.

Halley »ließ sogleich den Grund seines Besuches erkennen, als er Newton fragte, welche Kurve die Planeten beschreiben würden, wenn man von der Annahme ausgehe, die Schwerkraft nehme im Quadrat der Entfernung ab. Newton erwiderte sofort: *Eine Ellipse.* Freudig erstaunt fragte Halley ihn, wieso er das wisse. Worauf Newton antwortete, er habe sie schließlich berechnet. Als Halley ihn um die Berechnungen bat, konnte er sie nicht finden ...«

Halley schaffte es, seine Aufregung über die verlegte Berechnung und ihre möglichen Auswirkungen auf Newton zu übertragen, und bevor der junge Mann Newton verließ, versprach dieser, die Unterlagen zu suchen und sie Halley zuzusenden. Er konnte sie jedoch noch immer nicht wiederfinden und mußte eine erneute Berechnung vornehmen.

Als die Unterlagen ihn schließlich in London erreichten, war sich Halley sofort über ihre große Bedeutung im klaren und fuhr wieder nach Cambridge. Newton war es durchaus zufrieden, nur im Rahmen seiner spärlich besuchten Vorlesungen über seine Berechnungen zu sprechen, aber Halley drängte ihn, die gesamte Theorie der Gravitation in Buchform zu veröffentlichen. Zunächst lehnte Newton das ab. Halley verfügte jedoch über eine außergewöhnliche Überzeugungsgabe. Wie einst Rheticus seinen Einfluß bei Kopernikus geltend gemacht hatte, so bedrängte Halley jetzt Newton mit der genau richtigen Mischung von diskretem Lob, Nachdruck und Takt sowie der Zusage, sich um alle praktischen Vorkehrungen zu kümmern. Endlich willigte Newton ein und schrieb innerhalb von fünfzehn Monaten die *Philosophiae naturalis principia mathematica (Mathematische Grundlagen der Naturwissenschaft).*

Robert Hooke, der stets zum Nörgeln aufgelegte Sekretär der Royal Society, sah das Manuskrpit und erklärte daraufhin, er habe einige der darin enthaltenen Entdeckungen bereits früher als Newton gemacht. Diese Behauptung erwies sich zwar als unbegründet, aber Newton war zutiefst verletzt und wollte das gesamte Buch III aus Furcht vor öffentlicher Kritik zurückhalten. Schließlich gelang es Halley, auch dieses letzte Hindernis zu beseitigen. 1687 wurden die *Principia* auf Halleys Kosten veröffentlicht und der Royal Society gewidmet.

Buch I des Werkes befaßt sich mit den Bewegungen der Planeten in bestimmten Bahnen und führt den Nachweis, daß die elliptischen Umlaufbahnen der Planeten allein durch die Gravitation erklärt werden können. Buch II untersucht die Kräfte der Reibung, die bei einem Sonnenwirbel auftreten müßten, wie ihn Descartes in seiner Kosmologie postuliert hatte, und zeigt, daß die astronomischen Erscheinungen mit der Hypothese der Wirbel nicht zufriedenstellend erklärt werden können. Buch III leitet Newton mit dem autoritativen Anspruch ein: »Ich lege jetzt dar die Einrichtung des Systems der Welt.« Er weist in diesem Teil des Werkes nach, daß die Umlaufbahnen der Planeten durch das Verhältnis zwischen Anziehungskraft und Masse erklärt werden können und daß die von der Sonne auf die Planeten ausgeübte Anziehungskraft sich zum Quadrat des jeweiligen Planetenabstandes umgekehrt proportional verhält. In ähnlicher Weise werden die Bewegungen des Mondes einschließlich ihrer leichten Schwankungen und das Verhalten der Kometen erklärt. Bei einer Kugel, die um ihre Achse rotiert, bewirkt die Schwerkraft eine Abflachung der Pole und eine Ausbuchtung des Äquators – das Gesetz der Gravitation lieferte den Beweis für die sphäroide Gestalt der Erde, die Richer aufgrund seiner Messungen vermutet hatte.

Als stärksten Beweis für seine Theorie legte Newton eine Erklärung der Gezeiten vor. Vor ihm hatte man angenommen, Ebbe und Flut seien allein vom Mond verursacht, aber niemand wußte genau, wie das vonstatten ging; Descartes zum Beispiel glaubte, der Mond übe Druck auf die Meere aus. Newton erklärte nun, daß sowohl der Mond als auch die Sonne das Wasser der Meere *anheben.*

Zweimal im Monat ist die Gezeitenbildung am stärksten, bei Neumond, wenn Sonne und Mond sich auf der gleichen Seite der Erde befinden, und bei Vollmond, wenn sie sich gegenüberstehen. Der Grund ist darin zu suchen, daß jeder der beiden Himmelskörper (obwohl die Wirkung der Sonne nur etwa halb so stark ist wie die des Mondes) an zwei einander entgegengesetzten Stellen der Ozeane Flutberge hervorruft. Die Flutberge entstehen, weil sich die Erde und ein zweiter Himmelskörper (also der Mond) um ihr gemeinsames Gravitationszentrum bewegen: Die Drehbewegung erzeugt eine Zentrifugalkraft, die im Mittelpunkt der Erde durch die Anziehungskraft des Mondes gerade ausgeglichen wird. Auf der dem Mond abgewandten Seite der Erde ist die Anziehungskraft des Mondes geringer, und die unausgeglichene Zentrifugalkraft führt dort zu einem Anschwellen des Meeres, während die Anziehungskraft des Mondes auf der dem Mond zugewandten Seite der Erde überwiegt und daher hier ebenfalls einen Flutberg hervorruft. Da die Erde sich täglich einmal um die eigene Achse dreht, erreichen die Auswirkungen der Flutberge jedes Ufer zweimal; das dazwischenliegende Intervall kann sich jedoch von zwölf Stunden auf bis zu zwölf Stunden und fünfundzwanzig Minuten ausdehnen, wenn der Mond bei seinem Umlauf um die Erde dieser etwas vorauseilt.

Die von der Anziehungskraft der Sonne und des Mondes bewirkte Fluthöhe sollte erwartungsgemäß zwischen drei und vier Metern liegen.Wie verhält es sich nun aber, fragte Newton, mit den Buchten »in Plymouth und an der Brücke von Chepstowe in England, am Berge St. Michel und zu Avranches in der Normandie, zu Cambaia und Pegu in Ostindien«, wo das Vorland mitunter meilenweit trocken bleibt und die Flut Höhen von zehn, zwölf oder sechzehn Metern und mehr erreicht? Newton führte dies auf die nahe gelegenen flachen Meerengen zurück, durch die das Wasser in beiden Richtungen mit außerordentlicher Heftigkeit gepreßt wird.

Newtons *Principia* lieferten für viele derartige Einzelheiten und andere rätselhafte Erscheinungen eine Erklärung und untermauerten damit in nahezu unwiderlegbarer Weise seine Theorie der Gravitation, nach der jeder Körper im Universum jeden anderen Körper mit einer Kraft anzieht, die sich zum Produkt der beiden Massen proportional und zum Quadrat der zwischen ihnen liegenden Entfernung umgekehrt proportional verhält.

Zunächst läßt sich zu Newtons Werk sagen, daß es dem im Titel erhobenen Anspruch in jeder Weise gerecht wird: *Mathematische Grundlagen der Naturwissenschaft* (im Lateinischen heißt es *der Naturphilosophie).* Hier wurde ein Weltbild entworfen, das auf Messungen von Massen und Entfernungen, Winkeln und Geschwindigkeiten basierte. Damit stand es in der Tradition der von Pythagoras und Archimedes dargestellten numerischen Kosmologien, aber es stellte und beantwortete eine ungleich umfassendere Frage: nicht auf welchen Bahnen sich die Himmelskörper im Weltall bewegen, sondern *wie* diese Bewegung zustande kommt.

Das letzte allgemein akzeptierte Weltbild war das Weltbild Shakespeares gewesen, bei dem eine von vier Elementen bestimmte Erde im Mittelpunkt eines aus Kreisen zusammengesetzten Kosmos gestanden hatte. Newton lieferte jetzt ein Weltbild, in dem nur noch von Masse, Ellipsen und einem einzigen Gravitationsgesetz die Rede war. Kopernikus und Kepler hatten grundsätzlich recht, erklärte er, aber sie irrten sich in Einzelheiten. Die Erde und die Planeten bewegen sich wirklich um die Sonne, und der Mond bewegt sich wirklich um die Erde. Nur die Epizykloiden des Kopernikus oder die Annahme Keplers, die Sonne führe wie mit einem Besen gleichsam fegende Bewegungen aus, wurden jetzt nicht mehr benötigt, da die Gravitation alle Umlaufbewegungen erklären konnte. Und sie erklärte auch, warum Gegenstände und Menschen nicht von der rotierenden Erde ins All geschleudert wurden, und beseitigte damit einen der Haupteinwände gegen das heliozentrische System.

Newtons Weltbild bot in dreifacher Hinsicht eine befriedigende Lösung der Probleme. Es vereinigte die bisher voneinander unabhängigen Entdeckungen, Gesetze und Einsichten zu einem zusammenhängenden Ganzen. Es erklärte, auf welche Weise Himmelskörper im Weltraum nahe beieinander bleiben, ohne zusammenzustoßen oder auseinanderzustreben, und schuf dadurch etwas, das als Kohärenz innerhalb des Sonnensystems bezeichnet werden kann. Und drittens bewies Newtons Weltbild, daß sowohl ein fallender Apfel als auch ein umherziehender Komet ein und demselben Gesetz unterworfen waren, und führte dadurch die Bereiche diesseits und jenseits des Mondes wieder zusammen, die man früher für grundsätzlich verschieden gehalten hatte.

Wie paßte nun Gott in dieses Weltbild? »Als ich meine Abhandlung [die *Principia*] schrieb . . .«, erklärte Newton im Jahre 1692, »richtete ich mein Augenmerk auf solche Grundsätze, die angesichts der menschlichen Art den Glauben an eine Gottheit fördern könnten.« Er blieb jedoch seiner Meinung treu, die Naturwissenschaft solle sich auf das Experiment und auf das Formulieren von Gesetzen beschränken, und nahm keine ausdrückliche Erwähnung Gottes in die *Principia* auf. Das Äußerste an Spekulation, das er sich gestattete, war eine kurze Bemerkung über die abnehmende Geschwindigkeit der Planeten: Wenn das Universum nicht untergehen solle, dann müßten sie reaktiviert oder erneuert (*refacti)* werden.

Newton war daher gekränkt, als der berühmte deutsche Mathematiker und Philosoph Gottfried Wilhelm Leibniz sein Mißfallen über die *Principia* äußerte, weil ihre Philosophie materialistisch sei und die christliche Religion untergrabe. Newtons Gott, meinte Lebniz, sei lediglich eine Art Übermechaniker, der nicht einmal ein befriedigendes Universum habe erschaffen können, sondern statt dessen ständig die abgenutzten Einzelteile reparieren müsse, um es in Gang zu halten.

Unter Mitwirkung des begabten jungen Philologen und Theologen Richard Bentley untersuchte Newton die metaphysischen Konsequenzen seiner Kosmologie und gelangte zu der Ansicht, der Impuls, durch den jeder einzelne Planet auf seine elliptische Umlaufbahn gelangt sei, könne nur dem »göttlichen Arm« zugeschrieben werden. Zur zweiten Auflage der *Principia*, die im Jahre 1713 erschien, schrieb Newton einen erläuternden Zusatz, in dem er feststellte, daß bloße mechanische Ursachen allein nicht so viele regelmäßige Bewegungen hervorgebracht haben könnten:

> Diese bewundernswürdige Einrichtung der Sonne, der Planeten und Kometen hat nur aus dem Ratschlusse und der Herrschaft eines alles einsehenden und allmächtigen Wesens hervorgehen können.

Welchen Platz nahm nun der Mensch in Newtons Weltbild ein? In gewissem Sinne war er kleiner geworden, denn sein Planet war aus dem Mittelpunkt an den Rand des Universums versetzt worden. Aber Newtons Zeitgenossen waren der Meinung, der Mensch habe das mehr als wettgemacht: In der Person Newtons hatte er ein Format erreicht, das es ihm möglich machte, das gesamte Sonnensystem von Grund auf zu erforschen. Und die Huldigung des Dichters Alexander Pope wirkte damals nicht übertrieben:

Die Natur und ihre Gesetze lagen im Dunkel verborgen.
Gott sprache: *Es werde Newton!* Und siehe, es wurde Morgen.

Wie jedes umwälzend neue Denksystem setzten sich Newtons Erkenntnisse nur langsam durch. Aber die Fülle des von ihm zusammengestellten Beweismaterials war so groß, daß zur Zeit von Newtons Tod im Jahre 1727 sein allgemeines Gravitationsgesetz bereits an sämtlichen englischen Universitäten gelehrt wurde.

Auf dem Kontinent bot sich ein anderes Bild. In Frankreich folgte man Descartes und verstand unter Kraft ein Ding, das einem anderen Ding einen Stoß versetzt. Der Begriff der Anziehungskraft hatte für die französischen Wissenschaftler einen Beigeschmack von Mystifikation und war so etwas wie der Stein des Aristoteles, der zur Erde fiel, weil ihm das »Verlangen« nach Ruhe innewohnte. Folglich urteilte das *Journal des Savants,* die Mechanik der *Principia* erfülle »nicht die notwendigen Voraussetzungen, um das Universum begreifbar zu machen«.

Außerdem hatte Bernard Le Bovier de Fontenelle, der spätere Sekretär der Pariser Akademie der Wissenschaften, im Jahre 1686 seine *Gespräche über die Vielzahl der Welten* veröffentlicht, darin zahlreiche von Wilkins geäußerte Gedanken als seine eigenen ausgegeben und unter anderem prophezeit, es werde eines Tages möglich sein, mit anderen bewohnten Welten Verbindung aufzunehmen. Aber er erläuterte die Vielzahl der Welten ausschließlich in den Begriffen der kartesianischen Wirbelhypothese. Das Buch wurde sehr populär und blieb noch lange ein Hindernis für die Verbreitung der Newtonschen Lehre.

Während seiner in jungen Jahren unternommenen Englandreise konvertierte Voltaire, der größte Anglophile Frankreichs, zum Newtonismus. Nach seiner Rückkehr regte er Madame du Châtelet, eine gebildete Freundin, zu einer Übersetzung der *Principia* an und veröffentlichte selbst 1738, wie wir im nächsten Kapitel sehen werden, eine so klare Darstellung der Gravitationsgesetze, daß um die Mitte des achtzehnten Jahrhunderts den Gebildeten in Frankreich das im Kosmos waltende Gesetz der gegenseitigen Masseanziehung ebenso vertraut war wie ihren englischen Zeitgenossen.

In Deutschland hielt man weitgehend an der Leibnizschen Auffassung fest. Leibniz vertrat die Ansicht, es gebe keinen leeren Raum, sondern alles sei voller Monaden, in sich geschlossenen, einheitlichen Wesen, aus denen die Weltsubstanz bestünde. Diese Monaden waren winzige Partikel, die räumliche Ausdehnung besaßen und sich gegenseitig hin und her schoben, aber doch im Rahmen einer so vollkommenen Ordnung, daß »in dieser besten aller möglichen Welten alles zum besten bestellt ist«, wie Voltaire sich im *Candide* mokierte. Leibniz glaubte zwar an die grundlegende Einheit des menschlichen Geistes und hatte versucht, eine Wiedervereinigung der protestantischen und katholischen Kirchen herbeizuführen, aber er sah sich nicht in der Lage, zwischen seinen mit Bewußtsein ausgestatteten Monaden und der leblosen Weltraummaterie Newtons einen Kompromiß herbeizuführen.

Der endgültige Triumph Newtons erfolgte auf höchst dramatische und angemessene Weise. Unter Benutzung der Newtonschen Grundsätze und Techniken hatte sich Edmond Halley intensiv mit der Bahn des Kometen von 1682 befaßt. Er fand Beweise dafür, daß bereits seit 1066 Berichte über einen im Abstand von sechsundsiebzig Jahren regelmäßig wieder auftauchenden Kometen vorlagen. Er vermutete, mit diesen Berichten sei der 1682 beobachtete Komet gemeint, berechnete daraufhin dessen Bahn und erklärte, dieser Komet werde erneut im August des Jahres 1757 am Himmel zu sehen sein. Er fügte jedoch hinzu, durch die Anziehungskraft des Jupiter werde das Erscheinen des Kometen verzögert, weshalb man ihn unter Umständen nicht vor Ende 1758 oder zu Beginn des Jahres 1759 erwarten dürfe.

1758 kam es dann zu der merkwürdigen Situation, daß die Astronomen einen Kometen erwarteten, ohne zu wissen, was ein solcher Komet eigentlich war. In England hielt man solche Phänomene für Ausdünstungen trockener Luft und Vorboten einer Hitzeperiode und vielleicht ansteckender Krankheiten; für die Kartesianer war ein Komet ein vertriebener Stern, während Newton erklärt hatte, ein Komet bestehe aus dampfförmiger, erhitzter Materie. Besonders rätselhaft war die Tatsache, daß sich der Schweif gelegentlich vor dem Kometen befand.

Am ersten Weihnachtstag des Jahres wurde der Komet von einem der beobachtenden Astronomen gesichtet. 5300 Millionen Kilometer hatte er sich von der Sonne entfernt und vollendete jetzt seine riesige langgezogene Ellipsenbahn, und doch war seine Bewegung von nun an ebenso genau vorherzusagen wie die Bewegungen der Erde oder der Fall eines Apfels. Der große, silbrig glänzende Schweif von zwölf Grad Länge zog über England und auch über die Westminsterabtei, wo ein Mann begraben lag, der einst die Bauern mit einer Laterne am Schwanz eines Papierdrachens erschreckt hatte. Der Komet war jetzt als der Halleysche Komet bekannt, die Kosmologie jedoch, für die er den Beweis lieferte, stammte von Newton.

8. Kapitel
Wer warf diese flammenden Kugeln?

Ein neues christliches Weltbild auf der Grundlage von Newtons Lehre – Edward Young und sein Gedicht *Nachtgedanken* – James Ferguson und seine Planetarien – Benjamin Franklin und James Madison – Voltaire gebraucht Newtons Theorien als Waffe gegen die Kirche – Rousseau, Bernardin de Saint-Pierre und das sentimentale Bild von der Mutter Natur – Französische revolutionäre Kulte – Herschel, Uranus und die Sternnebel – Laplace entwickelt den Newtonismus ohne Newtons Gott – Napoleons Weltbild.

In seinen *Principia* hatte Newton ein ausschließlich wissenschaftliches Weltbild, eine wissenschaftliche Erklärung des Universums entworfen. Gott und die Offenbarung trennte er von der wissenschaftlichen Methode, verwarf sie aber nicht, sondern hielt sie für eine wesensmäßig andere, ergänzende und gleichberechtigte Seite menschlichen Denkens. Erst seinen Jüngern und Nachfolgern war es vorbehalten, aus seinen Gleichungen religiöse oder atheistische Schlüsse zu ziehen.

Der einflußreichste dieser Nachfolger war Richard Bentley. Ein warmherziger, großzügiger Mann, der das Leben und den Portwein liebte, und zugleich ein brillanter Gelehrter, diente Bentley dem Bischof von Worcester als Kaplan, als er 1692 eingeladen wurde, die ersten Robert Boyle Lectures in der St.-Mary-le-Bow-Kirche in London zu halten. Als Thema wählte er die Widerlegung des Atheismus, womit er den erneuerten epikureischen Ansatz im Denken zum Beispiel Thomas Hobbes und seiner Bewunderer meinte, nach deren Theorien der zufällige Zusammenschluß von Atomen den Kosmos aus dem Chaos geboren hatte.

Bentley gestand seinen Gegnern zunächst zu, daß es denkbar sei, daß Planeten sich aufgrund der ihnen innewohnenden Gravitation geformt hätten, aber er hielt jede Theorie für abenteuerlich, die behauptete, daß dieser Zusammenschluß von Materie bereits in der jetzigen Bahn des Planeten abgelaufen sein könnte. Wenn indessen die Formation des Planeten an einem Punkt geschehen sei, der der Sonne näher oder ferner läge als die jetzige Umlaufbahn, sei nicht einzusehen, wie die Gravitation den Himmelskörper in die von ihm jetzt beschriebene Bahn hätte bringen können. Überdies sei der Drall in den Bewegungen der Planeten (das, was Astronomen die Winkelgeschwindigkeit nennen) in keiner Weise durch die Gravitation zu erklären.

Bentley zählte noch andere, in seinen Augen wissenschaftlich kaum zu belegende Tatsachen auf. Eine war die immer ausreichende Distanz zwischen den Planeten, die störende Einflüsse ihrer Gravitation untereinander verhinderte; dies, so argumentierte er, sei »durch keine natürliche und notwendige Ursache zu erklären«, lediglich durch »göttliche Kunst und Lenkung«.

Bentleys wohl überzeugendstes Argument – zumindest für seine Zeitgenossen – war ein statistisches. Er errechnete, daß »der leere Raum unseres Sonnensystems ... etwa 8575 hunderttausend millionenmal« umfassender sei »als alle körperlichen Substanzen«, die sich darin befinden. Er schloß daraus, daß dies auch für das gesamte Universum gelten könne. Wenn, wie dies die neuen Epikureer behaupteten, die Materie im ursprünglichen Zustand des Chaos gleichmäßig über diesen ungeheuren Raum verteilt gewesen war, so hieß dies, daß jedes Teilchen Materie »über neunmillionenmal die eigene Länge von jedem anderen Teilchen« entfernt gewesen sein mußte. Man stelle sich, sagte Bentley, zwei Schiffe vor, aus robustem Holz und mit starker Takelage, aber ohne Steuermann und Besatzung, die man von den beiden Polen der Erde aus aufeinanderzutreiben ließe; sie würden sich in Tausenden von Jahren nicht treffen, und dennoch wäre die Wahrscheinlichkeit, daß sie einander begegneten, immer noch zehntausendmal größer als die Wahrscheinlichkeit, daß zwei Materieteilchen im Raum miteinander zusammenstießen. Bentley errechnete, daß die Chancen einer solchen Kollision zweier Atome eins zu einhundert Millionen standen. Und daraus folgte natürlich, daß die Möglichkeit, daß sich Sonne, Mond und Erde aus solchen zufällig zusammenstoßenden Atomen gebildet hatten, praktisch gleich Null war.

Ein Buch mit Bentleys wichtigsten Predigten wurde in fünf Jahren fünfmal neu aufgelegt, und das sagt einiges aus über die geistige Stimmung im England jener Zeit. Lehrer der Naturwissenschaften an den Universitäten mußten in der Regel geweihte Geistliche der anglikanischen Kirche sein, und das bildete die Grundlage dessen, was man die »heilige« Allianz zwischen dem Christentum und der Wissenschaft genannt hat. So wurde der Gott, den der Newtonismus theoretisch forderte, im allgemeinen mit dem christlichen Gott identifiziert. Nach dieser Sicht war der Kosmos unendlich im Raum, aber endlich in der Zeit, da er, wie das Alte Testament aussagte, vor sechstausend Jahren geschaffen worden war. Gottes Eingriffe in die Bahn der Planeten, seine Kurs- und

Geschwindigkeitskorrekturen an Himmelskörpern bewiesen, daß nur der Mensch das »gefallene« Geschöpf war, nicht aber die ganze Natur, wie man vorher angenommen hatte. Im Weltraum wies alles auf Harmonie und göttliche Ordnung. Wenn Jupiter vier Monde besaß, dann deshalb, weil die Bewohner des Jupiter, wenn es denn welche gab, mehr Licht bei Nacht brauchten, weil sie so weit von der Sonne entfernt waren. Die Sintflut war, wie schon Halley vorgeschlagen hatte, durch einen Kometen, der die Bahn der Erde kreuzte, verursacht worden, und der Weltuntergang würde entweder durch einen weiteren Kometen oder durch die Verdunklung der Sonne ausgelöst werden. Andeutungen einer solchen Verdunklung sah man in den Sonnenflecken, die mit Kratern verglichen wurden, vulkanischen Bergen, die Lava ausspien. Aber solchen potentiellen Katastrophen wandte man wenig Aufmerksamkeit zu. Was das Zeitalter faszinierte, war die großartige Harmonie des Sonnensystems als Ausdruck des Wirkens eines allmächtigen Gottes.

Joseph Addison, der in der Zeitschrift *The Spectator* viel für die Popularisierung des Newtonismus tat, war einer von vielen, der dieses Gefühl ausdrückte. In seiner Ode »Das weite Firmament in der Höhe« von 1712, die als Kirchenlied noch heute gesungen wird, spricht Addison die strahlenden Planeten mit den Worten an:

> Ewig singend in ihrem Glanz,
> »die Hand, die uns schuf, ist göttlich«.

Es war eine Sicht der Welt, die Zuversicht und Trost vermittelte, zumindest, wenn wir von den letzten Worten Addisons vor seinem Tode ausgehen dürfen: »Seht, in welchem Frieden ein Christ sterben kann.«

Es ist eine Spur Deismus in Addisons Worten, ein Gefühl der Nähe zu Gott, das durch den Anblick des Nachthimmel und durch das Bewußtsein einer scheinbar auch wissenschaftlich gestützen Harmonie hervorgebracht wurde. Noch einmal griffen Wissenschaft und Religion eng ineinander, kollidierten nicht in ihrer Erklärung der Welt, sondern ergänzten und stützten einander.

Eines der meistgelesenen und einflußreichsten Bücher des achtzehnten Jahrhunderts war ein langes Gedicht, das vielleicht am typischsten die christliche Version des Newtonismus ausdrückte. Sein Verfasser, Edward Young, wurde 1683 geboren, der einzige Sohn eines Rektors der

Kirche von Upham in Hampshire. Er war ein kräftiger, warmherziger Mann, der viele Freunde hatte und die Menschen durch Freundlichkeit und Witz bezauberte. Nachdem er in Oxford ein Examen in der Rechtswissenschaft abgelegt hatte, trat er als Lehrer in das College All Souls ein. Er veröffentlichte eine ganze Reihe von Oden, dann zwei halbwegs erfolgreiche Tragödien, *Bursiris, König von Ägypten,* und *Die Rache.* Er schrieb meist nachts, woraufhin ihm sein Freund, der Herzog von Wharton, einen Schädel schenkte, in dem eine Kerze angebracht war, die in seinen Augen geeignetste Lampe, um Tragödien zu schreiben. Young wählte die Form der Tragödie nicht, weil er düster war und mit Sorge an den Tod dachte, sondern weil »wir gerne zugleich traurig und unverletzt sind, so sind wir gemacht«.

Er wandte sich der Satire zu und verspottete die modischen Exzesse seiner Zeit. Auch an einer politischen Karriere war er interessiert, aber dafür war er wie Donne zu ehrlich. Mit vierundvierzig Jahren wurde er Geistlicher und sehr bald zum Rektor der Kirche Welwyn in Hertfordshire ernannt, wo er den Rest seines Lebens verbringen sollte. Mit achtundvierzig Jahren heiratete er eine Witwe, Lady Elisabeth Lee, die ihm einen Sohn und zehn Jahre Glück schenkte. Nach ihrem Tod fand er Trost in der Mitte seiner Freunde und in seinem Garten. Dort »betrachte ich mich als Sultan, und ich werde jetzt wieder einen Gang durch mein Serail machen, und welche die glückliche Blume sein wird, weiß ich noch nicht«. Er litt unter Rheumatismus, behandelte ihn in den Heilquellen von Tunbridge Wells, aber er blieb bis ins hohe Alter von dreiundachtzig Jahren ein fröhlicher Mann und ein gesuchter Freund.

»Es gibt nur einen Einwand gegen die Ehe«, schrieb Young, »und das ist der eine, den die weise Welt mit ihren tausend Einsprüchen nie macht; ich meine die Tatsache, daß der Gatte und die Frau selten an einem Tag sterben, und dann muß der Überlebende leiden.« In seinem Leid über den Tod Elisabeths begann Young seine *Nachtgedanken.* Es ist ein langes, unverhüllt didaktisches Versepos, in dem ein frommer Christ, der Newton gelesen hat, auf der Suche nach Trost und Zuversicht zum Himmel blickt.

Wer sein Auge auf das Mitternachtsantlitz der Natur richtet,
muß sich fragen: »Welche Hand hinter den Kulissen,
welch allmächtiger Arm hat diese wandelnden Kugeln

in Bewegung gesetzt und diese ungeheure Maschine aufgezogen?
Wer warf sie flammend durch die dunkle Tiefe,
zahlreich wie glitzernde Perlen des Morgentaus ...?«

Young hatte keine Zweifel, was die Sterne waren, »Tempel und Priester zugleich!«. Und ihre »laute Stimme« sprach zu ihm von Andacht: »O Andacht! Tochter der Astronomie!« Wer diese Stimme nicht hörte, war in Youngs Augen taub und blind oder geistesgestört:

Ein ungläubiger Astronom ist verrückt.
Wahr, alle Dinge sprechen GOTT; aber im Kleinen
muß der Mensch Ihn suchen, im Großen ergreift Er uns,
Ergreift und hebt und läutert und füllt uns
Mit neuen Fragen unter neuen Freunden.

Von dem geordneten Kosmos lernt Young auch eine ethische Betrachtungsweise, denn die Planeten sind »wie freundliche Nachbarn«, die sich ergänzen, sich strahlende Blicke zuwerfen, die einander helfen und von denen keiner gegen die Wohlfahrt aller verstößt. Wer wollte sich gegen dieses erhabene Vorbild wenden, fragt Young, wer wollte einem Bruder an die Kehle gehen um einen Klumpen Erde angesichts solcher Unendlickeit?

Die Natur ist christlich, sie predigt der Menschheit
Und befiehlt dem toten Stoff, uns im Glauben zu stützen.
Hast du nie des Kometen flammendes Licht gesehen?
Des glänzenden Fremden, der Schrecken verbreitet
Unter den aufblickenden Völkern mit seinem feurigen Schweif
Von enormer Länge ...
So wie der Komet wird zu gegebener Zeit auch Er,
Der einst auf dieser Erde wandelte, wiederkehren,
Er, der die Kometen lenkt und mit dem wir alle
Einst über das Grab triumphieren werden.

Auch wenn das Gedicht viel Ballast trägt, Gestelztheit und Bombast – was für seine Zeitgenossen zählte, waren Youngs Intensität und sein tiefer Glaube und ebensosehr vielleicht seine Verbindung von Wissenschaft und Religion, eine Zusammenfassung, die auf niedrigerer Stufe wohl typisch englisch ist. Sie kann bei Young manchmal die Form einer Synthese von Nüchternheit und Mystizismus, von Verstand und Schwärmerei annehmen, die in Zusammenstellungen wie der folgenden gipfelt:

Was ist sie, die Religion? – Der praktische Verstand beweist ...

Ein anderer Brite mit einem ganz anderen geistigen Hintergrund und in einem anderen Medium versuchte ebenfalls, den Newtonismus vor den Karren des Christentums zu spannen. James Ferguson kam in Rothiemay zur Welt, einem armen Teil der schottischen Highlands. Er wurde 1710 als Sohn eines Kleinpächters geboren. Eines Tages brach ein Teil des Reetdaches ihrer Hütte zusammen, und der siebenjährige Sohn sah, wie sein Vater es ganz allein mit Hilfe einer kräftigen Holzstange wieder zurückhebelte. Er war von dieser Leistung tief beeindruckt und begann, einige einfache Experimente anzustellen. Bald baute er sich primitive Hebel, die er an Rädern befestigte, kleine Mühlen und Spinnräder. Sein Vater brachte ihm Lesen und Schreiben bei, aber die Familie war so arm, daß James schon nach drei Monaten die Schule wieder aufgeben mußte, um Schafhirt zu werden. Bei Nacht beobachtete der Junge neben seinen Schafen die Sterne und die Umlaufbahnen der Planeten, die, wie er glaubte, den »engen Furchen der Karrenräder glichen, die manchmal zu einer Seite der Straßenmitte, manchmal zur anderen abwichen und die Straßenmitte in kleinen Winkeln kreuzten, sich aber nie weit von ihr entfernten«.

Zufällig beherrschte ein autodidaktischer Butler eines Landedelmannes in der Nähe Lateinisch, Griechisch und Französisch und war überdies ein guter Mathematiker, und dieser ungewöhnliche Mann unterrichtete den Hirtenjungen in den Grundlagen des Rechnens. Eine Zeitlang arbeitete der junge Ferguson für einen Müller, aber der Mann trank, und James verhungerte fast und kehrte ein Jahr später nach Hause zurück. Er erbaute eine hölzerne Uhr, in der eine zerbrochene Flasche notdürftig als Glocke diente, ein benachbarter Gutsbesitzer sah sie und nahm ihn in sein Haus, wo er die Uhren reparieren und für die Damen Muster für die Nadelarbeit entwerfen mußte. Die Schwester des Gutsbesitzers, Lady Dipple, der er durch seine Intelligenz aufgefallen war, nahm ihn mit nach Edinburgh, wo er sich ein wenig Geld durch eine weitere Kunstfertigkeit verdiente: Er malte Porträts. Und in Edinburgh sah er zum erstenmal ein Planetarium.

Ein Planetarium ist ein maßstabgetreues Modell des Sonnensystems, in dem ein mechanisches Werk Planeten um die Sonne bewegt und in dem die Himmelskörper die korrekten Abstände zueinander einhalten. Eines der ersten Planetarien war 1700 für einen Amateurastronomen, den Earl von Orrery, gebaut worden, und es war seitdem zu einer verbreiteten Einrichtung aristokratischer Haushalte in England geworden: eine einleuchtende Illustration von Newtons geordnetem und harmonischem Universum.

Ferguson war von dem Planetarium so fasziniert, daß er sich selbst ein einfaches aus Holz anfertigte. Daran arbeitete er immer wieder, verfeinerte es und konzentrierte sich schließlich so sehr auf diese und ähnliche Arbeiten, daß er sich entschloß, den Bau von Planetarien und kosmischen Modellen zu seinem Beruf zu machen. 1743 heiratete er und zog nach London, wo er als Erfinder planetarischer Modelle und Popularisierer der Newtonschen Astronomie bald bekannt wurde. Er war ein Mann von nüchterner Lebensauffassung und zurückhaltendem Auftreten. Sein Gesicht war mager und ernst. Gewöhnlich trug er eine große, volle Perücke, die ihn älter erscheinen ließ, als er war, Kniehosen aus schwarzem Samt, die unter dem Knie mit silbernen Spangen zusammengehalten waren, sowie schwarze Strümpfe. Er hatte eine große Schwäche: eine an Panik grenzende Furcht vor der Armut. Immer wieder verbarg er vor seiner Frau kleine Summen und schickte sie nach Edinburgh, damit er Reserven hätte, falls Frau und Familie zu ausschweifend leben sollten, aber er war andererseits zu nachlässig, sich um das Geld zu kümmern, es gewinnbringend anzulegen. Als er 1763 in die Royal Society der Wissenschaften aufgenommen wurde, erweckte er den Eindruck, mittellos zu sein, um von den Beiträgen befreit zu werden, obwohl er zu dieser Zeit bereits 1500 Pfund auf seinem Konto in Edinburgh angesammelt hatte. Seine Frau Isabella gebar ihm vier Kinder, aber sie war nicht sehr kräftig und starb vor ihrem Gatten an der Schwindsucht.

Ferguson entwarf 1745 ein neues, genaueres und komplizierteres Planetarium und veröffentlichte eine Abhandlung über seinen Gebrauch. Er erfand und erbaute ebenfalls ein »Eclipsareon«, einen »Anzeiger für die Zeit, Dauer und Häufigkeit von Sonnenfinsternissen an allen Orten der Erde«. Die Sonne wurde in diesem Modell durch eine Kerze vertreten.

Unter seinen Händen entstand ein »Cometarium«, das »die Bahn eines Kometen um die Sonne zeigt, in Raum und Zeit abgestimmt, und das so eingestellt werden kann, die Bewegung des Kometen unter jedem Grad von Exzentrizität darzutun«. Und schließlich entwarf er ein Planetarium, das die Drehungen der Erde, ihre Bahn und Achsenstellung sowie die der anderen Planeten genau wiedergab. Das Zahnrad, das den Saturn bewegte, hatte nicht weniger als 206 Zähne, das Werk des ganzen Apparats war zugleich so kompliziert und so präzise, daß es in London bald als Sehenswürdigkeit galt.

Mit diesem großen Präzisionsgerät veranstaltete Ferguson Lese- und Vortragsreisen im ganzen Land. Am 9. Februar 1767 erschien in der Zeitung *The Bath Chronicle* eine Anzeige:

> Mr. Ferguson wird am heutigen Abend um sechs Uhr einen Vortrag über das Planetarium in der Lamb Inn in der Stall Street halten. Darin werden all die unheilbringenden Erscheinungen der Jahreszeiten und die Zeiten, Gründe und Wiederholungen der Sonnen- und Mondfinsternisse auf der Grundlage der Naturprinzipien erklärt und dargestellt werden, dies alles zusammen mit den Erscheinungen des Ringes des Saturn. Das Jahr, in dem unser Erlöser gekreuzigt wurde, wird astronomisch nachgewiesen und die Finsternis in der Stunde der Kreuzigung als wunderbar und entgegen den allgemeinen Ursachen und dem Lauf der Natur erklärt werden.
> Jeder, der an diesem Vortrag teilnehmen möchte, muß eine halbe Krone entrichten, und es wird im Vortragsraum kein Gold gewechselt werden.

Nach Ferguson fand die Kreuzigung am 3. April des Jahres 33 statt, »an welchem Tag mein Planetarium einen vollen Mond nachweist, so daß es keine Sonnenfinsternis geben konnte«. Daraus folgte, daß die Verdunkelung der Erde wunderbaren Ursprungs war, daß Christus also über den Gesetzen Newtons stand.

In Fergusons Publikum fanden sich viele Frauen, die sich von den romantischen Implikationen seiner Apparate anscheinend besonders angezogen fühlten. Sie drängten sich, seine Modelle des Sonnensystems anzusehen, die von einem einzigen Uhrwerk angetrieben wurden. Dieses Werk zog der »Radschmied der Himmel«, wie Ferguson genannt wurde, allein auf, so wie Gott das Universum einst aufgezogen hatte. Fergusons Planetarium war das visuelle Gegenstück zu Youngs lyrischen »Nachtgedanken«.

Auf seinen Reisen besuchte Ferguson auch die große Seidenmanufaktur in Derby, in der 26586 Räder von einem großen Wasserrad, das sich dreimal in der Minute um sich selbst drehte, angetrieben wurden. Im scharfen Gegensatz zur Gegenwart scheinen die Menschen jener Zeit fast spontan die Maschine mit Gottes Schöpfung identifiziert zu haben, und Ferguson schrieb die folgenden Zeilen aus einem zeitgenössischen Gedicht über die Mechanik der Manufaktur, in dem das Ineinandergreifen der Zahnräder verglichen wird mit dem Wandel der Planeten, in sein Notizbuch:

Nun wende von der Erde zum Himmel die zweifelnden Augen
Und lies in den erstaunlichen Wundern des Firmaments!
Welten ohne Zahl kreisen in verschiedenen Sphären,
Halten sich in ihrer Bahn und vollenden ihre Zeit . . .
GEWALTIGE KRAFT und GEWALTIGER GEDANKE! Frag nicht mehr:
Sieh den ERSTEN BEWEGER und, überzeugt, BETE IHN AN.

Der autodidaktische ehemalige Schafhirte wurde sogar nach Kew eingeladen, um in der königlichen Residenz mit König Georg III. über »philosophische und mechanische Themen« zu sprechen sowie über das Drechseln von Holz und Elfenbein, denn der König, sagte ein Drechsler über seinen Herrscher, »hätte mit Fleiß vierzig oder fünfzig Schillinge die Woche als Hartholz- und Elfenbeindrechsler verdienen können«.

Ferguson unterhielt sich mit dem König zweifellos über eine der Lieblingstheorien des Zeitalters: »Zehntausendmal zehntausend Welten, alle in schneller Bewegung und doch ruhig, regelmäßig und harmonisch . . . und diese Welten bevölkert mit Myriaden von intelligenten Wesen, geformt, eine endlose Progression zur Vollkommenheit und zum Glück zu bilden . . . Wie gut muß ER sein, der dieses Ganze schuf und der es lenkt.«

In diesem kosmischen Optimismus des achtzehnten Jahrhunderts liegt die Gemeinsamkeit zweier in ihrem Ansatz so weit auseinanderliegender Denker wie Ferguson und Young. Ein Universum, das sich so geordnet und harmonisch bewegte wie ein Uhrwerk, wurde in diesem verheißungsvollen Weltbild zugleich als Gottesbeweis und als Verherrlichung Gottes angesehen, eines Schöpfergottes, der dieses Uhrwerk aufgezogen hatte und von dem man glaubte, daß er sich in gleicher Harmonie und Folgerichtigkeit im Wirken Jesu Christi offenbart habe. So erwies sich das mechanistische Weltbild der Ferguson und Young nahestehenden Denker und Dichter als weit und optimistisch genug, noch die in Jesus verkörperten Leiden der Menschheit als Teil einer berechenbaren, harmonischen Weltgeschichte zu integrieren.

Ein Vergleich zwischen James Ferguson und Benjamin Franklin ist schon in sich interessant, da beide vorwiegend autodidaktische Erfinder waren, aber darüber hinaus auch, um zu zeigen, wie ein Amerikaner auf Newtons Weltbild reagierte. Franklin kam 1706 in Boston zur Welt. Er ging nur zwei Jahre zur Schule und mußte dann seinem Vater, einem Lichtzieher und Seifenkocher, in dessen Gewerbe helfen. Mit zwölf Jahren begann er eine Lehre bei einem Schriftsetzer, und als ausgebildeter Schriftsetzer kam er nach London, wo er dem Sekretär der Royal Society der Wissenschaften, Dr. Pemberton, in einem Kaffeehaus begegnete und durch ihn mit Pembertons Auslegung und Darstellung des Newtonismus vertraut wurde. Benjamin Franklin ließ sich in Philadelphia nieder, lebte mit der Tochter seiner Vermieterin in wilder Ehe, verdiente sich seinen Lebensunterhalt als Drucker und machte sich einen Namen als »Naturphilosoph«.

Pennsylvania war zu Franklins Zeiten noch zum größten Teil wild und ungezähmt. Es gab keine gepflegten Landschaften und Gärten, keine stillen Ortschaften und idyllischen Kirchen, die zur Kontemplation einluden und die einem sentimentalen Naturgefühl entgegenkamen. Durch seine Umgebung war Franklin weniger zu einer gefühlsmäßigen Annäherung an die Natur als zu ihrer praktischen Beherrschung getrieben. Seine Erfindungen schließen den Schaukelstuhl ein, die bifokale Brille, den Franklinofen (mit einem offenen Feuer) und eine Uhr, die die Stunden, Minuten und Sekunden mit Hilfe von nur drei Zahnrädern und zwei Ritzeln im Werk anzeigte (wobei die Stunden und Minuten durch einen einzigen Zeiger angegeben wurden) und die von James Ferguson vervollkommnet und daher als Fergusonuhr bekannt wurde. Franklins größte Entdeckung aber war die Tatsache, daß Wolken elektrifizierte Materie sind und daß die Blitzentladung zur Erde durch einen Blitzableiter von den Dächern der Häuser ferngehalten werden kann.

Die praktische Neigung, die aus seinen Erfindungen spricht, ist auch in Benjamin Franklins Ethik evident. Von dem religiös sehr eigenständigen Hintergrund Pennsylvanias beeinflußt und tief beeindruckt vom Deismus Shaftesburys, schrieb Franklin schon im Alter von zweiundzwanzig Jahren eine Art persönlicher Glaubensverfassung nieder, die auch praktische Verhaltensregeln einschloß. Sie spricht von seinem Glauben an den einen Gott, der die Welt durch seine Vorsehung lenkt und der am besten dadurch zu verehren ist, daß der Mensch dem Mitmenschen dient. Jesus wird nicht erwähnt. Franklin entwarf eine Liste von dreizehn Tugenden, an deren Spitze er die Selbstbeherrschung setzte. Jeder dieser Tugenden wandte er vier Wochen erhöhte Aufmerksamkeit im Jahr zu, um sich so selbst zu läutern.

Franklin kannte Youngs »Nachtgedanken«. Aber während Ferguson die kontemplativen Passagen des Gedichts bevorzugte, zitierte Franklin in seinem *Almanach des armen Richard* eine der wenigen praktischen Hinweise des Werks, die Warnung vor der Trägheit:

> Von den wunderbaren Fehlern des Menschen trägt dieser
> Die Palme: »daß alle Menschen immer leben *wollen*«,
> Auf ewig am Rande einer Neugeburt.
> Wie großartig das Leben, das sie führen *wollen!*

Franklin spielte später eine führende Rolle im Kampf seines Landes um die Unabhängigkeit und wurde noch im Alter von einundachtzig Jahren in den Verfassungskonvent berufen, der die amerikanische Verfassung entwarf. Die Männer, die das Gesicht der Verfassung am nachhaltigsten beeinflußten, waren jünger als er, aber viele von ihnen, zum Beispiel James Madison, teilten seine Sicht, daß das Newtonsche Universum die Existenz Gottes bewies, daß aber gerade aufgrund einer solchen Weltsicht irgendeine Art christlicher Orthodoxie nicht akzeptabel sei, weil sie intellektuell nicht mehr nachvollziehbar war.

Wenn Männer mit solchem Hintergrund sich zusammenfinden, um ein neues System der Herrschaft zu entwerfen, werden sie unwillkürlich auf die Grundlagen ihrer Weltsicht, ihres Bildes von der Natur und der Natur des Menschen zurückgreifen, in diesem Fall auf ihren Newtonismus. Etwa im Jahre 1786 schrieb James Madison einen unvollendeten Essay, *Die Symmetrie der Natur*, in dem er für ein System des menschlichen Rechts eintrat, das jenem System verwandt war, welches die Umlaufbahnen der Planeten regelte, und er dachte zweifellos an die Newtonschen Theorien von der Wirkung der Schwerkraft, als er in Heft 51 der Zeitschrift *The Federalist* vorschlug, »die innere Struktur der Regierung so herzurichten, daß ihre verschiedenen konstituierenden Teile in ihrer Relation zueinander selbst die Mittel sein mögen, durch die sie einander jeweils an ihrem angemessenen Platz halten«.

Die Väter der amerikanischen Verfassung wollten, daß die kleineren Staaten in der Innenpolitik ihre Unabhängigkeit behielten, sie sollten nicht von den größeren »geschluckt« werden. In den Beratungen war viel die Rede von einander »ausgleichenden Einflüssen«. Schließlich wurde ein föderales System entworfen, das keinem anderen existierenden System glich, wohl aber Newtons Sicht des Kosmos. Statt die Macht der Zentralregierung zu umschreiben, proklamierten die Väter der Verfassung lediglich eine verschwommene Definition der Mittel, deren sich diese Macht bedienen konnte. Souveränität hatte keinen festen Platz, die Macht keinen Sitz.

Diese Männer gingen von dem Bild einer Welt aus, die im ganzen von unveränderlichen Gesetzen beherrscht war, Gesetzen, die sich erforschen und niederschreiben ließen; sie sahen darin eine durchgehende Gleichheit – die Sonne, der Mond und ein Apfel waren den gleichen Gesetzen unterworfen; es gab keine Hierarchie der Elemente, keine »Überlegenheit« des Feuers über Wasser und Erde; statt dessen gewannen Körper ihre Bedeutung aus der Masse, das hieß aus quantitativen Faktoren. Die Verfassung setzte fest, daß alle Menschen vor dem Gesetz gleich waren und daß sie frei waren und daß die Mehrheit herrschen sollte. Darüber hinaus etablierten sie drei Körperschaften, die jede ihre Schwerkraft in einer anderen Richtung ausübte und die doch harmonisch zusammenwirken sollten: die Präsidentschaft, die Legislative und ein Oberster Gerichtshof. Wie der Mond und die Sonne die Gezeiten bestimmten, so sollten diese Körperschaften die Gezeiten der menschlichen Gesellschaft regulieren.

Der Einfluß des zeitgenössischen Weltbildes auf die Formulierung der Verfassung ist nicht wirklich nachweisbar, da er nirgends klar niedergelegt, nur in wenigen Fällen angedeutet wurde. Aber die gesellschaftliche

Kraft eines Weltbildes ist immer indirekt und häufig gerade deshalb stumm, weil es so selbstverständlich in das Denken einer Epoche eingeht. Und es mag ein Hinweis oder mehr als ein Hinweis, ein Symbol sein, daß die Repräsentanten des neuen Staates, als das Kongreßgebäude erbaut war, in Halbkreisen unter einer hohen Kuppel saßen.

Im Frankreich des achtzehnten Jahrhunderts hing der Erfolg eines Mannes in der Gesellschaft von guter Familie, gutem Aussehen und gutem Willen ab. All diese Eigenschaften hatte das Schicksal François-Marie Arouet verweigert, dem Mann, der sich Voltaire nannte. Obwohl er einen überlegenen Verstand besaß, schienen ihm enge Grenzen gesetzt, denn er war nur der Sohn eines Notars, klein, häßlich und weit davon entfernt, seinen Mitmenschen mit Großzügigkeit und gutem Willen zu begegnen. Er war ein bitterer, sarkastischer Mann, und Young, der ihn einmal traf, beschrieb ihn in einer aufschlußreichen Verszeile so: »Ihr seid so witzig, sittenlos und dünn, daß Ihr mich an Miltons Tod und Sünde gemahnt.« Kurz nach seiner Rückkehr aus England begann der junge Mann gegen die Gesellschaft, die seinen Wert so wenig zu schätzen schien, einen Einmannkrieg, dessen Hauptschauplatz die Religion war, und das hieß in Frankreich: die katholische Kirche. Zunächst veröffentlichte Voltaire seine *Philosophischen Briefe*, die die Glaubensfreiheit und die politische Freizügigkeit in England rühmten, und vier Jahre später seine *Éléments de la philosophie de Newton* (Elemente der Newtonschen Philosophie). Die Bedingungen geistiger Arbeit in Frankreich werden schon daraus deutlich, daß Voltaire keine Lizenz bekam, dieses Werk in Paris zu veröffentlichen, da der Cartesianismus die »offizielle« Kosmologie jener Zeit war. Er mußte in Amsterdam publizieren. Auf der anderen Seite wäre es naiv, zu glauben, daß Voltaire sein Werk verfaßte, um lediglich physikalische Erkenntnisse zu verbreiten.

Newton glaubte, wie wir wissen, daß es die Aufgabe des Wissenschaftlers sei, die Kräfte zu beschreiben, die in der Natur am Werke waren, nicht aber metaphysische Erklärungen anzubieten. Er hatte auf Leibniz' Vorwurf, seine Theorien seien rein materialistischer Natur, mit der Hinzufügung einer Scholie, eines erläuternden Zusatzes, reagiert, als die zweite Auflage der *Principia* herauskam, aber diese Scholie war nicht mehr als ein kleines Postskriptum. Diese Auseinandersetzung griff Voltaire indirekt auf, als er es unternahm, Newtons methodisches Vorgehen auf den Kopf zu stellen, um es als Waffe in seinem Krieg gegen die Kirche nutzen zu können. Voltaire diskutiert die Natur des Lichts in Buch II seiner *Éléments,* die Theorie der Schwerkraft in Buch III, aber Buch I widmete er ganz der Auseinandersetzung mit den Problemen des Verhältnisses des Menschen zu seiner Seele und zu Gott. Auf einer der ersten Seiten erklärt er: »Newtons ganze Philosophie führt uns notwendig auf die Anerkennung eines Höchsten Wesens zu, das in seiner Allmacht alle Dinge erschaffen und geordnet hat.«

Newtons Erziehung, sein Familienhintergrund und seine Ausbildung, ja der ganze Rahmen der Wissenschaft in seinen Tagen waren umfassend bestimmt und begrenzt durch den Glauben an den Herrn, den Gott der Bibel, der seinen Diener, den Menschen, liebt und von ihm anerkannt werden will. Voltaire aber versuchte, Newton aus dieser Einbindung – und, wie er meinte, Beschränkung – zu lösen und ihn als zeitlosen Weisen hinzustellen. »Newton«, schreibt er, »fand keine Begründung der Existenz Gottes überzeugender und schöner als die Platos.« Schon diese Annäherung an den griechischen Philosophen wies auf eine grundsätzliche Neubestimmung des Werks Newtons, eine von Christentum und Kirche weit entfernte. Mit welcher Energie Voltaire an seine Umdeutung heranging, zeigen auch kleinere Details, die Newtons Humanismus nachweisen sollen und die in dieser Betonung an den Rand des Komischen geraten. Newtons geringes Interesse am Essen wird unter der Feder des Franzosen die vornehme Weigerung des Weisen, Fleisch zu verzehren. Überdies, so fügte Voltaire in einer Bemerkung hinzu, die eher seine Unkenntnis der englischen Küche verriet, erlaubte Newton aus Mitleid niemals, daß Tiere bei lebendigem Leib über dem Feuer gebraten wurden, »um ihr Fleisch zarter zu halten«. Und: »Dieses Mitleid den Tieren gegenüber entsprach seiner Barmherzigkeit gegen die Menschen. Wahrlich, ohne eine humane Einstellung anderen Menschen gegenüber, eine Tugend, die alle anderen Tugenden einschließt, hätte es ein Mann kaum verdient, ein Philosoph genannt zu werden.« Ohne zu beachten, daß Newton den größten Teil seines Lebens praktisch als Einsiedler in freiwilliger Abgeschiedenheit verbracht hatte, verkündete Voltaire: »Newton war davon überzeugt, daß unser Drang, in Gesellschaft zu leben, die Grundlage des Naturgesetzes ist.«

Auf diese Weise beschrieb Voltaire einen Weisen, der weder einem bestimmten Land noch einer bestimmten Epoche zugehörig schien, der in Übereinstimmung mit den Gesetzen der Natur lebte und der selbst weitere Naturgesetze des Kosmos entdeckte, die bewiesen, daß das Universum von Gott geschaffen war – nicht aber von dem christlichen Gott der Kirche, sondern dem alten Gott der indischen und chinesischen Weisen.

Die Bedeutung von Voltaires geschickter Popularisierung des einflußreichsten Gelehrten seiner Zeit war groß. Seine stilistisch glänzende Darstellung verband die neueste Kosmologie, das anerkannte Weltbild der Epoche, unlösbar mit dem Deismus. Und dies, obwohl Newton sich die äußerste Mühe gegeben hatte, die beiden Ebenen getrennt zu halten, aus der Wissenschaft also keine metaphysischen Ableitungen vorzunehmen. Darüber hinaus hatte er in seiner Scholie ausdrücklich die Konzeption des Deismus zurückgewiesen und den Gott der Deisten ein Wesen genannt, »das, wie vollkommen es auch sein möge, kein Dominium hat«.

Am 1. November 1755 zerstörte ein Erdbeben zwei Drittel der Stadt Lissabon. In der Katastrophe starben etwa sechzigtausend Menschen. Es war das verheerendste Erdbeben der bekannten Geschichte und entsetzte ganz Europa. Voltaire schrieb ein Gedicht, um zu betonen, daß ein solches Ereignis mit der Vorstellung eines christlichen, barmherzigen Gottes nicht zu vereinen war, wohl aber mit dem Gott des Deismus, dem Schöpfer des Kosmos, der aber in die Geschicke der Menschheit nicht direkt eingriff.

Während Voltaire, die Sterne in Kreide auf eine Tafel gemalt, die wissenschaftliche Vernunft des Deismus lehrte, wurde Jean-Jacques Rousseau zum Propheten einer sentimentalen Naturverklärung. Vom frühen Tod seiner Mutter gezeichnet, suchte er Sicherheit und Zuflucht bei einer umfassenderen Mutter, der Erde. Er befaßte sich nicht mit der Herausforderung des Nachthimmels, sondern wandte sich ganz dem natürlichen Leben auf der Erde zu, das er zum Vorbild auch der menschlichen Gesellschaft und ihrer Regeln machen wollte. Vielleicht weil er sehr kurzsichtig war, finden sich in seinen Werken erstaunlich wenig genaue Beschreibungen von Flora und Fauna. Was man in ihnen findet, ist eine Mischung aus nebelhaftem Sentiment und egozentrischer Selbstbeobachtung. Er liebte die Fülle der Natur – daher seine Vorliebe für exotische Länder, in denen Bananen- und Kokosbäume den »edlen Wilden« seiner Vorstellung überreichlich ernähren. Dort, im Zustand der Primitivität, kommt die eingeborene Güte des Menschen am deutlichsten zum

Vorschein: Sein Wesen entspricht in jenen Zonen der Fülle und der Schönheit der Natur, und sie erfüllt ihn mit einem vereinigenden Gefühl von Freude und Trauer zugleich, eine Empfindung, die Rousseau mit Glaube und Anbetung gleichsetzt.

Eine präzisere Darstellung dieses Weltbildes findet sich in den Schriften des Jacques Henri Bernardin de Saint-Pierre, eines Jüngers Rousseaus, der ein genauer beobachtender Naturalist war als sein Mentor und der, da er in Mauritius gelebt hatte, ein wirklicher Kenner des »edlen Wilden« war. Seine *Études de la Nature* (Studien der Natur) veröffentlichte er auf Anregung Rousseaus und mit dessen Unterstützung 1784: Ihre neunhundert Seiten sind die ausführlichste Darstellung der sentimentalen Sicht der Natur dieser Zeit. Auffallend in Bernardins Schilderungen ist der Anthropomorphismus, die unaufhörliche Beziehung natürlicher Erscheinungen auf den Menschen und seine Zwecke; alles in dieser Natur hat seinen Sinn für Mensch und Tier, und alles fügt sich letztlich zu einer benevolenten, harmonischen Einheit: Brombeer- und Himbeersträucher haben Dornen, damit die Schafe daran gehindert werden, die Gelege der Vögel zu stören, während sie gleichzeitig ausreichend Wolle festhalten, um den nistenden Vögeln den Nestbau zu erleichtern. Birken und Lärchen verlieren ihr Laub im Winter, um den Tieren ein warmes Lager zu bereiten, aber die Pinie bleibt immer grün, um ihnen Schutz vor dem Schnee zu gewähren. Birken wachsen in der Nähe des Seeufers, auf daß der Mensch ihren Stamm zum Kanubau verwenden kann. Bäume, die Zimt und Muskatnuß tragen, finden sich in der Nähe von Sümpfen, daß ihr Duft den Gestank überdecke. Der Eisenhut hat eine häßliche Farbe und riecht schlecht, um den Menschen vor seinem Gift zu warnen. Weißer Schaum steht um schwarze Felsen, um die Seeleute vor Riffen zu warnen. Pflaumen und Pfirsiche reifen im Sommer, weil der Mensch in der heißen Jahreszeit auf sie angewiesen ist, seinen Durst zu löschen. Eine Melone hat Einkerbungen, damit sie problemlos zugeschnitten und auf dem Tisch der Familie verteilt werden kann. Die strahlenden, auffälligen Farben von Papageien und Tukanen sind von der Natur entworfen, um das Auge des Menschen zu erfreuen, der sonst den grünen Dschungel in seiner Monotonie erschreckend finden könnte.

Erdbeben sind nicht wirklich schlecht: Sie reinigen die Luft, und da die Gegenden, in denen sie vorkommen, bekannt sind, kann die Bevölkerung dort Holzhäuser erbauen – wie es die Überlebenden der Katastrophe von Lissabon bereits getan hatten. Bernardin ging auch auf Benjamin Franklins Erfindung des Blitzableiters ein, der unter strenggläubigen Christen mit dem Argument kritisiert worden war, er »entwaffne Gott«. Dies sei im Grunde blasphemisch und auch unsinnig, argumentierte Bernardin, denn der Blitz sei kein Instrument von Gottes Zorn, er sei notwendig, um die Luft in der Hitze des Sommers abzukühlen.

In diesem Weltbild einer wohlwollenden und sinnreichen Natur ist auch der Mensch von Natur aus gut. Bernardins Beweisführung ist ästhetischer Natur: Es erfreut den Menschen, ein wohlproportioniertes Tier zu sehen, und diese Freude ist noch größer, wenn er es in seiner natürlichen Umgebung sieht: Zum Beispiel ist es für ihn ein größeres Erlebnis, die Ringeltaube in Freiheit fliegen zu sehen, als wenn er sie in einem Vogelhaus beobachtet.

Wenn uns diese Art der Beweisführung heute naiv anmutet, so sollte uns das nicht dazu führen, ihre damalige Bedeutung und vor allem ihre gesellschaftliche Wirkung zu unterschätzen. Die Lehre von dem der Natur innewohnenden Sinn sollte in England von William Paley aufgenommen werden mit Folgen, die uns noch beschäftigen werden. In Frankreich hatte das sentimental-harmonische Weltbild Rousseaus und Bernardins gewaltige politische Folgen. Da der Schöpfer dieser Welt seine Schöpfung auf das Glück des Menschen hin angelegt hatte, so war, wenn der Mensch dennoch unglücklich lebte, allein die Gesellschaft schuldig. »Der Mensch ist frei geboren und liegt doch überall in Ketten«, das war der Aufschrei, der die Französische Revolution begleitete. Und die Revolution war zugleich die Verwirklichung von Voltaires Ziel: die Demütigung der katholischen Kirche vor der Vernunft.

Am 10. November 1793 wurde auf dem Vorplatz der Notre-Dame, inzwischen zu einem Tempel der Vernunft erklärt, eine Bühne erbaut, die einen runden Tempel trug mit der Inschrift *À la Philosophie.* Aus ihm trat eine in Weiß gekleidete Schauspielerin heraus, die eine rote Mütze und einen Spieß trug. Sie setzte sich in einen mit Laub bekränzten Sitz und wurde mit einer Hymne geehrt, die mit der Zeile begann:

Descend, o Liberté, fille de la Nature ...
(Steig zu uns herab, o Freiheit, Tochter der Natur ...)

Im Verlauf einer weiteren Zeremonie wurde an der Bastille eine Statue der Natur enthüllt, in deren Sockel der Spruch eingegraben war: »Wir sind alle ihre Kinder.« Aus den Brüsten der »Natur« ergossen sich zwei Wasserströme in ein Becken. Das Wasser spielte in der symbolischen Darstellung der Revolution eine große Rolle, ein wie die Natur oder die Erde weibliches Symbol, das die männliche Symbolik des Königtums ersetzen sollte, und viele Départements nannten sich nach den Flüssen, die sich auf ihrem Gebiet befanden. Die Sonne, der Mond und die Sterne tauchten in der neuen Symbolik nicht auf, denn als sich der universale Anspruch der Revolution schnell in einen nationalen wandelte, wurde die »Tochter der Natur« zum »Kind des Vaterlandes« und forderte in ihren emblematischen Darstellungen typisch Französisches, nicht aber die Gestirne, die ihr Licht ohne Unterschied allen Menschen schenken.

1794 griff Robespierre in die verschiedenen Kultformen der Revolution ein und näherte sie noch stärker den Lehren Rousseaus. Robespierre hatte Jean-Jacques im letzten Jahr seines Lebens getroffen, fand »sein Gesicht verdunkelt von dem Schmerz, den die Ungerechtigkeit der Menschen zufügt«, und übernahm seine Sicht, daß die Welt von einem höchsten Wesen für den Menschen geschaffen worden war, ein Wesen, das mit dem christlichen Gott nichts gemein hatte und sich deshalb auch nicht in Christus offenbart hatte, sondern in den Regungen jedes reinen Herzens. Robespierre fand eine Entsprechung zu seinem Deismus in den poetischen Zeilen von Youngs *Nachtgedanken*, deren Übersetzung immer unter seinem Kissen lag. An die Stelle des Kultes der Vernunft setzte er die Feier des Höchsten Wesens, die er am 6. Juni 1794 auf dem Marsfeld abhalten ließ. Die Männer, die daran teilnahmen, trugen Eichenäste und die Frauen Rosensträuße. Ein blumengeschmückter Ochsenkarren rollte heran, beladen mit Landwirtschaftsgerät, den Emblemen ehrlicher Arbeit. Robespierre ließ ein Standbild des Atheismus verbrennen und es durch eine Darstellung der Weisheit ersetzen. »Franzosen«, rief er der Menge zu, »ihr führt Krieg gegen Könige, ihr seid deshalb würdig, die Gottheit zu ehren.«

Die revolutionären Kulte sind interessant, weil sie die logische Folge der Lehren von Voltaire und Rousseau darstellen. Wenn sie auch kurzlebig waren, so sind sie doch der sichtbare Gipfelpunkt eines Weltbildes, an dem schon Newton, wenn auch gegen seinen Willen, Anteil hatte. Er zeigte die Harmonie des Weltraums auf, und seine Beschwörung des christlichen Glaubens blieb gegen seine wissenschaftlichen Erkenntnisse kraftlos. Rousseau dagegen wandte die Harmonielehre, wenn auch in sentimentaler Verzeichnung, auf die irdische Natur an – und vor allem auf das höchste Kind der Natur, den Menschen –, und das Wesen, das er als göttliche Instanz verehrte, offenbarte sich nicht mehr in Christus, sondern in jenen Eigenschaften des Menschen, die er für gottähnlich hielt: Reinheit, Natürlichkeit, Tugend. Es war nur folgerichtig, daß ein Wissenschaftler, der unter dem Einfluß dieses Kultes seinen Glauben verloren hatte, auch den Newtonschen »Großen Beweger« des planetarischen Uhrwerks durch eine naturwissenschaftliche Erklärung überflüssig machte.

Pierre Simon Laplace wurde 1749 in der fruchtbaren Landschaft der unteren Normandie geboren. Er stammte aus einer sehr armen Bauernfamilie, gewann aber ein Stipendium für eine örtliche Militärschule, wo er als junger Mann auch eine Anstellung fand. Danach ging er nach Paris, wo er durch die Vermittlung d'Alemberts eine Berufung als Lehrer für Mathematik an der École Militaire bekam.

Laplace war mittelgroß und gutaussehend, entschieden in seinem Auftreten, und er stieg sehr schnell auf, obwohl er kein guter Redner war. Als die Revolution kam, erklärte er sich für die Republikaner, gab seinen katholischen Glauben auf und half Napoleon, für seinen ägyptischen Feldzug wissenschaftliche Berater heranzuziehen. Als Napoleon an die Macht kam, wurde Laplace zum Innenminister ernannt. Aber der Mathematiker und Astronom war für diese Aufgabe doch ein zu wissenschaftlicher und gründlicher Kopf und wandte nach Napoleons Worten auf seine Aufgaben »die Methode der Infinitesimalrechnung« an. Schon bald wurde er abgelöst und zum Senator ernannt. Er heiratete und hatte einen Sohn. Sobald Ludwig XVIII. 1814 nach Paris und auf den Thron zurückkehrte, bot er ihm in, wie seine Kollegen dachten, würdeloser Eile seine Dienste an. Der König ernannte ihn zum Marquis, und Laplace wandte nun viel Energie daran, seine niedere Herkunft zu verbergen.

Laplace begann seine wichtigste Arbeit, kurz nachdem William Herschel, ein in Hannover geborener und in England arbeitender Amateurastronom, 1781 einen neuen Planeten entdeckt hatte. Dieser Planet kreist in etwa doppeltem Abstand des Saturn um die Sonne. Herschel nannte ihn »Georgian« nach König Georg III., aber der Name, der sich durchsetzte, war »Uranus«, abgeleitet vom griechischen Wort für Himmel. Herschel entdeckte auch zwei seiner Monde, die er Oberon und Titania taufte. Keats sollte die Entdeckung des Uranus in sein Sonett über seine Entdeckung von Chapmans Homerübersetzung aufnehmen:

> Da fühlt ich, wie ein Himmelsforscher fühlt
> Wenn ein neuer Planet neu in sein Sehfeld schwimmt ...

Laplace war einer der ersten, die die Umlaufbahn des Uranus berechneten. Er stellte fest, daß die Bahn Abweichungen aufwies, wenn der Planet sich Jupiter und Saturn näherte. Mit der Unterstützung eines anderen brillanten Mathematikers, Joseph Louis Lagrange, rechnete Laplace aus, daß diese und andere leichte Abweichungen in den Bewegungen anderer Planeten durch Newtons Schwerkrafttheorie erklärt werden konnten. Schon viele Astronomen vorher hatten die Unregelmäßigkeiten in den Umlaufbahnen bemerkt, hatten über sie und andere »Instabilitäten« nachgedacht und sie als Evidenz dafür gewertet, daß das Universum wie eine Uhr an Energie verlor, »ablief« und bald stillstehen würde. Nichts dergleichen, sagte Laplace. Alle Abweichungen konnten durch die gegenseitige Anziehung der Planeten erklärt werden und würden sich schließlich ausgleichen, auch wenn es Hunderte von Jahren dauern mochte. Das Sonnensystem, erklärte Laplace, »wird immer um einen mittleren Zustand oszillieren, einen Zustand, von dem es nur in geringem Maße abweicht«; es sei praktisch eine Art *Perpetuum mobile,* eine Riesenmaschine, die ihre Bewegungsenergie aus sich selbst schöpfe. 1796 veröffentlichte Laplace seine *Darstellung des Weltsystems.* Er ging von einer Tatsache aus, die lange bekannt war und die er »erstaunlich« nannte: Alle Planeten bewegen sich in West-Ost-Richtung um die Sonne und fast auf derselben Ebene, die Trabanten kreisen in derselben Richtung um ihre Planeten ebenfalls in etwa auf derselben Ebene wie die Planeten (dies trifft auf die Trabanten des Uranus nicht zu, aber die Tatsache war damals unbekannt), und schließlich rotierten die Sonne, die Planeten und ihre Monde alle in der Richtung ihrer Bewegung um die eigene Achse und alle in fast der gleichen Ebene. »So vorgestellt, befinden sich in unserem Planetensystem daher zweiundvierzig verschiedene Umlaufbahnen, deren Ebenen gegen den Äquator der Sonne im äußersten Falle neunzig Grad geneigt sind. Die Wahrscheinlichkeit, daß dies durch Zufall geschehen ist, steht eins zu viertausend Billionen.«

Wie also konnte das Planetensystem in seiner gegenwärtigen Form entstehen? Laplace bezog sich erneut auf Herschels Forschungsarbeit. Mit mächtigen Teleskopen, von ihm selbst konstruiert und erbaut, hatte Herschel mehr als zweitausend Sternennebel entdeckt, leuchtende Flekken am Abendhimmel, einige offensichtlich zusammengesetzt aus Sterngruppen in weiter Ferne, andere schienen aus »einer leuchtenden Flüssigkeit, deren Natur uns vollkommen unbekannt ist«, zu bestehen. Einige dieser Nebel schienen sogar ihre Form zu verändern.

Diese Entdeckung interstellarer Nebulae legte Laplace seiner Argumentation zugrunde. Die Planeten waren selbst in früheren Stadien flüssig gewesen, schrieb er, denn nur so war ihre an den Polen abgeflachte Form zu erklären, eine Folge der Schwerkrafteinwirkung ihres Drehmoments. Beides, das Stadium ihrer Flüssigkeit als auch die für alle gleiche Richtung ihrer Bewegung, konnte erklärt werden, wenn man davon ausging, daß die Planeten ihren Ursprung in einer immensen, glühenden Nebula hatten, die von Westen nach Osten gekreist war und von der unsere Sonne ein Relikt darstellte. Als sie abkühlte, zog sich die Nebula zusammen, und es bildeten sich Ringe aus fester Materie, die um die Achse des gewaltigen Sternennebels kreisten – alle in derselben Ebene. Diese Ringe aber blieben nicht stabil, sondern lösten sich in einzelne rotierende Materiekonzentrationen auf, Massen, die sich so verdichteten, daß sich daraus schließlich die Planeten bildeten. Die Planeten zogen sich ihrerseits zusammen, verdichteten sich, und aus diesem Prozeß entstanden ihre Trabanten und solche Erscheinungen wie der Ring des Saturn – ein Trabant im Werden.

In einem Zeitalter, in dem Männer wie Cavendish, Priestley und Lavoisier aufsehenerregende Fortschritte in der Analyse von Gasen machten, bot Laplaces *Weltsystem* mit seiner Nebularhypothese eine Neufassung von Newtons mechanischem Kosmos an, die den »göttlichen Arm«, den der Engländer als Ursprung aller Bewegung im Weltraum noch angenommen hatte, durch eine chemische Erklärung ersetzte. Gasförmige Materie, die sich allein aufgrund von Veränderungen der Temperatur entweder ausdehnte oder zusammenzog, konnte aus sich heraus das Sonnensystem geformt haben. Ein außerhalb des Sonnensystems oder auch außerhalb des physikalischen Bezugssystems liegender Impuls war nicht mehr notwendig, sagte Laplace, und damit auch kein unbewegter Beweger.

Laplace übergab die ersten Exemplare seiner fünfbändigen *Traité de la mécanique céleste (Mechanik des Himmels)* an Napoleon. »Ihr habt dieses gewaltige Buch geschrieben«, sagte Napoleon, »ohne den Schöpfer des Universums auch nur einmal zu erwähnen.« »Sire, diese *Hypothese* habe ich nicht gebraucht«, antwortete Laplace.

Napoleon ist auch in Hinsicht auf die Weltbilder seiner Zeit eine interessante Gestalt, denn er übernahm – vielleicht typisch für das Frankreich der revolutionären Epoche – jeweils das Weltbild, das er vorfand, ließ sich also von den historischen und wissenschaftlichen Strömungen, denen er ausgesetzt war, treiben. Als Junge in Ajaccio war er ein gläubiger Katholik und teilte die konservative, katholische Sicht des Kosmos. Auf der Militärakademie in Burgund lernte er viel Mathematik, aber weniger an angewandter Wissenschaft als jeder englische Schuljunge und gar keine Astronomie – in einem katholischen Land inzwischen ein unbequemes Thema. Als Unteroffizier in der französischen Armee näherte er sich Rousseau und dessen sentimentaler Sicht der Natur: »Geh hinunter an die Meeresküste«, schrieb er zu dieser Zeit, »sieh auf den Morgenstern, wie er majestätisch am Busen des Unendlichen untergeht: Melancholie wird über dich kommen ... Niemand kann der Melancholie in der Natur widerstehen.«

Unter dem Einfluß des revolutionären Kults der Vernunft wandte sich Napoleon von der emotionalen Naturmystik Rousseaus ab, und als führender General der republikanischen Armeen zählte er die katholische Kirche sowohl als weltliche als auch als ideologische Macht zu seinen Feinden. Zu der Zeit hätte er sich wohl als Agnostiker beschrieben, als einen Mann, der weder an einen Gott noch an eine letzte Ursache aller Dinge glaubt. Dennoch, als er nach Ägypten übersetzte, lag er bei Nacht an Deck seines Schiffes und fragte die Wissenschaftler, die ihn begleiteten, ob die Planeten bewohnt seien, wie alt die Erde sei und ob sie durch Flut oder Feuer untergehen würde. Viele dieser Wissenschaftler wie sein Freund Gaspard Monge, dem es als erstem gelungen war, Gase zu verflüssigen, waren Atheisten. Aber Napoleon konnte ihnen nicht folgen. Vom Deck des Schiffes deutete er auf die Sterne der mediterranen Nacht: »Ihr könnt sagen, was ihr wollt, aber wer hat all die dort oben gemacht?«

Als Erster Konsul während der Restauration sah er sich gezwungen, anzuerkennen, daß der Glaube an einen christlichen Gott eine in Frankreich unverrückbare Tatsache des alltäglichen Lebens war, und so stellte er die Befugnisse und damit auch die Macht der katholischen Kirche wieder her, auch wenn er ihren Glauben nicht teilen konnte. Eine ähnlich zwiespältige Haltung nahm er den Wissenschaften gegenüber ein. Für die Deutung und Beherrschung der Natur schienen sie ihm unerläßlich. Rousseaus sentimentale Träume von einer neuen Einheit von Mensch und Natur waren ihm fremd geworden. Typisch war seine Reaktion auf eine Klage des Bernardin de Saint-Pierre, der sich in seiner rousseauistischen Sicht der Natur von den Wissenschaftlern verhöhnt fühlte: »Bernardin, beherrscht Ihr die Differentialrechnung? – Nein? Dann geht und erlernt sie.«

Andererseits konnte Napoleon sich mit dem in Laplaces Nebularhypothese implizierten Atheismus nicht abfinden. In seinem Unbehagen lag mehr als die Achtung für seine fromme katholische Mutter, mehr als die Erfahrung dessen, wie Männer sich verhalten konnten, wenn sie den Glauben verloren hatten. Napoleon hatte immer wieder über die Widersprüche in der Verfassung des Menschen nachgedacht: daß der Geist durch das Fleisch wirkt, das Fleisch aber zugleich die Aktivität des Geistes zu belasten und behindern scheint, daß andererseits aber der Heroismus, der im Kampf aus Sehnen und Muskeln zu bestehen scheint, sich bis zum Anschein des Göttlichen steigern kann. Aber er war auch weit entfernt davon, ein Christ zu werden, kein Glaube hinderte ihn daran, 1814 einen Selbstmordversuch zu unternehmen, indem er Gift schluckte.

Als Gefangener auf den regenverwehten Felsen von St. Helena sagte Napoleon im Dezember 1817 seinem Gefährten Gourgaud: »Die Intelligenz, die über die Bewegungen der Sterne wacht – die ja nur Materie sind, wie Ihr wißt –, glaubt Ihr wirklich, daß diese Intelligenz auch die Handlungen der Menschen überwacht und sie verfolgt?« »Sire, ich glaube an Gott und wäre sehr unglücklich, ein Atheist zu sein«, antwortete Gourgaud. »Bah! denkt an Monge und Laplace. Eitelkeit der Eitelkeiten!«

Bis zu seinem Tode blieb Napoleon unentschieden – schwankend zwischen zwei Weltbildern. Er empfand Sympathie mit den Wissenschaftlern, aber was war mit dem Ruhm und dem Mut und Frankreich – den Werten, mit denen er gelebt hatte? Wenn das Leben keinen Sinn in sich trug, dann verschwanden all diese Werte wie in einem Nebel. Napoleons quälende Zweifel sind nur ein Hinweis unter vielen, wie stark die Wertvorstellungen des Abendlandes vom Christentum geprägt waren. Noch in der sehr säkularen Frage nach dem Sinn von Patriotismus und Tapferkeit tritt die religiöse Sinnfrage zutage: Gab es keinen Gott, so verloren diese Werte den Hintergrund, aus dem sie gewachsen waren. Ein Weltbild ist immer ein interdependentes Wertesystem, aus dem einzelne Bausteine nicht ohne Schaden für das Ganze herausgebrochen werden können.

Und in diesem Zwiespalt starb Napoleon – er ließ nach einem katholischen Priester schicken und bezweifelte doch, ob der Mensch mehr als nur das Produkt physikalisch-chemischer Vorgänge in einer unvorstellbaren Vergangenheit war.

9. Kapitel
Nüchterne Wissenschaft und schwärmerische Dichtung

Kant erklärt, daß der Raum der Realität vom Verstand aufgezwungen wird, und bestreitet die Möglichkeit einer Naturreligion – Goethe löst eine Reaktion gegen ein Uhrwerk-Universum aus, das von der Mathematik erklärt wird – William Blakes wissenschaftliche Naturbetrachtung verwandelt sich in eine biblisch-poetische Sicht – In *The Ancient Mariner* zeigt Coleridge die göttliche Gerechtigkeit, die durch kosmische Phänomene wirkt – Im Lake Distrikt findet Wordsworth geistigen Frieden – Shelley, der ätherische Atheist – Charlotte Brontë und das Nordlicht – Fichte und Schelling – Schleiermachers Anschauung des Universums – Eichendorffs Einheit von Seele und Natur – Brentano und Novalis – Die Landschaften von Caspar David Friedrich.

Auf eine völlig andere Art und unter Anwendung grundsätzlich anderer Methoden befaßte man sich während des achtzehnten Jahrhunderts in Deutschland mit der Kosmologie. Immanuel Kant wurde im Jahre 1724 in Königsberg als viertes Kind eines armen Sattlers geboren. Seine Mutter, die eine fromme Pietistin war, ließ ihrem Sohn eine religiöse Erziehung zuteil werden, die weniger auf das Dogmatische ausgerichtet war als auf sittliches Handeln. Kant studierte bis 1746 Naturwissenschaften, Mathematik und Philosophie in Königsberg, 1755 habilitierte er sich als Magister der Philosophie, sein Brot verdiente er sich zwischen 1747 und 1754 als Hauslehrer. In seiner Freizeit studierte er Astronomie. Vielleicht unter dem Einfluß von Young, einem seiner Lieblingsdichter, beschreibt er den verzückten Zustand, in den ihn »der gestirnte Himmel« versetzt, dessen Anblick »hohes Vergnügen« in ihm weckt. Im Jahre 1755 wurde er Privatdozent und 1770 Professor für Logik und Metaphysik; diesen Lehrstuhl hatte er inne, bis er sich zur Ruhe setzte. Er führte ein zurückgezogenes Leben, verließ Ostpreußen nie und Königsberg nur selten.

Kant war klein, mager, schmalbrüstig und ein wenig verwachsen; seine rechte Schulter war etwas höher als die linke. Sein Gesichtsschnitt war unschön, erinnerte beinahe an einen Affen, aber er hatte eine breite, gewölbte Stirn und ausdrucksvolle blaue Augen. Er war so empfindlich, daß ihn selbst das Kratzen der Federn während der Vorlesung störte, und eine noch druckfeuchte Zeitung ließ ihn eine Erkältung fürchten. Er machte viel Aufhebens um seine Gesundheit und kontrollierte ständig die Zimmerthermometer, nahm aber selten eine Arznei und zitierte gern den Grabspruch eines Mannes, der mit Medikamenten zu großzügig umgegangen war: »N.N. war gesund: weil er aber gesunder als gesund sein wollte, liegt er hier.«

Frauen betrachtete Kant als dekorative, emotionale Geschöpfe, die unfähig waren, in ihrem Handeln irgendwelchen Prinzipien zu folgen. Er unterhielt sich gerne mit ihnen, jedoch nie über ernste Themen, denen ihr Verstand seiner Meinung nach nicht gewachsen war. »Sie brauchen nicht mehr über das Universum zu wissen, als notwendig ist, um den Anblick des Himmels an einem schönen Abend zu genießen.« Dreimal dachte er ans Heiraten, aber bis er endlich die Frage gelöst hatte, ob ein Gefühlsleben sein Philosophieren nicht über Gebühr beeinträchtigen würde, war es immer schon zu spät.

Kant lebte ziemlich spartanisch und gestattete sich lediglich eine Vorliebe für englischen Käse und kandierte Früchte aus Frankreich. Musik und Malerei sagten ihm nichts; in seinem karg möblierten Haus hing als einziges Bild ein Porträt Rousseaus an der Wand. Er führte ein ungewöhnlich geregeltes Leben, und die Nachbarn wußten, daß es genau halb vier war, wenn Kant in seinem grauen Überrock, einen spanischen Rohrstock in der Hand, aus seiner Tür trat und sich zu der kleinen Lindenallee begab, die nach ihm heute noch »Philosophenweg« heißt. Achtmal ging er bis an ihr Ende, achtmal zurück, im Sommer gemächlich, um nicht ins Schwitzen zu kommen.

Kant genoß ernste Gespräche und lud oft ein paar Freunde zum Essen ein. In seinen jungen Jahren war er schlagfertig und witzig, doch als er älter wurde, versiegte auch diese Quelle des Gefühls, und er lachte nur noch selten. Er hielt nichts davon, Briefe zu beantworten, und die wenigen, die er schrieb, klangen distanziert und kühl. Er glaubte an Gott, ging aber selten zur Kirche und betete niemals. Obwohl er in der gleichen Stadt wie seine Schwestern wohnte, die Dienstmädchen gewesen waren und Männer der entsprechenden Schichten geehelicht hatten, sprach er in fünfundzwanzig Jahren nicht ein einziges Mal mit ihnen.

»Er war so mit seinen eigenen Gedanken beschäftigt«, schrieb jemand, der ihn kannte, »daß es ihm schwerfiel, den Geist einer anderen Philosophie zu würdigen; im Alter fand er es absolut unmöglich.« Im Jahre 1798, als Napoleon sich in Toulon einschiffte, behauptete Kant, sein Ziel sei Portugal, weil er damit England am empfindlichsten treffen könne. Er hatte sich diese vermeintliche Kriegslist Napoleons so perfekt zurechtgelegt, daß er selbst, nachdem die Franzosen in Ägypten gelandet waren und die Regierung dies öffentlich bekanntgab, immer noch behauptete, die Expedition sei gegen Portugal gerichtet, und die amtliche Verlautbarung verfolge nur das Ziel, die Engländer zu täuschen.

Als junger Mann war er aufgeschlossener für die Überzeugungen anderer gewesen und hatte die von Leibniz vertretene Anschauung einer unzweifelhaft auf das Gute und Vollkommene gerichteten Weltordnung geteilt: Sogar das Erdbeben von Lissabon war – so gesehen – ein Ereignis mit positiven Folgen, denn angeblich hatten die Erschütterungen, die es aussandte, bewirkt, daß in Teplitz Heilquellen entsprangen, aus denen die Bewohner dieser Stadt Nutzen zogen.

Kants Leidenschaft für Ordnung und Logik und sein jugendlicher Optimismus zeigen sich in seiner *Allgemeinen Naturgeschichte und Theorie des Himmels,* die er im Alter von 31 Jahren veröffentlichte. Ausgehend von einer Abhandlung von Thomas Wright von Durham, der behauptete, daß die Ringe des Saturn dabei seien, sich zu Monden zu verdichten, erklärte Kant, das Universum sei aus einer unendlichen Zahl von Sonnensystemen zusammengesetzt, die entstehen, vergehen und wie Phönix wiedererstehen würden. Aus den Lehren von Newton über die Kräfte der Anziehung und Abstoßung versuchte Kant, ein Weltbild abzuleiten. Es bleibt auch insofern Newton verpflichtet, als Kant einen lenkenden Gott als Grundbedingung der Ordnung im Weltall voraussetzte und umgekehrt aus dieser Ordnung einen Gottesbeweis ableitete.

Worin zeigt sich die Existenz Gottes? »Luft, Wasser, Wärme ... erzeugen ... alle die nützlichen Folgen, ohne welche die Natur traurig, öde und unfruchtbar bleiben müßte ... Wenn ihre Naturen vor sich und unabhängig notwendig wären, was vor ein erstaunliches Ohngefähr, oder vielmehr was vor eine Unmöglichkeit würde es nicht sein, daß sie mit ihren natürlichen Bestrebungen sich gerade so zusammen passen sollten, als eine überlegte kluge Wahl sie hätte vereinbaren können ... und es ist ein Gott eben deswegen, weil die Natur auch selbst im Chaos nicht anders als regelmäßig und ordentlich verfahren kann.«

Griffe Gott direkt in das Universum ein, so wären alle Planetenbahnen kreisförmig und lägen auf der gleichen Ebene; offensichtlich schuf Gott das Universum und die Bewegungsgesetze und gewährte dem Ganzen dann freien Spielraum. So paßt Kant eine mechanistische Erklärung in den Rahmen eines von der Vorsehung bestimmten Universums ein.

Leibniz hatte den Raum als bloße Erscheinung bezeichnet und erklärt, alles sei von geistigen »Corpuscula«, den Monaden, erfüllt; Newton hingegen sah im Raum etwas Reales, das auch existierte, wenn sich keine Körper in ihm befänden. Kant neigte Newton zu, fand es aber schwierig, die Realität des Raumes begrifflich zu bestimmen. Mitte der sechziger Jahre begann sich der Einfluß des schottischen Empirikers David Hume bemerkbar zu machen. Hume sagte, daß wir uns, wenn wir von einer Ursache sprechen, nicht auf etwas beziehen, was in der Wirklichkeit existiert, sondern auf eine Verbindung, die unser Verstand zwischen zwei Ereignissen herstellt. Diese Erklärung, so bemerkte Kant, weckte ihn aus seinem »dogmatischen Schlummer«. In der Dissertation, mit der er seine Professur antrat, *De mundi sensibilis atque intelligibilis forma et principiis* von 1770, behauptete er, daß Raum und Zeit weder bloße Relationsbegriffe noch absolute Bedingungen der Materie seien, sondern subjektive Formen, die dem Verstand eigen sind, nicht aber den Dingen. Er begann, seine ganze Philosophie umzubauen, und machte sie zu einem Ausdruck seines distanzierten, egozentrischen Lebens, in dem der Verstand bar jeglicher Emotion sein eigenes Denken analysierte.

Das Ergebnis, das Kant von seinem 57. Lebensjahr an nach und nach in einer Reihe von Büchern veröffentlichte, repräsentierte eine systematische Erweiterung seiner Dissertationsthesen. Die Welt, wie sie wirklich ist, bleibt dem Menschen verschlossen. Er kann sie wahrnehmen, aber nur unter den vorausgesetzten, angeborenen Formen seines Verstandes. Zu diesen Formen zählen der Raum, die Zeit und die Kategorien, darunter der Begriff der Kausalität. Wenn wir in einer hellen Nacht meinen, die Sterne im Weltall zu sehen, geschieht eigentlich folgendes: Unser Verstand koordiniert unsere Sinneseindrücke von den Sternen nach unveränderlichen Gesetzen, und einen Teil dieser Koordination nennen wir Raum.

Dies war eine wahrhaft originelle, radikal subjektive Ansicht, und sie führte zu bedeutsamen Folgerungen. Weil wir die Welt, wie sie ist – die Dinge an sich –, nicht erkennen können, sondern nur unser Bild von der Welt, können wir nicht aus einer geordneten Bewegung, z. B. der Planeten, auf die Existenz einer ordnenden Hand Gottes schließen. Die Metaphysik ist Täuschung, die Naturreligion Lüge.

Doch Kant hatte das Thema damit nicht abgeschlossen. Er argumentierte folgendermaßen weiter: Der Mensch hat ein Gewissen, Gewissen setzt Freiheit voraus und kann zu Tugend führen. Doch Tugend wird nicht immer in diesem Leben belohnt, und da wir nirgends in der lebenden Natur Antriebe finden, die nicht zweckgerichtet sind, sollen wir glauben, daß Tugend in einem anderen Leben ihren Lohn finden wird.

Kant läßt den Gott, den man nicht in der Natur finden kann, aus praktischen, ethischen Gründen auferstehen.

Kants Wirkung auf das kosmologische Denken war eine ähnliche wie die Picassos auf die gegenständliche Malerei dieses Jahrhunderts. Beide erklärten, daß eine hohl gewordene Tradition nur eine Summe von Konventionen sei, und versuchten, eine neue, gültigere Wirklichkeit aus der Natur des Ich zu konstruieren. Aber während Picassos Ich ein reiches, weites Spektrum von Aktivitäten umfaßte, war Kants Ich beschränkt auf das reine weiße Licht eines einsamen Verstandes, der ernste, nüchterne Überlegungen über das Wesen des Denkens anstellte. Er widerrief all seine früheren Schriften, da er sie für einen Teil der Täuschung hielt. Was blieb, war eine isolierte »reine« Vernunft, getrennt von Gefühlen und Mitmenschen, gestützt durch gewisse Grundsätze des frühen Pietismus, die noch in ihm nachwirkten. Er hatte eine kalte, strenge Anschauung vom Kosmos, die allerdings für einige Menschen durchaus ihren Reiz besaß. Ein paar Zeilen aus seiner *Kritik der Praktischen Vernunft,* die auf seiner Grabplatte im Dom von Königsberg stehen, drücken vielleicht am besten die Quintessenz seines Denkens aus: »Zwei Dinge erfüllen das Gemüt mit immer neuer und zunehmender Bewunderung und Ehrfurcht, je öfter und anhaltender sich das Nachdenken damit beschäftigt: der gestirnte Himmel über mir und das moralische Gesetz in mir.« Aber nur das moralische Gesetz führte zu Gott.

Man kann sich kaum einen Menschen vorstellen, der in größerem Gegensatz zu Kant steht, als Goethe. Er wurde im Jahre 1749 in Frankfurt als Sohn eines wohlhabenden Juristen geboren. Von seinen fünf jüngeren Geschwistern blieb nur eine Schwester am Leben. Seine Mutter, halb so alt wie ihr Mann und erst achtzehn, als sie ihren Sohn gebar, war eine zärtliche und äußerst phantasievolle Frau.Sie lehrte ihn, die Bibel zu lieben, und übertrug ihren Animismus auf ihn – diesen seltsamen Zug des deutschen Gemüts, der schon Tacitus aufgefallen war. »Luft, Feuer, Wasser und Erde stellte ich ihm unter schönen Prinzessinnen vor ... und da wir uns erst zwischen den Gestirnen Straßen dachten, und daß wir einst Straßen bewohnen, und welchen großen Geistern wir da oben begegnen würden, da war kein Mensch so eifrig auf die Stunde des Erzählens mit den Kindern, wie ich ...« Der kleine Goethe errichtete den Prinzessinnen einen Altar aus einem Notenständer und schmückte ihn mit hübschen Steinen, Blumen und einer Kerze, die mit Hilfe eines Brennglases, das die Strahlen der gerade aufgegangenen Sonne einfing, entzündet worden war.

Goethe besaß einen kräftigen Körper und ein anziehendes Äußeres, einen scharfen Verstand und die Empfindsamkeit eines Dichters, eine Begabung zur Freundschaft und ein Talent für die Liebe. Doch was ihn am meisten beschäftigte, waren seine Schwächen. Selbst als er sich auf den Abschluß seines Studiums der Rechte vorbereitete, hörte er nicht auf, seine Ängste zu bekämpfen. Um sich die Furcht vor Geistern und Dämonen auszutreiben, spazierte er nachts über Friedhöfe; um sein Grauen vor kranken und toten Körpern zu überwinden, arbeitete er in einem Seziersaal; um seine Höhenangst zu heilen, stieg er auf das Dach des Straßburger Münsters, saß dort eine Viertelstunde, trat dann auf ein Gesims und zwang sich, auf die winzigen Figuren in der Tiefe hinunterzuschauen.

Goethe wollte seine Emotionen nicht deshalb beherrschen, um wie Kant Gefühlen auszuweichen, sondern um intensiver empfinden zu können. Als einer der Wortführer der Sturm-und-Drang-Bewegung stürzte er sich förmlich in die Natur, begeisterte sich für Schwimmen und Schlittschuhlaufen, zitierte Shakespeare, verliebte sich oft – immer auf der Suche nach intensiver Erfahrung. Mit fünfundzwanzig Jahren veröffentlichte er *Die Leiden des jungen Werthers,* einen Roman über einen idealistischen Träumer, der sich in eine verheiratete Frau verliebt und aus Verzweiflung Selbstmord begeht. Der Roman machte ihn schlagartig berühmt. Zwei Jahre später hatte er das große Glück, die Freundschaft des jungen Herzogs Karl August zu gewinnen, der ihn aufforderte, zu ihm nach Sachsen-Weimar zu kommen. Dort wurde Goethe bald mit hohen Verwaltungsaufgaben betraut.

Jetzt begann ein neues, noch ausgefüllteres Leben. Auch wenn Goethe eine ganze Winternacht hindurch getrunken und getanzt hatte, hielt ihn das nicht davon ab, im Morgengrauen zur Jagd zu reiten. Kein Graben war ihm zu breit, keine Hecke zu hoch, kein Weg zu steil. Am Tag danach zeichnete er vielleicht im Ratszimmer des Fürsten Pläne für neue Straßen, oder er inspizierte Bergwerke und Bewässerungskanäle. Er schrieb Schauspiele für das Weimarer Theater, die er selbst einstudierte. Er verliebte sich in Charlotte von Stein, die Frau des Stallmeisters Friedrich Freiherr von Stein, und so begann eine »Seelenverwandtschaft«, die sich im Rahmen der Konventionen hielt, für ihn aber alle Züge einer großen Leidenschaft hatte.

Mit siebenunddreißig Jahren fühlte sich Goethe von seinen Verwaltungsaufgaben allzusehr eingeengt, und so brach er fast fluchtartig nach Italien auf, wo er der Liebe begegnete, den klassischen Künsten und der antiken Naturbetrachtung, die den Animismus seiner Kindheit wiederaufleben ließ. Die Erfahrungen dieser Reise ließen ihn 1787 sein in erster Fassung 1779 entworfenes großartiges Schauspiel *Iphigenie* vollenden. Nach seiner Rückkehr nach Weimar verband er sich mit Christiane Vulpius, die er 1806 heiratete. Sie gebar ihm fünf Kinder, von denen nur das älteste am Leben blieb. Sein Interesse für Forst- und Landwirtschaft veranlaßten ihn, sich systematisch mit Botanik zu beschäftigen; der Bergbau weckte sein Interesse für Mineralogie und Geologie. Es spricht für die harmonische Persönlichkeit Goethes, daß sich die naturwissenschaftlichen Forschungen und die dichterischen Arbeiten eng verbanden und einander bedingten.

»Der menschlichste aller Menschen«, so beschrieb der Dichter Wieland den jungen Goethe, und Napoleons bewundernder Ausspruch »Voilà un homme!«, den er tat, als er Goethe im reifen Mannesalter traf, zeigt, wie vollkommen Goethe seine vielen Talente entwickelt hatte. Von den verschiedensten Freundschaften beansprucht, in Liebesbeziehungen verstrickt und bemüht, sich auf hunderterlei Arten nützlich zu machen, steht Goethe im Vergleich zu Kant am entgegengesetzten Ende des menschlichen Spektrums, und seine Sicht der natürlichen Welt, sein Weltbild, war dementsprechend anders.

Goethe ging von der Überzeugung aus, daß der Mensch ein untrennbarer Teil der natürlichen Welt ist – nicht nur eines ihrer Aspekte, sondern der ganzen Welt. Er steht in reziproken Beziehungen zu allen anderen Erscheinungen im Kosmos, zu Sonne und Mond, Bergen und Meer, Bäumen und Blumen. Des weiteren hat der Mensch drei Bedürfnisse: anzubeten, zu schaffen und nachzusinnen. Jede Interpretation der Natur muß diese berücksichtigen.

Der stets dem Leben zugewandte Goethe mußte fast zwangsläufig Kants Ansicht verwerfen, daß ein unüberbrückbarer Abgrund den Menschen von den Dingen an sich, das heißt in ihrer wirklichen Gestalt und Beschaffenheit, trennte. Ein wirklicher Abgrund, so sagte Goethe, ist die Folge einer Einseitigkeit, die entsteht, wenn wir auf die Welt nur mit unserem Verstand eingehen. Alles Isolierte, alles Stückwerk ist tadelnswürdig.

Eine rein mathematische Interpretation der Natur wäre Stückwerk und daher abzulehnen. Im Gespräch mit seinem Freund Eckermann erklärte Goethe: »Es wäre doch töricht, wenn jemand nicht an die Liebe seines Mädchens glauben wollte, weil sie ihm solche nicht mathematisch beweisen kann! Ihre Mitgift kann sie ihm mathematisch beweisen, aber nicht ihre Liebe.«

Goethe verwarf auch die mechanischen Kosmologien von Newton und Laplace, weil er in ihnen einseitige Erklärungen sah. Indem sie lineare Kausalreihen herausarbeiteten, versäumten sie, der Vieldimensionalität der Natur gerecht zu werden. Genauso, wie uns die mechanische Theorie des Schalls nichts über die Eigenart der Musik sagt, reichen solche Kosmologien nicht aus, um das innere Leben der Natur als eines Ganzen aufzuzeigen. Und schlimmer noch: »Zahl und Maß in ihrer Nacktheit heben die Form auf und verbannen den Geist der lebendigen Beschauung.«

Goethes visuelle Fähigkeiten waren hochentwickelt, und er verlangte von einer Kosmologie, daß sie bildlich darstellbar sein müsse. Das war eine nicht unberechtigte Forderung, denn ungefähr die Hälfte der Nervenfasern, die Wahrnehmungen in unser Hirn leiten, gehören zu den Sehnerven, und die meisten Menschen sind vornehmlich visuelle Naturen. Doch dies brachte Goethe dazu, eine unhaltbare Position zu beziehen. Newton hatte erklärt, weißes Licht bestehe aus verschiedenfarbigen Strahlen, und es bewiesen, indem er weißes Licht durch ein Prisma leitete. Goethe aber fand, Newtons Theorie sei unmöglich mit der Alltagserfahrung vereinbar. Er konnte nicht glauben, daß die Wahrnehmung von etwas Weißem auf etwas anderem beruhen sollte als auf einer einfachen, unvermischten Substanz. Er zog es vor, die Auffassung zu vertreten, daß Farben aus einer Mischung von weißem Licht mit einem den jeweiligen Gegenständen eigenen trüben Medium hervorgehen und daß die Objekte aufgrund dessen bei Tage »Farbe annähmen«.

Seine Farbentheorie läßt sich nicht mit den Tatsachen in Einklang bringen und ist unhaltbar. Daß er sie dennoch nicht aufgab, war ein Irrtum, tut aber der Bedeutung seines Weltbilds keinen Abbruch. Goethe drückte seine Sicht der Natur in Symbolen aus, von denen er glaubte, daß sie uns mehr enthüllen als Begriffe. Das Universum, so sagte er, ist unergründlich, weil Gott in ihm ist, der in jede Aktivität eingeht, den Verlauf jeden Flusses lenkt, das Wachstum jeden Blattes. Goethe streifte den Animismus seiner Kindheit nie ganz ab, und so konfrontiert er uns zuweilen mit der wenig überzeugenden Idee eines Weltgeistes im Sinne einer allbelebenden Weltseele. Häufiger allerdings spricht er als Pantheist. Das brachte ihn wie vor ihm schon Seneca in philosophische, erkenntnistheoretische Schwierigkeiten, denn wenn Gott in allen Dingen ist, auch in uns selbst, wie sollen wir uns dann so weit abgrenzen, daß wir ihn begreifen und als unabhängige Individuen handeln können?

Goethe akzeptierte, daß der Mensch aus Gegensätzlichkeiten zusammengesetzt ist, dem, was Pascal »Engel« und »Tier« nannte, aber um sie miteinander zu versöhnen, sah er keine Notwendigkeit, auf die Erlösungsidee im christlichen Sinne zurückzugreifen. Gott war bereits in der Welt, und diese Tatsache heiligte alles.

Aber der Kosmos ist nicht für den Menschen gemacht. Einen solchen Anspruch zu erheben hieße, eine bestimmte Facette der Natur auf Kosten des ganzen Restes herauszuheben. Das Äußerste, was wir sagen können, ist, daß der Mensch in geistiger Beziehung die höchste Manifestation des Göttlichen auf Erden darstellt und daß ein Teil des Naturgeschehens auf den Menschen ausgerichtet zu sein scheint. »Diese plumpe Welt aus einfachen Elementen zusammenzusetzen und so jahraus, jahrein in den Strahlen der Sonne rollen zu lassen, hätte ihm [= Gott] sicher wenig Spaß gemacht, wenn er nicht den Plan gehabt hätte, sich auf dieser materiellen Grundlage eine Pflanzenschule für eine Welt von Geistern zu gründen.«

Indem er eine Kosmologie anbot, die alle Bedürfnisse des Menschen berücksichtigte, knüpfte Goethe an antiken Vorstellungen an, die das Beglückende der Ganzheit, der harmonischen Natur, betont hatten. Dieser Bund gelangte zu symbolischem Ausdruck, als Goethe am 4. September 1784 den Brocken bestieg und unter dem Eindruck des Erlebnisses in das Gipfelbuch zwei Zeilen des römischen Dichters Manilius eintrug:

Quis coelum posset nisi coeli munere nosse
Et reperire Deum, nisi qui pars ipse Deorum est?
(Wer könnte ohne Zutun des Himmels den Himmel kennen
Und Gott finden, ohne selbst Teil des Göttlichen zu sein?)

Auf dem europäischen Kontinent verdrängte während und unmittelbar nach der Französischen Revolution die Politik die Kosmologie, die staatliche Ordnung wurde vorrangig gegenüber der Ordnung in der Natur. Doch es gab Ausnahmen, besonders in der Musik. Vielleicht durch die Besichtigung von Herschels Observatorium in Slough inspiriert, komponierte Joseph Haydn im Jahre 1798 das Oratorium *Die Schöpfung*, die freudige Verherrlichung eines Universums voller Güte, dessen dramatischer Höhepunkt der Moment ist, in dem das durch die c-Moll-Tonart dargestellte Chaos von Des-Dur und dann von C-Dur abgelöst wird und die Worte erschallen: »Es werde Licht!«

In dieser Zeit fanden Dichter am ehesten in der von dem großen Wassergraben des Ärmelkanals geschützten Feste England die Ruhe, sich mit dem neuen Weltbild auseinanderzusetzen, und hier können wir einen Ausspruch Kants zitieren: »Der deutsche Genius bringt Wurzeln hervor, der italienische Laub, der französische Blüten, der englische Früchte.« Diese Früchte verdankten den neuen Wurzeln Goethes einiges und gingen in geringerem Maße auch auf Kant zurück.

William Blake, Maler und Dichter, wurde im Jahre 1757 in London als Kind wohlhabender Eltern geboren, die ihm eine solide Ausbildung an einer Zeichenschule, bei einem Kupferstecher und zuletzt an der Kunstschule der Royal Academy ermöglichten. Verkannt und unbeachtet, lernte er allerdings später bittere Armut und Verzweiflung kennen. Er heiratete ein Mädchen aus sehr einfachen Verhältnissen, dem er Lesen und Schreiben und das Abziehen und Einfärben der Kupferplatten beibrachte. Er schuf vornehmlich Kupferstiche, und seine erste große Serie – Illustrationen zu Youngs *Nachtgedanken* – wurde mit dem ersten Teil des Gedichts im Jahre 1797 in Buchform veröffentlicht. Blake war ein christlicher Nonkonformist und ein Radikaler und protestierte gegen eine Gesellschaft, die dem Menschen die Erfüllung verwehrte. Er wandte sich gegen die neuen Maschinen, »die finsteren Mühlen des Satans«, die, wie er glaubte, den Geist der Menschen allmählich zermalmen würden. Er brachte sie mit der großen Mechanik von Newtons Weltbild in Verbindung und rebellierte auch gegen dieses.

Blake teilte Goethes Vision von der Natur als eines von etwas Unmeßbarem gesäumten Ganzen, und sein bekanntester Vierzeiler kommt der Auffassung des Deutschen sehr nahe:

Um die Welt zu sehn in einem Körnchen Sand
Und den Himmel in einem Blütenrund,
Birg Unendlichkeit in deiner Hand
Und Ewigkeit in einer Stund.

Er teilte auch Goethes Abneigung gegen eine einseitige Erklärung des kosmischen Schicksals des Menschen, sei sie zynisch, sentimental oder mechanistisch:

Spottet nur, Voltaire, Rousseau;
Spottet nur, es bringt kein Glück!
Ihr schleudert den Sand in den Wind,
Und er, er wirft ihn euch zurück.
Ein Edelstein wird jedes Korn,
Und göttlich Feuer fängt es ein;
Der Spötter Augen macht es blind,
Nach Israel noch dringt sein Schein.
Ob die Atome Demokrits,
Ob Newtons Lichtkorpuskelheer,
Im Glanze Israels gesehn,
Ist's Ufersand vom Roten Meer.

Wie die Erwähnung Israels zeigt, war Blakes Auffassung vom Kosmos die eines von der Bibel geprägten Christen. Hier entfernt er sich von Goethe und englischen Vorgängern wie Young. Während der Autor der *Nachtgedanken* von der Ordnung des Sonnensystems auf einen gütigen Gott geschlossen hatte, fertigte Blake zwei Serien Stiche über das Thema »Es gibt keine Naturreligion« an und vertrat die Überzeugung, daß das Buch des Himmels durch das Buch der Bücher entziffert werden sollte.

Das führte ihn dazu, die jüdische Kosmologie der Bibel zu übernehmen:

Der Himmel ist ein ewges Haus, ein Werk der Söhne Los ...
An seinem Saum, der Sonne Tor, Gewölk sich neigt herab
Zur flachen Erde und der See im wohlgefügten Raum ...

Blake glaubte wirklich, daß die Erde flach wäre, daß die Sonne um sie kreiste und nicht größer wäre, als sie einem Kind erschien, denn das Teleskop ändert »das Verhältnis der Sinnesorgane des Beobachters zu den Objekten, wohingegen es die Objekte unberührt läßt.«

»Obschon er manchmal zu so unschuldigen kindlichen Anschauungen gelangte, projizierte Blake meist sein tiefempfundenes Christentum in den Raum: »Siehst du nicht eine runde Feuerscheibe, die Ähnlichkeit mit einer Guinee [einer Goldmünze] hat?« fragte sich Blake, während er einen Sonnenuntergang betrachtete. »O nein, nein, ich sehe eine gewaltige Ansammlung der himmlischen Heerscharen, und ich höre sie rufen: ›Heilig, heilig, heilig ist Gott, der Herr Zebaoth!‹«

Blake, der visionäre Maler, bevölkerte das Weltall mit titanischen zwitterhaften Wesen, die die knöchellangen Gewänder alttestamentarischer Zeiten tragen. Manchmal stehen sie aufrecht im Mittelpunkt der Blätter, dann wieder kauern sie auf der Erde; manchmal schweben sie wie Wolken im Raum. So etwas wie sie hatte man in der Kunst noch nie gesehen. Sie repräsentieren das Ewige, das hinter den Erscheinungen des Zeitlichen sichtbar wird. Und über ihnen ragt Christus auf, der – so Blake – den Eindruck erweckt, als begebe er sich gerade im Kreis der Heiligen zum Jüngsten Gericht, alles Irdische abstreifend, auf daß das Ewige beginnen möge.

Aber Blake war kein bloßer Visionär. Es genügte ihm nicht, nur das Ewige im All zu erspähen. »Unser Herr ist das Wort Gottes, und jedes Ding auf Erden ist das Wort Gottes.« Damit aber Gott auf Erden herrsche, müssen die Mühlen des Satans, die Maschinen, aus dem Weg geräumt werden. Der Kern der Blakeschen Visionen liegt in seinem Verlangen, ein neues Jerusalem in Englands »freundlicher, grüner Landschaft« zu errichten. Blakes Dichtung ist ein visionärer Aufschrei gegen das heraufdämmernde Zeitalter des Industrialismus mit seinem rein naturwissenschaftlichen Weltbild.

Blakes jüngerer Zeitgenosse Samuel Taylor Coleridge ist als Person weitaus zugänglicher als Blake und gilt als einer der liebenswertesten englischen Romantiker. Er reagierte auf die natürliche Welt mit ungeheurer Sensibilität und scharfem Verstand; er besaß ein großes Herz und beachtlichen Mut; er suchte entschlossen nach einem Bild der Welt, das sein ganzes Ich zufriedenstellen würde – das Herz und den Kopf.

Coleridge wurde im Jahre 1772 geboren. Er war zwar der Sohn eines Geistlichen, doch der überzeugte christliche Glaube Blakes fehlte ihm, und wenn er als Achtjähriger mit seinem Vater unter dem Himmel von Devonshire spazierenging, identifizierte er das All und die Sterne mit den Dschinn und den Zauberkräften aus seinem Lieblingsbuch, *Tausendundeine Nacht.* In Cambridge schrieb er eine griechische Ode an die Astronomie, in der er dem Wunsch Ausdruck gab, »Welten zu besuchen, denen ältere Sonnen Leben spendeten«. In sozialutopischer Absicht versammelte er eine Gruppe von Freunden mit dem Plan, in Pennsylvania eine kommunistische, philanthropische Siedlungsgemeinschaft an den Ufern des Susquehanna zu gründen. Überstürzt heiratete er eine der Frauen aus der »Siedlergruppe«, ein Schritt, den er ewig bereuen sollte – in England, denn es kam nie zu der geplanten Auswanderung. Um einen guten Ehemann abzugeben, fehlte es ihm an sexuellem Interesse, und für das Siedlerleben wäre er überdies zu unpraktisch und zu weltfremd gewesen.

Doch Coleridge besaß eine außergewöhnliche Wahrnehmungsfähigkeit. Von Natur aus nervös, lag er nachts oft wach. Sein Interesse galt nicht den geordneten Bahnen der Planeten, sondern seltsamen, phantastischen Phänomenen. Am 22. Oktober 1801 schrieb er in sein Notizbuch: »Ich habe zwei Mondregenbogen gesehen, einen hinter dem anderen und fast an der gleichen Stelle. Sie spannten sich zwischen dem Feld unterhalb meines Gartens und dem drittletzten Acker vor der Kirche – ihre Farbe war mondlicht-nebel-grau.« Coleridge vervollständigte solche Beobachtungen durch die Lektüre von Büchern über Forschungsreisen, insbesondere irgendwelcher Passagen über Eis, Frost und Schnee – eine Vorstellungswelt, die ihn, vielleicht weil sie sexuell neutral war, anzog.

Ähnlich wie Blake die Bibellektüre mit Naturerfahrungen verbunden hatte, verknüpfte Coleridge seinen ausgefallenen Lesestoff mit seinen nächtlichen Beobachtungen und einem rudimentären Christentum, um *The Rime of the Ancient Mariner (Der alte Seemann)* zu schreiben.

Auf der kosmologischen Ebene handelt das Gedicht von der Erde und ihrem Klima zwischen sengender Wüste und knarrenden Eisschollen, die im All zwischen einer Sonne und einem Mond steht, deren seltsame und heftig schwankende Phänomene eine göttliche Gerechtigkeit manifestieren. Wasser spielt ebenfalls eine bedeutsame Rolle, aber es ist entweder gefroren oder läßt kein Leben in sich gedeihen außer dem der

Zersetzung: »Die Tiefe faulte gar! O Christ / Daß so etwas gescheh! / Ja, Schlammzeug kroch langbeinig, hin / Auf der verschlammten See.«

Der Mond und das Mondlicht repräsentieren in Coleridges Gedichtepos die Welt der Geister, die hinter der sichtbaren Welt liegt. Sie verleihen den Ereignissen auf dem Schiff eine dämonische Dimension. Sie stehen in Opposition zur Sonne, die in einer Passage mit Gott assoziiert wird, möglicherweise mit dem gekreuzigten Gott: »Nicht düsterrot, ein Lichthaupt, Gott, / Erschien der Sonne Pracht . . .« Das Töten des Albatros, seine Folgen, der Tod aller Besatzungsmitglieder außer einem, das Schuldgefühl des Seemanns und schließlich die Vergebung – das alles spielt sich zwischen Sonne und Mond ab, die dominierend über den Ereignissen schweben wie die Olympier in einer griechischen Tragödie.

Der alte Seemann ist ein extremes Beispiel für die der romantischen Phantasie häufig eigene Interpretation des Kosmos aus dem Gesichtspunkt göttlicher Gerechtigkeit. Aber kurz nachdem Coleridge das Gedicht fertiggestellt hatte, kamen ihm Zweifel an der Lebendigkeit und Göttlichkeit der Natur. Er kehrte der Dichtkunst den Rücken, reiste nach Deutschland und machte sich eine modifizierte Version von Kants Ansicht zu eigen, nach der die Natur nur das Rohmaterial der Eindrükke bereitstellt, das der Verstand seinen eigenen Denkweisen unterwirft. Von nun an versuchte Coleridge, die Mechanismen der Phantasie zu verstehen. Inwieweit waren zum Beispiel die blutrote Sonne und der kalte Mond seines epischen Gedichts die wirkliche Sonne und der wirkliche Mond? Und wenn sie dies nicht waren, welche Realität und Gültigkeit besaßen sie dann?

Als er älter wurde, versank Coleridge zunehmend – Kant darin nicht unähnlich – in abstrakten Spekulationen über Erkenntnis- und Religionsphilosophie. Erst in seinen letzten Jahren sah er schließlich ein, daß seine persönlichen Schwächen – darunter auch seine Opiumabhängigkeit – nicht durch menschliche Vermittlung aufgehoben werden konnten. Ein unpersönlicher Gott hatte dem verschlossenen, selbstgerechten Kant genügt, aber Coleridge, schwächer und demütiger, hatte das Bedürfnis nach einem Erlöser. Er wandte sich der christlichen Religion zu, weil er die Hilfe eines persönlichen Gottes brauchte, und er blieb dabei – so sagte er –, weil er die erflehte Hilfe erhielt. Seine Religiosität gründete letztlich nicht auf kosmischen Beweisen oder den Imperativen eines Moralgesetzes, sondern in der Tatsache, daß sie für das Individuum, das der

Verzweiflung nahe war, der einzige Weg zur Erlösung und zur Ruhe war.

Coleridges Freund William Wordsworth hatte für das Exotische und für leidenschaftliche Besessenheit nichts übrig. Er zog eine stille Beziehung zu der vertrauten englischen Landschaft vor. Wie Goethe hatte er das Bedürfnis, eine übergeordnete Instanz zu verehren, kreativ zu sein und nachzusinnen, und dafür suchte er sich den Lake District aus. Dies war nicht – wie er es gern darstellte – ein Teil von Gottes Erde, wie es viele gab, sondern eine Parklandschaft und eigentlich beinahe ein »Reservat« für Dichter, in dem die Steine, wie es sich gehörte, von Moos überzogen waren, und Wordsworth, wenn ein Unwetter aufzog, sicher sein konnte, immer einen belesenen Einsiedler zu finden, der bereit war, sein Kaminfeuer, seine Haferkuchen, seine Milch und seine Maximen in seiner Klause mit ihm zu teilen.

Es gab auch Berge dort. Noch zu Donnes Zeiten waren Berge Wucherungen, Geschwülste gewesen, die die glatte Rundung der Erde verunstalteten und die man am besten übersah; für Wordsworth waren sie Zeichen göttlicher Schöpferkraft, und nachts konnte der Mensch auf ihren Gipfeln den Himmel in seiner ganzen Pracht erleben.

In *The Excursion* (*Der Ausflug*), einem epischen Gedicht in neun Büchern, beschrieb Wordsworth die Glaubenskrise, die er in den Jahren nach 1790 durchmachte, seinen darauf folgenden Pantheismus – der Blake so aufregte, daß er Magenschmerzen bekam! – und die durch den Tod seines Bruders, der als Seemann ertrank, ausgelöste Rückkehr zum orthodoxen Christentum sowie seine mystische Verbindung mit der Natur, die diese Religiosität bestärkte. Manchmal wuchs das Verhältnis zur Natur über die bloße Zwiesprache hinaus: Der Geist des Dichters ging in dem, was er sah, auf und verwandelte es:

Zwischen den Höh'n
Und krönend über diesen Gipfeln
So klar wie nirgendwo im Blau der Nacht
Die Sterne funkeln, ihres Ortes stolz.
Nicht reger ist der menschliche Verstand
Als jene stummen Kräfte dort . . .

Wie Goethe verhielt sich Wordsworth den spezialisierten Wissenschaftlern, die sich ganz auf Forschung und Analyse konzentrierten, gegenüber zurückhaltend. Cavendish hatte kurz zuvor Wasser in Wasserstoff und Sauerstoff zerlegt. Über die Chemiker ganz allgemein und über die Astronomen, die »die Planeten in ihren Händen wiegen«, sagte Wordsworth:

Oh! Dort im Himmel wird ihr Tun belacht!
Sprich mit der alten Weisheit, geh und frag
Die mächtige Natur, ob es in ihrem Sinn ...
Daß wir die Dinge grüblerisch betrachten,
Aus dem Zusammenhang gelöst entwerten,
Nicht ruhn, bis alles tot ist, unbeseelt ...

Zwischen den kalten Fakten der Wissenschaftler und der Phantasie, die den Horizont einengen oder irreführend sein kann, vermag nur der christliche Glaube, ein Gleichgewicht herzustellen. Wordsworth formulierte das so:

Ich sah einst
Wie im Binnenland auf einem Weg
Ein Knabe neugierig verharrte, am Ohr
Die eingerollten Lippen einer Muschel glatt,
Und atemlos, mit seinem ganzen Ich
Versunken lauschte ...
Auch eine Muschel Universum ist
Dem Ohr des Glaubens.

Blake und der ältere Coleridge hätten dem zugestimmt.

Nicht aber Percy Bysshe Shelley. Er setzte sich von dieser Gruppe romantischer Dichter ab und ging einen einsamen Weg wie ein Komet am Himmel. Schon im naturkundlichen Unterricht seiner Schule hatte ihn die Tatsache fasziniert, daß es Sterne gab, die so weit entfernt waren, daß ihr Licht die Erde seit der Schöpfung noch nicht erreicht hatte, und die – so glaubte er – zweifellos von einer der Menschheit überlegenen Rasse bewohnt waren. Mit anderen Worten, ihn beeindruckte das Unsichtbare und das Höhere. Dazu kam, daß er von Idealvorstellungen geprägt war: Nur das Vollkommene konnte Shelley zufriedenstellen. In seinen Augen waren die Christen um ihn herum, besonders, als sie seine Liebe zu Harriet Westbrook, der sechzehnjährigen Gastwirtstocher, mißbilligten, alles andere als vollkommen. Also war der christliche Glaube unwahr und damit auch der Begriff eines Obersten Grundes und das Newtonsche Weltbild, das bei den Christen in England Widerhall gefunden hatte.

Shelley schockierte Oxford, als er dies in seinem Buch *The Necessity of Atheism* (Die Notwendigkeit des Atheismus) offen aussprach. Er wurde daraufhin von der Universität gewiesen.

Nach einer so radikalen Ablehnung und der gesellschaftlichen Ächtung blieb ihm nur noch das Unsichtbare. Nur im Unsichtbaren oder im kaum Wahrnehmbaren manifestierten sich Geist und Vollkommenheit. Aus dieser Einstellung heraus entstand das eindrucksvolle Gedicht *To Night* (An die Nacht):

Hüll deine Form in Schleier dicht
Stern-besät.
Dein Haar mach blind des Tags Gesicht
Küß ihn so lang, bis er vergeht!
Dann überflieg Stadt, Meer und Land,
Berührt von deiner Schlummerhand –
Komm, erfleht!

Die Sterne waren am ehesten nach Shelleys Geschmack, wenn sie fast unkörperlich wirkten, wenn sie am Nachthimmel »zitterten, aufblinkten und verloschen«.

Im Mond sah er manchmal die Schwester des Geistes, manchmal auch einen unzugänglichen, fremdartigen Himmelskörper. Die alten Griechen hatten den Mond nicht mit dem Wahnsinn in Verbindung gebracht; erst die Römer der Spätzeit prägten das Wort »Lunatiker« (von »luna« = Mond): Der heilige Hieronymus gebrauchte es in seiner lateinischen Übersetzung des Neuen Testaments manchmal für das griechische Wort für einen Besessenen. Aber Shelley hatte sich von den Konventionen so weit befreit, daß er diese Vorstellung sogar auf den Mond selbst übertrug:

Und einer Frau, dem Tode nahe, gleich,
Die unter dünnen Schleiern schmal und bleich
Unsichren Schritts aus ihrer Kammer strebt,
Von des Verlöschens Irrlicht-Wahn belebt,
So ging der Mond auf über dunkler Welt
Ein formlos-weiß' Gebild.

Shelley fand seine Ablehnung einer religiösen Weltbegründung bei Laplace bestätigt; in den Werken dieses Astronomen und seines Landsmannes Bailly las er auch, daß sich die Erdachse langsam in die Vertikale bewege. In *Queen Mab,* einer Prophetie glücklicherer Zeiten im Lichte einer neuen Religion der vollkommenen Liebe, brachte Shelley deutlich zum Ausdruck, daß er an diese seltsame, irrige Theorie glaubte, die sogar für die von Polareis bedeckten Zonen und die Tropen ein mildes, fruchtbringendes Klima voraussah, in dem das »Werk der Erneuerung« gedeihen könne.

Shelleys Atheismus drückte im Grunde seinen Haß auf die Gesellschaft aus. Wenn er allein in der Natur war, von Wind und Wolken, Dunstschleiern umgeben, und vielleicht eine Lerche hörte, deren Anblick ihm verborgen blieb, drang durch die Schranken seines Atheismus immer wieder der Schimmer eines der Natur innewohnenden Geistes, verwandt mit Platos Weltseele. Seine *Ode to Heaven* (Ode an den Himmel) spiegelt den daraus resultierenden Konflikt der Anschauungen auf eindrucksvollste Weise wider. Ein erster Geist spricht den Himmel als »Audienzsaal, Tempel, Heimstatt« an, als »alles bedeckende Kuppel« für künftige Taten und Zeitalter; ein zweiter erklärt, daß das, was wir sehen, nur der Schatten eines Traumes ist und die Wahrheit jenseits des Grabes erscheinen wird. Doch da diese Überzeugungen nicht durch die Offenbarung gestützt werden, können sie den Worten des dritten Geistes nicht standhalten, der verkündet, der Himmel sei nur »eine Kugel aus Tau«, und einen kosmischen Geist proklamiert: »Was sind flüchtge Sonnen, Sterne, / Die des Geistes Wille treibt, / Von dem nur ein Teil du bist? . . .«

Trotz solcher Ahnungen von einer ungeheuren Macht, die in der Natur am Werke ist, verwarf Shelley bis zu seinem Tode die Idee eines persönlichen Gottes. Der am wenigsten erdgebundene der romantischen Dichter war der Atheist unter ihnen.

Am 28. Dezember 1817 aßen Charles Lamb, John Keats, William Wordsworth und Benjamin Haydon zusammen zu Abend. Sie sprachen über den Rang Homers, Shakespeares, Miltons und Vergils; und als der Abend fortgeschritten war, begann Lamb, der etwas angetrunken war, Haydon zu beschimpfen, weil auf dessen letztem Gemälde unter anderem Newtons Kopf zu sehen war. »Ein Mensch, der an nichts glaubte, wenn es nicht so eindeutig war wie die drei Seiten eines Dreiecks!« empörte er sich. Lamb und Keats waren sich darin einig, daß Newton die Poesie des Regenbogens zerstört habe, indem er ihn auf seine prismatischen Farben reduzierte. Am Ende tranken sie alle auf Newtons Gesundheit und darauf, daß über den Bereich der Mathematik die totale Verwirrung hereinbräche. *Lamia,* das drei Jahre später veröffentlicht wurde, enthält ein paar wunderschöne Verszeilen, in denen Keats seinen Standpunkt vertritt:

Allen Zauber jäh verliert,
Was Wissenschaft mit kalter Hand berührt.
Das Regenbogenwunder früh'rer Zeit:
Man kennt nun des Gewebs Beschaffenheit;
Ein sehr gewöhnlich Ding – mehr ist es nicht.
Die Wissenschaft selbst Engelsflügel bricht.
Dringt ein in der Mysterien samtne Nacht,
Tilgt Geister, Spuk, die Gnome auch im Schacht –
Löscht Farben und verweist das Irisband
Wie Lamias Liebreiz in ein Schattenland.

Auch in dieser Beschwörung der Mysterien und des Zaubers der Natur liegt indirekt die Auseinandersetzung zweier Weltbilder. Ohne es zu nennen, wendet sich das romantische Gedicht gegen das wissenschaftliche Weltbild, auf dem das heraufziehende Zeitalter der Industrialisierung basieren sollte.

Und in der trauernden Beschwörung der Natur, die in vielen romantischen Versen zu finden ist, mag durchaus etwas wie Resignation liegen – das Bewußtsein, daß die »Mühle«, die Maschine und ihre sozialen Folgen, nicht zu verhindern sein wird, daß das neue Weltbild im Grunde die Herrschaft schon angetreten hat.

Wie reagierten nun Frauen auf Himmelsphänomene, wie waren sie dem Kosmos gegenüber eingestellt? Die Brontë-Schwestern, die in der abgelegenen Pfarrei von Haworth am Rande des öden Yorkshire-Bergheidelands lebten, legten ihre Erfahrungen schriftlich nieder. In Emilys Zeilen ist zu spüren, daß sie die Sterne mit ihrem ganzen Wesen brauchte und daß dieses Bedürfnis mit ihrem Geschlecht zusammenhing. Es nahm drei verschiedene Formen an.

Einmal – was zum Teil vielleicht auch auf ihre Unfähigkeit, befriedigende Beziehungen zu Menschen herzustellen, zurückzuführen war – verlangte es sie nach einer Art mystischer Union: In einem Gedicht mit dem Titel »Stars« beschrieb sie, was für ein friedvolles Gefühl sie verspürt hatte, als sie aus ihrem Schlafzimmerfenster hinausblickte und sich eins fühlte mit den Sternen.

Zum zweiten war es für Emily Brontë wichtig, in den Sternen Mittelpunkte glücklicherer Welten zu sehen; möglicherweise hatte sie die Lektüre von Thomas Dicks populärem Buch *The Sidereal Heavens* (Der gestirnte Himmel) von 1840 auf diese Idee gebracht. Dick behauptete darin, daß es 50000 bewohnte Planeten gebe. Sie schrieb:

> In keiner Welt hoch über mir
> Die Weisheit über Liebe lacht,
> Kein Ort, mein Glaube spricht dafür,
> Wo Tugend weicht der Niedertracht.

Und drittens waren die Sterne für Emily Brontë gegen Ende ihres kurzen Lebens eine Quelle der Stärke. Viele Menschen hatten schon bei den Sternen intellektuelle Bestätigung und geistlichen Trost gesucht, aber wohl niemand die unerschütterliche Festigkeit, die ein schwindsüchtiges Mädchen dringend brauchte, um dem Tod entgegensehen zu können. Aus dieser Zuversicht entstand jenes bekannte Gedicht, das mit den Zeilen beginnt:

> Nicht feige ist die Seele mein,
> Sie zittert nicht in Sturm und Nacht der Welt,
> Ich seh des Himmels Glorienschein,
> Und meines Glaubens Licht mich furchtlos aufrecht hält.

Emilys älteste Schwester Charlotte mußte die Verantwortung und die Sorge für die Familie übernehmen. Sie suchte in der Natur keine mystische Erfahrung, sondern einen Wegweiser und Mut für die Aufgaben des Lebens. In Charlottes autobiographischem Roman *Villette* besucht Lucy Snowe eine alte Bedienstete der Familie, das einzige verbliebene Bindeglied zu der Welt ihrer Vergangenheit, um ihren Rat einzuholen, weil sie ohne Geld und ohne Zukunftsaussichten dasteht und nicht weiß, was sie tun soll. Die alte Dienerin kann ihr nicht raten; Lucy kehrt bei Dunkelheit allein durch eine öde Gegend zurück, in der es weit und breit keine menschliche Behausung gibt. Sie findet ihren Weg nur, weil »die Sterne sie geleiten«, aber sie fürchtet sich nicht, auch dann nicht, als plötzlich ein Nordlicht – eine »sich bewegende mysteriöse Erscheinung«, wie sie es nennt – zu sehen ist.

Das Nordlicht hat meist eine rötlichgelbe Farbe und sendet häufig eine Woge fahlen Lichts aus, die vom Horizont wellenförmig aufzusteigen scheint und sehr schnell zum Zenit hinaufschießt. Es entsteht durch erdmagnetische Störungen, die darauf zurückzuführen sind, daß solare Elektronen und Protonen in der dünnen oberen Atmosphäre beschleunigt werden und auf Stickstoff und Sauerstoff einwirken; zu Charlotte Brontës Zeiten allerdings waren die Ursachen weitgehend unbekannt.

Dieser »ernste Fremde«, wie Lucy das Nordlicht nennt, weckt keine Furcht in ihr. Im Gegenteil: der Anblick stärkt sie. »Es schien eine neue Kraft zu bringen. Ich sog Energie aus der leisen Brise, die von ihm her wehte. Ein kühner Gedanke kam mir . . .« Lucy beschließt, den Versuch zu wagen, sich ihren Lebensunterhalt in London zu verdienen. Sie findet dort eine Stellung als Gouvernante, die sie nach Belgien führt, wo sie das Schicksal erwartet.

Im 15. Kapitel wird ein kosmischer Einfluß direkter Natur beschrieben. Lucy ist die ganzen Sommerferien hindurch krank gewesen und allein mit der Köchin im Haus zurückgeblieben. Sie ist unglücklich verliebt und körperlich tief erschöpft. Dann tritt ein Witterungsumschwung ein. Nach trockenen, heißen Tagen prasselt plötzlich Regen herunter. Lucy bezwingt ihre Schwäche und taumelt hinaus, um in einer Kirche Trost zu suchen und – wiewohl Protestantin – bei dem Priester zu beichten. »Die Dämmerung brach herein, und ich verspürte ihre mildtätige Wirkung . . . es schien, als ob sich der Himmel zu dieser Stunde . . . mitfühlend zeigte ob all des Leidens hier auf Erden . . .« Draußen hört sie die Glocken: »... jeder Ritus, jede Zeremonie aufrichtiger Anbetung ... war mir so willkommen wie Brot einer Hungernden ...«

Im 26. Kapitel vergräbt Lucy Snowe ihre Liebesbriefe und damit jegliche Hoffnung auf persönliches Glück. »Es wehte kaum ein Hauch, aber die Nacht war erfüllt von einem eigenartigen Nebel, der das Mondlicht in einen leuchtenden Dunst verwandelte. Es war etwas in dieser Luft, in diesem Dunst, was eine ungeheure Wirkung auf mich ausübte – eine elektrische Ausstrahlung vielleicht. Ich fühlte plötzlich das gleiche, was ich ein Jahr zuvor in England gefühlt hatte – in einer Nacht, als das Nordlicht am Himmel aufflammte. Ich fühlte mich zwar keineswegs glücklich, aber neu gestärkt.«

Im Zwiegespräch mit dem Kosmos hatte Wordsworth, der die Stärke besaß, die Charlotte suchte, Frieden gefunden; Charlotte Brontë, weniger stark, aber fast genauso tapfer, fand körperliche und moralische Kraft. Die Reaktion ihrer Heldin auf das Nordlicht und auf den Mondschein kann als typisch für die romantische Bewegung bezeichnet werden. Sie entfernte sich von Laplaces Nebulartheorie so weit, wie es überhaupt möglich war. Die göttliche belebte Natur der Romantiker griff – wie bei Charlotte Brontë – praktisch als wegweisende Instanz in das Leben der Menschen ein. Vielleicht hat sich der Mensch den Felsen und Bäumen seiner Welt und den Lichtern ferner Welten, deren Anblick seine Seele weitete, nie so nahe gefühlt wie zu jener Zeit.

Die englische romantische Bewegung, die Rousseau und Goethe viel zu danken hatte, gab ihrerseits neue Impulse an den Kontinent zurück. Am Ende des achtzehnten Jahrhunderts stand das Denken der Deutschen ganz im Banne Kants. Seine Überzeugung, daß Raum und Zeit nur Formen seien, in denen die Menschen ihre Umgebung wahrnehmen, und daß sie nicht für sich existierten, verhinderte zugleich eine logische Ableitung aus der Ordnung der Sterne und Planeten, die auf einen Schöpfer schließen ließ. Wenn Raum und Zeit tatsächlich nur apriorische Formen waren, die allein im Geist des Menschen existierten, war die Wahrnehmung des Kosmos wie alles andere ein subjektiver Vorgang, der einen objektiven Schluß auf Gott nicht erlaubte.

Zwei Denker, die von Kants umfassendem subjektivem Idealismus tief beeinflußt waren, Fichte und Schelling, radikalisierten diesen Ansatz noch. Johann Gottlieb Fichte, der von 1794 bis 1799 Professor für Philosophie in Jena war, betonte die Rolle des Ich als schöpferische Instanz, die aus sich heraus die moralische Welt, sogar die Vernunft schüfe. Fichtes Nachfolger in Jena, Friedrich Wilhelm Joseph von Schelling, erklärte, daß der Geist des Menschen und die Natur nur zwei Aspekte einer Weltseele seien, die sich in der Kunst vereinigen, zu einer Synthese zusammenschließen ließen.

Aber es war ein brillanter junger Student der klassischen Philologie, Friedrich Schlegel, der 1796 nach Jena kam, der die ganze Konsequenz und die Implikationen des Denkens dieser beiden Philosophen erkannte: daß das Individuum, dem unter Kants strengem Subjektivismus jeder Zugang zum Kosmos über den Verstand versperrt war, diesen Zugang durch das Gefühl und die Vorstellungskraft gewinnen konnte.

1798 gründeten Friedrich Schlegel und sein Bruder August Wilhelm Schlegel das *Athenäum*, eine Zeitschrift, die zu einer neuen Einschätzung von Kunst und Literatur führen sollte. In einer Reihe von Artikeln entwickelten sie ihre Theorie, daß das Ich des Dichters die Quelle des schöpferischen Genies sei und daß es befreit werden müsse von allen Fesseln des Rationalismus, der Konvention und der Tradition. Für sie waren Dante, Shakespeare und Goethe solche schöpferischen Genies, die Naturkräften gleichzusetzen waren, denn sie besaßen, was die Brüder Schlegel »Universalität« nannten, eine Vision des Menschen in seinem Verhältnis zum Kosmos. Die Brüder Schlegel standen der Religion nicht feindlich gegenüber, in ihrem Naturverhältnis schwang immer ein Stück romantischer Frömmigkeit mit, und es ist nicht überraschend, daß Friedrich Schlegel später, 1808, zum Katholizismus übertrat.

Einer der wichtigsten Denker der deutschen Romantik, der Protestant Friedrich Ernst Daniel Schleiermacher, verband die menschliche Sicht des Kosmos sehr direkt mit der Religion, allerdings in überraschender Form. Auch er erklärte, daß der Verstand kaum zur Erkenntnis Gottes führen könnte, wohl aber die Vorstellungskraft. Gott und Natur können nur in dem erfahren werden, was Schleiermacher die »Anschauung des Universums« nannte. Die tiefe innere Erfahrung Gottes über die Kontemplation der Natur führt den Menschen zu Ehrfurcht und Demut, Liebe und Dankbarkeit, Mitleid und Reue.

Wie sah Schleiermacher den Kosmos? Nicht mehr als ein rationales, abgestimmtes Ganzes, dessen Teile ineinandergriffen, wie noch Newton geschrieben hatte, denn Kant hatte diese Sicht als eine Illusion bloßgestellt. »Ihr wißt aber«, schrieb Schleiermacher in seiner Schrift *Über die Religion,* »daß darin kein Schein von System ist, daß noch immer Gestirne zwischen diesen Bildern entdeckt werden, daß auch innerhalb ihrer Grenzen alles unbestimmt und unendlich ist und daß sie selbst etwas rein Willkürliches und Unendliches bleiben.«

Diese Widerlegung Newtons mündet doch in formaler Hinsicht in einen der Newtonschen Argumentation sehr ähnlichen Schluß:

> Dieses unendliche Chaos, wo freilich jeder Punkt eine Welt vorstellt, ist eben als solches in der Tat das schicklichste und höchste Sinnbild der Religion; in ihr wie in ihm ist nur das einzelne wahr und notwendig, nichts kann und darf aus dem anderen bewiesen werden, und alles allgemeine, worunter das einzelne befaßt werden soll, alle Zusammenstellung und Verbindung liegt entweder in einem fremden Gebiet, wenn sie auf das Innere und Wesentliche bezogen werden soll, oder ist nur ein Werk der spielenden Phantasie und der freiesten Willkür ... Wer wahrhaft um seine Religion und ihr Wesen weiß, wird jeden scheinbaren Zusammenhang dem Einzelnen tief unterordnen.

Eine radikalere Wendung bei Hinzuziehung der gleichen Anschauung, nämlich der des Kosmos, ist kaum denkbar. Wo bei Newton die Regelmäßigkeit und Harmonie des Himmels zum Beweis der Existenz eines für alle verbindlichen Gottes aufgeboten wird, ist bei Schleiermacher der ungeordnete, offenbar regellose Kosmos Sinnbild einer Religion, die auch das Gottesbild dem einzelnen überläßt. Für die orthodoxe christliche Lehre lag in einer solchen Sicht des Kosmos natürlich eine große Gefahr, denn dieser Mann sprach über Gott in den Begriffen der individuellen Erfahrung, was die Offenbarung durch die menschliche Vorstellung ersetzte. Auf der anderen Seite hatte die Behauptung, daß sogar die Unordnung der unzähligen Sterne zu einem religiösen Grundgefühl von Demut und Hinwendung zu Gott führen könnte, zumindest auf dem Feld der Kunst und der Literatur gewichtige Folgen.

Einer von Schleiermachers Studenten in Halle war Joseph Freiherr von Eichendorff. In Schlesien als Sohn einer aristokratischen Familie geboren, studierte er Rechtswissenschaft in Halle und Heidelberg. Nachdem er in den Befreiungskriegen gegen Napoleon gedient hatte, trat er als Regierungsrat in das preußische Kultusministerium ein.

Eichendorff teilte Schleiermachers Überzeugung von der Korrespondenz des Inneren und des Äußeren: »Im inneren Leben bildet sich das Universum ab, und nur durch das Innere wird das Äußere verständlich.« Es ist der Glaube an einen alles durchwaltenden Sinn, an die Nähe von Natur und Mensch, die aus seinem wohl berühmtesten Gedicht spricht:

Schläft ein Lied in allen Dingen,
Die da träumen fort und fort,
Und die Welt hebt an zu singen,
Triffst du nur das Zauberwort.

Von einer fast mystischen Einheit von Seele und Natur singt das Gedicht »Mondnacht«:

Es war, als hätt der Himmel
Die Erde still geküßt,
Daß sie im Blütenschimmer
Von ihm nun träumen müßt.

Die Luft ging durch die Felder,
Die Ähren wogten sacht,
Es rauschten leis die Wälder,
So sternklar war die Nacht.

Und meine Seele spannte
Weit ihre Flügel aus,
Flog durch die stillen Lande
Als flöge sie nach Haus.

Eichendorff empfand jene Übereinstimmung von Mensch und Natur dichterisch, die Schleiermacher zur Grundlage seines theologischen Denkens gemacht hatte. Seine Verse besaßen eine einfache, volkstümliche Melodik und wurden häufig vertont, darunter auch von Brahms und Schumann.

Clemens Brentano wurde 1778 in Ehrenbreitstein als Sohn eines wohlhabenden Kaufmannes italienischer Abstammung geboren. Er war ein ruheloser und temperamentvoller Mann, der der katholischen Kirche den Rücken kehrte, um die geschiedene Frau eines Professors, Sophie Mereau, die selbst eine bekannte Dichterin war, zu heiraten. Sophie starb 1806, in dem Jahr, in dem Brentano zusammen mit Achim von Arnim die große Sammlung von Volksliedern *Des Knaben Wunderhorn* veröffentlichte. Byron ähnlich, versuchte Brentano, die »unendliche Sehnsucht« des romantischen Dichters auszuleben, aber 1817 kehrte er in den Schoß der katholischen Kirche zurück, für die er sieben Jahre lang die Offenbarungen einer stigmatisierten Nonne in Westfalen, der Anna Katharina Emmerich, aufzeichnete.

Brentano, der oft der musikalischste der deutschen Dichter genannt worden ist, sah in den Sternen wie Schleiermacher und Eichendorff das Sinnbild religiösen Empfindens, aber bei ihm tritt ein anderer Ton hinzu, für ihn symbolisieren die Sterne zugleich die Sehnsucht nach Ruhe – nach dem Tod.

Wenn das Abendrot niedergesunken,
Keine freudige Farbe mehr spricht,
Und die Kränze still leuchtender Funken
Die Nacht um die schattigte Stirne flicht:
  Wehet der Sterne
  Heiliger Sinn
  Leis durch die Ferne
  Bis zu mir hin.
Wenn des Mondes still lindernde Tränen
Lösen der Nächte verborgenes Weh;
Dann wehet Friede. In goldenen Kähnen
Schiffen die Geister im himmlischen See.

Der heilige Sinn der Sterne spricht vom Tod, sie tragen das Versprechen des Friedens in sich, eines Friedens, den es nur im Grab gibt:

Meiner Harfe Töne hallen
Sanfter durch die Felsen hier.
Aus der ewgen Ferne winken
Tröstend mir die Sterne zu.
Meine müden Augen sinken
Hin zur Erde, suchen Ruh.

Es ist eine Thematik, die wir bei Novalis wiederfinden, der vor Eichendorff und Brentano geboren wurde. Novalis war das Pseudonym für Friedrich Leopold von Hardenberg. Er wurde 1772 als zweitältestes von elf Kindern eines Salzminendirektors in Sachsen geboren. Er war groß, schlank, mit lockigen braunen Haaren und intensiven dunklen Augen. Als Student in Jena erwies er sich als guter Reiter, Fechter und Tänzer, er war bescheiden und großzügig. Als er dreiundzwanzig Jahre alt war, verlobte er sich mit Sophie von Kühn, der adoptierten Tochter des Barons von Rockenthien.

Sophie starb zwei Jahre später, fast gleichzeitig mit Novalis' Bruder Erasmus. Der Tod der Geliebten und des Bruders änderte Novalis' Leben von Grund auf. Er konnte sich von der Macht und der Faszination des Todes nicht mehr lösen.

In der Nacht des 13. Mai 1797 besuchte er Sophies Grabstätte und glaubte plötzlich, sie um sich zu spüren – in einer Dimension jenseits von Zeit und Raum. Über diese Erfahrung schrieb er in den *Hymnen an die Nacht.*

In der ersten Hymne singt der Dichter von dem Licht, das in den Sternen, in den Pflanzen und den Tieren lebt. Die Nacht ist einsam, aber das erscheint nur so, denn ihr Auge ist »tief« und ewig. Der Nachthimmel entfaltet die Schwingen der Seele:

Himmlischer als jene blitzenden Sterne
In jenen Weiten
Dünken uns die unendlichen Augen
Die die Nacht
In uns geöffnet.

In der zweiten Hymne preist Novalis den Schlaf, den stillen Botschafter unendlicher Geheimnisse, denn, wie er in der dritten Hymne schreibt, mit dem Licht schwindet auch die Trauer. In der vierten Hymne wird der letzte Morgen verkündet, und mit sinnlichem Schauder erfährt der Dichter die Ekstase des Todes. Seine Hoffnung liegt in der Freiheit des Himmels und der Rückkehr ins Wunderland der Nacht.

In der fünften Hymne besingt er Christus, den Inbegriff des »süßen Sterbens«:

Der Jüngling bist du, der seit langer Zeit
Auf unsern Gräbern steht in tiefem Sinnen;
Ein tröstlich Zeichen in der Dunkelheit
Der höhern Menschheit freudiges Beginnen.
Was uns gesenkt in tiefe Traurigkeit
Zieht uns mit süßer Sehnsucht nun von hinnen.
Im Tode ward das ewge Leben kund –
Du bist der Tod und machst uns erst gesund.

Aus Novalis spricht eine tiefe Sehnsucht nach dem Tod, und die Versuchung, dieser Sehnsucht nachzugeben, muß ihn sein Leben lang begleitet haben. Er hat diesem Impuls widerstanden, und vielleicht haben ihm dabei die naturwissenschaftlichen Studien vor allem auf dem Gebiet der Mineralogie und Geologie geholfen – eine Seite des Novalis, die weniger bekannt ist. Sein Lehrer war Abraham Gottlob Werner, der eigentliche Begründer der Geologie als Wissenschaft, der von dem Axiom ausging, daß die ganze Erde (vor etwa einer Million Jahren, wie er glaubte) von einem gewaltigen Ozean bedeckt gewesen war und daß alle Felsenformationen Sedimente dieses frühen Ozeans waren. Auch Novalis hing dieser Theorie an und glaubte, durch das Studium der Geologie zu einem Verständnis der Gesetze des Universums gelangen zu können. Auch dies mag auf die Sehnsucht seiner Zeit nach einer vereinigenden Sicht der Natur hinweisen, auf eine Universalität, die Novalis an einem anderen Zeitalter bewunderte, dem Mittelalter, als Europa im Glauben unter einer mächtigen katholischen Kirche vereint war.

Im Dezember 1798 verlobte sich Novalis mit Julie von Charpentier, der zweiundzwanzigjährigen Tochter des Leiter der Bergwerke von Freiburg. Das implizierte indessen keine Treulosigkeit gegenüber Sophie, die für ihn nicht länger ein Symbol seiner Todessehnsucht war, sondern das Bild aller Tugenden des Lebens. Zur Heirat mit Julie aber kam es nicht mehr, denn Novalis starb 1801, im frühen Alter von achtundzwanzig Jahren, an Tuberkulose.

Die Sehnsucht nach entfernten Landschaften und geheimnisvollen Orten, nach Dunkelheit und »blauer Ferne« findet sich in der Malerei der Romantik ebenso wie in ihrer Dichtung. Beherrschend ist die tiefe, verschwimmende Stille des Himmels, besonders des Nachthimmels.

In seinen Schilderungen von Gemälden in Paris und den Niederlanden aus den Jahren 1802 bis 1804, die in der von ihm gegründeten Zeitschrift *Europa* erschienen, hebt Friedrich Schlegel *Die Alexanderschlacht* von Albrecht Altdorfer hervor, weil ihm die von allen Seiten heranrükkenden Heere unerschöpflich erschienen, vor allem aber, weil sich die Landschaft in der gewaltigen Ferne zu verlieren scheint.

Die Natur, die Landschaft, wurde zum Lieblingsthema der romantischen Maler. Ein Vorläufer dieser Schule war Joseph Anton Koch, 1768 in Obergiblen in Tirol geboren. Koch floh vor seiner Familie, die andere Pläne mit ihm hatte, nach Frankreich, wanderte dann in die Schweiz und ließ sich schließlich in Italien nieder. Zunächst arbeitete er in der klassischen Manier von Poussin und Claude Lorrain, aber um 1805 scheint sein Interesse an romantischen, harmonischen Landschaften ziemlich abrupt erloschen zu sein, denn er wandte sich nun ganz anderen Naturdarstellungen zu, Bildern einer rauhen, wilden, ungezähmten Natur.

Diese Wendung ließe sich in vielfältiger Weise aus den Einflüssen seiner Zeit deuten. Da war zunächst die gewaltige Wirkung, die das Werk des Ossian in ganz Europa hatte. Der Schotte James Macpherson hatte sie im Hochland von Schottland gesammelt und als das Werk eines Barden aus dem dritten Jahrhundert ausgegeben, obwohl er selbst das vorgefundene Material stark erweitert und sehr frei bearbeitet hatte. Wie auch immer, die Bildlichkeit dieser Epen, die Koch im Jahre 1800 illustrierte, mag den Maler beeinflußt haben. Darüber hinaus mögen die Energie von Napoleons Feldzügen und die politischen Wirren der Zeit Koch in seiner dynamischen Auffassung der Natur bestärkt haben. Der entscheidende Einfluß aber war wohl eine neue geologische Theorie über die Entstehung der Erde, die ursprünglich der schottische Geologe James Hutton entworfen hatte, die aber verbreitet wurde vor allem in John Playfairs Bildband *Illustrations of the Huttonian Theory of the Earth* von 1802 (Illustrationen der Huttonschen Theorie von der Erde). Nach Hutton war die Erde kein passiver Körper, der von Wasser geformt war (wie die sogenannten Neptunisten, an ihrer Spitze Abraham Werner, behaupteten), sondern ein dynamisches Gebilde, dessen innere Hitze durch vulkanische Tätigkeit ganze Bergketten hervorgebracht hatte. Der Plutonismus, wie Huttons Theorie genannt wurde, revolutionierte das Bild von der Erde.

Kochs plutonistische Sicht der Berge wird in dem Gemälde *Der Wasserfall von Schmedribach* in den Berner Alpen, das er 1821/1822 malte, sehr deutlich. Vielleicht ist niemals vorher die wilde Kraft eines Berges malerisch so überzeugend dargestellt worden, eine Kraft, gegen die der Mensch klein und hilflos wirkt. Ähnlich eindrucksvoll ist Kochs *Der Grindelwaldgletscher* aus dem Jahre 1823, ein Gemälde, in dem Wolken, Gletscher und Berge miteinander zu ringen scheinen wie in einem kosmischen Austerlitz.

Der bedeutendste romantische Landschaftsmaler in Europa war zweifellos Caspar David Friedrich, 1774 in Greifswald geboren, in dem Teil Pommerns, der von Schweden besetzt war. Er war der Sohn eines recht wohlhabenden Seifensieders und Lichtziehers, der seine Kinder mit puritanischer Strenge erzog. Im Alter von sechs Jahren verlor Caspar David seine Mutter und sieben Jahre später seinen um ein Jahr jüngeren Bruder, der bei dem Versuch, Caspar David vor dem Ertrinken zu retten, selbst umkam. Es war ein Erlebnis, das der Gerettete nie ganz vergessen oder überwinden konnte. Die beiden frühen Verluste mögen seine Anlage zur Melancholie verstärkt haben. Nach einem vierjährigen Studium der Künste in Kopenhagen auf einer der liberalsten Hochschulen der Zeit ging Friedrich nach Dresden, das damals für seine akademische Landschaftsmalerei weithin bekannt war. In dieser Stadt ließ er sich nieder, und dort verbrachte er sein Leben. Im Alter von vierundvierzig Jahren heiratete er Caroline Bommer; der Gründung eines eigenen Hausstandes gingen ein bescheidener kommerzieller Erfolg und die Aufnahme in die Dresdener Akademie der Künste voran. Die letzten Jahre seines Lebens waren verdunkelt von Verfolgungswahn und geistiger Umnachtung, Caspar David Friedrich starb 1840 in Dresden.

Friedrichs Gesicht war nach der Beschreibung seines Freundes und politischen Gesinnungsgenossen Gotthilf Heinrich von Schubert ziemlich blaß und schmal, und um den Mund herum bemerkte Schubert den Ausdruck anhaltenden Kummers, setzte aber dagegen den kindlich-offenen Blick der blauen Augen. Friedrich war ein militanter Gegner der napoleonischen Besetzung deutscher Länder, und viele seiner Bilder – am deutlichsten vielleicht *Das Grab des Arminius* von 1813/1814 – drückten seine Hoffnung auf ein wiedererstarktes, freies Deutschland aus.

Friedrich hielt nicht viel davon, die Natur nur darzustellen, sie zu kopieren, er arrangierte sie, um politische Aussagen, aber auch Gefühle oder religiöse Empfindungen in sie hineinzulegen. In einer Passage, in der er sich selbst in der dritten Person sprechen läßt, schreibt er: »Jedes wahrhafte Kunstwerk muß nach seyner Meynung einen bestimmten Sinn aussprechen; das Gemüth des Beschauers entweder zur Freude, oder zur Trauer, zur Schwermuth oder zum Frohsinn bewegen.« Friedrichs Landschaften neigen zur Melancholie, über ihnen liegt häufig eine atmosphärische Trauer, die bis zur Hoffnungslosigkeit und Verlorenheit gehen kann und die durch seine politische Unzufriedenheit allein sicher nicht zu erklären ist. Im Jahre 1816 lehnte er eine Einladung nach Rom ab, nicht zuletzt wohl auch deshalb, weil er fürchtete, eine weniger strenge Landschaft als die des Nordens könnte seine asketische Haltung in der Malerei beeinträchtigen. Er machte niemals Skizzen, Entwürfe oder Farbstudien für seine Gemälde, da er glaubte, daß die Vorstellungskraft und Intensität der Empfindung für die Landschaft durch die Einschaltung solcher Vorstufen abkühlte.

Friedrichs *Landschaft mit Regenbogen* von 1810 ist ein Gemälde, das die dynamische Kraft der Erde einfängt, in der Stimmung den Bildern Kochs sehr ähnlich, und es deutet an, daß auch Friedrich die Theorie der Plutonisten kannte und vielleicht von ihr beeinflußt war. Während der Regenbogen fast farblos ist, leuchtet als einziger deutlicher Farbfleck die rote Jacke eines die Landschaft betrachtenden Mannes förmlich auf. Immer wieder hat Friedrich solche Betrachter in seine Landschaften hineingestellt – der romantischen Theorie entsprechend, daß es der Mensch sei, der der Natur durch seine Betrachtung Farbe und Schönheit verleiht.

In *Mönch am Meer* (1808/1810) steht die See an der Stelle der Berge. Es ist eine Szene von erschreckender Leere und Monotonie, in der ein einsamer Mönch in schweigender Kontemplation am Strand eines bewegten Meeres steht. Die ungebrochene Linie des Horizonts, unterhalb derer Friedrich den Mönch gesetzt hat, deutet auf die Unendlichkeit der Natur und zugleich auf die Grenzen und die Bedeutungslosigkeit des physischen Menschen. Die schockartige Wirkung des Gemäldes führte zu einer scharfen Debatte über das Werk Friedrichs, einer Debatte, die sich schon an einem seiner früheren Gemälde entzündet hatte: dem *Tetschener Altar* von 1808. Die allegorisierenden, mystischen Elemente dieser Bilder stießen bei der traditionell denkenden, am Klassizismus orientierten Kunstkritik auf polemische Ablehnung, auf die Friedrich ebenso polemisch erwiderte: »Wäre F. [Friedrich selbst, Anm. d. Verf.] auf der einmal gebahnten Straße einhergegangen, wo jeder Esel seinen Sack trägt, wo Hund und Katze der Sicherheit wegen wandelt; ... wahrlich, der C.v.R. [der Kunstkritiker Ramdohr, Anm. d. Verf.] hätte geschwiegen.« In der Regel malte Friedrich Landschaften, die er gesehen hatte, aber in *Wrack im Eismeer* von 1824 ging er über seine Erfahrung hinaus, um die Destruktivität der Natur des Nordens wiederzugeben. In der Stimmung hat dieses Gemälde Anklänge an Samuel Taylor Coleridges *The Ancient Mariner (Der alte Matrose).*

Friedrich liebte desolate, verlassene Szenen, er malte Bäume, die ihre toten Äste gegen den Himmel recken, Ruinen von Klöstern, Gräber, sogar seine eigene Bestattung – und es ist nicht überraschend, daß seine genialsten Gemälde die Nacht zu ihrem Gegenstand haben. Die deutschen romantischen Dichter hatten die Nacht als Symbol der seelischen Harmonie mit der Natur empfunden, ihre Stille und ihr Friede wurde manchmal mit dem Tod assoziiert. Mit wenigen Ausnahmen taucht der Mond in ihren Gedichten nicht auf, da er die innige Vereinigung der Seele mit der Nacht gestört hätte. Friedrich dagegen war viel radikaler, er verstand die Nacht als Antithese zum Tag und zum Leben; und er schloß den Mond zur Betonung dieser Antithese in seine Darstellung ein. Die Nachtlandschaften, die sich daraus ergaben, waren etwas ganz Neues, aufwühlender noch als die Berggemälde der Plutonisten.

In *Mondaufgang am Meer* von 1823 steht eine Gruppe von Bürgern, in Kontemplation versunken, auf mehreren Felsen vor dem aufgehenden Mond, der durch die Wolken scheint. Zwei Segelschiffe streben auf den Hafen zu. Das Mondlicht gibt dem Himmel und dem Wasser ein gespenstisches Aussehen, so daß die Gestalten auf den Felsen wirken, als seien sie von Elementen gefangen und bedroht, die ihnen fremd sind.

Zwei Männer in Betrachtung des Mondes, entstanden um 1820, geht noch weiter. Die Gestalten im Vordergrund in altdeutscher Tracht sind einen steilen, steinigen Pfad hinaufgestiegen und stehen in Silhouette vor dem nächtlichen Himmel. Beide wenden dem Betrachter den Rükken zu. Die Bedeutung des Bildes geht von dem Baum aus, der neben ihnen steht: Er ist tot, windet sich wie ein Drache, und einige seiner Wurzeln zeigen *nach oben*, in die monderhellte Luft. Wir sind in einer Welt, die der des Alltags vollkommen entgegengesetzt ist. Pythagoras hatte eine Gegenerde postuliert, hier hat Friedrich sie gemalt.

Wohl zur Erklärung solcher Themen und Stimmungen gibt Caspar David Friedrich wie Novalis seiner Faszination durch den Tod ein christliches Ansehen: »Ich meinesteils fordere von einem Kunstwerk Erhebung des Geistes und – wenn auch nicht allein und ausschließlich – religiösen Aufschwung.«

Ich bezweifle, daß hier tatsächlich eine christliche Grundhaltung das Gemälde bestimmt hat. Die Darstellung der Nacht geht weit über die Grenzen der christlichen Vorstellung von Tod und Erlösung hinaus; sie ist ein Symbol geworden der totalen Vernichtung, der endgültigen Leere, fast – in moderner wissenschaftlicher Terminologie – ein »schwarzes Loch«. David d'Angers kommt meiner Meinung nach der Wahrheit sehr nahe, wenn er sagt, daß Friedrich »die Tragödie der Landschaft entdeckt hat«.

Die meisten der Romantiker, Dichter und Maler, gingen indessen nicht so weit wie Caspar David Friedrich, sie begnügten sich damit, eine religiös empfundene Harmonie mit dem Kosmos und mit Gott in künstlerischer Form auszudrücken. Friedrichs Gemälde deuten über die Romantik hinaus auf Männer wie den Douanier Rousseau, auf Munch und Chirico.

10. Kapitel
Der Schatten des Affen

Das Weltbild des Engländers im Jahre 1850 – Die beruhigende Gewißheit, daß der Kosmos die Güte Gottes widerspiegelt – Charles Darwins *Entstehung der Arten* – Die grausame, verschwenderische Natur – Abstammung des Menschen von affenartigen Vorfahren – Kontroverse und Pessimismus – Thomas Hardys Weltbild – Die Sinnsprüche (Rubaijat) Omar Chajjams – Karl Marx – Jugendgedichte über die Sterne – Sein atheistischer Materialismus und seine Einstellung zur Natur – Victor Hugo, van Gogh und die *Sternennacht* – Jules Verne und der utopisch-technische Roman als Weltraumfiktion.

Das Jahr 1850 – ein Jahr des Friedens von Berlin bis Kalifornien – ist ein geeigneter Ausgangspunkt für ein Resümee der Kosmologie des gebildeten Menschen, dessen Vorstellungen dem Rahmen eines Planetariums längst entwachsen waren. »Man begebe sich auf ein ebenes Feld oder einen Bowlingrasen«, schrieb der Astronom Sir John Frederick William Herschel, Friedrich Wilhelm Herschels Sohn. »Dort lege man als Sonne eine Kugel von 60 Zentimetern Durchmesser auf den Boden; ein Senfkorn, auf der Umfanglinie eines der Planetenbahn entsprechenden Kreises von 50 Metern Durchmesser placiert, stellt Merkur dar; Venus ist eine Erbse auf einem Kreis mit rund 130 Metern Durchmesser, der Mars ein größerer Stecknadelkopf auf einem Kreis von 200 Metern Durchmesser ... Jupiter eine mittlere Orange auf einem Kreis, der einen Durchmesser von 800 Metern aufweist, Saturn eine kleine Orange auf einem Kreis mit etwa 1300 Metern Durchmesser, Uranus eine normale Kirsche oder eine kleine Pflaume auf der Umfanglinie eines Kreises von mehr als 2400 Metern Durchmesser und Neptun eine größere Pflaume auf einem Kreis mit 4000 Metern Durchmesser.«

Von der Sonne wußte man, daß ihre Entfernung von der Erde ungefähr 148 Millionen Kilometer betrug. Wodurch ihre ungeheuer hohe Temperatur erzeugt wurde, war noch völlig unbekannt. Man beobachtete die Sonnenflecken. John Herschel hielt sie für den dunklen, festen Körper der Sonne selbst. Sie galten als ein Phänomen, das alle zehn Jahre auftrat (tatsächlich sind es elf) und sich auf das Wetter auswirkte.

Dem Mond schrieb man vulkanische Beschaffenheit zu. An die Existenz von Mondmeeren oder einer Mondatmosphäre glaubte niemand mehr. Seine Berge wurden Messungen unterzogen. Im Jahre 1850 gelang es W.C. Bond, ihn im Observatorium des Harvard College mittels des neuen Daguerreotypieverfahrens zu fotografieren.

Inzwischen war auch die Entfernung eines Fixsterns von der Erde berechnet worden. Friedrich Wilhelm Bessel hatte die Parallaxe des Sterns 61 im Sternbild Schwan bestimmt und daraus errechnet, daß dieser Stern 600 000mal weiter von der Erde entfernt war als die Sonne (der moderne Wert ist 706 000mal).

Außerdem war die Kosmographie dabei, immer mehr Sterne, nach Helligkeit oder Größe geordnet, zu erfassen – ein Verfahren, das auf Hipparch von Nikaia zurückging. Die Sterne der nördlichen Hemisphäre wurden bis zur 9. Größe gezählt, und man kam auf insgesamt 324 198. Von der südlichen Hemisphäre erwartete man ein ähnliches Ergebnis. Man hatte Doppelsterne entdeckt und vierzehn Nebel einer neuen Klasse, die als »Spiralnebel« bezeichnet wurden, weil an ihrem Kern beidseitig je ein Spiralarm entsprang.

Die beiden Herschels, Friedrich Wilhelm und John, stellten überzeugend dar, daß die Anordnung der Sterne am Himmel, insbesondere die des kreisförmigen Bands der Milchstraße, am besten durch die Annahme erklärt werden konnte, daß sie in einer ungeheuer breiten, aber ziemlich dünnen scheiben- bzw. linsenförmigen Schicht verteilt sind, wobei die Sonne und die Erde irgendwo in der Nähe des Zentrums liegen (in diesem letzten Punkt irrten sie sich, wie wir jetzt wissen). Wenn ein Beobachter die Längsachse der Linse überblickt, sieht er eine dichte Sternenmasse – die Milchstraße; wenn er die Querachse betrachtet, sieht er nur die näher gelegeneren Sterne ohne den Hintergrund entfernterer Sterne.

Die vielleicht erstaunlichste jüngste Entdeckung war, daß das Sonnensystem nicht statisch in einem festen Bereich dieses Ellipsoids blieb. Die Sonne und ihre Planeten einschließlich der Erde bewegten sich offenbar sehr schnell in Richtung auf das Sternbild des Herkules zu.

Daß das Universum in seinen Ausmaßen unendlich sei, war nicht nur Newtons und Kants Überzeugung gewesen – um nur zwei Namen zu nennen –, sondern im achtzehnten Jahrhundert gemeinhin angenommen worden. Im Jahre 1826 stellte sich dann der deutsche Astronom Wilhelm Olbers die Frage: »Warum ist der Himmel nachts dunkel?« Wenn das Universum unendlich ist und es darin eine unendliche Anzahl gleichmäßig verteilter Sterne gibt, müßte der ganze Himmel von einer blendenden Lichtfülle erhellt sein. Olbers gelangte zu dem Schluß, daß das Universum nicht unendlich ist oder zumindest keine unendliche Anzahl Sterne enthält.

Friedrich Wilhelm Herschel zählte mit Hilfe eines 18-Zoll-Teleskops die Sterne in bestimmten Himmelsausschnitten. Wenn es unendlich viele Sterne gab, mußte ihre Zahl mit abnehmender Helligkeit nach einer festen Formel zunehmen, doch Herschel stellte fest, daß dies nicht zutraf. Seine Darlegungen und die Schlußfolgerung von Olbers bewirkten, daß man im neunzehnten Jahrhundert dem Universum zwar ungeheure Ausmaße zugestand, es aber für endlich hielt.

In der Chemie war die Zahl der isolierten und beschriebenen Elemente auf rund sechzig angewachsen, und man betrachtete sie nicht mehr vom qualitativen Standpunkt aus. Dem Chemiker John Dalton zufolge setzte sich jedes Element aus spezifischen, nicht mehr teilbaren Einheiten oder Atomen zusammen – er gebrauchte Demokrits Ausdruck –, und der grundlegende Unterschied zwischen den jeweiligen Atomen der einzelnen Elemente betraf ihr Gewicht.

Die Geologen waren inzwischen aufgrund der Kenntnisse, die sie über Gesteinsformationen gesammelt hatten, zu der Überzeugung gekommen, daß die Entwicklung des Planeten Erde einen langen Zeitraum beansprucht hatte. Versteinerungen wiesen darauf hin, daß Gott in den verschiedenen Zeitaltern immer wieder neue Tiergruppen geschaffen hatte. Robert Chambers resümierte in *Vestiges of the Natural History of Creation* (Spuren der Naturgeschichte der Schöpfung): »Alles Anorganische unterliegt nach unseren Erkenntnissen letztendlich einem großen Gesetz, dem der Gravitation. Der andere Bereich unserer Realität, das Organische, ist einer ähnlichen Gesetzmäßigkeit unterworfen – dem der Entwicklung.« In Frankreich bevorzugte man den Begriff Evolution, und Lamarck hatte eine Evolutionstheorie aufgestellt, die dem tierischen Nervensystem die Fähigkeit struktureller Umwandlungen zusprach.

War dieses System der Sterne und Planeten und Tiere ohne göttliches Zutun, allein durch die ihm eigenen Gesetze der Materie und Bewegung, entstanden? Einige beriefen sich auf die Nebularhypothese von Pierre Simon Marquis de Laplace und bejahten dies. Doch es gab auch andere, vor allem in England, die den Gedanken entschieden von sich wiesen. Samuel Vince, Professor der Astronomie in Cambridge, schloß aus dem Gravitationsgesetz auf eine göttliche Vorsehung, weil die Planeten, wenn die Gravitation auch nur in geringem Maße von ihrer tatsächlichen Wirkungskraft abwiche, entweder in immer größeren Abstand von der Sonne geraten oder sich ihr immer weiter genähert hätten und am Ende in sie hineingestürzt wären.

Vince führte auch das Vorhandensein einer Atmosphäre an, die pflanzliches und tierisches Leben ermöglichte, und die Neigung der Rotationsachse der Erde, ohne die es die aufeinanderfolgenden warmen und kalten Perioden, die für das Gedeihen der Feldfrüchte notwendig sind, nicht gäbe.

In seinem vielgelesenen Werk *Natural Theology; or Evidence of the Existence and Attributes of the Deity collected from the Appearances of Nature* (Natürliche Theologie oder Beweise für die Existenz und Attribute eines göttlichen Wesens, den Naturerscheinungen entnommen) entwikkelte der Erzdiakon William Paley die Gedankengänge von Samuel Vince weiter und übertrug das kosmologische Argument auf den Bereich des tierischen Lebens. Er verstieg sich dabei zwar nicht zu ganz so gewagten Behauptungen, wie Jacques Henri Bernardin de Saint-Pierre es getan hatte, aber auch seine Ideen wirken – vielleicht ungerechterweise – im Licht späterer Erkenntnisse absurd. Paley betrachtete eine zweischalige Muschel, verglich das Schalenpaar mit einer von Menschen angefertigten Türangel und folgerte, daß die Schale genau wie die Türangel das Werk eines intelligenten Wesens sein müsse. Er betrachtete die Giraffe und fand, daß ihr Hals ganz offenkundig deshalb so lang war, damit sie an hohe Zweige heranreichte: Auch dies bewies die weise Voraussicht eines intelligenten Wesens. Und so ging es weiter. Es war nicht schwierig, durch das ganze Tierreich hindurch solche »Beweise« sinnreicher Vorsehung beizubringen.

Robert Chambers fügte dieser Argumentation in seinem Werk *Vestiges* noch ein bemerkenswertes Detail hinzu. Vielleicht hatte er gerade ein opulentes Abendessen mit einer Flasche Portwein hinter sich, als er schrieb, der Mensch habe im allgemeinen ein auch bei Tieren zu beobachtendes Gefühl des *Wohlbehagens,* und genau das sei es, was wir von einem gütigen Schöpfer erwarteten.

Wenn wir ein zeitgenössisches Bild auswählen sollten, das dieses Weltbild illustriert, könnten wir kaum ein besseres finden als die Gouache *Kornfeld im Mondenschein,* die der von Blake beeinflußte Samuel Palmer im Jahre 1826 malte, während er in Shoreham (Sussex) lebte. Um die zunehmende Bedeutung der Himmelskörper im Verhältnis zur Erde hervorzuheben, stellt Palmer den Mond und die Sterne größer dar, als sie eigentlich sind. Wie Tintoretto in *Die Taufe Christi* benutzt er ihr Licht, um die Realität des Irdischen abzuschwächen und den Beschauer in eine Welt zu führen, die Gottes Gegenwart spürbarer werden läßt als die Helligkeit des Tages. Es ist ein Bild, das Erde und Himmel, Natur und Übernatürliches in vollendeter Harmonie zeigt.

Dieses Kornfeld war der Schauplatz, auf dem nun die Gestalt Charles Darwins erschien. Sein Werk ist eng verbunden mit seiner persönlichen Entwicklung, und diese ist außerordentlich gut belegt: Es ist die Entwicklung eines bedeutenden Menschen, eines ungewöhnlich aktiven Geistes, der die Zwänge der Gesellschaft in der Zeit um die Mitte des neunzehnten Jahrhunderts wie Fesseln empfand. Sein Kampf sowohl gegen gesellschaftliche als auch wissenschaftliche Schranken machte ihn zu einer der großen Gestalten der Neuzeit.

Charles Darwin kam im Jahre 1809 in Shrewsbury als zweiter Sohn und viertes Kind des Arztes Robert Darwin und seiner Frau Susannah, einer geborenen Wedgwood, zur Welt. Der Vater, Dr. Darwin, war, wie wir einer Skizze entnehmen können, sehr groß, breitschultrig und ungeheuer korpulent (er wog schließlich 285 Pfund) – ein Mann mit aufgedunsenem Gesicht, der physisch abstoßend wirkte. Hochintelligent, war er zugleich sehr starrköpfig und, wie sein Sohn einmal bemerkte, außerordentlich leicht in Zorn zu versetzen. Charles verlor seine Mutter, als er acht Jahre alt war, und er scheint unter der erdrückenden Vaterfigur gelitten zu haben. Er berichtet, daß er als Schuljunge eine Vorliebe dafür gehabt habe, unwahre, selbsterfundene Geschichten zu erzählen und mit allen denkbaren Details auszuschmücken – immer in dem offenkundigen Bestreben, die Aufmerksamkeit seiner Umgebung auf sich zu lenken.

Sein Vater war Freimaurer und zumindest Agnostiker, wenn nicht sogar Atheist. Dennoch bewog er seinen Sohn dazu, seine wissenschaftlichen Interessen nicht weiterzuverfolgen, sondern statt dessen die respektable und gesicherte Laufbahn eines Geistlichen einzuschlagen und als Vorbereitung darauf zunächst einmal einen akademischen Grad in Theologie zu erwerben. Was Charles Darwin empfunden haben mag, als er diesen Rat erhielt, kann man sich vorstellen, doch immerhin war er selbst ein überzeugter Christ und somit imstande, sich zu fügen, ohne damit einen Akt der Heuchelei zu begehen.

Darwin begann 1825 das Studium der Medizin in Edinburgh, ging dann nach Cambridge, um Naturwissenschaften, besonders Geologie und Botanik, zu studieren. In Cambridge wurde Darwin vor allem durch zwei Bücher beeinflußt. Das eine war John Herschels *Study of Natural Philosophy* (Naturphilosophische Untersuchungen), worin er nachzuweisen suchte, daß man auf dem Wege logischer Induktion zu wissenschaftlichen Entdeckungen und der Formulierung allgemein anwendbarer Gesetze wie des Newtonschen Gravitationsgesetzes gelangen könne. Bei dem anderen Werk handelte es sich um William Paleys *Natural Theology* (Natürliche Theologie), von der bereits die Rede war. Darwin rühmte Paleys Logik und war von seiner Beweisführung für die Existenz Gottes, die auf der Ordnung in der Natur basierte, »entzückt und überzeugt«. Noch viele Jahre später schrieb er einmal: »Ich glaube nicht, daß ich ... je ein Buch so bewundert habe wie Paleys *Natural Theology.* Ich konnte es früher beinahe auswendig hersagen.«

Als er zweiundzwanzig Jahre alt war, wurde Darwin die Stelle des »Naturalisten« – eines begleitenden Naturforschers – auf einem Vermessungsschiff, der *Beagle,* angetragen. Er war an diesem Angebot sehr interessiert und wollte es unbedingt annehmen, doch zunächst wandte sich sein Vater dagegen und brachte eine ganze Reihe Einwände vor. Da Charles sich allein nicht stark genug fühlte, sich gegen seinen Vater durchzusetzen, erbat er die Unterstützung seines Onkels Josiah Wedgwood, dem es dann gelang, Dr. Darwin umzustimmen. Er erklärte sich bereit, die Reisekosten seines Sohnes zu übernehmen.

Es ist bemerkenswert, daß Darwin während seines Auslandsaufenthalts häufig an seine Schwestern schrieb und nur ganz selten an den Vater, der ihm die Reise ermöglichte. Einmal begann er einen Brief an ihn und ertappte sich plötzlich dabei, daß er ihn so fortgesetzt hatte, als wäre er an seine Schwestern gerichtet. Er hatte ganz allgemein durch die Erfahrung mit seinem Vater – und die Bedeutung dieses Umstands wird sich später zeigen – eine starke Abneigung gegen alle Autorität entwikkelt. Bevor die *Beagle* auslief, sah er sich den Krönungszug Wilhelms IV. an und schrieb dazu: » ... es war aber nur sehr wenig Enthusiasmus im Volk, so wenig, daß ich kaum denken kann, daß in fünfzig Jahren noch eine Krönung gefeiert wird.«

Zwei Tage nach Weihnachten, am 27. Dezember 1831, segelte Darwin von Plymouth ab. Die *Beagle* ließ sich von den gleichen Winden nach Westen treiben wie Kolumbus' Schiff, und diese Reise des zweiundzwanzigjährigen Engländers sollte sich als ebenso bedeutsam erweisen wie die Reise des Entdeckers von Amerika.

Sie landeten in Bahia, Brasilien. Empfänglich für landschaftliche Schönheit, war Darwin vom tropischen Urwald sofort entzückt und äußerte sich in seinem Notizbuch begeistert über die farbenprächtigen Blumen und Vögel. Später reagierte er nicht weniger beeindruckt auf die unwirtlichen, weiten Ebenen von Patagonien.

Der Geologe und Naturforscher Darwin hatte sich sein Wissen zumeist selbst erarbeitet und besaß sehr wenig Felderfahrung; er war sogar bemitleidenswert schlecht ausgerüstet. Doch so, wie Cortez mit einer unzulänglichen Streitmacht die militärische Eroberung ganz Mexikos bewerkstelligt hatte, sollte Darwin während der nächsten vier Jahre die wissenschaftliche Eroberung ganz Südamerikas vollziehen. Er untersuchte Gestein und Fauna des Kontinents, und auf diese Weise erschloß sich ihm seine Entstehung und die Entwicklung und Verbreitung seiner Lebewesen.

Zwei seiner Erlebnisse in Südamerika haben herausragende Bedeutung. Das eine war ein großes Erdbeben, das die chilenische Stadt Concepción zerstörte. Darwin besichtigte den Schauplatz der Katastrophe, und seine Beobachtungen vermittelten ihm eine klare Vorstellung von der Art und Weise, in der vermutlich neben vulkanischen Aktivitäten auch Erdbeben zur Bildung der Anden beigetragen hatten. Das andere wichtige Erlebnis war seine Begegnung mit Feuerländern, nackten Indianern, die sich kärglich als Sammler von Schaltieren und Seeigeln ernährten: »Diese armen elenden Geschöpfe waren in ihrem Wachstum verkümmert, ihre häßlichen Gesichter waren mit weißer Farbe beschmiert, ihre Haut schmutzig und fettig, ihre Haare verwirrt, ihre Stimmen mißtönend und ihre Gebärden heftig.«

Darwin besuchte die Galapagosinseln, wo er feststellte, daß die Vögel und Schildkröten jeder Insel verschieden waren. Im späteren Verlauf der Reise verbrachte er zwei Monate in Australien, dessen Ureinwohner ihn in ihrer Rückständigkeit an die Feuerländer erinnerten. Er kam auch nach Kapstadt und lernte dort Sir John Herschel kennen, dessen Buch er in Cambridge gelesen hatte. Dann, fünf Jahre, nachdem er England verlassen hatte, kehrte er heim. Seine äußere Erscheinung entsprach zu dieser Zeit in etwa bereits späteren Beschreibungen. Er war ein großer, ziemlich breitschultriger Mann, der etwas gebückt ging, dicke, buschige, vorspringende Augenbrauen und eine sonore Stimme hatte und beim Sprechen einen liebenswürdigen, lebhaften Gesichtsausdruck zeigte.

Sein Vater fand ihn völlig verändert, doch sein Hund erkannte ihn wie Odysseus' alter Hund nach dessen Rückkehr von seiner Irrfahrt wieder.

Während der nächsten beiden Jahre suchte Darwin, in sechs Notizbüchern – einem ausgezeichneten Protokoll der psychologischen Vorbereitung der Evolutionstheorie – aus seinen Erfahrungen induktiv zu verallgemeinernden Thesen zu kommen. Nach dem, was er auf den Galapagosinseln beobachtet hatte, sah er in der Isolation einzelner Lebensbereiche die Ursache dafür, daß sich Abweichungen vom Arttypus – damals Varietäten genannt – abspalten und schließlich selbst Arten bilden, während alte Arten aussterben, wodurch sich der Abstand zwischen den überlebenden Arten vergrößert. Doch Kreuzungen verschiedener Arten führen – wie beim Maultier – zu Unfruchtbarkeit. Darwin erklärte dazu, man sei versucht zu sagen, die Natur habe in dem Bewußtsein des Prinzips ständiger Veränderlichkeit der Spezies alles mögliche getan, um durch Unfruchtbarkeit Veränderungen zu verhindern, eine Isolation der Arten mache diese Pläne jedoch zunichte bzw. sie bringe ein neues Gesetz zur Geltung.

Was war die Ursache dafür, daß sich eine Art in eine andere verwandelte? Darwin fand keine Antwort, bis er im September 1838 Malthus' *An Essay on the Principle of Population* (Versuch über das Bevölkerungsgesetz) las und sah, daß die Frage mit *einem* Begriff – »Nahrung« – zu beantworten war. Der Kampf um die durch die endliche Größe der Erde begrenzte Nahrung eliminierte die Schwachen und zwang die Starken, sich in Richtung einer verbesserten Nahrungsbeschaffung zu entwickeln. So entstand Darwins Selektionstheorie – die Theorie von der Evolution als Resultat einer natürlichen Zuchtwahl, der selektiven Wirkung der äußeren Lebensbedingungen auf die spontanen Abweichungen.

Inzwischen widmete sich Darwin in zwei weiteren Notizbüchern, *Metaphysics on Morals* (Metaphysisches über die Moral) und *Speculations on Expression* (Der Ausdruck der Gemütsbewegungen bei den Menschen und Tieren) einem anderen großen Problem, das er schon in einer in seinen Transmutationsnotizbüchern nachzulesenden Eintragung andeutete. Er bemerkt dort: »Habe bewiesen, daß Menschen- und Tierkörper von einer Art sind: fast überflüssig, sich mit dem Verstand zu beschäftigen ... aber ich will der Schwierigkeit nicht ausweichen – habe Mühe, mir vorzustellen, wie der Eingeborene des Feuerlandes mit dem zivilisierten Menschen verbunden ist.«

Dann beschäftigte er sich mit Fragen wie: Warum erröten wir? Wo liegt der tierische Ursprung des Errötens? »Ist das Stirnrunzeln das Resultat angestrengter Ausschau nach etwas Entferntem, so wie Eingeborene ohne Kopfbedeckung bei hellem Tageslicht ihre flachen Hände über die Augen halten ... ?« »Warum drückt in den Porträtskizzen von Voltaire die bei geschlossenem Mund über die Oberlippe geschobene Unterlippe *kühle* und nicht *beißende* Ironie aus?« Kurzum, Darwin suchte aufzuzeigen, daß der menschliche Gesichtsausdruck eine Evolution des tierischen Ausdrucks ist – das spöttische Lächeln leitet sich vom Knurren her – und daß moralische Reaktionen wie die Scham eine entwickelte Form animalischer Instinkte wie des Selbsterhaltungstriebs oder des auf Erhaltung der Arten gerichteten Bestrebens sind. Er zitiert den Botaniker Hensleigh, der als einzigen Unterschied zwischen den intellektuellen Fähigkeiten des Menschen und der Tiere die Liebe zu Gott und den Gedanken an ihn oder an die Ewigkeit bezeichnet, und stellt fest, wie gering doch dieser Unterschied bei einem Feuerländer oder Australier sei. »Warum nicht Abstufungen einführen?« Er gelangt zu dem Schluß, daß der Verstand und sogar das sittliche Empfinden des Menschen sich genau wie sein Körper »stufenweise« aus der animalischen Intelligenz entwickelt haben mußten.

Darwins religiöse Ansichten wandelten sich in dieser Zeit. Als Junge hatte er keine feste religiöse Basis gehabt, und er gab das später auch zu: In seiner Autobiographie, die er im Alter verfaßte, erwähnt er »religiöse Empfindungen«, die ihn früher zu der Überzeugung von der Existenz Gottes geführt hätten, bemerkt aber einschränkend: »... obgleich ich nicht glaube, daß das religiöse Gefühl in mir jemals stark entwickelt war.« Als er zu der Meinung gelangte, daß die Spezies durch spontane Abweichungen von dem Arttypus entstanden waren, sah er, daß die von Paley für die Existenz eines göttlichen Wesens vorgebrachte Argumentation der Zweckmäßigkeit der Schöpfung zusammenbrach. »Ich war aber sehr abgeneigt, meinen Glauben aufzugeben; dessen bin ich ganz sicher, denn ich kann mich deutlich erinnern, immer und immer wieder mir Phantasiebilder ausgemalt zu haben von alten Briefen gebildeter Römer und von Manuskripten, die in Pompeji oder irgendwo anders entdeckt worden wären und die in der allerauffallendsten Weise alles bestätigten, was in den Evangelien geschrieben stand. Ich fand es aber trotz aller meiner Einbildungskraft gewährten Freiheit immer schwieriger und schwieriger, Beweismittel zu erfinden, welche hinreichten, mich zu überzeugen.«

Er dachte über Wunder nach und fand sie angesichts der feststehenden Naturgesetze »unglaubwürdig«, zumal »die Menschen zu jener Zeit in einem uns beinahe unbegreiflichen Maße unwissend und leichtgläubig waren«. Darwin scheint die Apostel seinen Feuerländern gleichzustellen.

Solche Kühnheiten aber hatten ihren Preis. Der Auseinandersetzung mit dem Vater folgten die Ermahnungen einer Frau, die Darwins zunehmende Unabhängigkeit vom christlichen Weltentwurf nicht teilte. Emma Wedgwood, eine fromme Christin, die im Jahre 1839 Darwins Gattin wurde, brachte das Thema in einem Brief an ihn taktvoll zur Sprache: »Möge doch die wissenschaftliche Eigenart, nichts zu glauben, bis es bewiesen ist, Deinen Geist nicht zu sehr auch in anderen Bereichen, die dem Beweis nicht in gleicher Weise zugänglich sind, beeinflussen, Bereichen, die, wenn sie wahr sind, unseren Verstand übersteigen.«

Mit dreißig Jahren hatte Darwin das Christentum abgestreift und sich dem Deismus zugewandt. Daß bei dieser Entwicklung seine starke Aversion gegen Autorität eine Rolle spielte, geht aus seiner Autobiographie hervor, in der er den alttestamentarischen Gott als »rachsüchtigen Tyrannen« bezeichnet und die neutestamentarische Lehre, daß Ungläubige in der Hölle bestraft werden, eine »verdammenswerte Doktrin« nennt. Er beschloß sein Leben als Agnostiker.

Im Jahre 1844 schrieb Darwin für seinen Freund, den Geologen Lyell, einen Entwurf seiner Theorie der natürlichen Zuchtwahl. Danach ließ er das Thema zwölf Jahre lang ruhen, um Rankenfüßer (Zirripedier) zu untersuchen. Warum? Einer der Gründe ist vielleicht folgender: Darwin glaubte, ein »allgemeingültiges Gesetz« gefunden zu haben, dasselbe, das schon in Cambridge seine Phantasie beschäftigt hatte, doch das Problematische dabei war, daß sein Gesetz nicht quantitativ überprüft und wegen der Jahrmillionen, um die es ging, nie einem Labortest unterworfen werden konnte. Es war eine vollkommen neue Art wissenschaftlicher Theorie, für die es keine herkömmliche Beweisführung gab.

Erst 1856 nahm Darwin auf Drängen seiner Freunde die Arbeit an seiner Theorie wieder auf, kam allerdings nur sehr langsam voran. Vielleicht hätte er sie nie vollendet, wenn nicht im Juni 1858 ein Brief von Alfred Russell Wallace eingetroffen wäre. Wallace, ein aus Wales stammender Botaniker, hielt sich damals gerade auf den Molukken auf, wo er Beweise für eine Evolutionstheorie sammelte. Er hatte einen Malariaanfall gehabt und sich in einem fieberfreien Moment an Malthus' *Versuch über das Bevölkerungsgesetz* erinnert: »Und plötzlich hatte ich eine klare Vorstellung des ›survival of the fittest‹ [vom Überleben des am besten Angepaßten].« Wallace fügte seinem Brief eine Abhandlung bei, die den Titel trug »On the Tendencies of Varietes to depart indefinitely from the Original Type« *(Über die Neigung der Varietäten, in unbestimmter Weise von dem ursprünglichen Typus abzuweichen)* und die – so sagte Darwin – »genau dieselbe Theorie wie die meine enthielt«.

Darwin hielt es für ein Gebot der Fairneß, das Feld Wallace zu überlassen, doch auf den Rat seiner Freunde Hooker und Lyell hin wurde beschlossen, daß Wallaces Abhandlung und ein Auszug aus Darwins Schriften über das Thema, die zum Teil bereits aus dem Jahre 1844 datierten, in der »Londoner Linneischen Gesellschaft« verlesen werden sollten. Darwin beeilte sich nun, sein Buch zu vollenden. Es erschien 1859 unter dem Titel *On the Origin of Species by means of Natural Selection (Die Entstehung der Arten durch natürliche Zuchtwahl).*

Darwins Theorie, daß sich alle Spezies einschließlich des Menschen durch natürliche Zuchtwahl aufgrund spontaner Abweichungen entwikkelt haben, war sein Leben lang Gegenstand kritischer Prüfungen. Sie ergaben sehr bald, wie Darwin im Alter einsah, daß die Selektion erst *nach* dem Auftreten der günstigen Abänderung im Genotypus der Organismen greift: Die natürliche Zuchtwahl kann also lediglich die Ausrottung der Ungeeigneten verursachen, nicht die Entstehung der Geeigneten garantieren. Das war ein zentrales Argument gegen ein auf die »sinnvolle Zweckmäßigkeit« gerichtetes Weltbild.

Selbst in dieser eingeschränkten Form hatte der Darwinismus in England tiefgreifende Auswirkungen. Dem aus der Zweckmäßigkeit und der Ordnung der Welt abgeleiteten Gottesbeweis war – unwiederbringlich, so schien es – die Grundlage entzogen. Statt einer göttlichen Vorsehung herrschte in der Natur ein Gesetz der evolutionären Auslese – und es herrschte überdies in einer Weise, die grausam, verschwenderisch und bar jeglicher Intelligenz erschien. Vor allem aber: Wenn der heutige Mensch und der heutige Affe einen gemeinsamen Vorfahren hatten, an welchem Punkt und wie war der Mensch dann mit einer Seele ausgestattet worden? Was blieb vom Bericht des Buches *Genesis* über den Sündenfall und die Erbsünde?

Die römisch-katholische Kirche – mit der Wissenschaft bereits seit Galilei überworfen – setzte Darwins Buch auf den Index; in England hatte die Kirche sich guter Beziehungen zur Wissenschaft erfreut. Sie waren im Grunde sogar zu gut, da sie sich ziemlich einseitig auf eine »natürliche Theologie« im Sinne Paleys stützten. Als Darwins Buch erschien, waren die kirchlichen Theoretiker daher nicht in der Lage, ihre Lehren dem Inhalt der darwinistischen Argumentation anzupassen. Also wandte sich die Kirche nun gegen das Theorem der natürlichen Zuchtwahl im allgemeinen und speziell gegen die Auffassung, der Mensch stamme von einem affenartigen Vorfahren ab.

Bei einer Versammlung der »British Association for the Advancement of Science« (der »Britischen Vereinigung zur Förderung der Wissenschaft«) wandte sich der Bischof von Oxford am Ende einer langen, gegen Darwin gerichteten Rede an Thomas Henry Huxley, einen Wissenschaftler, der Darwin unterstützte, und fragte ihn spöttisch, ob der Affe denn nun in der väterlichen oder mütterlichen Linie seiner Familie zu finden sei. Huxley erwiderte: »Wenn mir die Frage gestellt würde, ob ich lieber einen elenden Affen zum Großvater hätte oder einen von der Natur hochbegabten, mächtigen und einflußreichen Mann, der dennoch diese großen Gaben und Mittel nur benutzt, um in eine ernste wissenschaftliche Diskussion lächerliche Fragen hineinzubringen – dann bekräftige ich hier, ohne zu zögern, daß ich den Affen vorziehe.«

Die Zuhörer lachten; die Versammlung wurde geschlossen, die Lichter gelöscht. Aber für einige Jahrzehnte, die darauf folgten, gab es unter denkenden Christen in England nur noch wenig Gelächter, denn über ihr Land und ihren Glauben fiel der Schatten des Affen.

Als sich die Engländer, die an der neuen wissenschaftlichen Diskussion teilnahmen, den Planeten und den Sternen zuwandten, standen ihnen auch auf diesem Gebiet zwei neue Entdeckungen zur Verfügung. Die Erde, sagten Geologen wie Lyell, war mehrere hundert Millionen Jahre alt; und nach dem von dem deutschen Physiker Rudolf Emanuel Clausius formulierten zweiten Hauptsatz der Wärmetheorie nimmt die umwandelbare Energiemenge ständig ab, das heißt, die Sonne verliert an Energie, und irgendwann in ferner Zukunft wird die Erde erkalten.

Keine dieser Entdeckungen war wirklich sensationell, und beide hätten in ein christliches Weltbild eingearbeitet werden können. Aber sie wurden in einer neuen Atmosphäre aufgenommen. Den Wissenschaftlern und den Intellektuellen im allgemeinen wies die Darwinsche Argumentation indirekt nach, daß sie es sich zu einfach gemacht hatten, als sie den Beweis für die Existenz Gottes auf eine zu oberflächliche Betrachtung der Natur stützten. Sie wurden sich ihres Irrtums zunehmend bewußt und verfielen in das andere Extrem. Die kosmologischen Erkenntnisse, darunter die Entdeckungen von Lyell und Clausius, wurden nun im Lichte dessen, was Darwin die »tölpelhafte, verschwenderische, stümperhafte, niedrige und entsetzlich grausame Arbeit der Natur« nannte, neu gedeutet. Das milchige Mondlicht auf Palmers Gemälde, Abbild einer göttlich inspirierten Idylle, war zerronnen. Der alte Eckstein – der Schöpfer, dessen Vorsehung aus der Wärme der Sonne und dem Licht des Mondes sprach – war verworfen, die Wissenschaftler gründeten ihr neues Gebäude auf Laplaces Theorie: Das Sonnensystem hatte sich aus einem rotierenden Gasnebel gebildet, ein Sonnensystem überdies, das Wärme verlor und dessen Ende voraussagbar war.

Es war, als würden die Biologen nun von jenem kosmischen Gespenst der Finsternis verfolgt, das sie selbst heraufbeschworen hatten. 1866 vertraute der umfassend gebildete Wissenschaftler Herbert Spencer der späteren Mutter von Bertrand Russell, Kate Amberley, seine Überzeugung an, daß die Sonne – in kosmischen Zeitspannen gedacht – schon bald erlöschen und all ihre Kraft verlieren würde. Und Charles Darwin schrieb 1876 in seiner Autobiographie, er sei sicher, »daß die Sonne und alle Planeten in einer gewissen Zeit zu kalt für das Leben werden, wenn nicht ein großer Himmelskörper in die Sonne stürzt und ihr so neues Leben gibt«.

In der zweiten Hälfte des neunzehnten Jahrhunderts war es also nicht nur der Darwinismus selbst, sondern vor allem ein am Darwinschen Denken orientierter Blick in den Kosmos, der das Weltbild des gebildeten Engländers und kurz darauf auch des Europäers veränderte: eine Sicht des Kosmos, der sich nach Gesetzen entwickelte, die dem Menschen gegenüber von kalter Gleichgültigkeit waren. Aus dieser Erkenntnis stammt der Nachdruck, mit dem T.H. Huxley in seinen *Lay sermons* (»Laienpredigten«) von 1871 erklärt, es sei von allen Zweigen der Wissenschaft insbesondere die Astronomie, die es den Menschen unmöglich gemacht habe, die Glaubensüberzeugungen ihrer Väter zu akzeptieren. Die beiden Wissenszweige Astronomie und Biologie wachsen in rührender Form in Tennysons Elegie »In Memoriam« zusammen:

Ich fand Ihn nicht in Welten, Sonnen,
Insektenaug', des Adlers Flug;
Noch durch der Fragen eitlen Trug,
Dem dünnen Netz, das wir gesponnen ...

Darwins Einfluß auf die nächste Generation ist an Leben und Werk Thomas Hardys abzulesen. Er wuchs auf dem Lande auf, liebte die sinnvolle Ordnung der Natur vor seinen Augen ebenso wie die Bibel, die er sehr gut kannte. Er absolvierte einen Teil seiner Ausbildung zum Architekten bei einem Kirchenbaumeister und scheint sich zeitweilig sogar mit dem Gedanken getragen zu haben, Geistlicher zu werden. Mit neunzehn Jahren las er Darwins gerade erschienenes Werk *Die Entstehung der Arten durch natürliche Zuchtwahl.* Ganz allmählich wandelte sich seine Auffassung von der Natur, und der neuen Sicht war sein Glaube nicht gewachsen. Im Alter von dreißig Jahren war er ein Agnostiker, der immer mehr der deterministischen Vorstellung eines das Leben des Menschen bestimmenden unversöhnlichen Schicksals zuneigte.

Hardy war musikalisch und fühlte sich wie so viele Musikfreunde vom Nachthimmel angezogen, dessen Bild in vielfältiger Weise in seinem Werk in Erscheinung tritt. In einem seiner Gedichte »entschwinden« die »müden Sterne« eines nächtlichen Himmels bei Anbruch der Dämmerung. In *The Return of the Native (Die Rückkehr)* heißt es in der Schilderung der selbstbewußten Mrs. Yeobright: »Menschen von einigem Charakter führen gleich den Planeten ihre Atmosphäre auf ihrer Bahn mit sich.« Im Jahre 1882 – dem Jahr, in dem er Darwins Begräbnis beiwohnte – veröffentlichte Hardy sein Buch *Two on a Tower (Zwei auf einem Turm),* das in Teilen als eine Art geistiger Autobiographie zu werten ist. Die Hauptgestalt, Swithin St. Cleeve, ist ein Astronom, und es sind unter anderem seine hervorragenden Kenntnisse auf diesem Gebiet, die ihn in den Augen der Gutsherrin Viviette Constantine so anziehend machen. Sie besucht St. Cleeve in seinem Turmobservatorium, wo er sie fragt, wie viele Sterne man ihrer Meinung nach mit einem starken Teleskop sehen kann. »Ich errate es doch nicht«, antwortet sie.

»Zwanzig Millionen. Und das heißt, daß die Sterne – wofür sie auch immer da sein mögen – nicht dazu geschaffen worden sind, unsere Augen zu erfreuen. Es ist mit allem so; nichts ist für den Menschen geschaffen.«

Er zeigt Lady Constantine die Planeten, die nächstgelegenen Sterne, dann die entfernten, danach »jene dunklen Streifen in der Milchstraße«.

»Es gibt eine Größe, bei der die Würde beginnt«, erklärt er, »danach kommt eine Größe, bei der die Erhabenheit beginnt; dann kommt eine Größe, bei der die Feierlichkeit beginnt; dann eine Größe, bei der das Beängstigende beginnt; und danach eine Größe, bei der das Grauen beginnt ... Und um das Gespenstische des Himmels in seiner gewaltigen Ausdehnung noch zu verstärken – dieser Himmel verfällt. Denn bei allem Staunen über diese immerwährenden Sterne, die ewigen Himmelskörper und wie es sonst noch heißt – sie sind nicht immerwährend, sie sind nicht ewig; sie verbrennen wie Kerzen ... Stellen Sie sich vor, all diese Sterne wären erloschen, und Ihr Geist würde sich durch einen völlig finsteren Himmel hindurchtasten und ab und zu die unsichtbaren, ausgeglühten schwarzen Reste dieser Sterne streifen ...«

St. Cleeve geht nach Südafrika. Die offenbare Hoffnungslosigkeit seiner Liebe zu Lady Constantine spiegelt sich in der Hemisphäre, die er dort erblickt. »Dieser südliche Himmel wies öde dunkle Regionen auf, wie es sie im Norden kaum jemals gibt; freie Stellen, für Sonnen ausgespart, die aus irgendeinem unerklärlichen Grund unerschaffen blieben und deren Plätze seither stets durch ihre Leere auffielen. Bei der Betrachtung dieser tiefen Lücken überkam ihn ein zweiter Pulsschlag jenes alten Grauens vor der Unergründlichkeit des nördlichen Himmels, das er Viviette so oft geschildert hatte. Der geisterhafte Finger der grenzenlosen Leere berührte ihn nun von der anderen Seite.«

Obgleich *Two on a Tower* einen glücklichen Ausgang nimmt, wird dem Leser weltanschaulich am Ende Hardys düstere Überzeugung nahegebracht, die er in einem Brief an einen Freund zum Ausdruck bringt: daß nur Melancholie und Trauer warten, wenn man tiefer in die Geheimnisse der Natur einzudringen versucht. Das ist auch die Stimmung, die *The Dynasts (Die Dynasten)* beherrscht – Hardys Resümee über den Menschen und sein Verhältnis zum Kosmos:

Ein spärlich-schmales Band nur des Gewebs
Sahn wir entstehen – Geweb, unmeßbar groß,
Das seinen letzten Saum erstrecken mag
In die tosende Nähe prasselnden Flammengezüngels,
Erd-unsichtbarer Sonnen Strahlenglut,

Und weiter, in schauriger Himmelsschlünde Nacht,
Wo wirbelndes Grauen spukhaft das Dunkel teilt –
Riesige Ungeheuer, schwerelos, ohne Gestalt
Phantome in den tiefen Schächten des Nichts.

Auf seinem Sterbebett bat Hardy seine Frau, ihm einen Vers aus den *Rubaijat* des Omar Chajjam vorzulesen. Fitzgeralds Nachdichtung aus dem Persischen war im Jahre 1859 erschienen, doch erst nachdem der Darwinismus Geltung erlangt hatte, wandten sich die Engländer dem pessimistischen Fatalismus einer längst überholten ptolemäischen Astronomie zu und machten sich Verszeilen wie diese zu eigen:

Was gut und bös in diesem Erdental,
Vorausbestimmte Freude und des Kummers Qual –
Klag nicht das Weltrad an, es ist
Ohnmächtiger als du vieltausendmal!

Wir müssen zur ersten Hälfte des neunzehnten Jahrhunderts zurückkehren, um die Entwicklung eines Denkers zu verfolgen, der sein bedeutendstes Buch acht Jahre nach dem Erscheinen von Darwins *Entstehung der Arten* veröffentlichte und seine Epoche nicht minder prägen sollte als der Engländer. Karl Marx wurde im Jahre 1818 in Trier geboren, das damals zu Preußen gehörte. Sein Vater war ein angesehener Rechtsanwalt von liberaler Gesinnung; jüdischer Herkunft, war er pro forma zum Christentum übergetreten, um den Diskriminierungen zu entgehen, denen die Juden immer wieder ausgesetzt waren. Er war ein aufrechter Mann von hohen moralischen Prinzipien und seinen Glaubensüberzeugungen nach Deist. Ihn und seinen Sohn verband ein sehr enges Verhältnis.

Karl Marx besuchte das Gymnasium, wo er bei seinen Schulkameraden einerseits sehr beliebt war, weil er stets Streiche ausheckte, andererseits aber auch gefürchtet, weil er bei jeder Gelegenheit Schmähschriften auf seine Feinde verfaßte. Als Student zuerst an der Universität Bonn und später in Berlin war er ein streitbarer junger Mann, den Jenny von Westphalen, seine zukünftige Frau, in einem ihrer Briefe mit »Mein kleiner wilder Eber« anredete. Bereits mit achtzehn Jahren hatte er ein an Anmaßung grenzendes Selbstbewußtsein, das seinen Vater etwas beunruhigte. Er machte sich Gedanken über Karls Gefühlsleben und fragte sich, ob das Herz seines Sohnes seinem Kopf, seinen Anlagen entspreche: »Ob, da dasselbe«, so schreibt er in einem Brief an ihn, »offenbar durch einen nicht allen Menschen verliehenen Dämon belebt und beherrscht wird, dieser Dämon himmlischer oder faustischer Natur ist?« Diese Frage erhebt sich insbesondere, wenn man Karl Marx' früheste Äußerungen über den Menschen in seiner Beziehung zum Kosmos betrachtet; sie finden sich in zwei Gedichtsammlungen, die beide vor seinem neunzehnten Geburtstag entstanden sind und von denen die eine seinem Vater, die andere Jenny gewidmet ist.

In dem Gedicht »Schöpfung« spiegelt sich das jüdisch-deistische Weltbild, das seine Kindheit geprägt hatte:

Räume beben, Zeiten wallen
Betend um sein Antlitz hin,
Fluten branden, Sphären schallen,
Und die gold'nen Sterne ziehn.
Segnend winkt sein Vaterhaupt Gewährung,
Liebend zieht sich um das All Verklärung.

Dies kommt dem achtunddreißigsten Kapitel des Buches Hiob oder sogar Youngs »Nachtgedanken« sehr nahe.

An der Universität wird Marx dann mit dem in den intellektuellen Kreisen Bonns vorherrschenden Weltbild konfrontiert: der atheistischen Nebularhypothese von Laplace. Ihre Schockwirkung läßt sich aus dem »Lied an die Sterne« ablesen. An die Stelle der heiteren Gelassenheit, die das Gedicht »Schöpfung« zeigt, tritt in diesen Versen, in denen Marx seine gequälte Seele beschrieb, eine beklommen-düstere Stimmung:

Es hebt zu euch die Augen
Mit dunkler Allgewalt,
Will kindlich Hoffnung saugen
Und Ewigkeitsgehalt.
Doch ach! ihr glänzt nur immer
In ruh'gem Ätherschein,
Und Götter werfen nimmer
Die Glut in euch hinein.

Ihr seid nur Truggebilde,
Von Strahlen flammt's Gesicht,
Doch Herzensglut und Milde
Und Seele habt ihr nicht.
Und euer Schein ist Höhnen
Für Tat und Schmerz und Drang,
An euch zerschellt das Sehnen
Und Busens Flammensang.
Wir müssen Leid ergrauen,
Verzweifelnd untergehn
Und dann zum Hohne schauen,
Daß Erd' und Himmel stehen.
Daß, wenn wir auch erzittern,
'Ne Welt in uns ertrinkt,
Kein Baumstamm muß zersplittern,
Kein Stern heruntersinkt.
Sonst lägt ihr all' begraben
Im tiefen blauen Meer,
Würd't keine Strahlen haben
Und längst kein Feuer mehr.
Dann sprächt ihr stumm die Wahrheit
Und lögt nicht tote Pracht
Und prangtet nicht in Klarheit,
Und ringsum wär' es Nacht.

Laplaces Weltbild hatte Marx bedrückt zurückgelassen, hoffnungslos, von Verzweiflung und Schmerz überwältigt. Schlimmer noch, es hatte seine Verzückung von einst und das Gefühl einer Verbindung mit einem geistigen Kosmos der Lächerlichkeit preisgegeben. Das Resultat war tiefe Bitterkeit. Schonungslos prangerte er diejenigen an, die – wie er es getan hatte – einen Schöpfer anbeteten, dessen Existenz ihm nun durch allen Augenschein widerlegt erschien. Wir finden diese Bitterkeit im sechzehnten Kapitel eines fragmentarischen humoristischen Romans, *Scorpion und Felix*, den Marx den seinem Vater gewidmeten Gedichten beifügte. Marx zitiert dort die ersten Sätze des Johannesevangeliums und bemerkt sodann: »Unschuldiger, schöner Gedanke! Doch die Ideenassoziationen führen Grethen weiter, sie glaubte, das Wort wohne in den Schenkeln ... sie sah in den Schenkeln seinen symbolischen Ausdruck, sie erblickte ihre Herrlichkeit und beschloß – sie zu waschen.«

Hinter dem Sarkasmus spürt man den Schmerz. Doch in erster Linie hatte die Begegnung mit Laplaces rein materialistischem Kosmos bei Marx etwas anderes hinterlassen, was realer war als Schmerz: ein Gefühl, betrogen worden zu sein, heftigen Zorn und Aggressionen. All dies kommt in dem persönlichsten seiner Gedichte, »Empfindungen«, zum Ausdruck:

Welten selber stark zerstören,
Weil ich keine schaffen kann,
Weil sie meinem Ruf nicht hören,
Stummgekreist im Zauberbann.
Ach, die todten, stummen gaffen
Uns're Thaten höhnend an,
Wir zerfalln und unser Schaffen,
Und sie wandeln ihre Bahn.
...
Und so schwankt es durch die Jahre,
Von dem Nichts bis zu dem All,
Von der Wiege bis zur Bahre,
Ew'ges Steigen, ew'ger Fall.
...
Darum laßt uns alles wagen,
Nimmer rasten, nimmer ruhn;
Nur nicht dumpf so gar nichts sagen
Und so gar nichts woll'n und thun.

Nur nicht brütend hingegangen,
Aengstlich in dem niedern Joch,
Denn das Sehnen und Verlangen,
Und die That, sie blieb uns doch.

Diese Gedichte – und das verleiht ihnen Bedeutung – zeigen, daß Marx schon mit achtzehn Jahren, bevor er sich zuerst die idealistische Philosophie Hegels, dann den Materialismus Feuerbachs zu eigen machte, hinsichtlich der Stellung, die der Mensch in der Natur einnahm, zu einem

Schluß gelangt war. Da die Sterne nichts weiter als durch Zufall verdichtete Materie sind, haben weder sie noch andere Naturgegebenheiten uns etwas über unser Schicksal zu sagen. In ihrem »Schweigen« liegt überdies ein »Hohn«, der den Menschen dazu antreibt, gegen die Natur zu kämpfen. Zu dem Zeitpunkt, als Marx nach Berlin ging, wo er seine Dissertation über einen Vergleich der zwei wichtigsten materialistischen Kosmologien des antiken Griechenlands, der demokritischen und der epikureischen, schrieb (Titel: *Die Differenz der demokritischen und epikureischen Naturphilosophie),* hatte er zwei Helden gefunden: Epikur, der die Religion vom Standpunkt des atomistischen Materialismus angriff, und Prometheus, der seiner Ansicht nach »der vornehmste Heilige und Märtyrer im philosophischen Kalender ist«. Als er Berlin verließ, war Marx Atheist, Materialist und Positivist und überzeugt, daß es keine inneren Zwänge, sondern die Zwänge der Natur und der staatlichen Institutionen waren, die den Menschen an der »Menschwerdung« hinderten.

Die Ansichten des jungen Marx durchliefen einen Entwicklungsprozeß, während er sich umfassendere Kenntnisse der politischen Ökonomie aneignete, und festigten sich unter dem Einfluß der späteren Ereignisse in seinem Leben: Er war – wie Dante und Einstein und in gewissem Sinn auch Shelley – ein Verbannter. Doch die Richtung hatte sich bereits abgezeichnet: Der Weg führte zur politischen Revolution, zum *Kommunistischen Manifest* und zu seinem Hauptwerk *Das Kapital.* Marx vertrat die Auffassung, daß eine Kosmologie durch die zeitgenössische Gesellschaftsordnung und die Wirtschaft begriffen werden müsse – eine Theorie, nach der es, nebenbei bemerkt, nicht ganz verständlich erscheint, daß der Hirtenjunge James Ferguson in seiner ländlichen Umgebung zu derselben Kosmologie gelangte wie Herman Melville, als er in Pittsfield in Massachusetts seinen Roman *Pierre* schrieb. In einer Kritik zu einem im Paleyschen Geist geschriebenen Buch des Religionsphilosophen und Dichters Georg Friedrich Daumer schrieb Marx:

> Dabei bringt er es freilich nur zu einer christlich-germanisch-patriarchalischen Naturfaselei ... Der Naturkultus beschränkt sich, wie wir sehen, auf die sonntäglichen Spaziergänge des Kleinstädters, der seine kindliche Verwunderung darüber zu erkennen gibt, daß der Kuckuck seine Eier in fremde Nester legt, daß die Tränen die Bestimmung ha-

> ben, die Oberfläche des Auges feucht zu erhalten. Von der modernen Naturwissenschaft, die in Verbindung mit der modernen Industrie die ganze Natur revolutioniert und neben anderen Kindereien auch dem kindlichen Verhalten der Menschen zur Natur ein Ende macht, ist natürlich keine Rede … Es wäre übrigens zu wünschen, daß die träge Bauernwirtschaft Bayerns, der Boden, worauf die Pfaffen und die Daumers gleichmäßig wachsen, endlich einmal durch modernen Akkerbau und moderne Maschinen umgewühlt würde.

In seinem Werk *Grundrisse der Kritik der politischen Ökonomie* schrieb Marx dann: »Die Natur wird erst rein Gegenstand für den Menschen, rein Sache der Nützlichkeit; hört auf, als Macht für sich anerkannt zu werden; und die theoretische Erkenntnis ihrer selbständigen Gesetze erscheint selbst nur als List, um sie den menschlichen Bedürfnissen, sei es als Gegenstand des Konsums, sei es als Mittel der Produktion, zu unterwerfen.« Und später, in *Das Kapital,* bezeichnet Marx die Natur bzw. die Erde als »ursprüngliche Proviantkammer« des Arbeiters, als sein »ursprüngliches Arsenal von Arbeitsmitteln«. »Die äußeren Naturbedingungen zerfallen ökonomisch in zwei große Klassen, natürlichen Reichtum an *Lebensmitteln,* also Bodenfruchtbarkeit, fischreiche Gewässer usw., und natürlichen Reichtum an *Arbeitsmitteln,* wie lebendige Wassergefälle, schiffbare Flüsse, Holz, Metalle, Kohle usw. In den Kulturanfängen gibt die erstere, auf höherer Entwicklungsstufe die zweite Art des natürlichen Reichtums den Ausschlag.«

Marx' Auffassung von Wissenschaft läßt für Forschungsbereiche wie die Astronomie und Kosmologie keinen Platz. Sie sind »idealistisch«, nicht nützlich, ein Relikt aus einem früheren Stadium der menschlichen Entwicklung.

Es ist vor kurzem nachgewiesen worden, daß der Brief eines englischen Wissenschaftlers an Marx, in dem er das ihm zugeeignete Exemplar von *Das Kapital* zurückweist, nicht, wie man lange glaubte, von Darwin stammt. Nichtsdestoweniger schätzte Marx Darwin zweifellos. *Die Entstehung der Arten* bezeichnet er sowohl in einem Brief an Engels (Dezember 1860) als auch in einem anderen an Lassalle (1861) als ein sehr bedeutendes Werk, das ihm als naturwissenschaftliche Grundlage für den Klassenkampf in der Geschichte diene. Und Engels bemerkt in seiner Rezension des ersten Bandes des *Kapital* zur Marxschen Methode: »Soweit er sich bemüht, nachzuweisen, daß die jetzige Gesellschaft, ökonomisch betrachtet, mit einer anderen, höheren Gesellschaftsform schwanger gehe, insoweit bestrebt er sich, nur denselben allmählichen Umwälzungsprozeß auf dem sozialen Gebiet als Gesetz hinzustellen, den Darwin naturgeschichtlich nachgewiesen hat.« Den gleichen Gedanken brachte er auch im Jahre 1883 an Marx' Grab zum Ausdruck, als er sagte, wie Darwin das Evolutionsgesetz in der organischen Natur entdeckt habe, so habe Marx das Evolutionsgesetz in der Menschheitsgeschichte entdeckt. Diese gewichtige Feststellung, die den Überzeugungen der Marxisten von damals und heute entspricht, ist irreführend und bedarf eines Kommentars. Darwins »natürliche Zuchtwahl« ist kein Gesetz, sondern eine Hypothese, die durch vielfältige Beweise Wahrscheinlichkeit erlangt; Karl Marx' dialektischer Materialismus hingegen – ebenfalls kein Gesetz – ist eine Hypothese, die keiner der Beweise der letzten hundert Jahre zu stützen scheint.

Eine echte Affinität zwischen Darwin und Marx liegt vielleicht darin, daß beide Theorien über die Beziehung des Menschen zur Natur veröffentlichten, die auf einen Kosmos hindeuten, in dem es Gott nicht gibt. Die Folgen, die dies nach sich zog, waren noch schwerwiegender als die des Prozesses gegen Galilei. Die Wissenschaft entfernte sich von der Naturphilosophie; die Wissenschaftler überließen es dem humanistischen Bereich, sich mit dem menschlichen Geist und der Frage einer letzten Ursache zu befassen. Die »zwei Kulturen« waren entstanden.

Jetzt, hundert Jahre später, betrachten wir die Dinge mit etwas kritischerem Blick. Wir sehen die Grenzen dieser beiden genialen Männer, entdecken hier und da auch einen Mangel an Logik. Es ist immer verfehlt, von einem einzelnen Menschen Universalität zu erwarten. Gerade sein Scharfsinn als Beobachter von natürlichen Strukturen machte Darwin ungeeignet für eine gerechte Beurteilung der spirituellen Seite des Menschen und der Tatsache religiösen Erlebens, die ihm seine Frau täglich bewies. Was Marx betrifft, so war seine Entscheidung für den Atheismus unter dem Einfluß der Nebularhypothese und eines griechischen Philosophen, der Gegenstand seiner Dissertation war, weniger das Resultat eines auf Vernunft gründenden Abwägens des gesamten Beweismaterials als ein Akt emotionalen Engagements. Des weiteren hat Marx' Behauptung, daß der Fortschritt ein universales Gesetz sei, keine wissenschaftliche Basis und widerspricht sogar seinem Materialismus.

Dies erkannte auch Bertrand Russell, von dem die Bemerkung stammt: »Marx bezeichnete sich als Atheisten, bewahrte jedoch einen kosmischen Optimismus, den nur ein Theismus rechtfertigen kann.«

Frankreich hatte inzwischen ein eigenes Weltbild entwickelt, das sowohl von dem der Engländer als auch von dem der Deutschen abwich. Der Einfluß des Darwinismus war in Frankreich gering. Die Franzosen erkannten – wie später Darwin –, daß die natürliche Zuchtwahl vielleicht das Aussterben untauglicher Spezies erklärte, aber nicht die Entwicklungen besser angepaßter Eigenschaften, und sie zogen es vor, einem ihrer Landsleute Glauben zu schenken, dem Naturforscher Jean Baptiste Monet de Lamarck (1744 bis 1829), der erklärte, daß die Änderungen in der körperlichen Organisation der Lebewesen auf ein in ihnen selbst liegendes natürliches Prinzip (*élan vital*) zurückzuführen sind. Somit bewahrten die Franzosen indirekt eine Vorstellung, die die Engländer unter dem Einfluß des Darwinismus aufgegeben hatten: die der Teleologie, der Zweckbestimmtheit der Natur.

Auch der atheistische Materialismus, wie ihn Marx lehrte, fand um diese Zeit in Frankreich kein starkes Echo. Diese Denkweise hatte ihren großen Moment während und unmittelbar nach der Revolution gehabt. Jetzt gewann die katholische Kirche verlorenen Boden zurück: Nur wenige der führenden Denker und bedeutenden Künstler waren *praktizierende* Katholiken, aber die einflußreichsten unter ihnen waren immerhin *gläubig*. Überdies hatten die Franzosen jener Periode einen ausgeprägten Hang zur individuellen Freiheit, und vielleicht setzt der Begriff der Freiheit – wie schon Kant bemerkte – die Existenz Gottes voraus.

Victor Marie Hugos Leben und Werk spiegeln die Vorgänge in Frankreich auf beispielhafte Weise wider. Nach dem Erfolg seines noch von jugendlichem Überschwang getragenen Versdramas *Hernani*, das er im Alter von achtundzwanzig Jahren verfaßte, war er zunächst die führende Gestalt der französischen Hochromantik. Achtzehn Jahre später wurde er Deputierter in der Pariser Kammer. Nach Louis Napoleons *coup d'état* mußte er fliehen und verbrachte neunzehn Jahre in freiwilliger Verbannung, meist auf Guernsey; in dieser Zeit begriff er, was es heißt, unfrei zu sein, ein Geächteter im Exil. Im Jahre 1870 kam es nach der Niederlage, die die Deutschen Frankreich bei Sedan bereitet hatten, zum Sturz Napoleons III., und die Pariser Kommune übernahm die

Macht. Victor Hugo kehrte zurück und verfaßte über diesen Katarakt der Ereignisse ein langes Gedicht, eins seiner besten: *L'Année Terrible* (Das schreckliche Jahr).

Als überzeugter Europäer beklagte Hugo darin die Tatsache, daß Deutsche und Franzosen sich gegenseitig niedergemetzelt hatten; er verknüpft seine persönliche Tragödie mit dem großen Desaster und gelangt zu dem Schluß, daß er erst nach dem Tode den Sinn dieser tragischen Geschehnisse verstehen und Antwort bekommen wird auf die Frage: »Warum so viel Kriege, Tränen und Tod / So viel Schrecken, mit Leid gepaart, / Warum zur Zypresse bestimmte mich Gott, / Da ihr die Rosen wart.« Auf den sehr eindrucksvollen letzten Seiten, die über die persönlichen, nationalen und europäischen Belange hinausgreifen, bekundet Victor Hugo dann unter dem Sternenhimmel eine für den Siebzigjährigen bemerkenswerte Zuversicht:

Nichts ist die Nacht über uns, wenn wir sehen,
Wie es gleißt und funkelt, Gestirne aufgehen
Und der Sonnen majestätisches Wechselspiel: Wahrheit
Ist dort und Größe, das Gute, Gerechtigkeit,
Überall Leben mit Lichtschein tausendfach.
Ihr schaut das Dunkel und wieder Dunkel danach.
Seht hinter Schleiern nur schwarze Ferne,
Die Finsternis: wir aber sehen die Sterne.
Wir suchen Trost, ihr, was bekümmert macht.
Jeder betrachtet auf seine Weise die Nacht.

Sechzehn Jahre nach dem Erscheinen dieser Zeilen sollten sie einen in Frankreich arbeitenden holländischen Maler entscheidend inspirieren.

»*Bewundere*, soviel du kannst, die meisten Leute *bewundern nicht genug*«, schrieb der einundzwanzigjährige Vincent van Gogh, und man kann sagen, daß die folgenden vierzehn Lebensjahre von dem Bemühen geprägt waren, eine Umgebung zu finden, die er rückhaltlos bewundern konnte. Im Februar 1888 kam van Gogh schließlich in das winterlich verschneite Arles, und als es Frühling wurde, fand er das Licht und die Farben, die er immer gesucht hatte. Alles erschien ihm in blendenden Glanz getaucht, wie neu erschaffen, und die einfachsten Objekte – eine Sonnenblume, ein Stuhl mit einem Strohsitz – hatten plötzlich eine kosmische Ausstrahlung. Er war schon von der Schizophrenie gezeichnet, doch selbst dies trug zu seiner euphorischen Betrachtensweise bei: »Je häßlicher, älter, verdorbener und ärmer ich werde, je weiter meine Krankheit fortschreitet, desto stärker ist mein Verlangen, mich dadurch zu rächen, indem ich mit leuchtkräftigen, reinen, harmonisch aufeinander abgestimmten Farben male.«

Van Gogh hatte schon seit seiner Kindheit immer viel gelesen, und seine Lektüre beeinflußte seine künstlerische Arbeit. Die frühen, düsteren Bilder der Armen waren von Dickens geprägt, und nun las van Gogh die Bibel, Balzac und Hugo. Im Jahre 1888 schrieb er seinem Lieblingsbruder Theo, der zugleich sein Vertrauter war: »Ich lese eben das Schreckensjahr von Victor Hugo. Da gibt es Hoffnung, aber diese Hoffnung ist in den Sternen. Ich finde, das war gut gesagt und schön, und ich glaube es auch gern. Aber vergessen wir nicht, daß die Erde ebenfalls ein Planet ist, auch ein Stern am Himmelsglobus.«

Ganz allmählich wandelte sich unter dem Einfluß von Hugos Verszeilen seine Vorstellungskraft. Im Juni 1888 machte er eines Abends in Les Saintes-Maries einen Spaziergang. »In dem blauen Grund funkelten die Sterne hell, grünlich, gelb, weiß, rosa, noch diamantenreiner als die kostbarsten Steine bei uns oder selbst in Paris, das muß man sagen: Opale, Lapis, Smaragde, Rubine und Saphire.« Er gelangte zu der Überzeugung, daß die Nacht »weitaus lebendiger« war und »wärmere, sattere Farben« aufzuweisen hatte als der Tag. Obschon er in der Provence seine künstlerische Erfüllung gefunden hatte, schrieb er an Theo: »Das ändert nichts daran, daß ich ein ungeheuer starkes Bedürfnis nach – soll ich das Wort benutzen? –, nach Religion habe. Wenn es mich überkommt, gehe ich nachts hinaus, um die Sterne zu malen, und ich träume immer von einem solchen Bild mit den lebenden Gestalten unserer Gefährten darin.«

Die Hoffnung, die Victor Hugo in den Sternen sah, kam van Goghs Verlangen nach Religion und Freundschaft entgegen. Der augenscheinlich zweckgerichtete Kosmos milderte sein Gefühl des Versagens und seine Zweifel an sich selbst. Hier war endlich etwas, was er uneingeschränkt bewundern und deshalb auch malen konnte. Und so pflegte Vincent van Gogh am Rhoneufer zu sitzen, mit Kerzen auf der Hutkrempe, die ihm als Lichtquelle dienten, und die Sterne zu malen. Im September 1888 sandte er Theo eine Reihe von Bildern, die dieser zum

Verkauf anbieten sollte – genauso vergeblich wie ihre vielen Vorgänger. Er bemerkte dazu: »Es überraschte mich nicht, wenn Du die gestirnte Nacht oder die gepflügten Felder liebtest; das ist ruhiger als die anderen Bilder.«

»Ruhig« scheint zunächst vielleicht ein seltsames Wort für van Goghs nächtliche Landschaftsgemälde zu sein, doch wenn man, von Victor Hugo ausgehend, Sterne und Hoffnung gleichsetzt, wird die Wahl dieses Adjektivs verständlich. Was die kreisende Bewegung der Gestirne in *Sternennacht* betrifft, so ist es gut möglich, daß van Gogh in einer Zeitschrift die von dem Engländer Isaac Roberts im Jahre 1888 aufgenommene Fotografie sah, die deutlich zeigte, daß der Andromedanebel spiralförmig ist.

Van Gogh selbst sollte allerdings nie zur Ruhe kommen. Im Dezember 1888, zwei Tage nach Weihnachten, schnitt er sich ein Ohr ab und überreichte es einer Prostituierten. Die Geste war vermutlich ein Akt der Selbstkasteiung dafür, daß es ihm nicht gelungen war, »normale« Beziehungen zur Gesellschaft herzustellen.

Er wurde in eine Nervenheilanstalt eingewiesen und wechselte dann im Mai 1889 in das Irrenhaus von Saint-Rémy über. Im Juni malte er sein vielleicht ausdrucksstärkstes Nachtbild, eine neue *Sternennacht*, in der Sternwirbel über vom Wind bewegten Bäumen kreisen. In dem Gemälde des Holländers, das zu den profundesten kosmischen Visionen der Menschheit gehört, finden Victor Hugos Worte ihr adäquates Echo. Das Bild hängt jetzt im »Museum of Modern Art« in New York. In dieser Stadt des künstlichen Lichts sieht man die echten Sterne nur ganz selten; aber van Goghs Sterne aus der Provence sind da, eine Erinnerung und Mahnung für andere, so wie Victor Hugos Verszeilen es für ihn gewesen waren.

Während van Gogh den Weltraum mit seinem Pinsel darzustellen versuchte, unternahm etwas weiter nördlich ein Franzose ähnliches mit der Feder. Jules Verne wurde im Jahre 1828 in Nantes als ältestes Kind des Antwalts Pierre Verne und seiner Frau Sophie Allotte de la Fuye geboren. Seine Mutter stammte von einem Schotten namens Allotte ab, der für seine Dienste als Mitglied der schottischen Garde von Ludwig XI. geadelt worden war. Jules verbrachte eine glückliche Kindheit in einem gutbürgerlichen katholischen Elternhaus. Er liebte das Meer und versuchte als Elfjähriger sogar einmal, auf einem Dreimaster als Schiffsjunge anzuheuern.

Nach seiner Schulzeit ging er nach Paris, um Rechtswissenschaften zu studieren. Er war mittelgroß und athletisch gebaut, hatte den Kopf eines griechischen Helden und blaue Augen, die Sinn für Humor verrieten und bisweilen träumerisch in die Ferne blickten. Temperamentvoll und großzügig, kam er gut mit Menschen aus und war sehr beliebt, wenngleich man die schockierenden Wortspiele, für die er eine Vorliebe hatte, nicht unbedingt schätzte. Er freundete sich mit dem Romanschriftsteller Alexandre Dumas dem Älteren an und begann zu schreiben, zuerst allerdings mit wenig Erfolg. Dann heiratete er eine junge Witwe aus Amiens mit zwei Kindern und betätigte sich als Börsenmakler, um die Familie ernähren zu können. Doch er fuhr fort zu schreiben, und im Jahre 1860 wurde ein Lustspiel von ihm vertont und aufgeführt. *Monsieur le Chimpanzé* erzählt die Geschichte eines Affen in Menschenkleidung, der sich Zugang zur High-Society verschafft und sich wesentlich besser benimmt als die meisten der Leute in seiner neuen Umgebung.

Verne hatte sich schon immer für wissenschaftlich-technische Geräte interessiert, seit er sich als Junge einmal einen Modelltelegrafenapparat gewünscht hatte. Nun schloß er mit Nadar Freundschaft, einem Pionier der Fotografie und der Ballonfahrt. Dies bewog ihn, einen Abenteuerroman über einen Ballonfahrer zu schreiben. Ein Vertrag mit einem unternehmenden Verleger, Jules Hetzel, folgte, und damit war Verne auf dem Weg, der ihn in seiner Phantasie zum Mittelpunkt der Erde und zwanzigtausend Meilen unter das Meer führen sollte.

Mit siebenunddreißig Jahren schrieb Verne seinen ersten Raumfahrtroman, *De la terre à la lune (Von der Erde zum Mond.)* Nach Beendigung des amerikanischen Bürgerkrieges gründen ehemalige Artilleristen einen Kanonenklub und fassen den Plan, einen Mann in einer hohlen Granate zum Mond zu schießen. Diese Idee wird diskutiert, dann weiterentwikkelt, und schließlich feuert eine in Tampa, Florida, aufgestellte gigantische Kanone, die »Columbiade«, ein Aluminiumgeschoß in den Raum, das drei Männer und zwei Hunde befördert. Man hat für die Reise 97 Stunden angesetzt, doch das Geschoß wird durch die Anziehungskraft eines Meteors aus seiner Bahn gezogen und erreicht sein Ziel nicht; das Buch endet damit, daß Astronomen der Sternwarte Cambridge das Geschoß beobachten, das um den Mond kreist; der Direktor des Observatoriums sieht zwei Möglichkeiten: Entweder, so meint er, werde die Anziehungskraft des Mondes bewirken, daß es doch noch auf den Mond fällt, oder es werde ihn für immer umkreisen.

In einer Fortsetzung dieses Buches, *Reise um den Mond*, beschreibt Verne die Vorgänge in Inneren des Geschosses. In dem Augenblick, in dem die Anziehungskraft der Erde und des Mondes gleich sind, schweben die Kosmonauten über dem Boden: »... alle drei bildeten nun in der Mitte des Geschosses eine wunderbare Himmelfahrtsgruppe« (in Wirklichkeit hätte die Schwerelosigkeit während der ganzen Reise anhalten müssen). Einmal steuern die Kosmonauten direkt auf einen Meteor zu, und der Zusammenprall scheint unvermeidlich, »... als die Feuerkugel wie eine Bombe platzte – ohne jedes Geräusch in dieser Leere, wo kein Schall, der ja nur eine Bewegung der Luftschichten ist, entstehen konnte«.

Den Kosmonauten fällt auf, daß die Sternbilder »in einem milden Glanz leuchteten; sie funkelten nicht, denn es fehlte die Atmosphäre, die der Interferenz ihrer Schichten zufolge das Funkeln verursacht. Diese Sterne waren wie sanfte Augen, die im absoluten Schweigen des Raums in die tiefe Nacht hineinblickten.« Sie beobachten die Oberfläche des Mondes und identifizieren den größten seiner Krater (nach der damals aktuellen Mondkarte von Julius Schmidt ging man von insgesamt 32856 Kratern aus).

Es stellt sich heraus, daß die Hypothesen des Direktors der Sternwarte Cambridge nicht die einzigen Möglichkeiten sind, die den Kosmonauten bleiben, denn sie haben Raketen an Bord. In der Hoffnung, mit ihrem Geschoß auf dem Mond landen zu können, zünden sie sie, doch irgend etwas schlägt fehl, und plötzlich kehrt das Geschoß zur Erde zurück. Sie wassern ohne Zwischenfälle im Pazifik – nur drei Meilen von der Stelle entfernt, wo ein Jahrhundert später die Raumkapsel von Apollo 13 niedergehen sollte. »Und nun noch eine letzte Frage«, schreibt Jules Verne am Ende, »...wird dieses einmalige Wagnis in den Annalen der Reisen ein praktisches Resultat haben? Wird man je eine direkte Verbindung zum Mond herstellen können? Wird man je einen Schifffahrtsdienst durch den Weltraum einrichten, der für das Sonnensystem nützlich sein wird? Wird man von einem Planeten zum anderen, vom Jupiter zum Merkur ... fliegen?«

»Es ist unmöglich, diese Fragen zu beantworten«, sagt Verne, fügt jedoch hinzu: »Aber da man die verwegene Genialität der angelsächsischen Rasse kennt, wird sich niemand verwundern, daß sich die Amerikaner das Wagnis ... zunutze gemacht haben.«

Jules Verne war der zweite Hauptsatz der Wärmetheorie genauso bekannt wie seinen englischen Zeitgenossen, doch er ließ sich durch ihn nicht aus der Ruhe bringen. In *Reise um den Mond* spricht der Amerikaner Barbicane über die Abkühlung der Erde: »›Nach sicheren Berechnungen wird diese mittlere Temperatur in vierhunderttausend Jahren auf Null gefallen sein!‹ ›Vierhunderttausend Jahre!‹«, ruft sein französischer Kollege Michel Arden. »›Da atme ich auf! Mir war der Schreck wahrhaftig in die Glieder gefahren! Nach diesen Reden habe ich mir eingebildet, wir hätten nur noch fünfzigtausend Jahre zu leben!‹«

Menschen, die sich für die Sterne interessieren, lieben oft auch in besonderem Maße das Meer, die Musik und die Freiheit; auf Jules Verne trifft dies alles zu. Er verbrachte seine Freizeit auf seiner Segeljacht, der *Saint Michel*, er komponierte Lieder, vornehmlich Seemannslieder, und in Amiens spielte er im politischen Leben der Stadt eine aktive Rolle. Gerne ließ er seiner literarischen Phantasie auch in der Realität freien Lauf, indem er Kostümfeste gab. Der erfolgreiche Autor war ein sehr glücklicher Mann, bis ihn sein halbwüchsiger Neffe in einem Wutanfall in den Fuß schoß. Die Kugel konnte nicht entfernt werden, und Verne hinkte von da an. Er gab das Segeln auf und widmete sich nur noch der schriftstellerischen Arbeit und seinen Forschungen.

Verne glaubte an die Evolution, doch mit Darwins Theorie konnte er sich nicht befreunden. »Ich staune«, so schrieb er 1862, »über die törichte Befriedigung, die so viele ehrenwerte Leute verspüren, wenn sie die Aktivität einer höheren Macht ›Zufall‹ nennen, obwohl es doch genauso einfach und logischer wäre, hier von ›Vorsehung‹ zu sprechen.« Als überzeugter Katholik kritisierte er Edgar Allan Poe – von dem er viel gelernt hatte –, weil er den Amerikaner als einen »Apostel des Materialismus« betrachtete. In einer Novelle aus seinen letzten Jahren, *Der ewige Adam*, vertrat Verne eine der Marxschen Auffassung völlig entgegengesetzte Ansicht: »Die eigentliche Überlegenheit des Menschen liegt ja nicht darin, die Natur zu beherrschen oder zu besiegen; es geht für den denkenden Menschen darum, sie zu verstehen, das ungeheure Universum im Mikrokosmos des Gehirns festzuhalten; und für den handelnden Menschen geht es darum, bei einer Revolte der Materie ruhig Blut zu bewahren und zu sagen: ›Mich zu zerstören vermagst du meinetwegen, mich aufzuwühlen aber niemals! . . .‹«

Verne teilte mit Marx den optimistischen Glauben an die Möglichkeiten der Technologie, an das Wunder der Maschine. Aber Verne hatte jahrelang auf lokaler und nationaler Ebene politische Erfahrungen gesammelt, die dem Deutschen fehlten, und durch diese Erfahrungen war er zu der Überzeugung gelangt, daß die Maschinen, die den Menschen befähigten, sich die Natur zu unterwerfen, dem Menschen nie dazu verhelfen würden, seiner selbst Herr zu werden. In den Erzählungen seiner letzten Epoche beschäftigte sich Verne meist mit der Frage, was geschehen würde, wenn die wissenschaftliche Macht in die Hände krimineller oder geistesgestörter Menschen fiele.

So beschließen zum Beispiel in *Der Schuß am Kilimandscharo* zwei Mitglieder des Kanonenklubs von Baltimore, die unter Süd- und Nordpol liegenden Bodenschätze auszubeuten. Sie wollen einen Schacht in die Flanke des Kilimandscharo bohren, eine Kanone mit einem Superexplosivstoff laden und einen gewaltigen Schuß abfeuern, dessen Stoßwirkung die Erdachse verschiebt, so daß die Polkappen schmelzen und die Bodenschätze unter ihnen zugänglich werden. Dies könnte katastrophale Folgen haben; alarmiert horcht die Welt auf, die amerikanische Regierung erhebt Einspruch gegen das Projekt, doch es kann nichts weiter unternommen werden, denn die Wissenschaftler halten sich verborgen. Die Kanone wird abgefeuert, aber aufgrund einer Fehlkalkulation richtet die Explosion keinen Schaden an, und die Erde bleibt im alten Neigungswinkel zur Sonne. Wie immer bei Verne wirkt der Inhalt der Erzählung naiv, der gedankliche Hintergrund aber und das Problembewußtsein sind weitreichend und außerordentlich »modern«. Er hat als einer der ersten das Umschlagen wissenschaftlichen Handelns von einer fortschrittlichen in eine zerstörerische Macht gesehen.

Als Jules Verne im Jahre 1905 in Amiens starb, konnte man ihn sehr wohl als den Mann bezeichnen, der den Menschen den Kosmos literarisch erschlossen hatte. Mit seinen popularisierenden Darstellungen hatte er bewirkt, daß sie sich überall zu Hause fühlten: in allen Kontinenten, unter der Erde und unter dem Meer, in den Tropen wie in den Polarzonen, im Weltraum – von Meteoren umgeben – und bei der Umkreisung des Mondes. Oft sah er mit erstaunlicher Genauigkeit voraus, was für eine Umwälzung die technologischen Fortschritte im Weltbild des Menschen hervorrufen würden. Praktisch lieferte er den Entwurf für das Weltbild des zwanzigsten Jahrhunderts, und er war ein geistiger Wegbereiter des Raumfluges.

Richard Evelyn Byrd auf seinem Flug zum Südpol und ein paar Jahrzehnte danach die Astronauten mit Kurs auf den Mond – sie alle konnten mit einiger Berechtigung sagen: »Jules Verne brachte uns hierher.«

11. Kapitel
Herrschaft des Geistes über die Materie

Henri Becquerels Entdeckung der Radioaktivität – Dynamische Materie – Edwin Hubble und das sich ausdehnende Universum – Dem Geist werden neue Fähigkeiten zugesprochen – G. B. Shaws abwertende Einschätzung des Körpers – Dunnes prophetischer Traum vom Ausbruch des Mont Pelée – Virginia Woolf beobachtet eine Sonnenfinsternis – Einsteins spezielle Relativitätstheorie – D. H. Lawrences Sonnenkult – Einstein beschreibt die kosmische Ordnung als ein »Wunder« – Schönberg, Engel und Gebete – Die Futuristen malen Geschwindigkeit – Der Surrealismus – Mondrian und Calder – Wolkenkratzer – Die Atombombe und die Wasserstoffbombe.

Am 20. Januar 1896 hätte man in Paris einen schmächtigen Herrn mit regelmäßigen Gesichtszügen, dichtem Schnurrbart und Bart das Haus verlassen sehen können, das der Professor für Physik am *Muséum d'histoire naturelle* bewohnte. Der vierundvierzigjährige Henri Becquerel war unterwegs zu der üblichen Montagssitzung der *Académie des Sciences* (Akademie der Naturwissenschaften). Er ging über die Seinebrücke und betrat das im sechzehnten Jahrhundert erbaute *Institute de France,* wo er unter den ebenfalls im Gehrock erschienenen anderen Mitgliedern in der Sektion Physik seinen Platz einnahm.

Thema der Sitzung war die Arbeit eines Deutschen. Wilhelm Röntgen hatte kurz zuvor Experimente mit Elektrizität angestellt, die zwar als polarisierte Energie identifiziert, aber längst noch nicht ganz erforscht war. Als Röntgen eine elektrische Ladung durch eine Vakuumröhre strömen ließ, bemerkte er, daß ein Leuchtschirm, der in einiger Entfernung von der Röhre auf einem Tisch lag, hell aufleuchtete. Daran war nichts merkwürdig außer der Tatsache, daß die Vakuumröhre mit schwarzer Pappe bedeckt war. Röntgen schloß daraus – und es traf zu –, daß die vom Minuspol seiner Röhre ausgehenden Teilchen mit negativer elektrischer Ladung Strahlen erzeugen konnten, die eine große Durchdringungsfähigkeit hatten. Drei Tage vor Weihnachten setzte Röntgen die ausgestreckte Hand seiner Frau kurz diesen Strahlen aus und fotografierte die Hand. Er stellte fest, daß die Strahlen das Fleisch durchdrangen, von den Knochen aber aufgehalten wurden. Er hatte also eine Fotografie von einem Teil des Skeletts seiner Frau gemacht, und eine Kopie dieser Aufnahme wurde den Physikern in Paris an jenem Tag vorgelegt.

Becquerels Spezialgebiet war die Lichtabsorption von Kristallen, und deshalb interessierte er sich außerordentlich für Röntgens Fotografie und für eine Mitteilung seines Akademiekollegen Poincaré, nach der

Röntgens geheimnisvolle Strahlen – er nannte sie X-Strahlen – von einer grünlichgelben phosphoreszierenden Stelle ausgingen, an der ein Bündel Partikel auf die Glaswand der Röhre auftraf.

Becquerel wußte, daß gewisse Kristalle, wenn sie Sonnenlicht absorbiert haben, dieses Licht später als Phosphoreszenz aussenden. Sandten sie auch Röntgenstrahlen aus? Er begab sich zu seinem Labor im Professorenhaus – fast ein Familienlabor, denn seinen Lehrstuhl für Physik hatten vor ihm schon sein Vater und sein Großvater innegehabt – und begann ein Experiment. Er hatte ein herrlich phsophoreszierendes Salz im Besitz – Kaliumuranylsulfat. Uran war im Jahre 1789 von M. H. Klaproth bei der Untersuchung eines in Sachsen vorkommenden pechblendenhaltigen Minerals entdeckt und nach dem Planeten Uranus benannt worden, den Herschel acht Jahre zuvor erstmalig gesichtet hatte.

Becquerel setzte einige seiner Kristalle dem Sonnenlicht aus, um sie zum Phosphoreszieren zu bringen, und verteilte sie dann auf dünnen Metallplatten, die er mit schwarzem Papier umwickelte und zusammen mit einer unbelichteten fotografischen Platte in einen Kasten legte. Er hoffte, daß von den Salzen die neue Art Strahlung ausgehen, das Papier durchdringen und die Platte belichten würde.

Genau das geschah. Am 24. Februar 1896 teilte Becquerel der Akademie mit, daß es ihm gelungen war, Strahlen mit ähnlichen Eigenschaften wie die Röntgenstrahlen zu erzeugen, indem er sich ohne Zuhilfenahme der Elektrizität lediglich gewisser Salze bedient hatte, die das Sonnenlicht einfingen und wieder aussandten.

Am 26. und 27. Februar bereitete Becquerel andere Kästen mit dem gleichen Salz für weitere Experimente vor, doch an beiden Tagen war der Himmel bedeckt, und so konnte er sie nicht der Sonne aussetzen. Er legte die Kästen in eine Schublade, die zufällig ein paar fotografische Platten enthielt. Die nächsten beiden Tage waren ebenfalls wolkig, aber am 1. März schien die Sonne, und Becquerel nahm die Kästen heraus. Nun zeigte sich seine außergewöhnliche Gründlichkeit. Obwohl es völlig im Widerspruch zu der Theorie stand, die er der Akademie vorgetragen hatte, prüfte er die fotografischen Platten in der Schublade, um zu sehen, ob die Salze auf sie eingewirkt hatten, wenngleich sie nicht dem Sonnenlicht ausgesetzt gewesen waren und also auch nicht phosphoreszierten.

Zu seinem Erstaunen stellte Becquerel fest, daß die Platten tatsächlich belichtet waren. Sie zeigten nicht nur ein schwaches, sondern sogar ein deutliches Abbild der Salze, die neben ihnen in der dunklen Schublade gelegen hatten. Becquerel schloß daraus, daß von den Kristallen des Kaliumuranylsulfats ohne Zutun des Sonnenlichts ständig eine durchdringende Strahlung von einer bis dahin unbekannten Art ausging.

Am nächsten Tag informierte Becquerel die Akademie über seine Entdeckung. Dann fuhr er mit seinen Experimenten fort. Zuerst wies er nach, daß die von seinen Kristallen ausgesandten Strahlen wie Röntgenstrahlen elektrisierte Partikel entluden (in der heutigen Fachsprache würde man sagen, daß sie die Luft, die sie durchdrangen, ionisierten). Er unternahm die gleichen Versuche mit anderen phosphoreszierenden Kristallen und fand heraus, daß nur solche, die Uran enthielten, diese Strahlung aussandten. Schließlich nahm er reines Uran und stellte fest, daß von der Metallscheibe eine drei- bis viermal stärkere Strahlung ausging als die, die er zuerst bei seinen Salzen nachgewiesen hatte.

Becquerels Entdeckung der Radioaktivität des Urans schien zu jenem Zeitpunkt ohne überragende Bedeutung. Weder er noch seine Kollegen ahnten, daß sie einen Wendepunkt der Menschheitsgeschichte markierte, denn zunächst vermittelte sie dem Menschen nur eine andere Auffassung von der Materie. Doch sehr bald schon sollte sie ihm den Weg zu ungeheuren Energiequellen weisen und ihn befähigen, das Alter der Erde zu bestimmen und die Zusammensetzung der Sterne zu erforschen.

Natürlich war es für Physiker faszinierend zu sehen, daß es zumindest eine Art Atom gab, die nicht jene beständige, statische Einheit darstellte, an die sie so lange geglaubt hatten, sondern dynamischen Charakter aufwies. Sie begannen mit einer intensiven Untersuchung des Atombaus. Da der Größenunterschied zwischen dem Menschen und einem Wasserstoffatom ungefähr der gleiche ist wie der zwischen der Sonne und dem Menschen, konnten sie das Atom nur an Hand seiner Wirkungen beobachten. Ein junger Neuseeländer, Ernest Rutherford, der damals gerade eine Professur an der Universität Manchester innehatte, leitete einen Strahl Alphateilchen (so nannte er die Partikel, die das Uran aussandte) auf Goldfolie und stellte fest, wo und wie weit sich die Bewegungsrichtung der Partikel beim Durchgang durch Metall änderte. Diese Messungen zeigten, daß jedes Atom des Metalls aus einem sehr kleinen, positiv geladenen Kern bestand, den negativ geladene Elektronen umgaben.

Rutherfords dänischer Assistent Niels Bohr wies nach, daß die Emission elektrischer Energie nicht kontinuierlich, sondern in diskreten (durch endliche Intervalle voneinander getrennt stehenden) Energiewerten bzw. Energiepaketen vonstatten geht, die sich mit einer MG-Geschoßgarbe vergleichen lassen – den sogenannten Quanten.

Inzwischen hatte eine Freundin Becquerels, Marie Curie, ein zweites radioaktives Element gefunden, das Radium. Es strahlt beträchtliche Mengen Wärme aus und vermag dies über lange Zeiträume hinweg zu tun. Mit dieser Radioaktivität beschäftigte sich nun Albert Einstein, der damals gerade in einer Hochburg des Erfindertums, dem Berner Patentamt, tätig war. Er versuchte, die Beziehung von Masse zu Energie mittels einer mathematischen Gleichung festzulegen. Wie konnten große Energiemengen durch den Verlust einer winzigen Quantität Masse erzeugt werden? Nur wenn die Masse mit einer sehr großen Zahl multipliziert wurde. Einstein fand die fehlende Zahl in der Lichtgeschwindigkeit und veröffentlichte im Jahre 1905 seine berühmte Gleichung: Energie ist gleich Masse multipliziert mit dem Quadrat der Lichtgeschwindigkeit: $E = mc^2$, wobei E die in erg gemessene Energie ist, m die Masse eines Körpers in Gramm und c die Lichtgeschwindigkeit in Zentimeter pro Sekunde. Mit dieser Formel, die sich sehr bald als nachweisbar korrekt erweisen sollte, drückte Einstein aus, was die Experimentalphysiker im Laboratorium entdeckten: daß wir in einer dynamischen Welt leben, in der jede Masse erstarrte Energie ist und jede Energie befreite Materie.

Rutherford setzte seine Bemühungen um die Erforschung des Atoms fort. Wenn man den Kern eines Atoms durch einen Billardball darstellte, wäre das nächste Elektron einen Kilometer entfernt. Also war Materie ungeheuer porös: Sie setzte sich aus Raumeinheiten zusammen, in denen eine ständige, äußerst rasche Fluktuation elektrischer Energie vonstatten ging.

Im Jahre 1911 entwarf Rutherford ein Atommodell, das in seinem Bau einem Miniaturplanetensystem ähnelte. Sein Kern bestand aus einem oder mehreren positiv geladenen Protonen, und eine gleiche Anzahl negativ geladener Elektronen umkreiste ihn wie Planeten die Sonne. Doch 1926 wies Erwin Schrödinger nach, daß dies ein zu simples Bild war. Die Elektronen verhalten sich mehr wie Wellen, die gegen eine runde Boje schwappen. Jede Welle hat ihre spezifischen Eigenheiten. In einem Atom mit zwei Protonen und zwei Elektronen hat das zweite Elektron ein anderes Wellenmuster als das erste. In Atomen, die noch mehr Elektronen besitzen, zeigen die nach außen hin aufeinanderfolgenden Elektronen immer kompliziertere Wellenmuster. Es ist stets das Wellenmuster des äußersten Elektrons, das die Struktur und die chemischen Eigenschaften des Atoms bestimmt.

In jedem Atom können die Elektronen von einem Muster zum anderen überwechseln, und sie senden dabei Frequenzen aus, die für diese Art Atom spezifisch sind. Diese Frequenzen stimmen genau mit den für das Atom bezeichnenden Quanten oder Energiegarben überein.

Schrödinger gelangte zu dem Schluß, daß die chemischen Eigenschaften eines Elements einmal durch die Anzahl der Protonen im Kern der Atome, aus denen es sich zusammensetzt, festgelegt sind und außerdem durch die normalerweise mit der der Protonen übereinstimmenden Anzahl der Elektronen, die wiederum die Wellenmuster des Elektrons bestimmt. Gold ist Gold, weil es 79 Protonen und 79 Elektronen hat, Blei ist Blei, weil es 82 Elektronen besitzt. Im Grunde kam sowohl Pythagoras' Vermutung, die Materie gleiche einem Edelstein, als auch die Keplers, sie ähnele der sechseckigen Schneeflocke, der Wahrheit ziemlich nahe, wenn man sie so versteht, daß alle Wirklichkeit eine regelmäßige Struktur aufweist.

Seit Homers Zeit hatten die Menschen geglaubt, der Raum sei mit einem sehr feinen Stoff, dem Äther, ausgefüllt. Im Jahre 1887 führten zwei Amerikaner, Albert Michelson und Edward Morley, ein sinnreiches Experiment mit Lichtstrahlen durch, die man für »Ätherwellen« hielt. Durch die Erdbewegung hätten sich bei der Messung der Lichtgeschwindigkeit je nach Richtung andere Werte ergeben müssen. Erstaunt stellten die beiden Wissenschaftler fest, daß dieser Effekt ausblieb. So begann sich die Erkenntnis durchzusetzen, daß der Äther nur eine Fiktion, der Raum also leer war. Zwischen Erde und Sternen, zwischen den einzelnen Gestirnen gab es keine Materie, nur ein Nichts.

Wie van Gogh bemerkte, sind einige Sterne farbig. Antares ist rot, Capella gelb, Vega bläulichweiß. Die Farbe, so stellte man fest, enthüllte die Temperatur eines Sterns, seine Größe und sogar sein Alter. Und wenn man ein Spektroskop benutzte, konnte man sehen, daß die einzelnen Sterne noch spezifische, klar zu unterscheidende Farben ausstrahlten, die über die Elemente Auskunft gaben, aus denen sie sich zusammensetzten. Wenn ein Stern beispielsweise Kalium aufwies, zeigte er ein rotviolettes Band; bei Vorhandensein von Kalzium gab es ein orangefarbenes Band, zwei gelbe Bänder und ein violettes Band und so weiter. Auf diese Weise fand man heraus, daß sich die Sterne aus den damals 92 auf der Erde bekannten Elementen zusammensetzten; mit anderen Worten, im ganzen Kosmos waren die Bausteine identisch.

Die Farben sowie periodische Fluktuationen im Licht einiger Sterne ermöglichten es den Astronomen, ihre jeweilige Entfernung von der Erde zu berechnen, und es ergab sich, daß diese Distanz viel größer war, als man zuvor angenommen hatte. Der erdnächste Stern, Proxima Centauri, war 40 Billionen Kilometer entfernt. Um den Gebrauch so hoher Zahlen zu vermeiden, wurde diese Entfernung in rund 4¼ Lichtjahren ausgedrückt: das heißt, daß das Licht, das in einem Jahr 9,461 Billionen Kilometer zurücklegt, etwa 4¼ Jahre benötigt, um von diesem Stern zu uns zu gelangen.

Ein holländischer Astronom, Jan Hendrik Oort, fand 1927 heraus, daß die Milchstraße, jetzt meist Galaxis genannt, rotierte. Ihre Bewegung glich nicht der eines starren Rades, sondern vollzog sich in Übereinstimmung mit den Keplerschen Gesetzen um so schneller, je näher die Sterne dem Zentrum waren. Im Sonnensystem betrug die Geschwindigkeit annähernd 270 Kilometer pro Sekunde.

Im Jahre 1918 wurde unsere Sonne von ihrem privilegierten Platz im Zentrum auf eine Randposition verwiesen, die etwa 65 000 Lichtjahre vom Mittelpunkt der Galaxis entfernt zu sein schien. (Heute weiß man, daß es 33 000 Lichtjahre sind.) Man glaubte nicht mehr, daß sich die Sonne und ihre Planeten (1930 wurde Pluto entdeckt) aus einem rotierenden Gasnebel gebildet hatten, weil eine solche Hypothese ihr Drehmoment nicht hätte erklären können. Eine vielfach vertretene Theorie, die auf den englischen Astrophysiker James Jeans zurückgeht, besagt, daß sich als Folge einer Beinahekollision zwischen unserer Sonne und einem anderen Stern von beiden gasförmige Materie löste, die sich dann zu Planeten verdichtete. Bei der Entfernung zwischen den einzelnen Sternen konnte ein solches Aufeinandertreffen nur ganz selten stattfinden; man nahm deshalb an, daß es in der Galaxis im äußersten Fall zehn weitere Planetensysteme geben könne.

Edwin Hubble, ein amerikanischer Astronom, benutzte das neue Hundertzollteleskop am Mount-Wilson-Observatorium in Kalifornien, um Nebel zu beobachten, die mit kleineren Teleskopen nur als schwache Lichtflecken zu sehen waren. Hubble konzentrierte sich zunächst auf den Andromedanebel. Er unterschied darin kugelförmige Sternhaufen und sogar einzelne Sterne, von denen einige periodisch ihre Helligkeit änderten. Durch die Bestimmung des zeitlichen Abstands zwischen den Momenten ihrer maximalen Helligkeit konnte Hubble auf ihre absolute Helligkeit schließen und durch Anwendung der Regel, wonach die Helligkeit eines Sterns proportional dem Quadrat der Entfernung abnimmt, auch ihre Distanz annähernd errechnen. Er gelangte zu dem Ergebnis, daß diese Sterne und somit der Andromedanebel 900 000 Lichtjahre entfernt sind.

Dann wandte er sich dem Nebel des Dreiecks zu. Auch hier fand er Sterne, deren Licht periodische Schwankungen aufwies, und wieder vermochte er, ihre Entfernung annähernd zu bestimmen: 700 000 Lichtjahre. Bis 1929 hatte Hubble achtzehn Nebel untersucht und für alle ungeheure Entfernungen ermittelt. Da sie die Dimensionen der Galaxis bei weitem überschritten, mußte es sich um Systeme handeln, die *außerhalb* unseres eigenen lagen – um andere Galaxien also. Wie Kopernikus die geozentrische Weltanschauung widerlegt hatte, so widerlegte Hubble nun die Vorstellung des im Zentrum des Universums gelegenen Milchstraßensystems, und der Mensch mußte sich damit abfinden, daß auch seine Galaxis lediglich eine unter vielen war.

Die meisten Astronomen hätten sich mit einer solchen Ausbeute zufriedengegeben. Doch Hubble forschte weiter und machte eine noch viel wesentlichere Entdeckung, als er die Spektren des Lichts untersuchte, das die Sterne dieser neuen Galaxien aussandten. Wenn ein Stern sich von uns entfernt, verschieben sich die Spektrallinien nach dem roten (langwelligen) Ende des Spektrums hin. Diese Verschiebung stellte Hubble bei den Sternen seiner Galaxien fest, mit anderen Worten, die Galaxien bewegten sich von uns fort. Sie bewegten sich auch voneinander fort. Und diese Fluchtbewegung war nicht dem Zufall überlassen, sondern vollzog sich mit erstaunlicher Regelmäßigkeit. Die Fluchtgeschwindigkeit war proportional zum Abstand vom Sonnensystem; wenn eine Galaxis zweimal so weit entfernt war wie eine andere, strebte sie mit der doppelten Geschwindigkeit von uns fort. Wir bezeichnen diese Regel heute als Hubble-Effekt und den Proportionalitätsfaktor als Hubble-Konstante.

Wenn wir diese Entdeckungen neben die der Atomphysiker stellen, sehen wir, daß sie einander auf bemerkenswerte Weise ergänzen. Man hatte erkannt, daß die Bewegung ein integrierender Faktor aller Materie war, ganz gleich, ob sie verschwindend kleine oder unvorstellbar große Ausmaße hatte. Das statische Weltbild des neunzehnten Jahrhunderts war einem allgegenwärtigen Dynamismus gewichen. Selbst der Mensch war dynamisch, da er aus Atomen bestand, und er lebte in einem dynamischen Kosmos. Zudem wies alles darauf hin, daß dieser Dynamismus feststellbaren Regeln folgte: Es haftete ihm etwas Geordnetes, Gesetzmäßiges an.

Entdeckungen von solcher Tragweite beeinflußten die Anschauungen, die der Mensch von der Welt und von sich selbst hatte, natürlich ungeheuer. Es gab eine bunte Vielfalt von Anschauungen, wie wir sehen werden, doch eines hatten sie alle gemein: Der Mensch verspürte ein Gefühl der Befreiung angesichts der Tatsache, daß er die Vorstellung von der trägen Materie, die er im neunzehnten Jahrhundert so oft als einengend und belastend empfunden hatte, abstreifen konnte. Die Leere des Raums und der neue Materiebegriff schienen seinem Geist und seiner Seele mehr Bewegungsfreiheit zu geben. In einem berühmt gewordenen Ausspruch hatte T. H. Huxley das Bewußtsein mit der Dampfpfeife verglichen, »die eine in Betrieb befindliche Lokomotive begleitet«; von dieser Auffassung kam man nun allmählich ab, und eines der hervorstechendsten Merkmale der ersten Hälfte des zwanzigsten Jahrhunderts ist, daß man dem menschlichen Geist neue Fähigkeiten zusprach.

In seinem vielbeachteten Werk *Der Mensch, das unbekannte Wesen* (1935) schrieb der französische Physiologe und Nobelpreisträger Alexis Carrel: »Wie es scheint, wird der Gedanke ähnlich wie elektromagnetische Wellen von einem Raumbereich zum anderen übertragen. Seine Übertragungsgeschwindigkeit kennen wir nicht, denn man hat bisher die Geschwindigkeit telepathischer Vermittlungen noch nicht messen können ... und doch gehört die Telepathie zu den primären, nicht weiter zu analysierenden Ergebnissen der Beobachtung.« Das war damals eine kühne Behauptung, der Carrel noch hinzufügte, daß auch das Hellsehen eine Tatsache sei. Seine Ansichten schienen sehr bald durch die Kartenlesetests, die Professor Rhine an der Duke-Universität durchführte, eine entscheidende »wissenschaftliche« Stütze zu erhalten.

Während aus dem Radioapparat ein alltäglicher Gebrauchsgegenstand wurde – im Jahre 1896 war Marconi die erste Übermittlung drahtloser Signale gelungen –, verstärkte sich die Tendenz, den Raum als Medium für Botschaften zu betrachten, wobei selbst solche aus dem »Jenseits« nicht ausgeschlossen wurden. In vielen Londoner, Bostoner und Berliner Salons saßen grauhaarige Damen im Dunkeln und warteten darauf, daß Tische Klopfzeichen übermittelten oder sich gar von der Stelle bewegten. Sensitive Personen behaupteten, »Ausstrahlungen« fühlen zu können, und starken Persönlichkeiten sprach man »magnetische« Kräfte zu. Der Glaube an Geister verbreitete sich zunehmend und wurde durch Neuausgaben von Gespenstergeschichten genährt.

George Bernard Shaw erkannte als einer der ersten, daß die Energie und Regelmäßigkeit, die das Atom in sich schloß, die viktorianische Vorstellung von der verschwenderischen, launischen Natur widerlegte. Im übrigen glaubte auch er an die neue Macht des Geistes, und er kombinierte beide Ideen in einer originellen Evolutionstheorie. *Mensch und Übermensch* (1905) handelt von einer mit besonderen Fähigkeiten ausgestatteten Frau: Ann Whitefield ist eine entschlossene junge Dame, die ihr Opfer, den Verfasser politischer Flugschriften, John Tanner, auf sanfte Weise einfängt und ihn trotz seines Widerstrebens zum Traualtar führt. Sie verkörpert die Lebenskraft, den *élan vital*, der den Menschen, ob er will oder nicht, einem erweiterten, tieferen, intensiveren Bewußtsein – dem reinen Denken – zustreben läßt. In *Zurück zu Methusalem* (1922) entwickelt Shaw das Thema noch um eine Stufe weiter, indem er andeutet, daß der Mensch auf den Körper verzichten könnte.

Akis: Aber wenn das Leben der Gedanke ist, kann man ohne Kopf leben?

Der Alte: Vielleicht jetzt noch nicht, aber die vorgeschichtlichen Menschen glaubten, nicht ohne Schweif leben zu können. Ich kann ohne Schweif leben, warum sollte ich nicht ohne Kopf leben können?

Die Neugeborene: Was ist ein Schweif?

Der Alte: Eine Gewohnheit, von der sich zu befreien deinen Ahnen gelungen ist.

Die Alte: Keines von uns glaubt jetzt noch, daß die ganze Maschinerie von Fleisch und Blut notwendig ist. Sie stirbt.

Der Alte: Sie fesselt uns an diesen winzigen Planeten und verbietet uns, durch die Sterne zu schweifen.

Eine ähnliche Form der Evolution vertrat etwas später auch der französische Paläontologe Pierre Teilhard de Chardin. Nach Chardin ist die Erde von einer ungeheuer großen, die Gesamtenergie alles Geistigen in sich vereinenden Aura umgeben, die er »Noosphäre« nennt. Diese Noosphäre dehnt sich mit zunehmender geistiger Vollendung des Menschen aus und strebt auf eine Vereinigung mit Gott zu.

Die von der Materie ausgesandte Energie legte die Vermutung nahe, daß sie einige Charakteristika mit dem Geist gemein hatte, zumal sich herausstellte, daß die geistige Aktivität »Hirnwellen« erzeugte. Zwei führende englische Mathematiker und Philosophen, Bertrand Russell und Alfred North Whitehead, behaupteten sogar, die Welt bestehe (im metaphysischen Sinn) aus einem einheitlichen neutralen Urstoff, der weder materiell noch spirituell gültig zu erfassen sei; sie definierten ihn als eine Kette von »Ereignissen«. In dem Bemühen, die Frage der Körper-Geist-Beziehung zu lösen, vertraten sie die Ansicht, daß die Ereignisse, die ein lebendes Gehirn konstituieren, identisch sind mit denen, die den zugehörigen Geist ausmachen und lediglich unterschiedliche Strukturen bilden. Russell sah in den Ereignissen keinen Hinweis auf eine ihnen zugrunde liegende Ordnung, doch in diesem Punkt stimmte Whitehead nicht mit ihm überein: Für ihn war das Ineinander ereignishafter Teile, die »Gemeinschaft der Begebenheiten« Gott.

James Jeans, der Verfechter der »Beinahekollision« als Erklärung für die Entstehung der Erde, kam dem philosophischen Idealismus noch näher als Whitehead. In *Der Weltenraum und seine Rätsel* schrieb er: »Wenn sich dies alles so verhält, dann kann man sich das Weltall am besten, obschon noch immer sehr unvollkommen und unzulänglich, als aus reinem Denken bestehend vorstellen, als das Denken eines Wesens, das wir, weil uns ein umfassenderes Wort fehlt, als mathematischen Denker bezeichnen müssen.«

Eine seltsame Demonstration von der Macht des Geistes lieferte J. W. Dunne. Als Freiwilliger im Burenkrieg lag Dunne im Frühling 1902 mit dem Sechsten Berittenen Infanterieregiment in der Nähe der Ruinen von Lindley in Südafrika, wohin Post und Zeitungen nur sehr selten gelangten. Eines Nachts hatte er einen ungewöhnlich lebhaften Traum. Er schien auf einer Erhöhung zu stehen, auf den oberen Hängen eines Hügels. Um ihn herum quoll hier und da Dampf aus schmalen Erdspalten. Er identifizierte den Ort als eine Insel, von der er schon zuvor gelegentlich geträumt hatte. »Als ich den Dampf aus der Erde quellen sah«, so schrieb er später, »keuchte ich: ›Es ist die Insel! Du lieber Gott, gleich fliegt das ganze Ding in die Luft!‹« Er wurde von dem verzweifelten Verlangen ergriffen, die ahnungslose Bevölkerung in Schiffen fortzubringen, und versuchte, ungläubige Beamte, die Französisch sprachen, dazu zu bewegen, in aller Eile die erforderlichen Schiffe bereitzustellen, wurde aber lediglich von einem uninteressierten Beamten zum anderen geschickt. Die Zahl der Menschen, die sich in Gefahr befanden, ließ ihm keine Ruhe. »Hören Sie«, schrie er, »viertausend Leute werden umkommen, wenn nicht . . .« Er erwachte und stellte fest, daß er den Hals eines der Pferde des Regiments umklammert hatte, in dem Glauben, es ziehe den Wagen eines Beamten fort, der auf seine Warnungen nicht hören wollte.

Wochen später traf der Londoner *Daily Telegraph* ein, der in großen Schlagzeilen eine Katastrophennachricht brachte. Am 8. Mai 1902 um 8 Uhr morgens war auf der Insel Martinique der Vulkan Mont Pelée, der ein Jahrhundert lang geruht hatte, ausgebrochen und hatte die Stadt St. Pierre vernichtet, deren gesamte Einwohnerschaft (zwischen sechsundzwanzig- und dreißigtausend) ums Leben kam. Dunne überprüfte das Datum des Tages, an dem er seinen Traum gehabt hatte, und stellte fest, daß der Mont Pelée erst *danach* ausgebrochen war. Der Traum hatte der Wirklichkeit in allen Einzelheiten entsprochen, nur die Zahl der Opfer war eine andere.

Dunne vertrat die Auffassung, daß wir uns der Zukunft nicht unmittelbar bewußt sein könnten (im Sinne eines Gegensatzes zur bloßen induktiven Folgerung), wenn die Zukunft nicht bereits da wäre und wirkte. Sie existiert also genau wie die Vergangenheit. Damit fügte Dunne der immer länger werdenden Liste unserer Geisteskräfte die Präkognition hinzu, und seine Erklärung des Vorgangs lautete, daß wir in präkognitiven Momenten in einen anderen Zeitzusammenhang eintreten, so ähnlich, wie wenn jemand in einem Rundfunkstudio von einem »Live«-Programm auf ein aufgezeichnetes Programm umschaltet, das erst in einer Woche gesendet wird. Durch Dunnes Bücher und drei Stücke von J. B. Priestley wurde die »serial time«, eine kontinuierliche Zeitauffassung, die die Zukunft einschließt, allgemein bekannt, und in den zwanziger und dreißiger Jahren fand sie viele Anhänger, die sie sozusagen als Arbeitshypothese ins tägliche Leben übernahmen.

Die Romane von Virginia Woolf sind ein literarisches Beispiel für den Glauben an einen Geist, der die materielle Welt gestalten kann. In *Die Wellen* (1937) folgt sie den Entwicklungsstadien von sechs Personen: Zuerst zeigt sie sie als Kinder, die einen Sommer am Meer verbringen, dann als Menschen mittleren Alters bei einer Zusammenkunft in Hampton Court und schließlich so, wie einer von ihnen, alt geworden, die anderen und sich im Gedächtnis behalten hat. Der Titel suggeriert sowohl die Wellenbewegung der Elektronen als auch die Wellen des Gehirns, denn hier verschmelzen Menschen und Objekte. Die Autorin verzichtet auf die übliche Erzählkunst zugunsten innerer Monologe der einzelnen Figuren. Farbwellen, Wellen im schönen Haar einer Frau, Wellen des Verlangens – sie heben und senken sich, wogen dahin und gehen schließlich im Strom des Alltags auf: »Wir werden alle von diesem Wildbach von Dingen mitgerissen, die so vertraut geworden sind, daß sie keinen Schatten werfen . . .«

Die Schönheit der Natur – der Bäume, des Sonnenscheins, des Wassers –, die der Roman immer wieder aufzeigt, wäre für Wordsworth und sogar für Tennyson ein Anlaß zur Freude gewesen. Doch die Autorin überrascht den Leser mit einer ganz anderen Reaktion. Selbst angesichts des Nachthimmels fühlt sie keine Verzauberung, sondern Beklommenheit: »Und das Sternenlicht, das, so wie jetzt, auf meine Hand fiel, nachdem es viele Jahrmillionen gereist war, es verursachte mir einen Augenblick lang einen kalten Schock – mehr nicht, meine Einbildungskraft ist zu schwach.« Und bei der Schilderung des Zusammentreffens in Hampton Court heißt es: »Immerhin tranken wir unsere Flasche Wein und verloren unter ihrem verführerischen Einfluß unsre Feindseligkeit und hörten auf zu vergleichen. Und halben Wegs durch das Abendessen fühlten wir die ungeheure Finsternis alles dessen, was außerhalb unser ist, dessen, was wir nicht sind, sich rings um uns weiter ausbreiten. Der Wind, das Räderrollen wurden zum Sausen der Zeit, und wir rasten – wohin? Und wer waren wir? Wir waren für einen Augenblick ausgelöscht, erloschen wie Funken in verbranntem Papier, und die Finsternis dröhnte.« Am Ende des Romans stehen die Wellen symbolisch für »die ewige Erneuerung, das unaufhörliche Sichheben und Sichsenken, auf und ab und wieder auf«.

Wie erklärt sich das offenkundige Unbehagen, das Virginia Woolfs Bücher prägt? Hier sei zunächst daran erinnert, daß sie ein Mitglied der intellektuellen »Bloomsbury Group« war, der u. a. auch der Schriftsteller Edward Morgan Forster (ein ausgesprochen antiklerikal eingestellter Agnostiker) angehörte, und als solches metaphysische Systeme ablehnte. Sie hatte weder für Optimisten wie Shaw etwas übrig noch für Systematiker wie Dunne. Dennoch nahm auch sie, ohne es zu wollen, von ihrer Epoche ein Weltbild mit ausgeprägt metaphysischen Implikationen auf. Entsprechende Hinweise finden wir in ihrem Tagebuch.

In der Nacht des 21. Juni 1927 fuhr Virginia Woolf mit ihrem Mann und Freunden von London in das Bergheideland von Yorkshire, um dort eine Sonnenfinsternis zu beobachten. »Und plötzlich, sehr, sehr schnell«, so schreibt sie in ihrem Tagebuch, »verblaßten alle Farben; es wurde immer düsterer wie vor dem Ausbruch eines heftigen Unwetters; das Licht wurde immer schwächer; schon einige Male hatten wir gesagt, das ist der Schatten, und wir hatten gedacht, nun ist es vorbei, das ist der Schatten, als ganz unvermittelt das Licht erlosch. Wir waren untergegangen. Dies war das Ende. Es gab keine Farben mehr. Die Erde war tot. Das war der erstaunliche Moment, und ihm folgte sogleich ein zweiter, da die Wolke, als wäre ein Ball zurückgeprallt, wieder Farbe annahm, eine schimmernde, ätherische Farbe, und so das Licht zurückkam. Sein Erlöschen hatte wie eine Geste ungeheurer Ehrerbietung auf mich gewirkt; irgend etwas schien niederzuknien und sich plötzlich wiederaufzurichten, als die Farben kamen. Fast unmerklich und überraschend schnell überzogen sie mit ihrer Pracht das Tal und die Hügel ... Es war wie eine Wiederbelebung. Der Augenblick war viel schlimmer für uns gewesen, als wir erwartet hatten. Wir hatten die Welt tot gesehen. So weit reichte die Macht der Natur.«

Dreißig Seiten weiter fragt Virginia Woolf: »Ist das Leben nun sehr beständig oder sehr veränderlich? Diese beiden einander entgegengesetzten Möglichkeiten verfolgen mich. Der Moment, der mich trägt, ist schon immer da gewesen; er wird für immer bleiben; er reicht bis in die untersten Tiefen der Welt. Doch zugleich ist er flüchtig, kurz, transparent. Ich werde vergehen, so wie eine Wolke über die Wellen zieht.«

Die beiden Textstellen zeigen, daß Virginia Woolf sich zu dem damals sehr verbreiteten Weltbild bekannte, das der bereits erwähnte James Jeans entworfen hatte. Nach Jeans hatte der Kosmos schon immer existiert und würde ewig existieren. Er war der Schauplatz eines nie endenden rhythmischen Vorgangs – abwechselnd in Ausdehnung und in

Zusammenziehung begriffen. Unser Teil des Kosmos, das Sonnensystem, verlor ständig Wärme: Eines Tages würde die Sonne erkalten, und das bedeutete das Ende der Erde. Ein ewiger Kosmos, ganz gleich, wie man ihn betrachtet, hat keinen Platz für einen Schöpfer – an den weder Jeans noch Virginia Woolf glaubten –, und er degradiert den Menschen physisch zu fast völliger Bedeutungslosigkeit. Dies – die zufällige Entstehung der Erde als Folge einer Beinahekollision und ihr kommender Untergang – ist vielleicht eine Erklärung für das Unbehagen, das *Die Wellen* und Virginia Woolfs Werk ganz allgemein kennzeichnet.

Der gleichfalls sehr einflußreiche englische Astrophysiker Arthur Eddington vertrat eine andere Meinung als Jeans. Eddington sprach dem Kosmos einen zeitlichen Beginn und endliche Größe zu. Er war Christ, fand aber, daß der Kosmos keine für den Metaphysiker brauchbaren Beweise bereithalte, wiewohl er dem Mystiker Gottesahnungen vermittle. So sahen sich die Engländer trotz ihrer Euphorie über die neuen Entdekkungen und ihre Überzeugung, daß diese auf eine wunderbare Vielschichtigkeit hindeuteten, hinsichtlich der daraus zu ziehenden Schlüsse doch in zwei Lager gespalten.

Die Situation wurde durch Einsteins spezielle Relativitätstheorie (1905) noch komplizierter. Die Physiker hatten festgestellt, daß sich die Masse eines Körpers, wenn er sich bei hoher Geschwindigkeit bewegt, etwas vergrößert und daß alle Phänomene, die mit der Zeit eine Änderung erfahren, sich in der Bewegung langsamer ändern als im Ruhezustand. Einstein gelangte zu dem Schluß, daß es keine absoluten Maße für Raum und Zeit geben kann: Sie sind immer »relativ«, von einem beliebigen Bezugssystem bedingt.

Einstein behauptete nicht, wie Kant es getan hatte, daß die Anschauungsformen von Raum und Zeit im Geist des individuellen Beobachters a priori bereitliegen. Er betonte sogar nachdrücklich, daß die physikalischen Gesetze eine Realität im Raum-Zeit-Kontinuum beschreiben, die unabhängig von uns ist. Dennoch wurde die Theorie vielfach, u. a. auch von einem großen religiösen Dichter, T. S. Eliot, als alle traditionellen Gewißheiten zerstörend angesehen.

Eliot benutzte sie als Ausgangspunkt für den sechsteiligen Zyklus *Ash Wednesday* (*Aschermittwoch*), der 1930 entstand.

Und da ich weiß, die Zeit ist immer Zeit
Der Ort ist andres nie, ist immer Ort
Und der Moment hat Wirklichkeit nur einmal, nur zu seiner Zeit
Und nur an einem Ort
Freu ich mich aller Dinge, daß sie sind, so wie sie sind
Entsag der Stimme und dem Wort
Entsag dem seligen Gesicht
Da ich nicht hoffen kann zurückzugehn
Erfreut mich mein Bemühen, selbst etwas aufzubaun
Was mich zu freun verspricht
...

Dieses »Etwas« ist als der ausschließlich auf der Offenbarung gründende Glaube zu verstehen.

In *East Coker* (1940) akzeptiert Eliot die neue Auffassung, daß der Raum, da sich die Galaxien entfernen, dunkel ist und sogar noch dunkler werden wird. Er identifiziert Raum mit Tod und seine Dunkelheit mit der Seelennacht des christlichen Mystikers:

O Nacht Nacht Nacht. Alles geht ein in die Nacht.
Sternleere Himmelsräume, in Nichts mündendes Nichts,
Kapitäne, Bankiers, berühmte Gelehrte und Dichter.
Großzügige Kunstmäzene, Staatsmänner und Herrscher ...
Ich sprach zur Seele, sei still und laß Dich vom Dunkel umhüllen,
Das Gottes Dunkelheit ist ....
...

Dies war natürlich nicht die einzig mögliche christliche Reaktion auf ein sich ausdehnendes Universum.

Alice Meynell sah in ihm bewohnbare Planeten und wundervolle neue Möglichkeiten für die Erlösung. In »Christus im Universum« schrieb sie:

Es bleibt uns hier im Erdenleben
Verhüllt sein Wirken in der Himmel Nacht,
Was sich auf seiner Pilgerfahrt im All begeben,
Womit er jeden einzelnen Stern bedacht.

Doch in der Ewigkeit, einst, bald,
Da werden wir millionenfach vergleichen, hören,
Wie er in fremder Evangelien Vielgestalt
Auf den Plejaden und der Lyra wandelte, dem Bären.

Die neue Physik war für Naturlyriker eine reiche Quelle der Inspiration, und zumindest ein Wissenschaftler, Eddington, bekundete ihnen gegenüber freundschaftlichen Respekt: »Ich bin nicht sicher, daß der Mathematiker unsere Welt besser versteht als der Poet und der Mystiker. Vielleicht kann er nur besser rechnen.« D. H. Lawrence, der Dichter, der die Naturliebe zum Kult erhob, begrüßte diese Worte zweifellos; er nahm an, daß Einstein zu seinen Gleichungen nicht auf logischem, sondern auf kreativem Weg gelangt sei wie ein Poet, der eine inspirierte Verszeile niederschreibt. Im allgemeinen nahm er die neue Physik aufgeschlossener auf als Keats die Newtonsche Erklärung des Regenbogens, wenngleich er, seinem Wesen entsprechend, ihre Entdeckungen unter einem höchst irrationalen Aspekt betrachtete:

Relativität und Quantentheorie gefallen mir,
weil ich sie nicht verstehe
und sie mir das Gefühl geben, als ob der Raum sich hin und her
bewegte wie ein Schwan, der keine Ruhe findet,
nicht reglos hinnehmen möchte, daß man ihn ausmißt:
und als ob das Atom ein impulsives Ding wäre,
das ständig andren Sinnes wird.

Auch bei Lawrence kamen Sinnesänderungen ständig vor – in dieser Hinsicht hatte er etwas mit den Quanten gemein.

Eines der kosmischen Objekte, die noch viele Fragen aufwarfen, war die Sonne. Die meisten Physiker vertraten die Ansicht, ihre Wärme sei auf Kontraktion zurückzuführen; der weitblickende Arthur Eddington vermutete allerdings bereits, daß sie von einer »subatomaren Energie« herrührte, die alle Materie durchdrang. Dieses Mysterium war ganz nach Lawrences Geschmack. Seit dem Altertum hatten die meisten Völker die Sonne als maskulin und den Mond als feminin eingeordnet. Lawrence ging noch weiter: Für ihn war die Sonne die Quelle der Lebenskraft und ein Symbol der Virilität. Als er sich in Neu Mexiko niederließ und Oaxaca kennenlernte, machte er sich einen mit Schlangen und Phönixen verwobenen Sonnenmystizismus zu eigen, den er – irrtümlich – mit einer präkolumbianischen Religion identifizierte. Er malte sich sogar einen seinem Sonnenkult geweihten Frauenorden aus, wobei diese Frauen allerdings der Sonne eher auf eine indirekte Weise, durch sexuelle Bereitschaft den Männern ihrer Gemeinschaft gegenüber, huldigen sollten:

> Wenn des Mannes Blick auf eine Frau fällt
> und Sonnenschimmer erhellt sein Gesicht, so daß sie, bezwungen,
> sich öffnet, wie die Blume dem Licht sich stellt,
> und bebt unter der Strahlen Flimmer.

James Joyce ist in einen kosmologischen Bezugsrahmen kaum einzuordnen, da er jedwede Ordnung im Universum bestritt. Als junger Mann verließ Joyce Irland und sagte sich vom Katholizismus seiner Kindheit los. Das erklärt seine Abneigung gegen ein Weltbild, das ein höheres Wesen suggerierte; außerdem brauchte er bei seinem Sinn für das Groteske eine Umgebung, in der wie in Dublin das Chaos und das Unwahrscheinliche herrschten.

In den ruhmreichen Anfangszeiten der »Royal Society« hatte Samuel Butler über Astronomen gelacht, die die Fliege in ihrem Teleskop für einen Elefanten auf dem Mond hielten; jetzt, Anfang der zwanziger Jahre, machte sich Joyce über das jüngste Weltbild lustig. Das Kosmische, so erklärte er, sei komisch, das Universum ein »Chaosmos«. Ein großartiges Wort!

Doch trotz dieser idiosynkratischen Verleugnung jeglicher Ordnung war Joyce ein Kind seiner Zeit. Im Jahre 1919 war es Rutherford als erstem Menschen gelungen, ein Element in ein anderes umzuwandeln, indem er Stickstoffatome mit Alphapartikeln beschoß und auf diese Weise Sauerstoffatome erhielt; drei Jahre später ließ sich Joyce auf ein vergleichbares alchimistisches Abenteuer ein, als er Neologismen für die ersten Seiten von *Finnegan's Wake* prägte. Das Buch, das erst 1939 erschien, ist ein buntes Gewirr von Neologismen, die, wenn überhaupt, durch die elektromagnetische Kraft des Wortspiels zusammengehalten werden.

Finnegan's Wake enthält eine Reihe von Anspielungen und Seitenhieben auf Physiker und Raumforscher (zum Beispiel ist von »Bitchson« – Bergson – und »Winestain« – Einstein – die Rede), und dem Roman *Ein Porträt des Künstlers als junger Mann,* der mit den Worten beginnt: »Es war einmal vor langer Zeit, und das war eine sehr gute Zeit«, gab Joyce nun scherzhaft mit einem Augenzwinkern in Einsteins Richtung eine neue Einleitung: »Eins in einem Raum, und es war ein riesigweiter Raum.« Und wiederum an anderer Stelle war die Glühkathodenröhre, die die Röntgenstrahlen erzeugt hatte und nun von verschiedenen Experten, unter ihnen Ferranti, für das Fernsehen weiterentwickelt wurde, für Joyce Anlaß zu einem feinen Stich gegen das sich ausdehnende Universum: »Es fällt mir leicht, unbeirrbar an meine individuelle, sehr geräumige Unermeßlichkeit als meinen winzigst-mikrobigen Einheimkosmos zu glauben, wenn mir die Ratio die beruhigende Gewißheit gibt, daß die dritte Potenz meiner Volumen sich zur Oberfläche ihrer Subjekte verhält wie die Sphärizität dieser kugelartigen Formen ... zur Proli-Ferazität von Fairynellys Vakuum.«

Auf dem Kontinent war inzwischen eine stürmische Debatte über die Implikationen der neuen Kosmologie in Gang. Drei Stimmen waren dabei von besonderer Bedeutung: Der neopositivistische Wiener Kreis, der die Traditionen des Positivismus des neunzehnten Jahrhunderts fortführte, war der Ansicht, daß die Wissenschaft sich selbst erkläre und die metaphysische Sprache überflüssig sei (er beeinflußte die Bloomsbury-Gruppe). Die Kopenhagener Schule mit Niels Bohr an der Spitze verkündete, daß das Verhalten der Quanten im Prinzip unvorhersagbar sei, lehnte den Begriff der Ursache im üblichen Sinn ab und sprach der Natur die Fähigkeit zu, unter der unendlichen Zahl von Möglichkeiten, die alle gleich wahrscheinlich sind, die eine zu wählen, die den Eindruck erweckte, eine zusammenhängende Reihe von Ereignissen hervorzurufen.

Die dritte Stimme war die Albert Einsteins. Er plädierte für den Geist, ein zeitlich begrenztes Universum und für die Ursache im üblichen Sinn mit der Begründung, daß dem scheinbar unberechenbaren Verhalten der Quanten eine erfaßbare Ordnung zugrunde liege. »Sie finden es merkwürdig«, schrieb er seinem Freund Solovine, »daß ich die Begreiflichkeit der Welt (soweit wir berechtigt sind, von einer solchen zu sprechen) als Wunder oder ewiges Geheimnis empfinde. Nun, a priori sollte man doch eine chaotische Welt erwarten, die durch Denken in keiner Weise faßbar ist. Man könnte (ja *sollte*) erwarten, daß die Welt nur insoweit sich als gesetzlich erweise, als wir ordnend eingreifen. Es wäre eine Art Ordnung wie die alphabetische Ordnung der Worte einer Sprache. Die Art Ordnung, die dagegen zum Beispiel durch Newtons Gravitationstheorie geschaffen wird, ist von ganz anderem Charakter. Wenn auch die Axiome der Theorie vom Menschen gesetzt sind, so setzt doch der Erfolg eines solchen Beginnens eine hochgradige Ordnung der objektiven Welt voraus, die a priori zu erwarten man keinerlei Berechtigung hatte. Hier liegt das ›Wunder‹, das sich mit der Entwicklung unserer Kenntnisse nur immer mehr verstärkt. Hier liegt der schwache Punkt für die Positivisten und die berufsmäßigen Atheisten, die sich beglückt fühlen durch das Bewußtsein, die Welt erfolgreich nicht nur entgöttert, sondern sogar ›entwundert‹ zu haben ...«

Das ist eine wohldurchdachte Überlegung aus Einsteins reifen Jahren, doch er vertrat diese Ideen auch schon in früherer Zeit und sprach damit viele Menschen an. In Deutschland wurde die Ansicht, daß zwischen Geist und geordneter Materie eine wunderbare Harmonie bestand, explizit oder implizit eine Basis für den Expressionismus, dem es um eine Erneuerung des Menschenbildes aus einer schöpferischen Geistigkeit heraus ging. Der Expressionismus erfaßte die Malerei, die Literatur und auch die Musik.

Arnold Schönberg wurde im Jahre 1874 als Sohn eines ungarischen Vaters und einer tschechischen Mutter in Wien geboren. Er bekam mit acht Jahren Violinunterricht und begann sehr bald, Lieder im Stile Brahms' zu komponieren. Vier Jahre lang arbeitete er in einer kleinen Bank, dann leitete er einen Chor der Metallarbeitergewerkschaft. Im Jahre 1907 wurde sein erstes Streichquartett uraufgeführt, doch seine Polyphonie sowie die Schwierigkeiten seiner thematischen Entwicklung und des Kontrapunkts erwiesen sich als eine zu große Zumutung für das Wiener Publikum, das zum Teil vorzeitig den Saal verließ, ein Witzbold sogar durch den Notausgang.

Im Jahre 1912 komponierte Schönberg *Pierrot lunaire*, eine Vertonung von Gedichten des Belgiers Albert Giraud, in denen ein dem Wahnsinn verfallener Harlekin, Absinth und Mondschein zu einem melodramatischen Fin-de-siècle-Kaleidoskop verschmelzen. Danach ging Schönberg unbeirrt seinen Weg. Von jüdischer Herkunft, war er im katholischen Glauben erzogen worden und dann zum Protestantismus übergetreten. Er begann, den Raum der neuen Astronomie als etwas absolut Geordnetes und als Symbol der Ewigkeit zu betrachten. Er ist von Engeln bevölkert, und sie können dem Menschen helfen, sich durch das Gebet mit Gott zu vereinen.

Schönberg fragte Richard Dehmel, ob er für ihn den Text eines Oratoriums verfassen würde. Als Inhalt des Werks schwebte ihm vor: »Wie sich der Mensch von heute, der durch Materialismus, Sozialismus und Anarchie durchgegangen ist, der aber sich doch ein Restchen alten Glaubens bewahrt hat (in Form von Aberglauben), wie dieser moderne Mensch mit Gott streitet (siehe auch: ›Jakob ringt‹ von Strindberg) und schließlich dazu gelangt, Gott zu finden und religiös zu werden. Beten zu lernen!«

Am Ende schrieb Schönberg das Gedicht selbst und komponierte zwischen 1917 und 1922 das Oratorium *Die Jakobsleiter.* Drei Gruppen von Menschen, die Unzufriedenen, die Zweifelnden und die Jubelnden, werden vom Erzengel Gabriel befragt, der ihnen erklärt, welchen Weg sie wählen müssen, wenn sie eine reine Seele erlangen wollen. In den letzten Takten sagt ihnen Gabriel: »Wer betet, ist mit Gott eins geworden.«

In seinem österreichischen Landsmann Rainer Maria Rilke fand Schönberg noch jemanden, der die neuentdeckte Unermeßlichkeit des Raums von Engeln bevölkert sah: In Rilkes *Duineser Elegien* haben Engel – reine und mächtige Geister – eine Bedeutung wie seit Milton nicht mehr. Schönberg vertonte drei Gedichte von Rilke: »Vorgefühl« *(Das Buch der Bilder),* »Mach mich zum Wächter deiner Weiten« und »Alle, welche dich suchen« *(Das Stundenbuch).*

In der Kunst, so sagte Schönberg, gibt es nur einen wahren Lehrmeister: die Neigung, und er selbst neigte zur Komplexität. Er war ein leidenschaftlicher Schachspieler und spielte mit vier Extrafiguren auf jeder Seite auf einem vergrößerten Brett von hundert Feldern. Als Komponist hatte er die traditionellen Begriffe Konsonanz und Dissonanz bereits beiseite geschoben, und etwa bis zum Jahre 1929 entwickelte er einen komplexen Stil, bei dem Dur- und Molltonarten durch Zwölftonreihen ersetzt wurden. Schönberg maß allen zwölf Noten der chromatischen Skala die gleiche Bedeutung zu und betrachtete keine als tonalen Mittelpunkt; keine Note kann wiederholt werden, bevor die anderen elf erschienen sind, um die Melodie nicht zu polarisieren. Schönbergs Biograph Willi Reich vergleicht diese Methode mit gewissen Modellen in der zeitgenössischen Physik. »Die Einführung der Reihen steht, was die ›Feinstruktur‹ des musikalischen Materials betrifft, in Analogie zu den Auffassungen, die sich für die Physik aus der Quantentheorie und der modernen Atomistik in bezug auf die Feinstruktur der Materie ergaben.« Pythagoras und Kepler hätten dem zugestimmt.

Im Jahre 1933 nahm Schönberg den jüdischen Glauben seiner Vorfahren wieder an und emigrierte in die Vereinigten Staaten. 1950 begann er, unter Benutzung der Zwölftontechnik eine von ihm selbst verfaßte Reihe moderner Psalmen, eine Fortsetzung der Psalmen des Alten Testaments, zu vertonen. Nummer 6 wandte sich »gegen philiströse wissenschaftliche Atheisten, die Mysterien verachten, ›weil sie Unbeweisbares offenbaren‹«, während Nummer 7 die Behauptung zurückwies, daß Gott heute keine Wunder mehr vollbringe, und eine neue Definition des Begriffes »Wunder« gab. Nummer 1, der einzige Psalm, dessen Komposition er noch vollendete, bevor er starb, behandelte auf eindringliche Weise das Thema, das Schönberg so lange beschäftigt hatte: die Vereinigung mit Gott durch das Gebet.

Am Anfang des Jahrhunderts lebte in Paris ein brillanter, temperamentvoller junger Italiener, Emilio Filippo Tommaso Marinetti, der sich in seiner literarischen Tätigkeit der französischen Sprache bediente. Im Jahre 1902 veröffentlichte er ähnlich wie Marx eine leidenschaftliche Tirade gegen die Sterne als oberste Symbole roher Materie, die den menschlichen Geist einengt. Winde und Wellen stürmen in Gestalt von Reitern mit brennenden Lanzen hinauf zu den Sternen und reißen sie triumphierend vom Himmel:

Und nichts blieb in dem großen weiten All
Als flüchtger Silberstaub und Späne
Dunklen Metalls und schwarzer Sand.

Drei Jahre später, als Einstein seine Gleichung $E = mc^2$ und seine spezielle Relativitätstheorie veröffentlichte, fand sich Marinetti von der Last der Materie, die ihn zu seiner Tirade veranlaßt hatte, befreit und trat in eine Welt der Energie ein, in der das einzig Absolute die Lichtgeschwindigkeit war. Im Jahre 1910 veröffentlichte Marinetti sein *Manifest des Futurismus,* das in euphorischer Weise die Erneuerung aller künstlerischen Aktivität in Einklang mit der neuen Physik proklamierte. »Zeit und Raum sind gestern gestorben«, hieß es darin. »Wir leben bereits im Absoluten, denn wir haben schon die ewige, allgegenwärtige Geschwindigkeit erschaffen.«

Marinetti schrieb Gedichte über Schnellzüge und Rennwagen, während Fotografen sie auf Filmrollen zu bannen und futuristische Maler sie auf Leinwand festzuhalten suchten. Es erwies sich als keine leichte Aufgabe, scheinbar entmaterialisierte herumwirbelnde Räder zu malen. Manche versuchten, den Geschwindigkeitseffekt durch Überlagerung eines Objekts mit einem anderen zu erreichen, was mehr oder weniger auch die Technik ist, mit der Zeichentrickfilme Bewegung darstellen; andere malten Vibrationen. Carlo Carrà erklärte, ein galoppierendes Pferd habe zwanzig Beine, und ihre Bewegungen seien dreieckig, und malte genau das, als er sein Bild *Der rote Reiter* schuf. Und es ist ein gelungenes Werk, man kann Carrà folgen – sobald man den ersten Eindruck überwunden hat, der einem eine Sekunde lang einen Reiter auf einem Schaukelpferd suggeriert.

Andere Futuristen versuchten, alltägliche Objekte in dynamische Zustände aufzulösen. In dem im Jahre 1910 von fünf italienischen Futuristen veröffentlichten Manifest heißt es: »Unsere Körper dringen in die Sofas, auf denen wir sitzen, ein, und die Sofas dringen in uns ein ... Wir proklamieren ... daß Bewegung und Licht die Stofflichkeit der Körper auflösen.«

Im Jahre 1916 erweiterte Einstein – Idol der Futuristen – seine Relativitätstheorie, um die Gravitation einzubeziehen, die, so erklärte er, keine Kraft ist, wie Newton glaubte, sondern eine Raum-Zeit-Kurve. Die Planeten beschreiben gekrümmte Bahnen, weil das Universum in Sonnennähe wie in der Nähe jeglicher Konzentration von Materie gekrümmt ist. Also sind Masse, Gravitation und Raum-Zeit voneinander abhängig. Dies löste ein Rätsel, das die Wissenschaft lange beschäftigt hatte: Warum der Punkt der Merkurbahn, der der Sonne am nächsten liegt (Perihel), sich von einem Umlauf zum nächsten änderte. Bei Berücksichtigung aller durch andere Planeten verursachten Abweichungen blieb immer noch eine mysteriöse Drehung des Perihels der Merkurbahn von 43″ je Jahrhundert. In seiner allgemeinen Relativitätstheorie erklärte Einstein, der Merkur bewege sich, da er der Sonne so nahe ist, in einer Region von so starker Gravitationskraft, daß man mit der Newtonschen

Theorie allein nichts ausrichten könne. Einsteins Theorie eines gekrümmten Raum-Zeit-Kontinuums ergab für die Anziehungskraft der Sonne eine Zahl, die etwas höher war als Newtons umgekehrtes Quadrat und mit der beobachteten Periheldrehung genau übereinstimmte.

Giacomo Balla ehrte den Mann, der den Futurismus inspiriert hatte, indem er verschiedene Versionen vom Durchgang Merkurs, seinem Vorbeiziehen vor der Sonne, malte. Es sind faszinierende Versuche, die Krümmung des Raums um die Sonne herum mittels konvergierender Linien, Kreise und Dreiecke auszudrücken. Eine von demselben Künstler geschaffene Statue, Boccionis Faust – Boccioni war ebenfalls Futurist –, ist eine Eisenkonstruktion, die die beiden der dynamischen Materie inhärenten Hauptcharakteristika wiedergibt: das rapierhaft Glatte und die wuchtige Stoßkraft.

Der frühe Kubismus fiel zwar mit dem Futurismus zusammen, bezog jedoch seine wissenschaftliche Inspiration vermutlich nicht von Einstein, sondern von Rutherfords Abhandlung aus dem Jahre 1903, in der er die Radioaktivität als »eine chemische Umwandlung, bei der neue Arten von Materie entstehen«, beschrieb. Zwei Jahre später begannen Braque und Picasso, Objekte zu zerlegen und sie in Übereinstimmung mit einem vom Künstler selbst bestimmten Rhythmus wieder zusammenzufügen. Wie in dem Roman von Virginia Woolf vermischt sich der Geist mit der Außenwelt und gestaltet sie um; Personen und Objekte werden aus den gleichen Elementen zusammengesetzt.

Die Erkenntnisse der neuen Physik über das Verhalten der Materie konnten nur noch berechnet, aber nicht mehr sichtbar gemacht werden. Dieser Mangel verstörte einige Künstler, andere stimulierte er. Im Jahre 1920 schrieb der damals achtundvierzigjährige holländische Maler Piet Mondrian: »Warum sollte die Kunst weiterhin der Natur folgen, wenn alle anderen Bereiche (insbesondere die Wissenschaften) sie hinter sich gelassen haben!« Er verzichtete nunmehr darauf, das Sichtbare zu kopieren, und versuchte, in abstrakter Form eine zugrunde liegende Ordnung – die unsichtbare, Strukturen schaffende Natur – darzustellen. Dabei bevorzugte er schwarze horizontale und vertikale Linien, die sich rechtwinklig kreuzten, und dazwischen hier und da Felder in unvermischten Farben. »Auf diese Weise werden die Gegensätze vertikal und horizontal gleichwertig: dies ist die erste Forderung, Gleichgewicht zu erreichen.« Dem Menschen, so sagt Mondrian, ist »im ästhetischen Schauen ein Mittel gegeben, um sich mit dem Universellen abstrakt, das heißt geistig, zu vereinen«. Mondrians beste Gemälde haben die Wirkung eines buddhistischen Mandala – Symbol des Universums, das als Hilfsmittel zu religiöser Meditation und der Erlangung des Seelenfriedens dient.

Inzwischen erläuterte Sigmund Freud in Wien die verborgene Energie des Unbewußten – eine attraktive Theorie für alle diejenigen, denen die im Atom verborgene Elektronenenergie ein Begriff war. Stark beeinflußt von Freud, begründete Max Ernst im Jahre 1924 den Surrealismus, indem er die Universalität des vom Unbewußten enthüllten Irrationalen verkündete. Doch seine Bilder zeigen – zumindest in meinen Augen – eher den Provinzialismus eines laut und anmaßend vertretenen ethnischen Unbewußten. Die besten Werke des Surrealismus erfüllten indessen, was der Schriftsteller Breton im ersten *Manifeste du surréalisme* proklamierte: »Nur das Phantastische ist schön.« Salvador Dali vermittelte durch Überbetonung der Perspektive den Begriff der Unendlichkeit, die Gefühle des Verloren- und Verlassenseins in Träumen oder im Leben; er malte seltsame Gegenstände im Raum und brachte die Wunder des physikalischen Wandels in seinen berühmten schlaff-deformierten Uhren zum Ausdruck. Diese mögen Virginia Woolf beeinflußt haben, die in *Die Wellen* schrieb: »Alles wurde formlos weich, als verflüssigte sich das Porzellan der Teller und auch der Stahl der Messer.«

Der Künstler, der aus Hubbles Entdeckung einer Vielzahl von Galaxien die meisten Anregungen schöpfte, war ein Amerikaner, Alexander Calder (1898 bis 1976), Sohn eines erfolgreichen Bildhauers. Calder erklärte in seiner Autobiographie: »Das erste, was mich faszinierte und wofür ich mich begeisterte, war der Kosmos, das Planetensystem. Meine Mutter sagte immer: ›Aber du weißt doch gar nichts von den Sternen.‹ Und ich antwortete dann: ›Nein, ich weiß nichts, aber man kann auch eine Vorstellung von ihnen haben, ohne alles über sie zu wissen und ihnen die Hand zu schütteln.‹«

Nachdem er ein Maschinenbaustudium abgeschlossen und als Heizer zur See gefahren war, ließ sich Calder, ein großer, kräftiger, stets zu Scherzen aufgelegter Mann, in Paris nieder, wo er vielbeachtete Vorführungen mit einem Miniaturzirkus, dessen Artisten aus Draht gefertigt waren, veranstaltete. Im Jahre 1930 besuchte er Mondrians Studio und wurde ein Anhänger der abstrakten Kunst. Doch insgesamt hielt er die herkömmliche Kunst für »zu statisch, als daß sie unsere Welt der Bewegung reflektieren könnte«.

Und so erfand er das Mobile. Zwar hatte der Russe Naum Gabo im Jahre 1920 der abstrakten Kunst durch seine kinetische Skulptur das Element der Bewegung hinzugefügt, aber Calder war der erste, der sich eine Kunst der Bewegung ausdachte. »Ich war der Meinung, mir kein besseres Modell aussuchen zu können als das Universum ... Kugeln verschiedenster Größe, Dichte, Farbe und unterschiedlichsten Volumens, die im Raum schweben, durch Wolken, Sprühregen, Luftströmungen, zähflüssige Medien und alle möglichen Gerüche hindurch.« Seine ersten Mobiles hatten eine mechanische Antriebsvorrichtung oder einen kleinen Motor, doch die ständige Wiederholung verlor ihren Reiz für Calder, der stets das Element des Unerwarteten geschätzt hatte, und seine späteren Mobiles sind frei schwebend aufgehängt, damit sie sich je nach den Luftströmungen bewegen können.

Zu Calders bekanntesten Mobiles zählen *A Universe* (1934) aus bemaltem Stahlrohr, Holz, Draht, Schnur und einem Motor, jetzt im Museum of Modern Art in New York, *Morning Star* (1943) – von Calder als Stabile bezeichnet – aus bemaltem Blech, Holz und einem Gestänge, in dem die Venus wie eine Ballerina im Raum balanciert, und sehr schön ist auch *Acoustic Ceiling*, das Calder im Jahre 1962 für die Decke der Aula Magna in der Ciudad Universitaria in Caracas entwarf; seine scheinbar schwebenden gekrümmten Flächen aus Sperrholz vermitteln den Eindruck fortstrebender Galaxien.

Calders Mobiles liefern uns keine Erklärung, haben mit Fergusons Planetarium nichts gemein; sie öffnen uns die Augen. Ein amerikanischer Dichter, Elder Olson, fand dazu die adäquaten Worte:

... um noch einmal, an einem neuen, besser verstandenen Kosmos zu zeigen,
Daß aus allem, was immer es ist, ein Prinzip spricht,
Ohne das die Dinge nicht sein könnten – oder nicht so, wie sie sind,
Und auf diese Weise zu sagen, was Schiffe, Sterne, Blätter,
Fische
Und andere Dinge schon lange gesagt haben,
Wenn wir auch bis jetzt, bis jetzt, nichts hörten.

An Calders Mobiles fällt noch etwas auf. So wie Rembrandt in seinen Selbstporträts zu sagen scheint: »Wie sonderbar, daß dieses zerfurchte Gesicht mit den verquollenen Augenlidern und der unförmigen Nase dort im Spiegel mir gehören soll, daß allein dieses Gesicht bestimmt, was ich für andere bin«, so scheint Calder zu überlegen: »Wie sonderbar, daß wir als intelligente Menschen, die mit Vorliebe ihre Zeit damit zubringen, regungslos zu verharren und nachzudenken, in einem komplizierten System rotierender Kugeln leben müssen, das sich ständig bewegt, niemals zur Ruhe kommt und, ganz gleich, wie man es betrachtet, im Grunde ziemlich absurd ist.«

Im Jahre 1914 veröffentlichte Antonio Sant'Elia ein Manifest der futuristischen Architektur: »Ich proklamiere ... daß die schrägen und die ellipsenförmigen Linien dynamisch sind und aufgrund ihrer Natur eine emotive Potenz besitzen, die tausendmal größer ist als die der senkrechten und waagerechten Linien, so daß es ohne sie keine zutiefst dynamische Architektur geben kann ...« Es ist ein merkwürdiges Beispiel für die Wiederkehr gewisser grundlegender Themen in der Geschichte, daß Sant'Elias Forderungen durch gotische Gewölbe und gotisches Maßwerk vor langer Zeit schon erfüllt worden waren. Wie dem auch sei, Le Corbusier folgte dem Aufruf des Futuristen und benutzte bei einigen seiner besten Bauten Kragträger als schiefe Linien. Im allgemeinen jedoch stießen Sant'Elias Ideen auf zu viele technische Schwierigkeiten, als daß sie sich hätten ausführen lassen.

Gläserne Wände dagegen setzten sich durch. Ein berühmtes Beispiel ist die Architektur von Walter Gropius. Glaswände ermöglichen es dem Mann auf der Straße, in ein Gebäude hineinzuschauen, und berücksichtigen damit das Gefühl, daß die Verwaltung sowie Beratungen öffentlicher Körperschaften nicht hinter verschlossenen Türen stattfinden sollten – der Escorial bildet einen interessanten Gegensatz hierzu –, was seinerseits vielleicht die Tatsache widerspiegelte, daß es den Physikern gelungen war, das Innere des Atoms zu erforschen. Der Kritiker Giedion mag recht haben mit seiner Behauptung, daß Gropius dem Bauhaus auch ein spezifisches Raum-Zeit-Charakteristikum verleihen wollte: » ... die weitgehende Transparenz macht es möglich, das Innere und Äußere gleichzeitig von vorn und von der Seite zu sehen wie Picassos *L'Arlésienne* des Jahres 1911/1912.«

Die wichtigste architektonische Errungenschaft der Periode, die Wolkenkratzer von New York, entsprang der Bodenknappheit im Zentrum von Manhattan. Doch sie hätten nicht unbedingt so hoch zu werden brauchen. Die Kühnheit, Hundertstockwerktürme zu errichten, ist Ausdruck des Selbstvertrauens, das das zunehmende Verständnis und die Beherrschung der natürlichen Welt begleitete. Wie senkrecht stehende Streifen der Nationalflagge galten sie als Kennzeichen der amerikanischen Architektur der ersten Hälfte des zwanzigsten Jahrhunderts und wurden in jedem Kontinent nachgeahmt. Mehr als alles andere, was der Mensch in dieser Periode schuf, drückten diese der Schwerkraft trotzenden Türme die Macht des Geistes über die Materie aus.

Dieser kurze Überblick hat eine große Vielfalt enthüllt: Kulte der Lebenskraft und der Sonne, Gemälde von Schnellzügen und Mobiles von Galaxien, die Erwähnung von Engeln. Hinter dem Experimentieren und dem Subjektivismus entdeckt man, wie ich zu zeigen versucht habe, eine gewisse Gemeinsamkeit in Themenwahl und Stimmung: ein Gefühl, von der Materie befreit zu sein, ein neues Vertrauen in die Macht des Geistes und die Erkenntnis einer Ordnung, die der ungeheuren Komplexität der Dinge zugrunde liegt. Doch es gab auch andere Elemente in dem Bild, die in verschiedener Weise auf eine Spaltung hinarbeiteten. Der Dynamismus als Wesen der Natur diente einigen politischen Gruppierungen als Rechtfertigung für Machtgier und Gewalt, und es ist kein Zufall, daß der Futurist Marinetti als prominenter Faschist endete. Die Enttäuschten oder Frustrierten setzten ihr Vertrauen in eine neue elementare Dreiheit: Energie, Masse und Geschwindigkeit, und eine ihrer Manifestationen war der Kampf. Als außerdem noch die Lebenskraft herhalten mußte, um den wahnwitzigen Begriff einer Herrenrasse zu stützen, konnte man sich beinahe darauf berufen, daß die Naturphilosophie den Konflikt gutheiße. Unter diesem Druck und dem Einfluß anderer negativer Kräfte trieb die Welt ein zweites Mal dem Krieg entgegen, und vor dem Hintergrund dieses kommenden Blutvergießens suchte man den Erkenntnissen, die sich aus Becquerels Entdeckung der Radioaktivität ergaben, ihre letzten Geheimnisse zu entlocken.

Die Erforschung des Atoms und der Eigenschaften des Urans führte die Physiker zu neuen Schlußfolgerungen: Wenn man einen schweren Atomkern in zwei Teile spalten könnte, würde die durch die Spaltung frei werdende Energie zwangsläufig bedeuten, daß die Masse der beiden Fragmente kleiner sein mußte als die des ursprünglichen Kerns; der Unterschied würde zweifellos gering sein, aber die frei gewordene Energie mußte dann dieser geringen Masse, multipliziert mit dem Quadrat der Lichtgeschwindigkeit, entsprechen.

Würde es dem Menschen gelingen, das Atom zu spalten, würde er den der Materie innewohnenden Dynamismus nutzen können, um eine explosive Kriegswaffe zu schaffen? Einige Wissenschaftler, unter ihnen Einstein und Rutherford, glaubten nicht daran. Andere, vornehmlich Niels Bohr, erklärten, es sei möglich. Als der Zweite Weltkrieg ausbrach, beschleunigten die Atomwissenschaftler ihre Forschungstätigkeit. Nach dem Überfall der Japaner auf Pearl Harbor wurde in den Vereinigten Staaten eine Organisation zur Entwicklung der Atombombe unter der Kodebezeichnung »Manhattan Project« geschaffen.

Ihr Leiter, J. Robert Oppenheimer, war 1904 als Sohn eines deutschen Einwanderers, der sich in der Textilbranche eine Existenz aufgebaut hatte, in New York geboren. Er studierte in Harvard, dann in Cambridge unter Rutherford und promovierte bei Max Born in Göttingen. Zur Zeit seiner Ernennung war er nicht nur Amerikas begabtester Atomphysiker, sondern auch ein Mann von großer Sensibilität und umfassender Bildung, der die religionsphilosophischen Schriften der Inder in Sanskrit las.

Das von Oppenheimer geleitete Team arbeitete in einem Forschungszentrum in der Wüste von Alamogordo in Neu Mexiko. Zugleich waren andere Laboratorien damit beschäftigt, geeignetes spaltbares Material zu entwickeln, Uran 235, eine verfeinerte Form des Metalls, das damals Becquerel zu seiner Entdeckung verholfen hatte, und als zweite Möglichkeit ein schweres, künstlich hergestelltes Element, Plutonium.

Am 15. Juli 1945 stand auf einem hohen Gerüst in der Wüste, dem »Point Zero«, der erste Atomsprengkörper, eine Uranbombe, bereit. Zehn Meilen davon entfernt im Basislager erbot sich der italienische Physiker Enrico Fermi, Wetten von seinen Kollegen anzunehmen, ob die Bombe die Atmosphäre entzünden würde, und wenn ja, ob sie nur Neu Mexiko zerstören würde oder die ganze Welt. Im Kontrollunterstand, fünf Meilen von »Point Zero« entfernt, warteten Oppenheimer und ein General namens Farrell darauf, daß das Wetter sich aufklärte.

Um 5.30 Uhr am Morgen des 16. Juli detonierte die Bombe. »Ein grelles Licht von einer Intensität, die das der Mittagssonne um ein Vielfaches übertraf, erleuchtete das ganze Land«, schrieb General Farrell. »Dreißig Sekunden nach der Detonation schlug Menschen und Gegenständen zuerst eine heftige Druckwelle entgegen, und fast unmittelbar darauf hörte man ein anhaltendes, schreckliches, dröhnendes Rollen, das das Weltende einzuleiten schien und uns das Gefühl gab, als winzige, unbedeutende Geschöpfe eine Blasphemie begangen zu haben, indem wir uns erkühnten, stümperhaft mit den bis dahin dem Allmächtigen vorbehaltenen Kräften zu spielen.«

Niemand sah den ersten Lichtblitz der Atomglut. Man konnte lediglich seine grellweiße Reflexion am Himmel und auf den Hügeln beobachten. Dann kamen eine helle Feuerkugel, die immer größer wurde, eine Pilzwolke und intensive Hitze. Oppenheimer drängten sich aus der Erinnerung unwillkürlich ein paar Zeilen der *Bhagawadgita* auf, die Krischnas Verklärung beschrieben: »Ich bin die Zeit, die weltzerstörende, reif gewordene, entschlossen, die Welt zu unterwerfen.«

Die Detonation hatte der Sprengkraft von 20000 Tonnen TNT entsprochen, und der Feuerschein war noch in 200 Kilometer Entfernung zu sehen. Besorgte Nachfragen aus der Bevölkerung beantwortete man mit der Auskunft, ein Munitionsdepot sei in die Luft geflogen – und man fügte hinzu, Menschen seien nicht zu Schaden gekommen. Drei Wochen später fiel eine Atombombe auf Hiroshima und drei Tage später eine weitere auf Nagasaki.

»Wir stehen einer Revolution gegenüber, die die ganze Erde betrifft«, schrieb die Londoner *Times* wenige Tage später. Die neue Kraft stellte das Gewissen der Menschen vor die Wahl, und – so die *Times* – »in einem schrecklichen Sinn ist es buchstäblich eine Wahl zwischen Leben und Tod«.

»So hell wie tausend Sonnen« – der Vergleich war nicht unangebracht. Denn nun waren die Wissenschaftler ziemlich sicher, daß die Wärme der Sonne nicht aus der Kontraktion ihrer Masse hervorging, sondern ihren Ursprung in der Kernkraft hatte. Wasserstoff wurde durch Verschmelzung (Kernfusion) zu Helium, und dies brachte eine noch größere Verringerung der Masse mit sich, als wenn Uran oder Plutonium in kleinere Atome zerfielen, und dementsprechend wurde auch viel mehr Energie frei.

Wenn man Wasserstoffatome in einer Bombe verschmelzen könnte, würde die zerstörerische Kraft um ein Vielfaches größer sein als in einer Bombe, in der Plutonium oder Uran gespalten wurde. Die Amerikaner trieben die Entwicklung einer solchen Bombe voran – obwohl sich Oppenheimer aus Gewissensgründen dagegen aussprach.

Die erste Wasserstoffbombe wurde am 1. November 1952 getestet. Ihre Detonation, die der Sprengkraft von drei Millionen Tonnen TNT entsprach, löschte eine kleine Insel aus und hinterließ einen von den Wellen überspülten Krater von fast zwei Kilometern Durchmesser. Der Feuerball erlangte innerhalb von vier Sekunden einen Durchmesser von 5½ Kilometern. Zehn Minuten nach der Detonation war die Pilzwolke 40 Kilometer hoch und 160 Kilometer breit.

Es war ein schrecklicher Allerheiligentag, ein paradoxer Gipfelpunkt einer langen Entwicklungsgeschichte. Nachdem der Mensch die konstruktive Kraft der Materie erkannt hatte, verwandelte er sie in Vernichtung und erzeugte für den Bruchteil einer Sekunde auf Erden die Glut der Sonne. Es hatte sich erwiesen, daß die größte Kraft in der kleinsten Einheit lag. Und genauso lag in den Händen eines mikrokosmischen Menschen von nun an eine makrokosmische Macht. Indem er einen kleinen Teil seiner Welt auslöschte, wurde er sich seiner Fähigkeit bewußt, viel größere Teile auszulöschen. Seine moralische Verantwortung erstreckte sich nicht mehr nur auf sein eigenes Leben und das seiner Nachbarn, sondern auf alles Leben seines Planeten. Gut und Böse nahmen an jenem Tag kosmische Dimensionen an.

12. Kapitel
Reise zum Mond

Der Flug der Gebrüder Wright – Saint-Exupéry, Pilot und Dichter – Das Fliegen als vollkommenste Erfahrung des Menschseins – Der kleine Prinz – Das amerikanische Raumfahrtprogramm – Astronauten, von Oriana Fallaci gesehen – Die Mission Apollo 11 – Die ersten Menschen auf dem Mond – Abendmahlfeier – Eindrücke vom Leben in einer anderen Welt – Reaktionen auf die Mondlandung – Was die Gesteinsproben enthüllten – Mond und Erde in unserem neuen Weltbild.

In einem Zeitalter, in dem man das Fliegen als einen Verstoß gegen die gottgewollte Bestimmung des Menschen betrachtete, hatte Leonardo da Vinci heimlich Flugmaschinen gebaut und, soweit wir wissen, seine Experimente ohne fremde Hilfe durchgeführt. Dies mag eine Erklärung für ihr Mißlingen sein, denn Fliegen – so sollte sich herausstellen, als es im liberaleren achtzehnten Jahrhundert dazu kam – war etwas, wofür man mindestens zwei Männer brauchte. Am 5. Juni 1783 gelang es zwei Brüdern, den Papierfabrikanten Joseph Michel und Jacques Étienne Montgolfier, einen Warmluftballon zum Aufsteigen zu bringen, und sechs Monate später unternahmen J. F. Pilâtre de Rozier und der Marquis d'Arlandes den ersten freien Flug mit einer Montgolfiere.

Ballonfahrer beschrieben ihr ruhiges, stilles Dahingleiten, das mit einer über zerfurchte Straßen ratternden Kutsche nichts gemein hatte, und fanden es amüsant, winzige Häuser und Kühe in einer Spielzeuglandschaft zu sehen. Doch sie trieben, vom Wind bewegt, wie der Wollkopf einer Distel durch die Luft und waren somit zwar hoch oben, konnten aber ihren Flug nicht beeinflussen. Ein Gefühl der Macht oder des Triumphs kam nicht in ihnen auf. Ballons zierten Damenkleider, Fächer und Kaminkacheln, aber eine Bewußtseinserweiterung brachte der Ballonflug nicht.

»Wofür ist er zu gebrauchen?« hatte jemand gefragt und dabei auf einen der ersten Ballons gedeutet, und Benjamin Franklins Erwiderung war eine Gegenfrage gewesen: »Wozu ist ein neugeborenes Baby zu gebrauchen?« Vier Generationen danach lieferten die Gebrüder Wright eine greifbarere Antwort. Orville und Wilbur Wright besaßen eine kleine Fahrradfabrik in Dayton in Ohio und waren praktisch denkende Männer, die dafür sorgen mußten, daß ihr bescheidener Betrieb einen Gewinn abwarf. Das ist es vor allem, was sie von den meisten europäischen Wegbereitern der Luftfahrt unterschied, die Dilettanten und Theoretiker blieben. Zudem ergänzten sich ihre Charaktere wunderbar: Orville war intuitiv und brillant, Wilbur zuverlässig und ausdauernd; und dabei waren beide nüchterne, realistische Menschen. Der wortkarge Wilbur sprach auch in Orvilles Namen, als er sagte: »Ich kenne nur einen Vogel, der spricht – den Papagei; und der kann nicht sehr hoch fliegen.«

Die Brüder Wright bauten und flogen Gleitflugzeuge. Als sie Anfang dreißig waren, hatten sie über tausend Gleitflüge gemacht. Ihr besonderes Interesse galt dem Problem, wie man einen Gleiter mit dem nicht allzu lange zuvor erfundenen Verbrennungsmotor ausstatten könnte. Alle verfügbaren Automobilmotoren waren zu schwer, und so bauten die Wrights im Jahre 1903 einen leichteren Motor. Er besaß vier querliegende Zylinder von 4 Zoll Durchmesser und 4 Zoll Hub und brachte es auf etwa 24 PS. Sie befestigten ihn so auf einem aus Holz konstruierten, mit Leinen bespannten Gleitflugzeug, daß er als Antrieb für zwei Luftschrauben diente, die sich in entgegengesetzter Richtung bewegten.

Die Wrights beschlossen, ihren »Flyer I« in North Carolina auszuprobieren, auf einem abgelegenen Sandhügel an der Atlantikküste, der »Kill Devil Hill« (Teufelstöterhügel) genannt wurde – ein passender Name, denn die Brüder mußten harte Kämpfe gegen den Teufel des Vorurteils austragen, der dem Flugwesen nicht wohlgesinnt war. Amerikas berühmtester Astronom, Simon Newcomb, hatte erklärt, der Motorflug sei wissenschaftlicher Unsinn, und jeder potentielle Flieger würde, sobald er die Geschwindigkeit verringere, wie ein Stein zu Boden stürzen.

Orville Wright berichtet: »In der Nacht vom 16. auf den 17. Dezember [1903] wehte vom Norden her ein kalter Wind. Als wir am Morgen aufstanden, waren die Wasserlachen, die seit den letzten Regenfällen um das Lager herum standen, mit Eis bedeckt. Der Wind hatte eine Geschwindigkeit von 10 bis 12 m/s [36 bis 43 km/h]. Wir dachten, er würde sich bald legen, und warteten die ersten Vormittagsstunden ab. Doch als er um zehn Uhr noch nicht nachgelassen hatte, hielten wir es für besser, die Maschine nach draußen zu bringen und einen Flugversuch zu unternehmen.«

Die Brüder wechselten sich in der »Bedienung« der Maschine ab – das Wort »steuern« lag noch in der Zukunft. An diesem Morgen war Orville an der Reihe. Er legte sich neben dem Motor auf den Bauch und erhöhte damit das Fluggewicht auf 340 Kilogramm. »Nachdem ich den Motor ein paar Minuten lang hatte warmlaufen lassen, löste ich den Draht, der die Maschine mit dem Boden verband, und sie rollte in Windrichtung vorwärts. Wilbur lief nebenher und hielt die Tragflächen fest, um die Maschine im Gleichgewicht zu halten ... Der Flug war ein unregelmäßiges Auf und Ab, was teils auf die Luftverhältnisse zurückzuführen war und teils auf den Mangel an Erfahrung in der Bedienung dieser Maschine ... Ungefähr dreißig Meter vom Ende der Rollbahn und etwas über sechsunddreißig Meter von der Stelle entfernt, an der sich die Maschine in die Luft gehoben hatte, endete der Flug. Er dauerte nur 12 Sekunden.«

Für die Gebrüder Wright, ihre Familie und ein paar Freunde bedeuteten diese zwölf Sekunden einen Triumph. Aber Presse und Öffentlichkeit wollten nichts davon wissen. Man berief sich auf die Theorie von der Unmöglichkeit des Motorflugs, tat die Brüder als verrückt und ihre kurzen Flugstrecken als bloße Tricks ab. Das blieb fast fünf Jahre so. Erst 1908 unternahm Wilbur bei Le Mans in Frankreich vor einer großen, beeindruckten Menschenmenge einen erfolgreichen Flug, und Orville konnte in den Vereinigten Staaten einen ähnlichen Triumph verbuchen.

Im darauffolgenden Jahr schrieb die *Daily Mail* einen internationalen Wettbewerb aus, bei dem es darum ging, den Ärmelkanal zu überfliegen, und nun interessierte sich erstmalig auch die breite Öffentlichkeit für die Luftfahrt. Ein Fabrikant für Autoscheinwerfer, Louis Blériot, gewann den ersten Preis, als er in knapp einer halben Stunde von Frankreich nach England flog. Ein Zollbeamter kam in Dover keuchend den Castle-Hill heraufgeradelt, um die Formalitäten zu erledigen. Keine der für seine Eintragungen vorgesehenen Rubriken waren Blériots »Schiff« angemessen. Schließlich entschied er sich dafür, es als Jacht zu registrieren!

Blériot zeigte sich, was seine Flugerlebnisse betraf, ebenso wortkarg wie die Wrights. Bevor den Menschen voll bewußt wurde, daß sie dabei waren, den Raum zu erobern, bedurfte es eines Piloten, der zugleich Dichter war.

Antoine de Saint-Exupéry kam im Jahre 1900 in Lyon zur Welt – Sproß einer verarmten Adelsfamilie aus dem Departement Dordogne. Sein Vater, im Versicherungswesen tätig, starb, als Antoine vier Jahre alt war, und von da an wurde der Mittelpunkt seines Lebens seine Mutter – eine

Schönheit aus Aix-en-Provence mit langem dunklem Haar und sanften schwarzen Augen, die sich als begabte Malerin und Musikerin erwies. Als Kind schleppte Antoine ständig einen winzigen grünseiden bezogenen Lehnstuhl mit sich herum, um sich, kaum daß seine Mutter sich irgendwo niederließ, immer gleich neben sie setzen und um eine der Geschichten bitten zu können, die sie so meisterlich zu erzählen verstand. Manchmal war es ein Märchen von Andersen, manchmal die Geschichte von Joseph und seinen Brüdern oder von Rebekka am Brunnen, und was er hörte, gab Antoine anschließend an seinen jüngeren Bruder und seine Schwester weiter.

Antoine wuchs zu einem großen, stämmigen Jungen heran. Er liebte wilde, ausgelassene Spiele, raufte gern und war ziemlich schwer zu lenken. Im Sommer veranstaltete er Schneckenrennen, baute sich ein Baumhaus und inszenierte Scharaden. Er verfaßte auch Gedichte – das erste schon mit sechs Jahren.

Als er neun war, zog die Familie nach Le Mans, wo Antoine die Schule besuchte. Wegen seines runden Gesichts, seiner Stupsnase und seiner Neigung zu Tagträumen gab man ihm den Spitznamen »Pic-la-Lune«, das Mondgesicht. In Le Mans hatte Wilbur Wright eine Firma gegründet, die Flugzeuge baute, und der junge Antoine wurde ein Anhänger des neuen Kults. Er versuchte, sich eine »Flugmaschine« zu bauen, indem er ein paar alte Bettlaken über einen Rahmen aus Bambusstreben spannte, den er an der Lenkstange seines Fahrrads befestigte. Mit zwölf Jahren bestieg er zum erstenmal ein Flugzeug und erlebte seinen ersten Flug. Er leistete seinen Militärdienst bei der Luftwaffe ab und bestand mit einundzwanzig sein Pilotenexamen.

Seine erste berufliche Aufgabe als Flieger war die Beförderung von Postsendungen von Toulouse über Südspanien nach Casablanca. Es war das heroische Zeitalter des Fliegens. Der Pilot, mit Lederzeug, pelzgefütterten Stiefeln, dicken Handschuhen und Schutzbrille versehen, stieg in das offene Cockpit des Breguet-Doppeldeckers, der mit einem 300-PS-Motor ausgerüstet war. Auf ein Zeichen mit der Hand wurden die Bremsklötze weggezogen, er rollte über holpriges Gras und stieg auf. Es gab nur ein paar Instrumente: Kompaß, Höhenmesser, Geschwindigkeitsmesser, Umdrehungsmesser. Der Pilot kontrollierte die Maschine ganz ähnlich wie ein Reiter sein Pferd, verlagerte sein Gewicht, um sie bei starkem Wind in der Horizontalen zu halten, trat mit dem Absatz gegen ein eingeklemmtes Querruder, um es freizubekommen.

Der Motor fiel durchschnittlich alle 20000 km einmal aus, und so blieben Saint-Ex, wie ihn seine Freunde nannten, Bruchlandungen nicht erspart. Doch die Post war ein heiliges, ihm anvertrautes Gut, das unter allen Umständen, ob es stürmte oder schneite, überbracht werden mußte. »Ich hätte nie geglaubt, daß ein Flugzeug solche Stöße hinnehmen könnte, ohne sich in seine Bestandteile aufzulösen«, schrieb er nach einem schwindelerregenden 1000-Meter-Fall, den er gerade noch dreihundert Meter über dem Boden abfangen konnte.

Saint-Ex war genau der richtige Mann für die Aéropostale. Großzügig und mutig, besaß er zudem ein Talent für witzige kleine Zeichnungen und Kartenkunststücke, und so war er bei seinen Kameraden sehr beliebt. Im Jahre 1928 wurde er nach Buenos Aires entsandt, um die schwierigeren südamerikanischen Routen zu fliegen. Einmal erlebte er in Guatemala einen Absturz, der ihn – wie er sich ausdrückte – »lehrte, was Schwerkraft heißt«, und ihm acht Tage Koma einbrachte. In Buenos Aires lernte er eine kleine, temperamentvolle Frau kennen, Consuelo Suncin, die in San Salvador geborene Witwe des argentinischen Schriftstellers Gomez Carrillo – eine Künstlernatur, Bildhauerin und Dichterin. Er heiratete sie 1931. Im Jahre 1939 veröffentlichte er das Buch *Terre des Hommes (Wind, Sand und Sterne),* ein Werk, das seine philosophische Überzeugung ausbreitete, daß der Mensch sich erst in der Luft ganz selbst verwirkliche.

»Man leistet Menschenarbeit und lernt menschliche Sorgen kennen. Man lebt mit dem Wind, mit den Sternen, der Nacht, mit Sand und Meer. Man mißt sich mit den Kräften der Natur. Man erwartet die Morgendämmerung, wie der Gärtner den Frühling erwartet. Man sehnt den nächsten Flugplatz herbei wie ein gelobtes Land und sucht die Wahrheit in den Sternen.«

Wir haben einen falschen Eindruck von der Erde, sagt Saint-Ex. Wie Katharina von Rußland haben wir uns von Potemkins hastig errichteten Fassadendörfern hinters Licht führen lassen. Der Blick aus dem Flugzeug enthüllt uns die Wahrheit: Ablagerungen von Gestein, Sand und Salz, zwischen denen sich nur hier und dort – »wie Moos, das in den Spalten einer Ruine wächst – Leben hervorwagt«.

Nachtflüge waren der eigentliche Prüfstein für den Charakter:

Plötzlich, als wir schon alle Hoffnung aufgeben wollten, erschien links vorn im Blickfeld ein leuchtender Punkt. Ich fühlte, wie mich die Freude durchbrauste; Néri [der korsische Funker] beugte sich zu mir herüber, und ich hörte, daß er sang! Es konnte ja nur der Flughafen mit seinen Leuchtbaken sein. Die Sahara zeigt nämlich nachts kein einziges Licht und ist ein riesenhaftes totes Gebiet. Da aber zuckte das Licht ein wenig und erlosch gleich darauf. Wir hatten einen Stern angesteuert, der kurz vor dem Untergehen für einige Minuten am Blickrande zwischen den Wolken und der Nebelschicht sichtbar wurde.
Nun aber sahen wir andere Lichter und steuerten sie in dumpfer Hoffnung eins nach dem anderen an. Wenn einmal eines nicht beim Nahen entschwand, machten wir den Versuch, der über unser Leben entscheiden konnte: »Wir sehen Leuchtfeuer«, meldete Néri dem Flughafen Cisneros und befahl: »Löscht euer Leuchtfeuer dreimal hintereinander!« Dreimal löschte Cisneros sein Feuer und zündete es dreimal wieder an. Das einsame Licht aber, das wir scharf beobachteten, zwinkerte nicht einmal; es blieb ein menschenunzugänglicher Stern.
Wenn auch der Betriebsstoff zu Ende ging, wir schnappten doch jedesmal nach dem leuchtenden Köder. Jedesmal schien es das unverkennbare Licht eines Leuchtfeuers, jedesmal sahen wir zweifellos den Flughafen und das Leben – und jedesmal mußten wir den Stern wechseln.
Wir fühlten uns verloren im Raum zwischen den Welten, unter lauter unerreichbaren Planeten, auf der Suche nach dem einzigen wahren Stern, nach dem einen, der unsere vertrauten Gegenden beherbergt, freundliche Häuser und alles, woran unser Herz hing.

Im Jahre 1935 startete Saint-Ex mit einer Simoun in Paris zu dem Versuch, in siebzig Stunden nach Saigon zu fliegen und einen dafür ausgesetzten Geldpreis zu gewinnen. Das Flugzeug stürzte über der ägyptischen Wüste ab. Er und sein Freund Henri Guillaumet waren außerstande, ihre Position exakter als mit einem Unsicherheitsfaktor von 800 km zu bestimmen, und sie besaßen nur ein bißchen Weißwein und Kaffee in Feldflaschen. Sie entzündeten Signalfeuer und unternahmen Erkundungsgänge in die Wüste ringsum. Sie sammelten mit Lappen Tau von den Tragflächen des Flugzeuges, aber er war mit Farbe und Öl gemischt, und ihr Magen revoltierte dagegen. Von Durst gequält, wandten sie sich nach Nordosten und behielten diese Richtung bei. Allmählich begannen ihre Kräfte zu schwinden, und sie fingen an, Trugbilder zu sehen: Oasen, Kamele, Städte, drei Hunde, die einander jagten. Wie lange das dauerte, konnte Saint-Ex nie rekonstruieren. Am Ende – sie waren dem Tode nahe – entdeckte sie ein Beduine auf einem Kamel. Mit Hilfe einer Vogelfeder erreichte er, daß sich ihre Lippen ein wenig öffneten, und schob ihnen behutsam etwas Linsenbrei in den ausgedörrten Mund; Wasser hätte zu diesem Zeitpunkt ihre Schleimhäute zerrissen und sie getötet. Erst nachdem sie ein wenig von dem Linsenbrei geschluckt hatten, gab ihnen der Beduine die belebende Flüssigkeit.

»Du bist der köstlichste Besitz dieser Erde«, schrieb Saint-Ex dankbar über das Wassser. »Du bist auch der empfindsamste, der rein dem Leib der Erde entquillt. Vor einer Quelle magnesiumhaltigen Wassers kann man verdursten. An einem Salzsee kann man verschmachten. Und trotz zweier Liter Tauwasser kann man zugrunde gehen, wenn sie bestimmte Salze enthalten.

Du nimmst nicht jede Mischung an, duldest nicht jede Veränderung. Du bist eine leicht gekränkte Gottheit! Aber du schenkst uns ein unbeschreiblich einfaches und großes Glück.«

In Passagen wie dieser entwarf Saint-Exupéry ein neues Weltbild für den Menschen im Zeitalter der Luftfahrt. Biologische Bedürfnisse wie das nach Wasser ketten den Menschen unwiderruflich an die Erde. Doch ein unergründlicher Drang, sich immer mehr abzuverlangen und zu erforschen, was außerhalb ihres Bereiches liegt, befähigt ihn, die Gebundenheit zu überwinden. Am besten gelingt ihm das, wenn er von Staunen ergriffen ist, und für Saint-Ex gab es, wenn er im Cockpit eines Flugzeugs saß, nichts, was mehr Staunen erweckte als der sterngefüllte Weltraum.

Saint-Exupéry wünschte sich Kinder, aber Consuelo war dagegen, und das einzige Kind, das der Flieger-Poet jemals hatte, war der Held seines Märchens *Der kleine Prinz.* Dieser Knabe ist der alleinige Bewohner eines Sterns, der nicht viel größer ist als er selbst; er hat es sich dort zur Pflicht gemacht, drei kniehohe Vulkane regelmäßig zu fegen und die Sprößlinge der Affenbrotbäume auszureißen. Eines Tages benutzt er einen Zug wilder Vögel, um andere Planeten zu besuchen, in der Hoffnung, einen Freund zu finden. Er trifft einen Geschäftsmann, der Sterne besitzt, wie andere Leute Vermögen oder Grundstücke besitzen, jedoch viel zu sehr mit dem Zählen seines papiernen Reichtums beschäftigt ist, als daß er je einen Blick auf einen Stern werfen würde, und einen Geographen, der seine Zeit ausschließlich damit zubringt, Lehrbücher zu verfassen, und gar nicht auf den Gedanken kommt, eins der Wunder, die er beschreibt, auch einmal zu besichtigen. Unter einem Apfelbaum hat er dann die wesentlich befriedigendere Begegnung mit einem Fuchs. Der Fuchs erklärt dem Knaben, wie man Freunde findet. Das Geheimnis besteht darin, mit der anderen Person ganz einfach zusammen zu sein, ohne etwas Besonderes zu tun – »Zeit zu verlieren«, wie es die Menschen nennen würden, bis sich der Fremde von allen anderen Wesen unterscheidet, einzig und unersetzlich wird.

Schließlich trifft der Sternenknabe den Autor, der nach einem Flugzeugabsturz in der nordafrikanischen Wüste gestrandet ist. Sie werden Freunde. Als der Knabe am Ende des Buches zu seinem Stern zurückkehrt, tröstet sich der Autor damit, daß für ihn von nun an einer der Lichtpunkte am Nachthimmel der kleine Planet seines Freundes sein wird, und da er nicht weiß, welcher es ist, werden alle Lichtpunkte mögliche Zeichen einer Freundschaft sein.

Als junger Mann hatte Saint-Exupéry seinen christlichen Glauben verloren. Später sah er ein, daß er in dem Raum der Gestirne immer Gott gesucht hatte. Allerdings konnte er ihn trotz unermüdlicher Suche nicht finden. Was blieb ihm somit? Humanismus? Gerade weil er die menschliche Gemeinschaft so hoch schätzte, war Saint-Ex der Überzeugung, daß sie nicht auf Humanismus allein beruhen konnte. Brüderlichkeit zwischen den Menschen war nur möglich, wo es um höhere, dem Bereich des Menschlichen übergeordnete Dinge ging. Das Beste, was man nach Saint-Exupérys Auffassung tun konnte, war, unablässig aufwärts zu streben, einem Ziel entgegen, das man vage vermutete, jedoch in diesem Leben niemals sehen oder kennen würde.

Saint-Exupérys Leben folgte dem Muster seiner Bücher. Als der Zweite Weltkrieg ausbrach, war er zuerst Hauptmann in der französischen Luftwaffe, ging nach der Besetzung Frankreichs in die USA, kehrte aber zurück, als die Alliierten 1942 in Nordafrika landeten. Er schloß sich der Armee de Gaulles an und wurde auf seine Bitte im Jahre 1944 wieder seiner früheren Staffel zugeteilt. Er hatte die Aufgabe, mit einer einsitzigen Lightning in großer Höhe Aufklärungsflüge durchzuführen. Bei einem solchen Einsatz am 31.7.1944 verschwand er, ohne noch einen

Funkspruch abzusetzen, zwischen Korsika und den Alpen im Meer – stumm und von keinem Menschen beobachtet, wie Ikarus in Breughels Gemälde. Er war erst vierundvierzig.

Raketen, deren Entwicklung in jenem Krieg stattfand, der Saint-Exupéry das Leben kostete, ermöglichten es dem Menschen schließlich, der Schwerkraft seines Planeten zu entkommen. Sputnik 1 wurde am 4. Oktober 1957 in Umlauf gebracht, dem Sputnik 2 folgte Explorer 1 am 2. Februar 1958. Am 12. April 1961 gelang Juri Gagarin der erste bemannte Raumflug. Er umrundete die Erde in 108 Minuten. Sechs Wochen danach sagte Präsident Kennedy vor dem Kongreß: »Die Nation sollte sich zum Ziel setzen, noch vor Ende dieses Jahrzehnts einen Menschen auf dem Mond landen zu lassen und ihn sicher wieder zur Erde zurückzubringen.«

Was für einen Menschen? Ganz einfach jemanden, der physisch belastbar, hochintelligent, nüchtern und ausgeglichen war. Ehemalige Kampfpiloten, von denen die meisten ein abgeschlossenes Universitätsstudium aufzuweisen hatten, unterwarfen sich freiwillig mehr und härteren Prüfungen als die Einsiedler der Thebais. Man setzte sie Schlaf- und Essensentzug aus, röstete sie zuerst bei 60°C in einem Hitzeraum und legte sie dann auf Eisplatten. Sie wurden in eine Zentrifuge gesteckt, die sich immer schneller drehte, und wenn die Schwerkraft das Sechzehnfache des normalen Werts erreichte, wenn ihre Kapillargefäße platzten und sie das Gefühl hatten, als ob ihnen die Zähne aus dem Mund spritzten, hielt man das Rad innerhalb weniger Umdrehungen an. Sie mußten sich einprägen, an welchen Stellen bei den kompliziertesten Maschinen, die man je gebaut hatte, die einzelnen Drähte, Sicherungen, Ventile und Kontrollvorrichtungen angebracht waren. Sie mußten eine neue Sprache erlernen – eine Sprache der Symbole, Akronyme, Abkürzungen und des technischen Jargons. Sie unterschieden sich vor allem in einer Hinsicht von Saint-Ex. Während es dem Franzosen nichts ausmachte, mit einem schlechtgewarteten, ramponierten alten Flugzeug zu starten, waren die Raumfahrer darauf trainiert, jedes Teil der Ausrüstung dreimal zu überprüfen, und jede entscheidende Vorrichtung war durch ein Reservesystem abgesichert.

Diese ersten Mercury-Flüge in einer Kapsel von der Größe einer Telefonzelle hatten noch etwas rührend Menschliches. John Glenn empfand die Schwerelosigkeit als einen angenehmen Schwebezustand; über dem

Indischen Ozean orientierte er sich nach dem Orion; und er stellte fest, daß der Raum, sobald man sich einmal außerhalb der Erdatmosphäre befindet, immer schwarz ist. Die Nacht, nicht der Tag entspricht dem wahren Bild des Himmels. Scott Carpenter vergeudete kostbaren Treibstoff, um mit seiner Kamera Sonnenuntergänge und Sonnenaufgänge einzufangen: Er war fasziniert von ihren irisierenden, glitzernden Lichtbögen, die Hunderte von Meilen überspannten. Inmitten ihrer Begeisterung machten sie eine demütigende Entdeckung. Von all den Bauwerken, die der Mensch errichtet hatte, war das einzige, das man während der Erdumkreisung sah, die Chinesische Mauer. Alle anderen waren wie ausgelöscht – als hätte es sie nie gegeben.

Aus Italien kam eine italienische Journalistin, um die Raumfahrer bei ihrem Training zu beobachten. Oriana Fallaci war klein, sehr hübsch und hatte fröhliche dunkle Augen. Mit sechzehn Jahren hatte sie einer Partisanengruppe angehört; inzwischen war sie Anfang dreißig und hoffte nun, bei den Astronauten die Eigenschaften zu finden, die sie bewunderte: Mut – den sie als beinahe sicher miteinkalkulierte –, aber auch Sinn für Humor, die Fähigkeit, über das Ungewöhnliche zu staunen, einen offenen Blick zu haben für das Widersprüchliche, Paradoxe, das jeder menschlichen Aktivität innewohnt.

Mit einem der Raumfahrer verstand sich Oriana besonders gut– mit Pete Conrad, einem kleinen, jungenhaften, immer zum Lachen aufgelegten Marinepiloten, der gerne Rootbeer trank und Papierluftschiffchen anfertigte. Gemeinsam machten sie sich einen Scherz daraus zu verkünden, daß sie auf dem Mond eine Drive-in-Kette gründen wollten. »Selbstverständlich werden wir außer Rootbeer auch Würstchen, Pommes frites und heiße Doughnuts verkaufen. Ohne jeden Firlefanz natürlich, keine Messer, keine Gabeln.«

Auch Theodore Freeman war Oriana sympathisch, weil er radfuhr, was in Houston praktisch noch nie dagewesen war, und Gedichte schrieb. »Wie ein Dichter Astronaut werden konnte, ist mir schleierhaft... Wo ein Dichter doch heutzutage in jeder Beziehung eine Gefahr darstellt. Ihr schickt ihn auf den Mond, um eine Gesteinsprobe zu holen zum Beispiel, und er bleibt verzaubert vor einem Rubin stehen und verbraucht den ganzen Sauerstoffvorrat. Ihr schickt ihn auf den Mars, um einen technischen Bericht zu liefern, und er kommt mit einem Sonett zurück, das lautet: ›Sanfte silberne Hügel / ich denke an euch zurück / ... Und die Luft war leicht / leichter als ein Brautschleier ...‹ O Theodor, was für ein Kohl soll denn das sein, die Luft sei leichter als ein Brautschleier?!? Darf man vielleicht wissen, wie hoch der Prozentsatz an Wasserstoff ist?«

Die übrigen Astronauten waren ganz anders. Alan Shepard, ein nüchterner, energischer Marine-Commander, sagte von dem Mondprojekt: »Im Grunde ist auch das ein kaufmännisches Unternehmen.« Später wurde er Millionär. Die meisten Leute mochten den sommersprossigen John Glenn mit seinem naiven Altruismus, aber Shepard sagte über ihn: »John benimmt sich immer so, als ob ein Heer von Pfadfindern oder Minderjährigen ihm zuschaute ... selbst wenn er sich an der Nase kratzt oder pinkelt.« In Walter Schirra sah Oriana einen durch seinen Rationalismus behinderten potentiellen Saint-Exupéry. Mit Ausnahme von Conrad und Freeman fand sie die Astronauten alle unnatürlich beherrscht und langweilig. Sie könne im Grund nicht viel von ihnen berichten, erklärte sie, außer » ... daß die meisten eine Glatze hatten und älter aussahen, als sie waren ... So daß ich, wenn du mich fragst, wie die neuen Astronauten seien, dir antworten muß: ›Sie sind alt. In einem Land, in dem die Jugend ein heidnischer und grausamer Kult ist, sind die Repräsentanten der Jugend alt.‹«

Was für einen Sinn hatte es, solche Männer zum Mond zu schicken? Da sie die phantasievolle Fröhlichkeit nicht besaßen, die nach Orianas Ansicht zum wahren Menschen – meinte sie »zum wahren Europäer«? – gehörte, würden sie ein irreführend begrenztes Bild des Erdtrabanten mit nach Hause bringen. »Also erwacht doch«, hätte sie sie am liebsten angeschrien, »hört doch auf, so rationell, folgsam, runzlig zu sein! Hört doch auf, Haare zu verlieren, einen in eurer Gleichheit so traurig zu stimmen! Zerreißt doch das Kohlepapier! Lacht, weint, macht Fehler, verprügelt diesen Bürokraten [den Überwacher des Elf-Minuten-Presseinterviews], der auf die Stoppuhr schaut. Ich sage es euch in aller Bescheidenheit und Freundschaft, denn ich achte euch, ich sehe euch für besser an als mich und möchte, daß ihr sehr viel besser seid als ich. Viel besser, nicht nur so wenig, oder ist es schon zu spät? Oder hat das System euch schon gebrochen, verschlungen?«

Drei Männer wurden für die Mondlandung ausgewählt, und es sollte sich zeigen, daß sie keineswegs so unfähig waren, das Wunder des Kosmos zu bestaunen, wie Oriana Fallaci annahm. Neil Armstrong, so fand sie, sah aus »wie der jüngere Bruder von John Glenn: die gleichen Sommersprossen, das gleiche blonde Haar, die gleiche Ungezwungenheit, er war sogar wie John Glenn in Ohio geboren ... Sein Lächeln war ironisch, aber von einer lichtlosen Ironie. Seine Stimme war gelassen, seine Gesten sparsam.« Sein persönliches Gepäck für den Mondflug enthielt unter anderem ein Stück der Tragflächenbespannung und des Propellers des »Flyer I« der Gebrüder Wright.

Adwin Aldrin war Oberst der Air Force, hatte seine Ausbildung in Westpoint als Drittbester seines Jahrgangs abgeschlossen und war Testpilot geworden. Einige Leute fanden seine Wahl sehr passend: der Mädchenname seiner Mutter war Marion *Moon.* Der dritte Mann des Teams, der den Mond in der »Columbia« umkreisen würde, ohne auf ihm zu landen, war Michael Collins, ebenfalls Westpoint-Absolvent, ehemaliger Luftwaffentestpilot und der »Raumspaziergänger« des Gemini-10-Fluges.

Die drei hielten Pressekonferenzen ab. »Warum fliegen Sie zum Mond?« »Oh, das ist ein Job wie jeder andere auch.« Norman Mailer, der ein Buch über den Mondflug schrieb, war von der kühlen Vernunft, der Tatsache, daß alles Geheimnisvolle von vornherein ausgeschlossen wurde, genauso unangenehm berührt wie Oriana. Von den Journalisten bedrängt, räumte Armstrong schließlich ein: »Wir müssen diese Dinge einfach tun, so wie der Lachs zur Laichzeit die Flüsse hinaufziehen muß.« In diesem Augenblick begann Mailer, Sympathien für ihn zu entwickeln.

Das ursprüngliche Ziel des Raumprogramms war, vor den Russen zum Mond zu gelangen, doch als der kalte Krieg in eine mildere Phase trat, hielt man diesen Grund nicht mehr für ausreichend. Die Astronauten sollten nun zugleich als wissenschaftliche Entdecker fungieren. Der Hauptgegenstand menschlichen Interesses – Leben zu finden – schied zwar aus, weil es keine Atmosphäre auf dem Mond gab, aber die Männer konnten der Welt zu neuen Erkenntnissen über die Oberfläche des Mondes verhelfen, über ihren Staub und ihr Gestein; sie konnten sich seine Krater ansehen und aus ihrer Form auf ihre Entstehung und ihr Alter schließen. Vielleicht gelang es sogar, das Alter des Mondes zu ermitteln und festzustellen, ob er einmal Teil der Erde gewesen war.

Am Morgen des 16. Juli 1969 nahmen die drei ein leichtes Frühstück zu sich und empfingen letzte Instruktionen. Um Devisen und Pässe brauchten sie sich bei dieser Reise nicht zu kümmern, dafür aber um die Regulierung der Ventile an ihren schweren Raumanzügen. Sie wurden zu der schlanken, weißen Saturn V gefahren, mit dem Aufzug zu ihrem Raumfahrzeug auf der Spitze der Rakete befördert und bereiteten sich auf den Start vor.

Um 9.32 Uhr der »Eastern Daylight Time« wurden der flüssige Sauerstoff und das Kerosin gezündet, und die 3000-Tonnen-Rakete hob vom Boden ab. Zweidreiviertel Stunden später begann die Brennphase der dritten Raketenstufe, die Apollo 11 auf die Freiflugbahn zum Mond schickte.

Die Erde wich zurück: nach vier Flugstunden konnte Armstrong von einem kleinen Fenster aus ganz Nordamerika überblicken. Die Sonne jedoch war allgegenwärtig und potentiell gefährlich. Um die Temperatur der Kapsel zu regulieren, mußte man dafür sorgen, daß sie eine langsame Drehung vollführte, ähnlich der eines Hähnchens, das am Bratspieß steckt. Die Schwerelosigkeit fanden sie zuerst ganz unterhaltsam, aber – so sagte Aldrin – »mit der Zeit erreicht man doch den Punkt, wo man es gewissermaßen satt hat, immer hin und her zu fliegen und gegen die Decke, den Boden oder die Wände zu stoßen ...«

Auf die Dauer konnten die von den Astronauten durchgegebenen technischen Daten und die Schilderungen ihrer Eß- und Trinkgepflogenheiten die Neugier der Welt nicht befriedigen, und so nahmen sich die Reporter zwischendurch die Ehefrauen der Raumfahrer vor: Jane Armstrong, die ihren japanischen Garten goß, Pat Collins, die »Peanuts« las und eine Cola trank, Joan Aldrin, die alte Duke-Ellington-Platten hörte.

Dreihundertachtzigtausend Kilometer. Am vierten Tag ragte der Mond als riesengroße Scheibe vor ihnen auf. Da er keine Atmosphäre besitzt, wird er zu den Rändern hin nicht dunkler wie die Erde – er leuchtete in seiner ganzen Fläche »wie ein mit Reflektoren besetztes Verkehrsschild«. Apollo 11 trat in die Mondumlaufbahn ein, wurde ein Mond des Mondes. Die Apollo-Besatzung betrachtete seine unwirtliche, von Löchern und Kratern durchsetzte Oberfläche. Es war sonderbar – bei dieser ultramodernen Mission haftete ausgerechnet dem Mond etwas Unzeitgemäßes an: Seine Krater waren nach vergessenen griechischen Astronomen benannt, seine Staubebenen bewahrten in ihren Namen die im siebzehnten Jahrhundert gehegte irrige Annahme, daß es sich um riesige Wasserflächen handelte: Meer der Stürme, Meer des Regens, Meer der Ruhe.

Armstrong und Aldrin krochen in das Landefahrzeug *Eagle* (Adler), und während der dreizehnten Mondumkreisung fand die Abkoppelung vom Kommandoteil statt. *Eagle* trat in eine Umlaufbahn, die sie bis auf sechzehn Kilometer an den Mond heranbrachte. Armstrong zündete den Abstiegsmotor, und die Mondfähre steuerte mit nach unten gerichteten Landebeinen der für die Landung vorgesehenen Stelle in jener weiten Ebene zu, die den Namen »Meer der Ruhe« trägt.Doch bei tausend Meter Höhe bemerkte Armstrong, daß ein Computerirrtum die Landefähre vom Kurs abgebracht hatte. Sie näherten sich einem Krater, der mit grobem Geröll gefüllt und von Felsstücken umgeben war. Eine Landung dort barg die Gefahr in sich, daß die Mondfähre beschädigt wurde und umkippte, und für die beiden Männer bestünde dann keinerlei Chance mehr, den Mond noch einmal zu verlassen. Deshalb entschloß sich Armstrong, von der automatischen Schubsteuerung auf Handsteuerung überzugehen, und während Aldrin Winkel, Höhe und Geschwindigkeit vom Instrumentenbrett ablas, steuerte Armstrong die Horizontalbewegung des *Eagle* mit der linken Hand und regulierte die Richtung mit der rechten, während er nach einer ebenen Stelle Ausschau hielt. Er mußte sich beeilen, denn der Treibstoff ging zu Ende.

Mehrere Male glaubte er, einen geeigneten Platz gefunden zu haben, und mußte ihn beim Näherkommen doch wieder verwerfen. Bei fünfundzwanzig Meter Höhe und Treibstoffreserven für gerade noch eine Minute entdeckte Armstrong einen sicheren Landeplatz und steuerte die Mondfähre dorthin. Der Schub des *Eagle* wirbelte Mondstaub auf, und es wurde schwer, Entfernungen abzuschätzen. Doch endlich, zwölfeinhalb Minuten nach Beginn des durch den Raketenmotor gebremsten Abstiegs, setzten die Beine der Mondlandefähre weich auf dem Boden auf. Armstrong informierte Houston: »Tranquility Base here. The Eagle has landed.«

Sie hatten eine andere Welt erreicht. Das war wunderbar, doch zum Staunen hatten sie vorerst keine Zeit. Zunächst mußten sie ihre Instrumente überprüfen und sich vergewissern, daß alle intakt waren. Anschließend schraubten sie ihre Handschuhe und Helme ab. Durch das kleine Fenster sahen sie, daß sie sich auf einer ebenen Fläche befanden, die Tausende von ein bis zwei Fuß (dreißig bis sechzig Zentimeter) große Krater aufwies. In einiger Entfernung lag ein niedriger Hügel. Und sie spürten die Schwerkraft, die ein Sechstel der Erdschwerkraft betrug. Wenn man einen Bleistift losließ, schwebte er nicht mehr, sondern fiel langsam zu Boden. Aldrin fand den neuen Zustand angenehm, »weniger einsam« als die Schwerelosigkeit.

Eine Stunde lang waren sie mit Messungen, dem Anpeilen der Sterne und den für einen Wiederaufstieg nötigen Berechnungen beschäftigt. Anschließend nahmen sie eine Mahlzeit zu sich und ruhten aus. Und dann kam Aldrins Stimme durch; seine Worte unterschieden sich sehr von der üblichen Computersprache der Raumfahrer und bewiesen, daß Oriana Fallacis Zweifel unbegründet gewesen waren.

»Hier spricht der Pilot der Mondlandefähre. Ich möchte gerne diese Gelegenheit ergreifen und alle Zuhörer bitten, wo immer und wer immer sie auch sein mögen, einen Augenblick innezuhalten, über die Ereignisse der letzten Stunden nachzudenken und auf ihre Weise Dank zu sagen.«

Aldrins Danksagung bestand darin, daß er aus seiner Tasche für persönliche Utensilien geweihten Wein und Brot herausholte, die er als Kirchenältester von der presbyterianischen Kirche seines Heimatorts bekommen hatte, und einen Kelch. Er stellte alles auf einen kleinen Tisch, den er vor sich hatte, las einige Bibelstellen und nahm das Abendmahl.

Aldrins Handlung erschien manchen Leuten eigenartig, aber man könnte auch sagen, daß er eine Tradition weiterführte: hatte nicht Kolumbus ein großes Kreuz auf Guanahani aufgestellt und Edmund Hillary ein kleines Kreuz auf der Spitze des Mount Everest? Als Aldrin den langsam herabrinnenden Wein in den Kelch goß, vollzog er eine rituelle Anerkennung dessen, was er und viele der Astronauten als das wichtigste Faktum der Mondlandung betrachteten: daß alle wissenschaftlichen und technischen Leistungen, alle weisen Entscheidungen zu nichts geführt hätten, wenn sie nicht im Rahmen eines geordneten, mit dem Intellekt erfaßbaren Kosmos zustande gekommen wären.

Armstrong und Aldrin bereiteten sich darauf vor, die Landefähre zu verlassen. Sie halfen einander beim Anlegen der tragbaren Lebenserhaltungssysteme, die sie mit Sauerstoff versorgten, das ausgeatmete Kohlendioxyd und Wasser entfernten und Kühlflüssigkeit durch feine Schläuche pumpten, die in die Unterwäsche ihrer Raumanzüge eingewebt waren. Sie öffneten die Luke. Armstrong zwängte sich hinaus auf die Plattform, tastete sich die Leiter hinunter und betrat den Mond.

Um das Gewicht seines Sauerstofftornisters auszugleichen, ging er vornübergeneigt wie ein Affe mit herabhängenden Armen, aber durch die geringe Schwerkraft des Mondes wog er nur ein Sechstel dessen, was er auf der Erde gewogen hatte, und so wirkten seine Schritte leicht, elastisch; es sah aus, als bewegte er sich in Sprüngen. Da seine Stiefel weniger Haftung hatten als auf der Erde, mußte er es sich rechtzeitig vorher überlegen, wenn er sich umdrehen oder stehenbleiben wollte. Er machte Aufnahmen und holte unter dem alles bedeckenden Staub Boden- und Gesteinsproben hervor.

Nach zwanzig Minuten kam Aldrin zu ihm hinaus. Auf dem Mond gibt es keine Lufthülle, also auch keinen Schall. Selbst wenn die Astronauten ihre Helme hätten abnehmen können, wäre es ihnen doch unmöglich gewesen, auch nur ein Wort miteinander zu wechseln. Sie verständigten sich genau wie mit Houston über eine Funksprechanlage. Sie konnten kein Feuer anzünden, da eine Flamme ohne Sauerstoff nicht brennen kann. Sie hätten sich auch kein Glas Wasser aus ihrem Mondfahrzeug holen können, um ihren Durst zu stillen, weil in dem Vakuum, das auf dem Mond herrscht, jede Flüssigkeit sofort verdunstet wäre.

Nachdem Aldrin versucht hatte, zu laufen und Känguruhsprünge zu machen, stellten sie eine Kamera, Instrumente und die amerikanische Flagge auf. Die fehlende Lufthülle hat auch zur Folge, daß es auf dem Mond keinen Wind gibt. Um zu verhindern, daß die *Stars and Stripes* schlaff herunterhing, war die Flagge mit Draht versteift. Vor dem Hintergrund der einfarbig grauen Mondlandschaft kam ihr Rot und Blau gut zur Geltung.

Armstrong und Aldrin besahen sich ihre Umgebung genauer. Die Region erinnerte ein wenig an irdische Wüstengebiete, war aber noch trokkener; salzigen Tau, wie ihn Saint-Ex in der ägyptischen Wüste aufgefangen hatte, gab es hier nicht. Der Boden unter der Staubschicht fühlte sich fest an. Aber die Oberfläche schien nicht viel Abwechslung zu bieten – keine Rubine, wie sie sich Oriana Fallaci vorgestellt hatte, keine Farben, nichts, was das Auge des Mineraliensammlers angezogen hätte; das Fehlen geologischer Aktivität und einer Atmosphäre hatte die primären Mineralien, die in unserer Welt zu schönen, komplizierten und vielfältigen Formen verwitterten, völlig unverändert gelassen.

Aldrin bemerkte, daß der Horizont sichtbar gewölbt war: Mondbewohner wären nie auf die Idee gekommen, an eine Mondscheibe zu glauben. Daß es keine Bäume, überhaupt keine vertikalen Linien gab, wirkte sich auf den Gleichgewichtssinn aus. Die Raumfahrer fanden es schwer, zu erkennen, ob und wie weit sie sich nach vorn beugten oder zurücklehnten. Man hatte das Gefühl, »daß man sich, ohne das Gleichgewicht zu verlieren, nach jeder Richtung mehr überlehnen konnte als auf der Erde«. Es war auch merkwürdig, wie Schnüre, Befestigungsklammern und andere Dinge, die sie wegwarfen, weil sie sie nicht mehr brauchten, »in einer langsamen, trägen Bewegung« fortflogen.

Die Eindrücke der beiden Männer waren meist visueller Natur oder bezogen sich auf die Schwerkraft. Ein »Gefühl« für den Mond konnten sie wegen ihrer Raumanzüge nicht entwickeln. Im Unterbewußtsein war jede Minute ihres Aufenthalts auf dem Mond von der Tatsache geprägt, daß sie diese Raumanzüge trugen, sich also in einer menschenfeindlichen Umwelt befanden: eine Temperatur von 100° C in der Sonne und kein Sauerstoff. Sie waren ihrem eigenen Element entzogen und überlebten nur dank ihrer künstlichen Nabelschnüre.

So konnten sie dem Mond nicht viel Reiz abgewinnen. »Großartige Verlassenheit«, bemerkte Aldrin, aber er betonte das letzte Wort. Sogar auf der Erde können wir uns für eine kahle, unberührte Gegend kaum erwärmen, es sei denn, wir bringen sie mit Menschen in Verbindung, die uns nahestehen, oder wir sehen sie mit den Augen eines Dichters, der ihre latente Schönheit entdeckt hat. Vielleicht werden andere Kosmonauten eines Tages die Mondlandschaft lieben lernen: Für die ersten Besucher war sie das, was die Alpen für die Menschen des Mittelalters waren.

Zweieinhalb Stunden lang wanderten sie auf dem Mond herum, sammelten Bodenproben ein und stellten wissenschaftliche Geräte auf. Dann kehrten sie in die Mondfähre zurück, nahmen die Helme ab und bemerkten nun, daß die 20 Kilogramm Gestein einen stechenden Geruch ausströmten wie Schießpulver oder Platzpatronen. Der Mond, der weder Kiefernharz noch den Duft der Schlüsselblume kannte, hatte einen mineralischen Geruch.

Den Raumfahrern war nahegelegt worde, nun erst einmal zu schlafen, aber die Sonne war untergegangen, und die extreme Hitze schlug ganz plötzlich in extreme, fast arktische Kälte um. Sie froren entsetzlich, wie der offizielle Bericht vermerkt, und so fanden sie auch keinen Schlaf, bis sie den Mond etwa einundzwanzigeinhalb Stunden nach der Landung wieder verließen.

Zu der Zeit, als die Astronauten den Mond erreichten, hielt ich mich gerade in Frankreich auf, in einer abgelegenen, ländlichen Gegend. Fernsehen gab es im Haus nicht, und so verfolgte ich die Ereignisse am Radio. Das hatte Vorteile. Da ich hörte, ohne etwas zu sehen, war ich mir der ungeheuren Distanz, aus der die amerikanischen Stimmen kamen, viel stärker bewußt, und es gab einen Schattenbereich, der meiner Phantasie überlassen war.

Wie die meisten Leute hielt ich den Atem an, als der Knopf gedrückt wurde, der den Raketenmotor des *Eagle* zündete, verfolgte mit großer Spannung, wie Armstrong die Sprossen der Leiter hinunterstieg, empfand Bewunderung für die Technologie und die Teamarbeit und hatte am Ende sogar das triumphierende Gefühl, daß die gesamte Menschheit ein Stück gewachsen sei.

Dann erschienen die verschwommenen ersten Fotos von der Mondlandung und den Astronauten auf dem Mond in den Zeitungen, denen schärfere, detailliertere Aufnahmen in Magazinen folgten, und sie lösten eine andere Reaktion aus.

Für viele von uns – auch für mich – war der Mondschein die Szenerie einiger unserer unvergeßlichsten Erlebnisse gewesen. Er hatte eine Schlehdornhecke im Mai in weiße Gischt verwandelt und aus dem blonden Haar eines Mädchens, das an der Pforte stand, eine Aureole gezaubert; irgendwo gab es Verse, die bewiesen, daß das keine Illusion gewesen war. Und vom Vollmond mit seinem alles überflutenden perlweißen Licht waren wir zu einer bei Tage undenkbaren Gefühlsintensität erhoben worden; er hatte uns neue Lebensdimensionen eröffnet, sie uns verheißen, wenn wir nur die richtige Wahl träfen zwischen Finsternis und diesem reinen Licht; es waren Stunden gewesen, in denen das Belanglose zurückwich und das Wesentliche hervortrat, in denen Mitternachtsentschlüsse gefaßt wurden. In gewisser Weise orientierten wir uns wie die Schaltiere an diesem belebenden Mondschein.

Und nun zeigten uns die Fotografien eine Welt aus dunkelgrauem Basalt, eine Wüstenei aus Schlacke und Asche. Sie erinnerte an die Schlachtfelder bei Ypern, wies allerdings noch tiefere Narben auf. Nach dem ersten Schock bedrückte mich das Mißverhältnis zwischen Wirkung und Ursache noch lange Zeit.

Das Haus, in dem ich wohnte, war mit Fresken dekoriert, die den Wandteppich von Bayeux wiedergaben, und mein Blick fiel auf jene fünf

Engländer, die erschrocken auf den Kometen des Jahres 1066 deuten. Heute wissen wir, daß ein Komet nichts anderes ist als ein Kern gefrorener Partikel mit einem Schweif aus ionisierten Gasen von außerordentlich geringer Dichte und daß Furcht die am wenigsten angemessene Reaktion darauf ist. Der Mond war für mich so etwas wie dieser Komet geworden. Ich sah, daß er seinen überirdischen Zauber weitgehend, wenn nicht sogar ganz, eingebüßt hatte. Wir hatten an Wissen gewonnen, waren aber um ein Mysterium ärmer.

Zweifellos barg der Nachthimmel noch andere Mysterien, doch der Mond – so nahe, von so spürbarem Einfluß – hatte unter ihnen eine überragende Stellung eingenommen. Ihn nun auf rein materielle Aspekte reduziert zu sehen war fast, als würde ein Anatom verkünden, daß alles an Romeo einschließlich seiner Liebe zu Julia aus dem Gewebe und den chemischen Stoffen auf dem Seziertisch erklärt werden könne.

Ein französischer Befürworter der ökumenischen Bewegung, Jean Guitton, betrachtete das Ganze in einem positiveren Licht. »Gestern«, so notierte er in seinem Tagebuch, »sah ich die Kosmonauten wie kleine Kinder auf dem Mond herumhüpfen. Symbol einer Art Erneuerung des Lebens nach dem Tode in einer anderen Welt.«

Das war die Reaktion eines Gläubigen. Aber Guitton vermerkte auch die Reaktionen seiner marxistischen Bekannten. Für sie war die Landung der Beginn einer neuen, zweifachen Freiheit – von einer dem Aberglauben unterworfenen Vergangenheit und von den der Erde inhärenten Begrenzungen. Sollte die Erde eines Tages ihre Atmosphäre einbüßen, so würde der Mensch in andere Teile des Himmels emigrieren. Damit und mit dem Ersatz alternder Organe war er auf dem Wege zu einer anderen Art von Unsterblichkeit.

Zuletzt noch eine amerikanische Reaktion. Als Norman Mailer den Start von Apollo 11 beobachtete, war er zunächst versucht, den Apolloflug als eine Art Sublimierung des unkontrollierbaren menschlichen Hangs zur Gewalttätigkeit zu betrachten, als eine sinnlose Reise, die dem Menschen eine öde Szenerie erschloß und ihm die irrationale Aktivität ermöglichte, Maschinen zu entwerfen, aus denen neue Maschinen hervorgehen würden, womit er andere bedeutungslose Orte erreichen könnte.

Später gelangte Mailer zu einer positiveren Einstellung. Er brachte die Landung mit seinem Glauben in Verbindung, daß eine Macht des Guten mit Mächten des Bösen im Kampf liegt und der Mensch »von vornherein dazu entworfen war, Gottes Vertreter zu sein, die Seins-Vision Gottes bis zu den Sternen zu tragen ... von Ihm dazu bestimmt, das Bild seiner Seins-Vision dort draußen zu enthüllen und zu vertreten, irgendwo weit weg, wo Seine Hegemonie möglicherweise zu Ende war und andere göttliche Konzeptionen ihren Anfang nahmen, die vielleicht sogar in direkter Opposition zu uns und unseren Vorstellungen standen«. So gesehen, wird das Unternehmen »Apollo« im religiösen Sinn des Wortes zur Mission.

Die Rückreise von Apollo 11 verlief planmäßig. Die Raumkapsel wasserte 195 Stunden und 18 Minuten nach ihrem Start im Pazifik. Armstrong, Aldrin und Collins wurden, nachdem sie sich Isolieranzüge übergestreift hatten, um die Erdenmenschen vor möglichen Mondkeimen zu schützen, mit einem Hubschrauber zum Flugzeugträger »Hornet« geflogen, wo ihre Quarantänezeit begann. Als sie vorüber war, präsentierten sie sich der Öffentlichkeit und nahmen den Beifall der Welt in Empfang.

Sie hatten ihre Aufgabe erfüllt. Sie hatten Eindrücke überbracht, Meßergebnisse, Fotografien und Gesteinsproben. Jetzt oblag es anderen, ein neues Bild des Mondes für die Menschen zu entwerfen. Zunächst den Geologen.

Einer der Mondsteine wurde in einer Vitrine ausgestellt, und Norman Mailer sah ihn sich an. »Und doch war es keine sechzig Zentimeter entfernt von ihm, dieses Mondsteinchen, dem er instinktiv das weibliche Geschlecht zusprach – *sie* war grau, so grau, wie alle gesagt hatten, grau wie dunkle Schlacke, nicht einmal acht Zentimeter lang war sie und keine fünf Zentimeter hoch und breit, einfach nur ein grauer Stein mit Kratern von Stecknadelkopfgröße und Kratern von Bleistiftspitzengröße ... War sie sehr alt – war sie vielleicht gar drei Milliarden Jahre alt? Oder noch älter? Und doch schien sie jung, sie war ja gerade erst hierhergebracht worden, und es war einfach etwas Junges an ihr, etwas Zärtliches, so zärtlich wie der Duft von ganz sauberem Heu. Es war wie das sanft erhebende Gefühl der Liebe, das den Menschen vor den Wiegen der Neugeborenen überkommt ...«

Die Geologen verfuhren bei ihrer Klassifizierung der Proben wesentlich prosaischer. Typ A enthielt feinkristalline Mineralkörner, die man mit dem bloßen Auge nicht sehen konnte; dieser Typ ähnelte den vulkanischen Gesteinsarten, die wir Basalte nennen und die sich in der Umgebung der Krater des Vesuvs und des Ätna finden. Typ B glich ebenfalls Basalten, enthielt aber grobkristalline Körner. Typ C bestand aus kleinen Steinfragmenten und Mineralen, die durch ein feinpulverisiertes Bindemittel verkittet waren (Mikrobreccie). Typ D bestand aus einer Vielfalt von Gesteinsfragmenten, die weniger als einen Zentimeter Durchschnitt aufwiesen; man bezeichnet diesen Typ zuweilen auch als Mondstaub.

Diese und spätere Proben wurden von Experten analysiert, die sich auf die Altersbestimmung von Mineralen verstanden. Uran zerfällt, und sein Zerfall vollzieht sich mit einer bestimmten Geschwindigkeit über Zwischenstufen – eine Reihe radioaktiver Elemente – bis zu dem beständigen Endprodukt Blei; aus dem Verhältnis der Muttersubstanz zu ihren Zerfallsprodukten kann man das Alter von Gestein berechnen, das solche Elemente enthält, den annähernden Zeitpunkt also, zu dem es sich kristallisierte. Dank dieser Methode konnte man auch feststellen, daß die Erde ungefähr 4,6 Milliarden Jahre alt ist.

Der Mond, so verkündeten die Geologen, ist etwa um dieselbe Zeit entstanden, jedoch nie Teil der Erde gewesen – die Gesteinsproben zeigten, daß er eine andere Beschaffenheit hatte. Er bildete sich durch Kondensation kosmischer Materie vor ungefähr 4,6 Milliarden Jahren – wie das gesamte Sonnensystem, das wahrscheinlich ebenfalls durch Kondensation entstand; die Theorie einer Beinahekollision zwischen der Sonne und einem Stern hat man inzwischen aufgegeben.

Als die Kruste des Mondes erstarrte, wurde er von großen Meteoriten bombardiert, durch deren Aufprall sich jene Ebenen bildeten, die wir Meere nennen, und Gestein vom Typ C und D. Radioaktive Elemente unter der Kruste trieben Lava an die Oberfläche, die einige Senken füllte. Dann, vor ungefähr 3,1 Milliarden Jahren, kühlte der Mond ab, und seither hat sich seine Oberfläche nur noch durch den Aufschlag kosmischer Partikel und Meteoriten verändert.

Die Entdeckung, daß Erde und Mond unterschiedlichen Ursprungs sind, war zweifellos wertvoll. Aber in der Wissenschaft folgt der Lösung eines Problems fast immer ein neues. Bei der Erforschung des Mondes hatte sich herausgestellt, daß seine erdabgewandte Seite viel zerklüfteter ist als die, die er uns zukehrt, und die Höhenunterschiede zwischen den Erhebungen und tiefgelegenen Teilen ungefähr doppelt so groß sind. Es gibt dort auch keine weiten dunklen Ebenen. Haben riesige Asteroiden die Kruste von unserer Seite des Mondes abgeschlagen? Es klingt unwahrscheinlich, aber bisher hat niemand eine bessere Erklärung gefunden.

Die Mondlandungen änderten die Einstellung des Menschen gegenüber dem Erdtrabanten und damit auch sich selbst gegenüber von Grund auf. Betrachten wir zunächst die Verluste. Hier sei als erstes die unbestreitbare, wenn auch nur selten laut gewordene Tatsache erwähnt, daß viele Menschen gehofft hatten, der Mond berge Überraschungen: Leben natürlich nicht, aber etwas absolut Unerwartetes, Neues, vielleicht sogar Bizarres – wenn nicht *Finnegan's Wake,* so doch wenigstens eine Szene daraus. Aber die einzige Überraschung des Mondes war, daß er nichts Überraschendes zu bieten hatte. Er erwies sich als negativer Himmelskörper – symbolisch betrachtet, eine Anti-Erde.

Der Mond hat für uns seine jungfräuliche Unberührtheit verloren. Er ist vom Menschen in Besitz genommen worden. Seit der Landung des *Eagle* haben zehn andere Astronauten seinen schlackigen Boden betreten und drei Mondjeeps zurückgelassen. Daraus ergab sich, daß wir ihn sogar anders sehen als früher: Beim Anblick der Mondsichel sind wir uns jetzt immer des matronenhaft-runden Himmelskörpers dahinter bewußt.

Für die Mutter, die ihrem Kind eine Gutenachtgeschichte erzählt, ist der Mond kein Thema mehr, das die Phantasie beflügelt. An dem Tag, an dem der Mensch seinen Fuß auf den Mond setzte, ergriff der Mann im Mond die Flucht. Unsere Kinder werden mit Märchen aufwachsen, die nicht mehr vom Mond handeln.

Die Dichter der Zeiten, in denen man noch nicht an Raumfahrt dachte, beschrieben den Mond auf verschiedenste Weise: als »Schwindsüchtige, die auf dem schwarzen Kissen des Himmels liegt«, als »gute alte Frau mit Watte in den Ohren«, als »Loch im Schädel der Welt«, »weiß wie ein Knöchel und sehr verstört«. Solche Vergleiche werden zweifellos nie mehr angestellt werden. Der letzte Abschnitt der neuesten Ausgabe von *The Oxford Book of Twentieth Century English Verse* enthält kein einziges Gedicht über den Mond, der nun als Himmelskörper eine eigene komplexe Identität besitzt und nicht mehr als Spiegel menschlicher Stimmungen dienen kann.

Indem er uns vertraut wurde und sich in etwas ganz Gewöhnliches zu verwandeln begann, verlor der Mond – wie ich bereits bemerkte – alles Überirdische und damit auch einen Teil seiner Macht. Seit dem Altertum hatte man Sonne und Mond stets als Paar gesehen, als Mann und Frau, die bei aller Gegensätzlichkeit annähernd gleichwertige Positionen innehatten. Jetzt ist der Mond entthront, und in unserem sichtbaren Kosmos übt die Sonne die Alleinherrschaft aus. Dies wird im Unbewußten zweifellos einen gewissen Aufruhr verursachen und Spuren hinterlassen, doch es wäre zu früh, über die Art dieser Spuren Spekulationen anzustellen.

Wir haben allerdings nicht nur Verluste erlitten, sondern auch Gewinne erzielt. Der Mond ist für Künstler zugänglicher geworden – in der Welt einer bekannten englischen Malerin nimmt er bereits einen festen Platz ein. Eileen Agar gehörte zu den frühen Surrealisten und war mit Paul Eluard und Picasso befreundet. In den dreißiger Jahren malte sie mit Vorliebe in Südfrankreich, wo sie eine Palette heller, fröhlicher Farben benutzte, die eine heitere Grundstimmung ausdrückten. In ihrem Leben als Malerin – so erzählte sie mir – hatte sie die Sonne fast immer mit den visuellen Künsten und den Mond mit Musik und Geometrie in Verbindung gebracht. Das Jahr, in dem Apollo 11 auf dem Erdtrabanten landete, bekehrte sie zu einer anderen Auffassung. Auf ihrem Fernsehschirm erschien eine riesige runde Scheibe. Es sah so aus, als wäre der Mond mitten in ihrem Zimmer. Nach und nach wurde er ihr vertraut, und sie verspürte den Drang, ihn darzustellen – nicht als mysteriöses Objekt, sondern als etwas Wohlbekanntes. Ihr »Zimmer mit Blick auf den Mond« steht in interessantem Kontrast zu Palmers *Kornfeld im Mondenschein.* Es zeigt in der linken oberen Ecke einen von Kratern überzogenen Mond auf einem Fernsehschirm. Der Himmel ist schwarz, wie ihn die Astronauten beschreiben. Neben dem Mond erkennt man ein Raumschiff und Sterne. Rechts ist ein Tisch mit einem grünen Apfel, einem Krug und einem Kürbis zu sehen, im unteren Teil ein Tischtuch und links ein dreieckiger Korb mit Mondgestein. Schwarz sowie braune und graublaue Farbtöne herrschen vor, ein wenig Orange unterstreicht die Wärme des Zimmers.

Den Astronauten selbst brachte das Unternehmen gewichtige Erfahrungen. Als Juri Gagarin die Erde umkreiste, bemerkte Chruschtschow: »Er hat keine Engel gesehen.« Auch die Amerikaner sahen keine Engel. Aber es ist wohl eine Tatsache, daß ihr kosmisches Erlebnis und die neue

Einsicht in die menschliche Natur, die es gewährte, tiefe Spuren bei ihnen hinterließen und nicht leicht zu bewältigen waren, was sich in physischen Krankheiten, psychischen Zusammenbrüchen und religiösen Neuorientierungen verschiedenster Art äußerte.

Der größte Gewinn, den Apollo 11 dem Weltbild des Menschen eingetragen hat, ist vielleicht, wie Armstrong feststellte, der Blick auf den eigenen Planeten. Der Mensch suchte den Mond und fand die Erde, die in gewisser Weise ein Raumschiff ist,

> ... ein merkwürdiges Raumschiff, da sie die Besatzung an der Oberfläche und nicht im Innern trägt ... Wir hoffen, daß wir – indem wir ein wenig weiter weggehen, sowohl im buchstäblichen als auch im übertragenen Sinne – in der Lage sein werden, einige Menschen zum Nachdenken zu bringen, daß sie ihre Rolle im Kosmos neu einzuschätzen lernen und sich als eine Gruppe von Menschen betrachten, die die Mannschaft eines Raumschiffes bildet, das sich durch das Universum bewegt.

Wir alle kennen jenes von einem Raumschiff aus aufgenommene Foto des blauen, von herumwirbelnden Wolkenmassen umgebenen Planeten Erde, das durch Fernsehen und Zeitschriften eine so weite Verbreitung gefunden hat. Auf diesem blauen Globus gibt es keine in Farbe markierten Länder, keine punktierten Trennungslinien, keine Grenzen.

In der Schule adressierten wir unsere wechselseitigen Mitteilungen meist sehr umständlich »An Soundso in der und der Stadt, Sussex, England, Europa, die Welt, das Universum«. Vielleicht waren wir damit, ohne es zu wissen, auf dem richtigen Weg. Die im Weltraum entstandene Fotografie der Erde ist Teil unseres neuen Weltbildes geworden. Sie findet sich inzwischen auf der ersten Seite von Geographiebüchern. Die Kinder lernen, daß sie nicht zuallererst Bürger dieser oder jener Stadt sind, sondern Bewohner eines einzigen Planeten. Die für den Menschen wichtigste kosmische Tatsache ist, daß wir alle in einem gemeinsamen Habitat leben.

Dies hat ein neues Solidaritätsgefühl aufkommen lassen von der Art, wie Saint-Exupéry es bei der Aéropostale entdeckte; es gehört jetzt zum Erfahrungsbereich aller Menschen. Wie sehr uns auch Klimazonen und Migration verändert haben – durch unser Habitat sind wir miteinander verwandt. Wer die Dinge so sieht, wird sich zugleich darum bemühen, mehr Solidarität zu entwickeln und zugleich die Unterschiede zu bewahren, aus denen eine Konkurrenzsituation und jene Rivalität entsteht, wie sie beispielsweise nötig war, um den Menschen zum Mond zu schicken.

Es gibt allerdings auch eine – ebenfalls im Raum aufgenommene – Fotografie von der Erde, die uns Menschen zu warnen scheint. Die Chinesische Mauer ist auf ihr sichtbar – Symbol menschlichen Verteidigungsdenkens. Wolkensträhnen in der Nähe der Mauer erinnern uns daran, daß der Mensch die Möglichkeit hat, alle solchen Wolkenbildungen in einer einzigen, gigantischen Pilzwolke zur Auflösung zu bringen. Wir wissen, daß die Erhaltung der physikalischen Erdatmosphäre von einer weniger greifbaren, aber ebenso fragilen moralischen Atmosphäre abhängt. Wir wissen, wie wir uns zu verhalten haben, oder zumindest, was wir vermeiden müssen, wenn unsere Erde nicht eines Tages wie der Mond aussehen soll.

13. Kapitel
Ereignisse im Weltraum

UFOs – Zwei Berichte und die Schwierigkeiten, die sie bereiten – Jungs Erklärung – Futuristische Visionen vom Leben im Weltall – Leben in einem kreisenden Stahlzylinder – Zwei Arten Utopia – *Die ersten Menschen im Mond* – *Die Offenbarung des Johannes* und *Der Krieg der Welten* – Themenwandel in der Science-fiction-Literatur – *2001–Odyssee im Weltraum* – Die Faszination der *Science-fiction* – Ray Bradburys Geschichten – Gute und böse Außerirdische – Die Auswirkungen von Science-fiction auf junge Menschen.

Eine der Lektionen, die wir aus unserer Geschichte der Kosmologien gelernt haben, ist, daß die Phantasie des Menschen jedes Vakuum verabscheut und danach strebt, den Raum, den der Verstand erschließt, zu bevölkern. In diesem Kapitel will ich einige der Methoden erörtern, mittels derer der Mensch des zwanzigsten Jahrhunderts den Weltraum kolonisiert hat oder zu kolonisieren beabsichtigt: zunächst mit (wie ich meine) Phantasieobjekten, dann mit Projekten zur Besiedlung des Weltalls und schließlich mit erfundenen Geschöpfen.

In Tehama County (Nordkalifornien) fuhren in der Nacht des 13. August 1960 zwei Polizisten mit einem Streifenwagen auf der Suche nach einem Motorradfahrer, der die Geschwindigkeitsbegrenzung überschritten hatte, die Hoag Road in East Corning entlang. Charles A. Carson hatte vier Jahre in der US-Luftwaffe gedient und war den nächtlichen Anblick von Flugzeugen, Wetterballons und auch des Nordlichts gewöhnt. Sein Kollege Stanley Scott hatte als Fallschirmjäger am Koreakrieg teilgenommen, und auch er kannte die Sinnestäuschungen, die Lichter den Augen bei Dunkelheit vorgaukeln können.

Der Himmel war in dieser Sommernacht wolkenlos. Zehn Minuten vor Mitternacht erblickten Carson und Scott etwas, was wie ein riesiges Verkehrsflugzeug aussah und unmittelbar vor ihnen in sehr geringer Höhe herankam. Die Polizisten hielten an und sprangen aus dem Auto, in der Meinung, daß sie gleich Zeugen eines Flugzeugabsturzes werden würden. Doch zu ihrem Erstaunen hörten sie keinerlei Lärm. Sie nahmen an, die Motoren der Maschine hätten ausgesetzt oder seien abgestellt worden, und beobachteten sie weiter.

»Das Objekt war noch ungefähr 30 oder 60 Meter vom Boden entfernt«, so stand später in ihrem Bericht, »als es plötzlich bei voller Geschwindigkeit eine Kehrtwendung vollführte und rasch eine Höhe von annähernd 150 Metern erreichte. Dann stoppte es. Wir konnten es beide deutlich sehen. Es hatte eine ähnliche Form wie ein Rugbyball, war etwa 30 Meter lang und 12 Meter hoch, eher kompakt als transparent und sandte einen weißen Schein aus, der es vollkommen einhüllte. Rote Lichter leuchteten an jedem Ende, und zeitweilig blinkten zwischen ihnen etwa fünf weiße Lichter auf.«

Die verblüfften Beobachter sahen, daß sich das Objekt in die verschiedensten Richtungen bewegte, manchmal langsam, manchmal mit hoher Geschwindigkeit. Manchmal schwebte es auch nur regungslos am Himmel. Nach einer Weile kehrten die Polizisten zu ihrem Wagen zurück, setzten sich über Funk mit dem Büro des Sheriffs in Verbindung und baten ihn, die nächstliegende Radarstation zu informieren. Dann versuchten sie, sich dem Objekt zu nähern, doch jedesmal, wenn sie darauf zufuhren, zog es sich zurück. Sie hielten an, und nun steuerte das Objekt zweimal auf sie zu, wobei es sich drehte und das Gelände mit einem riesigen roten Scheinwerfer ableuchtete. Doch als Scott daraufhin den Scheinwerfer des Streifenwagens auf den Flugkörper richtete, zog er sich wieder zurück. Der rote Suchscheinwerfer war noch sechs oder sieben Male am Boden und am Himmel zu sehen.

Dann entfernte sich das Objekt langsam in östlicher Richtung. Die Polizisten folgten. In der Nähe der Feuerwache von Vina Plains sahen sie ein ähnliches Objekt, das sich von Süden näherte. Als die zwei Flugkörper dicht nebeneinander waren, stoppten sie; ab und zu blinkten ihre roten Scheinwerfer auf. Schließlich verschwanden beide hinter dem östlichen Horizont.

Carson und Scott schauten auf ihre Uhren. Sie hatten den seltsamen Gegenstand zwei Stunden und fünfzehn Minuten lang beobachtet. Als sie zum Büro des Sheriffs kamen, stellte sich heraus, daß das Objekt von zweien seiner Gehilfen gesehen worden war und vom Gefängniswärter, der seine Gefangenen auf das Dach mitgenommen hatte, damit sie es beobachten könnten. Ihre Beschreibung stimmte mit der der Polizisten überein. Zudem hatte die Radarstation auf ihrem Schirm in der Nähe der Polizisten ein unerklärliches Objekt ausgemacht.

Die Luftwaffe leitete eine umfassende Untersuchung ein. Sie schrieb das Phänomen einer Temperaturinversion zu, die bewirken kann, daß ein heller Planet oder Stern, der sich gerade über dem Horizont befindet, nach oben projiziert wird; aber in der fraglichen Nacht ging der Mars erst eine Stunde nach dem Erscheinen des Flugkörpers auf, und der einzige helle Stern, der um 22.50 Uhr unmittelbar über dem Horizont stand – Capella – war hoch am Himmel, als das Objekt hinter dem östlichen Horizont verschwand. Carson sagte dazu: »Wir können kaum glauben, was wir gesehen haben, aber keiner wird uns je davon überzeugen können, daß es nur eine Brechung des Lichts war.«

Eine nicht weniger bemerkenswerte Erscheinung wurde am 14. Juli 1952 beobachtet. Wieder war der Himmel klar. Captain William B. Nash flog als Pilot einer DC-4 der Pan American World Airways nach Miami. Etwa um 20.10 Uhr – es war in der Nähe von Norfolk in Virginia – sahen Nash und der Dritte Offizier William Fortenberry, der neben ihm saß, sechs feuerrote Scheiben, die sich ungefähr 1500 Meter unterhalb des Flugzeugs in einer Linie mit hoher Geschwindigkeit näherten. »Sie hatten eine klar umrissene und eindeutig runde Form«, erzählte Nash. »Die Ränder waren scharf, nicht phosphoreszierend oder verschwommen.« Die Scheiben hatten jeweils einen Durchmesser von ungefähr 30 Metern. Als sie fast genau unter dem Flugzeug waren, drehten sie sich einmal um die eigene Achse, wobei sie sich in umgekehrter Reihenfolge formierten, und flogen davon. Sie entfernten sich schnell in einer Richtung, die einen scharfen Winkel zu ihrem vorherigen Kurs bildete, und zwei ähnliche, aber hellere Flugkörper stießen unter dem Flugzeug hervor und schlossen sich ihnen an. Alle acht Scheiben »stiegen in einem schöngeschwungenen Bogen weit nach oben und verlöschten dann eine nach der anderen, aber nicht der Reihe nach«.

Captain Nash gab über Funk einen Bericht durch, der an die Luftwaffe weitergeleitet wurde. Am nächsten Tag wurden er und Fortenberry getrennt von Offizieren der Luftwaffe befragt, und man stellte fest, daß ihre Beschreibungen übereinstimmten. Sieben Personen hatten vom Boden aus ebenfalls rote Scheiben beobachtet, die äußerst schnell flogen und abrupte Richtungsänderungen ausführten.

Seit Juni 1947, als Kenneth Arnold, ein Geschäftsmann aus Idaho, sein Flugzeug über die Rocky Mountains steuerte und dabei eine schnellfliegende Staffel von neun diskusförmigen Flugkörpern sichtete, die ein in der Gegend ansässiger Journalist »fliegende Untertassen« taufte, entstanden nicht weniger als sechzigtausend Berichte über Flugkörper von der Art, wie sie in den von mir zitierten Fällen erwähnt werden. Sie können scheibenartig sein, rund, elliptisch oder zigarrenförmig, orangerot, weiß, metallisch oder von veränderlicher Farbe, und 25 Prozent von ihnen sind mit Lichtern versehen. Sie bewirken, daß Automotoren aussetzen und Autoscheinwerfer ausgehen; sie stören Flugzeuginstrumente; sie rufen Fernseh- und Radiointerferenzen hervor sowie Stromausfälle. Die Menschen, die sie sehen, verspüren ein Brennen oder Prickeln, bekommen Bindehautentzündung, und manchmal werden sie sogar von vorübergehenden Lähmungserscheinungen befallen.

Nur in viertausend Berichten wird behauptet, daß das Objekt landete, und lediglich in zweitausend Fällen, daß ein oder mehrere Mitglieder der Besatzung gesehen wurden. Es ist ausnahmslos von kleinwüchsigen, etwa 75 Zentimter großen Wesen die Rede; sie haben kleine Gliedmaßen und einen großen Kopf. Sie tragen Raumanzüge und manchmal Metallhelme. Wenn Menschen sich nähern, verschwinden sie schnell in ihrem Flugobjekt.

In den Vereinigen Staaten untersuchten die Mitarbeiter des Projekts »Blue Book« zwischen 1947 und 1965 10147 solcher Berichte, und meist konnten sie auf künstliche Erdsatelliten, Wetterballons, Inversionen, elektrische Entladungen von Hochspannungskabeln und ähnliche bekannte Phänomene verweisen. Abes es blieben 646 Berichte, die die Kommission nicht aufklären konnte.

Bei ihnen hatte man es fast immer mit absolut glaubwürdigen Zeugen zu tun. Es waren hohe Luftwaffenoffiziere unter ihnen und einige Geistliche. Im Jahre 1971 reichte Jimmy Carter, damals Gouverneur von Georgia, einen Bericht über ein UFO ein, das er vier Jahre zuvor in Leary gesehen hatte. Es handelt sich hier also nicht um Personen, die sich leicht durch optische Illusionen täuschen lassen oder an Halluzinationen leiden.

Außerdem werden auf der ganzen Welt UFOs gesichtet. In Frankreich behaupten 7 Prozent der Bevölkerung, ein UFO gesehen zu haben, und eine Umfrage, die kürzlich *Le Pélerin* veröffentlichte, zeigte, daß 25 Prozent aller Franzosen und 40 Prozent der jungen Leute unter fünfundzwanzig daran glauben, daß UFOs von einem anderen Planeten kommen. In den Vereinigten Staaten sind die Zahlen doppelt so hoch. In Großbritannien, wo nicht so viele überzeugende Vorkommnisse bekannt wurden, sind die Menschen skeptischer, und manche betrachten das Ganze lediglich als einen Witz: So fiel mir zum Beispiel im Jahre 1979 in London ein offenbar sehr populärer Autoaufkleber auf, der eine rot und weiß gestreifte Flagge und darüber die Buchstaben UFO zeigte.

Wenn es tatsächlich Beobachtungen gibt, die nicht gedeutet werden können, so müssen sie auf etwas zurückzuführen sein, was uns noch unbekannt ist. Vier Erklärungen bieten sich an: atmosphärische Phänomene einer bisher unerforschten Art; paranormale Emanationen des menschlichen Gehirns; Geheimwaffen, wahrscheinlich russischer Herkunft; außerirdische Objekte. Ich persönlich bevorzuge die erste Erklärung, aber die letzte findet wesentlich mehr Anhänger, und sie ist es, mit der ich mich hier befassen will.

Ihre Verfechter gehen davon aus, daß die UFOs nie eine völlig zufriedenstellende Erklärung gefunden haben, und sprechen von der Wahrscheinlichkeit der Existenz intelligenter Lebewesen anderswo im Weltall – ein Punkt, den wir im nächsten Kapitel erörtern wollen. Wenn es tatsächlich intelligentes Leben im Kosmos *gibt*, was wäre naheliegender, als daß es sich genauso für uns interessiert, wie wir uns für Außerirdische interessieren?

Gegner dieser Theorie führen zwei Tatsachen an. Erstens liegen keine beweiskräftigen fotografischen Nahaufnahmen vor. Die zwei besten Fotografien wurden am 11. Mai 1950 von Paul Trent, einem Farmer aus McMinnville in Oregon, gemacht und zeigen eine silbrig glänzende Scheibe. Erkennbare Einzelheiten der Farm und der Landschaft beweisen die Echtheit der Aufnahme, aber die Scheibe ist so klein, daß es sich auch um ein nur verschwommen sichtbares Flugzeug oder um einen Vogel handeln könnte. Zweitens muß man bedenken – selbst wenn man akzeptiert, daß UFOs mit hoher Geschwindigkeit fliegen (nehmen wir einmal 19000 km an, wie der Pan-American-Pilot Captain Nash schätzte –, daß ein Außerirdischer viele Milliarden Jahre brauchen würde, um vom nächsten Stern zu uns zu gelangen. Die meisten Leute finden es unvorstellbar, daß irgendein Wesen so lange leben könnte – und das in einem scheibenförmigen Flugkörper aus Metall.

Was mich angeht, so machen mich noch drei weitere Ungereimtheiten stutzig. Die eine ist der Umstand, daß Meldungen über das Auftauchen von UFOs meist wellenartig eintreffen. Häufungen ergaben sich in den Jahren 1950, 1954, 1957, 1959, 1967 und 1974. Jeder, der sich im Journalismus auskennt, weiß, daß eine Story, die einmal Schlagzeilen gemacht hat, danach für eine Weile uninteressant ist. Keiner möchte mehr etwas davon hören. Aber nach zwei oder drei Jahren, wenn die Erinnerung an die Geschichte verblaßt ist, kann eine ähnliche wieder mit dem

Interesse der Leser rechnen. Die Zeitabstände der UFO-Berichte folgen diesem Muster; eine Ausnahme ist nur die Lücke zwischen 1967 und 1974, und damals konzentrierte sich die Aufmerksamkeit potentieller UFO-Sichter auf die Mondlandung und die Entwicklung, die sie mit sich brachte.

Der zweite Punkt ist die unterschiedliche Größe der in Amerika und in Europa gesichteten UFOs. Die in Amerika gesichteten UFOs sind gewöhnlich sehr groß: Das von den Polizisten beobachtete war etwa 30 Meter lang, und die Flugobjekte, die die Besatzung der PanAm-Maschine sah, hatten einen Durchmesser von ungefähr 30 Metern. Europäische UFOs weisen selten einen Durchmesser auf, der größer als 10 Meter ist. Allerdings könnte man diese Diskrepanz mit dem bekannten Hang der Amerikaner zur Übertreibung erklären.

Der dritte heikle Punkt betrifft das Motiv. Warum kreisen UFOs so oft in geringer Höhe, landen aber so selten, und warum fliehen ihre Besatzungen, sobald sich ihnen Menschen nähern? T.B.H. Kuiper und M. Morris versuchten im Jahre 1977, in der Zeitschrift *Science* eine Antwort auf diese Frage zu geben. Alle höheren Zivilisationen – so schrieben sie – haben den Drang, ihre Galaxis zu kolonisieren. UFOs befördern Lebewesen einer höheren Zivilisation. Eines Tages werden sie die Erde kolonisieren. Doch vorerst warten sie noch, denn ein verfrühtes Eingreifen in unsere natürliche Entwicklung könnte auf lange Sicht den einzigen Aktivposten, den sie sich von unserem Planeten erhoffen, entwerten: die Kultur und das Wissen der Erdbewohner.

Irgendwie ist das eine ansprechende Vorstellung. Der hübsche Prinz verliebt sich in ein reizendes junges Mädchen, wartet aber, bis es zu voller Schönheit erblüht ist, bevor er ihm einen Antrag macht. Dennoch überzeugt mich die Idee nicht, weil sie auf einer höchst zweifelhaften Voraussetzung basiert. Wir auf der Erde rühmen uns, vielleicht zu Unrecht, die Kolonialperiode überwunden zu haben; wie kommen wir dann dazu, andere intelligente Lebewesen, die noch fortgeschrittener sind als wir selbst, mit genau dieser Schwäche auszustatten?

Doch warum glauben so viele Menschen, daß UFOs von einem anderen Planeten kommen, wenn so viel dagegenspricht? (Denn das ist ja das Erstaunlichste bei alledem.) Carl Gustav Jung glaubte, darauf eine Antwort gefunden zu haben. Er geht davon aus, daß alle Menschen, gleichgültig, zu welcher Kultur sie gehören, an einem kollektiven Unbewußten teilhaben, dem gewisse grundlegende Inhalte wie Kreis und Dreieck, Vater und Mutter, Erde und Wasser als Symbole wichtiger Beziehungen eigen sind. Eine runde Form ist ein anerkanntes Symbol für das Universum, für Totalität, Gott. In ackerbauenden Kulturen wird die runde Form durch Sonne oder Mond ausgedrückt; in einer technologischen Kultur ist sie eine Maschine – wie die fliegende Untertasse. Je zerrissener und belasteter eine Gesellschaft ist, desto mehr wird sie dazu neigen, Ganzheit und Beruhigung in der runden Form eines solchen Objekts zu suchen.

Jungs Ansicht, wonach der Glaube an UFOs Symptom einer beunruhigten Gesellschaft ist, erscheint mir sehr akzeptabel, aber vielleicht könnte man den Gebrauch, den er davon macht, ein wenig modifizieren. In unserer Epoche ist der religiöse Glaube schwach oder beinahe schon ausgelöscht, und in einer solchen Zeit tendiert man dazu, die Leere, die durch das Fehlen des wahrhaft Übernatürlichen entsteht, mit dem Außergewöhnlichen zu füllen. Ein bezeichnendes Beispiel ist die im achtzehnten Jahrhundert in Frankreich und Deutschland so verbreitete Mesmerismusmanie.

In einem Raumzeitalter erwartet man, daß sich das Außergewöhnliche im Weltraum manifestiert. Doch der Kosmos ist auch heute noch ein wenig »der Himmel«, beladen mit christlichen Bildern, wozu vor allem die Engel gehören. Man wird als Kind auf sie aufmerksam gemacht, sieht in ihnen eher eine Art Besucher als Gnadenbringer und verdrängt sie dann aus dem Bewußtsein. Aber im Unbewußten brauchen wir sie vielleicht immer noch.

Unter diesem Blickwinkel drücken UFOs in einer unserer Zeit angepaßten Form unsere ambivalente Haltung gegenüber Engeln aus. Wir sind froh, bestätigt zu bekommen, daß wir nicht allein im Universum sind, haben aber eine zu unklare Vorstellung von der Rolle, die höhere Wesen für uns spielen, als daß wir noch einen Schritt weitergehen könnten. Deshalb verschwinden UFO-Besatzungen immer, wenn Menschen sich ihnen nähern, ohne ihnen ihr Know-how – die säkularisierte Form der Gnade – zu übermitteln.

Ein weiteres bemerkenswertes Phänomen unserer Zeit ist der weitverbreitete Glaube, daß in nicht allzu ferner Zukunft der Mensch das Weltall kolonisieren wird. Die Amerikaner mit ihrer starken Siedlertradition sind der Meinung, daß der Mond, da er schon einmal verfügbar ist, auch gleich besiedelt werden sollte. Sauerstoff kann man aus Mondgestein gewinnen und flüssigen Wasserstoff von der Erde einfliegen; für den Anfang würden 600 Tonnen davon eine Stadt mit tausend Einwohnern mit Wasser versorgen. Vier Sonnenenergiestationen, von denen eine immer genügend Sonnenlicht erhält, würden flüssigen Stickstoff erhitzen, der wiederum Turbinen antreiben und Elektrizität erzeugen könnte. Die Mondstadt könnte Vakuumlegierungs- und -schweißarbeiten ausführen. Auf der Erde sind dafür teure Vakuumkammern erforderlich, aber auf dem Mond könnte man das natürliche Vakuum nutzen.

Ein anderes Projekt propagiert, den Mond als Krankenhaus zu nutzen. Das klingt besonders eigenartig, denn der Mond wurde lange Zeit mit Krankheit, Schlagfluß und Wahnsinn assoziiert. Der Plan setzt Wasser und Energie wie für eine industrielle Siedlung voraus, doch die Mondbewohner wären Ärzte und Krankenschwestern. Patienten mit Herzschwäche, Muskelkrankheiten, Arthritis und Rheuma würden im Pendelverkehr eingeflogen, um auf dem Mond unter den günstigen Bedingungen, die durch die verringerte Schwerkraft gegeben sind, eine qualifizierte Behandlung zu erhalten.

Selbst die optimistischsten Planer müssen allerdings eingestehen, daß der Mond kein ideales Habitat ist. Im Jahre 1974 machte Gerard K. O'Neill, ein Physiker der Universität Princeton, den seither von der NASA unterstützten Vorschlag, bewohnbare Zylinder im Weltraum zu installieren. Man könnte im Tagebau auf dem Mond Eisen und Aluminium fördern und in den Weltraum katapultieren – zusammen mit Glas und Zement, hergestellt von den Mondkolonisten. Als »Bauplatz« würde man einen Punkt der Mondbahn wählen, der gleich weit vom Mond wie von der Erde entfernt ist; auf diese Weise könnte man ohne Energieverbrauch eine unveränderliche Umlaufbahn beibehalten. Auf der Baustelle stationierte Astronauten würden das vom Mond kommende Material in Empfang nehmen und einen Zylinder von 25 Kilometern Länge und 6 Kilometern Durchmesser herstellen. In 80 Kilometern Abstand würde man einen zweiten solchen Zylinder bauen und beide durch ein Kabel verbinden. Die Enden der in verschiedenen Richtungen rotierenden Zylinder wären immer der Sonne zugewandt. Eine Rotation würde zwei Minuten beanspruchen, was bedeutet, daß auf den Innenseiten der Zylinder eine erdähnliche Gravitation entstünde.

Im einzelnen sieht das Projekt folgendes vor. Jeder Zylinder ist mit sechs Streifen bläulich getönter Fenster ausgestattet, und dazwischen breitet sich »Landschaft« aus – Areale aus Monderde und chemischen Zusätzen mit Vegetation und Bäumen von der Erde; das Wasser wird aus Lunaroxyden und flüssigem Wasserstoff, der von der Erde eingeflogen wird, gewonnen. Die Landschaftszonen bestehen aus Hügeln und Tälern, Flüssen und Seen, Parkanlagen und Wäldern. In dem Zylinder wird eine erdähnliche Atmosphäre geschaffen mit einer schützenden Ozonschicht und regenspendenden Wolken. Als Verkehrsmittel dienen Fahrräder und elektrische Autos. Gemüse und Feldfrüchte werden in nichtrotierenden Containern unter kontrollierbaren Bedingungen im oberen Ende des Zylinders gezogen.

Die Bewohner eines solchen Zylinders werden sich eines idealen Klimas erfreuen können; sie können in den Seen schwimmen, in den Flüssen angeln, auf die Hügel steigen. Aber sie werden nicht untätig sein. Eine ihrer Hauptbeschäftigungen, so heißt es, wird die Herstellung ähnlicher Behausungen sein. Diese Arbeit findet außerhalb des Zylinders statt, wo Vakuum und Schwerelosigkeit des Weltraums ideale Bedingungen für die Schwerindustrie darstellen und die Sonne unbegrenzte Energie liefert.

Ein solches Raumhabitat könnte gut über eine Million Menschen beherbergen. Es könnte schließlich sogar seine Unabhängigkeit von der Erde erklären, etwa – wie einmal jemand vorschlug – im Jahre 2076, dreihundert Jahre, nachdem sich die Vereinigten Staaten von England lossagten. Und Langeweile und Monotonie sind kein Problem. Ein Pionier, der nach größeren Abenteuern verlangt, als sie der Stahlzylinder bietet, kann mit seiner Familie und Bergbauausrüstung in einer Rakete zum neuen Yukon aufbrechen – irgendeinem Asteriοden, der reich an Nickel und Eisen ist.

Dies sind drei Projekte für das Leben im Weltraum. Manchmal werden von ihren Erfindern, meist aber von denjenigen, die diese Ideen populär machen möchten, edle Motive zu ihrer Rechtfertigung angeführt. Wenn unsere Sonne stirbt, wenn wir unsere Atmosphäre verlieren, wenn einmal ein massiver Asteriod auf Kollisionskurs unserer Erde entgegensteuert – dann, so heißt es, schuldet es der Mensch dem Leben, sich anderswohin zu begeben. Ray Bradbury sagt sogar, die Menschen hätten die Verpflichtung, sich den extremen Bedingungen des Weltraums anzupassen, selbst wenn das bedeutet, daß sie Flechten, Insekten, Feuerbälle werden müßten.

Ich glaube, das wichtigste Motiv, das hinter solchen Projekten und dem Enthusiasmus, mit dem sie begrüßt werden, steht, ist ein ganz anderes, das allerdings niemand gerne zugibt. Die Bevölkerungsexplosion, die die 1,4 Milliarden Menschen des Jahres 1900 auf jetzt beinahe 5 Milliarden anwachsen ließ, erfüllt uns mit ungeheurer Besorgnis. Unser Lebensraum wird immer enger, und dementsprechend verstärkt sich unser Verlangen nach Ausweichmöglichkeiten.

Die kühnen Projekte für ein Leben im Weltraum erinnern mich an die Städte unter dem Meer, die man in den fünfziger Jahren plante – angeregt durch die Berichte des Tiefseeforschers Jacques-Yves Cousteau. Damals befürchtete man, es würde bald keine Nahrungsmittel mehr geben, und dachte deshalb an die Nutzung des Meeresbodens. Die Japaner aßen bereits eine Sorte Algen; unsere Kinder würden eben siebenundfünfzig Algensorten essen. In einer Unterwasserstadt, so hieß es weiter, würde der Mensch eine sauberere Luft atmen als in vom Smog bedrohten Städten wie Los Angeles oder Tokio. Eine Abschätzung der Kosten ergab, daß sie durch den ungeheuren Gewinn an Nahrungsmitteln übertroffen werden würden. Hier und da hörte man sogar das Argument, die Unterwasserstadt sei ein Gebot der Evolution: An irgendeinem Tag vor Jahrmillionen habe sich ein Fisch aus dem Meer an Land gezogen und zur ersten Amphibie entwickelt; jetzt müsse der Nachfahr dieser Amphibie um des Überlebens willen in eben dieses Meer zurückkehren.

Wo sind die Unterwasserstädte geblieben? Dreißig Jahre nach den Reißbrettentwürfen gibt es noch nicht einmal ein Unterwasserdorf – aus einem ganz einleuchtenden Grund: Die Planer ignorierten damals eine grundlegende Tatsache der menschlichen Natur, nämlich, daß der Mensch an die Erde, gewöhnlich sogar an einen bestimmten Fleck Erde, gebunden ist. Diese Verbundenheit entzieht sich dem logisch denkenden Theoretiker, ist aber noch immer so notwendig wie die Nabelschnur. Sie bewirkt ein Gefühl der Zugehörigkeit, Sinn für Kontinuität, Familie und Liebe und hilft uns, unsere Identität zu finden. Der Astronaut Aldrin kam sich im schwerelosen Zustand verlassen vor; was würde er über die Isolation einer Stadt auf dem Meeresboden sagen?

Der gleiche Einwand könnte gegen Weltraumhabitate erhoben werden und daneben noch ein zweiter, ganz anderer. Die Futuristen behaupten sehr selbstsicher, die Geschichte sei auf ihrer Seite. Die zwingende Logik des Fortschritts bewirke, daß der Mensch unaufhaltsam vorwärtsdränge und – wie die Amerikaner in den fünfziger und sechziger Jahren – immer größere Summen für Raumprojekte ausgebe. Die technologische Entwicklung, so heißt es, werde im gleichen Tempo wie bisher weitergehen. Und die Trends der letzten Zeit bilden die Grundlage aller Berechnungen, die uns zeigen sollen, wie viele Milliarden Dollar pro Jahr in hundert Jahren für Weltraumhabitate bereitstehen werden.

Meiner Meinung nach liegt hier eine Fehlinterpretation der Geschichte seitens der Naturwissenschaftler vor. Wohl sind Intarsienkabinette aus der Regierungszeit Ludwigs XV. kunstvoller gearbeitet als solche aus der Zeit Ludwigs XIV. und werden wiederum von späteren in der Stilart Ludwigs XVI. übertroffen. Doch es wäre ein Irrtum, daraus auf noch exquisitere nachfolgende zu schließen.

Während der Schreckensherrschaft in Frankreich wurden überhaupt keine derartigen Stücke hergestellt, und die unter Napoleon und Ludwig XVIII. angefertigten Kabinette konnten sich mit den in den vorangegangenen zwei Jahrhunderten entstandenen nicht mehr messen. Die Gesellschaft, die Werte der Menschen, ihre finanziellen Belastungen hatten sich verändert; und die künstlerische Technik hatte in diesem speziellen Bereich einen Stand der Vervollkommnung erreicht, den man bestenfalls hätte halten, aber bestimmt nicht hätte übertreffen können. Heute findet man seriengefertigte Schränkchen, die denen aus der Zeit Ludwigs XVI. im Aussehen gleichen, aber ein neues, das schöner ist als die alten, könnte sich auch der reichste arabische Ölscheich nicht verschaffen. Die Geschichte, selbst die Wirtschaftsgeschichte, verläuft nicht in stetig ansteigender Linie, und der Fortschritt hält sich nicht an das Muster mathematischer Progression.

Jeder Plan für eine zukünftige Lebensform, sei er realisierbar oder nicht, ist eine Form von Utopia. Nun gibt es aber bei den Utopien zwei Kategorien, die man unbedingt unterscheiden muß. Die eine sucht im Streben nach allgemeiner Zufriedenheit und Frieden die menschliche Natur in geistiger Hinsicht zu verbessern; ihr Vorbild ist Thomas Mores *Utopia.* Die andere ist bestrebt, die Ansprüche und Wünsche des Menschen durch eine ständige Vervollkommnung der Gesellschaftsstruktur und der Technologie zu erfüllen. Ihr Archetyp ist *Das Jahr 2440*, ein Buch, das 1770 in Paris geschrieben wurde; sein Verfasser, Louis-Sébastien Mercier (1740 bis 1814), prophezeite darin der Menschheit eine glückliche Zukunft, die auf Kanalisationssystemen, Straßenbeleuchtung und auf Schutzimpfungen basierte.

Die meisten Projekte für ein Leben im All gehören der zweiten Kategorie an. Ihre Erfinder und Befürworter bringen das allerdings nicht immer zum Ausdruck, und aus einer gewissen Konfusion heraus werden sie oft der ersten Kategorie zugeordnet. Die Futuristen verstärken die Verwirrung noch, indem sie in ihren Büchern den Eindruck erwecken, als würde der Mensch, wenn er erst einmal die Erde verlassen hat, durch Vakuum und Schwerelosigkeit gewissermaßen geläutert. Ein Pionierleben auf dem Mond oder in einem kreisenden Zylinder scheint – wie sie es darstellen – zu genügen, um Aggressionen abzubauen und allgemeine Harmonie zu gewährleisten.

In dieser Form ist die Täuschung offenkundig. Wenn sie jedoch in Fachsprache gehüllt wird, erliegt man ihr leicht, und das kann sich negativ auswirken; denn es kann uns von der viel wesentlicheren Kategorie des futuristischen Denkens ablenken, jener Utopie, die sich nicht mit dem Weltall beschäftigt, sondern mit dem inneren Menschen.

Von den sogenannten Tatsachen der Zukunft wollen wir nun zu der in der Zukunft spielenden Fiktion übergehen; interessant sind dabei vor allem die Geschichten über den Menschen im Weltraum. Jules Verne hatte den Menschen um den Mond kreisen lassen, Herbert George Wells ließ ihn sogar dort landen. Zwar haben die Ereignisse den Roman *The first men in the moon (Die ersten Menschen auf dem Mond)* bereits überholt, aber er bleibt ein wichtiges Buch, weil es der Prototyp eines neuen Genres wurde. Es beschreibt, wie ein Wissenschaftler, Cavor, und ein Bühnenschriftsteller, Bedford, in einer Kugel, die unter anderem zum Schutz gegen die Schwerkraft mit einer besonderen Substanz beschichtet ist, die Erde verlassen. Die Astronomen zu Wells Zeiten wußten zwar, daß die Mondoberfläche wenig bzw. gar keine Atmosphäre und auch kein Wasser besaß, doch Wells dachte sich geschickt einen Mond aus, der innen hohl war und in 200 Meilen Tiefe Wasser enthielt. Oberhalb dieses Ozeans liegen in künstlichen Stollen Städte, die man mit Ballons erreicht. Aus tiefen Tunnels steigt mit Sauerstoff angereicherte Luft hoch und Wasserdampf, der in den kalten Mondnächten als Schnee niederfällt. Gold gibt es hier so reichlich wie auf der Erde Eisen, und absonderliche Pflanzen entwickeln sich mit ungeheurer Geschwindigkeit aus Sporen.

Der Mond wird von Mondkühen bewohnt, lederhäutigen, gigantischen Tieren, die einen schneckenartigen, etwa siebzig Meter langen Körper haben und Brüllaute ausstoßen, und von Seleniten, kleinen, kaum ein Meter fünfzig großen Geschöpfen mit dünnen, kurzen Beinen und peitschenartigen Fühlern. Sie ähneln eher Ameisen als menschlichen Wesen, tragen Lederkleidung und Schutzbrillen aus dunklem Glas und verständigen sich durch eine zwitschernde Sprache.

Cavor und Bedford essen von einem Pilz, der eine berauschende Wirkung hat und ihre Wachsamkeit beeinträchtigt, und sie werden von den Seleniten gefangengenommen. Bedford kann entfliehen, und da er seinen Freund für tot hält, kehrt er zur Erde zurück. Aber Cavor ist natürlich nicht tot. Ein Holländer empfängt Funkbotschaften vom Mond, die er aussendet. Er hat viele verschiedene Typen von Seleniten gefunden, die physisch jeweils ihrer Funktion angepaßt sind, und die intelligentesten hat er seine Sprache gelehrt. Schließlich wird er von ihnen vor den »Großen Lunar« geführt, der über den Mond herrscht und in einem Palast wohnt. Vielleicht auch, weil Wells selbst ein körperlich kleiner, schmächtiger Mann war, der sich dank seines in einem großen Kopf sitzenden brillanten Gehirns im Leben behauptet hatte, stattet er seinen »Großen Lunar« mit einem Zwergenkörper, Elfenaugen und einer Hirnschale von mehreren Metern Durchmesser aus. Während der Cavors Schilderung der unlogischen Aktivitäten der Menschheit zuhört, wird sein Gehirn unerträglich warm, und schattenhafte Diener sind damit beschäftigt, »das große Gehirn mit einer kühlen Flüssigkeit zu besprühen, es vorsichtig zu liebkosen und zu stützen«. Unklugerweise verrät Cavor, daß die Menschen sich freuen und stolz darauf sind, Kriege anzufangen (der Roman entstand während des Burenkrieges). Am Ende der Geschichte ist es klar, daß der »Große Lunar« Cavor nie zur Erde zurückkehren lassen wird, weil er fürchtet, er könnte die Menschen zu einem Krieg gegen die Seleniten anstacheln.

Das Buch repräsentiert eine optimistische Sicht des Weltalls. Die Seleniten sind gutmütig und die Motive, aus denen sie Cavor zurückhalten, weise. Die von Wells mit diesem Roman begründete Tradition sollte später von vielen Autoren weitergeführt werden, doch zuvor rückte noch einmal eine ganz andere Überlieferung in den Vordergrund.

Das Abendland besaß in der *Offenbarung des Johannes* seit langem ein christliches Zukunftsbild. Diese Schrift (Apokalypse) schildert kosmische Katastrophen, so zum Beispiel, wie Gottes Zorn in einer Schale in die Sonne gegossen wird, worauf diese die Menschheit mit ihrer Hitze versengt und die Sterne vom Himmel fallen; ein Tier mit sieben Häuptern und zehn Hörnern unterdrückt die Gerechten, und mit Stacheln bewehrte Heuschrecken kommen ebenso wie bedrohliche Rosse, aus deren Mäulern Feuer und Schwefel quillt, als Plagen über die Menschen. Dieses Unheil führt zu Gottes Weltgericht und anschließend zur Schöpfung eines neuen Himmels und einer neuen Erde. Das war die Zukunftsvision gläubiger Christen bis weit ins neunzehnte Jahrhundert hinein. Dann begann die Prophezeiung des Johannes, ihren Einfluß zu verlieren, und H.G. Wells füllte das Vakuum mit dem *War of the Worlds (Krieg der Welten).* Dieser Roman repräsentiert die pessimistische Sicht des Weltalls mit einer wissenschaftlichen Genauigkeit, die in einer Zeit des technischen Fortschritts auf Interesse stoßen mußte. Groteske Ungeheuer kommen vom Mars und wollen die Erde erobern. Mit Hitzestrahlen und mechanischen Kampfmaschinen unterwerfen sie den Menschen, um sodann ihrerseits durch Fäulnis- und Krankheitsbakterien vernichtet zu werden.

Zwei Fakten seien noch erwähnt, nämlich, daß Wells' Roman ohne jene Note uneingeschränkter Hoffnung endet, die die *Offenbarung des Johannes* kennzeichnet, und es folglich eine zwar verbreitete, aber irrtümliche Annahme war, in den Katastrophenromanen dieses Genres symbolische Darstellungen des Jüngsten Tages zu sehen. Der Jüngste Tag impliziert, daß Gott oder irgendeine andere höhere Macht die Menschen richtet, und hier findet kein solches Gericht statt.

Wells' *Krieg der Welten* nahm etwa von 1923 an, als Hermann Oberths wissenschaftliches Buch *Die Rakete zu den Planetenräumen* ein allgemeines Interesse für die Raumfahrt weckte, bis 1939 eine vorrangige Stelle innerhalb der Science-fiction-Literatur ein. Buch für Buch dieses Genres beschrieb irgendwelche Ungeheuer, die Raketen steuerten: insektenäugige Monster mit eiförmigen Körpern, Kreaturen, die nur mit einem einzigen, gierigen roten Auge ausgestattet waren und aus deren Adlernasen und Mundhöhlen grüner Schleim tropfte. Daneben gab es die Helden der Comic strips, in denen zum Teil ähnliche Themen behandelt wurden: so Flash Gordon, der ein Trio von Erdlingen in einem

Überlebenskampf auf dem fernen Planeten Mongo anführt. So auch Superman – mit übernatürlicher Stärke, der Fähigkeit zu fliegen und Radarblick ausgestattet –, Sohn eines Wissenschaftlers, der, so heißt es in der ersten Episode, den kleinen Jungen, kurz bevor der dem Untergang geweihte Planet Krypton in Stücke zerbarst, in ein raketenbetriebenes Versuchsraumschiff legte und in Richtung Erde schoß. Von einem älteren Ehepaar, den Kents, wird der Junge gefunden und adoptiert. Er erhält den Namen Clark Kent und schwört, sein ganzes Leben lang all jenen zu helfen, die in Bedrängnis sind.

Ebenso hochherzig ist der im Jahre 1939 von Bob Kane geschaffene Superman-Konkurrent Batman. Allerdings verfügt er über keinerlei übernatürliche Kräfte; alles, was er tut, liegt im Bereich des Menschenmöglichen.

Bis zum Zweiten Weltkrieg besiegten Helden dieses Schlages insektenäugige Monster und das Böse schlechthin. Danach machte sich ein Stimmungswandel bemerkbar. In vielen Büchern ist ein verheerender Atomkrieg der Ausgangspunkt. Die Überlebenden in Walter Millers *A Canticle für Leibowitz (Ein Lobgesang auf Leibowitz)* von 1960 sind davon überzeugt, daß das geschriebene Wort die Wurzel allen Übels ist; mit der Vernichtung aller Schriften und Bücher müßte – so meinen sie – auch das Wissen untergehen, das eine neue Bombe hervorbringen könnte. Eine Gruppe von »Buchschwarzhändlern« kopiert Manuskripte und stellt langsam die Grundlagen der Zivilisation wieder her. Es kommt ein neues technologisches Zeitalter, wieder bricht ein Atomkrieg aus, und das Buch endet damit, daß die letzten Repräsentanten der Menschheit, einige wenige Kinder, in einer Rakete ins All geschossen werden.

Von den optimistischeren Science-fiction-Autoren ist Isaac Asimov, ein amerikanischer Biochemiker russischer Abstammung, der in den fünfziger Jahren an der Universität Boston lehrte, der produktivste. Asimovs *Foundation (Stiftung,* 1951) spielt in den Tagen des »Julaktischen Reichs« – eines Zusammenschlusses von Millionen Welten der gesamten Milchstraße. Das Reich ist in Gefahr, in die Barbarei zurückzufallen; die Rettung erscheint nicht in Gestalt eines Naturwissenschaftlers oder Supermanns, sondern eines Gelehrten. Hans Seldon und eine Gruppe Psychologen schaffen eine neue Institution – die »Foundation« (Stiftung) –, die sich den Künsten, den Wissenschaften und der Technologie widmet. Sie bedienen sich psycho-historischer Methoden, um eine Serie von Krisen hervorzurufen, die die Galaxis vor der Barbarei retten und sie auf den Weg zu einem neuen Reich bringen wird, dessen Kern die »Foundation« sein soll. Sie fördern den Handel als sicherste Grundlage freundschaftlicher Beziehungen zwischen den Welten und in gewissem Maß auch die Religion, allerdings nur als Mittel zur Erreichung der weltlichen Ziele der »Foundation«. Raumschiffe durchqueren die Galaxis, aber der futuristischste Zug des Buches ist der Gedanke, daß findige Menschen die Zukunft behutsam manipulieren können, indem sie Krisen und Gefahren auslösen, um Wagemut und Kreativität zu fördern.

In den von Mondlandungsplänen geprägten sechziger Jahren entstand eine neue Art Fiktion, wie sie sich zum Beispiel in Arthur C. Clarkes *2001 – Odyssee im Weltraum* ausdrückt. Namenlose höhere Intelligenzen haben sich schon seit langem für das Schicksal des Menschen interessiert. Vor drei Millionen Jahren brachten sie Menschenaffen dazu, einen Knoten zu binden und einen Stein gezielt zu werfen, und auf dem Mond vergruben sie einen magnetischen Monolithen, der, wenn ihn Menschen fanden, die weit genug entwickelt waren, um den Mond zu besiedeln, ein bestimmtes Signal in den Weltraum schicken würde. Dieser Augenblick ist da, als im Jahre 2001 David Bowman in dem Raumschiff »Discovery« zum Saturn fliegt und auf einem seiner Monde, Japetus, landet. Er fühlt sich in zunehmendem Maße unter dem Schutz einer höheren Intelligenz. Nachdem er Japetus erreicht hat, steht seine Raumkapsel plötzlich an einem Ort, den er für ein Hotelzimmer in Washington hält und der sogar mit einer Reproduktion von van Goghs *Brücke von Arles* und einem Telefonbuch ausgestattet ist. Erst als er den Telefonhörer abhebt und kein Freizeichen hört, wird ihm klar, daß das Hotelzimmer nur eine Nachbildung ist, durch die ihm die höheren Wesen ein heimatliches Gefühl geben wollen. Bowman fällt durch ein Raum-Zeit-Loch, erhält Unsterblichkeit und erblickt eine Sekunde lang wie in einer Vision eine lange Reihe beweglicher Sterne, glitzernde Lichtkugeln, in denen er Träger einer höheren Intelligenz sieht. Am Ende kehrt er zur Erde zurück, fest entschlossen, seinen Mitmenschen weiterzuhelfen.

Was macht den Reiz solcher Erzählungen aus? Es scheint mir hier vier Aspekte zu geben. Erstens die raffinierten technischen Details, zum Beispiel die mit Velcrosohlen versehenen Sandalen der Stewardeß, die es ihr ermöglichen, über den Velcroteppichboden des Raumschiffs zu gehen, ohne in der Luft herumzuschweben; die Koch- und Waschzonen der

»Discovery«, die sich wie ein Karussell drehen, um so viel Schwerkraft zu erzeugen, daß Flüssigkeiten im Kochtopf und im Waschbecken bleiben; der sprechende Computer Hal, der zuerst hilfreich ist, später aber unter Streß Amok läuft und die Mission gefährdet.

Zweitens findet man wunderschöne Beschreibungen des Weltalls wie zum Beispiel diese Stelle: »...als sich am Himmel über ihm der goldene Halbmond des Saturn erhob. Noch nie war einem Menschen dieser Anblick vergönnt gewesen. Saturn war stets als volle, der Sonne zugewandte Scheibe erschienen. Jetzt aber war er ein zarter Bogen, und seine Ringe bildeten eine dünne querlaufende Linie – einem abschußbereiten Pfeil gleich, der auf die Sonne zielte.«

Reizvoll sind auch die neuen Gefahren, denen der Mensch begegnet. Conan Doyle fesselte seine Leser mit einer Geschichte, in der Flugpioniere immer höher hinaus fliegen, bis sie einen Punkt erreichen, von dem sie nicht mehr zurückkehren können; moderne Gefahren sind zum Beispiel ein Raumspaziergang bei 30000 km/h, um eine mechanische Fehlfunktion am Raumschiff zu beheben, oder eine Ruhepause im Hibernakel, in dem der Körper für eine bestimmte Anzahl von Jahren tiefgefroren wird, so daß er am Ende dieser Periode ungealtert daraus hervorgeht – falls alles vorschriftsmäßig funktioniert hat.

Doch das Faszinierendste für den Menschen sind Charakter und Psyche der Wesen, die man im Weltraum trifft. Zwar müssen sie auf eine unheimliche Weise »anders« wirken, aber sie sollen auch glaubhaft sein. Und um glaubhaft zu sein, dürfen sie nicht allzu fremdartig erscheinen. Gewöhnlich kann man sie einteilen in solche, die dem Menschen moralisch unterlegen sind, und eine zweite Gruppe, die eine höhere Moral besitzt. Zu den überzeugendsten Geschöpfen der ersten Kategorie zählen die Marsbewohner in Ray Bradburys *Mars-Chroniken.* Bradbury wurde in Waukegan in Illinois geboren, und seine Vorstellung vom Mars entspricht einer Prärie des Mittelwestens in einem heißen, staubigen Sommer, wo in den weitverstreuten Behausungen eine lastende Atmosphäre der Spannung und des Mißtrauens herrscht. Wie man von einem Schriftsteller, der in seiner Freizeit malt, töpfert und Gebrauchsgegenstände primitiver Völker sammelt, erwarten kann, werden Farben geschickt eingesetzt, um Stimmungen zu erzeugen. Gelegentlich tragen Bradburys Marsianer Masken.

In einer dieser Geschichten landet ein Raumschiff auf dem Mars. Die

Ereignisse werden uns aus der Sicht einer marsianischen Farmersfrau nahegebracht. Sie erzählt ihrem Mann, daß sie einem Astronauten begegnet sei, der behauptet habe, er komme von der Erde. Ihr Mann sagt: »Der dritte Planet kann kein Leben tragen. Unsere Wissenschaftler sagen, daß es dort in der Atmosphäre viel zuviel Sauerstoff gibt.« Doch seine Frau beharrt auf ihrer Geschichte. Der Astronaut habe ihr ein Lied vorgesungen: »Trink mir nur mit den Augen zu . . .« Marsianer haben keine Lieder, und die schöne, harmonische Melodie geht ihr nicht mehr aus dem Kopf. Ihr mürrischer Ehemann wird eifersüchtig und zornig – vielleicht empfindet er auch Angst. Er geht hinaus und erschießt den Astronauten.

Auch in einer anderen Erzählung landet ein Raumschiff auf dem Mars. Die Behörden auf dem Mars glauben, die Astronauten seien Psychotiker, die das Raumschiff aus ihren kranken Gehirnen heraus »entstehen ließen«, denn auf dem Mars sind Psychotiker imstande, kleine Dämonen und schlüpfrige Schlangen hervorzubringen – Halluzinationen, die man sehen und anfassen kann. Also werden die Astronauten in ein Irrenhaus gesperrt. Doch das Raumschiff ist immer noch da. Ein Marsianer, Mr. X, erlöst die Raumfahrer »von ihrem Leiden«, indem er sie erschießt – in der Hoffnung, daß das Raumschiff nun verschwindet. Aber es bleibt weiterhin sichtbar, und so glaubt Mr. X, er selbst sei mittlerweile verrückt geworden. Damit hat er wahrscheinlich gar nicht so unrecht, denn nun meint er, sich selbst töten zu müssen, um das Raumschiff zum Verschwinden zu bringen. Und das tut er dann.

In einer dritten Geschichte landet die Besatzung eines Raumschiffes auf dem Mars und ist entzückt, eine »irdische« viktorianische Kleinstadt anzutreffen, in der Leute wohnen, die die Astronauten von einem früheren Besuch her wiederzuerkennen vorgeben und herzlich bewirten. Doch alles gehört zu einem brillanten Plan der Marsianer, die Eindringlinge zu zerstreuen, zu überwältigen und zu töten.

Mit einer auf diesem Gebiet unerreichten Virtuosität schafft Bradbury in seinen *Mars-Chroniken* auch »gute« Marsbewohner. Die Geschichte *November 2005: Schlechte Saison* erzählt, wie Sam Parkhill, ein Siedler von der Erde, auf dem Mars einen Würstchenstand errichtet. Er fühlt sich von einem Marsianer belästigt, gerät in Wut, und als er sich einbildet, der andere ziehe eine Waffe, schießt er ihn nieder. Nun erscheinen viele Marsianer: »Auf dem trockenen Meeresboden kam ein Dutzend hochaufragender blauer Segel heran, marsianische Sandschiffe, wie blaue Gespenster, wie blauer Rauch.« Statt ihren Genossen zu rächen, machen die Marsianer Sam ihren halben Planeten zum Geschenk. Sam beschließt, sein Geschäft zu erweitern, denn es werden fünf Millionen Immigranten und Besucher von der Erde erwartet. Er und seine Frau Elna beobachten an diesem Tag den nächtlichen Himmel, an dem gerade die Erde aufsteigt. Plötzlich scheint ein Teil der Erde in eine Million Stücke zu zerplatzen – ein Atomkrieg ist ausgebrochen. Doch Elna veranlaßt dies lediglich zu der Bemerkung: »Es sieht so aus, als kriegen wir 'ne schlechte Saison.«

In *The Fire Balloons* (Die Feuerkugeln) planen zwei katholische Priester, die Marsianer zu bekehren. Die Marsbewohner wirken in ihrer äußeren Erscheinung wie feurigblaue Kugeln. Die Priester folgen ihnen über unwirtliches Land. Eine Lawine droht die Priester zu töten, aber im allerletzten Augenblick werden sie auf wunderbare Weise gerettet. Bruder Peregrine ist der Überzeugung, daß sie dies einem Eingreifen der blauen Kugeln zu verdanken haben. Zum Beweis richtet er seine Pistole auf sein Handgelenk und drückt ab. Ein heller Schimmer verbreitet sich, und das Geschoß bleibt vor ihren Augen zwei Zentimeter von seiner Handfläche entfernt in der Luft stehen. Einen Moment lang schwebt es dort, von einem blauen, phosphoreszierenden Licht umgeben. Dann fällt es zischend in den Staub.

Bruder Peregrine zeichnet einen Kreis in die Mitte einer Tafel. Der Kreis, so verkündet er, sei der marsianische Christus, und in dieser Gestalt würden sie ihn zum Mars bringen. Die Priester bauen eine Kirche bzw. sie errichten auf einem von Gestein geräumten Platz einen Altar und legen darauf einen feurigen Ball. Vergebens läuten sie eine Eisenglocke, versuchen, die Marsianer mit Musik herbeizulocken – sie kommen nicht. Doch als sie dann beten, beginnen sich die blauen Feuerbälle einzufinden. Sie erklären den Priestern, daß sie mit ihren Körpern zugleich auch die Sünde abgestreift hätten und der Religion nicht bedürften. Als Bruder Peregrine sie verläßt, denkt er bei sich: Wir könnten für euresgleichen keine Kirche bauen. Ihr seid die Schönheit selbst. Welche Kirche könnte sich mit dem Feuerwerk der reinen Seele messen?

Diese Beispiele aus Bradburys Werk sind in die Kategorie der moralisch höherstehenden Außerirdischen einzuordnen, zu denen auch Wells' friedliebende Seleniten, Eigels und Schusters Superman und die stummen, wohlgesinnten intelligenten Wesen aus Arthur C. Clarkes *2001 – Odyssee im Weltraum* gehören. Von jeher haben den Menschen Gestalten fasziniert, die nach anderen Wertvorstellungen handeln als er selbst – Märchenfiguren, Volkshelden. Das Neue ist in diesen Büchern der kosmische Schauplatz, die überweltliche Note, die er ihnen verleiht.

In vielen Science-fiction-Romanen kommt es zu einer in absoluter Schwarzweißmalerei simplifizierten kriegerischen Auseinandersetzung zwischen Gut und Böse, wobei das Böse oft von einer Autorität verkörpert wird, die mehr Züge der Vergangenheit als der Zukunft aufweist. Einige von Asimovs Büchern zeichnen den Konflikt zwischen dem Papsttum und dem Heiligen Römischen Reich nach, während im *Krieg der Sterne* ein einfacher Bauernbursche dank einer zufällig aufgefangenen Botschaft in die Lage versetzt wird, eine Prinzessin aus der Gewalt des berüchtigten Darth Vader, der wallende schwarze Gewänder und eine schwarze Metallmaske trägt, zu befreien – das Thema ist so alt wie das erste Märchen. Anachronistisch ist auch die Annahme der Science-fiction-Helden, daß sie ein unanfechtbares Recht zur Kolonisation des Weltalls haben.

Nichtsdestoweniger ist es eine Tatsache, daß Millionen Menschen überall auf der Welt lebhaftes Interesse für Science-fiction-Romane bekunden, die heute als typisches Genre unserer Zeit neben Kriminalroman und Spionagethriller stehen. Wie kam es dazu?

Ein Grund ist meines Erachtens, daß wir im wesentlichen in einer Welt von Großstadtbewohnern leben. Wenn sich Menschen fast nur noch in kleinen Räumen mit niedrigen Decken, überfüllten Büros und engen Autos aufhalten, genießen sie es, sich von alledem zu lösen und in den Kosmos mit seinen Lichtjahrhorizonten überzuwechseln. Außerdem leben wir in einer Welt der Spezialisierung, die unsere Freiheit bei der Arbeit sehr beschränkt. Auch dafür findet der Leser einen Ausgleich, wenn er die stark erweiterten Kräfte des Menschen im Raum betrachtet, sich mit ihm identifiziert. Dabei kann er überdies auf harmlose Weise seine Aggressionen abbauen. Der militante Chauvinismus, der den Planeten Z und Arcturus zu Feinden machte, wird bestimmt nicht zur Folge haben, daß New York, London und Paris durch Hitzestrahlen ausgelöscht werden.

Dazu kommt noch, daß wir in einer Welt individueller Phantasie leben. Nehmen wir einmal den Humor. Früher beruhte er auf der Übertretung akzeptierter Normen; heutzutage begegnen wir meist einem Humor à la Monty Python: Ein persönlicher Einfall blüht ein paar Minuten lang, wird dann von einem sich herabsenkenden riesigen Fuß ausgelöscht und sofort durch einen neuen ersetzt. Science-fiction ist deshalb so populär, weil sie dieser Tendenz mit einem Sortiment phantastischer Geschöpfe Rechnung trägt. Robert A. Heinleins Marsmensch zum Beispiel kann nur dann jemand anderem näher kommen, wenn er mit ihm oder ihr Wasser teilt – das Wasser in einem Glas, einer Badewanne, einem Schwimmbad, einem Fluß. Frank Herbert wiederum erfand die »Calibans«, denkende Sterne, die als Pforten zu den Weiten des Alls fungieren und niemals lügen; und es gibt sogar Betthunde und Stuhlhunde, Kreaturen mit sehr geringem Intelligenzgrad, die höheren Spezies als Schlaf- oder Sitzplatz dienen.

Erwachsene werden auf solche Charaktere je nach Geschmack vielleicht mit kühler Ironie oder auch mit gemäßigter Sympathie reagieren. Aber es wächst eine junge Generation heran, die von Filmen und Fernsehprogrammen, Comic-Heften und Romanen über die Abenteuer des Menschen im Weltraum geprägt ist und dieses Genre eher ernst nimmt. In ihren Schlafzimmern hängen Fotos von Captain Kirk vom *Raumschiff Enterprise;* ihr Wilder Westen liegt im Norden, hoch oben in einer fernen Galaxis, zu der Popmusik und Zukunftsfilme Schlüssel liefern. Wie wird sich die Science-fiction auf sie auswirken?

Zunächst einmal wird die Tatsache, daß Frauen im Universum so gut wie keine Rolle spielen, nicht spurlos an ihnen vorübergehen. Selbst die ältesten Sagen berichteten von Ehefrauen, die sich um das Feuer des häuslichen Herdes kümmerten, doch auf den Helden von *2001 – Odyssee im Weltraum* wartet keine Penelope an ihrer Strickmaschine, da Bowman wie der Rest der Mannschaft unverheiratet ist: Es wäre nicht fair, erklärt er, eine Frau sieben Jahre lang allein zu lassen. Körperliche Liebe ist also ausgeschlossen. Vielleicht kommt darin etwas von unserer Haltung gegenüber sexuellen Dingen zum Ausdruck. In höheren Regionen bei höheren Wesen existiert kein Sex! (Hier haben wir eine seltsame Ähnlichkeit mit der christlichen Überzeugung, wonach es im Himmel keine Ehe gibt.)

Wenn Frauen überhaupt im Weltraum auftauchen, dann gewöhnlich als Handelnde, die männlichen Wertvorstellungen verpflichtet sind, nicht als Hausfrauen und Mütter. Junge Leser könnten durchaus zu dem

Schluß gelangen, daß das Austragen und Großziehen von Kindern, verglichen mit dem berauschenden Erlebnis des Weltraumflugs, eine Aufgabe für »Kreaturen von niedrigem Intelligenzgrad« ist.

Auch Gott begegnen junge Menschen in diesem Genre auffallend selten, dafür wimmelt es allerdings von alternativen Religionen: In Frank Herberts Trilogie *Dune* besitzt jede von fünf hochentwickelten Arten ihre eigene Religion. Da das Christentum mit der westlichen Zivilisation und folglich mit der Erde identifiziert wird, muß es zwangsläufig unerwähnt bleiben; oft übergeht es der Autor auch, weil er meint, schon darüber hinaus gediehen zu sein. Ray Bradbury zum Beispiel vertraute Oriana Fallaci an: »Ich sage: *wir* sind Gott ... Ich sehe Gott als etwas, das auf dem Wege über unsere Sinne und Gedanken wächst und sich ausdehnt, das sterblich sein will, um zu sterben und wiedergeboren zu werden und aufs neue zu sterben und aufs neue wiedergeboren zu werden, das sich bewegen will, das auf der menschlichen Rasse beharren, sie aussäen und über den ganzen Kosmos ausbreiten will!«

Doch die angebotenen Religionen sind merkwürdig substanzlos und nur allzuoft heidnische Versionen gewisser Aspekte der christlichen Religion. Das ist zum Beispiel bei den »intelligenten Einheiten« in *2001 – Odyssee im Weltraum* der Fall; und wenn wir hören, daß Bowman »wiedergeboren« ist, jedoch für immer Teil des Wesens sein wird, das ihn »für seine unergründlichen Zwecke benutzte«, dann haben wir ein Déjà-vu-Gefühl; ein Sternenfluß hat den Jordan ersetzt.

Bei jungen Lesern könnte dies zur Folge haben, daß sie an allen Religionen zweifeln – zumal noch etwas hinzukommt. In Science-fiction-Büchern oder -Filmen sehen sie Wundertaten, die alles übertreffen, was im Neuen Testament beschrieben ist. Diese modernen Wunder bewirken also eine Entwertung der Wunder Christi. Es sei daran erinnert, daß manche Militärpfarrer im Zweiten Weltkrieg ernsthaft beunruhigt waren, weil viele junge amerikanische Soldaten ihr Vertrauen auf Superman setzten, einen Ersatzchristus, der die Maske eines schwächlichen Reporters abstreifen kann, um den Bedrängten zu Hilfe zu eilen. Die Soldaten verhielten sich so, weil es ihnen die Medien so leichtmachten, sich Superman vorzustellen, wohingegen Christus, der nur durch das geschriebene und gesprochene Wort zu erfassen war, eine Schattengestalt blieb. Eine ähnliche Verschiebung könnte sich heute wieder vollziehen. Eine Umfrage in englischen Schulen ergab erst kürzlich, daß Teenager eher an außerirdische Wesen mehr glauben als an Christus. Der Stall von Bethlehem ist für die Jugend etwas, was man ihr einzureden sucht, aber Froschmänner, die von der Venus kommen, sind real.

Es gibt allerdings noch andere Auswirkungen der Science-fiction. Grundlegende Fakten, die eine Herausforderung in sich bergen, so zum Beispiel die Natur des Menschen und der Sinn seines Lebens – Dinge, die in der normalen Fiktion als gegeben hingenommen werden können –, werden hier sozusagen mit Infrarotlicht fotografiert. Und – wie Aristoteles bemerkte – das Staunen ist der Beginn der Philosophie. Eines der allenthalben anzutreffenden Charakteristika des Genres ist das manchmal geradezu gierige Verlangen der Astronauten nach Unsterblichkeit. Soweit dies ein echtes Bestreben darstellt, das von jungen Leuten geteilt wird, könnte es sie dazu veranlassen, sich Gedanken über religiöse Zusammenhänge zu machen, die von jeher auf Unsterblichkeit gerichtet sind.

Wenn schließlich, wie ich glaube, die Essenz der Science-fiction die Begegnung mit anderen vernunftbegabten Wesen ist und nur die Intelligenz des Menschen imstande war, sich diese anderen vernunftbegabten Wesen vorzustellen bzw. sie zu erfinden, so geht das ganze Genre davon aus – gleichgültig, wie behavioristisch die Position des Autors auch immer sein mag –, daß der Mensch mehr ist als die Summe seiner Instinkte, daß er tatsächlich außer einem Körper und einer Intelligenz einen suchenden, hochfliegenden, zu Entscheidungen fähigen Geist besitzt. So vielfältig Schauplätze und Charaktere der Science-fiction auch sein mögen, eines ihrer immer wiederkehrenden Themen ist das Gefühl des Menschen, einsam und unerfüllt zu sein, seine Suche nach anderen Wesen oder einer übergeordneten Macht, die ihm zur Erfüllung verhelfen können. Und diese Fiktion stimmt mit der Wahrheit überein.

Viele Aspekte der Science-fiction sind trivial oder pures Talmiblendwerk. Aber das Genre insgesamt repräsentiert zweifellos eine sehr wichtige Erweiterung unseres Weltbildes. Der Mensch schreibt seine innersten Gedanken in großen Buchstaben auf die Galaxien, er tippt seine Visionen an den Nachthimmel wie auf einen Computerbildschirm. So viele Mythen über Sonne, Mond und Sterne wie jetzt hatte es, seit die Griechen ihre Geschichten über die Sternbilder zu erzählen begannen, nie mehr gegeben. Es bedurfte dazu eines kritischen Blicks auf übernommene Vorstellungen und Glaubensüberzeugungen, doch das ist nie schlecht. Wir schauen nun auf eine sehr aktive Art nach oben und nach draußen – nicht nur mit unseren Sinnen, unseren Instrumenten und unserem Verstand, sondern mit unserer ganzen reichen Einbildungskraft. Wir möchten das Gefühl haben, daß wir mit unserer gesamten Persönlichkeit zu diesem neu erweiterten Kosmos voller Überraschungen gehören.

14. Kapitel
Ein gewalttätiger Kosmos

Die Geburt eines Inselbergs – Kontinentaldrift – Unsere schützende Atmosphäre – Planeten stellen sich als unbelebt heraus – Enttäuschung für den Menschen – Seine Versuche, seinen Planeten zu retten – Sonne und Sonnenwind – Metamorphosen der Sterne – Eine Supernova – Urstern-elemente in unserem Körper – Die Radioastronomie eröffnet neue Horizonte – Pulsare und Schwarze Löcher – Die Galaxien – Die Reaktion des Menschen auf die neuen Phänomene – Ist unser Ahnstern jetzt ein Schwarzes Loch? – Interstellare Kommunikation – Die Wesen, die wir anzutreffen hoffen.

Auf dem sechsten Planeten, den Saint-Exupérys kleiner Weltraumreisender besucht, sitzt ein alter Herr, der ungeheure Bücher schreibt. Er ist Geograph und fordert seinen Gast auf, ihm seinen Heimatplaneten zu beschreiben.

»Oh, bei mir zu Hause«, sagte der kleine Prinz, »ist nicht viel los, da ist es ganz klein. Ich habe drei Vulkane. Zwei Vulkane in Tätigkeit und einen erloschenen. Aber man kann nie wissen.«

»Man weiß nie«, sagte der Geograph.

»Ich habe auch eine Blume.«

»Wir schreiben die Blumen nicht auf«, sagte der Geograph.

»Warum das? Sie sind das Schönste!«

»Weil die Blumen vergänglich sind.«

»Was heißt ›vergänglich‹?«

»Die Geographiebücher«, entgegnete der Geograph, »sind die wertvollsten von allen Büchern. Sie veralten nie. Es ist sehr selten, daß ein Berg seinen Platz wechselt. Es ist sehr selten, daß ein Ozean seine Wasser ausleert. Wir schreiben die ewigen Dinge auf.«

»Aber die erloschenen Vulkane können wieder aufwachen«, unterbrach der kleine Prinz. »Was bedeutet ›vergänglich‹?«

»Ob die Vulkane erloschen oder tätig sind, kommt für uns aufs gleiche hinaus«, sagte der Geograph. »Was für uns zählt, ist der Berg. Er verändert sich nicht.«

Dies ist der Hintergrund, vor dem folgendes Ereignis stattfand.

Am Morgen des 14. November 1963, einem Donnerstag, befand sich das Motorboot *Isleifur II* fünf Meilen westlich von Geirfugslasken, dem südlichsten Punkt Islands, auf Kabeljaufang. Die Meerestiefe beträgt dort ungefähr 130 Meter. Es ging kaum Wind, und die See war ruhig. Bei Tagesanbruch, kurz nach 7 Uhr, bemerkte die Mannschaft einen unangenehmen Schwefelgeruch in der Luft und beobachtete dann, wie südöstlich von ihnen etwas Seltsames geschah. Pechschwarze Materie wurde explosionsartig in bis zu sechzig Meter hohen Säulen aus dem Meer in die Luft geschleudert.

Der Kapitän gab eine Funkmeldung zum Festland durch, die besagte, daß auf dem Meeresgrund offenbar ein Vulkanausbruch im Gange sei, und kurz nach 10 Uhr trafen Flugzeuge am Schauplatz des Geschehens ein. Inzwischen war der Riß bereits 500 Meter lang, und die Eruptionen fanden an vier Stellen statt. Eine Stunde später waren die Säulen bis zu 150 Meter hoch, Blitze zuckten aus ihnen, und die Eruptionswolke erreichte eine Höhe von vier Kilometern, bevor der Nordwind sie aufzulösen begann. Schwarze Asche fiel aus der Wolke, und große, kreisförmige Wellen, die von der vulkanischen Materie gefärbt waren, breiteten sich aus, während auf der Leeseite der Eruption zischende graue Bimssteinstückchen schwammen.

Am nächsten Morgen erblickten Beobachter einen dunklen Fleck unter der Wolke. Als der Wind die Wolke wegblies, sah man, daß sich der nordwestliche Rand des Vulkankraters acht bis zehn Meter hoch über das Meer erhoben hatte. Hier fand eine Schlacht statt zwischen feuriger Lava, die ans Tageslicht drängte, und dem grauen Atlantik, der dies zu verhindern suchte.

Am 4. April 1964 begann der Vulkan, feuriges Gestein auszustoßen, und weiße Dampfwolken wirbelten in der Luft herum. Anfang des Sommers schossen bereits Fontänen weißglühender Lava in den Himmel, und Ströme flüssiger Lava rannen ins Meer. Diese Aktivität hielt drei Jahre an. Nach und nach bildete sich eine Insel, eine Quadratmeile groß und 180 Meter über dem Meeresspiegel, die im Norden aus geschichtetem Tuffstein und im Süden aus dünnen Lavaschichten bestand.

Die isländische Regierung nannte den Vulkan nach dem isländischen Feuergott Surtur und die Insel Surtsey. Die Geographen trugen diese Namen auf ihren Karten ein, die Geologen kamen, um das Land zu vermessen und Bodenuntersuchungen vorzunehmen, ein Dreizehenmöwenpärchen baute sein Nest auf den kahlen Felsen, und im Jahre 1969 blühte die erste Blume – eine hellilafarbene Rauke.

Die Geburt Surtseys beschäftigte die Vorstellungskraft der ganzen Welt, denn sie zeigte, wie sich die Erde vor rund 4,6 Milliarden Jahren entwickelt hatte. Damals setzte eine ähnliche Vulkantätigkeit Dampf frei, aus dem durch Kondensation Wasser wurde, nicht so viel, um alle

Landmassen zu bedecken, aber genug, um Ozeane zu bilden und damit eine feuchte Atmosphäre zu erzeugen. Der Vulkanismus produzierte auch Kohlendioxyd und andere Gase, die Pflanzen gedeihen ließen, für Tiere jedoch tödlich gewesen wären. Nach und nach wurde das Kohlendioxyd durch Einwirkung der Sonne auf das Pflanzenchlorophyll in den für höhere Lebensformen nötigen Sauerstoff umgewandelt.

Surtsey versorgte die Naturwissenschaftler außerdem mit Beweismaterial, das eine neue und buchstäblich welterschütternde Auffassung von der Erde bestätigte. Schiffe mit Echolotausrüstungen hatten vor nicht allzu langer Zeit einen vulkanischen Rücken entdeckt, der entlang den großen Tiefseebecken verläuft. Dieser sogenannte zentralozeanische Rücken erstreckt sich in vielen Windungen über insgesamt 72000 Kilometer. Er ist wie eine Kette von Vulkanen durch Hitze aus dem Erdinneren aufgeworfen worden, und diese noch immer vorhandene Hitze bewirkt, daß der Rücken anwächst und dabei den Meeresboden zu beiden Seiten nach außen schiebt.

Man stellte fest, daß der Meeresboden ein Muster mehr oder weniger regelmäßiger magnetischer Bänder aufwies, die sich in Stärke und manchmal auch Richtung der Magnetisierung unterschieden. Es war bekannt, daß die Erde während ihrer langen Geschichte mehrmals die Richtung ihres Magnetfeldes geändert hatte, und im Geburtsjahr der Insel Surtsey wiesen zwei britische Geophysiker darauf hin, daß das Muster der Bänder möglicherweise die Änderungen des Erdmagnetfeldes widerspiegele, die sich dem sich unter Druck ausdehnenden Meeresboden eingeprägt hätten. Falls das zutreffe, könne man von den Bändern der magnetischen Abweichungen die Entwicklung der Weltmeere ablesen wie von den Ringen eines Baumstumpfes den Wachstumsprozeß des Baumes.

Die Theorie wurde überprüft, und die Ergebnisse zeigten, daß die Europa und Nordamerika betreffenden magnetischen Abweichungen unter der Annahme miteinander in Einklang gebracht werden konnten, daß Amerika und Europa vor 200 Millionen Jahren verbunden waren und Amerika seither als Folge der Ausdehnung des Meeresbodens langsam um 30 Grad westwärts gewandert war. Weitere Indizien wiesen darauf hin, daß die Kontinente einst einen Superkontinent gebildet hatten, den einige Geologen Pangaea nannten.

Was war die Ursache für den Zerfall dieses Urkontinents? Das gleiche

Element, das Strahlen durch Becquerels geschlossenes Kästchen sandte und seine fotografischen Platten belichtete. Uran und sein naher Verwandter Thorium geben ungeheure Mengen Wärme ab, wenn sie tief in der Erde zerfallen. Diese intensive Wärme bewirkte, daß sich der Superkontinent in sechs Gesteinsplatten spaltete, von denen jede teils Festland, teils Ozean war. Die Platten sind Eurasien, Afrika, Amerika, die Antarktis, der Pazifik und Indien-Australien. Fünfzig Kilometer dick, sitzen sie auf einer 700 Kilometer dicken Schicht aus rotglühendem Gestein, das unter dem Einfluß des Uran- und Thoriumzerfalls ständig durcheinandergeschüttelt wird. Die Platten bewegen sich noch immer voneinander fort und aufeinander zu – ungefähr zwei Zentimeter pro Jahr –, und hier und da auftretende Verwerfungen machen sich in Form von Erdbeben oder Vulkanausbrüchen bemerkbar. Gewöhnlich finden sich solche Verwerfungen entlang dem zentralozeanischen Rükken, an deren Rand tiefe Spalten, die Tiefseegräben, liegen. An einem solchen Punkt entstand Surtsey.

Das Weltbild, wie man es uns in der Schule vermittelt, hat normalerweise nicht viel Wunderbares, aber wenn wir als Erwachsene ein neues erschließen, kann es eine faszinierende Wirkung haben. Ich jedenfalls staune darüber, daß selbst ein Kontinent »kurzlebig« sein kann, daß es »Festland« im strengen Sinne nicht mehr gibt, daß wir wie kanadische Holzfäller auf sechs schwankenden Flößen über eine Reihe von Stromschnellen gleiten. Ich staune über die radioaktive Wärme, die diese Flöße antreibt, und auch darüber, daß sie dem Menschen so relativ wenig Schaden zufügt: In den vier Jahrhunderten zwischen 1500 und 1900 kamen durch Vulkanausbrüche nur 190000 Menschen ums Leben.

Das Feuer, aus dem Surtsey entstand, die ständige Bewegung der Kontinente sind ein geeigneter Ausgangspunkt für eine imaginäre Reise durch unser Weltbild – in den Kosmos, wie ihn die Astronomen jetzt kennen, denn auch dort treffen wir auf dieselben Elemente von Feuer und Bewegung.

Unsere Reise beginnt in der Erdatmosphäre. Sie ist etwa viermal so hoch wie der Mount Everest und ermöglicht uns nicht nur das Atmen, sondern hält auch die Erdtemperatur in einem gleichförmigen Rahmen, verwandelt durch Erosion Fels in Ackerkrume und gewährleistet einen Rhythmus von Regen und Sonnenschein, der unsere Feldfrüchte gedeihen läßt. Ihre äußerst komplexen Langzeitfluktuationen hängen teilweise von einem Magnetfeld ab, das durch den sich langsam drehenden Eisenkern im Erdinnern erzeugt wird, und trotz ihrer scheinbar so ätherischen Beschaffenheit haben die vielfältigen Bewegungen, mit denen sie über Berg und Tal streicht, die Macht, die Erdumdrehung um eine Tausendstel Sekunde pro Tag zu beschleunigen oder zu verlangsamen.

In fünfzig Kilometern Höhe treffen wir auf eine dünne Ozonschicht. Ozon ist ein sehr seltenes, scharfriechendes Gas, das durch die Einwirkung ultravioletter Sonnenstrahlen auf Sauerstoff entsteht; von Sauerstoff unterscheidet es sich nur dadurch, daß es drei Atome pro Molekül hat statt zwei. (Es handelt sich bei ihm nicht um den »Ozon«, den wir am Meeresstrand so erquickend finden – jene nach Tang riechende, salzige Luft, die denselben Namen hat, weil »Ozon« im Griechischen »das Duftende« bedeutet.) Das Gas Ozon ist giftig; in tieferen Schichten und größeren Mengen erzeugt, würde es den Menschen töten; aber in dieser Höhe und in der geringen Konzentration, in der es auftritt (eins zu vier Millionen), bildet es einen Schild gegen die todbringenden ultravioletten Strahlen der Sonne. Denn die Sonne bedeutet nicht nur Leben, sondern auch Tod; und der erstaunliche Ozonschild läßt das Leben passieren und versperrt dem Tod den Weg.

Als nächstes kommen wir in die Ionosphäre. Auch sie ist eine Schutzhülle – aus elektrisch geladenen Atomen, den Ionen. Sie hält kosmische Strahlen von uns ab, die energiereichen Primärteilchen, die durch den Weltraum ziehen. Um eine Vorstellung von ihrer Stoßkraft zu geben, sei erwähnt, daß ein solches Partikel, das in einer Wolkenkammer im Hochland von Bolivien fotografiert wurde, fünf Eisenplatten von jeweils einem halben Zoll Dicke durchschlug, bis es in der sechsten Platte mit einem Eisenkern kollidierte. Ohne seine Ionosphäre wäre der Mensch längst der sengenden Hitze auf der Erde erlegen oder unfruchtbar.

In der Ionosphäre sind die nächsten Objekte Meteore, manchmal auch Sternschnuppen genannt. Man hält Meteore für Fragmente von Kometen. Wenn sich ein Komet auf die Sonne zubewegt, verdunstet etwas von dem gefrorenen Gas, und es löst sich ein Teil der Fels- oder Eisenbrocken, aus denen er besteht; diese werden von der Schwerkraft der Erde angezogen, verglühen durch die Reibung der Ionosphäre und sind gewöhnlich verdampft, bevor sie den Erdboden erreichen.

Oberhalb der Sternschnuppen ziehen mehr als zweitausend vom Menschen hergestellte Satelliten ihre Bahn. Einige beschaffen uns die Wetterkarte von morgen. Andere – wie die »Augen und Ohren« der persischen Könige – betreiben Spionage. Manche befördern Instrumente, die unser Weltbild erweitern sollen. Einer, so hofft man, wird bald mit einem Laserreflektor ausgestattet sein, der es ermöglicht, jener Verschiebung der Kontinente um drei Zentimeter pro Jahr auf die Spur zu kommen. Und verschiedene übertragen die beim Fernsehen verwendeten Radiowellen und sind für interkontinentale Telefonverbindungen zuständig. Indem die Satelliten den Völkern der ganzen Erde eine Möglichkeit verschaffen, gleichzeitig wichtige Ereignisse verfolgen zu können, sind sie das Korrektiv des Menschen für den Turm von Babel.

Bei tausend Kilometer Höhe geraten wir in den eigentlichen Raum, lassen den Mond hinter uns und streben dem Mars zu. In den sieben Jahren zwischen der Mondlandung und der ersten Analyse einer Bodenprobe vom Mars sprachen die Wissenschaftler voll Überzeugung davon, daß man auf diesem Planeten Leben finden werde; die einzige Frage war, was für eine Form von Leben?

Im Juli 1976 setzte Viking 1 ein vierbeiniges, einarmiges Landungsgerät auf marsianischem Boden ab, das mit allen möglichen Antennen und elektronischen Fühlern sowie mit einer Kamera ausgerüstet war. Es zeigte sich, daß die Oberfläche des Mars eine orangerote Felswüste ist, deren Farbe durch einen dünnen Eisenoxydbelag auf Steinen und Partikeln hervorgerufen wird. Es gibt vulkanische Krater, doch falls je Wasser aus ihnen gekommen sein sollte – jetzt sind sie trocken. Die sogenannten Kanäle, von denen einige Astronomen noch in den dreißiger Jahren vermuteten, daß sie von intelligenten Marsbewohnern angelegt worden seien, entpuppten sich als optische Täuschung, und Flecken, die man früher auf Vegetation zurückgeführt hatte, waren – wie sich nun herausstellte – nichts weiter als dunkle Streifen von Oberflächenstaub, den starke Winde angetrieben hatten. Im großen und ganzen vermittelt der Mars den Eindruck eines rostigen Mondes.

Das düstere Bild wird durch zwei den Mars umkreisende kraterübersäte Himmelskörper, von denen der größte nur 27 Kilometer Durchmesser aufweist, noch verstärkt. Sie heißen Phobos und Deimos (Angst und Schrecken) und waren ursprünglich Kugeln, die jedoch durch Kollisionen mit interplanetarischen Gesteinskörpern mittlerweile ungleichmäßig ellipsoide Formen angenommen haben. Sie sehen aus wie narbige Symbole des Verfalls, und wenn wir Fotografien von ihnen sehen, wird uns verständlich, warum wir runde Körper, die uns den Eindruck von etwas Perfektem, Dauerhaftem vermitteln, bevorzugen.

Der Arm des Landungsgeräts streckte sich in einer vorprogrammierten Bewegung aus, hob eine Handvoll Marserde auf und analysierte sie auf drei verschiedene Arten, um festzustellen, ob sie Spuren von Leben enthielt. Die Wissenschaftler warteten gespannt, und als die Ergebnisse durchkamen, teilte jedermann ihre Enttäuschung. In der Marserde gibt es keine organischen Verbindungen, auf dem Mars existiert keine Vegetation, kein Leben. Unser nächster Nachbar hat weder Rauken noch Heckenrosen, weder Dreizehenmöwen noch Feldlerchen, nur Wüste und Staub – noch nicht einmal Säulenkakteen, die einen öden Horizont mit dem rosagetönten Marshimmel verbinden könnten.

Die Marsatmosphäre erwies sich ebenfalls als enttäuschend. Sie ist sehr dünn, besteht zu 95 Prozent aus Kohlendioxyd und enthält weniger als ein halbes Prozent Sauerstoff im Vergleich zu den 20 Prozent auf der Erde. Die dünne Atmosphäre läßt die Sonnenwärme entweichen, so daß die Durchschnittstemperatur sehr niedrig ist: minus 25 Grad Celsius. Der Mensch könnte auf dieser rostfarbenen Antarktis landen, aber er könnte dort nicht leben, wenn er nicht Luft, Nahrungsmittel, Wasser und Heizmaterial mitbrächte.

Der nächste Planet auf unserer Route ist die Venus, dieser Punkt am morgendlichen und abendlichen Firmament, der so hell ist, daß ihn der Mensch zum Symbol der erfüllten Liebe gemacht hat. Wieder erhoffte man sich viel, denn die Venus ist beinahe so groß wie die Erde und könnte daher durch vulkanische Tätigkeit eine Atmosphäre schaffen und diese durch ihre Anziehungskraft halten.

Das erste, was die Kameras der Raumsonden erfaßten, waren dichte, fahlgelbe Wolken von 50 Kilometern Dicke: Diese Wolken reflektieren das Sonnenlicht und machen die Venus nach dem Mond zum hellsten Himmelskörper unseres Planetensystems. Sie haben mit den uns bekannten in ihrem Erscheinungsbild wenig gemein. Sie bestehen hauptsächlich aus kleinen Schwefelsäuretropfen und werden unaufhörlich von Blitzen – bis zu 25 Schläge in der Sekunde – und seltsamen chemischen Feuern zerrissen.

Und der Planet selbst? Zwar landeten zwei Raumsonden und fotografierten die Oberfläche, doch ihre Instrumente setzten in der sengenden Venushitze von 475 Grad Celsius nach einer Stunde aus. Aber Radaraufnahmen zeigten, daß die Venus von Kratern überzogen ist, einen Berg aufweist, der höher ist als der Mount Everest, und einen Canyon, der größer ist als alle uns bekannten. In ihrer Atmosphäre, die hauptsächlich aus Kohlendioxyd besteht, könnte der Mensch nicht atmen.

Auch wenn wir uns vor der Hitze schützen könnten, fänden wir auf der Venus kein Wasser, wahrscheinlich keinen Sauerstoff und natürlich keinerlei Vegetation. Die Schwefelsäuretröpfchen würden unsere Haut verbrennen, und der atmosphärische Druck würde uns töten: Es wäre, wie wenn wir in tausend Meter Tiefe aus einer Taucherglocke aussteigen wollten.

Wie kommt es, daß die Venus der Erde so wenig ähnlich ist? Nun nimmt sie in gewisser Hinsicht ohnehin eine Sonderstellung ein, indem sie im Gegensatz zu anderen Planeten gegen den Uhrzeigersinn rotiert. Vielleicht unterscheidet sie sich in ihrem Aufbau von unserer Erde und enthält mehr Schwefel. Vielleicht konnte der durch die vulkanische Tätigkeit freigesetzte Wasserdampf wegen der größeren Sonnennähe nicht zu Tropfen kondensieren, so daß es nichts gab, was das Anwachsen der Kohlendioxydatmosphäre hätte verhindern können. Außerdem bleibt das wenige Sonnenlicht, das die Schwefelsäurewolken der Venus durchdringen kann, als Hitze zurück, ganz ähnlich wie in einem Gewächshaus, nur daß hier kein Leben gedeiht. Die Namensgeber haben sich entschieden geirrt. Der »feurige« Mars ist eiskalt, und der Planet, den man mit dem Bild einer dem Meer entsteigenden nackten Göttin verbindet, ist von Wolken umhüllt, trocken und sengend heiß.

Der letzte der inneren Planeten, Merkur, besteht vor allem aus Nickel und Eisen; von Meteoren zernarbt, weist er keine sicheren Anzeichen für Vulkanismus auf und besitzt praktisch keine Atmosphäre. Während die Hitze der Venus durch die Wolkenschicht Tag und Nacht erhalten bleibt, unterliegt die Temperatur auf dem wolkenlosen Merkur ungeheuren Schwankungen: Während des Tages, der 175 Erdtagen entspricht, steigt sie auf 400 Grad Celsius, und nachts fällt sie auf minus 200 Grad Celsius. Damit wird Merkur während seiner Umlaufzeit zu einer zweifachen Hölle.

Wir entfernen uns weiter und erreichen den Abschnitt, in dem kleine Planeten, die sogenannten Asteroiden, um die Sonne kreisen. Der größte, Ceres, hat einen Durchmesser von etwa 770 Kilometern, aber die meisten der zweitausend anderen, die groß genug sind, wissenschaftlich erfaßt zu werden, haben nur sehr geringe Durchmesser von wenigen Kilometern. Einige haben eine an Silikaten reiche Oberfläche wie die Erde, aber keiner ist groß genug, um einen Vulkan entstehen zu lassen, wie ihn der kleine Prinz bei Saint-Exupéry besaß.

Wir nähern uns Jupiter, der seinen Namen zu Recht trägt, da er größer ist als alle anderen Planeten zusammen. Er kommt dem Limit, das den Planeten gesetzt ist, äußerst nahe: Wäre er nur etwas größer, so hätte er durch einen Gravitationskollaps »Feuer gefangen« (wir kommen auf diesen Vorgang noch zurück) und wäre ein Stern geworden. Jupiter besteht hauptsächlich aus flüssigem Wasserstoff und Helium und hat keine feste Oberfläche. Seine Wolkendecke ist einhundert Kilometer dick, äußerst turbulent und von weißen, rötlichbraunen und roten Bändern und Streifen durchzogen. Sein markantestes Merkmal ist der große rote Fleck, der im Jahre 1857 von W. R. Dawes entdeckt wurde, möglicherweise allerdings schon im Jahre 1664 von Robert Hooke gesichtet worden ist. Lange Zeit nahm man an, daß es sich dabei um einen Wirbel handle, der sich über einem Gebirge oder einer tiefen Senke gebildet habe. Aber wie wir jetzt wissen, besitzt der Jupiter keine Landmassen, die solche Formen hervorbringen könnten; manche Wissenschaftler halten den roten Fleck für ein rotierendes atmosphärisches Gebilde von 45 000 Kilometern Länge, das in veränderlicher Form schon seit Jahrhunderten existiert.

Die Wolken des Jupiter enthalten etwas Wasser, aber sie sind so turbulent, daß in ihnen mit aller Wahrscheinlichkeit kein Leben entstehen könnte. Der Mensch würde bei einer Temperatur von minus 145 Grad Celsius erfrieren.

Der Jupiter ist nicht nur ein toter Planet, er verbreitet auch Tod in Form kosmischer Strahlen, die das riesige Magnetfeld des Planeten einfängt und wieder freigibt. Diese Strahlen bombardieren die vier größten Jupitermonde; der Mensch könnte also nie auf ihnen landen.

Doch die Monde sind interessant. Drei sind von einer Hülle aus gefrorenen Gasen bedeckt, während Io, der so groß ist wie unser Mond, eine Schicht aus Schwefel und Schwefeldioxyd aufweist. Io ist außer der Erde der einzige Himmelskörper im Sonnensystem, der aktive Vulkane besitzt. Die Eruptionen eines dieser Vulkane erreichten die erstaunliche

Höhe von 280 Kilometern. Vulkane sind gewöhnlich Kennzeichen für eine im Inneren stattfindende geologische Aktivität, aber die Vulkantätigkeit auf Io wird wahrscheinlich von außen verursacht. Während Io zwischen seinen Geschwistermonden und Jupiter hindurchläuft, wirken verschiedene Anziehungskräfte auf seine Oberfläche ein und dehnen und erhitzen sie bis zur Eruption.

Die restlichen Planeten sind so weit entfernt, daß wir wenig von ihnen wissen, aber schon das wenige läßt uns erschauern. Saturn hat eine ähnliche Zusammensetzung wie Jupiter. Er ist von Hunderten von Ringen umgeben, die aus festen Eis- und Gesteinspartikeln bestehen; einer der äußeren ist kunstvoll verschlungen wie ein dreistrangiges Seil, was die Wissenschaftler verwirrt, Leonardo bei seiner Vorliebe für Knoten aber sicher entzückt hätte. Uranus und Neptun bestehen aus flüssigen Gasen, die für den Menschen tödlich sind. Alle diese Planeten sind so kalt, daß sie ein auf Wasser aufbauendes Leben nicht zulassen. Pluto, der entfernteste und kleinste, ist mit einer geschätzten Temperatur von minus 230 Grad Celsius auch der kälteste.

Bevor wir unsere Reise fortsetzen, wollen wir die Auswirkungen dieser neuen Entdeckungen betrachten.

Seit 1600 (nachdem Giordano Bruno es gewagt hatte, von bewohnbaren Planeten zu sprechen) hatte der abendländische Mensch stets damit gerechnet, irgendwo im Sonnensystem Leben anzutreffen – nicht unbedingt menschliches Leben. So läßt zum Beispiel Anthony Trollope in *Barchester Towers* Bertie Stanhope sagen: »Warum sollte es auf der Venus nicht eine Rasse von Salamandern geben? Und auch wenn auf dem Jupiter nur Fische leben sollten – warum sollten die Fische dort nicht genauso bewußte Geschöpfe sein wie Mann und Frau hier?«

Die Entdeckung, daß auf den anderen Planeten keinerlei Leben existiert, daß die Himmelskörper, die einst als lebende Götter und Göttinnen verherrlicht wurden, nur pockennarbige öde Gesteinsmassen sind, war ein Schock für die Menschheit. Natürlich drückt man einen solchen Schock nicht in Worten oder Bildern aus, zumindest nicht sofort. Aber er ist da und mit ihm ein Gefühl der Verlassenheit.

Dazu kommt, daß der Mensch statt verwandter Welten fremdartige Himmelskörper angetroffen hat, leblose Planeten, die auch ihm keine Lebenschance bieten, sondern nur die Gefahr, auf verschiedenste Art zu sterben: durch Erfrieren, Ersticken, in Wirbelstürmen oder Säureregen. Es ist eine bittere Wahrheit, daß die Planeten unwirtliche, feindselige Orte sind.

Die Angst vor ihnen bewirkte, daß der Mensch sich um den Fortbestand seiner Rasse zu sorgen begann, vor allem um die Erhaltung jenes Gemischs, das er zum Atmen braucht und das anderen Planeten fehlt. Mit Schrecken stellte er fest, daß er seine Sauerstoffversorgung gefährdete, wenn er weiterhin ganze Wälder abholzte, daß er alles Leben vergiften würde, wenn er die Luft seiner Städte durch alle möglichen Verunreinigungen weiterhin in Smog verwandelte. Wenn er fortfuhr, im bisherigen Umfang Spraydosen zu benutzen, bestand vielleicht die Gefahr, daß das Difluordichlormethan bis zum Ende des Jahrhunderts die Ozonschicht der Erde gefährdete und die menschliche Rasse der Gefahr aussetzte, durch ultraviolette Strahlung unfruchtbar zu werden. Wenn er nicht etwas unternahm, würde seine Welt zugrunde gehen.

Wir haben unsere Lektion gelernt und entfalten neue Aktivitäten. So wie Saint-Exupérys kleiner Prinz täglich die Vulkane auf seinem Asteroiden putzt, so begrenzen wir die Anwendung von Aerosolen, Giftstoffen und Entlaubungsmitteln. Wir säubern das Mittelmeer, Flüsse und Seen und starten Aktionen wie »Pflanz einen Baum!«. Wir wollen nicht, daß unser Planet so unwirtlich und lebensfeindlich wird wie seine Nachbarn.

Eine weitere Reaktion ist der Trend zur »natürlichen Ernährung« bzw. zu Nahrungsmitteln, von denen die Werbung behauptet, daß sie die »natürlichen Kräfte der Erde« enthalten: Vollkornbrot, Tomaten, die ohne chemische Düngemittel gezogen wurden, Äpfel von Bäumen, die nicht mit Insektiziden in Berührung kamen. Auch eine steigende Nachfrage nach homöopathischen Mitteln und Kräuterkosmetika ist festzustellen. Dieser Trend begann vor ein paar Jahren, und unser Wissen darum, wie öde andere Planeten sind, hat vielleicht ein wenig dazu beigetragen.

Wir kehren zurück in unser imaginäres Raumschiff und reisen zu dem Stern, den wir die Sonne nennen und von dessen Kraft alles, was wir bisher betrachtet haben, abhängig ist. Wie entstand die Sonne?

Wenn Gas- und Staubwolken durch die kalten Weiten des Raums treiben, treffen sie manchmal aufeinander. Dann verdichten sich die Wolken, und ihre Gase bilden lokale Zusammenballungen. Die Anziehungskraft bewirkt eine weitere Kontraktion und die Rotation der Materie. Mit fortschreitender Ballung verwandelt sich die Gravitationsenergie in Wärme, und sobald die Temperatur im Zentrum der rotierenden Masse 10 Millionen Grad Celsius erreicht, setzt eine Kernreaktion ein. Wasserstoffkerne verschmelzen zu Heliumkernen, und die bei diesem Prozeß frei werdende Energie ist es, die die Sonne »antreibt«.

Die Hitze des Gases im Zentrum steigert den Druck, den es auf seine Umgebung ausübt; dieser Druck wirkt der nach innen gerichteten Schwerkraft entgegen und verhindert, daß die Sonne schrumpft. Ein vollkommenes Gleichgewicht zwischen thermonuklearer Wärme und Gravitation ließ die Ausstrahlung der Sonne 5 Milliarden Jahre lang konstant bleiben und wird sie noch einmal solange konstant erhalten. Je größer ein Stern ist, desto schneller verbrennt er seine Energie; wäre die Sonne 25 Prozent größer, hätte sie schon aufgehört zu scheinen.

Abgesehen von dem perfekten Gleichgewicht, das in ihrem Inneren herrscht, ist die Sonne keineswegs jener vollkommen geformte, unveränderliche Körper, der dem Menschen so lange vorschwebte. Ihre Oberfläche ist durch lokale Turbulenzen magnetischer Felder zerrissen, die riesige Gasschleifen (Protuberanzen) eine Million Kilometer hoch schleudern können, wobei das magnetische Hauptfeld alle elf Jahre seine Richtung ändert. Dies bewirkt die Entstehung der Sonnenflecken – kühlerer Stellen der Sonnenoberfläche –, die vier oder fünf Jahre nach der Umpolung in gehäufter Form auftreten und das Wetter auf der Erde in einer bis jetzt noch nicht geklärten Weise beeinflussen.

Neben Wärme und Licht sendet die Sonne auch den Solarwind aus, einen ständigen Strom geladener Teilchen, die fünf Tage benötigen, um die Erde zu erreichen. Das alte Rätsel, warum ein Kometenschweif manchmal vor dem Kometen fliegt, ist heute gelöst: Der solare Wind lenkt ihn in eine der Sonne abgewandte Richtung. Wenn sich der Sonnenwind der Erde nähert, drückt er die Ionosphäre zusammen, was unser Wetter beeinflußt, und wird vom Magnetfeld der Erde zum Nordpol und zum Südpol abgelenkt; so entsteht das Nordlicht, das Gregor von Tours in Schrecken versetzte und Charlotte Brontë neue Kraft verlieh.

Die Griechen behaupteten, daß der Mensch das Feuer den Göttern gestohlen habe. Heute wissen wir es besser: Das Feuer oder zumindest seine Grundlage wurde uns in Form von fossilen Brennstoffen – gespeicherter Sonne – übergeben. Doch diese Reserven erschöpfen sich, und der Mensch hat begonnen, sich Sorgen darum zu machen. Er kennt nun Fotografien von den eisigen Randplaneten und kann sich eine erkaltete Welt leicht vorstellen.

Die Sonne nimmt jetzt im Bewußtsein des Menschen eine Stellung ein, wie sie sie seit der Erbauung der Cheopspyramide nicht mehr innehatte. In Culgoora (Australien) sind in einem Kreis von neun Kilometern Umfang 96 sich selbst ausrichtende Radioteleskope mit einem Durchmesser von je fünfzehn Metern angeordnet, die einmal pro Sekunde eine Messung der magnetischen Aktivität der Sonne vornehmen. Wir haben begonnen, neuartige Häuser mit Wärmereflektionsfiltern aus Indiumoxyd zu bauen, die die Sonnenenergie auffangen können. Wir planen, ein Solarzellenkraftwerk auf eine geostationäre Umlaufbahn zu bringen, das mittels eines Mikrowellenstrahls Sonnenenergie zur Erde leitet. In naher Zukunft werden wahrscheinlich riesige Parabolspiegel über die Wüsten der Erde verteilt sein, die die Sonnenwärme für den Menschen einfangen und weiterleiten. Und zweifellos ist dies erst der Anfang.

Wir verlassen das Sonnensystem und wenden uns den Sternen zu. Die meisten Sternbilder, deren Namen auf die Griechen zurückgehen, haben, wie wir jetzt wissen, keinen interstellaren räumlichen Bezug: Sie wurden einander nur durch das Auge des Menschen zugeordnet. Aber der Orion ist eine echte Konstellation in einem bestimmten Teil des Raums.

Die elf hellsten Sterne, die Gürtel und Schwert des Orion bilden, entstanden wie unsere Sonne aus Gaswolken: Eine dieser Wolken, der Orionnebel, umgibt den zentralen Stern des Schwerts. Der rechte Fuß Orions, der Stern Rigel, ist blau. Seine Farbe erklärt sich daraus, daß er mehr Masse besitzt als unsere Sonne, und solche Sterne verbrauchen ihren Kernbrennstoff schnell und erzeugen so viel Wärme, daß sie uns blau erscheinen. Die drei Sterne im Gürtel sind heller als die drei des Schwertes, weil sie älter sind und bereits ihren gesamten Wasserstoff im Zentrum in Helium umgewandelt haben. Bei diesem Prozeß wird der Kern des Sterns mit Helium-»Asche« überladen; wenn die Asche schließlich ein Zehntel der Sternmasse ausmacht, wird die Gravitation so stark, daß der Kern schrumpft und mehr Wärme frei wird, die sich als intensivere Helligkeit darstellt.

Doch dieses plötzliche Aufleuchten ist nach kosmischen Zeitbegriffen nur von kurzer Dauer. Während die Gravitation den Kern weiter schrumpfen läßt, dehnt sich die äußere Hülle des Sterns aus und kühlt dabei ab, und der Stern bekommt eine rötliche Färbung. Der Stern, der die linke Schulter Orions markiert, Beteigeuze, befindet sich in diesem Stadium; sein Durchmesser ist mehr als dreimal so groß wie der Abstand zwischen Sonne und Erde. Er wird als »roter Superriese« eingestuft.

Auch die Rotphase ist von kurzer Dauer. Mit fortschreitender Verdichtung des Sterns bewirkt der erhitzte Kern, daß sich Helium in Kohlenstoff umwandelt. Die Temperatur steigt weiter, und die äußeren Schichten des Sterns dehnen sich aus, bis sie sich nach und nach als große schalenförmige Gaskörper von ihm lösen und in den Weltraum abgestoßen werden. Ohne die äußere Umhüllung ist der Stern klein, sehr dicht und weißglühend; daher die Bezeichnung »weißer Zwerg«. Die Abkühlung erstreckt sich über Milliarden Jahre, und der Stern wird zunächst gelb, dann rot und schließlich unsichtbar.

Normalerweise »sterben« so die Sterne. Doch ein Stern, dessen Masse mindestens zehnmal größer ist als die der Sonne, ein sogenannter »Superriese«, stirbt einen spektakuläreren Tod. Wenn sich in seiner letzten Phase der Kern zusammenzieht, verwandelt die erhöhte Gravitation Kohlenstoff in Silikon und dieses wiederum in Eisen, das zu schwer ist, um durch Kernfusion Energie zu erzeugen. In diesem Stadium geht keine Energie mehr vom Kern aus, die die Gravitation kompensieren könnte. Diese erhitzt den Kern so weit, daß die Eisenatomkerne zerfallen und die äußeren Schichten des Sterns absprengen. Dadurch wird der Stern milliardenfach heller als die Sonne, seine Oberfläche vergrößert sich an einem Tag millionenfach, und er schleudert Materie mit Geschwindigkeiten von mehr als fünftausend Kilometern in der Sekunde in den Raum. Solch eine Explosion ereignet sich in unserer Galaxis etwa alle dreißig bis fünfzig Jahre; eine wurde von Tycho Brahe beobachtet. Er gab dieser Erscheinung den Namen Nova, was eigentlich »neu« bedeutet, obgleich es sich um einen sterbenden Stern handelt. Heutzutage sprechen die Astronomen in derartigen Fällen von einer »Supernova« und gebrauchen die Bezeichnung »Nova« für sehr viel kleinere stellare Teilexplosionen.

Eine Supernova ist für den Menschen ein sehr interessanter Vorgang, denn in ihrem Verlauf werden Elemente wie Kohlenstoff und Silikon, die in ihrem Kern entstanden, zusammen mit weitaus komplizierteren und schwereren Elementen wie Gold, Blei und Uran, die aus den Kernfusionen während der Explosion hervorgegangen sind, in den Weltraum hinausgeschleudert. Diese Elemente verbinden sich mit dem Wasserstoffgas im All und verdichten sich mit der Zeit zu einem neuen Stern. Dieser Stern »der zweiten Generation« besteht wie der erste vornehmlich aus Wasserstoff, der zu Helium verschmelzen wird, aber er enthält auch schwerere Elemente aus dem explodierten Stern der ersten Generation. Wir wissen, daß unsere Sonne Elemente wie Eisen und Gold enthält, was beweist, daß sie ein Stern der zweiten Generation ist.

Die gleiche Materie, aus der die Sonne besteht, hat vermutlich auch unser Planetensystem gebildet. Die Zusammensetzung richtete sich nach der Größe. Auf kleinen Planeten wie der Erde mit ihrer geringen Gravitation verflüchtigten sich leichte Elemente wie Wasserstoff, und schwerere Elemente – diejenigen, die beim Tod des Sterns der ersten Generation entstanden – blieben zurück. Das sagen die Astrophysiker.

Es ist eine faszinierende Geschichte. Selbst ein Dichter hätte kaum zu behaupten gewagt, daß die Erde mit den Sternen verwandt ist, daß sie vielleicht aus einem ungeheuer weit entfernten Bereich unserer Milchstraße stammt, in dem einst ein Stern blendend hell aufleuchtete und zerbarst. Aus welcher Eingebung heraus hätte der Dichter sich vorstellen sollen, daß der beinahe unfaßbar schwere Kern der Erde ursprünglich ein riesiger Schwarm von Eisenatomen war, die einst in grandioser Einsamkeit durch das Weltall flogen, nachdem sie aus dem zerfallenden heißen Körper eines Sterns hervorgegangen waren? Pindar, der Goldadern mit der Sonne in Verbindung brachte, hätte sich niemals dazu verstiegen, den Ursprung der Erde in einer anderen Sonne zu suchen.

Doch damit sind die verblüffenden Zusammenhänge noch nicht erschöpft. Unser Körper enthält drei Gramm Eisen, drei Gramm silberweißes Magnesium und kleinere Mengen Mangan und Kupfer. Diese Elemente, deren Atome, ihrer Größe entsprechend, zu den schwersten in unserem Körper gehören, haben den gleichen Ursprung – einen längst nicht mehr existierenden Stern. In uns allen ist etwas von einem Stern.

Von neuem staunend, betrachte ich den Nachthimmel. Vielleicht bin ich im Vergleich mit den Himmelskörpern nur ein Partikel, von dem nächsten durch leeren Raum von solcher Weite getrennt, daß alle von Menschen je durchmessenen Entfernungen zusammengenommen ihn nicht überbrücken könnten, und doch hängt der Akt des Schauens und

Staunens von Atomen in mir ab, die sich auch in vielen Sternen befinden. Ich sehe die Sterne dank eines Sterns, dessen Tod meine Geburt ermöglichte.

Wir wenden unsere Aufmerksamkeit nun einem Vorgang im All zu, den wir nicht visuell wahrnehmen können, weil er kein Licht aussendet, der sich jedoch auf andere Weise kundtut. Durch Gasturbulenzen in einem Magnetfeld entstehen Radiowellen, die seit 1937 von Radioastronomen geortet werden können, und extrem erhitztes Gas emittiert Röntgenstrahlen, die zwar die Erdatmosphäre nicht zu durchdringen vermögen, aber von Satelliten registriert werden können. Diese Techniken haben dem Menschen neue Erkenntnisse über den Raum vermittelt; man könnte sie mit Röntgens Fotografie vergleichen, die die Knochen in der Hand seiner Frau sichtbar machte.

Wir haben festgestellt, daß der Hauptteil eines »Überriesen«, seine äußeren Schichten, als große, schalenförmige Gaskörper in den Raum geschleudert werden. Doch was geschieht mit dem dichten Reststern? Die Physiker nahmen an, daß er sich so weit zusammenzog, bis alle seine Protonen und Elektronen einander neutralisiert hatten und nur noch die ungeladenen subatomaren Partikel, die sogenannten Neutronen, übrig waren, und zwar in einer solchen Dichte, daß der Inhalt einer Streichholzschachtel zehn Millionen Tonnen wiegen würde.

Im Jahre 1967 entdeckten Radioastronomen einen solchen Stern. Er rotierte sehr rasch, und sein gestörtes Magnetfeld sandte pro Sekunde etwas über dreißig Strahlungspulse aus. Sie nannten ihn »Pulsierender Radiostern« bzw. kurz »Pulsar«. Im darauffolgenden Jahr fanden sie einen Pulsar im Zentrum des Crab-Nebels und identifizierten ihn als das dichte Zentrum der im Jahre 1054 n. Chr. von den Chinesen beobachteten Supernova, die den Nebel entstehen ließ. Er ist eine Kugel von nur 25 Kilometern Durchmesser, strahlt aber – so unglaublich es klingt – mehr Energie ab als die Sonne.

Weiterhin errechneten die Physiker, daß die Neutronen in einem massereichen Neutronenstern – das heißt einem Stern, der mindestens zweimal schwerer als die Sonne ist – der erdrückenden Schwerkraft keinen Widerstand leisten können. Der Kollaps des Sterns nimmt seinen Fortgang. Je weiter sich der Kern zusammenzieht, desto stärker wird das Schwerefeld. Die Lichtpartikel (Photonen) können kaum mehr nach außen dringen. Schließlich haben sie gar keine Möglichkeit mehr, zu entweichen. Im Bruchteil einer Sekunde verdunkelt sich der Stern; er ist zu einem Schwerefeld von großer Intensität geworden, einem »Schwarzen Loch«. »Schwarz«, weil es unsichtbar ist, und »Loch«, weil es rund und leer ist und weil alles, was in diese Leere hineingezogen wird, der Vernichtung anheimfällt oder zumindest aus unserem Kosmos verschwindet.

Obwohl Schwarze Löcher per definitionem nicht gesehen werden können, hat der russische Physiker Jossif Schklowskij im Jahre 1967 aufgezeigt, daß man ein Schwarzes Loch, das um einen normalen Stern kreist, orten kann. Wenn sich der Stern im Laufe seiner Entwicklung ausdehnt, schleudert er Gas aus seiner Atmosphäre in Richtung des Schwarzen Lochs. Während das Gas das Schwarze Loch, bevor es hineinstürzt, umkreist, wird es erhitzt, da es von der Schwerkraft des Schwarzen Lochs zusammengedrückt wird. Die Temperatur des Gases erreicht Millionen Grad Celsius und sendet Röntgenstrahlen aus.

Eine solche Strahlungsquelle, ein Schwarzes Loch also, ist von einem Satelliten im Sternbild des Schwans registriert worden. Es hat die Bezeichnung Cygnus X-1 erhalten, emittiert sowohl Röntgenstrahlen als auch Radiowellen und wird alle fünfeinhalb Tage von einem sichtbaren Überriesen umkreist. Cygnus X-1 hat mindestens sechsmal mehr Masse als die Sonne. Da es Gas von seinem Begleiter schluckt, wird es seine todbringende Existenz noch Milliarden von Jahren fortsetzen.

Im Jahre 1978 entdeckten Astronomen ein weiteres riesiges unsichtbares Objekt, das Röntgenstrahlen aussandte und wahrscheinlich ebenfalls ein Schwarzes Loch ist. Es gehört zum Sternbild des Skorpions und trägt die Bezeichnung V 861. Möglicherweise gibt es noch sehr viele andere. Nach der Einsteinschen Theorie könnte ein Schwarzes Loch existieren, das massereich genug ist, um Sterne, sogar eine Galaxis zu schlucken, wobei jeder Stern unter unvorstellbarer Energieabgabe hell aufleuchten würde, bevor er für immer in dem gewaltigen Schlund verschwände.

Manche Menschen haben ein ähnliches Faible für Schwarze Löcher wie einst der spanische Hof für Zwerge. Manche empfinden sie als aufregende Phänomene, als angenehmen Nervenkitzel und nehmen damit eine ähnliche Haltung ein wie blasierte Römer gegenüber Kometen. Manche betrachten sie als Objekte des Bösen: satanische Antiaureolen, in denen die Finsternis über das Licht triumphiert; und wissenschaftliche Theoretiker des Raumflugs vertreten die Ansicht, daß ein Raumschiff, das in ein Schwarzes Loch einträte, in einen anderen Teil des Raums geschleudert würde, wo die Besatzung schneller als das Licht reisen und sich damit, wie es sich Plato einst vorstellte, zeitlich gesehen rückwärts bewegen würde.

Doch es gibt auch Skeptiker. Sie sind der Meinung, daß ein Schwarzes Loch lediglich eine Lücke in unserem Wissen ist. Aber die Beweise für ihre Existenz sind schon zahlreich, und für mich ist das Schwarze Loch der Kulminationspunkt jener zunehmend gewalttätigen Kräfte, denen wir auf unserer Reise begegnet sind: den von Blitzen zerrissenen Schwefelsäurewolken der Venus folgten die flammenden Ausbrüche der Sonne, Supernovaexplosionen und die Greuel der Vernichtung, eine gigantische Falle, ein Spinnennetz für umherschwirrende Glühwürmchen, das Krematorium des Weltalls.

Wir reisen weiter, verlassen unsere Milchstraße und blicken von außen auf sie zurück. Sie hat die Form einer Spirale, einen Durchmesser von 75 000 Lichtjahren und enthält möglicherweise Trillionen Sterne, die wir selbst in einer klaren Nacht nicht ausmachen können. Wie der Mond um die Erde kreisen um sie zwei kleinere Galaxien, die Magellanschen Wolken, die nach dem Weltumsegler benannt wurden. Galaxien neigen dazu, Ansammlungen zu bilden, und die Gruppe, zu der die unsere gehört, besteht aus etwa dreißig Sternsystemen.

Doch der Raum birgt noch viele andere Galaxien: nach Einsteins Theorie eine endliche Zahl in einem Universum, das zeitlich begrenzt ist. Einige Galaxien verhalten sich relativ ruhig wie die unsrige; andere senden aus ihrem Zentrum starke Radiowellen, was auf ungeheuer violente Vorgänge hinweist, die die Astronomen nicht erklären können. Die entferntesten Galaxien, die Quasare – die Bezeichnung kommt von »*quasi*stell*ar*e *R*adioquelle« und will sagen, daß die Quasare wegen ihrer extremen Entfernung auf Fotos wie Sterne aussehen –, erzeugen in einem Bereich, der fast um eine Million Male kleiner ist als eine Galaxis, so viel Helligkeit wie hundert Galaxien. Die ungeheure Energie, die dafür erforderlich ist, stellt für die Astronomen ein unerklärliches Phänomen dar.

Bis zu dreitausend Galaxien können zusammen eine Supergalaxis bilden, deren Zentrum massereiche elliptische Galaxien, hundertmal schwerer als unsere Milchstraße, darstellen. Diese zentralen Galaxien sind zu solcher Größe angewachsen, indem sie vorbeiziehende andere Galaxien schluckten und deren Sterne in ihre Populationen integrierten. Die Turbulenz in einer Supergalaxis ist so groß, daß riesige Gaswolken auf 100 Millionen Grad Celsius aufgeheizt werden können – das ist mehr als das Dreißigfache der Temperatur der Sonnenoberfläche.

Galaxien können explodieren. Ein Beispiel dafür ist zumindest bekannt. Der ganze Komplex aus Materie und Raum hat aus irgendeinem Grund einen Ablauf der Selbstzerstörung in Gang gesetzt und kann Millionen Sterne und gewaltige Gas- und Staubwolken in Raumzonen schießen, die Tausende von Lichtjahren entfernt sind. Eine Galaxis, NGC 5128, ist zweimal explodiert. Wurden diese Explosionen von einem Schwarzen Loch verursacht? Manche Astronomen glauben es. Fest steht, daß es im Zentrum von NGC 5128 einen Punkt gibt, von dem Radiofrequenzstrahlung und Röntgenstrahlen ausgehen. Etwa einmal im Monat kommt es zu einem kurzen Aufblitzen der Röntgenstrahlen; es könnte sich hier um große Einzelsterne oder um Sternhaufen handeln, die gerade von einem Schwarzen Loch geschluckt werden.

Es gibt unzählige weitere Galaxien, und einige davon sind vielleicht so weit entfernt und bewegen sich so schnell, daß ihr Licht bzw. ihre Strahlung den Menschen nie erreichen können. Wir jedenfalls beenden unsere Reise mit den explodierenden Galaxien.

Wie reagiert der Mensch auf solche Objekte und Ereignisse? Zuerst – und wie ich finde, aus gutem Grund – vermutlich mit Angst. Es ist eine ziemlich beklemmende Entdeckung, daß fast der gesamte Kosmos aus Raum besteht, der so kalt ist, daß uns die bloße Vorstellung schon erschauern läßt, Raum, in dem hier und da Gas und Materie brennen und höhere Temperaturen erzeugen als die Wasserstoffbombe – ein Dschungel, in dem das unbelebte Schwächere dem unbelebten Stärkeren zum Opfer fällt.

Es sind die Extreme, der endlose Fluß der Dinge und die gewaltigen Kräfte, die so erschreckend auf uns wirken. Aber sie erschrecken uns auch in bezug auf das, was der Mensch ist. Daß der Mensch nach kosmischen Maßstäben klein ist, wissen wir schon lange; jetzt sehen wir, daß er zudem schwach und zerbrechlich ist. Wenn er sich einem dieser kosmischen Objekte näherte, würde er erfrieren oder verdampfen, und die kosmische Strahlung würde ihn unfruchtbar machen oder ihm noch schlimmeren Schaden zufügen.

Die nächste Reaktion des Menschen ist vermutlich, daß er sich abgestoßen fühlt. Zu wissen, daß wir Atome von Sternenmaterie in unserem Körper haben, ist eine Sache; doch es ist etwas ganz anderes, herauszufinden, daß unser Supernovavorfahr im Alter ein Schwarzes Loch geworden sein könnte. Es schmerzt uns, so eng mit dem kosmischen Auf und Ab verbunden zu sein, mit dem unerbittlichen Werden und Vergehen atomaren Brennstoffs. Wann immer der abendländische Mensch im orientalischen Gedankengut mit dem Begriff der allgegenwärtigen fließenden Bewegung in Berührung kam, scheute er davor zurück, denn die Persönlichkeit, die ihm vorschwebt, bedarf einer gewissen äußeren Ruhe, um innere Festigkeit und Kontinuität zu erlangen.

Und ich glaube auch, daß der Mensch ein Gefühl des Verlustes hat. Zwar hat die Radioastronomie ein neues Fenster geöffnet, durch das wir erstaunliche Dinge erblicken können, doch fast alles, was entdeckt worden ist, unterscheidet sich in Dimension, Natur und Verhalten so sehr von dem, womit wir im täglichen Leben zu tun haben, daß wir es nicht fassen können. Eine mit Materie von einem Neutronenstern gefüllte Streichholzschachtel, die zehn Millionen Tonnen wiegt – ein Kosmos von dieser Art ist qualitativ mit menschlichen Maßstäben nicht mehr zu begreifen. Die Griechen machten aus ihrem Nachthimmel einen freundlichen Ort und setzten Helden an ihn, die als Sterne weiterlebten; sie konnten Orion bei seinen Jagden zuschauen und Zeugen sein, wie Luna, die ihn liebte, unbeabsichtigt ihren verhängnisvollen Pfeil auf ihn abschoß. Aber die Sterne, wie wir sie heute kennen, sind zu heiß und zu schwer, als daß wir etwas mit ihnen anfangen könnten – und sei es auch nur in Geschichten. Wir katalogisieren sie, versehen sie mit Nummern, doch eine innere Beziehung zu ihnen können wir nicht mehr herstellen.

Auf der ästhetischen Ebene können wir bis zu einem gewissen Grad vergessen, daß sie todbringende Körper sind, genauso, wie wir vergessen, daß die Erde sich um die Sonne dreht. Von weitem sind die Sterne immer noch schön und können ein menschliches Gesicht verzaubern. Doch die enge Verbindung zwischen dem Nachthimmel und allem, was sanft und zart ist – sie gehört der Vergangenheit an. Wir wurden getäuscht und werden wahrscheinlich die Vertrautheit von einst nie mehr wiedererlangen.

Vor fünfzig Jahren konnte der in seinen alltäglichen Lebenskampf verstrickte Mensch noch Trost finden, wenn er an die majestätische Gelassenheit des Himmels über ihm dachte. Schweigende Sterne, Milchstraßen, die wie friedvolle Inseln durch den Raum schwebten, waren für ihn ein Hintergrund, vor dem er seine Sorgen wieder im richtigen Größenverhältnis sehen konnte. Inzwischen hat das Magnetfeld der Himmelssymbolik seine Richtung geändert. Die Beständigkeit ist von rastloser Bewegung, Veränderlichkeit und Gewalt abgelöst worden.

Manchen von uns erscheint die Allgegenwart der Gewalt nicht nur unmenschlich, sondern antimenschlich und somit als eine Gefahr für unsere traditionellen Vorstellungen von Stabilität und Ordnung. Und da einige der Ursachen der Gewalt noch keine Erklärung gefunden haben, sieht es so aus, als hätten sie unseren Verstand besiegt, und es wirkt heute wie schwarzer Humor, wenn jemand vom Triumph des Geistes über die Materie spricht. Wir werden uns mit dieser Einstellung eingehender befassen, wenn wir im nächsten Kapitel den Ursprung des Kosmos untersuchen.

Unsere kurze Besichtigungsreise endet nun, und wir kehren zur blauweißen Erde zurück. Was empfinden wir bei diesem Wiedersehen? Als erstes vielleicht eine angenehme Empfindung der Ruhe. In unserem Teil des Raums geht es zumindest nicht gewalttätig zu, und es herrscht eine gleichmäßige Temperatur. Hier dringen keine riesigen, zwei Millionen Grad Celsius heißen Gasblasen ein, und es gibt keine Schwarzen Löcher.

Doch gerade das bewirkt, daß wir uns plötzlich betroffen unserer extremen Begrenztheit bewußt werden. Wir rühmen uns zwar, im Raumzeitalter zu leben, aber eigentlich gehören wir nicht in den Weltraum. Wir können noch nicht einmal zum Mond fliegen, ohne unsere Luft, unser Essen und unser Wasser mitzuführen, ohne so behutsam mit unseren Raumanzügen umzugehen wie ein Bluter mit seiner Haut, und trotzdem verursachen bei allen Schutzmaßnahmen ein paar Wochen im Weltraum noch einen bedenklichen Kalziumschwund in unseren Knochen. Wir sehen, daß wir uns etwas vormachen, wenn wir von der Möglichkeit sprechen, unsere Körper für zweihundert Jahre einzufrieren oder mit Lichtgeschwindigkeit zu reisen.

Wir erkennen, daß wir Geschöpfe dieser Erde sind. Hierher gehören wir. Es ist eine andere Erde als die, die frühere Generationen kannten, weil wir wissen, daß sie sich zumindest durch ihre Atmosphäre von allem, was wir bisher im Kosmos beobachtet haben, unterscheidet, aber es ist immerhin die Erde. Es mögen Vulkaninseln wie Surtsey entstehen, die Kontinente mögen sich bewegen, aber zumindest sind solche ordnungswidrigen Vorgänge nicht von großer Bedeutung. Die Erde ist vielleicht nicht die beste aller möglichen Welten, doch sie hat wenigstens den großen Vorzug, daß wir auf ihr leben können.

Aber die menschliche Natur ist nun einmal so beschaffen, daß uns auch ein Gefühl der Enttäuschung überkommt. Gerade in dem Augenblick, in dem wir erfahren, daß wir aus Sternenmaterie gebildet sind und mit unserem Wissen fast bis an die Grenzen des Universums reichen, stellen wir fest, daß uns der Zugang verwehrt bleibt. Es mag eine Hölle sein, aber sogar der Ausschluß aus der Hölle kann erbittern.

Diese Überlegungen, verknüpft mit der Erinnerung an kurze Einblikke in furchterregende, ungeheure Prozesse, lassen ein weiteres Gefühl entstehen: Einsamkeit. Unsere Vorfahren empfanden auch Einsamkeit, wenn sie die Sterne zu zählen versuchten, doch vor dem weiten Hintergrund unseres Wissens ist unsere Einsamkeit unendlich viel größer. Es ist eine Einsamkeit, die offenbar in der Natur der Dinge begründet liegt.

So ist es verständlich, daß der Mensch die Existenz anderer denkender Wesen bestätigt sehen möchte. In den sechziger Jahren standen – vor allem in Amerika – jene Astronomen im Mittelpunkt des Interesses, die aus der Tatsache, daß unsere Sonne ein ganz gewöhnlicher Stern ist, den Schluß zogen, es müsse andere Sterne geben, die ebenfalls Planeten besitzen, darunter zumindest auch einige bewohnte.

Das Thema ist wichtig, und es soll deshalb sogleich in die richtige Perspektive gerückt werden. Niemand weiß genau, wie Planeten entstehen. Der Physiker Stanley L. Jaki, den man als die maßgebende Autorität auf dem Gebiet der Planetentheorien bezeichnen kann, äußerte sich dazu folgendermaßen: »Trotz zahlloser und manchmal sehr geschickter Bemühungen unter Ausschöpfung aller Möglichkeiten der mathematischen Physik und dessen, was sich aus Beobachtungen ableiten läßt, ist es bisher noch keinem Theoretiker auch nur annähernd gelungen, unser Planetensystem in eine sich selbst erklärende Einheit zu verwandeln, geschweige denn in ein sehr typisches Phänomen.«

Es ist offenkundig höchst gewagt, aus der Existenz von Planeten, über deren Ursprung wir wenig wissen, auf die Existenz anderer Planeten zu schließen. Und doch gab es einige Wissenschaftler, die es taten, vor allem Stephen H. Dole und Isaac Asimov in dem Buch *Planets for Man* (Planeten für den Menschen). Von Prämissen ausgehend, die heute nicht mehr akzeptiert würden – zum Beispiel, daß ein Planet in einem Doppelsystem (zwei Sterne, die einander umkreisen) existieren kann –, folgerten Dole und Asimov, daß einer von 166 Sternen in der Galaxis einen bewohnbaren Planeten besitze. Daraufhin verkündeten der Biologe und Astronom Carl Sagan und der Radioastronom Frank Drake, daß schätzungsweise einer von sieben bewohnbaren Planeten eine fortgeschrittene Zivilisation habe. Wenn ihre Verteilung ein Zufallsergebnis sei, dürfe man annehmen, daß die Entfernung zwischen uns und dem nächstgelegenen etwa dreihundert Lichtjahre betrage. Die beste Methode, mit ihm in Verbindung zu treten, ist über Radiowellen, doch auf welcher Frequenz würden intelligente Wesen Botschaften empfangen oder senden? Zweifellos auf Frequenzen von universaler Bedeutsamkeit.

Die Moleküle, die in größerer Anzahl durch das All schweben, kollidieren manchmal. Dabei ändert sich die Bewegung ihrer Elektronen, was bewirkt, daß jedes Atom auf einer bestimmten Frequenz Strahlung emittiert. Im Fall eines Wasserstoffatoms, das nur ein Elektron besitzt, bewegt sich das Elektron mit einem dem Proton des Kerns entgegengesetzten Spin. Dabei sendet es Strahlen auf einer Wellenlänge von 21 Zentimetern und einer Frequenz von 1420 Millionen Schwingungen pro Sekunde (1,42 Gigahertz) aus. Da etwa drei Viertel aller Atome im Weltraum Wasserstoffatome sind, ist ihre Frequenz die, die einem Radioastronomen als erstes einfallen mußte.

Im Jahre 1960 begann Frank Drake die Suche nach außerirdischer Intelligenz. Das Projekt OZMA, nach dem Herrscher in L. Frank Baums Kinderbuch (*Der Zauberer von Oz*) benannt, bestand darin, daß man mit einem in West-Virginia installierten Radioteleskop von 26 Metern Durchmesser auf der Frequenz 1,42 Gigahertz zwei nahe Sterne, die beide ungefähr zwölf Lichtjahre von uns entfernt sind – Epsilon Eridani und Tau Ceti –, belauschte. Drake lauschte vier Wochen lang, hörte aber nichts, was auf intelligente Wesen hätte schließen lassen. Seither sind sechs ähnliche Projekte erfolglos verlaufen, aber die Anzahl der überprüften Sterne beträgt nicht einmal 0,1 Prozent der Zahl, die erforscht werden müßte, wenn man eine statistische Chance haben wollte, eine außerirdische Zivilisation zu entdecken.

Eine andere Methode wäre der Versuch, relativ schwache Signale wie etwa die von Fernsehübertragungen in anderen Welten abzuhören. Zu diesem Zweck wäre ein Gerät erforderlich, das hundertmal größer sein müßte als irgendein existierendes Teleskop. Das Projekt ZYKLOP sieht 1500 Antennen von je hundert Metern Durchmesser vor, die alle elektronisch untereinander und mit einem Computersystem verbunden sein müßten, das in der Lage wäre, die Flut von Radiosignalen, die hereinkäme, zu verarbeiten und auszuwerten. Die Anlage würde ein Gelände von etwa 75 Quadratkilometern beanspruchen und bis zu 10 Milliarden Dollar kosten – eine zur Zeit undenkbare Summe.

Und was für ein Medium sollte man benutzen, um von der Erde aus Botschaften zu senden? Es ist durchaus möglich, daß bei intelligenten außerirdischen Wesen der Geruchs- oder der Tastsinn dominiert (oder auch beide) und ihre Kommunikation darauf basiert. In diesem Fall könnten wir natürlich nie in Kontakt mit ihnen treten. Doch Wissenschaftler müssen hier in menschlichen Termini denken und davon ausgehen, daß Außerirdische Augen und Ohren haben. Eine Wortbotschaft in irgendeiner unserer Sprachen würde die Empfänger vor schwere Übersetzungsprobleme stellen, also wählte man als Medium ein Bild.

In den Jahren 1972 und 1973 sollten die Raumsonden Pioneer 10 und Pioneer 11 die Erde verlassen, an Jupiter vorbeifliegen und dann eine Reise durch unsere Milchstraße antreten. Vielleicht würden sie von außerirdischen Wesen gesichtet und geborgen werden. Sagan, Drake und Linda Salzman-Sagan entschlossen sich, eine Bildbotschaft zu entwerfen, die auf einer an jeder Raumsonde angebrachten goldbeschichteten Aluminiumplakette in Postkartengröße eingraviert werden sollte. Woraus sollte sich die Botschaft zusammensetzen?

Derartige Versuche, eine Zivilisation für eine andere zu definieren, haben einen rührenden Aspekt. Ich erinnere mich, daß während des kalten Krieges ein torpedoförmiger Container in eine tiefe Ausschachtung in New York hinabgelassen wurde. Er ist so konstruiert, daß er bis zum Jahr 6965 überdauern kann, und enthält Mikrofilmreproduktionen der Encyclopaedia Britannica, der Bibel, des Korans und der Schriften des Konfuzius sowie viele wissenschaftliche Lehrbücher. Beigelegt sind Fotografien einiger Werke von Giotto, Leonardo, Raphael und Michelangelo, daneben auch Gegenstände des täglichen Gebrauchs wie Geld, Zigaretten, Kaugummi, einen Wecker, eine Puppe und einen Damenhut.

Nehmen wir einmal an, daß in fünftausend Jahren der Schlüssel zu unseren Sprachen verlorengegangen ist: Was würde der Mensch des siebten Jahrtausends von der Zivilisation halten, die durch diese Gegenstände und 75 Metall-, Stoff- und Plastikproben, die danebengelegt wurden, ein Bild von sich zu vermitteln sucht? Anfang des neunzehnten Jahrhunderts bemühten sich Gelehrte um die Entzifferung ägyptischer Hieroglyphen, und die meisten nahmen an, daß der Vogel, eine der grundlegenden Figuren in der Hieroglyphenschrift, im alten Ägypten eine hervorragende Rolle gespielt habe. Doch als dann der Stein von Rosette die Möglichkeit bot, die Hieroglyphen korrekt zu lesen, stellte man fest, daß die alten Ägypter an Vögeln als solchen nicht besonders interessiert waren. Aus dem zufälligerweise häufigen Auftauchen eines Bildsymbols hatten die Gelehrten die falschen Schlüsse gezogen. Das kann wieder geschehen – hier oder auf einem anderen Planeten.

Natürlich konnte man auf einer kleinen Raumsondenplakette nur einen ganz geringen Teil der Information unterbringen, die das New Yorker Paket enthielt. Im unteren Bereich der Plakette ist ein Diagramm des Sonnensystems eingraviert. Die Flugbahn der Raumsonde wird durch eine Pfeillinie bezeichnet, die vom dritten Planeten, der Erde, ausgeht und um den fünften Planeten, Jupiter, herumführt. Rechts stehen ein unbekleideter Mann und eine unbekleidete Frau neben einem Raumschiff, um ihre Größe anzuzeigen. Es wurde der Versuch gemacht, so erklärt Carl Sagan, ihnen »panrassische« Züge zu geben.

Dieses Bildtelegramm ist kurz, enthält aber das Wesentliche. Es ist eine Aussage über den Menschen im Kosmos: seine äußere Beschaffenheit, seine Größe und seine Position im Weltall. Es enthält auch ein Detail über seine Gesinnung. Der Mann hebt die rechte Hand mit dem Betrachter zugekehrter Handfläche in einer Geste, die wir auf der Erde mit einem Gruß in Beziehung setzen. Wir teilen dem Weltall mit – und hoffentlich sagen wir die Wahrheit –, daß wir friedfertige, freundliche Wesen sind.

Als eine Bildbotschaft entworfen werden sollte, die man mittels Radiowellen in den Raum schicken wollte, beschloß Frank Drake, sie in einen binären Code zu kleiden. Dieser benutzt zwei Ziffern, die Eins und die Null. Die Null wird durch ein weißes Quadrat dargestellt, die Eins durch ein schwarzes Quadrat. Jeder, der eine solche Botschaft empfängt, muß sie in Zeilen unterteilen, jede mit der gleichen Anzahl Ziffern, und sodann die Ziffern in schwarze oder weiße Quadrate übersetzen. Das vollständige Bild sieht aus wie ein gemusterter handgewebter Stoff.

Der Ort, von dem aus die Botschaft abgesandt werden sollte, stand in auffallendem Kontrast zu dieser futuristischen Technologie. In Arecibo (Puerto Rico) gibt es einen erloschenen Vulkan, der bereits Tausende von Jahren existiert hatte, als die moderne Zivilisation in Nord- und Südamerika ihren Einzug hielt. In seinem Krater wurde eine Antenne von dreihundert Metern Durchmesser errichtet, die im Jahre 1974 dann die erste Erdenbotschaft in Richtung einer Sterngruppe im Herkules, die der Große Haufen genannt wird, ausstrahlte.

Die Botschaft bestand aus 1679 binären Einheiten – »Bits« –, die, um einen Sinn zu ergeben, in 73 aufeinanderfolgende Gruppen von je 23 Bits zerlegt und der Reihe nach untereinander angeordnet werden mußten. Gelesen wurden sie dann von rechts nach links und von oben nach unten. Die Botschaft enthielt folgende Informationen: die Zahlen Eins bis Zehn, die Wertigkeit von Wasserstoff, Kohlenstoff, Stickstoff, Sauerstoff und Phosphor, Formeln für Zucker und Basen in den Nukleotiden der DNS (den Molekülen im Zellkern, die die Träger der genetischen Information sind), die Anzahl der Nukleotiden in der DNS; dann folgen bildliche Darstellungen der DNS-Doppelhelix, eines Menschen, des Solarsystems (wobei die Erde dem Menschen zuzustreben scheint) und des Teleskops in Arecibo.

Eigentlich ist die Botschaft ein Miniaturweltbild: der Mensch, wie er sich in seiner Beziehung zum Kosmos, insbesondere zu seinem Sonnensystem und den Elementen, aus denen es und er sich zusammensetzen, sieht. Da der Binärcode nur ein grobes Bild liefert, hat der Mensch die eckigen Formen eines Roboters, und die Sonne ist ein Quadrat.

Die Botschaft, die mit Lichtgeschwindigkeit reist, wird 24000 Jahre benötigen, um an ihr Ziel zu gelangen. Wird sie – falls sie intelligente Wesen erreicht – verstanden werden? Als Drake Mitgliedern eines Ausschusses für außerirdisches Leben eine viel kürzere Botschaft vorlegte, war nur hier und da ein Experte in der Lage, den Teil, der sich auf sein Spezialgebiet bezog, zu entschlüsseln. Überdies besteht eine hohe Wahrscheinlichkeit, daß die Information über eine solche Entfernung hinweg nicht vollständig empfangen werden könnte. Deshalb unterbreitete Sagan eine identische Kopie von Drakes kürzerer Botschaft, bei der nur eine Null fehlte, einer Gruppe namhafter Physiker, Chemiker und Biologen in Cambridge, Massachusetts. Sie versuchten mehrere Stunden lang, sie zu entziffern – ohne Erfolg. Die außerirdischen Wesen werden also intelligenter sein müssen als wir, wenn die Erde in 48 000 Jahren eine Antwort erhalten soll – und in einer ganz bestimmten Hinsicht intelligenter, denn vermutlich wäre es nicht einmal einem Archimedes oder einem Aristoteles geglückt, die Arecibo-Botschaft zu entschlüsseln.

Was mich im Zusammenhang mit der Arecibo-Botschaft am meisten beschäftigt, ist nicht ihr Inhalt, auch nicht die Frage, ob sie je von intelligenten Wesen des Sternbilds Herkules empfangen wird, sondern die Tatsache, daß der Mensch überhaupt eine Botschaft aussandte. Selbst heute, da Teleskope so hoch entwickelt sind, daß ein Astronom sein ganzes Leben damit zubringen könnte, einen kleinen Teil des Himmels nach einer bestimmten Art von Objekten abzusuchen, so wie byzantinische Grammatiker ihr ganzes Leben damit zubrachten, den Gebrauch jener kleinen, unregelmäßigen griechischen Wörter mit der Bezeichnung Partikel zu untersuchen – selbst heute ist unsere größte Hoffnung, von der Materie fortzukommen, ganz gleich, ob es sich dabei um Überriesen oder um subatomare Partikel handelt, und vernunftbegabte Wesen zu finden. Die Entdeckung, die uns – wenn wir ehrlich sind – am meisten interessiert und all unsere Mühe rechtfertigen würde, wäre die einer außerirdischen Intelligenz. Der Mensch hat aus den Tiefen eines erloschenen Vulkans seinen Ruf zu den Sternen erschallen lassen, und es ist ein Schrei nach Intelligenz.

Es leben bereits mehrere Milliarden intelligente Wesen auf der Erde; die Arecibo-Botschaft gibt sogar ihre Zahl an. Warum genügt es uns nicht, uns mit ihnen zu verständigen? Vermutlich, weil wir die Antworten, die wir erhalten würden, schon kennen. Wir suchen eine andere Art Zivilisation mit fremden Wertmaßstäben, abweichenden Voraussetzungen. Doch eigentlich können wir auch das in dieser Welt finden, zum Beispiel in der Mayazivilisation oder der des alten Ägypten oder bei den mehr als hundert noch immer unerforschten Stämmen Neuguineas. Es scheint also, daß wir eine »fortgeschrittenere« Intelligenz zu finden hoffen. Meinen wir damit einfach Wesen, die schnellere und bessere Raumschiffe haben als wir, oder solche, die über das notwendige Wissen verfügen, um ihre Lebensspanne verlängern zu können? Ich bezweifle allerdings, ob die Menschen mit solch technischem Know-how aus zweiter

Hand zufrieden wären, denn die paradoxe Weisheit ist noch immer gültig, daß der Mensch nur das schätzt, was er selbst in langem, mühsamem Streben errungen hat.

Wen würden wir denn gerne treffen? Zwei Arten von Wesen, so meine ich. Entweder Geschöpfe, die in moralischen Begriffen schlechter oder besser sind als wir. Entweder übelwollende Wesen, die es auf unsere Vernichtung abgesehen haben und die in uns ungeahnte Reserven an Mut und Erfindungsreichtum mobilisieren und damit unser Niveau heben würden, oder Wesen, die uns Einsichten, Hinweise, vielleicht sogar eine Anleitung für unsere menschliche Vervollkommnung vermitteln könnten. Das sind die Wesen, die eine frühere Epoche Teufel und Engel genannt hat und die unser eigenes Zeitalter in der Science-fiction darstellt. Ein tiefwurzelndes, angeborenes Verlangen nach Heldentum, sei es griechischer oder christlicher Prägung, hat sich bis in dieses Raumzeitalter erhalten.

15. Kapitel
Zufall oder Entwurf?

Die Theorie vom Urknall – Ihre Formulierung ohne Bezug auf einen Schöpfer – Gründe für ihre Popularität als Weltbild – Auswirkungen auf die Glaubensüberzeugungen der Menschen – Camus, Beckett, Ionesco – Der Unterton der Angst – Ein absurder Kosmos steht im Widerspruch zu den Beweisen einer Finalität im alltäglichen Leben – Die wissenschaftliche Interpretation öffnet sich gegenüber der Finalität – Statistische Beweise für eine Zielgerichtetheit im Sonnensystem – Andere Vorbedingungen für das im Kosmos enthaltene Leben – Die Spannung zwischen flüchtigen Einblicken in eine Ordnung und der großen Zahl der Phänomene – Eine historische Konstante: der Halbschatten des Mysteriums.

»Fangt die Sternschnuppen ein«, sagte John Donne; die modernen Astrophysiker haben dies und noch mehr getan: Sie haben in einem Netzwerk von Diagrammen die entweichenden Galaxien eingefangen und – Erben der Griechen in ihrer Suche nach einem *Arche* – zu einer Theorie vom Beginn des Kosmos verarbeitet. Sie stützen sich dabei auf zwei Beobachtungen. Die erste ist die Zunahme der Geschwindigkeit, mit der entferntere Galaxien fortstreben: 15 Kilometer pro Sekunde für jeweils eine Million Lichtjahre Entfernung. Von dieser Zahl aus – der Hubble-Konstante – können die Fluchtbewegungen in der Zeit zurückverfolgt werden bis zu dem Moment, in dem die Galaxien entstanden.

Die zweite Entdeckung, die auf zwei amerikanische Ingenieure an einer Satellitenüberwachungsstation in New Jersey zurückgeht, besteht darin, daß Radiowellen gleichmäßig aus allen Richtungen kommen. Sie klingen wie die Nebengeräusche in einem Radioapparat und sind der hörbare Beweis dafür, daß überall im Kosmos eine Grundtemperatur von minus 270 Grad Celsius herrscht: Das ist für menschliche Maßstäbe außerordentlich kalt, bedeutet im kosmischen Kontext aber drei Grad über dem absoluten Nullpunkt, den man eigentlich erwarten müßte. Diese geringe »Wärme« kann erklärt werden, wenn man annimmt, daß sie der letzte Rest einer ungeheuren, fast unvorstellbaren Hitzeentwicklung ist, die vor Urzeiten stattgefunden hat. Sie ist für die Wissenschaftler der Ausgangspunkt, von dem aus sie jene Urgewalt annähernd definieren können, die nötig war, um heute genau diese Temperatur entstehen zu lassen. Sie haben über diesen »Urknall« folgende Theorie entwickelt:

Am Anfang, vor rund 15 Milliarden Jahren, müssen wir uns geballte Energie vorstellen, die Strahlen aussandte und den gesamten Raum ausfüllte; sie war sowohl Bild als auch Rahmen, sowohl Text als auch Rand. Sie enthielt alle Materie, die heute den Kosmos ausmacht, in einer um viele Millionen Male größeren Dichte als in einem Neutronenstern (von dessen Materie eine Streichholzschachtel voll zehn Millionen Tonnen wiegt), und es ist wahrscheinlich, daß man ihre Temperatur in Grad Celsius durch eine Eins mit 32 Nullen ausdrücken müßte.

Auf der Erde können die Atome der Materie in schwere Partikel (Protonen und Neutronen), in kleinere Partikel (Elektronen) und in Partikel zerlegt werden, die entweder keine Masse oder keine elektrische Ladung haben wie die Photonen, die Lichtpartikel, und die Neutrinos, die unsichtbar sind. Unter Bedingungen wie in einem Teilchenbeschleuniger läßt der Überschuß der Photonenenergie ein Partikelpaar entstehen – negativ geladene Elektronen und positiv geladene Positronen. Diese vernichten sich unmittelbar darauf gegenseitig, wobei neue Photonen gebildet werden.

Unter den beispiellos extremen Bedingungen in der uranfänglichen Energiekugel – so vermuten die Wissenschaftler – interagierten hypothetische flüchtige Partikel, die man sich noch kleiner denken muß als Elektronen und Positronen – exotische Partikel genannt –, wobei kurzlebige Photonen erzeugt wurden. Die Interaktion der Photonen wiederum ließ exotische Partikel entstehen. Alles in der Kugel hatte die gleiche Temperatur, und das Ganze war unermeßlich hell.

Diese Konzentration von Energie explodierte mit ungeheurer Wucht. Der Vorgang wird allgemein als Urknall bezeichnet. Nach etwa einer hundertstel Sekunde, dem frühesten Zeitpunkt, über den wir überhaupt mit einer gewissen Zuverlässigkeit etwas sagen können, betrug die Temperatur nur noch das Sechstausendfache der Temperatur, die im Inneren der Sonne herrscht, und die Materie hatte sich schnell ausgedehnt, obwohl sie immer noch millionenmal dichter war als die eines Neutronensterns; sie bestand hauptsächlich aus Photonen, Neutrinos und einer gleichen Anzahl von Elektron-Positron-Paaren. Es gab außerdem eine geringfügige Beimischung schwererer Partikel, ungefähr im Verhältnis von einem Proton und einem Neutron auf je eine Milliarde anderer Partikel; sie sollten in der Zukunft eine wichtige Rolle spielen.

Ungefähr vierzehn Sekunden nach der Explosion fiel die Temperatur auf 3 Milliarden Grad; damit war eine Abkühlung erreicht, bei der die Vernichtung von Elektronen und Positronen rascher vonstatten ging als ihre Neubildung aus Photonen. Die so freigesetzte Energie verlangsamte die Abkühlung.

Drei Minuten nach der Explosion war die Temperatur auf eine Milliarde Grad Celsius gefallen. Eine sehr kleine Anzahl von Protonen und Neutronen begann, sich zu einfachen Atomkernen zusammenzusetzen, hauptsächlich zu Wasserstoff (ein Proton und ein Neutron) und Helium (zwei Protonen und zwei Neutronen). Diese, die übrigen Protonen und Neutronen sowie eine kleine Anzahl Elektronen, die der Eliminierung durch Positronen entgangen waren, bildeten eine ionisierte Gaswolke, die im thermalen Gleichgewicht mit den Photonen war.

Das Gas expandierte weiter. Während der ganzen Zeit strahlte das Universum vor Helligkeit; Dunkel oder Nacht gab es noch nicht. Nach Ablauf von 700000 Jahren war schließlich ein kritischer Punkt erreicht: Die Dichte des Gases war größer als die Massendichte der Strahlungsenergie geworden; anders ausgedrückt, die Materie begann, die Oberhand über das Licht zu gewinnen. Nun konnten chemische Reaktionen stattfinden, Elektronen konnten sich mit Atomkernen vereinen, um die ersten stabilen Atome zu bilden.

Das Gas war undurchsichtig und nicht ganz einheitlich; es bestand zu 73 Prozent aus Wasserstoff und zu 27 Prozent aus Helium. Einige Zonen waren schwerer als andere, und nun begann die Gravitation ihre Tätigkeit als formende Hauptkraft des Kosmos. Unter ihrer Wirkung zogen die dichteren Bereiche Gas von weniger dichten Regionen an. Es bildeten sich Punkte zunehmender Konzentration, und so entstanden eine Million Jahre nach dem Urknall die ersten Galaxien.

Innerhalb der einzelnen Galaxien verbanden sich – ebenfalls unter dem Einfluß der Gravitation – Wasserstoff und Helium zu Sternen, und es kam wieder Licht in den Kosmos. Einige der Sterne sollten, wie wir gesehen haben, nach mehreren Milliarden Jahren als Supernovae explodieren und damit eine neue Art Materie schaffen: schwere Atome.

Vor viereinhalb Milliarden Jahren kondensierten in unserer Milchstraße Wolken aus Gas und Staub, die hauptsächlich Wasserstoff, Stickstoff und Kohlenstoff, aber auch einige schwerere Elemente enthielten, zu dem Stern der zweiten Generation, den wir Sonne nennen. Es bildeten sich Planetenkörper, die sie umkreisten, und auf einem davon ergaben sich, als er abkühlte, Bedingungen, die die Entstehung von Leben zuließ, und schließlich erschien der Mensch, der heute mit hochentwikkelten Instrumenten in der Lage ist, letzte Spuren jenes Augenblicks extremer Hitze, in dem die Feuerkugel explodierte, aufzufinden und Galaxien zu beobachten, die noch immer unter der Wirkung jenes Impulses zurückweichen.

Das ist, grob umrissen, die Urknall-Theorie. Bis vor kurzem hatte sie einen Rivalen in dem sogenannten »steady-state«-Modell. Nach dieser Theorie hat das Universum schon immer existiert und ist unaufhörlich in Ausdehnung begriffen, wobei ständig neue Materie in Form von Wasserstoff entsteht, um die fliehenden Galaxien zu ersetzen, aber die »steady-state«-Theorie bietet keine zufriedenstellende Erklärung für die kosmische Hintergrundstrahlung, und so findet heute die Urknall-Theorie weithin wissenschaftliche Anerkennung.

Der Urknall würde die Existenz eines Schöpfers, der die Feuerkugel »programmiert« und die Detonation ausgelöst hat, nicht ausschließen – tatsächlich wurde die Theorie erstmalig von einem belgischen Mathematiker formuliert, der zugleich katholischer Priester war, dem Abbé Lemaître – aber sie ist genauso gut ohne Verbindung mit einem Schöpfer denkbar. Wissenschaftler, die physikalische Ursachen suchen, zögern verständlicherweise, von einem göttlichen Eingriff zu sprechen. Soweit es um das Erscheinen eines Kometen geht oder um die Explosion einer Supernova, ist eine solche Zurückhaltung angebracht, aber der Urknall unterscheidet sich von anderen Erklärungen dadurch, daß er den Ursprung aller Dinge aufschlüsseln soll; so kam es, daß das Schweigen jener Mehrzahl der Kosmologen, die seit den ausgehenden vierziger Jahren den Urknall lieber ohne Erwähnung eines Schöpfers beschrieben, philosophische und religiöse Implikationen hatte. Denn damit bestätigten sie ja praktisch, daß das Universum so, wie wir es kennen, aus einer zufälligen Explosion entstanden war.

Diese Auffassung gewann an Einfluß, als zu den Kosmologen Biologen stießen, die behaupteten, auch das Leben sei zufällig entstanden. Die Kosmologen erweiterten daraufhin ihre Hypothese und erklärten, ein spontaner Urknall habe den Kosmos entstehen lassen, das Sonnensystem und die Erde, in deren anfänglicher Gasatmosphäre, wie Laborexperimente beweisen, Blitzentladungen und die ultravioletten Sonnenstrahlen organische Moleküle erzeugt hatten, vor allem Aminosäuren, die Bausteine der Proteine, die ihrerseits ein Grundbestandteil der lebenden Zelle sind. Aus solchen Zufallsprozessen habe zwangsläufig früher oder später Leben hervorgehen müssen. (Vor kurzem entdeckte man in einem in der Antarktis gefundenen Meteoriten Aminosäuren;

wenn es auch eine andere Art war, als sie in den einfachsten Formen irdischen Lebens auftritt, so ist es doch möglich, daß das Leben außerhalb der Erde entstand, aber, zumindest in unserem Sonnensystem, nur auf dem wasserreichen Planeten Erde gedieh.) Einfache Lebensformen führten zwangsläufig durch den Kampf ums Überleben und zufällige Gen-Mutation zu den höheren Lebewesen und dem Menschen. Es hörte sich sehr gut an: eine zufällige Explosion am Anfang aller Zeiten, die nach Millionen Jahren die zufällige Entstehung von Leben nach sich zog.

Dies ist die Theorie, die im Westen seit dem Jahre 1950 am populärsten ist. Wenn man einmal den verschiedenen Weltbildern der Geschichte nachgegangen ist, weiß man, daß eine Theorie nur dann zu einem dominanten Weltbild wird, wenn sie sich mit anderen hervorstechenden Erfahrungen ihrer Zeit verbindet. Die Theorie vom Urknall wird von mindestens drei einschneidenden Erfahrungen ergänzt. Da ist einmal der violente Kosmos, von dem sich der heutige Mensch umgeben weiß, und zum zweiten die Atombombe, die stets im Hintergrund lauert und ab und zu ein Aufflackern von Furcht und eine Wolke der Verzweiflung erzeugt.

Die dritte Erfahrung ist anderer Natur. Die Bevölkerungsexplosion hat nicht nur den Bewegungsraum des Menschen beschnitten, sondern auch seine Zeit verkürzt. Einige banale Beispiele sind: begrenzte Parkzeiten für das Auto, die Kosten, die es mit sich bringt, wenn man sich am Telefon nicht kurz faßt, die bekannte Tatsache, daß das Plaudern, obwohl es so viel zur Freundschaft beiträgt, schon ganz aus der Mode gekommen ist. Der allgemeine Zeitmangel, den wir beklagen, ist im Grunde unsere verzweifelte Anstrengung, in einer übervölkerten Welt zu überleben. Und ganz besonders wenig Zeit ist uns für die Gedanken an einen Gott verblieben – obwohl wir uns einzureden versuchen, er sei es, der sich zurückgezogen habe.

Vor diesem Hintergrund fällt es dem Mann auf der Straße leicht, ein Weltbild wie das oben beschriebene zu akzeptieren: den Kosmos, der aus einer sich selbst auslösenden großen Explosion hervorging – dem Urknall, der schließlich die zufälligen Gruppierungen von Atomen bewirkte, die wir Galaxien nennen, und die gleichermaßen zufälligen Gruppierungen von Atomen, die wir als Leben bezeichnen.

Viele hervorragende Wissenschaftler haben diesem Bild zugestimmt.

Zwei Astronomen, die hier bereits erwähnt wurden, I. Schklowskij und C. Sagan, machten es zur Grundlage eines einflußreichen Buches, *Intelligent Life in the Universe* (Intelligentes Leben im Universum). Der Elementarteilchenphysiker Steven Weinberg schrieb in seinem Buch *Die ersten drei Minuten:* »Das Bestreben, das Universum zu verstehen, hebt das menschliche Leben ein wenig über eine Farce hinaus und verleiht ihm einen Hauch von tragischer Würde.« Die Tragik liegt darin, daß das, was zufällig ist, jeglichen Sinnes entbehrt. Der französische Biologe Jacques Monod erklärte in *Zufall und Notwendigkeit:* »Der Mensch weiß endlich, daß er in der teilnahmslosen Unermeßlichkeit des Universums, aus dem er zufällig hervortrat, allein ist.« Und Jean Guitton fügt dem hinzu »ohne Verwandte, ohne Nachbarn, sogar ohne Feinde«.

In der Spätantike, in einer ähnlich unruhigen Periode wie der unseren, schrieb der zum Tode verurteilte Boethius im Kerker seine Abhandlung *Über den Trost der Philosophie*, die im wesentlichen folgendes sagen will: Schau hinauf zu den Sternen, sieh die Ordnung dort, sie ist der Beweis für einen gütigen Gott; auch wenn es nicht so aussehen mag – er sorgt sich um dein Wohl. Doch seit dem Jahre 1950 etwa trägt das Buch, das man uns in die Hände drückt, mehr oder minder den Titel »Die Verzweiflung der Wissenschaft« und nimmt, wie wir gesehen haben, genau die entgegengesetzte Haltung ein.

Von einem solchen Weltbild war nichts anderes zu erwarten, als daß es wie einst die Anschauungen Darwins eine vernichtende Wirkung auf die Wertvorstellungen und die Sensibilität des Menschen ausüben würde. Das beweisen zahllose psychologische Berichte und soziologische Umfragen, doch da ich dieses Buch mit einem Zitat von Sophokles begonnen habe, möchte ich mich nun gegen Ende dem Schauspiel zuwenden, weil ich glaube, daß es alle wesentlichen allgemeinen Probleme widerspiegelt.

Albert Camus wurde im Jahre 1913 in Algerien geboren und verbrachte den größten Teil seines Lebens in Frankreich; im Krieg gehörte er der Résistance an. Er war der bedeutendste Sprecher seiner Generation und schrieb ein halbes Dutzend Romane und vier Theaterstücke. Die Entdeckung der gewaltsamen Vorgänge im Kosmos und die Entwicklung der Urknalltheorie erlebte er noch, nicht aber die Erforschung des Alls, denn er kam 1960 bei einem Autounfall ums Leben.

In seinem philosphischen Essay *Der Mythos des Sisyphos* schreibt Camus: »Trotzdem gibt mir alles Wissen über diese Erde nichts, was mir die Sicherheit gäbe, daß die Welt mir gehört ... Man kann sie mir beschreiben ... Man kann ihre Gesetze aufzählen ... Zuletzt lehrt man mich, dieses zauberhafte und farbenprächtige Universum lasse sich auf das Atom zurückführen und das Atom wieder auf das Elektron. Das ist alles sehr schön, und ich warte, wie es weitergehen soll. Da erzählt man mir aber von einem unsichtbaren Planetensystem, in dem die Elektronen um einen Kern kreisen. Man erklärt mir die Welt mit einem Bild. Jetzt merke ich, daß wir bei der Poesie gelandet sind: nie werde ich wirklich etwas wissen. Habe ich etwa Zeit, darüber entrüstet zu sein? Man ist schon wieder bei einer anderen Theorie. So läuft diese Wissenschaft, die mich alles lehren sollte, schließlich auf eine Hypothese hinaus, die Klarheit taucht in einer Metapher unter ...«

Das Universum, schließt Camus, ist offensichtlich dem Verstand nicht zugänglich, aber das tiefste Bedürfnis des Menschen ist, das Universum zu verstehen. Darauf basiert letztlich Camus' berühmte Grundaussage von der Absurdität der menschlichen Existenz.

Um mit der Absurdität fertig zu werden, stehen dem Menschen drei Wege offen: der Glaube an Gott, den Camus verwirft, weil ihm ein nicht zu entschlüsselndes Weltall keine Basis bietet, auf der Glauben gründen könnte; der Selbstmord, den er als irrationale Flucht ablehnt; und der Protest, für den sich Camus entscheidet. Der Mensch kann sich nur insoweit verwirklichen, als er gegen sein unsinniges Schicksal protestiert. Doch der Protest wird nichts ändern. Wie Sisyphos wird der Mensch fortfahren, seinen Stein den Hang hinaufzuwälzen, obwohl er weiß, daß er immer wieder hinunterrollen wird, ehe der Gipfel erreicht ist.

In seinem Drama *Caligula* schildert er den jungen Kaiser als einen unausgeglichenen, ausschweifenden Mann. Die Nacht hat für ihn Inzest mit seiner Schwester Drusilla bedeutet, deren Tod, der dem Stück vorausgeht, in Caligula Gedanken über die Sterblichkeit auslöst. Auf der Suche nach einem Sinn des Lebens meint Caligula schließlich, daß seine Existenz einen Sinn hätte, wenn er den Mond bekäme. Wenn er den Mond besäße, würde er den Kosmos erkennen und verstehen.

Während er dieses Ziel verfolgt, handelt Caligula – da das Leben ja absurd ist – so, wie es ihm gefällt. Er begeht Taten von überflüssiger Grausamkeit; er identifiziert sich mit Venus, der »Göttin des Hasses«, und zwingt die Patrizier, ihn mit den Worten anzurufen: »Gib uns die Wahrheit dieser Welt zu erkennen, die da ist, daß sie keine hat . . .«

Eines Tages, während er sich seine Zehennägel dunkelrot lackiert, vertraut Caligula einem Höfling an, daß er nun doch mit dem Mond geschlafen habe. Aber diese fälschlich angenommene Vereinigung bewirkt nur, daß sich Caligula noch irrationaler als zuvor verhält. Die Zuschauer erkennen, daß auch der Besitz des Kosmos ihn nicht verständlicher für uns machen würde.

Samuel Beckett, der im Jahre 1906 in Irland geboren wurde und in Paris, seiner zweiten Heimat, ein Anhänger von James Joyce wurde, begann als Romancier und ging dann erst dazu über, Theaterstücke zu verfassen. *Warten auf Godot* wurde im Jahre 1953 in Paris uraufgeführt. Auf einer Ebene des Verständnisses zeigt sein Stück zwei Landstreicher, die miteinander reden, Narrenpossen treiben und auf jemanden warten, der, wenn der Vorhang fällt, noch immer nicht gekommen ist; auf einer anderen Ebene läßt es eine ganze Welt der Hoffnungslosigkeit erstehen, die in Luckys Rede in der Mitte des Stücks ihren Ausdruck findet. Vorgetragen wie von einer defekten Schallplatte, enthält sie eine deprimierende Anklage, die sich gegen die kosmologische Spekulation unserer Zeit richtet, weil sie zwar viel verspricht, aber das lang ersehnte Bindeglied zwischen Mensch und Kosmos noch immer nicht gefunden hat:

> . . . daß im Lichte der laufenden Untersuchungen von Steinweg und Petermann daraus hervorgeht was noch schlimmer ist daß daraus hervorgeht was noch schlimmer ist im Lichte im Lichte der aufgegebenen Versuche von Steinweg und Petermann daß auf dem Lande im Gebirge und am Rande des Meeres der Ströme des Wassers und des Feuers die Luft dieselbe ist und die Erde nämlich die Luft und die Erde bei der großen Kälte die Luft und die Erde gut für die Steine bei der großen Kälte leider leider . . .

Dieses letzte Bild, »bei der großen Kälte leider leider«, ist der Schlüssel zur Hoffnungslosigkeit des Stücks, denn in ihm spielt Beckett auf die spirituelle Entfremdung des Menschen von der wärmenden Sonne als eines Symbols eines denkbaren Schöpfers an.

Das Thema läßt Beckett nicht los. Wir begegnen ihm auch im *Endspiel* (1958): Clov klettert auf eine Leiter und schaut durch ein Fernglas.

Clov: Mal sehen ... Nichts ... und nichts ... und wieder nichts ...
Hamm: Nichts rührt sich. Alles ist ...
Clov: Ni ...
Hamm (heftig): Ich rede nicht mit dir! Alles ist ... alles ist ... alles ist was? (Heftig): Alles ist was?
Clov: Was alles ist? In einem Wort? Das ist es, was du wissen willst? Moment mal. (Er richtet das Fernglas nach draußen, schaut, läßt das Fernglas sinken und wendet sich Hamm zu.) Kaputt! ... Na? Zufrieden?
Hamm: Was ist eigentlich los?
Clov: Irgend etwas geht seinen Gang.
(Pause)
Hamm: Clov!
Clov (gereizt): Was ist denn?
Hamm: Wir sind doch nicht im Begriff, etwas zu ... zu ... bedeuten?
Clov: Bedeuten? Wir, etwas bedeuten? (Kurzes Lachen.) Das ist aber gut!

Der Verzicht auf offenkundigen Sinn wird von Eugène Ionesco noch weitergetrieben. Ionesco kam 1912 bei Bukarest als Sohn eines rumänischen Vaters und einer französischen Mutter zur Welt, verbrachte seine Kindheit mit seiner Mutter in Frankreich und kehrte mit dreizehn Jahren nach Rumänien zurück, dort begründete er später auch seinen literarischen Ruhm. Im Jahre 1938 floh er nach Paris. Seine politischen Ansichten unterschieden sich sehr von denen Camus' oder Becketts: Das beweist, daß die Bedeutung, die alle drei Autoren dem Absurden zumessen, keine Reaktion auf politische Unruhe ist, sondern tiefere Ursachen hat. Seit über zwanzig Jahren wird ständig mindestens eines von Ionescos Stücken in Paris aufgeführt, ein Zeichen dafür, daß er etwas im Innersten der Menschen berührt.

Wir betreten Ionescos Welt gleich am Anfang seines ersten Stückes, *Die kahle Sängerin* (1950):

Mr. Smith (seine Zeitung anschauend): Hier ist etwas, das ich nicht verstehe. Warum gibt man in der Rubrik der Zivilstandsnachrichten immer nur das Alter der Toten an und nie das der Neugeborenen? Das ist doch ein Nonsens.

Mrs. Smith: Das ist mir noch nie aufgefallen!
(Erneutes Schweigen. Die Uhr schlägt siebenmal. Pause. Die Wanduhr schlägt dreimal. Pause. Die Wanduhr schlägt keinmal.)
Und später:
Mrs. Smith: Wir haben keine Zeit hier.
Hauptmann: Und die Wanduhr?
Mrs. Smith: Die geht schlecht. Sie hat einen widersprüchlichen Geist. Sie zeigt immer das Gegenteil der Zeit, die ist.

»Ich bin gewiß für Widerspruch«, bemerkt eine Gestalt aus einem anderen Ionesco-Stück, *Impromptu*, die als der Autor (Ionesco) auftritt, »alles ist Widerspruch ...« Nicht nur die Tatsachen sind widersprüchlich, auch die Figuren reden aneinander vorbei. Viele sind senil, ohne Glauben und Hoffnung, es fehlt ihnen an Sinnlichkeit und Gefühl, sie greifen eine Erinnerung auf und im nächsten Augenblick eine andere, die ihr widerspricht. Ionescos Figuren sind eher Symbole als Personen, und ihre Irrationalität geht über bloße Worte hinaus: Ein Mann hat grünes Haar; einer ganzen Gruppe Menschen wachsen Fell und Hörner, und sie verwandeln sich in Nashörner.

Die Kritiker diskutierten über die metaphysischen Grundlagen dieser eigenartigen Welt, bis Ionesco sie im Jahre 1967 in seinem *Tagebuch* darlegte: »Aber ein Leben ist nichts, wenn es nicht das universelle Leben widerspiegelt, wenn es nicht zugleich es selbst und ein anderes ist; es ist nichts, wenn es abgetrennt ist, und nichts, wenn es herdenmäßig ist, nichts, wenn es sich im Nichts des Unpersönlichen verliert. Sein Leben leben heißt, die Welt auf eigene Art erleben ... Ich kann die Gesetze kennenlernen; den Grund der Gesetze kann ich nicht erkennen ... nur was dahinter steckt, ER oder ES, das Unbekannte, das allein verdient unser Interesse. Nicht die Wissenschaft, die Erkenntnis. Erkenntnis ist nicht unmöglich. Aber ich kann mich nicht damit zufriedengeben, nur die Mauern des Gefängnisses zu kennen.«

Wie bei Camus und Beckett erzeugt die Kluft zwischen dem rationalen Verstand und dem zufälligen und daher irrationalen Kosmos Angst. Wie auch viele junge Menschen der fünfziger und sechziger Jahre fühlte sich Ionesco zu einer Religion hingezogen, die akzeptiert, daß alle Phänomene der Wahrnehmung und des Begrifflichen bedeutungslos sind – dem Buddhismus. Aber er konnte sich nicht ganz damit identifizieren.

Er bestand darauf, daß das Individuum seine Individualität auch im Innersten des Nirwana behält, und dieses Verlangen nach dem Absoluten bildete das Hauptthema von *Hunger und Durst* (1964).

Die Zeichen der Angst, Einsamkeit und Absurdität finden sich in vielen Bereichen, doch ich muß mich darauf beschränken, ein weiteres Beispiel anzugeben: den »Nouveau Roman«. Indem er auf einen Erzähler, der seine Erfahrung mit der Welt im allgemeinen verbinden könnte, verzichtet, befaßt er sich mit Beschreibungen von Äußerlichkeiten – einem Querschnitt durch einen fremden Kosmos, dessen Bewegungen beobachtet werden können, dessen innere Antriebe aber verborgen bleiben. Der Nouveau Roman verwirft D. H. Lawrences Ansicht, daß die Kluft zwischen Mensch und Natur durch eine Liebesaffäre mit einem Bauernmädchen überbrückt werden könne, als veraltet. Wenn, wie ein Biologe behauptete, der Mensch eine Gen-Maschine ist, die blind darauf programmiert ist, ihre egoistischen Gene zu erhalten, was bleibt dann noch von der Liebe? Und wenn der Himmel voll unerbittlichen thermonuklearen Feuers ist, wie können wir Wasserwesen mit ihm in Verbindung treten, indem wir im Heu herumspielen?

Ich habe die Beklemmung, die dieses Weltbild hervorruft, ausführlich geschildert, weil sie in der Geschichte der Weltbilder von beispielloser Intensität ist. Für viele von uns wurde sie zu einem persönlichen Dilemma. Wiederholt erlebten wir, daß die Anordnung der Tatsachen, wie sie uns das äußere Bild aufnötigte, mit irgendwelchen Fakten unserer persönlichen Erfahrung in Konflikt geriet. Ich denke dabei an unsere Überzeugung, daß wir uns frei entscheiden können und daß diese Entscheidungen manchmal alles andere als absurd erscheinen. Man machte die Erfahrung, sich ein Ziel zu setzen und entschlossen darauf zuzusteuern – vielleicht erfolglos, aber deshalb noch lange nicht völlig vergeblich. Andere Erfahrungen kamen ohne unseren Beitrag auf uns zu. Man begegnete einer Person, deren Güte so außergewöhnlich groß war, daß sie anderswoher rühren mußte als aus unbewußten Antrieben oder einem aufgeklärten Selbstinteresse. Man macht in einer persönlichen Beziehung die Erfahrung, daß sich verschiedene Vorfälle auf unwahrscheinliche Weise aneinanderfügen und ein Muster formen, das man nur einer Vorsehung zuschreiben kann. Es gibt Abläufe in der Natur, die dem bloßen Zufall sehr fern zu sein scheinen.

Doch diese privaten Erfahrungen vertragen sich nicht mit unserem Weltbild. In Oxford, wo ich in den Jahren nach Hiroshima studierte, war damals gerade der logische Positivismus in Mode, eine aus der materialistischen Naturwissenschaft entstandene Philosphie, die Worte wie »Gott« und »Seele« für bedeutungslos erklärte. Damit entfiel zwangsläufig jeglicher Dialog mit Gott. Es gab Augenblicke, in denen ich mir während der Philosophievorlesungen vorkam wie jener Besucher in Leningrad, der von einer Erhöhung drei Kirchen erblickt, die jedoch nicht auf dem Stadtplan eingetragen sind; verwirrt erkundigt er sich und erfährt, daß »lebende« Kirchen nicht verzeichnet sind, nur »tote Kirchen«, die Museen des Atheismus.

Ich erinnere mich, daß ich mich an einen Wissenschaftler wandte, mit dem ich befreundet war. Wenn der Mensch, so sagte ich, von seiner unmittelbaren Umwelt auf den Kosmos schließen kann – was erstaunlich genug ist –, warum sollte er dann nicht vom Kosmos den Schritt zu Gott tun können? Doch der Wissenschaftler antwortete, da es sich bei dieser zweiten Ebene nicht um eine allen Menschen gemeinsame Erfahrung handle, sei dieser Schritt wissenschaftlich unzulässig. »Lies die Bilanzen der Jodrell-Bank«, meinte er. »Dort hast du eine unsichtbare Welt, die wirklich existiert.«

Der Einfluß eines vorherrschenden Weltbildes ist so groß, daß es sich auf jeden Fall durchsetzt wie ein Produkt, dessen Name von einem Flugzeug an den Himmel geschrieben wird. Und um Probleme zu vermeiden und die alltäglichen Aktivitäten nicht zu behindern, nimmt man seine Zuflucht zu einer doppelgleisigen Denkweise. Bei mir bestand eine Diskrepanz zwischen dem Kosmischen und dem Persönlichen. Und lange Zeit hielt ich, teils aus Schwäche, teils vielleicht auch aus Scham, meine Augen von den Sternen abgewandt.

Wir, die wir keine Naturwissenschaftler waren, hofften, daß eine Stimme der Wissenschaft uns den Weg weisen möge. Albert Einstein hatte zwar schon erklärt, in einem Universum, das – so weit unser Einblick reichte – jene wunderbare Ordnung und Rationalität zeigte, die er Gott nannte, habe der Zufall keinen Platz. Doch nach Einsteins Tod im Jahre 1955 warteten wir vergeblich auf ähnliche Stimmen.

Ende der sechziger Jahre begannen dann ein paar Wissenschaftler, dieses Zufallsuniversum, das so viele Anhänger gefunden hatte, etwas genauer zu betrachten. Einige erinnerten sich einer Kritik, die Eddington zu der Zeit, als die Theorie vom Urknall entwickelt worden war, geäußert hatte. »Wir Naturwissenschaftler«, so sagte Eddington, »streichen das Zweckgerichtete [er zog es vor, unverbindlich von ›Nicht-Zufall‹ zu sprechen] aus unseren physikalischen Gesetzen. Wir trennen es von unseren physikalischen Problemen, fegen es weg und meinen, damit seien wir es los. Doch wenn wir Milliarden von Jahren zurückzugehen versuchen, stellen wir plötzlich fest, daß alles das, was wir von uns fortgeschoben haben, irgendwo aufgehäuft liegt und eine hohe Barriere – den zeitlichen Beginn – bildet, den wir nicht überwinden können.« Dieser Gedankengang wurde von zwei Astrophysikern, John Barrow und Joseph Silk, weitergeführt. Sie gingen von der bemerkenswerten Tatsache aus, daß die Struktur des Kosmos heute weitgehend gleichförmig ist: Das heißt, in großen Zügen würde er einem Beobachter in jeder Galaxis gleich erscheinen, unabhängig davon, in welche Richtung er blikken würde. Damit dies so sein könne, so errechneten sie, müsse der Kosmos in der ersten millionstel Sekunde nach dem Urknall symmetrisch gewesen sein. Mit anderen Worten, die Gleichförmigkeit im Universum wird nicht durch den Urknall erklärt, sondern lediglich so weit zurückverlegt, daß kein Experiment der Erde den Beweis dafür erbringen oder sie widerlegen könnte.

Eine andere Art Kritik kam von Wernher von Braun, dem Mann, der die Mondrakete gebaut hatte: »Je mehr der Mensch im Bereich der Naturwissenschaften weiß, um so klarer erkennt er, daß die Worte, die gewichtig klingen, nur eine armselige Verhüllung der Ignoranz sind. Energie? Materie? Wir benutzen sie, aber eigentlich wissen wir gar nicht, was sie wirklich sind.« Das gleiche könnte man von der sich selbst entzündenden Feuerkugel und von den hypothetischen Teilchen sagen.

Eine grundsätzlichere Kritik der kosmischen Zufallstheorie entwickelte der Radioastronom Bernard Lovell. In seinen Vorlesungen wies er auf den begrenzten Bezugsrahmen dieser Theorie hin. Jede naturwissenschaftliche Erklärung, so sagte er, erreiche ihre Grenze da, wo sie mit dem großen Problem der Schöpfung konfrontiert werde. Und er verglich diese Begrenzung mit der eines Spektroskops, wenn es die Pracht eines Sonnenuntergangs beschreiben solle, oder der Theorie des Kontrapunkts, wenn man diese dazu benutzen wollte, die Schönheit einer Fuge zu schildern.

Diese Ansicht, daß der Naturwissenschaftler die Realität nur auf einer

Frequenz abhört und die Verpflichtung hat, all denjenigen Aufmerksamkeit zu schenken, die andere Frequenzen benutzen, wurde auch außerhalb des naturwissenschaftlichen Bereiches laut. So schrieb zum Beispiel L. C. Knights (Cambridge), die Vernunft sei in den letzten drei Jahrhunderten in einem Bereich tätig gewesen, der keineswegs die gesamte Erfahrung umfasse; sie habe den Teil irrtümlich für das Ganze gehalten und ihrer eigenen Arbeit auf diese Weise Beschränkungen auferlegt.

Wie kann ein Wissenschaftler wieder Zugang zur »Gesamtheit der Erfahrung« gewinnen? Einmal durch den Dialog: Die Korrespondenz mit befreundeten Geistlichen, vor allem mit Richard Bentley, öffnete Newton die Augen für die metaphysischen Implikationen seiner *Principia.* Ein zweiter Weg ist, sich mit der Argumentation des Nichtnaturwissenschaftlers zu befassen. Zeigt man ihm einen unbekannten Mechanismus oder Gegenstand, wird er vermutlich fragen: »Wozu dient das?« Wenn er ein Planetarium besucht, kann man ihm die Funktionsweise erklären und von Stahl- und Glasmolekülen und Lichtpartikeln sprechen, aber zufrieden wird er erst sein, wenn er erfahren hat, welchen Zweck das Planetarium hat. Eine Erklärung der Funktion ersetzt die physikalische Erklärung natürlich nicht, aber sie vervollständigt und bereichert sie. Für eine im Vergleich zu den vergangenen drei Jahrhunderten breitere Basis menschlicher Erkenntnis, wie sie L. C. Knights forderte, sind beide notwendig.

Als ich auf diese Kritiken und Vorschläge stieß, die darauf abzielen, eine neue Betrachtung des Kosmos unter den Gesichtspunkten der Funktion und der Finalität anzuregen, erwachte mein Interesse. Ich schöpfte ein wenig Hoffnung. War es nicht ein Zeichen gesunden Menschenverstandes, sich einem so großen Bereich wie dem Kosmos mit allen dem Menschen zur Verfügung stehenden Mitteln zu nähern? Und was die Naturbetrachtung unter dem Aspekt der Funktion betraf, so konnte sie auf eine eindrucksvolle Tradition zurückblicken, die von Sokrates über Thomas von Aquin bis Einstein reichte.

Hier ist ein Einwand vorauszusehen. Hatte Darwin, indem er zeigte, daß die Giraffe nicht von einem Schöpfer mit ihrem langen Hals ausgestattet worden war, sondern ihn entwickelte, um an das Blattwerk höherer Zweige heranzukommen, Begriffe wie »zweckgerichtet« nicht für alle Zeit tabuisiert? Er mag es in der Biologie getan haben, so wie man sie im neunzehnten Jahrhundert betrieb, aber nicht anderswo, denn wenn wir den Bereich der Biologie verlassen, gibt es keine Lebens-, Kampf- und Anpassungsprozesse mehr, und die Finalität ist also nicht *a priori* ausgeschlossen.

Mit einer durch diese Überlegungen etwas veränderten Haltung, bereit, jeden Beweis für eine in der Natur wirkende höhere Absicht, sollte er auftauchen, zu akzeptieren, wenden wir uns wieder dem Kosmos zu.

Wieder treffen wir erschreckende Gewalt und ständige Bewegung. Aber müssen wir unbedingt zu solchen Schlüssen gelangen, wie Camus, Beckett und Ionesco sie dramatisiert haben? Sind ihre Folgerungen denn tatsächlich die naheliegendsten? Genauso bemerkenswert wie die Gewaltsamkeit selbst ist schließlich der Kontrast zwischen der Unruhe in anderen Teilen des Kosmos und der Ruhe in dem unseren, zwischen den Myriaden von Gaskugeln und unserem blauweißen Planeten. Weit entfernt von eisernen Schmelzöfen, die gelegentlich explodieren, weit entfernt von im All treibenden, tödlichen Gasblasen mit einem Durchmesser von 1200 Lichtjahren findet man bei uns geradezu eine friedliche, heiter-gelassene Vorstadtatmosphäre und einen sicheren Zufluchtsort für Strukturen, die komplexer sind als Wasserstoff und Helium.

Aber es ist mehr als nur Ruhe, was die Situation der Erde im Weltall von ihrer Umgebung abhebt. Die gleiche Materie, die auf dem Mars steril ist, ist bei uns fruchtbar. Wie wir gesehen haben, ist aus den Tiefen der Erde Wasser in gerade der ausgewogenen Menge ausgetreten, daß es an das Land gebundenes Leben ermöglicht. Zwei Schutzhüllen bewahren uns vor der Vernichtung: die Ionosphäre und die Ozonschicht. Wir haben ein Klima, dessen lebenspendende Eigenschaften wiederum genau ausbalanciert sind und das zum Teil vom Magnetfeld der Erde (das nicht alle Planeten besitzen) und von der Umlaufbahn eines relativ nahen, großen Mondes abhängt. Es gibt viele Faktoren wie diese, die Frieden und Dauerhaftigkeit gewährleisten. Es sieht fast so aus, als hätte die moderne Naturwissenschaft eine Enthüllung von ähnlicher Tragweite wie die des Kopernikus zurückgehalten: Der Himmel ist hier auf unserer Erde.

Diese Faktoren, die einzeln genommen sogar innerhalb des Sonnensystems unwahrscheinlich wirken, mußten in Raum und Zeit zusammenkommen, um die präzisen Bedingungen zu schaffen, unter denen eine lebende Zelle existieren kann. Unsere Situation ist tatsächlich so bemerkenswert, daß sich die Frage stellt, was denn eigentlich noch dagegen spricht, daß eine der Kugeln, die die Sonne umkreisen, bewohnbar ist?

Ein junger Astrophysiker, Nigel Henbest, hat dem Thema eine spezielle Untersuchung gewidmet, deren Ergebnisse im Anhang dieses Buches erscheinen. Seiner Meinung nach hängt die Bewohnbarkeit eines Planeten von folgenden Punkten ab:

1. *Eignung der Sonne.* Um Planeten zu haben, muß ein sonnenähnlicher Stern eine bestimmte Größe und Beschaffenheit aufweisen. Ungefähr einer von zehn sonnenartigen Sternen erfüllt diese Bedingungen.

2. *Planetenmasse und Entfernung von der Sonne.* Nur Körper von einer bestimmten Masse können die leichten Gase halten, die eine Atmosphäre ausmachen, in der man atmen kann. Diese Masse liegt zwischen der Hälfte und dem Doppelten der Erdmasse. Eine weitere Bedingung für die Bewohnbarkeit ist eine Temperatur über dem Gefrierpunkt von Wasser und unter dessen Siedepunkt. Dieser Bereich, in dem Leben möglich ist – eine Ökosphäre – ist sehr begrenzt. Wenn die Distanz zwischen Erde und Sonne mit 1,00 angegeben wird, liegt die innere Grenze dieser Zone bei 0,95, die äußere bei 1,004. Der einzige Planet in unserem Sonnensystem, der diese Voraussetzungen aufweist, ist die Erde. Die Chancen, daß ein Planet mit der erforderlichen Masse innerhalb der Ökosphäre liegt, stehen eins zu fünfzig.

3. *Ausreichende Wassermenge.* Eine vergleichende Untersuchung der Landoberflächen von Erde, Mars und Venus ergibt, daß die Chancen, daß ein Planet genügend Wasser besitzt, um die Entwicklung intelligenten Lebens zu ermöglichen, eins zu zwei stehen.

4. *Keine nahen kosmischen Katastrophen.* Die zwei wahrscheinlichsten Katastrophen wären eine Supernova oder eine Kollision mit einem Asteroiden. Eine nahe Supernova (weniger als 30 Lichtjahre entfernt) ereignet sich etwa alle 100 Millionen Jahre. Sie würde die Ozonschicht zerstören und wahrscheinlich ultraviolette Strahlung durchlassen, die intelligentes Leben beeinträchtigen oder auslöschen würde. Ein Zusammenstoß mit einem Asteroiden könnte katastrophale Folgen haben; diese Möglichkeit wurde vor kurzem als Erklärung für das Verschwinden der Dinosaurier genannt. Für das Eintreten einer solchen Katastrophe, die den Planeten unbewohnbar machen würde, stehen die Chancen, vorsichtig geschätzt, etwa eins zu zwei.

Endgültige Wahrscheinlichkeit. Wenn wir die obigen Zahlen zusammenfassen, finden wir, daß die Chancen für die Bewohnbarkeit eines Planeten des Sonnensystems eins zu zweitausend sind.

Solche Zahlen können natürlich nicht die Behauptung widerlegen, daß sich die für das Leben innerhalb des Sonnensystems wichtigen Bedingungen zufällig ergeben haben, aber sie zwingen uns zweifellos, derartige Behauptungen, die in den sechziger und siebziger Jahren oft sehr leichtfertig aufgestellt wurden, mit großer Vorsicht zu behandeln. Darüber hinaus beweisen sie, daß sich die lange verbreitete Annahme nicht mehr aufrechterhalten läßt, wonach die Materie nur eine Hürde zu überwinden hatte, die Umwandlung von Aminosäuren in mitotisch reproduzierbare Zellen, um als intelligentes Leben in Erscheinung zu treten. Sie mußte vorher verschiedene andere Hürden überwinden.

Diese Eins-zu-zweitausend-Chance hat noch einen anderen Aspekt. Sie berechtigt zu der Frage, ob sich nicht auch in der Struktur des Universums als solcher eine Zweckgerichtetheit zeigt.

In die Natur sind viele Faktoren eingebaut, ohne die Leben nicht existieren könnte. Sie sind nicht auf die gleiche Weise quantifizierbar wie die Chancen für die Existenz eines bewohnbaren Planeten, weil wir keine »zweite Natur« haben, an der wir sie messen könnten, aber sie sind nichtdestoweniger so bemerkenswert, daß einige Wissenschaftler sie »Koinzidenzen« nennen. Ein Beispiel: Freeman J. Dyson von der Universität Princetown wies im Jahre 1971 in einem aufsehenerregenden Artikel nach, daß der Kern eines Helium-2-Atoms existieren könnte, wenn die Kraft, die zwei Protonen hält, nur um wenige Prozente größer wäre, als sie tatsächlich ist. (Helium-2 würde zwei Protonen und kein Neutron besitzen im Gegensatz zu den zwei existierenden Formen von Helium: Helium-3, das zwei Protonen und ein Neutron, und Helium-4, das zwei Protonen und zwei Neutronen aufweist.) Wenn ein Helium-2-Atom existieren könnte, würde die Protonenreaktion in der Sonne einen Helium-2-Kern plus ein Photon erzeugen, und der Helium-2-Kern würde seinerseits spontan in ein Deutron, ein Positron und ein Neutrino zerfallen: Mit anderen Worten, unsere Sonne hätte schon vor Milliarden Jahren ihren ganzen Wasserstoff wie eine Bombe verbrannt. Nur weil ein Helium-2-Kern nicht existieren kann, scheint die Sonne gemäßigt, verwandelt ihren Wasserstoff in Helium-4 und sendet gerade die stetige Wärme aus, die das Leben auf der Erde ermöglicht.

Es gibt eine große Zahl solch exakt ausgewogener Gleichgewichtszustände in der Natur. Die für die Kosmologie wichtigsten wurden von Nigel Henbest (im zweiten Teil des Anhangs) beschrieben. Sie zeigen, daß unser Kosmos auf einem schmalen Grat der Ordnung zwischen Abgründen des Chaos wandelt.

Lebenbegünstigende Faktoren, die in die Struktur des Kosmos eingebaut sind, wie auch die fünf Faktoren, die in Begriffen statistischer Wahrscheinlichkeit quantifizierbar sind, sollten den Wissenschaftler nachdenklich stimmen. Wenn er auch in einer Universität geschult wurde, über dessen Tor geschrieben steht: »Entsagt dem Begriff Gott, alle, die ihr hier eintretet«, muß er Begriffe wie »Einzigartigkeit« oder »inhärente Besonderheit« überdenken, er muß sich fragen, wie viele »Koinzidenzen« ihm wie schwarze Katzen über den Weg laufen müssen, bevor er die Idee des Zufalls in Frage stellt. Ich glaube, daß er durchaus dazu gelangen könnte, eine Kraft zu postulieren, die zweckgerichtet handelt. Es mag sein, daß ihm danach wieder Zweifel kommen, daß er befürchtet, sich einem sentimentalen Trugschluß überlassen zu haben. Dabei wäre er in diesem Punkt wie in seinem Laboratorium nur der Logik verifizierter Fakten gefolgt. Der Vorwurf eines Trugschlusses könnte viel eher gegen die atheistische Urknalltheorie erhoben werden, da sie von dem Leben, wie wir es auf der Erde kennen, auf kosmische Bedingungen schließt, die Leben erzeugen – obwohl sich die Gegenbeweise, die Beispiele für todbringende Extreme, mit jedem Jahr vermehren.

Wenn unser Naturwissenschaftler über sein Spezialgebiet hinausblickt, wird er feststellen, daß sich ein bedeutsamer Meinungswechsel vollzogen hat. Der Reduktionismus – der Glaube, ein lebender Organismus könne ausschließlich durch chemische und physikalische Prozesse erklärt werden – hat nicht mehr die Geltung, die er in den fünfziger und sechziger Jahren besaß. Die Arbeiten des Gehirnspezialisten John Eccels und des Philosophen Karl Popper, das von dem Biologen C. H. Waddington organisierte Serbelloni-Symposium und Arthur Koestlers Aspbach-Symposium für Neurophysiologen, Genetiker und Tierbiologen haben die Unzulänglichkeiten des Reduktionismus aufgezeigt; das Aspbach-Symposium schloß mit folgender Feststellung: »Der Reduktionismus erfordert zumindest ebensoviel, wenn nicht mehr Glauben als die organische oder hierarchische Hypothese«, das heißt als die Theorien, die eine ordnende Kraft postulieren.

Die Kritiker des Reduktionismus führen drei Punkte an. Zum ersten stellte sich heraus, daß die Aminosäuren und lebensnotwendigen Nukleotide unvorstellbar viel komplizierter aufgebaut sind, als man zunächst annahm, so daß die Bezeichnung »Bausteine des Lebens« kaum angemessener ist als die Erwähnung der Glas- und Stahlmoleküle in unserem Beispiel des Planetariums.

Zum zweiten: Wenn es um das reine Überleben geht, könnte man sagen, daß die Amöbe äußerst überlebensfähig ist. Es ist gut denkbar, daß die erste Form tierischen Lebens die verfügbare Nahrung schnell verbrauchte und dann ausstarb; warum sollten zudem manche Tiere, wie zum Beispiel gewisse Spinnenarten beim Einfangen ihrer Beute, Techniken entwickelt haben, die wesentlich komplizierter sind, als sie das bloße Überleben erforderte.

Und zum dritten zweifeln einige Neurologen daran, daß das menschliche Gehirn sich in seiner jetzt erkannten Komplexität in den kaum mehr als anderthalb Millionen Jahren, seit der *Homo erectus* mit seinem kleineren Hirn auftauchte, durch zufällige Mutation entwickelt haben könnte.

Ich erwähne diese Dinge, weil es interessant ist, festzustellen, daß die Naturwissenschaften, die sich mit dem Leben beschäftigen, wie die Kosmologie vielleicht auf dem Weg zurück zum Gedanken der Finalität sind.

Welche Schlußfolgerung ergibt sich aus alledem – vorausgesetzt, die bisher angeführten Beweise sind stichhaltig? Es heißt nicht, daß wir die Urknalltheorie verwerfen müssen, sie bedarf nur einer Erweiterung. Am Anfang war Gott, und Gott sagte »Es werde Licht«: eine Feuerkugel von unvorstellbarer Dichte. Es war Gott, der diese Kugel auf eine Weise expandieren ließ, die uns eine inhärente Gesetzmäßigkeit und vielleicht eine Finalität suggeriert. Teil dieser Finalität, so scheint es, war es, die Existenz anderer vernunftbegabter Wesen zu ermöglichen – Vernunftwesen, die wie Sokrates aus der Natur auf einen Schöpfer schließen und daraus ableiten konnten, daß der Mensch, ausgestattet mit Denkvermögen und freiem Willen, in einer besonderen Beziehung zu ihm steht.

Dies ist zumindest eine Schlußfolgerung, die nicht ferner zu liegen scheint als die rein naturwissenschaftliche Erklärung, die sich schwer auf den Zufall stützt. Und mit meiner Schlußfolgerung kam ein Gefühl der

Erleichterung. Zum erstenmal seit meiner Kindheit konnte ich den Nachthimmel ohne innere Unruhe betrachten. Das Zweckgerichtete, das ich in meinem Leben und in dem meiner Freunde entdeckt zu haben meinte, mußte keine Täuschung sein, es stimmte mit der unermeßlichen Ordnung des Weltalls überein. Was war ein Schwarzes Loch anderes als Treibsand an einer Küste, die an anderen Stellen dem Fuß Halt bot? So begann die alte Zweiteilung zu schwinden, das doppelgleisige Denken, die Qual der Absurdität.

Der Megalokosmos und der Mikrokosmos des Geistes vereinten sich wieder wie in den begünstigteren Epochen der Geschichte. Ich bemerkte, daß mein Weltbild eine neue Festigkeit aufwies, die mir als Basis für ein weniger unbeständiges Verhalten diente. Der Satz mag etwas kühn klingen, aber mir fiel kein anderer ein, der meine Erfahrung ausdrücken könnte: Ich fühlte mich im Universum zu Hause.

Diejenigen, die dem christlichen Glauben anhängen, finden das zweckgerichtete Weltbild zweifellos besonders naheliegend, da es mit den Evangelien in Übereinstimmung steht. Der Stern über Bethlehem, die Verdunklung des Himmels über Golgatha, das Erdbeben in der dritten Stunde: Warum wurde das persönliche Drama von einem kosmischen Drama begleitet, wenn nicht, weil Christus die Krönung einer von Anfang an existierenden Ordnung war.

Das Vernunftwesen, das einige im interstellaren Raum suchen, wandelte auf unserer Erde. Der Gott des Kosmos wurde der Gott des Evangeliums, um uns zu zeigen, daß Er existiert und daß wir Ihm mehr bedeuten als die Galaxien. Die Frage: »Warum sollte Christus in diesen abgelegenen Winkel des Kosmos kommen?«, erinnert an eine andere, einer ähnlichen Denkweise entsprungenen Frage, die bereits eine zufriedenstellende Antwort fand: »Kann Christus aus Galiläa kommen?«

Daß wir wichtig für ihn sind, würde jene günstigen Faktoren im Universum erklären, die so verwirrend sind. Er zeigte uns, daß wir etwas Kostbareres und Dauerhafteres besitzen als Sternmaterie. Doch nicht alles wurde uns enthüllt. Wir kennen weder den Sinn des Leidens noch den Sinn des Bösen. Unser Weg liegt noch immer im Halbdunkel, vom schwachen Licht der Sterne beschienen.

Unter dem Eindruck dieser Gedanken ging ich noch einmal in das Royal Greenwich Observatorium in Herstmonceux, wo ich Nachforschungen für mein Buch angestellt hatte. Die ultramoderne Einrichtung ist in einem mittelalterlichen Backsteinschloß untergebracht. Auf dem umliegenden Gelände hat man römische Denare gefunden.

Es war ein Novembernachmittag. Ich war sehr zeitig eingetroffen und schlenderte einen Heckenweg am Rande eines Krocketrasens entlang. Ich dachte an die Legionäre, die hier vorbeigekommen waren, an Anbeter eines persischen Sonnengottes, an Harolds Heer, das – durch einen Kometen beunruhigt – gegen Wilhelm den Eroberer antrat, an Chaucer, der auf seinem Pferd den Weg nach Canterbury hinabritt und vielleicht eine Pause einlegte, um mit einem Taschenastrolabium die Höhe der Venus und des Mars zu bestimmen. Ich stellte mir John Wilkins und Robert Hooke vor, wie sie eine Maschine auf dem Reißbrett skizzierten, mit der man zum Mond fliegen konnte, Christopher Wren, der das erste Königliche Observatorium in Greenwich entwarf, und Thomas Hardy, wie er das Observatorium besuchte, bevor er *Two on the Tower* schrieb.

Ich ließ einige der vielen Weltbilder, auf die ich gestoßen war, noch einmal an mir vorbeiziehen: Plinius' Sterne, die auf Schiffsmasten hockten, Isidors Sterne, die kein Licht aussandten; die demütige Haltung der Bewohner von Alexandria, die den Mond als Große Schwester betrachteten, den heiligen Franziskus, der ihn als liebe Schwester begrüßte, den heiligen Gregor, für den das Nordlicht Unheil verkündigte, Charlotte Brontë, die Hoffnung daraus schöpfte.

Ich war gutgelaunt angekommen, aber als die Sonne unterging und die Umrisse des Schlosses unscharf wurden, dachte ich mit ein wenig Bedauern: Das Bild der Welt, das wir heute für wahr halten, wird auch verblassen und nur noch eine Zeile im Geschichtsbuch der Zukunft sein. Sicher, ich kenne den Kosmos besser als der Legionär, der hier vorüberkam, aber bin ich deshalb in einer besseren Situation als er? Er glaubte, daß alles, was er tat, von dem Sternzeichen seiner Geburt abhängig war. Ich weiß, daß mein Wissen von meinem Geburtsdatum abhängt. Der Zufall, der Zufall ... und während das Schloß ins Dunkel tauchte, fühlte ich mich plötzlich nicht mehr so sicher, im Kosmos »zu Hause« zu sein. Im Osten tauchten die ersten Sterne auf. Es waren keine ruhigen Lichtpunkte, noch weniger goldene Scheiben, sondern brennende rote Riesen und weiße Zwerge, die eine Hitze von vielen Millionen Grad entwickelten; und im interstellaren Raum waren nicht Scipio, Helden und Kapitäne, sondern Pulsare und Quasare, Gewalt, die man hört, aber nicht sieht, und Schwarze Löcher.

Der Abend war klar und golden, frostig kühl, die Sterne verwirrend hell. Die Menschen früherer Jahrhunderte fanden an diesem Anblick Stetigkeit und die Verheißung ewigen Friedens. Uns war das versagt. Ich versuchte, mir die Finalität vor Augen zu halten, doch zugleich wußte ich, daß in einer der Galaxien, die vielleicht nur als kleiner heller Fleck sichtbar war, ein Stern in sich zusammenfiel oder mit allen Anzeichen der Apokalypse explodierte. Nicht die Stille des unendlichen Raumes, sondern die tosende Urgewalt dieser Welt hatte ich vor Augen.

Ich senkte meine Augen auf die Kuppe des Hügels, in der Hoffnung, dort Halt zu finden. Aber was war dieser Hügel anders als eine Kulisse aus Pappmaché, die in Akt I nicht gebraucht wurde und in Akt III wieder fortgeräumt ist? Es gab nichts Beständiges, weder am Himmel noch auf der Erde. Zufall, Zufall ... mein Gefühl, zu Hause zu sein, war nun sehr schwach.

Es war inzwischen fast 20 Uhr, und ich fuhr nur mit dem Standlicht (die Scheinwerfer hätten einen dünnen Lichtstrahl, der eine Million Jahre gebraucht hatte, uns zu erreichen, auslöschen können) auf die Beobachtungskuppel zu, ein riesiger Pilz auf einer vergänglichen Anhöhe. Auf dem Parkplatz erwartete man mich und geleitete mich in das Verwaltungsgebäude, das dunkel war bis auf abgeschirmte Bodenlampen im Korridor. Eine Glastür wurde geöffnet. Bei Taschenlampenschein überquerten wir verstohlen den Rasen wie Einbrecher, die es auf Diamanten abgesehen hatten.

Die Beobachtungskuppel aus Stahl, mit Holz ausgekleidet, erinnerte mit den Summtönen, die die verstreichenden Sekunden anzeigten, an einen Froschteich im Sommer. Der mir befreundete Astronom begrüßte mich. Er ist ein Mann mittleren Alters, groß, trägt einen kurzen Bart, der sein Gesicht einrahmt, und hat dunkle Augen, in denen ein *feu sacré* leuchtet. Ich machte eine Bemerkung über seine russische Pelzmütze, und er erklärte mir mit einem Lächeln, daß er sie nicht nur als Schutz gegen die Kälte benutzte, sondern auch, weil er mit dem Kopf ab und zu an herausragende Teile seines Instruments stoße.

Er fotografierte gerade einen Stern der siebenten Größenordnung. Wir betrachteten ihn, man sah ihn verschwommen durch das kleine Teleskop, das am Hauptinstrument angebracht war. In ein paar Tagen würde er seine Fotos mit anderen vergleichen und in der Lage sein, die Entfernung des Sterns abzuschätzen: eine Zahl mehr für den Computer.

Das war seine Aufgabe für diesen Tag – einen speziellen Stern festzuhalten. Doch er sprach auch von anderen Arbeiten, die ihn mehr interessierten. Zwei Quasare waren entdeckt worden, die sehr nahe beieinanderstanden und beinahe identische Spektren aufwiesen. Es wäre eine erstaunliche Koinzidenz, wenn zwei so immense und ungewöhnliche Körper mit identischer Entwicklungsgeschichte benachbart aufträten; aber einige Astronomen, unter ihnen mein Freund, glaubten, daß es sich nur um einen Quasar handelte und daß irgendein in der Nähe seiner Sichtlinie gelegenes Objekt – wahrscheinlich eine Galaxis – durch sein Gravitationsfeld das Licht des Quasars ablenkte, so daß es aussah, als gäbe es zwei. Man mußte dafür allerdings noch Beweise sammeln.

Von seinem Bericht angeregt, äußerte ich den Gedanken, der mich bei meiner Ankunft beschäftigt hatte. Mein Freund hörte mir zu, sagte aber nichts. »Diese Sache mit der Finalität«, fuhr ich fort. »Newtons Schüler Bentley errechnete, was damals errechnet werden konnte. Und er erklärte, die Wahrscheinlichkeit, daß es zwischen einer Galeone, die ohne Besatzung vom Nordpol aus segelte, und einer zweiten, die den Südpol als Ausgangspunkt hatte, zum Zusammenstoß käme, sei größer als die, daß Atome sich zusammenfänden, um die Erde zu bilden ... Heutzutage verfügt ihr über mehr Fakten als Bentley. Wie kommt es, daß du und deine Kollegen nicht aufsteht und wie er von Gesetzmäßigkeit und Finalität sprecht?«

Mein Freund überlegte eine Weile und meinte dann: »Aus zwei Gründen, glaube ich. Erstens sind wir sehr beschäftigt mit den Aufgaben, für die wir bezahlt werden. Wir brauchen unsere ganze Zeit, damit unsere Gleichungen stimmen. Und der zweite Grund ... Wir wissen, wie viele geniale Menschen versucht haben, den Kosmos zu enträtseln, und ich glaube, das macht uns – nun, bescheiden.«

Wir unterhielten uns weiter, sprachen über die Daten, die mein Freund an diesem Abend zu ermitteln hoffte. »Vielleicht werden sie eine Frage beantworten«, sagte er, »aber sie werden zugleich eine neue aufwerfen, sogar zwei. Und so geht das immer weiter.« Er nannte noch mehr Beispiele, und für mich war es eine weitere Bestätigung der bekannten Tatsache, daß der Halbschatten des Geheimnisses bei allem Wissen nicht weichen wollte. Zufall, Zufall. Eine halbe Stunde später verließ ich die Kuppel des Observatoriums in ziemlicher Verwirrung. Ich war zuversichtlich und mit einer, wie mir schien, schlüssigen Vorstellung nach Herstmonceux gekommen. Ich hatte das Gefühl, als sei sie mir unsanft aus den Händen geschlagen worden. Ich ging über den Rasen, statt des winzigen Ausschnittes, den ich im Observatorium gesehen hatte, lag nun der ganze Nachthimmel vor meinen Augen. Wie naheliegend es auch scheinen mochte, daß dem Kosmos ein Entwurf, eine Zweckgerichtetheit zugrunde lag, daneben hielt sich ein fast ebenso überzeugendes Gefühl von Zufall und Sinnlosigkeit, das Bewußtsein, daß die Wirklichkeit jede Theorie überschritt und entwertete.

Ich sah die funkelnden Plejaden, und ich dachte daran, wie Homer sie gesehen hatte und Sappho. Die Griechen hatten beides empfunden: die erklärbare Ordnung und das unerklärliche Geheimnis. Dies war im Grunde das sich wiederholende Muster der Geschichte, das Nebeneinander von Gewißheit und Verzweiflung. Es sprach aus John Donne, aus Pascal, van Gogh und Saint-Exupéry. Der Wechselgesang des menschlichen Geistes, die Antiphonie zwischen dem Chor des Verstehens und dem Chor des Geheimnisses konnte man mythisch als die eigentliche Qual des Sisiphos, des Menschen, beschreiben. Aber auch hier bietet sich neben der Qual zugleich die Hoffnung an: Denn ist es nicht eine Tatsache, daß ohne diese Spannung ein Fortschritt im Verständnis des Kosmos nicht möglich gewesen wäre? Denn hätte sich eines seiner frühen Weltbilder als so mächtig erwiesen, daß aller Zweifel verstummt wäre und alles Staunen verebbt, so hätte es auch keine Anstrengung gegeben, dieses Bild zu erweitern oder zu verändern. Wäre der Mensch auf der anderen Seite zu verwirrt gewesen, sich ein schlüssiges Bild zu machen, so hätte er sich wahrscheinlich ganz dem Irrationalen anvertraut, dem Verzicht auf die wissenschaftliche Erklärung. Wenn es einen Entwurf des Kosmos gibt, ist es auch denkbar, daß der Mensch angelegt ist, zwischen Verzweiflung und Zuversicht zu schwanken. Es ist sozusagen eine Daseinsbeschreibung des Menschen, eine Grundlage der *conditio humana:* der Mensch als ein amphibisches Geschöpf, das weder im Natürlichen noch im Übernatürlichen ganz zu Hause ist. Vielleicht ist es unser Los, immer wieder neue und vollständigere Weltbilder zu entwerfen, nur um in ihnen wiederum Unzulänglichkeiten zu entdecken wie als Mahnung dessen, daß es das vollkommene Bild, das Dante die seligmachende Vision nannte, hier unten nicht geben kann.

Anhang

Die Wahrscheinlichkeit des Lebens aus der Sicht eines Astronomen

von
Nigel Henbest

Leben existiert auf der Erde; und das ist alles, was der Astronom über Leben im Universum *weiß*. Eines Tages, wenn der Mensch – oder seine automatischen Raumschiffe – andere Sterne und ihre Planeten erforscht, werden wir entdecken, ob andere Planetensysteme selten oder häufig sind; ob Planeten wie die Erde die Regel oder die Ausnahme sind; ob die Evolution des Lebens in einer erdähnlichen Welt unvermeidlich oder zufällig ist. Dann erst werden wir unseren Platz im kosmischen Maßstab ermessen können.

Aber es *ist* möglich, einige Einschätzungen schon auf der Basis unseres jetzigen Wissens anzustellen. Um das Ziel zu definieren, gehe ich von der Frage aus: Welches ist die *A-priori*-Wahrscheinlichkeit eines Planeten der Sonne, der Leben trägt? (Andere Autoren haben es vorgezogen, andere, wenn auch verwandte Fragen zu stellen, etwa: »Wie viele bewohnte Planeten gibt es in unserer Galaxis?« Viele dieser Einschätzungen haben sich in einen zu großen Optimismus verirrt, und ich will versuchen, auch um das Gleichgewicht wiederherzustellen, eine konservativere Haltung einzunehmen.)

Die Frage kann noch weiter gegliedert werden. Wie hoch ist die Wahrscheinlichkeit, daß 1. die Sonne überhaupt Planeten hat, 2. einer dieser Planeten die Bedingungen bietet, unter denen Leben entstehen kann, 3. Leben sich dort *tatsächlich* entwickelt, 4. dieses Leben die verschiedenen Katastrophen übersteht, die ein unwirtlicher Kosmos heraufbeschwört. Hinzu kommt die Schlüsselfrage der Philosophen: Wie kommt es, daß die Naturgesetze, die Regeln, die das Universum beherrschen, so beschaffen sind, daß sie Leben überhaupt erlauben? Mit der Frage werde ich schließen.

Niemand weiß, wie gewöhnlich oder häufig planetarische Systeme überhaupt sind. Mit der Technologie, über die wir verfügen, ist es den Astronomen nicht möglich, die Planeten anderer Sterne direkt zu fotografieren, und Behauptungen, Planeten auf andere Weise entdeckt zu haben, sind erst kürzlich wieder scharf zurückgewiesen worden. Der Pionier auf diesem Forschungsgebiet ist seit langem Peter van de Kamp vom Sproul-Observatorium in Pennsylvania. Er hat die Positionen erdnaher Sterne genau vermessen und versucht, auch geringste Abweichungen von ihrer Bahn festzustellen, Abweichungen, die durch ihre Begleiter, das heißt unsichtbare Planeten, verursacht werden. Einige dieser Begleiter sind zweifellos matte Sterne von geringer Dichte, aber die Begleiter mit der geringsten Dichte haben wahrscheinlich nicht genug Masse, um überhaupt zu leuchten: Jeder Begleiter, der weniger als ein Zwanzigstel der Masse der Sonne hat (und das bedeutet fünfzigmal die Masse des Jupiter), ist kein Stern, sondern ein Planet. Und wenn ein Stern einen so umfangreichen Planeten besitzt, kann man davon ausgehen, daß dieser nicht der einzige ist, der ihn umkreist. 1975 behaupteten van de Kamp und seine Mitarbeiter, daß sie die Existenz von Planeten bei vier erdnahen Sternen nachweisen könnten. Ihr überzeugendster Fall war der Barnardsche Pfeilstern. Van de Kamp beanspruchte für ihn zwei Planeten, die durch die Unregelmäßigkeiten in der Bahn des Sterns nachzuweisen seien; einer der Planeten habe etwa die Masse des Jupiter, der andere nur die Hälfte (siehe *Annual Reviews of Astronomy and Astrophysics*, Bd. 13, S. 295, 1975).

Andere Astronomen wandten sich der Beobachtung dieser Sterne zu und begannen bald, van de Kamps Daten kritisch zu betrachten. Da die Veränderungen in der Stellung eines Sterns winzig sind – weniger als ein Tausendstel eines Millimeters, was etwa ein Hundertstel der Größe des Sterns auf der Fotografie bedeutet –, konnten schon winzige Unregelmäßigkeiten in der Handhabung des Teleskops oder im Meßvorgang falsche Schlußfolgerungen ergeben. Statistische Studien haben in der Tat systematische Abweichungen in den Positionsmessungen des Sproul-Observatoriums zum Vorschein gebracht, und damit war nachgewiesen, daß die Daten nicht zuverlässig genug waren, um auf planetarische Umlaufbahnen schließen zu lassen: Die Irrtümer aus verschiedenen technischen Quellen scheinen größer zu sein als die Unregelmäßigkeiten, die van de Kamp als Nachweis für die Existenz von Planeten anführt (siehe zum Beispiel G. Gatewood, *Icarus*, Bd. 41, S. 205, 1980). Besonders vernichtend ist eine Studie von Wulff Heintz (*Monthly Notices of the Royal Astronomical Society*, Bd. 175, S. 533, 1976). Er weißt darauf hin, daß die Beobachtungen von Sproul elf unsichtbare Begleiter geringer Dichte bei erdnahen Sternen entdeckt zu haben beanspruchen – entweder Planeten oder Zwergsterne. In allen elf Fällen sehen wir anscheinend die Umlaufbahn nicht in der Aufsicht, sondern in der Senkrechten, und in neun von elf Fällen scheint der Umlauf des Begleiters in die gleiche Richtung zu weisen. Die Chancen gegen eine solche Übereinstimmung stehen schlechter als zehntausend zu eins. Heintz schließt daraus, daß die winzigen Bewegungen in der Position dieser Sterne, wie sie vom Observatorium in Sproul gemessen worden sind, nicht reale Abweichungen sind, sondern Abweichungen, die grundsätzlich alle Abbildungen von Sternen betreffen. Er bekräftigt dies noch, indem er nachweist, daß alle diese Sterne – wenn wir den Sproul-Daten folgen wollen – sozusagen unisono Jahr für Jahr im Weltraum hin und zurück schwingen!

Inzwischen überprüften andere Astronomen vor allem die beanspruchten Veränderungen in der Position des Barnardschen Pfeilsterns und einigen anderen – ohne Erfolg. Der Barnardsche Stern zog natürlich die größte Aufmerksamkeit auf sich. George Gatewood und H. Eichhorn benutzten Daten vom Allegheny- und vom Van-Vleck-Observatorium, die lange Refraktoren besitzen – ähnlich den Instrumenten von Sproul –, aber in den Ergebnissen zeigten sich keine Anzeichen des »Torkelns«, das van de Kamp aus seinen Daten herausgelesen hatte (siehe *Astronomical Journal*, Bd. 78, S. 769, 1973). Gatewood wiederholte später die Analyse, wobei er van de Kamps Daten des Sproul-Teleskops einschloß, und fand wiederum keine signifikanten Anzeichen für die Existenz eines Planeten (siehe *Icarus*, Bd. 27, S. 1, 1976). Nach weiteren drei Jahren Beobachtung im Allegheny-Observatorium mit sensitiveren Instrumenten als denen in Sproul ist Gatewood noch sicherer, daß die schon vorher zweifelhaften »Torkelbewegungen« nicht existieren (*Icarus*, Bd. 41, S. 205, 1980). Seine Messungen widerlegen auch van de Kamps Ansprüche in bezug auf die Sterne Lalande 21 185 und Ypsilon Eridani.

Gatewoods Techniken sind moderner und fortschrittlicher als die van de Kamps und seine Ergebnisse ohne Zweifel genauer – ein Schluß, der durch die statistischen Inkonsistenzen in van de Kamps Daten noch untermauert wird. Wenn die Allegheny-Beobachtungen zwölf Jahre alt werden, sollten sie eindeutig nachweisen können, ob zwanzig der erdnahen Sterne Planeten wie Jupiter besitzen oder nicht.

Zur Zeit geht man allgemein davon aus, daß van de Kamps Planetensystem nicht existiert: Es gibt keinen Nachweis für Planeten der erdnahen Sterne. Die gegenwärtige Technik aber bewegt sich schon an der Grenze der Aufspürbarkeit von Planeten selbst der Größe des Jupiter. Das gegenwärtige Gewicht negativer Evidenz heißt nicht unbedingt, daß Planetensysteme *selten* sind – besonders wenn sie zufällig aus Trabanten geringer Masse – wie etwa die Erde – bestehen. Die Resultate der Beobachtungen lassen also endgültige Schlüsse keineswegs zu.

Die gegenwärtigen Theorien über das Entstehen planetarischer Systeme sind deshalb vermutlich der beste Weg, die Frage zu untersuchen, wie wahrscheinlich es ist, daß auch andere Sterne Planeten besitzen. Sterne bilden um sich dichte Taschen aus dem Gas der Gaswolken – den *nebulae* – im Weltraum; diese Gastaschen oder Gaskonzentrationen rotieren ohne Zweifel um sich selbst, und neugeborene Sterne sind wahrscheinlich von einer Scheibe aus Gas und Staub umgeben, die zu viel Winkelgeschwindigkeit hat, um auf den zentralen Stern zu stürzen. Die Gas- und Staubscheibe zerbricht dann in Fragmente, und jedes dieser Teile bildet ein *Planetesimal*, das nur wenige Kilometer Durchmesser hat. Diese *Planetesimale* sammeln sich und verbinden sich zu wenigen Himmelskörpern von Planetengröße.

Das ist das sehr allgemeine Szenarium der Entstehung eines Planetensystems, das zur Zeit von den Astronomen angenommen wird. Es deutet an, daß Sterne tatsächlich mit Planetensystemen geboren werden; aber die Details der Fragmentarisierung der Scheibe und der Verbindung der Teile zu Planeten sind noch umstritten. Computersimulationen haben einige wahrscheinlich klingende Antworten hervorgebracht. Stephen Dole (Stephen Dole u. Isaac Asimov, *Planets for Man*, 1965) hat ein sehr naives Computerprogramm benutzt, um einige denkbare Planetensysteme zu erschaffen, und seine Resultate ähneln in bemerkenswerter Weise dem, was wir über das Sonnensystem wissen. Richard Issacman und Carl Sagan haben Doles Methode später erweitert (*Icarus*, Bd. 31, S. 510, 1977) und festgestellt, daß sich Planetensysteme vom Typ unseres Sonnensystems um einen sonnenähnlichen Stern bilden, wenn die Masse der Scheibe anfänglich zwischen einem Fünfzigstel und einem Fünftel der Masse des Sternes im Zentrum liegt. Solch eine Scheibe entsteht nach den allgemein akzeptierten Theorien der Sternentstehung immer mit dem Stern – ob sich aus ihr Planeten bilden, hängt allerdings kritisch von der Dichte der Scheibe vom Zentrum bis zum Rand ab.

Auch die wissenschaftlich rigoroseren und komplizierteren Simulationen der Planetenbildung im Sonnensystem, die Richard Greenberg und seine Kollegen angestellt haben (*Icarus*, Bd. 35, S. 1, 1978), zeigen eine überraschende Ähnlichkeit mit den einfacheren Modellen der Dole-Schule.

Wenn die gegenwärtigen Theorien richtig sind, besteht tatsächlich eine hohe Wahrscheinlichkeit, daß ein sonnenähnlicher Stern ein planetarisches System hat. Auf der anderen Seite sind aber rivalisierende Theorien, die aus der Planetenbildung ein sehr viel selteneres Phänomen machen, keineswegs widerlegt (I. P. Williams, *The Origin of the Planets*, Bristol, 1975). Michael Woolfson setzt zum Beispiel in einer der pessimistischsten Theorien die Wahrscheinlichkeit der Bildung eines Planetensystems um einen Stern bei eins zu einhundert an (*The Origin of the Solar System*, S. 178, 1978). Mir scheint das zu hoch gegriffen; ich würde es als annehmbar betrachten, wenn man die Wahrscheinlichkeit, daß ein Stern Planeten besitzt, mit eins zu zehn beziffern würde.

Ist es wahrscheinlich, daß ein solches Planetensystem einen erdähnlichen, bewohnbaren Planeten besitzt? Um Bedingungen für Leben zu bieten, muß ein Planet zunächst den richtigen Abstand zu seiner Sonne haben sowie in etwa die Größe der Erde. Ein Planet, der seiner Sonne zu nahe kommt, verliert durch Verdampfung alles Wasser und fängt so zunehmend mehr Hitze ein, wird schließlich trocken und staubig. Die Venus hat dieses Schicksal erlitten, auf ihrer Oberfläche herrscht eine Temperatur von 475 Grad Celsius. Wenn die Erde nur um 5 Prozent ihres Abstands der Sonne näher stünde, hätte sie das gleiche Schicksal erlitten (S. I. Rasool u. C. de Bergh, *Nature*, Bd. 226, S. 1037, 1970).

Ein wenig weiter weg von der Sonne, und gewaltige Eiszeiten wären die Folge, die Erde würde einfrieren. Dies hat den Mars getroffen. Die Erde erleidet periodisch Eiszeiten schon durch sehr kleine Abweichungen ihrer Umlaufbahn. Michael Hart behauptet, daß schon ein zusätzlicher Abstand von 0,4 Prozent von der Sonne genügen würde, um die Erde in einen Eisball zu verwandeln (*Icarus*, Bd. 33, S. 23, 1978).

Die bewohnbare Zone (oder auch *Ökosphäre*) liegt also zwischen 95 und 100,04 Prozent des Erdabstandes von der Sonne. Bevor wir berechnen, wie wahrscheinlich es ist, daß ein Planet in dieser Ökosphäre beheimatet ist, wollen wir uns der Bedingung der Masse zuwenden. Der wesentliche Punkt in dieser ganzen Argumentation ist in der Tat die *Masse*.

Ist er zu leicht, wird der Planet nicht in der Lage sein, eine für Leben ausreichende Atmosphäre an sich zu binden; ist er zu schwer, so bindet er zuviel Atmosphäre. Es ist sehr schwierig, hier definitive Grenzen zu setzen, aber eine vorsichtige Einschätzung würde sie bei etwa der Hälfte der Erdmasse einerseits und dem Doppelten andererseits ansetzen (Dole u. Asimow, a.a.O., S. 88–98). Andererseits ist es nicht sehr zufriedenstellend, unser Sonnensystem zur Basis solcher Einschätzungen zu machen. Da Doles Methode den Prozeß allgemeiner Entstehungsabläufe von planetarischen Systemen im allgemeinen ganz gut nachzuvollziehen scheint, ist wohl auch seine Einschätzung akzeptabel. Alan Bond und Anthony Martin sind darüber hinausgegangen und haben auf der Basis von Doles Formel ein größeres Ensemble möglicher Planetenformation aufgestellt (*Journal of the British Interplanetary Society*, vol. 31, S. 411, 1978). Aus ihren Ergebnissen kann man schließen, daß ein Planet in den oben gegebenen Massenbereichen in einem von zwanzig Planetensystemen in der Ökosphäre liegen würde. Dies ist wahrscheinlich eine Überschätzung, denn Doles Programmierung stützt sich auf eine bestimmte Formel der Materieverteilung in der präplanetarischen Scheibe, und andere Verteilungsschlüssel tendieren dahin, sogenannte »pathologische« Planetensysteme hervorzubringen (*Isaacman u. Sagan*, a.a.O.), Systeme, in denen die Massen und die Anordnung der Planeten von unserem Sonnensystem stark abweichen. Eine realistische Einschätzung liegt wahrscheinlich eher bei eins zu fünfzig.

Die Möglichkeit also, daß ein sonnenähnlicher Stern einen erdähnlichen Planeten hat, muß in etwa eins zu fünfhundert betragen. Um diese Hypothese mit anderen Schätzungen der Zahl »bewohnbarer Planeten in der Galaxis« zu vergleichen, müssen wir zunächst die Tatsache vorausschicken, daß ungefähr zwei Drittel aller Sterne in Doppelsternsystemen liegen, die stabile planetare Umlaufbahnen in einer Ökosphäre unmöglich machen. Dies reduziert die Wahrscheinlichkeit auf eins zu eintausendfünfhundert.

Bewohnbare Planeten kommen nur in Verbindung mit Sternen in Frage, die in ihrer Masse ungefähr der Sonne entsprechen. Ein Stern, der nur 85 Prozent der Sonnenmasse erreicht, besitzt keine Ökosphäre; ein Stern, der die Masse der Sonne um mehr als ein Fünftel übertrifft, verändert seine Lichtstrahlung so schnell, daß kein Leben entstehen könnte (M.H. Hart, *Icarus*, Bd. 37, S. 351, 1978). Sterne in diesen Bereichen machen etwa 1 Prozent der Sterne in der Galaxis aus (siehe Daten auf den Seiten 545, 567, 569 von K.R. Lang, *Astrophysical Formulae*, Berlin 1974). Alles in allem kämen wir nach dieser Einschätzung bei einer Zahl von 150000 Millionen Sternen in unserer Galaxis (Lang, a.a.O., S. 547) auf etwa *eine Million* bewohnbarer Planeten. Wir wollen noch hinzufügen, daß diese Einschätzung sehr viel vorsichtiger ist als andere: Ron Bracewell zum Beispiel kommt auf 1000 Millionen (*The Galactic Club*, S. 8, 1978); Dole u. Asimow auf 600 Millionen (a.a.O., S. 171); Bond u. Martin auf 10 Millionen (a.a.O., S. 415).

Ob sich nun *zwangsläufig* Leben auf einem »bewohnbaren« Planeten entwickelt, ist eine weitere Frage, die nach dem Stand unseres Wissens nicht beantwortet werden kann. Viele Autoren sind von einer solchen Zwangsläufigkeit ausgegangen, aber die Begründung ihres Optimismus ist meist diffus. Es ist voreilig, Statistiken über diese Frage aufzustellen, bis wir entweder Evidenz für Leben auf einem anderen Planeten haben oder bis Biochemiker feststellen können, wie die ersten primitiven Elemente zusammenkamen, um lebende Zellen zu bilden.

Bestimmte Faktoren indessen, die wesentliche Voraussetzungen für die Entwicklung von Leben sind, können eingeschätzt werden. Für Leben in unserem Sinne ist Wasser unabdingbar. Das Leben auf der Erde begann wahrscheinlich an den flachen kontinentalen Rändern der Ozeane. Also wäre es auch nicht entstanden, wenn der Planet ganz vom Wasser überflutet gewesen wäre. Dies wäre auch der Fall gewesen, wenn die Oberfläche unseres Planeten flacher wäre, denn die Durchschnittstiefe unserer Ozeane beträgt immerhin drei Kilometer. Hier ist ein Vergleich mit Venus und Mars möglich: Beide Planeten hätten auch bei einer durchschnittlichen Wassertiefe von drei Kilometern noch trockene Kontinente und ziemlich ausgedehnte Kontinentalschelfe. Es scheint mir vernünftig, anzunehmen, daß die Chance, daß ein Planet die angemessene Menge an Wasser besitzt – und das heißt, nicht zuviel und nicht zuwenig –, etwa eins zu zwei steht.

Die Kontinentalverschiebung mag auch eine Rolle in der Entstehung des Lebens und in seiner Evolution spielen. Radarbeobachtungen der Venus ergaben, daß auch auf diesem Planeten die Kontinente sich verschieben (*Scientific American*, Bd. 243, S. 46, 1980); das bestätigt die theoretische Annahme, daß es auf jedem Planeten, der annähernd die Größe der Erde hat, zu Kontinentalverschiebungen kommt.

Die Rolle des Mondes ist im Zusammenhang der Lebensentstehung auf der Erde ziemlich dunkel. Die Gezeiten, die für den Wechsel von Trockenheit und Überflutung an den Küsten sorgen, mögen für die ersten Lebensformen entscheidend gewesen sein; und der Mond war zu der Zeit, von der wir mit einiger Sicherheit annehmen können, daß in ihr die ersten lebenden Zellen entstanden, vor 3500 Millionen Jahren, der Erde am nahesten (*New Scientist*, Bd. 86, S. 376, 1980). Falls – und das ist ein gewaltiges »Falls« – die Existenz und Wirkung des Mondes wesentlich war, dann muß die Entstehung des Lebens ein vergleichsweise seltener Vorgang gewesen sein, denn es ist für einen Planeten ungewöhnlich, einen so relativ großen Trabanten (ein Viertel der Masse der Erde) zu besitzen. Der einzige vergleichbare Fall im Sonnensystem ist Pluto mit seinem Mond Charon, der etwa ein Drittel von Plutos Masse besitzt.

Während seiner Evolution auf der Erde wurde das Leben durch die Ozonschicht geschützt. Pflanzenzellen verwandelten vor langer Zeit die Atmosphäre der Erde von Kohlendioxyd in Sauerstoff, und in 50 Kilometern Höhe verwandelte das Sonnenlicht Sauerstoffmoleküle in Ozon. Diese Schicht schützt die Erde vor der tödlichen ultravioletten Strahlung. Entgegen den Warnungen, daß Treibgas die Ozonschicht gefährden könnte, hat sich diese Schicht nach neueren Forschungen als sehr widerstandsfähig erwiesen (M. Allaby u. J. Lovelock, *New Scientist*, Bd. 87, S. 212, 1980).

Was die Ozonschicht in der Vergangenheit gefährdet haben mag, ist die Explosion einer nahe gelegenen Supernova. Das Leben auf der Erde mag auch immer durch den Einfall von großen Meteoriten gefährdet gewesen sein. Solche »kosmischen Katastrophen« sind noch kürzlich ausführlich diskutiert worden (z.B. D.H. Clark, G. Hunt, W. McCrea, *New Scientist*, Bd. 80, S. 861, 1978). Es gibt einige Anhaltspunkte, die darauf hinweisen, daß das Aussterben der Dinosaurier – und mit ihnen vieler anderer Arten – auf den Einschlag eines Asteroiden von etwa 10 Kilometer Durchmesser vor 65 Millionen Jahren zurückgeht (*New Scientist*, Bd. 85, S. 59, 1980). Die Evolution hat indessen dafür gesorgt, daß das Leben auf der Erde sich von solchen Katastrophen schnell erholte, und dies ist sicher mehr als einmal geschehen. Um das Leben ganz zu vernichten, hätte es Katastrophen anderer Ausmaße bedurft. Asteroiden, die zehnmal so groß sind wie jener, der vielleicht die Dinosaurier vernichtete, treffen die Erde nach einer statistischen Wahrscheinlichkeitsrechnung alle 6000 Millionen Jahre (siehe D.W. Hughes, *Nature*, Bd. 281, S. 11, 1979) – die Erde aber besteht wahrscheinlich erst 4600 Millionen Jahre. Eine Supernova wird in einem Abstand zur Sonne von etwa zehn Lichtjahren alle 5000 Millionen Jahre explodieren (siehe W. McCrea, D.H. Clark, F.R. Stephenson, *Nature*, Bd. 265, S. 318, 1977) –, aber es ist nicht klar, ob eine solche Katastrophe, der die Ozonschicht mit Sicherheit zum Opfer fiele, alles Leben in den Ozeanen vernichten würde. Da die Häufigkeit solcher Katastrophen etwa dem Lebensalter der Erde entspricht, können wir davon ausgehen, daß sich das Leben gegen eine Wahrscheinlichkeit von eins zu zwei bis heute erhalten hat.

Wenn wir diese Zahlen zusammennehmen, kommen wir auf ein Verhältnis von eins zu zweitausend in der Wahrscheinlichkeit der Existenz des Lebens auf einem durchgehend bewohnbaren Planeten, der einen sonnenähnlichen einzelnen Stern umkreist und etwa 5000 Millionen Jahre alt ist. Wenn wir davon ausgehen, daß jeder Planet, der theoretisch Leben tragen könnte, tatsächlich Leben beherbergt und daß es keine anderen lebensfeindlichen Faktoren gibt, die hier unberücksichtigt geblieben sind, dann trifft dieses Verhältnis von eins zu zweitausend auch auf die Wahrscheinlichkeit der Existenz eines lebentragenden Planeten zu.

Aber aus philosophischer Sicht ist jene Annahme die unwahrscheinlichste, daß das Universum so angelegt sein sollte, daß in ihm die phantastisch komplizierten Reaktionen des Lebens möglich sind. Bisher haben wir als gegeben angenommen, daß es Sterne gibt, die 5000 Millionen Jahre fast unverändert bleiben; daß es Atome gibt – nämlich Kohlenstoffatome –, die als lebende Zellen funktionieren können. Es ist in Wirklichkeit aber außerordentlich unwahrscheinlich, daß das Universum so angelegt sein sollte: schon winzige Veränderungen in vielen fundamentalen Konstanten der Natur würden das Universum in einer Weise verändern, die Leben unmöglich machen würde.

Freeman Dyson vom Princeton Institute of Advanced Studies hat sich mit diesem Problem beschäftigt. Er konzentrierte sich auf den Energiefluß des Universums (*Scientific American*, Bd. 225, S. 50). Er weist darauf hin, daß das Universum grundsätzlich instabil ist, da jedes Materiepartikel auf das andere durch Schwerkraft wirkt. Wir könnten durchaus davon ausgehen, daß alle Materie in »tote« kompakte Objekte zusammenstürzt – das, was wir jetzt »Schwarze Löcher« nennen würden.

Dyson behauptet, daß nur einige Unregelmäßigkeiten das Universum gehindert haben, zusammenzustürzen, selbst noch 10000 Millionen Jahre nach dem »Urknall«. Die erste dieser Unregelmäßigkeiten ist die Tatsache, daß die Materie so weit gestreut ist: Selbst das Zusammenstürzen der Materie würde bei den Ausmaßen des Universums lange Zeit in Anspruch nehmen – mindestens 100000 Millionen Jahre (selbst dann, wenn es nicht durch den Impetus des »Urknalls« immer noch expandieren würde). Die zweite Unregelmäßigkeit ist die Bewegung, das Kreisen der einzelnen Teile. Jeder rotierende oder kreisende Körper entwickelt eine Zentrifugalkraft, die der Schwerkraft entgegenwirkt. Deshalb stürzt die Sonne nicht in das Zentrum unserer rotierenden Galaxis, und deshalb stürzen die Planeten nicht in die Sonne.

Der dritte Hinderungsgrund ist die Tatsache, daß der Urstoff des Universums – vorwiegend Wasserstoff – Strahlungsenergie durch nukleare Reaktionen erzeugen kann. In den Sternen wird die zusammenziehende Kraft der Gravitation ausgeglichen durch den Abfluß von Energie aus den zentralen nuklearen Reaktionen. Aus diesem Grund sind die Sterne jene 10000 Millionen Jahre stabil, die das Leben braucht, um sich auf einem Planeten zu entwickeln.

Die Kräfte, die mit den nuklearen Reaktionen verbunden sind, scheinen außerordentlich fein ausgewogen zu sein. Die Reaktionen auf der Sonne gleichen denen einer Wasserstoffbombe. Die entscheidende Differenz ist aber, daß eine Wasserstoffbombe aus schwerem Wasserstoff (Deuterium) besteht, der unter der starken nuklearen Kraft sehr schnell reagiert, während der »Treibstoff« der Sonne gewöhnlicher Wasserstoff ist, der erst unter *schwacher* nuklearer Kraft in schweren Wasserstoff verwandelt werden muß. Dies ist ein um ein Billionenfaches langsamerer Prozeß als der einer Wasserstoffbombe, aber er ist in seiner chemischen Zusammensetzung nur um 3 Prozent von dem Prozeß, der für die Wasserstoffbombe typisch ist, entfernt. Fehlten diese 3 Prozent, so würden die Sterne explodieren, sobald sie geboren werden.

Dysons Analyse, die wir hier nur verkürzt wiedergegeben haben, war nicht die erste, die darauf verwies, welch seltsame Eigenschaften das Universum so unheimlich geeignet für das Entstehen des Lebens machten, und die neuere Forschung hat auf Ähnliches verwiesen. Vor fünfzig Jahren stellte Sir Arthur Eddington fest, daß die größten Quotienten, die er aus natürlichen Mengen bilden konnte, fast identisch waren und etwa 10^{40} betrugen (eine Eins, gefolgt von vierzig Nullen). Einer war der Quotient der *elektrischen* Anziehung eines Protons und Elektrons zu ihrer *Gravitation*; der andere Quotient der des Alters des Universums zur Zeitspanne nuklearer Reaktionen. Dies, obwohl der erste Quotient feststeht, während der zweite zunimmt, da das Universum älter wird.

1961 versuchte Robert Dicke, diese seltsame Koinzidenz zu erklären, indem er das ungewöhnliche Argument des Bewußtseins in die Diskussion einbrachte (*Nature*, Bd. 192, S. 440). Leben konnte sich aus dem Wasserstoff und Helium des frühen Universums nicht entwickeln, sondern erst, nachdem Sterne diese Elemente in schwerere verwandelt – vor allem Wasserstoff und Sauerstoff – und sie in den Weltraum zurückgeschleudert hatten. Daraus entstand eine neue Generation von Sternen mit Planeten. Die Zeit zwischen dem Urknall und der Evolution eines bewußten Wesens entspricht daher in etwa dem Alter eines durchschnittlichen Sternes. Der ist kontrolliert durch das Zusammenspiel gravitationaler, elektromagnetischer und nuklearer Kräfte. Daher ist es – auch wenn Eddingtons Quotienten einander nicht gleichbleiben – kein Zufall, daß wir sie als gleich bemessen. Die Naturgesetze diktieren ihre Gleichwertigkeit in der Zeit, die eine Intelligenz zur Evolution braucht, eine Intelligenz, die diese Quotienten messen kann.

Seitdem haben Astrophysiker weitere scheinbare Koinzidenzen aufgefunden, die wesentliche Voraussetzungen für die Entstehung von Leben sind, etwa in dem Maße wie Dysons »Unregelmäßigkeiten«. In den frühen 1970er Jahren war Brandon Carter einer der führenden Forscher auf diesem Gebiet. Er wies darauf hin, daß die Schwerkraft genau die »richtige« Kraft ausübe: Sie ist bis auf Winzigkeiten so ausgelegt, daß Leben im Universum möglich wird (*Confrontation of Cosmological Theories with Observation Data*, S. 291, Dordrecht, 1974). Wäre die Gravitation nur um wenige Prozent stärker, wären alle Sterne blaue Riesen; 1 oder 2 Prozent schwächer, und alle hätten die innere Struktur roter Zwerge. Carter behauptete, daß im ersten Falle die Sterne keine Planeten haben könnten und im zweiten nicht als Supernovae explodieren könnten, so daß die schwereren Elemente, die für das Entstehen des Lebens notwendig sind, sich nicht hätten über den Raum verteilen können. Bernard Carr und Martin Rees führten diese Gedanken in einem bedeutenden Artikel von 1979 weiter (*Nature*, Bd. 278, S. 605, 1979). Sie analysieren und erweitern die Liste der »Koinzidenzen«. Sie zitieren Carters

Argument, daß die Gravitation genau die angemessene Kraft ausübe, und sie folgen Dyson in seinen Ausführungen über die schwache nukleare Kraft in der Sonne, betonen dabei, daß auch hier schon geringe Abweichungen das ganze Sonnensystem »unbewohnbar gemacht hätten«. Supernovaexplosionen, bestätigen Carr und Rees, sind notwendig, um jene Elemente, die die Bausteine des Lebens sind, zu streuen, und die Kraft, die die Explosionen auslöst, stammt aus einem plötzlichen Ausbruch von Neutrinos, die im Kern des Sterns freigesetzt werden. Diese winzigen Teilchen heben die äußeren Schichten des Sterns ab wie Dampf den Deckel eines Teekessels, nur schneller und explosiver. Die Neutrinos verbinden sich mit den Gasen des Sterns unter der schwachen nuklearen Kraft: Wäre diese nukleare Kraft zehnmal schwächer, würden die Neutrinos aus dem Stern herausschießen, ohne die Gase zur Explosion zu bringen; wäre sie zehnmal stärker, würden die Neutrinos im Zentrum des Sterns festgehalten, und auch in dem Fall könnte es zu einer Supernovaexplosion nicht kommen.

Im Fall der starken nuklearen Kraft sind die Grenzen noch enger gezogen. Wie Dyson bemerkte, würde schon eine Verstärkung von 3 Prozent zur Instabilität aller Sterne führen. Und tatsächlich würde nach modernen kosmologischen Theorien schon eine solche bescheidene Verstärkung zu einem »Durchgehen« der Reaktionen führen wie im »Urknall«, und dann könnten kein Wasserstoff und damit auch keine »langsam brennenden« Sterne existieren. Die Voraussetzungen für das Entstehen von Leben wären nicht gegeben. Wenn die starke nukleare Kraft schwächer wäre, könnten Atomkerne nicht bestehen, da die zusammenhaltende Kraft nicht ausreichen würde, den Kern gegen die Selbstabstoßung elektrisch geladener Protonen zu bewahren. Der Punkt, an dem der Kern nicht mehr existenzfähig wird, ist schwer zu bestimmen, aber man kann sagen, daß die meisten Atomkerne eine Verringerung der starken nuklearen Kraft um die Hälfte nicht überstehen würden.

In astronomischer Hinsicht involviert die Ausdehnung des Universums zwei Quantitäten, die bisher unerklärt geblieben sind. Einsteins Gleichungen für die Expansion sagen eine Art universaler Kraft voraus, die auf alles im Universum wirkt und die er die »kosmologische Konstante« nannte. Astronomen haben indessen keine Evidenz einer solchen Wirkung gefunden. Carr und Rees versuchen nachzuweisen, daß eine universale Kraft das Entstehen von Leben verhindert hätte: Wenn ihre Wirkung repulsiv wäre, hätten sich Gaswolken nicht zu Galaxien verdichten können; wäre dagegen die »kosmologische Konstante« eine Anziehungskraft, so hätte das Universum wieder in sich zusammenstürzen müssen, bevor Leben sich hätte entwickeln können. Eine weitere Merkwürdigkeit ist die Menge an Hintergrundstrahlung im Universum – eine Hinterlassenschaft des Urknalls. Eine größere Strahlungsintensität – etwa um das Tausendfache – hätte bedeutet, daß sich gar keine Galaxien hätten bilden können. Nach vielen Theorien über den »Urknall« ist die Strahlungsintensität, die er hervorbrachte, überraschend gering (J.D. Barrow u. J. Silk, *Scientific American*, Bd. 242, S. 98).

Carter, Carr und Rees benutzen diese Argumente, um die »anthropische« Sicht des Universums zu stützen – das heißt die Idee, daß wir ein Universum beobachten, das die Bedingungen für Leben bietet, *weil* wir hier sind, es zu beobachten. In anderen Worten: Man könnte sich eine unendliche Zahl möglicher Universen vorstellen, jedes mit anderen physikalischen Gesetzen. Aber in den meisten dieser Universen wäre Leben nicht möglich. Nur in einem Universum (wie dem unseren), wo die physikalischen Gesetze »günstig« sind, konnte sich Leben entwickeln; und daher fanden sich lebende Wesen zwangsläufig in einem »für das Leben geeigneten Universum« wieder. Aus philosophischer Sicht ist das Material, das Dyson, Carter, Carr und Rees und andere zusammengetragen haben, für ganz verschiedene Deutungen offen. Die »anthropische«, auf den Menschen zielende Interpretation ist unter modernen Astrophysikern verbreitet. Philosophen anderer Schulen sagen, daß die Einführung »anderer Universen«, die im Prinzip dem Wissen des Menschen nicht zugänglich sind, einen logisch unvertretbaren Schritt darstellt: Was die Forschungsergebnisse deutlich aussagen, ist, *daß* das Universum auf die Möglichkeit des Lebens angelegt ist. Der Leser mag sich seine eigene Deutung zurechtlegen – angesichts der hohen Unwahrscheinlichkeit, die die bemerkenswerte Tatsache seiner eigenen Existenz darstellt.

Anmerkungen

1. KAPITEL – DIE GRIECHEN

Seite

19 *»Ungeheuer ist viel«* in: Sophokles, *Antigone*, 332 ff.

19 *Der Schild des Achilleus*: Homer, *Ilias*, XVIII, 483 ff., 606 f.; unter Benutzung der Übersetzung von Johann Heinrich Voß.

21 *Hesiods Bauernregel*: Hesiod, *Werke und Tage*, 383 ff.; zit. nach Hesiod, *Sämtliche Werke*, deutsch von Thassilo von Scheffer, Leipzig 1938, S. 96.

21 *»Hinabgetaucht ist der Mond«*: Die Strophe wird der Sappho zugeschrieben, Fragment 94 D; zit. nach: Sappho, *Strophen und Verse*, übersetzt und hg. von Joachim Schickel, Frankfurt am Main 1978, S. 57.

22 *Grabinschrift: Epigrammata Graeca ex lapidibus conlecta*, hg. von G. Kaibel, Berlin 1878, 21 b 1.

25 *Homer über Kometen*: Homer, *Ilias*, IV, 76 f.; unter Benutzung der Übersetzung von Johann Heinrich Voß.

25 *»Ist das ein Zeichen des Krieges«* in: Pindar, *Päan*, IX, 13 ff.

25 *Griechische Niederlage bei Syrakus*: Thukydides, *Geschichte des Peloponnesischen Krieges*, VII, 50.

27 *»Gerade weil die Griechen«* in: C.M. Bowra, *The Greek Experience*, London 1957, S. 168. Zit. nach der dt. Ausgabe: Cecil Maurice Bowra, *Griechenland* (Kindlers Kulturgeschichte des Abendlandes, hg. von Friedrich Heer, Band II), München 1974, S. 311.

28 ff. *Sokrates und Anaxagoras*: Platon, Phaidon; D.R. Dicks, *Early Greek Astronomy to Aristotle*, London 1970, S. 94 f.

29 *»Es gibt keinen Zeus mehr«* in: Aristophanes, *Die Wolken*, 827 f.; zit. nach der Übersetzung von Otto Seel, Stuttgart 1963, S. 54.

30 *»Du hältst die Erde«* in: Euripides, *Die Troerinnen*, 884–888; zit. nach: Euripides, *Sämtliche Tragödien und Fragmente*, griechisch-deutsch, übersetzt von Ernst Buschor, hg. von Gustav Adolf Seeck; Bd. III, München 1972, S. 253.

32 *Leben und Lehre des Pythagoras*: Diogenes Laertius, *Leben und Meinungen berühmter Philosophen*, VIII, 1–50. (Dt. Ausg.: übs. von Otto Apelt, hg. von Klaus Reich, 2. Auflage, Hamburg 1967.) – W.K.C. Guthrie, *A History of Greek Philosophy*, Bd. I, London 1962, Kap. IV.

33 *Xenophanes über Pythagoras*: Diogenes Laertius, a.a.O., VIII, 36.

34 *»Auch noch der kleinste Himmelskörper«* in: William Shakespeare, *Der Kaufmann von Venedig*, Akt V, Szene 1.

36 *Irrationale Zahlen und die Krise der Pythagoräer*: Karl R. Popper, *The Open Society and Its Enemies*, Bd. I, London 1945, S. 319. Zit. nach der dt. Ausg.: *Die offene Gesellschaft und ihre Feinde*, Bd. I: *Der Zauber Platons* (übs. von P.K. Feyerabend), Bern 1957, S. 336 ff.

36 *Platons kosmologische Vision*: Platon, *Politeia*, Buch X, 616c ff. (Dt. Ausg.: *Der*

Staat, eingeleitet, übersetzt und erklärt von Karl Vretska, Stuttgart 1971, S. 443 f.)

37 *Die rückwärts laufende Zeit*: Platon, *Politikos*, 270 b ff.

37 *Die Seele als Wagenlenker*: Platon, *Phaidros*, 246 a ff.

37 Shelleys Gedicht »*An Stella*«: *Oxford Book of Greek Verse in Translation*, London 1938, S. 517.

40 *Annahme eines einzigen ersten Bewegers*: Aristoteles, *Physik*, 259 a 6.

2. KAPITEL – VON ALEXANDRIA NACH BETHLEHEM

47 *Bericht über das Schiff »Alexandria«*: Athenaios von Naukratis, Deipnosophistai, V, 206 ff.

48 ff. *Leistungen des Archimedes*: E. J. Dijksterhuis, *Archimedes*, Kopenhagen 1956. – *Archimedes in Spanien*: Leonardo da Vinci, *Notebooks*, hg. von E. MacCurdy, London 1939, S. 850.

53 »*Wenn der Mond*« in: Strabon, *Geographika*, III, 5, 8.

55 ff. *Stoische Kosmologie*: S. Sambursky, *Physics of the Stoics*, London 1959. Vgl. auch E. Zeller/W. Nestle, *Grundriß der Geschichte der Griechischen Philosophie*, 14. Aufl., Aalen 1971, S. 271 ff.

57 *Augenzeugenbericht vom Erdbeben in Herculaneum*: Seneca, *Naturales quaestiones*, VI, 31.

57 *Kleinheit und Unvollkommenheit der Welt*: Seneca, a. a. O., I, Vorwort 8–11; IV, 11, 3.

58 »*Vieles im Leben ist traurig*« in: Seneca, *De providentia*, 6.

58 *Milde als Selbstbeherrschung und Liebe zur Menschheit*: Seneca, *De clementia*, I, 11.

61 »*Du mußt es tun*« in: W. W. Tarn, *Hellenistic Civilization*, London 1952, S. 352.

66 *Stern von Bethlehem*: Nach einer anderen Auffassung soll es sich um eine dreifache Konjunktion mit Saturn und Jupiter im Sternbild der Fische im Jahre 7 v. Chr. gehandelt haben: D. Hughes, *The Star of Bethlehem Mystery*, London 1979.

68 »*Der Ballspieler*« in: Klemens von Alexandria, *Stromata*, II, 25, 4.

68 »*Es wäre besser nicht auf die Welt gekommen*« in: *Babylonischer Talmud, Traktat Chagiga*, II, 1, Meinung des Rabbi Akiba.

68 f. *Predigt über die Neugetauften: Opera Amphilochii Iconiensis*, Louvain 1978, S. 155 f. (Erstveröffentlichung eines am Sinai aufgefundenen Manuskripts.)

69 »*Fleisch, Mark, Knochen*« in: Klemens von Alexandria, *Protrepticus*, X, 98.

3. KAPITEL – DIE NÄHE DES HIMMELS

74 *Schilderung des Nordlichts*: Gregor von Tours, *Historia Francorum*, VIII, 17. (Lat.-dt. Ausg. von R. Buchner, in: *Ausgewählte Quellen zur deutschen Geschichte des Mittelalters*, Bd. 2 und 3, Darmstadt 1970–72.)

75 *Sterne auf einem Schiff*: Plinius d. Ä., *Naturalis historia*, II, 37.

76 *Wirkungen eines Reliquiars*: Gregor von Tours, *Zu Ehren der Heiligen Märtyrer*, Kap. 84.

78 »*Wenn die Nacht anbricht*« in: Isidor von Sevilla, *Etymologiae*, V, 31, 3.

78 f. »*Die Nacht, so glauben wir*« in: Ders., *De natura rerum*, II, 1.

79 *Über die Plejaden*: a. a. O., XXVI, 7.

79 *Sterne ohne eigenes Licht*: Isidor von Sevilla, *Etymologiae*, III, 61.

81 *Vision des Bischofs Fursa*: Beda Venerabilis, *Historia ecclesiastica gentis Anglorum*, III, 19.

82 »*Was ist die Sonne?*«: Alkuin, in: J. P. Migne, *Patrologiae cursus completus*, Ser. II: Eccl. Latina, Band 101, S. 978.

82 *Ludwigs Gespräch mit Astronomus: Monumenta Germaniae historica*, Scriptores rerum Merovingicarum, Bd. II, S. 604 ff.

83 *Komet über England: Anglo-Saxon Chronicle* zum Jahr 1066.

86 ff. *Guiberts Autobiographie*: Guibert von Nogent, *De vita sua*. Engl. Ausg. hg. von C. C. Swinton Bland, London 1925.

88 ff. *Die Begegnung des Burgunders*: a. a. O., Kap. 19.

89 *»Unbedeutend an Gestalt«*: Zit. bei: Erwin Panofsky, *Abbot Suger*, Princeton 1946, S. 33.

91 f. *Ursprung der Seelen im Himmel*: Macrobius, *Commentum in Somnium Scipionis*, I, 9.

92 *»Mir ist, als sähe ich mich«*: Zit. bei E. Panofsky, *Abbot Suger*, Princeton 1946, S. 65.

94 *Aus dem Sonnengesang*: Zit. nach: Franz von Assisi, *Legenden und Laude* (ital.-dt.), hg., eingeleitet und übersetzt von Otto Karrer. 6. Aufl., Zürich 1975, S. 519.

4. KAPITEL – DIE KREISE DES HIMMELS UND DER HÖLLE

99 ff. *Gerhard von Cremona: Dictionary of Scientific Biography*, New York 1970–78, Bd. XV, S. 173–192.

103 *Entfernung der Sonne und des Mondes*: Ptolemäus, *Almagest*, engl. Übers. von R. C. Taliaferro, Chicago 1952, S. 175.

104 *Ptolemäus über mathematische Astronomie*: a. a. O., S. 6.

105 *»Es wäre eine Schande«* in: Ristoro d'Arezzo, *La Composizione del Mondo* (1282).

109 *»Würmer sind wir«* in: Dante Alighieri, *La Divina Commedia*, Purgatorio, X, 124 f.

111 *Charakterisierung der Bewohner Westeuropas*: Ptolemäus, *Tetrabiblos*, II, 3.

112 *Thomas über die Astrologie*: Thomas von Aquin, *Summa theologica*, I, Quaestio 115, Artikel 4.

115 *»Denn Venus sandte von den Sternen«* in: *The Complete Works of Geoffrey Chaucer*, hg. von Walter W. Skeat, London 1912, S. 573.

116 *Arcite über die Venus*: Chaucer, a. a. O., S. 438.

117 *Saturns Macht über die Menschen*: a. a. O., S. 449.

117 *Richter Tresilians Verhaftung*: T. Favent, *Historia . . . mirabilis parliamenti*, Camden Third Series, Bd. 37, London 1926, S. 17 f.

117 *Wirkungen des Eisenkrauts: The Book of Secrets of Albertus Magnus*, London 1973, S. 23.

118 *Liste der Metalle: The Complete Works of Geoffrey Chaucer*, hg. von Walter W. Skeat, London 1912, S. 660.

119 *»Soll ich von Proportionen«*: Chaucer, a. a. O., S. 659.

119 *Glasherstellung im Schmelzofen*: Guillaume de Lorris/Jean de Meung, *Le Roman de la Rose*, 16859 ff.

120 *Planetarium des Archimedes*: Cicero, *De re publica*, 1, 21 f.

120 *Das Planetarium als Argument für einen intelligenten Weltschöpfer*: Cicero, *De natura deorum*, II, 88, 1.

120 f. *Kosmologischer Gottesbeweis nach Thomas von Aquin*: F. C. Copleston, *Aquinas*, Harmondsworth 1955, S. 121 f.

5. KAPITEL – DIE EIGENSINNIGEN ENTDECKER

126 *Die Nuß in der Mauer*: Aufzeichnungen Leonardos, *Codex Atlanticus* 67 r. a; Leonardo da Vinci, *Tagebücher und Aufzeichnungen*, hg. von Theodor Lücke, 3. Aufl., Leipzig 1953, S. 826 f.

126 *Die Spinne im Schlüsselloch*: Aufzeichnungen Leonardos, *Codex Atlanticus* 299 v. b; Lücke, a. a. O., S. 850.

126 f. *Weltall und menschliches Auge*: Aufzeichnungen Leonardos, *Codex Atlanticus* 345 v.b; zit. nach: Leonardo da Vinci, *Philosophische Tagebücher* (ital.-dt.), hg. von Giuseppe Zamboni, Hamburg 1958, S. 73; Lücke, a.a.O., S. 152.

127 *»Wenn die Hand des Schwimmers«* in: Aufzeichnungen Leonardos, Pariser Handschriften, F. 53 v.; Lücke, a.a.O., S. 350.

127 ff. *Flug des Simon Magus*: Petrusakten, *Actus Vercellenses* 32; in: Edgar Hennecke, *Neutestamentliche Apokryphen*, 3. Aufl., hg. von Wilhelm Schneemelcher, Bd. II, Tübingen 1964, S. 217.

128 *Über Federbetten*: Aufzeichnungen Leonardos, *Codex Atlanticus* 370 r.a; Lücke, a.a.O., S. 858.

128 *»Seziere die Fledermaus«*: Aufzeichnungen Leonardos, Pariser Handschriften, F. 53 v.; Lücke, a.a.O., S. 350.

128 f. *Flugmaschinen*: Leonardo da Vinci, *Notebooks*, hg. von E. MacCurdy, London 1939, S. 493 ff.; Lücke, S. 291 ff., 370 ff.

128 *Leuchtende Körper in der Entfernung größer*: Aufzeichnungen Leonardos, Pariser Handschriften, A 64 v.; Lücke, a.a.O., S. 186.

128 *Erprobung der Maschine über einem See*: Leonardo da Vinci, *Notebooks*, hg. von E. MacCurdy, London, 1939, S. 498.

129 *»Die Erde ist ein Stern«* in: Aufzeichnungen Leonardos, Pariser Handschriften, F. 56 r.; Lücke, a.a.O., S. 190.

129 *»Die Sonne bewegt sich nicht«* in: Aufzeichnungen Leonardos, Anatomie-Hefte C, V (Quaderni V) 25 r.; Windsor-Handschriften, Nr. 12669; Lücke, a.a.O., S. 200.

132 *Umschwenken der Kompaßnadel*: Christoph Kolumbus, *Schiffstagebuch der ersten Reise*, hg. von Navawete, 1825–37, Eintragung vom 17. September 1492.

133 *Birnenförmige Erde*: *The Four Voyages of Columbus*, Veröffentlichungen der Hakluyt Society, London 1933, Bd. II, S. 30.

137 f. *Zerstörung der »Götzenbilder«*: Bernal Diaz del Castillo, *Historia Verdadere de la Conquista de la Nueva-Espana*, Madrid 1632, Teil I, Kap. 5. – Deutsche Ausgabe (gekürzt und bearbeitet): *Denkwürdigkeiten des Hauptmanns Bernal Diaz del Castillo oder Wahrhafte Geschichte der Entdeckung und Eroberung von Neuspanien (Mexiko)*, Stuttgart 1965, S. 136.

139 *»Von den außergewöhnlichen ... Umständen«*: Geronimo Cardano, *De vita propria* (1542, fortgeführt 1575); engl. Ausg.: *The Book of my Life*, übs. v. J. Stoner, London 1931, S. 189.

140 f. *Cardanos Traum*: a.a.O., S. 158.

140 *Astolfos Flug zum Mond*: Lodovico Ariosto, *Orlando furioso*, canto 34, 69 ff.

140 *Cardanos Gespräch mit Eduard VI.*: H. Morley, *Jerome Cardan*, London 1854, Bd. II, S. 135 ff.

145 *Vernünftige Anordnung der Kreise*: Nikolaus Kopernikus, *Commentariolus*, engl. Übers. von E. Rosen, New York 1939, S. 57 f.

147 *Kritik an Kopernikus*: Arthur Koestler, *The Sleepwalkers*, London 1959, S. 199. – Deutsche Ausgabe: *Die Nachtwandler*, Bern/Stuttgart/Wien 1959, Teil III: S. 115 ff., kritisch vor allem S. 190 ff.

148 *Luther über Kopernikus*: Tischrede vom 4. Juni 1539; zit. nach: *Dr. Martin Luther's sämtliche Werke* (Erlanger Ausgabe) Bd. 62, Frankfurt am Main/Erlangen 1854, S. 319. Vgl. auch: *Weimarer Ausgabe*, Tischreden Bd. IV, Nr. 4638, S. 412 f.

6. KAPITEL – DIE BEFLECKTE SONNE

151 *Lears Monolog*: William Shakespeare, *König Lear*, Akt III, Szene 2; zit. in der Übersetzung von Wolf Heinrich Graf Baudissin.

152 *»Der Himmel prangt«* in: William Shakespeare, *Julius Cäsar*, Akt III, Szene 1; zit. in der Übersetzung von August Wilhelm von Schlegel und Ludwig Tieck.

152 *»Auch noch der kleinste Himmelskörper«* in: William Shakespeare, *Der Kaufmann von Venedig*, Akt V, Szene 1.

152 *»Nicht durch die Schuld der Sterne«* in: William Shakespeare, *Julius Cäsar*, Akt I, Szene 2 (Übs. Schlegel/Tieck).

153 *»Kometen, ihr Boten des Wechsels«* in: William Shakespeare, *Heinrich VI.*, Akt I, Szene 1.

153 *Die Welt als Theater*: Thomas Heywood, »The Author to his Booke«, *Dialogues and Dramas*, 1637.

154 *»Die Himmel selbst«* in: William Shakespeare, *Troilus und Cressida*, Akt I, Szene 3 (Übs. Baudissin, geringfügig verändert).

156 *Keine festen Sphären*: Tycho Brahe, *De mundi aetherei . . . phaenomenis*, Buch II, Kap. 10; in: *Opere*, hg. von Dreyer, Bd. IV, S. 222.

158 ff. *Brahe und Kepler*: Arthur Koestler, *The Sleepwalkers*, London 1959, Teil IV. – Deutsche Ausgabe: *Die Nachtwandler*, Bern / Stuttgart / Wien 1959, S. 223 ff.

160 *Rauhe Mondoberfläche*: Galileo Galilei, *Sidereus Nuncius*; zit. nach der dt. Ausg.: *Sidereus Nuncius (Nachrichten von neuen Sternen)* usw., hg. von Hans Blumenberg, Frankfurt am Main 1980, S. 88.

161 *»Mich dünkt, mein eifriger Galileus«* in: William Lower, Brief vom 21. Juni 1610, in: F.R. Johnson, *Astronomical Thought in Renaissance England*, Baltimore 1937, S. 228.

161 *Gott, Abraham und das Teleskop*: Thomas Browne, *Notes from Commonplace Books*, in: *Works*, Bd. V, London 1931, S. 246.

163 *»Wir haben der Welt Virginia gegeben«* in: John Donne, *The Satires, Epigrams and Verse Letters*, London 1967, S. 97.

164 *»Die Sonne ist verloren«* in: John Donne, »An Anatomy of the World« in: *The Poetical Works of John Donne*, hg. von Grierson, London 1929, S. 208.

165 *Bewunderung, Staunen, Wissen und Glauben*: John Donne, *Eighty Sermons*, Nr. 20. *The Sermons*, hg. von G.R. Potter u. E.M. Simpson, London 1953–62.

165 *»Ich bin wieder aufgestanden«* in: John Donne, *Devotions*, Nr. 21.

165 *»Ihr, die ihr hinter den einst so hohen Himmeln«* in: *The Poetical Works of John Donne*, hg. von Grierson, London 1929, S. 295.

166 *»Oh, quäl mich nicht«* in: George Herbert, *The Temple*, 1633 (Faks. 1968), Stanze 3. *Complete Works*, hg. von A.B. Grosart, 1868–74.

166 *Sterne nicht harmonisch angeordnet*: Robert Burton, *The Anatomy of Melancholy*, 1621, II/2, Mem. 3 (hg. von F. Dill und P. Jordan-Smith, 1929).

166 *»Das Element Feuer ist praktisch erloschen«* in: William Drummond, *A Cypress Grove*, in: *Works*, Edinburgh 1913, Bd. II, S. 78.

170 f. *Mehr Bierverstand als Griechischkenntnisse*: Giordano Bruno, *Cena delle Ceneri*, erster Dialog. Deutsch in: *Gesammelte Werke*, hg. von Ludwig Kuhlenbeck, Bd. I: »Das Aschermittwochsmahl«, Jena 1904, S. 45.

171 *Unzählige Sonnen und Planeten*: Giordano Bruno, *Del infinito universo e mondi*, dritter Dialog. Deutsch in: Kuhlenbeck, a.a.O., Bd. III: »Zwiegespräche vom unendlichen All und den Welten«, Jena 1904, S. 88.

171 f. *Befreiung des menschlichen Geistes*: Giordano Bruno, *Cena delle Ceneri*, erster Dialog. Deutsch in: Kuhlenbeck, a.a.O., Bd. I: »Das Aschermittwochsmahl«, Jena 1904, S. 53.

172 *Verhör durch die Inquisition*: Akten des Ketzerprozesses vor dem Inquisitionsgericht zu Venedig gegen Giordano Bruno; in: Giordano Bruno, *Gesammelte Werke*, hg. von L. Kuhlenbeck, Bd. VI: »Kabbala«, »Kyllenischer Esel«, »Reden«, »Inquisitionsakten«; Jena 1909, S. 145 ff.

172 f. *Brunos Tod*: Notiz der Zeitung *Avisi di Roma*, 19.2.1600; in: Giordano Bruno, *Gesammelte Werke*, hg. von L. Kuhlenbeck, Bd. VI, S. 228. Brief des Prof. Schoppe an Rittershausen über die Verbrennung Giordano Brunos, a.a.O., S. 228 ff.

174 ff. Die Ziffern der *Pensées*-Fragmente beziehen sich auf die Ausgabe von Jacques Chevalier: Blaise Pascal, *Œuvres complètes*, Paris 1954. In Klammern ist die Numerierung nach Léon Brunschvicg beigefügt, der auch die deutsche Ausgabe von Ewald Wasmuth folgt: Blaise Pascal, *Über die Religion und einige andere Gegenstände (Pensées)*, 5. Aufl., Heidelberg 1954.

174 f. *»Die Historiker Mexikos«* in: Blaise Pascal, *Pensées*, Fr. 398 (594).

175 *Über den Wahn*: Pascal, a.a.O., Fr. 104 (82).

175 *Die unendlich große Zahl*: Pascal, a.a.O., Fr. 451 (233).

175 f. *»Ich schaue diese grauenvollen Räume«*: Pascal, a.a.O., Fr. 335 (194), zit. in der Übers. von Wasmuth.

176 *»Das ewige Schweigen«*: Pascal, a.a.O., Fr. 91 (206), zit. in der Übers. von Wasmuth.

176 *Rolle des Herzens in der Mathematik*: Blaise Pascal, *De l'esprit géométrique et de l'art de persuader*; in: *Œuvres complètes*, hg. von Chevalier, Paris 1954, S. 575 ff.

177 *Das Bekehrungserlebnis*: Blaise Pascal, *Mémorial*, a.a.O., S. 553 f.

178 *Pascals letzte Worte: La vie de Monsieur Pascal, écrite par Madame Périer, sa sœur.* In: *Œuvres complètes*, hg. von Chevalier, Paris 1954, S. 34.

7. KAPITEL – DER APFEL UND DER KOMET

181 *John Wilkins nach Aubrey: Brief Lives*, hg. von Dick, London 1949, Bd. IV, S. 320.

182 *Hitze und Kälte auf dem Mond*: John Wilkins, *Discovery of a World in the Moon*, in: *Works*, London 1802, Bd. I, S. 101.

183 f. *Kolonien auf dem Mond*: Wilkins, a.a.O., S. 111.

184 *Bau eines fliegenden Wagens*: Wilkins, a.a.O., S. 128.

186 *»Ein schwächerer Verstand«*: Henry More, »Cupid's Conflict« in: *Complete Poems*, hg. von A.B. Grosart, 1878.

186 *»Und eines Nachts ...«*, Henry Vaughan, »The World« in: *Complete Poetry*, hg. von F. Fogle, London 1969.

187 *Galilei über sein Erblinden*: Maria Celeste, *The Private Life of Galileo*, London 1870, S. 283.

188 *»Milton entdeckte hinter der Absurdität«* in: Voltaire, *Essai sur la poésie épique*, Paris 1732, Kap. 9.

189 *Satans Flug durch den Weltraum*: John Milton, *Paradise Lost*, III, 722 ff.; zit. in der Übersetzung von Hans Heinrich Meier: John Milton, *Das verlorene Paradies*, Stuttgart 1978, S. 94.

190 *Mondoberfläche erdähnlich*: John Milton, a.a.O., I., 340 f. (Übs. Meier, S. 15).

190 *Lebewesen auf dem Mond*: a.a.O., VIII, 173 ff. (Übs. Meier, S. 232).

190 *Andere bewohnte Planeten*: a.a.O., III, 741 f. (Übs. Meier, S. 94).

190 *Grenze des Universums*: a.a.O., VII, 280 ff. (Übs. Meier, S. 213).

190 *Gott unbegrenzt*: a.a.O., VII, 205 (Übs. Meier, S. 211)

192 *Wahrheit mathematischer Beweise*: Christopher Wren, *Parentalia*, London 1750, S. 200.

194 *»Jeder Nebelstern«*, a.a.O., S. 205.

195 ff. *Descartes' Kosmologie*: René Descartes, *Principa Philosophiae*, Amsterdam 1644, Teil III. (Erste franz. Ausgabe: *Principes de la philosophie*, Paris 1647.) Deutsche Ausgabe: *René Descartes' philosophische Werke*, hg. von A. Buchenau, Dritte Abteilung: Die Prinzipien der Philosophie, 3. Aufl., Leipzig 1908, S. 64 ff.

201 *Der Fall des Apfels*: W. Stukeley, *Memoirs of Sir Isaac Newton's Life*, London 1936, S. 20.

203 *Halleys Besuch bei Newton*: D. Brewster, *Life of Sir Isaac Newton*, Edinburgh 1855, I, S. 297.

204 *Philosophiae naturalis principia mathematica*, London 1687, Buch III, Lehrsatz 38, Problem 18. Zit. nach der dt. Ausgabe: *Mathematische Prinzipien der Naturlehre*, hg. von J. Ph. Wolfers, Berlin 1872 (Nachdr. Darmstadt 1963), §41, Zusatz 1; S. 452.

207 *»Als ich meine Abhandlung schrieb«* in: Brief Newtons an Bentley, 10. Dezember 1692, in: *The Correspondence of Isaac Newton*, hg. von H.W. Turnbull, Bd. 1–4, 1959–67.

207 *Newton über Gott*: Zit. nach der dt. Ausgabe der *Principia*, hg. von Wolfers, §61, Allgemeine Anmerkung; S. 508.

208 *Dichterische Würdigung Newtons*: Alexander Pope, »Epitaph, intended for Sir Isaac Newton«, in: *The Poetical Works of Alexander Pope*, hg. von J. Hogben, London 1887, S. 323. – Auch Byrons Huldigung ist erwähnenswert: »Ein Apfel brachte den Menschen zu Fall, doch er erhob ihn auch zu neuer Größe.« George Gordon Byron, *Don Juan*, Gesang X, Strophe 2, in: *The Poetical Works of Lord Byron*, London/New York, o.J., S. 582.

208 Fontenelles einflußreiches Werk *Entretiens sur la pluralité des mondes* wurde zu Lebzeiten des Verfassers einunddreißigmal aufgelegt und erschien 1727 in einer deutschen Übersetzung von Johann Christoph Gottsched.

8. KAPITEL – WER WARF DIESE FLAMMENDEN KUGELN?

214 *Der leere Raum unseres Sonnensystems*: Richard Bentley, *A Confutation of Atheism from the Origin and Frame of The World*, London 1693, Siebente Predigt. – Über Bentley und seinen Briefwechsel mit Newton: S.L. Jaki, *Planets and Planetarians*, Edinburgh 1978, Kap. 3.

215 Addisons Ode: *»The spacious Firmament on high«*, in: *The Spectator*, Nr. 465, 1712.

216 *Einwand gegen die Ehe*: Edward Young, Correspondence, London 1971, S. 133.

216f. *Nachtgedanken*: Edward Young, *The Complaint: or, Night-Thoughts on Life, Death, and Immortality*, veröffentlicht von 1742 bis 1746. Die zitierten Stellen finden sich IX, 1274ff.; IX, 769ff.; IX, 698ff.; IV, 704ff.

218ff. *Fergusons Leben*: E. Henderson, *Life of James Ferguson*, London 1867; ergänzt durch private Mitteilungen von John R. Millburn.

220 *Zeitpunkt der Kreuzigung*: James Ferguson, *A Brief Description of the Solar System*, Norwich 1753, Anhang.

221 *»Zehntausend mal zehntausend Welten«* in: Ferguson, a.a.O., S. 12.

223 *»Von den wunderbaren Fehlern«* in: Edward Young, *Night-Thoughts*, I, a.a.O., 399ff.

223 Madisons *»Symmetrie der Natur«* in: G. Hunt, *The Life of James Madison*, New York 1902, S. 101.

225ff. *Voltaires verzerrte Newton-Darstellung*: Voltaire, *Eléments de la philosophie de Newton*, 1738, Teil I, Kap. 1 bis 5.

228f. D. Mornet, *Le Sentiment de la nature de Jean Jacques Rousseau à Bernardin de Saint-Pierre*, Paris 1907.

230 Ph. Sagnac u. J. Robiquet, *La revolution de 1789*, 2 Bde., Paris 1934.

230 J. Massin, *Robespierre*, Paris 1956.

230ff. H. Andoyer, *L'œuvre scientifique de Laplace*, Paris 1922.

232 John Keats, »On first looking into Chapman's Homer«, *Poetical Works*, hg. von H.W. Garrod, Oxford 1970, S. 38.

232 Pierre Simon de Laplace, *Exposition du systéme du monde*, 1796 (dt. *Darstellung des Weltsystems*, 1797).

234 Pierre Simon de Laplace, *Traité de mécanique celeste* (1799–1825), dt. von J.C. Burckhardt, *Mechanik des Himmels*, 2 Bde., 1800–1802.

234 *»Geh hinunter an die Meeresküste ...«: Napoléon Inconnu*, hg. von Masson, Paris 1895, Bd. II, S. 303.

235 *»Die Intelligenz, die über die Bewegungen der Sterne wacht«* in: G. Gourgaud, *Journal de Sainte-Hélène*, Paris 1966, Bd. II, S. 315.

9. KAPITEL – NÜCHTERNE WISSENSCHAFT UND SCHWÄRMERISCHE DICHTUNG

240 *»Er war so mit seinen eigenen Gedanken beschäftigt ...«* in: J.H.W. Stuckenberg (engl. Ausg.), *The Life of Immanuel Kant*, 1882, S. 126.

241 *»Luft, Wasser, Wärme ...«* in: Immanuel Kant, *Vorkritische Schriften*, Darmstadt 1860, S. 235.

243 *»Zwei Dinge erfüllen das Gemüt ...«* in: Immanuel Kant, *Kritik der praktischen Vernunft*, Beschluß, in: *Ausgewählte Schriften*, Die Grundlagen des kritischen Denkens, o.O., o.J., S. 325.

243 *»Luft, Feuer, Wasser und Erde ...«* in: G.H. Lewes, *Goethes Leben und Werk*, Stuttgart, 1892, S. 13.

246 *»Es wäre doch töricht ...«* in: Johann Peter Eckermann, *Gespräche mit Goethe*, Wiesbaden 1959, S. 145.

246 *»Zahl und Maß in ihrer Nacktheit ...«* in: Johann Wolfgang Goethe, *Schriften zur Naturwissenschaft*, I, 9, Weimar 1947, S. 367.

247 *»Diese plumpe Welt aus einfachen Elementen ...«* in: Eckermann, a.a.O., S. 585.

247 *»Wer könnte ohne Zutun des Himmels ...«* in: Marcus Manilius, *Astronomica* II, S. 115–116, hg. von A.E. Housman, London 1903–1930.

249 *»Um die Welt zu sehn in einem Körnchen Sand ...«* in: William Blake, *Complete Writings*, hg. von Geoffrey Keynes, London 1966, S. 431.

249 *»Spottet nur, Voltaire, Rousseau; ...«* in: Blake, a.a.O., S. 418.

249 *»Der Himmel ist ein ewges Haus, ...«* in: Blake, a.a.O., Book the First, 29, 5, S. 516.

250 *»Siehst du nicht eine runde Feuerscheibe, ...«* in: Blake, a.a.O., S. 617.

250 *»Der – so Blake – den Eindruck erweckt ...«* vgl. Blake, a.a.O., S. 606.

252 *»Die Tiefe faulte gar ...«* in: Samuel Taylor Coleridge, *The Rime of the Ancient Mariner*, Teil II, Collins *Albatross Book of Longer Poems*, London 1963, S. 428; S.T. Coleridge, *Der alte Seemann*, dt. von Wolfgang Breitwieser, Heidelberg 1959, S. 115.

252 *»Nicht düsterrot, ein Lichthaupt, Gott,/ ...«* in: *The Rime of the Ancient Mariner*, S. 429.

253 *»Zwischen den Höhn/Und krönend über diesen Gipfeln ...«* in: William Wordsworth, *The Poetical Works*, II, »The Excursion«, S. 67, 719–24.

254 *»Oh! Dort im Himmel wird ihr Tun belacht! ...«* in: Wordsworth, a.a.O., IV, S. 139, 956–62.

254 *»Ich sah einst/Wie im Binnenland auf einem Weg ...«* in: Wordsworth, a.a.O., IV, 1132–42.

255 *»Hüll deine Form in Schleier dicht ...«* in: Percy Bysshe Shelley, *The Poetical Works*, London 1905, S. 479. »An die Nacht« in: *Gedichte*, übertragen von A. von Bernus, W. Schmiele, R. Borchardt u. F. Braun, Heidelberg 1958, S. 26.

256 *»Und, einer Frau, dem Tode nahe, gleich ...«* in: *The Poetical Works*, »The Waning Moon«, S. 533.

256 *»Daß sich die Erdachse langsam in die Vertikale bewege«*: vgl. Shelley, »Queen Mab«, VI, 45–6: »When its ungenial poles no longer point to the red and baleful sun ...« Wie Shelley in seinen »Notes on Queen Mab« ausführt, ist mit »baleful

sun« der Polarstern gemeint. Wenn die Erdachse in die Vertikale übergeht, was nach Shelley »außerordentlich wahrscheinlich« ist, »werden die Tage und Nächte auf der Erde das ganze Jahr hindurch gleich lang sein«. Shelley, *Poetical Works*, hg. von Thomas Hutchinson, Oxford 1970, S. 808. »Queen Mab«: S. 762–800.

256 *»Ode to Heaven«* in: Shelley, a. a. O., S. 576 f.

257 *»Allen Zauber jäh verliert«*: »Lamia« in: John Keats, *Poetical Works*, hg. von H.W. Garrod, Oxford 1970, S. 176/77.

258 Thomas Dicks *The Sidereal Heavens* (1840) gehörte zum Bestand des Keighley Mechanics' Institute, wo die Brontë-Schwestern ihre Bücher entliehen. In dem anderen Werk über Astronomie der dortigen Bibliothek, Rubert Mudies, *The Heavens* (1835), ist nicht die Rede von anderen bewohnten Welten.

258 *»In keiner Welt hoch über mir ...«* in: *The Complete Poems of Emily Jane Brontë*, 1941, S. 184.

258 *»Nicht feige ist die Seele mein ...«* in: Emily Brontë, a. a. O., S. 191.

259 Charlotte Brontë: *Villette*, London 1853.

262 *»Ihr wißt aber ...«*, in: Friedrich Schleiermacher, *Über die Religion – Reden an die Gebildeten unter ihren Verächtern.* Philosophische Bibliothek, Bd. 255, hg. von Joachim Rothert, Hamburg, 1958, S. 34.

262 *»Dieses unendliche Chaos ...«* in: Schleiermacher, a. a. O., S. 34.

263 *»Im inneren Leben bildet sich ...«* in: Schleiermacher, a. a. O., »Über das Wesen der Religion«, S. 48/49.

263 Joseph von Eichendorff, *Werke*, hg. von W. Rasch, München 1959, S. 271.

263 Eichendorff, a. a. O., S. 103.

264 Clemens Brentano und Achim von Arnim, *Des Knaben Wunderhorn* (1806–1808).

264 Clemens Brentano, *Werke*, hg. von F. Kemp, B. Gajek, W. Frühwald, Darmstadt 1968, Bd. I, S. 55.

264 Brentano, *Werke*, Bd. II, S. 69.

265 Novalis, *»Hymnen an die Nacht«* in: *Briefe und Werke*, Bd. I, Berlin 1943, S. 246.

266 Novalis, a. a. O., S. 258 f.

267 *»In seinen Schilderungen ...«* in: *Europa. Eine Zeitschrift, herausgegeben von Friedrich Schlegel*, 2 Bde., Frankfurt 1803/1805.

267 O.R. von Lutterotti, *Joseph Anton Koch*, 1940.

267 John Playfair, *Illustrations of the Huttonian Theory of the Earth*, London 1802.

268 *»Friedrichs Gesicht ...«* in: Gotthilf Heinrich von Schubert, *Der Erwerb aus einem vergangenen und die Erwartung von einem künftigen Leben. Eine Selbstbiographie*, Erlangen 1855, S. 183.

269 *»Jedes wahrhafte Kunstwerk ...«* in: Börsch-Supan, Helmut und Karl Wilhelm Jähnig, *Caspar David Friedrich. Gemälde, Druckgraphik und bildmäßige Zeichnungen*, München 1973, S. 183.

270 *»Wäre F. ...«* in: Hans Zeek, »Romantische Kunstanschauung. Ein unveröffentlichter Brief von Caspar David Friedrich«, *Das Kunstblatt*, 17 (1933), S. 2–4.

271 *»Ich meinesteils fordere ...«* in: *Caspar David Friedrich in Briefen und Bekenntnissen*, hg. von Sigrid Hinz, München 1968, S. 128.

10. KAPITEL – DER SCHATTEN DES AFFEN

275 *»Man begebe sich auf ein ebenes Feld ...«* in: John Herschel, *Outlines of Astronomy*, 1893, S. 353.

277 Robert Chambers, *Vestiges of the Natural History of Creation*, London 1844.

277 *Samuel Vinces Argumente: A Confutation of Atheism*, o. O. 1807.

278 *The Works of William Paley*, Durham 1824.

280 *»Entzückt und überzeugt...«* in: *Ch. Darwins Gesammelte Werke*, XIV, Stuttgart 1899, S. 43.

280 *»Ich glaube nicht, daß ich... je ein Buch so bewundert habe...«* in: Darwin, a.a.O., XV, S. 214.

280 *»Es war aber nur sehr wenig Enthusiasmus...«* in: Darwin, a.a.O., XIV, S. 190.

281 *»Diese armen elenden Geschöpfe...«* in: Charles Darwin, *Reise eines Naturforschers um die Welt*, Stuttgart 1893, S. 231.

281 *»Er kam auch nach Kapstadt...«*; Herschel führte am Kap der Guten Hoffnung vier Jahre lang astronomische Untersuchungen des Südhimmels durch.

282 *Isolation der Arten*: vgl. *Notebook* C 53, in: H.E. Gruber, *Darwin on Man*, 1974, S. 167.

282 Thomas Robert Malthus, *An Essay on the Principle of Population*, London 1789, (*Versuch über das Bevölkerungsgesetz*, 2 Bde., 1807).

282 *»Habe bewiesen, daß...«*: vgl. *Notebook* M 95, Gruber, a.a.O., S. 283.

283 *»Ist das Stirnrunzeln das Resultat angestrengter Ausschau...«*: vgl. *Notebook* M 95, Gruber, a.a.O., S. 283.
Darwin zitiert den Botaniker Hensleigh: *Notebook* C 244, a.a.O., S. 454.

283 *»Obgleich ich nicht glaube, daß das religiöse Gefühl...«* in: *Ch. Darwins Gesammelte Werke*, XIV, S. 288.

283 *»Ich war aber sehr abgeneigt, meinen Glauben aufzugeben...«* in: Darwin, a.a.O., S. 285/86.

284 *»Die Menschen zu jener Zeit...«*, ebenda.

284 *»Möge doch die wissenschaftliche Eigenart...«* in: *The Autobiography of Charles Darwin*, hg. von Nora Barlow, o.O., 1958, Anmerkung 4, S. 236.

285 Alfred Russell Wallace, *Contributions to the Theory of Natural Selection*, London 1870.

285 *»...genau dieselbe Theorie«* in: *Charles Darwins Gesammelte Werke*, XIV, S. 75/76.

285 Charles Darwin, *On the Origin of Species by Means of Natural Selection*, 2 Bde., London 1859, dt. Ausgabe: *Die Entstehung der Arten durch natürliche Zuchtwahl*, 1893.

286 *»Bei einer Versammlung...«* in: L. Huxley, *Life and Letters of Thomas Henry Huxley*, London 1900.

287 *»Daß die Sonne und alle den Planeten...«* in: *Charles Darwins Gesammelte Werke*, XIV, S. 289.

287 T.H. Huxley, *Lay Sermons*, London 1871.

288 *»Ich fand ihn nicht in Welten...«* in: Alfred Lord Tennyson, *In Memoriam*, London 1896, S. 114, CXXIV.

288 *»Menschen von einigem Charakter...«* in: Thomas Hardy, *The Return of the Native*, dt. Ausgabe: *Die Rückkehr*, 1955, S. 55.

288 Thomas Hardy, *Two on a Tower*, London 1882.

289 *»Ein spärlich schmales Band nur des Gewebs...«* in: Thomas Hardy, *The Dynasts*, London 1920, S. 164.

290 *»Was gut und bös in diesem Erdental...«* in: *Omar Chajjam und seine Rubaijad*, Wiesbaden 1974, Vers 173, S. 86.

291 *»Offenbar durch einen nicht allen Menschen...«* in: *Karl Marx, Friedrich Engels, Gesamtausgabe*, Bd. 1, 2. Halbband, Glashütten 1970, S. 202.

291 *»Räume beben, Zeiten wallen...«* in: Karl Marx/Friedrich Engels, Gesamtausgabe (MEGA), Hg. vom Institut für Marxismus-Leninismus beim ZK d. SED, Berlin 1975, Erste Abt., Bd. 1, S. 622.

291/92 *»Es hebt zu euch die Augen...«*, a.a.O., S. 529/30.

292 *»Unschuldiger, schöner Gedanke...«*, *Marx-Engels-Gesamtausgabe* (Glashütten 1970), S. 77.

293 *»Welten selber stark zerstören ...«*, *MEGA*, Erste Abt., Bd. 1, S. 535/36.
294 *»Der vornehmste Heilige und Märtyrer ...«* in: Doktordissertation von Karl Marx, 1841, *Jenaer Reden und Schriften*, 1965, 2, S. 25.
294 Übereinstimmung des Weltbildes trotz unterschiedlichen sozialen Hintergrunds: vgl. Melvilles *Pierre*, New York 1852, III. »Wenn das mit Sternen übersäte Himmelsgewölbe das Herz mit verzücktem Staunen erfüllt, so deshalb, weil wir selbst noch größere Wunder und herrlichere Juwele sind als alle Sterne im Raum.«
294 *»Dabei bringt er es freilich ...«*: zit. von Alfred Schmidt in: *Der Begriff der Natur in der Lehre von Marx*, Frankfurt 1962, S. 112.
295 *»Die Natur wird erst rein Gegenstand ...«* in: Karl Marx, *Grundrisse der Kritik der Politischen Ökonomie*, Frankfurt 1967, S. 113.
295 Die Erde als »ursprüngliche Proviantkammer« des Arbeiters: s. *Das Kapital* I, Frankfurt 1967, S. 194.
295 *»Die äußeren Naturbedingungen zerfallen ökonomisch in zwei große Klassen ...«* in: Marx, a.a.O., S. 535.
295 Marx' Einstellung zu Darwin: vgl. L. Feuer, »The case of the ›Darwin-Marx‹-Letter« (Der Fall des »Darwin-Marx«-Briefes), *Encounter*, Oktober 1978.
296 *»Soweit er sich bemüht, nachzuweisen ...«* in: Marx/Engels, *Kleine ökonomische Schriften*, Berlin 1955, S. 301.
297 *»Marx bezeichnete sich als Atheisten ...«* in: Bertrand Russell, *History of Western Philosophy*, London 1946, S. 816.
298 *»Warum so viel Kriege ...«* in: Victor Hugo, *L'année terrible*, Paris 1872, S. 399.
298 *»Nichts ist die Nacht über uns ...«* in: Hugo, a.a.O., S. 408.
Bemerkenswert ist auch Hugos »Abîme« in *Légende des Siècles* Iv (Paris 1880, S. 262), wo ein langer Dialog zwischen der Milchstraße und dem Nebel durch eine einzige Zeile, die Gott spricht, beendet wird: »Ein Hauch von mir, und alles wäre Finsternis.«
299 *»Je häßlicher, älter, verdorbener und ärmer ich werde ...«* in: Vincent van Gogh, *The Complete Letters* III, 1958, S. 144.
299 *»Ich lese eben das Schreckensjahr ...«* in: Vincent van Gogh, *Briefe an seinen Bruder* III, Berlin 1928, S. 165.
299 *»In dem blauen Grund funkelten die Sterne ...«* in: van Gogh, a.a.O., S. 138/39.
300 *»Es überraschte mich nicht ...«* in: a.a.O., S. 239.
302 *»Alle drei bildeten nun ...«* in: Jules Verne, *Reise um den Mond*, Zürich 1970, S. 136.
302 *»Als die Feuerkugel wie eine Bombe platzte ...«* in: Verne, a.a.O., S. 237.
302 *»Sie funkelten nicht, denn es fehlte die Atmosphäre ...«*: a.a.O., S. 215.
302 *»Wird dieses einmalige Wagnis ...«*: a.a.O., S. 337/38.
302 *»Es ist unmöglich, diese Fragen zu beantworten ...«*: a.a.O., S. 337/38.
303 *»Vierhunderttausend Jahre!«*: a.a.O., S. 277.
303 *»Die eigentliche Überlegenheit ...«* in: Jules Verne, *Der ewige Adam*, Zürich 1967, S. 337.

11. KAPITEL – HERRSCHAFT DES GEISTES ÜBER DIE MATERIE

309ff. Henri Becquerel: *Dictionary of Scientific Biography*, New York 1970–1980, I.
316 *»Wie es scheint, wird der Gedanke ...«* in: Alexis Carrell, *Der Mensch, das unbekannte Wesen*, Stuttgart/Berlin 1936, S. 261.
317 *»Akis: Aber wenn das Leben der Gedanke ist ...«* in: George Bernard Shaw: *Zurück zu Methusalem*, V, »Bis an des Gedankens Grenze«, Berlin 1922, S. 422.
318 *»Wenn sich dies alles so verhält ...«* in: James Jeans, *Der Weltenraum und seine Rätsel*, München 1955, S. 134.
319 *»Als ich den Dampf aus der Erde quellen sah ...«* in: J. W. Dunne, *An Experiment with Time*, London 1927, S. 34.

320 *»Wir werden alle von diesem...«* in: Virginia Woolf, *Die Wellen*, Frankfurt 1959, S. 213.

320 *»Und das Sternenlicht...«* in: Woolf, a.a.O., S. 223.

320 *»Immerhin tranken wir unsere Flasche Wein...«*: a.a.O., S. 274.

320 *»Die ewige Erneuerung...«* in: a.a.O., S. 294.

321 *»Und plötzlich, sehr, sehr schnell...«* in: Virginia Woolf, *A Writer's Diary*, London 1953, S. 111–112.

323 *»Und da ich weiß, die Zeit ist immer Zeit...«*, »Ash Wednesday«, in: T.S. Eliot, *Collected Poems, 1909–1962*, London, 1963. (Eigene Übersetzung nach engl. Text der Suhrkamp-Ausgabe, *Gesammelte Gedichte, 1909–1962*, Frankfurt 1972.)

323 »O *Nacht Nacht Nacht...«:* »East Coker« in: Eliot, a.a.O.

323 *»Es bleibt uns hier im Erdenleben ...«*: »Christ in the Universe« in: *The Poems of Alice Meynell*, London 1940.

324 *»Ich bin nicht sicher...«* in: A. Eddington, *New Pathways in Science*, Cambridge 1935, S. 234.

324 *»Relativität und Quantentheorie...«* in: D.H. Lawrence, *Complete Poems*, London 1964, S. 524.

325 *»Wenn des Mannes Blick...«* in: Lawrence, a.a.O., S. 526.

326 *»Es war einmal vor langer Zeit...«* in: James Joyce, *Ein Porträt des Künstlers als junger Mann*, Frankfurt 1979.

326 *»Sie finden es merkwürdig...«* in: Albert Einstein, *Lettres à Maurice Solovine* (deutsche Originalfassung und französische Übersetzung, Gauthier-Villars, Paris 1956), Brief v. 30.3.1952, S. 114.

328 *»Wie sich der Mensch von heute...«* in: Willi Reich, *Arnold Schönberg*, Wien 1968, S. 118.

329 *»Die Einführung der Reihen...«* in: Reich, a.a.O., S. 177.

329 *»Gegen philiströse wissenschaftliche Atheisten...«* in: Reich, a.a.O., S. 296.

330 *»Und nichts blieb in dem großen weiten All...«* in: Emilio Filippo Tommaso Marinetti, *La Conquête des Etoiles*, Paris 1902.

330 *»Zeit und Raum sind gestern gestorben...«* in: Umbrio Apollonio, *Der Futurismus*, Köln 1972, S. 34, S. 41.

330 *»Unsere Körper dringen in die Sofas...«* in: Apollonio, a.a.O., S. 43.

331 *»Warum sollte die Kunst...«* in: L.J.F. Wijsenbeek, *Piet Mondrian*, Recklinghausen 1968, S. 93.

331 *»Auf diese Weise werden die Gegensätze...«*, a.a.O., S. 95.

332 *»Im ästhetischen Schauen...«*: a.a.O., S. 94.

332 *»Alles wurde formlos weich...«* in: Virginia Woolf, *Die Wellen*, S. 28.

332 *»Das erste, was mich faszinierte...«* in: L. Lipman, *Calder's Universe*, London 1977, S. 17.

333 *»Ich war der Meinung, mir kein besseres Modell aussuchen zu können...«*: a.a.O., S. 18.

333 *»Um noch einmal, an einem neuen, besser verstandenen Kosmos zu zeigen...«* »Mobile by Calder«, in: Elder Olson, *Collected Poems*, Chicago 1963, S. 143.

334 *»Ich proklamiere... daß die schrägen und die ellipsenförmigen Linien...«* in: Umbrio Apollonio, *Der Futurismus*, S. 117.

334 *»Die weitgehende Transparenz macht es möglich...«* in: P. Collins, *Changing Ideas in Modern Architecture*, London 1965, S. 290.

336f. *»Ein grelles Licht von einer Intensität...«* in: Bericht General Farrells für das Kriegsministerium, in: W.C. Lawrence, *Dawn over Zero*, London 1947, S. 161–162.

337 *»Ich bin die Zeit...«* in: S. Radhakrishnan, *Die Bhagawadgita*, XI, »Die Verklärung des Herrn«, 32, Wiesbaden o.J., S. 321.

12. KAPITEL – REISE ZUM MOND

342 *»In der Nacht vom 16. auf den 17. Dezember 1903 ...«* in: F.C. Kelly, *The Wright Brothers*, London 1944, S. 80.

342 *»Nachdem ich den Motor ein paar Minuten ...«* in: Kelly, a.a.O., S. 82.

345 *»Man leistet Menschenarbeit und lernt menschliche Sorgen kennen ...«* in: Antoine de Saint-Exupéry, *Terre des Hommes*, dt. *Wind, Sand und Sterne*, Bonn 1952, S. 156.

346 *»Plötzlich, als wir schon alle Hoffnung ...«* in: *Wind, Sand und Sterne*, Tübingen 1947, S. 27/28.

347 *»Du bist der köstlichste Besitz dieser Erde ...«*: a.a.O., S. 27, 28.

349 *»Die Nation sollte sich zum Ziel setzen ...«* in: Norman Mailer, *Auf dem Mond ein Feuer*, München 1971, S. 9.

350 *»Selbstverständlich werden wir außer Rootbeer ...«* in: Oriana Fallaci, *If the Sun Dies*, New York 1967; *Wenn die Sonne stirbt*, Düsseldorf 1966, S. 323.

350 *»Wie ein Dichter Astronaut werden konnte ...«* in: Oriana Fallaci, a.a.O., S. 334.

351 *»Im Grunde ist auch das ...«*: a.a.O., S. 115.

351 *»John benimmt sich immer so ...«*: a.a.O., S. 117.

351 *»Daß die meisten eine Glatze hatten ...«*: a.a.O., S. 341, 342.

351 *»Also erwacht doch ...«*: a.a.O., S. 358, 359.

352 *»Wir müssen diese Dinge einfach tun ...«* in: Norman Mailer, *Auf dem Mond ein Feuer*, München 1971, S. 56.

352 *Die ersten Raumflüge*: John Glenn and others, *Into Orbit*, London 1962.

353 *»Mit der Zeit erreicht man doch den Punkt ...«* in: Mailer, S. 326.

353 *»Wie ein mit Reflektoren besetztes Verkehrsschild ...«* in: G. Farmer, D.J. Hamblin, *Wir waren die Ersten*, Berlin 1970, S. 180.

355 *»Hier spricht der Pilot ...« in:* Mailer, S. 477.

360 (Der Mensch) ... *»von vornherein dazu entworfen war ...«*: a.a.O., S. 189.

360 *»Und doch war es keine sechzig Zentimeter entfernt von ihm ...«*: a.a.O., S. 564/65.

364 *»Ein merkwürdiges Raumschiff ...«* in: Farmer/Hamblin, S. 364.

13. KAPITEL – EREIGNISSE IM WELTRAUM

369 *»Das Objekt war noch ungefähr 30 oder 60 Meter vom Boden entfernt ...«* in: M. Sachs und E. Jahn, *Celestial Passengers*, Harmondsworth 1977, S. 132/33.

371 *»Sie hatten eine klar umrissene ...«*: a.a.O., S. 123.

374 f. *Jung über die UFOs: Ein moderner Mythus. Von Dingen, die am Himmel gesehen werden.* Zürich, 1958.

376 *Kolonisation des Weltraums*: G. O'Neill, »The Colonization of Space«, *Physics Today*, Sept. 1974; Adrian Berry, *The Next Ten Thousand Years*, 1974, Kap. 12.

381 *»Das große Gehirn mit einer kühlen Flüssigkeit zu besprühen ...«* in: H.G. Wells, *Die ersten Menschen auf dem Mond*, Wien 1980, S. 263

382 H.G. Wells, *War of the Worlds*, London 1898, dt. *Krieg der Welten*, 1901.

382 Hermann Oberth, *Die Rakete zu den Planetenräumen*, 1923.

385 *»Als sich am Himmel über ihm ...«* in: Arthur C. Clarke, *2001-Odyssee im Weltraum*, München 1980, S. 175.

386 *»Der dritte Planet kann kein Leben tragen ...«* in: Ray Bradbury, *Die Mars-Chroniken*, Zürich 1981, S. 15/16.

386 f. *»Auf dem trockenen Meeresboden ...«*: a.a.O., S. 199.

387 *»Es sieht so aus, als kriegten wir ...«*: a.a.O., S. 209.

390 *»Ich sage:* wir *sind Gott ...«* in: Oriana Fallaci, *Wenn die Sonne stirbt*, Düsseldorf 1966, S. 34/35.

14. KAPITEL – EIN GEWALTTÄTIGER KOSMOS

395 *»Oh, bei mir zu Hause . . .«* in: Antoine de Saint-Exupéry, *Der kleine Prinz*, Düsseldorf 1960, S. 54.

395 ff. *Die Geburt der Insel Surtsey*: S. Thorarinsson, *Surtsey: the new island in the North Atlantic*, Reykjavik 1964.

404 *»Warum sollte es auf der Venus . . .«* in: A. Trollope, *Barchester Towers*, London 1957, Kap. 19.

407 ff. *Heutige Auffassung von Sternen und Galaxien*: Nigel Henbest, *The Exploding Universe*, London 1975; P. Murdin und D. Allen, *Catalogue of the Universe*, Cambridge 1979.

411 f. *Schwarze Löcher. Die Theorie der Umkehrung der Zeit.* A. Berry, *The Iron Sun*, 1977, Kap. 2. In »Die Quantenmechanik der Schwarzen Löcher«, *Scientific American*, Jan. 1977, legt Stephen Hawking dar, daß kleine Schwarze Löcher sich selbst zerstören.

416 *»Trotz zahlloser und manchmal sehr geschickter Bemühungen . . .«* in: S. L. Jaki, *Planets and Planetarians*, Edinburgh 1978, S. 248–249.

417 ff. *Interstellare Kommunikation*: Carl Sagan und Frank Drake: »Die Suche nach außerirdischer Intelligenz«, *Scientific American*, Mai 1975. Aber das Problem, eine Sprache zu finden, die beide Seiten verstehen, ist nicht neu. Vor hundert Jahren schlugen Astronomen, die daran dachten, mit »Marsmenschen« in Verbindung zu treten, vor, Feuerketten in der Sahara zu errichten, die ein Dreieck bilden und den pythagoreischen Lehrsatz veranschaulichen sollten. Siehe auch: Carl Sagan, Hg., *Communication with Extraterrestrial Intelligence (CETI)*, Cambridge, Mass., 1973.

15. KAPITEL – ZUFALL ODER ENTWURF?

425 ff. *Die Urknalltheorie*: Steven Weinberg, *The First Three Minutes; A Modern View of the Origin of the Universe*, New York 1977, dt. *Die ersten drei Minuten*, München 1978.

428 ff. *Zufällige Entstehung des Lebens*: Auf S. 6 in *The Mysterious Universe*, Cambridge 1930, dt. *Der Weltenraum und seine Rätsel*, 1937, schrieb James Jeans: »Dann und wann ergibt sich vielleicht bei einer Gruppe Atome die gleiche Anordnung wie in der lebenden Zelle. Es muß nur genügend Zeit verstreichen, dann tritt dieser Fall sogar mit Sicherheit ein, genauso, wie . . . sechs Affen, wenn man ihnen genügend Zeit läßt, irgendwann dazu gelangen, ein Sonett von Shakespeare abzutippen.« Das war eine kühne Behauptung für einen Nichtbiologen, und Jeans legte auch kein statistisches Beweismaterial vor. Doch er stand als Astronom und Philosoph in solchem Ansehen, daß der Satz ein paar Jahrzehnte lang in Büchern zitiert wurde. Er wurde fast ein populärwissenschaftliches Klischee und erst im Jahre 1977 von Professor Bennett jr. von der Yale University in Frage gestellt. Bennett prüfte die Worte »genügend Zeit« und untersuchte vorsichtshalber zunächst einen weniger unwahrscheinlichen Fall als den von Jeans ausgewählten: Er stellte die Frage, wie lange ein Affe brauchen würde, bis er fähig wäre, die ersten neun relativ einfachen Wörter von Hamlets Monolog »Sein oder Nichtsein« zu tippen. Mit einem Computer berechnete Bennett die erforderliche Zeit und veröffentlichte seine Resultate im *American Scientist* der Monate November-Dezember 1977.

Bennett hatte auf das Komma verzichtet und dem Affen eine Schreibmaschine gegeben, die nur die 26 Buchstaben des Alphabets und eine Leertaste besaß. Er ging davon aus, daß ein brauchbarer Affe um die zehn Anschläge pro Sekunde schaffen würde. Dann fand er heraus, daß der Affe, wenn er die ersten neun

Wörter von »Sein oder Nichtsein« zufällig tippen sollte, durchschnittlich etwa 3×10^{43} Sekunden (annähernd 10^{36} Jahre) brauchen würde. Das heißt, der Affe würde viele Male länger brauchen, als das Universum bis jetzt existiert.

430 Josif Schklowskij u. Carl Sagan, *Intelligent Life in the Universe*, New York 1965.

430 *»Das Bestreben, das Universum zu verstehen . . .«* in: Steven Weinberg, *Die ersten drei Minuten*, München 1978, S. 213.

430 *»Der Mensch weiß endlich . . .«* in: Jacques Monod, *Zufall und Notwendigkeit*, München 1970, S. 219.

430 Anicius Mantius Torquatus Severinus Boethius (480 n.Chr. – 525), *Trost der Philosophie*, dt. u. lat. 1932.

431 *»Trotzdem gibt mir alles Wissen . . .«* in: Albert Camus, *Der Mythos des Sisyphos*, München 1960, S. 31/32.

432 *»Gib uns die Wahrheit . . .«* in: Albert Camus, *Dramen*, Hamburg 1960, S. 57.

432 *»Daß im Lichte der laufenden Untersuchungen . . .«* in: Samuel Beckett, *Dramatische Dichtungen*, Frankfurt 1981, S. 93.

433 *»Clov: Mal sehen . . . Nichts . . .«* in: Beckett, a.a.O., S. 245 ff.

434 *»Mr. Smith . . . Hier ist etwas, das ich nicht verstehe . . .«:* Eugène Ionesco, *Theaterstücke (1)*, Neuwied 1959, S. 9/10.

434 *»Ich bin gewiß für Widerspruch . . .«*: a.a.O., 2, 1960, S. 15.

434 *»Aber ein Leben ist nichts . . .«* in: E. Ionesco, *Tagebuch*, München 1971, S. 31, 34, 35.

435 *»Der Mensch, eine Gen-Maschine«:* R.L. Travers in *Forward* zu R. Dawkin, *The Selfish Gene*, London 1976.

437 *»Wir Naturwissenschaftler . . .«* in: Arthur Eddington, »The End of the World: from the Standpoint of Mathematical Physics«, in *Nature*, 127, 1931, S. 450, zitiert in S.L. Jaki, *Science and Creation*, Edinburgh 1974, S. 339.

437 Dieser Gedankengang wurde von zwei Astrophysikern, John Barrow und Joseph Silk, weitergeführt: J.D. Barrow und Joseph Silk: »The Structure of the Early Universe«, *Scientific American*, April 1980.

437 *»Je mehr der Mensch im Bereich der Naturwissenschaften weiß . . .«* in: Daniel Lang, *The Man in the Thick Lead Suit*, London 1954, S. 23–24.

437 *Grenzen wissenschaftlicher Erklärung*: B. Lovell, *The Individual and the Universe*, London 1959, S. 110.

438 *Die Vernunft in den letzten drei Jahrhunderten*: L.C. Knights »Bacon and Dissociation of Sensibility«, in *Explorations*, 1946, S. 111.

442 *Koinzidenzen*: Freeman J. Dyson, »Energy in the Universe«, *Scientific American*, Sept. 1971; *Disturbing the Universe*, London 1979, S. 251.

442 f. *Kritik des Reduktionismus*: K.R. Popper und J.C. Eccles, *Das Selbst und sein Gehirn*, Berlin 1977; C.H. Waddington, *Towards a Theoretical Biology*, I und II, Edinburgh 1968 und 1969; A. Koestler und J. R. Smythies, *Beyond Reductionism*, London 1969. Was zufällige Mutation betrifft, so schrieb John Thoday: »Die Voraussetzung für ein dauerhaftes Überleben ist die Fähigkeit, sich an eine unvorhersagbare Zukunft anzupassen. Die einzige Möglichkeit, dies zu tun, ist, aufs Geratewohl Abweichungen hervorzubringen . . . Die Notwendigkeit einer Zufallskomponente in der Evolution ist untrennbar mit dem Entwurf des Universums verbunden, falls das Universum tatsächlich zweckgerichtet ist.« »Chance and Purpose« in *Theoria to Theory*, II, 1967, S. 37.

Bibliographie

Addison, »The spacious Firmament on high«, The Spectator, London 1712.
Agassiz, Louis, A Life in Science, Chicago 1960.
Albertus Magnus, The Book of Secrets of Albertus Magnus, London 1973.
Alexandria, Klemens von, Stromata (»Teppiche«),
– *Protrepticus* (»Mahnrede an die Heiden«), Ausg. von O. Stählin in: *Die Griechisch-Christlichen Schriftsteller der ersten drei Jahrhunderte,* 1905–1936.
Andoyer, H., L'œuvre scientifique de Laplace, Paris 1922.
Apollonio, Umbrio, Der Futurismus, Köln 1972.
Aquin, Thomas von, Summa theologica, dt.-lat. Ausgabe von H. Christmann, 1934ff.
Ariosto, Lodovico, Orlando furioso, 1516–1521, dt. von H. Kurz in d. Ausg. von P. Heyse, 1880/81.
Aristophanes, Die Wolken, dt. von Otto Seel, Stuttgart 1963.
Aristoteles, Physik, in: Aristotelis Opera . . ., hg. von der Preußischen Akademie der Wissenschaften, 5 Bde., Berlin 1831–1870.
Assisi, Franz von, Legenden und Laude, hg., eingel. u. übers. von Otto Karrer, Zürich 1975.
Athenaios von Naukrateis, Deipnosophistai (»Gastmahl der Gelehrten«), Ausg. von G. Kaibel, 3 Bde., 1887–1890.
Aubrey, Brief Lives, hg. von Dick, London 1949.

Barlow, Nora, hg., The Autobiography of Charles Darwin, London 1958.
Barrow, John/Silk, Joseph, »The Structure of the Early Universe«, Scientific American, April 1980.
Beckett, Samuel, Dramatische Dichtungen, Frankfurt 1981.
Bentley, Richard, A. Confutation of Atheism from the Origin and Frame of the World, London 1693.
Berry, A., The Iron Sun, London 1977.
Bibby, C., T.H. Huxley, Scientist, Humanist and Educator, New York 1959.
Blake, William, Complete Writings, hg. von Geoffrey Keynes, London 1966.
Boethius, Anicius Mantius Torquatus Severinus, Trost der Philosophie, dt. v. K. Büchner, 1939.
Börsch-Supan/Jähnig, Helmut u. Karl Wilhelm, Caspar David Friedrich. Gemälde, Druckgraphik und bildmäßige Zeichnungen, München 1973.
Bradbury, Ray, Die Mars-Chroniken, Zürich 1981.
Brahe, Tycho, De mundi aetherei . . . phaenomenis in: *Opere,* hg. von J.L.E. Dreyer, 15 Bde., 1913–1929.
Brentano, Clemens, Werke, hg. von F. Kemp, B. Gajek, W. Frühwald, Darmstadt 1968.
Brentano, Clemens/Armin von, Des Knaben Wunderhorn (1806–1808)
Brontë, Emily Jane, The Complete Poems of Emily Jane Brontë, London 1941.
Brontë, Charlotte, Villette, London 1853.
Brewster, D., Life of Sir Isaac Newton, Edinburgh 1855.
Browne, Thomas, Notes from Commonplace Books, in: *Works,* London 1931.
Bruno, Giordano, Gesammelte Werke, hg. v. Ludwig Kuhlenbeck, Jena 1904.
Burton, Robert, The Anatomy of Melancholy, 1621, hg. v. F. Dill und P. Jordan-Smith, London 1929.
Byron, George Gorden Noel, Poetical Works, hg. von E.H. Coleridge, London 1905.

Camus, Albert, Der Mythos des Sisyphos, München 1960.
Camus, Albert, Dramen, Hamburg 1960.
Cardano, Geronimo, De vita propria (1542, fortgeführt 1575), dt. *Des G.C. von Mailand eigene Lebensbeschreibung,* 1914.
Carrell, Alexis, Der Mensch, das unbekannte Wesen, Stuttgart/Berlin 1936.
Castillo, Bernal Diaz del, Historia Verdadere de la Conquista de la Nueva-España, Madrid 1632; dt. (gekürzt u. bearbeitet) *Denkwürdigkeiten des Hauptmanns Bernal Diaz del Castillo oder Wahrhafte Geschichte der Entdeckung und Eroberung von Neuspanien (Mexiko),* Stuttgart 1965.
Celeste, Maria, The Private Life of Galileo, London 1870.
Chajjam, Omar, Omar Chajjam und seine Rubaijad, Wiesbaden 1974.
Chambers, Robert, Vestiges of the Natural History of Creation, London 1844.
Chaucer, Geoffrey, The Complete Works of Geoffrey Chaucer, hg. von Walter W. Skeat, London 1912.
Cicero, Marcus Tullius, De re publica,
– *De natura deorum,* beides dt. in *Römische Prosaiker,* hg. von Tafel, Osiander, Schwab, 1836–42.
Clarke, Arthur C., 2001-Odyssee im Weltraum, München 1980.
Coleridge, Samuel Taylor, The Rime of the Ancient Mariner, London 1963; dt. v. Wolfgang Breitwieser, *Der alte Seemann,* Heidelberg 1959.
Collins, P., Changing Ideas in Modern Architecture, London 1965.
Copleston, F.C., Aquinas, Harmondsworth 1955.

Dante Alighieri, La Divina Commedia, ital.-dt., hg. von Erwin Laaths, Wiesbaden o.J.
Darwin, Charles, Gesammelte Werke, 16 Bde., hg. von V. Carus, 1874–88.
Dawkin, R., The Selfish Gene, London 1976.
Descartes, René, Principa Philosophiae, Amsterdam 1644; dt. *René Descartes' philosophische Werke,* hg. von A. Buchenau, Leipzig 1908.
Dijksterhuis, E.J., Archimedes, Kopenhagen 1956.
Donne, John, The Satires, Epigrams and Verse Letters, London 1967.
– *The Poetical Works of John Donne,* hg. von Grierson, London 1929.
– *The Sermons,* hg. von G.R. Potter u. E.M. Simpson, London 1953–62.
Drummond, William, Works, Edinburgh 1913.
Dunne, J.W., An Experiment with Time, London 1927.
Dyson, Freeman J., »Energy in the Universe«, Scientific American, Sept. 1971.
– *Disturbing the Universe,* London 1979.

Eckermann, Johann Peter, Gespräche mit Goethe, Wiesbaden 1959.
Eddington, Arthur, New Pathways in Science, Cambridge 1935.
– *»The End of the World from the Standpoint of Mathematical Physics«, Nature,* 1931.
Eichendorff, Joseph von, Werke, hg. von W. Rasch, München 1959.
Einstein, Albert, Lettres à Maurice Solovine; deutsche Originalfassung u. französische Übersetzung, Gauthier-Villars, Paris 1956.
Eliot, T. S., Collected Poems 1909–1962; dt. *Gesammelte Gedichte 1909–1962,* Frankfurt 1972.
Euripides, Sämtliche Tragödien und Fragmente, griechisch-deutsch, übers. v. Ernst Buschor, hg. v. Gustav Adolf Seeck, München 1972.

Fallaci, Oriana, If the Sun Dies, New York 1967; dt. *Wenn die Sonne stirbt,* Düsseldorf 1966.
Farmer, G./Hamblin, D.J., Wir waren die Ersten, Berlin 1970.
Favent, T., Historia ... mirabilis parliamenti, London 1926.
Ferguson, James, A Brief Description of the Solar System, Norwich 1753.

Feuer, L., »The case of the ›Darwin-Marx‹ Letter« (Der Fall des »Darwin-Marx«-Briefes), *Encounter,* Okt. 1978.
Fontenelle, Bernhard Le Bovier, Entretiens sur la pluralité des mondes, Paris 1686, krit. Ausg. 1945; dt. von Johann Christoph Gottsched.

Galilei, Galileio, Sidereus Nuncius; dt. *Sidereus Nuncius, Nachricht von neuen Sternen,* hg. von Hans Blumenberg, Frankfurt a. Main 1980.
Gillispie, C. C., The Edge of Objectivity, Princeton 1960.
Glenn, John and others, Into Orbit, New York, 1962.
Goethe, Johann Wolfgang von, Schriften zur Naturwissenschaft, Weimar 1947.
Gogh, Vincent van, The Complete Letters, London 1958.
– *Briefe an den Bruder,* hg. von J. van Gogh-Bonger, Berlin 1928.
Gourgaud, G., Journal de Sainte-Hélène, Paris 1966.
Gregor von Tours, Historia Francorum, lat.-dt. von R. Buchner in: *Ausgewählte Quellen zur deutschen Geschichte des Mittelalters,* Darmstadt 1970–72.
Gruber, E., Darwin on Man, London 1974.

Hardy, Thomas, The Return of the Native, London 1878; dt. *Die Rückkehr,* o.O., 1955.
– *The Dynasts,* London 1920.
– *Two on a Tower,* London 1882.
Hawking, Stephen, »Die Quantenmechanik der Schwarzen Löcher«, Scientific American, Jan. 1977.
Henbest, Nigel, The Exploding Universe, London 1975.
Henderson, E., Life of James Ferguson, London 1867.
Hennecke, Edgar, Neutestamentliche Apokryphen, hg. v. Wilhelm Schneemelcher, Tübingen 1964.
Herbert, George, Complete Works, hg. von A.B. Grosart, London 1868–74.
Herschel, John, Outlines of Astronomy, London 1893.
Hesiod, Sämtliche Werke, dt. v. Thassilo von Scheffer, Leipzig 1938.
Heywood, Thomas, Dialogues and Dramas, London 1637.
Hinz, Sigrid, Hg., Caspar David Friedrich in Briefen und Bekenntnissen, München 1968.
Homer, Ilias; dt. von Johann Heinrich Voß, hg. von Peter von der Mühll, 2 Bde., Basel 1953.
Hughes, D., The Star of Bethlehem Mystery, London 1979.
Hugo, Victor, L'année terrible, Paris 1872.
– *Légende des Siècles,* Paris 1859–83.
Hunt, G., The Life of James Madison, New York 1902.
Huxley, L., Life and Letters of Thomas Henry Huxley, London 1900.
Huxley, T.H., Lay Sermons, London 1871.

Ionesco, Eugène, Theaterstücke (1), Neuwied 1959.
– *Tagebuch,* München 1971.
Isidor von Sevilla, Schriften in Migne, *Patrologiae Cursus Completus,* Bd. 81–84.

Jaki, S.L., Planets and Planetarians, Edinburgh 1978.
Jeans, James, The Mysterious Universe, Cambridge 1930; dt. *Der Weltenraum und seine Rätsel,* 1937.
Johnson, F.R., Astronomical Thought in Renaissance England, Baltimore 1937.
Jung, Carl Gustav, Ein moderner Mythus. Von Dingen, die am Himmel gesehen werden, Zürich 1958.

Kant, Immanuel, Vorkritische Schriften, Darmstadt 1860, Bd. 1 der Akademie Textausgabe, 1968.
– *Kritik der praktischen Vernunft,* 1788, Bd. 5, 1968.

Keats, John, Poetical Works, hg. von H.W. Garrod, Oxford 1970.
Kelly, F.C., The Wright Brothers, London 1944.
Koestler, Arthur, The Sleepwalkers, London 1959.
Kolumbus, Christoph, Schiffstagebuch der ersten Reise, hg. von Navarrete, 1825–37, Neudruck 1945/46, dt. *Westwärts nach Ostindien,* 1945.
Kopernikus, Nikolaus, Commentariolus, engl. Übers. von E. Rosen, New York 1939.
Kuhn, T.S., The Copernican Revolution, Cambridge, Mass., 1957.

Laertius, Diogenes, Leben und Meinungen berühmter Philosophen, Buch I–X, dt. von Otto Apelt, hg. von Klaus Reich, Hamburg 1967.
Lang, Daniel, The Man in the Thick Lead Suit, London 1954.
Laplace, Pierre Simon de, Exposition du système du monde, Paris 1796, dt. *Darstellung des Weltsystems,* 1797.
– *Traité de mécanique celeste,* Paris 1799–1825, dt. *Mechanik des Himmels,* übers. von J.C. Burckhardt, 2 Bde., 1800–1802.
Lawrence, D.H., Complete Poems, London 1964.
Lawrence, W.C., Dawn over Zero, London 1947.
Leonardo da Vinci, Notebooks, hg. von E. MacCurdy, London 1939.
– *Tagebücher und Aufzeichnungen,* hg. von Theodor Lücke, Leipzig 1953.
Lewes, G.H., Goethes Leben und Werk, Stuttgart 1892.
Lipman, L., Calder's Universe, London 1977.
Lorris, Guillaume de/Meung, Jean de, Le Roman de la Rose (1. Teil um 1230, 2. Teil um 1270, dt. von J. Gregor, 1921).
Lovell, B., The Individual and the Universe, London 1959.
Luther, Martin, Dr. Martin Luthers sämtliche Werke, Erlanger Ausgabe, Frankfurt a.M./Erlangen 1854.

Macrobius Theodosius, Commentum in Somnium Scipionis, um 400 n.Chr., engl. von W.H. Stahl, New York 1952.
Mailer, Norman, Auf dem Mond ein Feuer, München 1971.
Malthus, Thomas Robert, An Essay on the Principle of Population, London 1789, dt. *Versuch über das Bevölkerungsgesetz,* 2 Bde., 1807.
Manilius, Marcus, Astronomica, hg. von A.E. Housman, 5 Bde., London 1903–30.
Marinetti, Emilio Filippo Tommaso, La Conquête des Etoiles, Paris 1902.
Marx, Karl, Das Kapital I, Frankfurt 1967.
– *Grundrisse der Kritik der Politischen Ökonomie,* Frankfurt 1967.
Marx, Karl, und Engels, Friedrich, Gesamtausgabe (MEGA), hg. vom Institut für Marxismus-Leninismus beim ZK der SED, Berlin 1975.
Marx, Karl, Engels, Friedrich, Gesamtausgabe, Glashütten 1970.
Marx, Karl, und Engels, Friedrich, Kleine ökonomische Schriften, Berlin 1955.
Massin, J., Robespierre, Paris 1956.
Masson, Hg., Napoléon Inconnu, Paris 1895.
Melville, Herman, Pierre, New York 1852.
Meynell, Alice, The Poems of Alice Meynell, London 1940.
Migne, J.P., Hg., Patrologiae cursus completus (»Vollständiger Lehrgang der Patrologie«).
Milton, John, Paradise Lost, London 1667, dt. *Das verlorene Paradies,* übers. von Heinrich Meier, Stuttgart 1978.
More, Henry, Complete Poems, hg. von A.B. Grosart, London 1878.
Morley, H., Jerome Cardan, London 1854.
Mornet, D., Le Sentiment de la nature de Jean Jacques Rousseau à Bernardin de Saint-Pierre, Paris 1907.

Newton, Isaac, Philosophiae naturalis principia mathematica, London 1687, dt. *Mathematische Prinzipien der Naturlehre,* hg. von J. Ph. Wolfers, Berlin 1872 (Nachdr. Darmstadt 1963).
Newton, Isaac, The Correspondence of Isaac Newton, hg. von H.W. Turnbull, 4 Bde., 1959–67.
Nogent, Guibert von, De vita sua, Ausg. von G. Bourgin, 1907, s. a. *Migne, J. P., Patrologiae cursus completus.* Engl. Ausg. von C. C. Swinton Bland, London 1925.

Oberth, Hermann, Die Rakete zu den Planetenräumen, 1923.
Olson, Elder, Collected Poems, Chicago 1963.
O'Neill, G., »The Colonization of Space«, Physics Today, Sept. 1974.

Panofsky, Erwin, Abbot Suger, Princeton 1946.
Pascal, Blaise, Œuvres Complètes, hg. von Jacques Chevalier, Paris 1954.
Pensées sur la religion, 1670 (1904 Ausgabe von L. Brunschvicg), dt. *Über die Religion und einige andere Gegenstände,* hg. von Ewald Wasmuth, Heidelberg 1954.
Pindar, Päan, engl. Ausgabe von C. M. Bowra, Oxford 1935.
Platon, Phaidros, dt. Ausgabe: O. Apelt, 7 Bde., 1911 ff.
– *Politeia,* dt. Ausgabe: *Der Staat,* eingeleitet, übersetzt und erklärt von Karl Vretska, Stuttgart 1971.
– *Politikos,* dt. Ausgabe: O. Apelt.
Playfair, John, Illustrations of the Huttonian Theory of the Earth, London 1902.
Plinius d. Ä., Naturalis historia, hg. von D. Detlefsen, 1866–82, dt. Ausgabe: übers. von G. C. Wittstein, 1881–82.
Pope, Alexander, The Poetical Works of Alexander Pope, hg. von J. Hogben, London 1887.
Popper, Karl R., Die offene Gesellschaft und ihre Feinde, 2 Bde., Bd. 1: *Der Zauber Platons,* Bern 1957; Bd. 2: *Falsche Propheten,* Bern 1958.
Popper, K. R. und Eccles, J. C., Das Selbst und sein Gehirn, Berlin 1977.
Prowe, Leopold, Nicolaus Copernicus, Berlin 1883–1884.
Ptolemäus, Almagest (Syntaxis mathematike), engl. R. C. Taliaferro, Chicago 1952.
– *Tetrabiblos,* dt. M. E. Winkel, 2 Bde., 1923.

Radhakrishnan, R., Die Bhagawadgita, Wiesbaden o. J.
Reich, Willi, Arnold Schönberg, Wien 1968.
Ristoro d'Arezzo, La Composizione del Mondo, 1282.
Russell, Bertrand, History of Western Philosophy, London 1946.

Sachs, M., und Jahn, E., Celestial Passengers, Harmondsworth 1977.
Sagan, Carl, und Drake, Frank, »Die Suche nach außerirdischer Intelligenz«, Scientific American, Mai 1975.
Sagan, Carl, Hg., Communication with Extraterrestrial Intelligence (CETI), Cambridge, Mass., 1973.
Sagnac, Ph., und Robiquet, J., La revolution de 1789, Paris 1934.
Saint-Exupéry, Antoine, Le petit prince, 1943; dt. *Der kleine Prinz,* Düsseldorf 1960. *Terre des hommes,* 1939; dt. *Wind, Sand und Sterne,* Bonn 1952.
Sambursky, S., Physics of the Stoics, London 1959.
Sappho, Strophen und Verse, übers. und hg. von Joachim Schickel, Frankfurt am Main 1978.
Schklowskij, Josif, und Sagan, Carl, Intelligent Life in the Universe, New York 1968.
Schlegel, Friedrich, Hg., Europa. Eine Zeitschrift, Frankfurt am Main 1803/1805.
Schleiermacher, Friedrich, Über die Religion – Reden an die Gebildeten unter ihren Verächtern, hg. von Joachim Rotert, Hamburg 1958.
Schmidt, Alfred, Der Begriff der Natur in der Lehre von Marx, Frankfurt am Main 1962.
Schubert, Gotthilf Heinrich von, Der Erwerb aus einem vergangenen und die Erwartung von einem künftigen Leben. Eine Selbstbiographie, Erlangen 1855.

Scriptores rerum Merovingicarum, monumenta Germaniae historica.
Seneca, Lucius Annaeus, Philosophische Schriften, hg. von Thassilo von Scheffer, 2 Bde., Berlin 1927.
– *Naturales Quaestiones,* hg. von A. Gercke, 1907.
Shakespeare, William, Sämtliche Werke, übers. von August Wilhelm von Schlegel, Ludwig Tieck, Wolf Heinrich Graf Baudissin, Heidelberg 1978.
Shelley, Percy Bysshe, The Poetical Works, hg. von T. Hutchinson, London 1905, dt. *Gedichte,* übers. von A. von Bernus u. a., Heidelberg 1958.
Sophokles, Antigone, dt. Wilhelm Kuchenmüller, Stuttgart 1955.
Stewart, H.F., Boethius: The Theological Tractates and The Consolation of Philosophy, New York 1918.
Strabon, Geographica, dt. *Strabons Erdbeschreibung,* übers. von C.G. Groskurd, 4 Bde., 1831–34.
Stuckenberg, J.H.W., The Life of Immanuel Kant, London 1882.
Stukeley, W., Memoirs of Sir Isaac Newton's Life, London 1936.

Tarn, W.W., Hellenistic Civilization, London 1952.
Tennyson, Alfred, In Memoriam, London 1896.
Thorarinsson, S., Surtsey: the new island in the North Atlantic, Reykjavik 1964.
Thukydides, Die Geschichte des Peleponnesischen Krieges, dt. von G.P. Landmann, 1960.
Trollope, A., Barchester Towers, London 1957.

Vaughan, Henry, *Complete Poetry,* hg. von F. Fogle, London 1969.
Verne, Jules, Reise um den Mond, Zürich 1970.
– *Der ewige Adam,* Zürich 1967.
Vince, Samuel, A Confutation of Atheism, London 1807.
Voltaire, Essai sur la poesie épique, Paris 1732.
– *Éléments de la philosophie de Newton,* Paris 1738.

Waddington, C.H., Towards a Theoretical Biology, Edinburgh 1968 u. 1969.
Wallace, Alfred Russell, Contributions to the Theory of Natural Selection, London 1870.
Weinberg, Steven, The First Three Minutes; A Modern View of the Origin of the Universe, New York 1977; dt. *Die ersten drei Minuten,* München 1978.
Wells, H.G., Die ersten Menschen auf dem Mond, Wien 1980.
– *War of the Worlds,* London 1889; dt. *Krieg der Welten,* 1901.
Wijsenbeek, L.J.F., Piet Mondrian, Recklinghausen 1968.
Wilkins, John, Discovery of a World in the Moon; Works, London 1802.
Woolf, Virgina, Die Wellen, Frankfurt am Main 1979.
Wordsworth, William, The Poetical Works, hg. von T. Hutchinson, 1895, überarb. von Sélincourt, London 1969.
Wren, Christopher, Parentalia, London 1750.

Young, Edward, Correspondence, hg. von H. Pettit, London 1971.
– *The Complaint: or, Night-Thoughts on Life, Death, and Immortality,* London 1742–1746.

Zeek, Hans, »Romantische Kunstanschauung. Ein unveröffentlichter Brief von Caspar David Friedrich«, Das Kunstblatt, 1933.

Illustrationen

21. Nikolaus Kopernikus. Kupferstich von C. Westermayr nach einem zeitgenössischen Bildnis (Archiv für Kunst u. Geschichte, Berlin).
22. Seite aus Kopernikus' *De Revolutionibus Orbium Coelestium* (Archiv für Kunst u. Geschichte, Berlin).

Nach S. 320:
23. Albrecht Dürer: Die nördliche Hemisphäre. Holzschnitt 1515 (Archiv für Kunst u. Geschichte, Berlin).
24. Amerigo Vespucci bei der Betrachtung des Südlichen Kreuzes. Kupferstich von A. Collart nach einer Zeichnung von J. Stradanus, 1522 (Archiv für Kunst u. Geschichte, Berlin).
25. *Sphaera Civitatis.* Diagramm aus dem Buch unter diesem Titel von John Case, 1588 (Huntington Library, San Marino, California).
26. Höhenmessungen an Gebäuden und Sternen. Stich aus dem späten 16. Jahrhundert (British Museum, London).
27. Nürnberger Flugblatt von 1561. Aus der Sammlung Wickiana. Zentralbibliothek Zürich. Himmelserscheinung über der Stadt (Archiv für Kunst u. Geschichte, Berlin).
28. Komet über Nürnberg im Dezember 1680. Kupferstich von Sandrart. 17. Jahrhundert (Archiv für Kunst u. Geschichte, Berlin).
29. Das Erscheinen eines Kometen im Jahre 1664. Zeitgenössisches Flugblatt (Archiv für Kunst u. Geschichte, Berlin).
30. Galileo Galilei. Gemälde von Sustermans (Archiv für Kunst u. Geschichte, Berlin).
31. Florenz, G.B. Landini, 1632. Probeseite aus dem Werk *Über das kopernikanische System* (Archiv für Kunst u. Geschichte, Berlin).
32. Astronomische Handzeichnung von Galilei (Archiv für Kunst u. Geschichte, Berlin).
33. Darstellung der Erde und der Welt der Gestirne. Kupferstich von Joh. Gabriel Doppelmaier in *Physica Sacra* von Johann Jakob Scheuchzer, 1733 (Archiv für Kunst u. Geschichte, Berlin).
34. Darstellung der großen Planeten nach Johann Gabriel Doppelmaier. Kupferstich aus Scheuchzers *Physica Sacra*, 1733 (Archiv für Kunst u. Geschichte, Berlin).
35. Sternwarte. Aus Scheuchzers *Physica Sacra*, 1733. Kupferstich (Archiv für Kunst u. Geschichte, Berlin).
36. Friedrich Wilhelm Herschel. Kupferstich von Godby (Archiv für Kunst u. Geschichte, Berlin).
37. Herschels Riesenteleskop (Archiv für Kunst u. Geschichte, Berlin).
38. Illustration von William Blake zu Edward Youngs *Nachtgedanken.* »Die fünfte Nacht« (British Museum, London).
39. Das Sonnensystem unter ähnlichen Systemen. Kupferstich in: Leonhard Euler, *Theoria motuum planetarum et cometarum*, 1744 (ETH Bibliothek, Zürich).
40. *Kornfeld im Mondlicht.* Gouache von Samuel Palmer (Privatsammlung von Geoffrey Shackleton).
41. Caspar David Friedrich: *Zwei Männer in Betrachtung des Mondes*, 1819 (Dresden, Staatliche Kunstsammlungen, Gemäldegalerie).
42. Vincent van Gogh: *Sternennacht* (Museum of Modern Art, New York).
43. Albert Einstein, 1921 (Archiv für Kunst u. Geschichte, Berlin).
44. Decke von Alexander Calder in der Aula Magna, Universität von Caracas.
45. Eileen Agar: *Mein Zimmer mit Blick auf den Mond* (Rodney Wright-Watson).
46. Galaktisches Zentrum und Infrarotkarte (Royal Observatory, Edinburgh).

Personen- und Sachregister

Barbara Tuchman
Der ferne Spiegel
Das dramatische 14. Jahrhundert
584 Seiten, 32 Seiten Abbildungen, Leinen

»Die zweite Zeitenwende der europäischen Geschichte bahnt sich tausend Jahre nach Konstantin, in jenem verwirrenden, verworrenen vierzehnten Jahrhundert, das uns Barbara Tuchman im schönsten Buch des Jahres als ›fernen Spiegel‹ vorhält.« *Theo Sommer, Die Zeit*

»Es ist das Verdienst von Barbara Tuchman, das Mittelalter in seiner Farbigkeit und Grausamkeit, seiner Vielfalt und seinem Leben vor den Augen des Lesers auferstehen zu lassen.« *Hannoversche Allgemeine Zeitung*

»Barbara Tuchman hat ein Buch geschrieben, das wohl zu den schönsten der historischen Gattung zählt.« *Neue Zürcher Zeitung*

»Barbara Tuchman verkörpert beste Historikertradition: verläßlich in den historischen Details, aber stets allgemein verständlich für ein breites Publikum. Dieses Werk macht ganze Regalmeter sogenannter Sachliteratur zur bloßen Makulatur.« *Frankfurter Allgemeine Zeitung*